高等学校“十四五”规划教材

电气控制与PLC应用技术

王晓瑜　编　著

王　媛　雷新颖　吕晓军　杨亚萍　逯九利　参　编

西北工业大学出版社

西　安

【内容简介】 本书从实际工程应用出发,以培养应用型工程技术人才为目的,介绍和讲解电气控制系统和德国西门子公司 S7-200 PLC 控制系统的工作原理、设计方法和实际应用。

本书适合作为高等院校应用型本科自动化、电气工程及其自动化、机电一体化、机械制造及其自动化等相关专业及高职高专电气专业的“电气控制及可编程序控制器”课程或类似课程的教材,也可供电气控制领域的工程技术人员参考使用。

图书在版编目(CIP)数据

电气控制与 PLC 应用技术/王晓瑜编著.—西安:西北工业大学出版社,2020.9(2023.8 重印)

ISBN 978-7-5612-7165-0

Ⅰ.①电… Ⅱ.①王… Ⅲ.①电气控制 ②PLC 技术 Ⅳ.①TM571.2 ②TM571.6

中国版本图书馆 CIP 数据核字(2020)第 190721 号

DIANQI KONGZHI YU PLC YINGYONG JISHU

电 气 控 制 与 PLC 应 用 技 术

责任编辑: 朱辰浩　　**策划编辑:** 杨　军
责任校对: 张　潼　　**装帧设计:** 李　飞
出版发行: 西北工业大学出版社
通信地址: 西安市友谊西路 127 号　　邮编:710072
电　　话: (029)88491757,88493844
网　　址: www.nwpup.com
印 刷 者: 兴平市博闻印务有限公司
开　　本: 787 mm×1 092 mm　　1/16
印　　张: 25.25
字　　数: 663 千字
版　　次: 2020 年 9 月第 1 版　　2023 年 8 月第 2 次印刷
定　　价: 69.00 元

前　言

“电气控制及可编程序控制器应用技术”是高等院校电类专业的核心课程之一。它包括“工厂电气控制设备”和“可编程序控制器原理及应用”两门课程的内容。围绕应用型本科学生“突出应用、强化能力、注重创新、彰显特色”的人才培养理念，本书章节精心组织，同时注重反映电气控制技术领域的最新技术，对“可编程序控制器原理及应用”内容进行重点讲解。

本书分为两大部分，共12章内容。

第一部分：电气控制技术，为第1章和第2章内容。

第1章为“常用低压控制电器”。本章详细介绍控制电器和保护电器的构造原理、图形符号、技术参数及各自的特点、用途和型号含义、选择原则等。

第2章为“电气控制线路基本环节和典型线路分析”。本章首先详细介绍新国家标准《电气简图用图形符号》(GB/T 4728 — 2018)和《技术产品及技术产品文件结构原则》(GB/T 20939 — 2007)的电气控制系统图形符号和文字符号，然后重点介绍三相笼型异步电动机的基本控制线路(启动、制动和速度控制等)，典型生产机械以C650卧式车床和X62W卧式万能铣床为例，详细介绍这两种典型加工机械的工作原理和控制要求，并进行电气控制线路分析，为第11章的11.3节和11.5节奠定基础。

第二部分：可编程序控制器原理及应用，为第3～12章内容。

第3章为“PLC基本概述”。本章介绍德国西门子公司S7-200 PLC的定义和特点、应用和分类、系统组成与工作原理，然后重点介绍PLC与继电器接触器、单片机、DCS、FCS等控制系统的区别。

第4章为“S7-200 PLC基础知识”。本章以S7-200 PLC为对象，详细讲解其硬件系统、内部器件资源、数据类型及寻址方式，对指令系统与程序结构也做以简要介绍。

第5章为“S7-200 PLC基本指令及程序设计”。本章是学习S7-200 PLC的核心内容，详细讲解S7-200 PLC的基本逻辑指令、程序控制指令及程序设计方法，列举大量的例题，以不同的程序编写方式呈现，并附仿真效果图及实验操作视频链接，旨在开拓编程思路，培养学生的创新能力。

第6章为“顺序控制设计法”。本章详细讲解顺序控制设计法的步骤及使用SCR指令编写梯形图的方法，通过多个实例重点讲解S7-200 PLC的单序列、选择序列和并行序列控制的应用。

第7章为“S7-200 PLC常用功能指令及应用”。本章详细讲解S7-200 PLC的常用功能指令及应用，重点讲解中断指令、高速计数器指令和高速脉冲输出指令及应用，并列举大量例题(部分程序取材于笔者工程应用案例的某个环节或发表的期刊论文)。

第8章为“S7-200 PLC模拟量功能与PID控制”。本章详细讲解模拟量的基本概念、模拟量的比例换算和程序设计，重点讲解模拟量编程综合案例、PID控制指令及应用、调节PID控制器方法及常见问题注意事项等内容(部分程序取材于笔者工程应用案例的某个环节)。

第9章为“PLC的通信”。本章详细讲解通信网络的基础知识，S7-200 PLC的通信功能以及各种通信网络和通信协议，编程实现S7-200 PLC与计算机、S7-200 PLC与其他设备通信的方法。

第10章为“PLC与变频调速控制系统”。本章详细讲解变频器的工作原理、变频器控制电机的方法及PLC控制变频器的典型应用等。

第11章为“S7-200 PLC控制系统设计实例”。本章简要介绍PLC控制系统的设计步骤、PLC的选型方法、输入回路和输出回路设计等内容，详细讲解S7-200 PLC分别在开关量和模拟量控制的应用案例(选自笔者工程应用案例的某个环节)。

第12章为“编程软件Micro/WIN及仿真软件使用”。本章详细讲解STEP 7-Micro/WIN V4.0 SP5编程软件及PLC仿真软件使用的全过程。

同比其他类教材，本书有以下特点：①全书使用新国家标准《电气简图用图形符号》(GB/T 4728—2018)和《技术产品及技术产品文件结构原则》(GB/T 20939—2007)的电气控制系统图形符号和文字符号；②电气控制系统线路工作过程使用流程图方式，直观简洁，易于学习；③PLC控制系统中，各基本指令和功能指令的使用说明，通过总结以表格形式给出，便于比对异同；④应用举例编程方式不少于2种，旨在开拓思路，注重创新，同时提供S7-200仿真软件状态截图，模拟实验运行环境；⑤使用大量实例详细讲解S7-200的基本指令、功能指令、顺序控制设计法、通信技术及应用的编程；⑥PLC控制系统设计实例选自笔者工程应用案例的某个环节或发表的期刊论文；⑦每章都有可链接二维码的仿真演示或实验操作演示，便于在线学习；⑧配有电子教案、教学课件、10套复习题和思考题与练习题答案，可登录“工大书苑”网页端或下载“工大书苑”客户端获取。

本书第2、5、7、8和11章由王晓瑜编写，第3、9和12章由王媛编写，第6章由雷新颖编写，第10章由吕晓军编写，第1章由杨亚萍编写，第4章由逯九利编写。

全书由西安航空学院宋文学教授对教材定位与目标设定进行把关，由西北工业大学自动化学院博士生导师谢利理教授主审。在本书的编写过程中，参考了SIEMENS公司的SIMATIC S7-200可编程控制器系统手册(2008)等有关著作，在此对其作者表示衷心的感谢。

由于水平有限，书中难免有不妥和疏漏之处，敬请读者批评指正。

编著者

2020年6月

目　录

第 1 章　常用低压控制电器

本章重点：

(1)电器的基本知识、电磁机构的工作原理；

(2)常用低压电器(接触器、继电器、开关电器、主令电器和熔断器)的工作原理。

低压电器(Low-voltage Appliance)是一种能根据外界的信号和要求，手动或自动地接通、断开电路，以实现对电路或非电对象的切换、控制、保护、检测、变换和调节的元件或设备。控制电器按其工作电压的高低，以交流 1 200 V、直流 1 500 V 为界，可划分为高压控制电器和低压控制电器两大类。低压电器可以分为配电电器(Distribution Electrical Appliance)和控制电器(Control Electrical Appliance)两大类，是成套电气设备的基本组成元件。配电电器主要用于低压配电系统和动力回路；控制电器主要用于电力系统传输和电气自动控制系统。在工业、农业、交通、国防及用电部门中，大多数采用低压供电，因此电气元件的质量将直接影响到低压供电系统的可靠性。

低压电器的发展，取决于国民经济的发展和现代工业自动化发展的需要，以及新技术、新工艺、新材料的研究与应用，目前正朝着高性能、高可靠性、小型化、数模化、模块化、组合化和零部件通用化的方向发展。本章主要介绍常用低压电器的原理、结构、型号和用途，同时为学习第 2 章电气控制线路基本环节和典型控制线路分析奠定基础。

1.1　低压电器的基本知识

1.1.1　低压电器的分类

电器(Electrical Appliance)泛指所有用电的器具，从专业角度上来讲，主要指用于对电路进行接通、分断，对电路参数进行变换，以实现对电路或用电设备的控制、调节、切换、检测和保护等作用的电工装置、设备和元件。我国现行标准将工作电压在交流 1 200 V、直流 1 500 V 以下的电气线路中起通断、保护、控制或调节作用的电器称为低压电器。电器分类如图 1 - 1 所示。

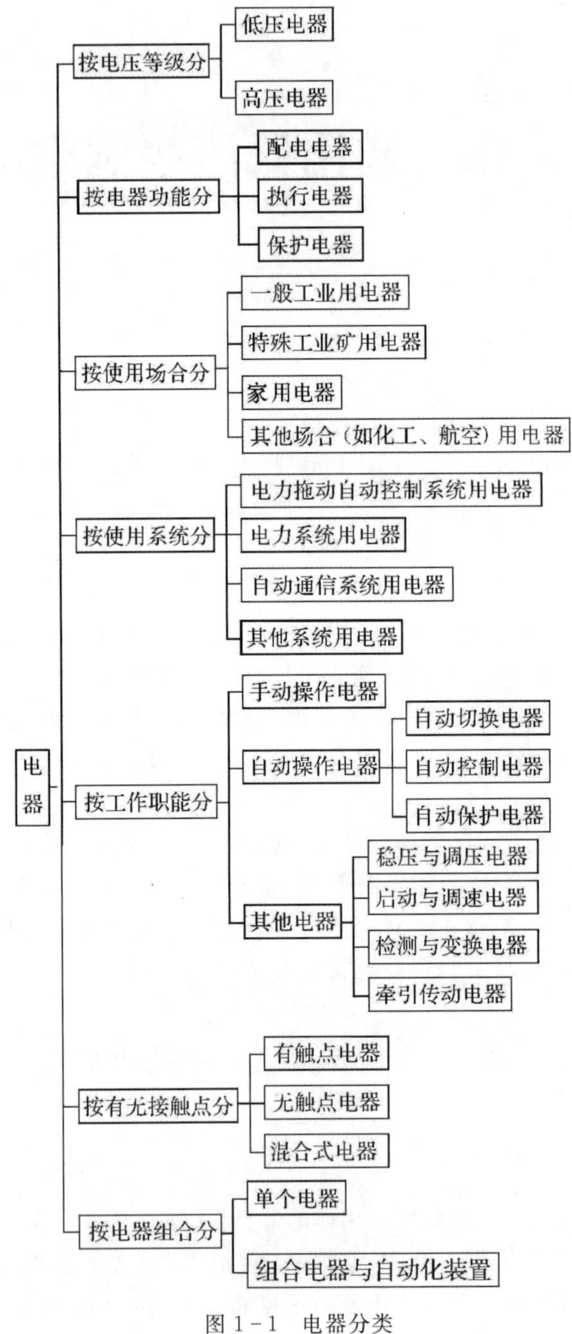

图1-1　电器分类

常见低压电器分类如图1-2所示。实物介绍链接扫二维码  。

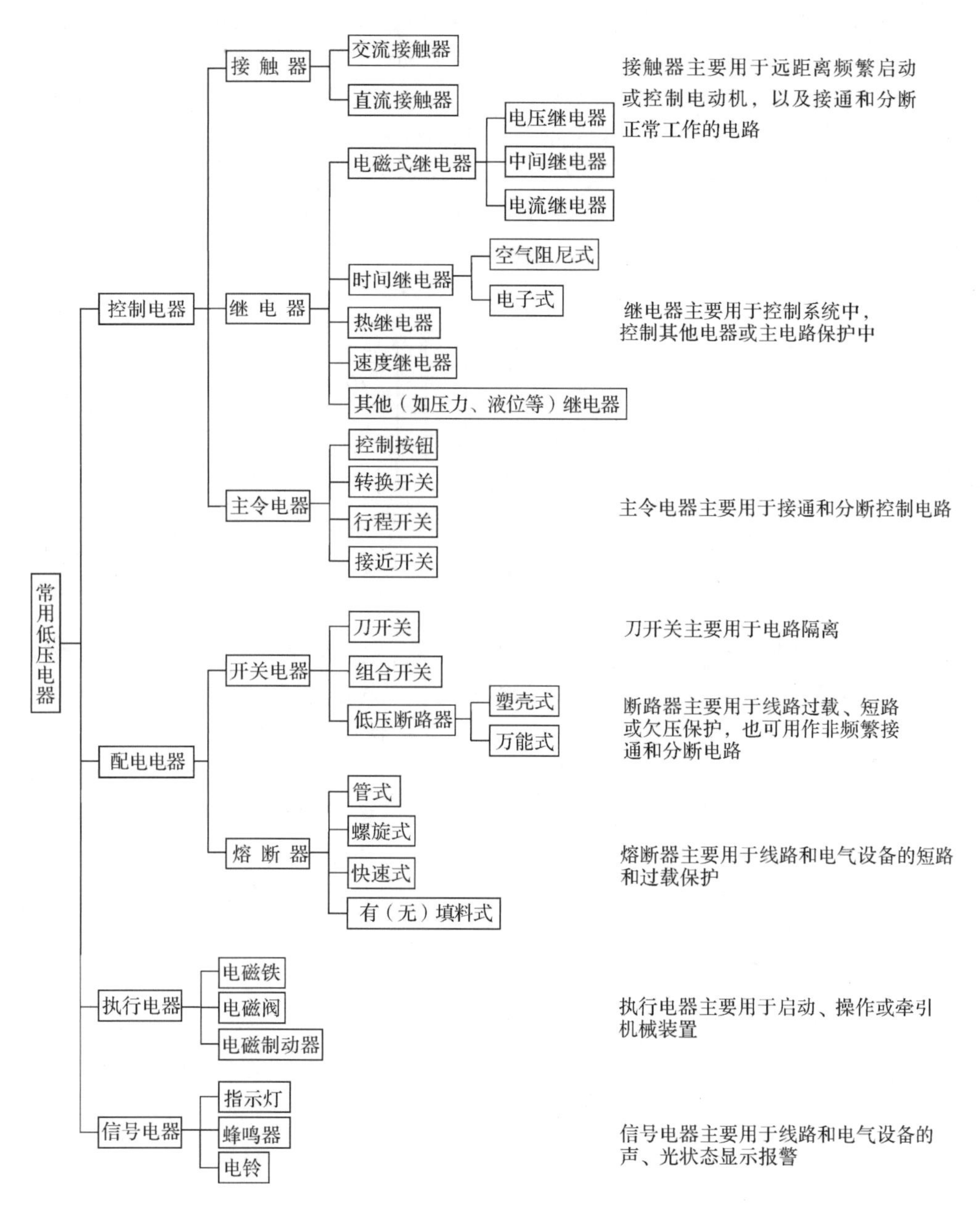

图 1-2　常用低压电器分类

1.1.2　低压电器的基本结构

电器一般都有感测与执行两个基本组成部分。感测部分接受外界输入的信号，并通过转换、放大与判断做出有规律的反应，使执行部分动作，或者输出相应的指令，实现控制的目的。对于有触点的电磁式电器，感测部分大都是电磁机构，而执行部分则是触头系统。

1. 电磁机构

电磁机构的作用是将电磁能转换为机械能并带动触头闭合或断开。

(1)结构形式。电磁机构通常采用电磁铁(Electro-Magnet)的形式,由吸引线圈、铁芯(亦称静铁芯)和衔铁(也称动铁芯)三部分组成。吸引线圈通以一定的电压或电流,产生磁场及吸力,通过空气隙产生机械能,从而带动衔铁使触头动作,实现电路的接通和分断。

(2)工作方式。拍合式电磁机构结构图如图 1-3 所示。在线圈 1 通入电流后,磁通 Φ 通过铁芯 4、衔铁 3 和气隙形成闭合回路,衔铁 3 受电磁吸力的作用吸向铁芯 4,同时又受弹簧 2 反力的作用,当电磁吸力大于弹簧 2 反力时,衔铁 3 被铁芯 4 吸住。电磁吸力应大于弹簧反力,以便吸牢;但过大的吸力会导致吸合时衔铁与铁芯发生严重撞击。

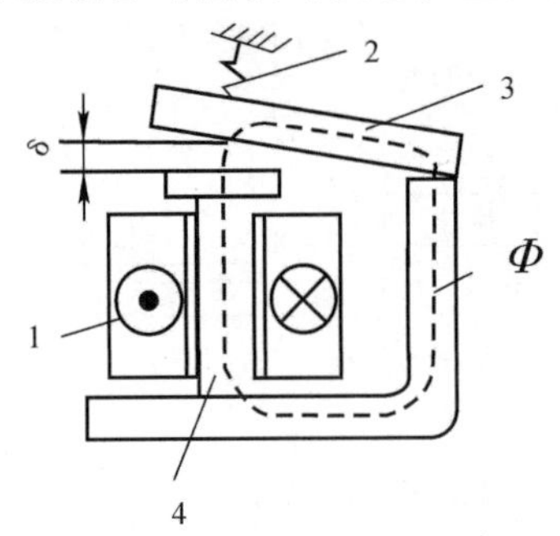

图 1-3　拍合式电磁机构结构图

1—线圈;2—弹簧;3—衔铁;4—铁芯

吸引线圈将电能转换为磁能,按输入电流种类不同,分为交流电磁线圈和直流电磁线圈。交流电磁线圈的铁芯和线圈都发热,故铁芯和衔铁用硅钢片制成,形状矮厚有骨架,利于散热;直流电磁线圈因铁芯不发热,只有线圈发热,故铁芯和衔铁可用整块电工软钢制成,形状细长无骨架,利于散热。

并接在电源两端的电磁铁线圈称为电压线圈,其电流值由电路电压和线圈本身的电阻或阻抗所决定。其圈数多、导线细、电流小,一般用绝缘性能好的漆包线绕制。

串入主电路的电磁线圈称为电流线圈,当主电路电流超过其动作值时电磁铁吸合。通过线圈的电流值由电路负载的大小决定。其匝数少、导线粗、电流大,通常用紫铜条或粗紫铜线绕制。

2. 电磁机构的工作原理

电磁机构的工作特性常用吸力特性(使衔铁吸合的力与气隙的关系曲线)和反力特性(使衔铁释放或复位的力与气隙的关系曲线)来表达,其特性图如图 1-4 所示。

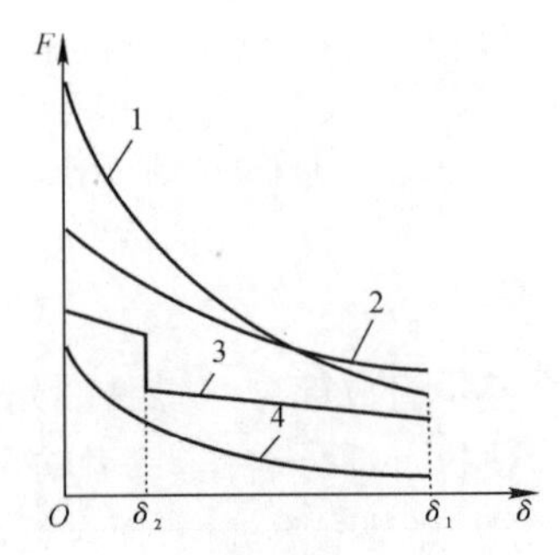

图 1-4　吸力特性和反力特性

1—直流电磁机构吸力特性;2—交流电磁机构吸力特性;3—反力特性;4—剩磁吸力特性

(1)反力特性。电磁机构使衔铁释放一般是利用弹簧的反力,由于弹簧反力与其机械变形的位移量成正比,所以其反力特性如式(1-1)所示:

$$F_f = K_1 x \tag{1-1}$$

式中:F_f 为弹簧反力,单位为 N;x 为弹簧变形的位移量,单位为 m;K_1 为弹簧的劲度系数,单位为 N/m。

电磁机构的反力特性如图 1-4 中的曲线 3 所示。其中 δ_1 为电磁机构气隙的初始值,δ_2 为动、静触头开始接触时的气隙长度。因常开触头闭合时超行程机构的弹力作用,导致反力特性在 δ_2 处有一突变。

(2)吸力特性。电磁机构的吸力可按式(1-2)求得

$$F = 4 \times 10^5 B^2 S \tag{1-2}$$

式中:F 为电磁吸力,单位为 N;B 为气隙磁感应强度,单位为 T;S 为吸力处端面积,单位为 m^2。当端面积 S 为常数时,吸力 F 与 B^2 成正比,也可认为 F 与磁通 Φ^2 成正比,反比于端面积 S,即式(1-3):

$$F \propto \frac{\Phi^2}{S} \tag{1-3}$$

电磁机构的吸力特性反映的是其电磁吸力与气隙的关系。励磁电流种类不同,其吸力特性也不一样,下面分别进行讨论。

1)交流电磁机构的吸力特性。交流电磁铁励磁线圈通入交流恒压源时,线圈将电动势与电源电压平衡;感应电动势与磁通成正比,略小于线圈电压,即为恒磁通型,如式(1-4)所示,化简后如式(1-5)所示:

$$U \approx E = 4.44 f\Phi N \tag{1-4}$$

$$\Phi = \frac{U}{4.44 fN} \tag{1-5}$$

式中:U 为线圈电压,单位为 V; E 为线圈感应电动势,单位为 V;f 为线圈电压频率,单位为 Hz;Φ 为气隙磁通,单位为 Wb; N 为线圈匝数。

当外加电压 U、频率 f、线圈匝数 N 为常数时,气隙磁通 Φ 亦为常数,由式(1-3)可知,此时电磁吸力 F 平均值为常数。这是因为交流励磁时,电压、磁通均随时间按正弦规律变化,电磁吸力也作周期性变化。由于线圈外加电压 U 与气隙 δ 的变化无关,所以其吸力 F 亦与气隙 δ 的大小无关。考虑到漏磁通的影响,吸力 F 随气隙 δ 减小略有增大,其吸力特性如图 1-4 的曲线 2 所示。

虽然交流电磁机构的气隙磁通 Φ 近似不变,但气隙磁阻随气隙长度 δ 而变化。磁路欧姆定律式如式(1-6)所示:

$$\Phi = \frac{IN}{R_m} = \frac{IN}{\frac{\delta}{\mu_0 S}} = \frac{IN\mu_0 S}{\delta} \tag{1-6}$$

可知,交流励磁线圈的电流 I 与气隙 δ 成正比。一般 U 形交流电磁机构的励磁电流在线圈已通电而衔铁未动作时,其电流可达衔铁吸合后额定电流的 5～6 倍;E 形电磁机构则高达额定电流的 10～15 倍。若衔铁卡住不能吸合或频繁动作,交流励磁线圈很可能因过电流而烧坏。因此在可靠性要求高或操作频繁的场合,一般不采用交流电磁机构。

2)直流电磁机构的吸力特性。直流电压电磁铁的励磁线圈由直流恒压源(U 不变)供电。

工作时，励磁电流的大小仅受线圈电阻制约，线圈参数（匝数及电阻）不变时，励磁电流和磁势 IN 都不变，即为恒磁势型。联立式(1-3)和式(1-6)后化简，可得式(1-7)：

$$F \propto \Phi^2 \propto \left(\frac{1}{\delta}\right)^2 \tag{1-7}$$

可见，直流电磁机构的吸力 F 与气隙 δ 的二次方成反比，其吸力特性如图 1-4 的曲线 1 所示。表明衔铁吸合前后吸力变化很大，气隙越小，吸力越大。由于衔铁吸合前后励磁线圈的电流不变，所以直流电磁机构适用于动作频繁的场合，且吸合后电磁吸力大、工作可靠。

需要指出的是，当直流电磁机构的励磁线圈断电时，由于电磁感应，将会在线圈中产生很大的反电动势，此反电动势可达线圈额定电压的 10～20 倍，使线圈因过电压而损坏。为此，常在励磁线圈上反并联一个由电阻和二极管组成的放电回路。正常励磁时，二极管处于截止状态，放电回路不起作用；而当励磁线圈断电时，放电回路使原先储存于磁场中的能量消耗在电阻上，不至于产生过电压。放电电阻的阻值通常为线圈直流电阻的 6～8 倍。

3)剩磁的吸力特性。由于铁磁物质有剩磁，它使电磁机构的励磁线圈断电后仍有一定的磁性吸力存在，剩磁的吸力随气隙 δ 增大而减小。剩磁的吸力特性如图 1-4 中曲线 4 所示。

(3)吸力特性与反力特性的配合。电磁机构欲使衔铁吸合，应在整个吸合过程中，使吸力始终大于反力。但过大的吸力会影响电器的机械寿命。反映在特性图上，就是保证吸力特性在反力特性的上方且尽可能靠近。在衔铁释放时，其反力特性必须大于剩磁吸力，以保证衔铁可靠释放。所以在特性图上，电磁机构的反力特性必须介于电磁吸力特性和剩磁吸力特性之间。

(4)交流电磁机构短路环的作用。对于单相交流电磁机构，为改善工作状况，在铁芯端面上安装一个铜制短路环。这是由于电磁机构的磁通是交变的，而电磁吸力与磁通的二次方成正比，当磁通为零时，吸力也为零，这时衔铁在弹簧反力作用下被拉开；磁通过零后吸力增大，当吸力大于反力时，衔铁又吸合，衔铁会产生强烈的振动和噪声，振动会使电器寿命缩短。所以为了消除振动，一般在铁芯端部开槽，槽内嵌入短路环，将铁芯中的磁通分为两部分，并产生相位差，则其产生的吸力也有相位差。这样，虽然某时刻每部分磁通(都)达到零值，但二者合成后的吸力无法达到零值。若任一时刻合成吸力都大于反力，便可消除振动。

(5)电磁机构的继电器特性。以电磁机构励磁线圈的电压/电流作为输入量 x，衔铁的位置作为输出量 y，将衔铁处于吸合位置记作 $y=1$，释放位置记作 $y=0$，电磁机构的动作值(使吸力特性处于反力特性上方的最小输入量)记作 x_0，其复归值(使吸力特性处于反力特性下方的最大输入量)记作 x_r，则电磁机构衔铁位置与励磁线圈的电压/电流的关系称为电磁机构的继电器特性，如图 1-5 所示。

当输入量 $x < x_0$ 时，衔铁不动作，$y=0$；当 $x=x_0$ 时，衔铁吸合，y 从“0”跳变为“1”；当 $x > x_0$ 时，$y=1$。当 x 从 x_0 减小时，在 $x > x_r$ 的过程中，虽然吸力特性向下降低，但因衔铁吸合状态下的吸力仍比反力大，衔铁不释放，$y=1$；当 $x=x_r$ 时，因吸力小于反力，衔铁释放，输出量由“1”跳变为“0”；继续减小 x，y 仍为“0”。可见，电磁机构的继电特性为一矩形曲线，是继电器的重要特性，其动作值与复归值是继电器的动作参数。

3. 触头系统

触头是电器的执行部件，其动作实现电器和电路的接通与分断。触头原始状态有常开和常闭两种。原始状态(线圈未通电)时断开，线圈通电后闭合的触头称为常开(动合)触头；原始状态时闭合，线圈通电后断开的触头称为常闭（动断）触头；线圈断电后，所有触头又回到原始状态。

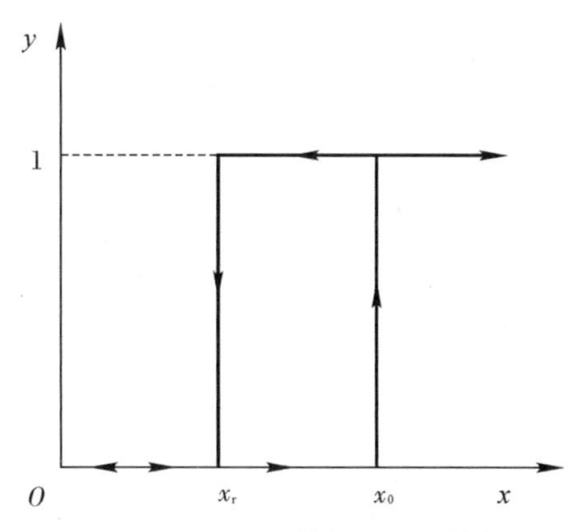

图 1－5　电磁机构的继电器特性

根据所控制的电路，触头又分为主触头和辅助触头。主触头用于接通/断开主电路，允许通过较大电流；辅助触头用于接通/断开控制电路，通过较小电流。触头主要有点式和线式两种。触头结构图如图 1－6 所示。其中图 1－6(a)为点式触头，适用于小电流、小压力场合，如辅助触头；图 1－6(b)为线式触头，适用于大电流、频繁通断场合，如主触头。

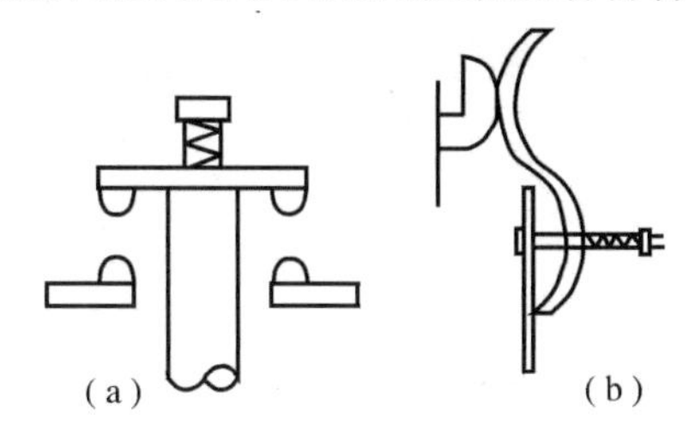

图 1－6　触头结构图

(a)点式触头；(b)线式触头

4. 电弧的产生及灭弧方法

当用开关电器断开电流时，如果电路电压大于 20 V，电流大于 100 mA，电器的触头间便会产生电弧。

(1)电弧的产生。当电器触头间刚出现分断时，两触头间距极小，电场强度极大，在高热和强电场作用下，金属内部的自由电子从阴极表面溢出，奔向阳极，这些自由电子在电场中运动时撞击其他中性气体分子。因此，在触头间隙中产生了大量的带电粒子，使气体导电形成了炽热的电子流，即电弧。

电弧一经产生，便会在弧隙中产生大量热能，电压越高，电流越大，即电弧功率越大，弧区温度越高，电弧的游离因素就越强。同时，因已游离的正离子和电子在空间相遇要进行复合，重新形成中性的分子，故高度密集的高温离子和电子，要向周围密度小、温度低的介质方面扩散，使弧隙内离子和自由电子浓度降低，电弧电阻增加，电弧电流减小，热游离大为削弱。因此，电弧是游离与去游离的统一体，触头分断是切断电流。为此，应加强去游离因素抑制游离因素使电弧熄灭。

(2)灭弧方法。开关电器在断开电路时产生的电弧,一方面使电路仍旧保持导通状态,延迟了电路的开断,另一方面会烧损触头,缩短电器的使用寿命。常见灭弧措施有以下几种。

1)依靠触头的分开,机械拉长电弧。

2)利用流过导电回路或特制线圈的电流在弧区产生磁场,使电弧受力迅速移动和拉长电弧。

3)将电弧分隔成许多串联的短弧。

4)依靠磁场的作用,将电弧驱入用耐弧材料制成的狭缝中,以加快电弧的冷却。

5)在封闭的灭弧室中,利用电弧自身能量分解固体材料产生气体,以提高灭弧室中的压力,或者利用产生的气体进行吹弧。

以上方式可单独使用,也可多种并用。

电弧也有其有益作用,如某些大型舞台的灯光师利用电弧放电原理而制造成七彩斑斓的电弧花,以满足人们对于电弧的好奇。电弧放电可用于焊接、冶炼、照明和喷涂等。这些场合主要是利用电弧的高温、高能量密度和易控制等特点。

1.2 接 触 器

接触器(Contactor)是通过电磁机构动作,频繁地接通和分断交、直流主回路和大容量中远距离控制电路的装置,分为交流和直流两类;常用于电动机实现启停、正反转、制动和调速等,具有欠(零)电压保护作用,也可用作控制工厂设备、电热器、工作母机和各种电力机组等电力负载,是自动控制系统中的重要元件之一。

1.2.1 交流接触器的结构和工作原理

1. 结构

交流接触器(AC Contactor)主要由电磁系统、触头系统和灭弧装置等组成,如图 1-7 所示,接触器的图形、文字符号如图 1-8 所示。

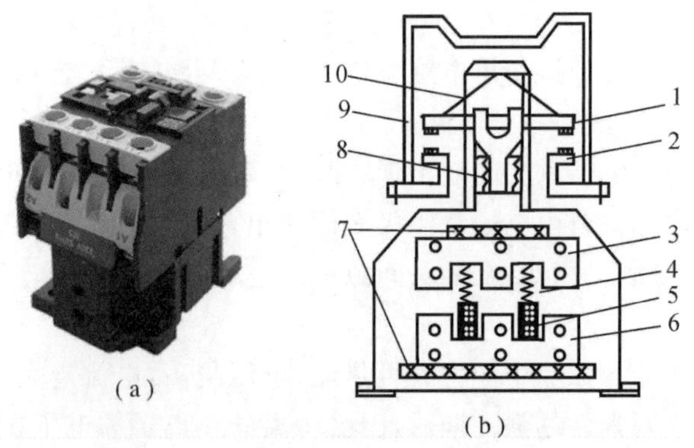

图 1-7 交流接触器实物图和结构图

(a)实物图;(b)结构图

1—动触头;2—静触头;3—衔铁;4—弹簧;5—线圈;6—静铁芯;

7—垫毡;8—触头弹簧;9—灭弧罩;10—触头压力弹簧

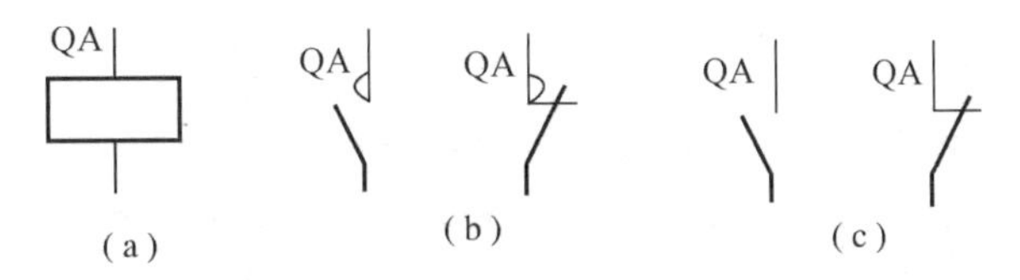

图 1－8　接触器图形、文字符号

(a)线圈；(b)主触头；(c)辅助触头

(1)电磁系统。电磁系统包括动铁芯(衔铁)、静铁芯和电磁线圈三部分，其作用是将电磁能转换成机械能，产生电磁吸力带动触头动作。

(2)触头系统。触头又称为触点，是接触器的执行元件，用来接通或断开被控制电路。具体内容见 1.1.2 节。

(3)灭弧装置。触头在分断电流瞬间会产生电弧，电弧的高温能将触头烧损，并可能造成其他事故，因此，应采取适当措施迅速熄灭电弧。常采用灭弧罩、栅片灭弧和磁吹灭弧装置。

2. 工作原理

接触器是根据电磁原理工作的，当电磁线圈 5 通电后产生磁场，使静铁芯 6 产生电磁吸力吸引衔铁 3，并带动触头动作，使常闭触头断开，常开触头闭合，两者联动。当线圈 5 断电时电磁力消失，衔铁 3 在反力弹簧的作用下释放，使触头复原，即常开触头断开，常闭触头闭合。

常用的交流接触器有 CJ0、CJ20(全国统一设计的新型接触器)和 CJ12 等系列。线圈额定控制电源电压为交流 50 Hz，110 V、127 V、220 V、380 V。

1.2.2　直流接触器的结构和工作原理

直流接触器(DC Contactor)也由电磁系统、触头系统和灭弧装置等组成，主要用来远距离接通与分断额定电压 440 V、额定电流 640 A 的直流电路，或频繁地操作和控制直流电动机启停、反转和反接制动。常用的直流接触器有 CZ18 系列。

1.3　继　电　器

继电器(Relay)是一种当输入信号(电、磁、声、光、热)达到一定值时，输出量将发生阶跃式跳变的自动控制器件。其实质是用较小的电流去控制较大电流的一种“自动开关”，故在电路中起着自动调节、安全保护和转换电路等作用，其触头通常接在控制电路中。继电器的种类见图 1－2。本节主要介绍常用的电磁式(电流、电压、中间)继电器、时间继电器、热继电器和速度继电器等。

1.3.1　电磁式(电流/电压/中间)继电器

1. 工作原理

电磁式继电器的结构和动作原理类似于电磁式接触器，由电磁机构和触头组成。

它们的主要区别：继电器可对多种输入信号(电、磁、声、光、热)做出反应，接触器仅在一定的电压信号下动作；继电器用于切换小电流的控制电路和保护电路，无灭弧装置，触头不分主辅，而接触器用来控制大电流电路。

2.电流、电压和中间继电器

(1)电流继电器(Current Relay)。电流继电器线圈串接在线路中,反映线路中电流变化。电流线圈导线粗,匝数少,能通过大电流。电流继电器按吸合电流大小分为欠电流继电器和过电流继电器。电流继电器实物图及结构图如图1-9所示,电流继电器图形、文字符号如图1-10(a)所示。

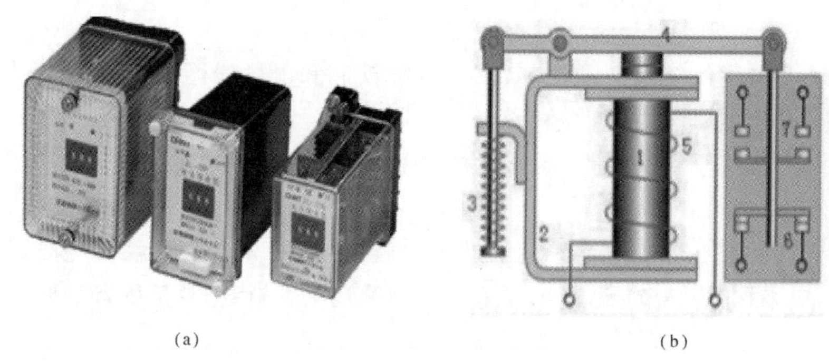

(a)　　(b)

图1-9　电流继电器实物图及结构图

(a)实物图;(b)结构图

1—铁芯;2—磁轭;3—弹簧;4—衔铁;5—电流线圈;6—常闭触头;7—常开触头

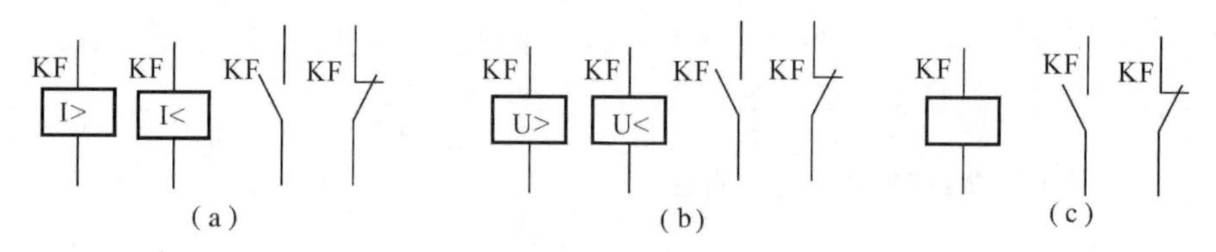

(a)　　(b)　　(c)

图1-10　电磁式继电器图形、文字符号

(a)电流继电器;(b)电压继电器;(c)中间继电器

1)对于欠电流继电器,当线圈5通以负载额定电流时,衔铁4吸合动作;当负载电流降低至继电器释放电流时,衔铁4释放,带动触头复位。当继电器欠电流释放时,其常开触头断开控制电路,起到欠电流保护作用。

2)对于过电流继电器,当线圈5通以负载额定电流时,它所产生的电磁吸力不足以克服反作用弹簧力,其常闭触头6(闭合)不动作;当通过线圈5的电流超过动作电流值后,电磁吸力大于反作用弹簧力,铁芯1吸引衔铁使常闭触头6分断,切断控制电路。

调节反作用弹簧力的大小,可以整定继电器的动作电流值。一般交流过电流继电器调整在(1.1~3.5)I_N时动作,直流过电流继电器调整在(0.7~3.0)I_N时动作。

过电流继电器属于短时工作的电器,主要用于频繁、重载起重场合(如桥式起重机电路中),作为电动机的过载和短路保护。

(2)电压继电器(Voltage Relay)。电压继电器线圈并联在线路中,反映线路中电压变化。电压线圈导线细,匝数多。电压继电器有欠电压继电器和过电压继电器。电压继电器实物图如图1-11所示,电压继电器图形、文字符号如图1-10(b)所示。

1)对于欠电压继电器,当线圈电压低于额定电压时,衔铁释放,带动触头复位。

2)对于过电压继电器,当线圈电压高于额定电压时,衔铁吸合,以实现过电压保护。直流电路一般不会出现过电压,故只有交流过电压继电器。

欠电压继电器是在电压为(0.1～0.35)U_N时动作,对电路实现欠压保护;零电压继电器是在电压降至(0.05～0.25)U_N时动作,进行零压保护;过电压继电器是在电压为(1.1～1.50)U_N以上时动作。

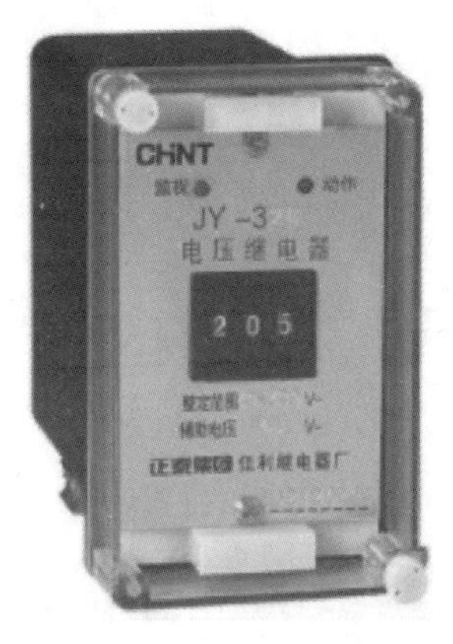

图 1－11　电压继电器实物图

(3)中间继电器(Intermediate Relay)。中间继电器用于继电保护与自动控制系统中,以增加触头的数量及容量,它将信号同时传给几个控制元件或回路。中间继电器结构和原理类似于交流接触器,它无主触头,只有多数量的辅助触头(6 对以上)。其触头只能通过小电流,故只能用于控制电路中。中间继电器也有交流和直流两类。

中间继电器实物图如图 1－12 所示,图形、文字符号如图 1－10(c)所示。

图 1－12　中间继电器实物图

电磁式(电流/电压/中间)继电器的主要技术参数与接触器类似,只是在线圈动作电流/电压、返回系数、动作时间(线圈开始通电到常开触头闭合所需时间)及释放时间(线圈开始断电到常开触头断开所需时间)等有所不同。

常用的电磁式继电器有 JT18 系列通用继电器、JL17 系列过电流继电器、JZ15 及 JZ7(交流)系列中间继电器等。

1.3.2　时间继电器

时间继电器(Time Relay)是一种从得到输入信号(线圈的通电或断电)开始,经过一定的延时后才输出信号(触头的闭合或断开)的继电器。它是一种使用在较低的电压或较小电流的电路上,用来接通或切断较高电压、较大电流的电路的电气元件。它被广泛用于控制生产过程中按时间原则制定的工序，如基于时间原则的笼型异步电动机的降压启动方式，就采用由时间继电器发出自动转换信号。

时间继电器的延时方式有通电延时和断电延时两种，其图形、文字符号如图 1－13 所示。

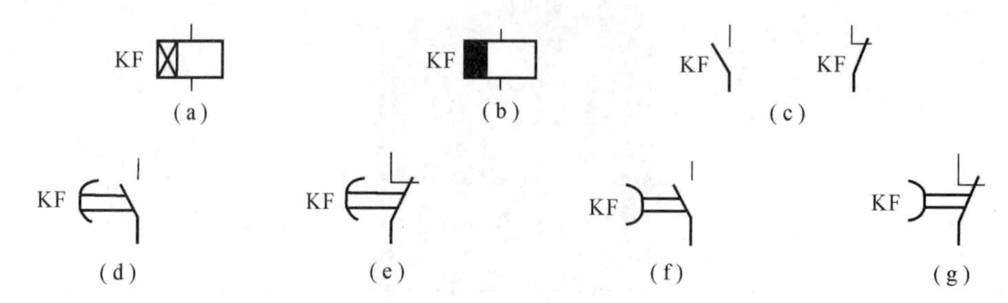

图 1－13　时间继电器图形、文字符号

(a)通电延时线圈；(b)断电延时线圈；(c)瞬动触头；
(d)通电延时闭合常开触头；(e)通电延时断开常闭触头；(f)断电延时断开常开触头；(g)断电延时闭合常闭触头

(1)通电延时：接受输入信号后延迟一定时间输出信号才发生变化；当输入信号消失后，输出瞬时复原。

(2)断电延时：接受输入信号，瞬时产生相应输出信号；当输入信号消失后，延迟一定时间输出才复原。

时间继电器按工作原理分类，有空气阻尼式和电子式。空气阻尼式是根据空气压缩产生的阻力进行延时，其结构简单、价格便宜、延时范围大(0.4～180 s)，适用于定时精度要求不高和定时时间较短的场合。电子式利用延时电路进行延时，精度高，体积小，应用广泛。

现以 JS7－A 系列空气阻尼式时间继电器为例，说明其工作原理，实物图和结构图如图 1－14 所示。

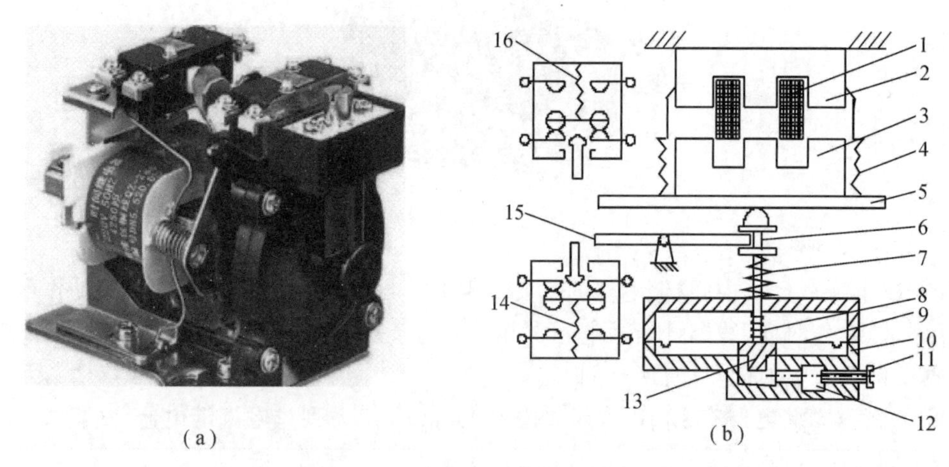

图 1－14　JS7－A 系列空气阻尼式时间继电器结构图

(a)实物图；(b)结构图

1—线圈；2—衔铁；3—铁芯；4—反力弹簧；5—推板；6—活塞杆；7—塔形弹簧；8—弱弹簧；
9—橡皮膜；10—空气室壁；11—调节螺钉；12—进气孔；13—活塞；14，16—微动开关；15—杠杆

1. 结构

空气阻尼式时间继电器由电磁机构、延时结构和触头系统三部分组成。

2. 工作原理

当线圈 1 通电后，衔铁 2 吸合，活塞杆 6 在塔形弹簧 7 作用下带动活塞 13 及橡皮膜 9 向上移动，橡皮膜 9 下方空气室的空气变得稀薄，形成负压，活塞杆 6 通过杠杆 15 压动微动开关 14 和 16，使其触头动作，起到通电延时的作用。

线圈断电后，衔铁释放，橡皮膜下方空气室的空气通过活塞肩部所形成的单向阀迅速排出，使活塞杆、杠杆和微动开关迅速复位。由线圈通电至触头动作的一段时间即为时间继电器的延时时间，延时长短可通过调节螺钉调节进气孔气隙大小改变。

微动开关在线圈通电或断电时，在推板的作用下都能瞬时动作，其触头为时间继电器的瞬时触头。

常用的时间继电器有空气式 JS23 系列（全国统一设计）、电子式 JS20 系列和电动式 JS11 系列等。

1.3.3　热继电器

热继电器（Thermal Relay）是利用电流流过发热元件产生热量使检测元件受热弯曲进而推动执行机构动作的一种保护电器。它用于电动机和其他电气设备、电气线路的长期过载及断相保护。

1. 双金属片热继电器

（1）结构。双金属片热继电器主要由热元件、主双金属片、触头系统、动作机构、复位按钮、电流整定装置和温度补偿元件等部分组成，如图 1－15 所示。

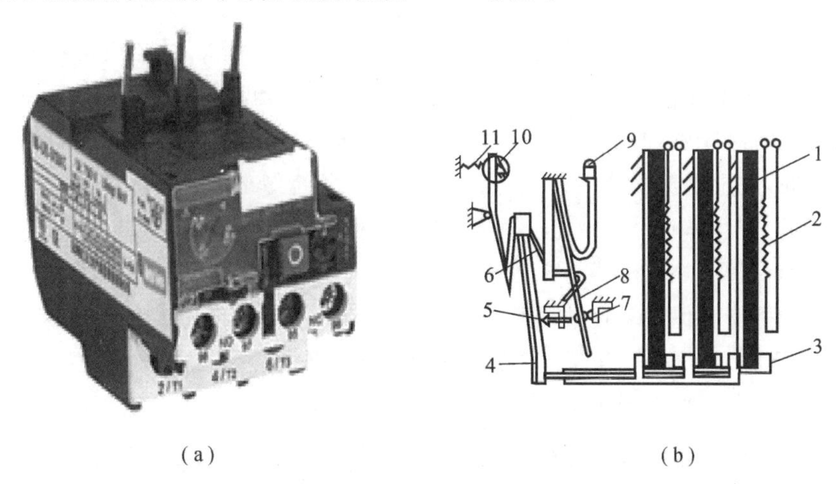

图 1－15　双金属片热继电器实物图及结构图

(a)实物图；(b)结构图

1—主双金属片；2—热元件；3—导板；4—补偿双金属片；5—螺钉；
6—推杆；7—静触头；8—动触头；9—复位按钮；10—调节凸轮；11—弹簧

热继电器图形、文字符号如图 1－16 所示。

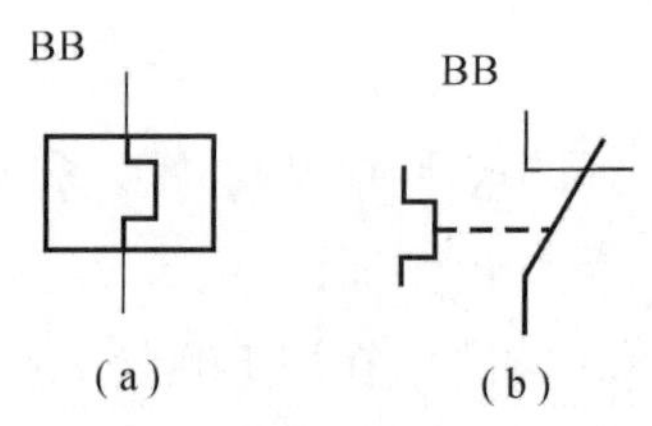

图1-16　双金属片热继电器图形、文字符号
(a)热元件;(b)常闭触点

(2)工作原理。双金属片是热继电器的感测元件,它是由两种线膨胀系数不同的金属片通过机械碾压为一体,线膨胀系数大的称为主动片,小的称为被动片。绕在其上面的热元件串接在电动机定子绕组中,流过电动机定子绕组的电流即为流过热元件的电流,反映电动机的过载情况。由于电流的热效应,使双金属片变热产生线膨胀,所以双金属片向被动片一侧弯曲,当电动机长期过载时,过载电流流过热元件,使双金属片弯曲,经过一定时间后,双金属片3弯曲到推动导板1,并通过补偿双金属片4与推杆6将触头7与8分开,此常闭触头串接于接触器线圈电路中,触头分开后,接触器线圈断电,接触器主触头断开电动机定子电源,实现电动机的过载保护。调节凸轮10用来改变补偿双金属片1与导板3间的距离,达到调节整定动作电流的目的。此外,调节复位螺钉5用来改变常开触头的位置,使继电器工作在手动复位或自动复位两种工作状态。调试手动复位时,在故障排除后需按下复位按钮9才能使常闭触头闭合。

2.带断相保护的热继电器

若三相笼型电动机的某根接线虚接或某相熔丝熔断,会烧坏电动机。若热继电器所保护的电动机是Y形接法,则当线路发生一相断电时,另外两相电流便增大很多,由于线电流等于相电流,流过电动机绕组的电流和流过热继电器的电流增加比例相同,所以普通的两/三相热继电器可以对此做出保护。如果电动机是△形接法,发生断相时,由于电动机的相电流与线电流不等,所以流过电动机绕组的电流和流过热继电器的电流增加比例不相同,而热元件又串联在电动机的电源进线中,按电动机的额定电流即线电流来整定,整定值较大。当故障线电流达到额定电流时,在电动机绕组内部,电流较大的那一相绕组的故障电流将超过额定相电流,会有过热烧毁的危险。因此△形接法必须采用带断相保护的热继电器。

带有断相保护的热继电器是在普通热继电器的基础上增加一个差动机构,对三个电流进行比较。差动式断相保护装置结构原理如图1-17所示。热继电器的导板改为差动机构,由上导板1、下导板2及杠杆5组成,它们之间都用转轴连接。

图1-17(a)中,当未通电时,机构各部件位于原始位置。图1-17(b)中,当热继电器正常通电时,三相双金属片都受热向左弯曲,挠度较小,下导板左移较小距离,继电器不动作。图1-17(c)中,当三相同时过载,三相双金属片同时向左弯曲,挠度足够大,推动下导板2左移,通过杠杆5使常闭触头立即打开。图1-17(d)中,当C相断线,C相双金属片逐渐冷却降温,端部右移,推动上导板1右移。而另外两相双金属片温度上升,端部向左弯曲,推动下导板2继续左移。由于上、下导板一左一右移动,产生了差动,通过杠杆的放大作用,使常闭触头打开。因差动作用,热继电器在断相故障时加速动作,从而保护电动机。

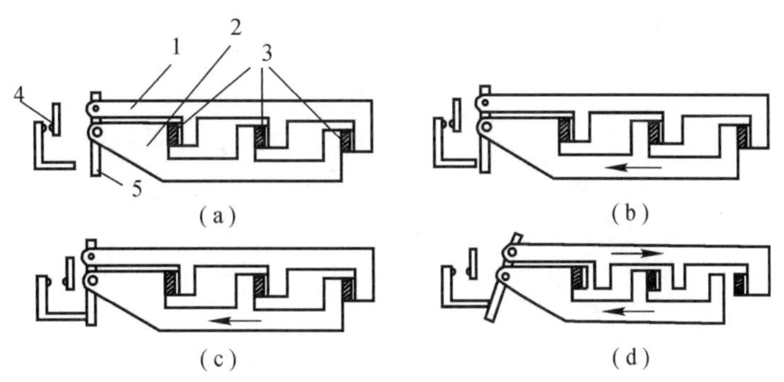

图 1-17　差动式断相保护装置结构原理图

(a)通电前;(b)三相正常通电;(c)三相均过载;(d)C 相断线

1—上导板;2—下导板;3—双金属片 ;4—常闭触头; 5—杠杆

常用的热继电器有 JR20、JRS1、JR9、JR14、JR15 等系列。热继电器的选择应从电动机的工作环境要求、启动情况和负载性质等方面综合考虑。

(1)热继电器的额定电流(实际为热元件的整定电流)应大于电动机额定电流,然后根据该额定电流来选择热继电器的型号。当电动机启动电流为其额定电流的 6 倍且启动时间不超过 6 s 时,热元件的整定电流调节到等于电动机的额定电流;当电动机的启动时间较长、拖动冲击性负载或不允许停车时,热元件整定电流调节到电动机额定电流的 1.1～1.15 倍。

(2)电动机中 Y 形接法选用三相热继电器,△形接法选用带断相保护的三相热继电器。

1.3.4　速度继电器

速度继电器(Speed Relay)是遵循速度原则动作的继电器,又称反接制动继电器,主要用于三相异步电动机反接制动的控制电路。机床上常用的速度继电器有 JY1 型、JFZ0 型两种。现以 JY1 型速度继电器为例,说明其结构及工作原理。

1. 结构

速度继电器主要由定子、转子和触头等组成,实物图及结构图如图 1-18 所示。

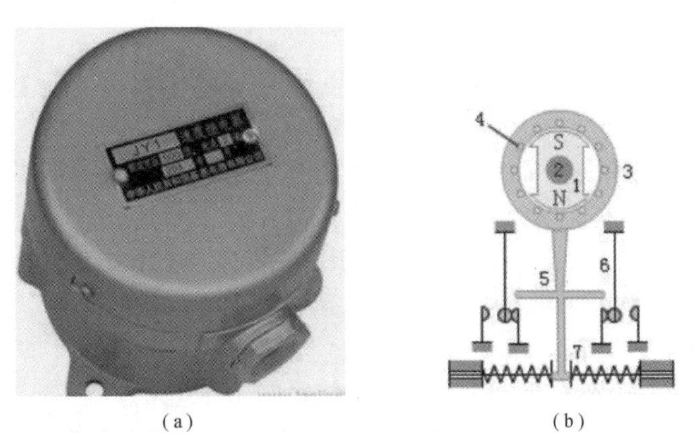

图 1-18　JY1 型速度继电器实物图及结构图

(a)实物图;(b)结构图

1—转子;2—电动机轴;3—定子;4 笼型绕组;5—定子柄;6—动触头;7—反力弹簧

速度继电器图形、文字符号如图 1－19 所示。

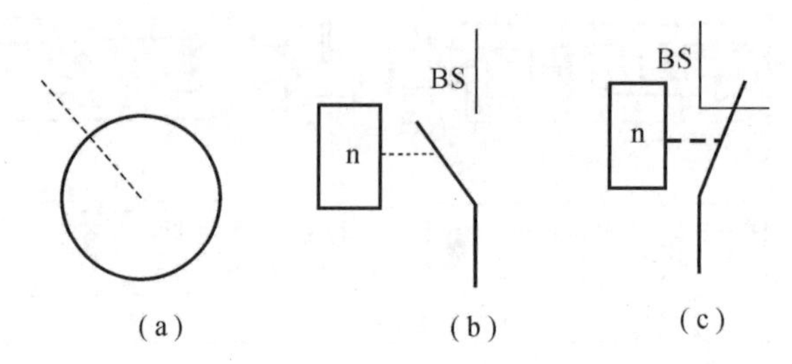

图 1－19 速度继电器图形、文字符号

(a)转子；(b)常开触头；(c)常闭触头

2. 工作原理

如图 1－18(b)所示，转子 1 是一块固定在轴上的永久磁铁。浮动的定子 3 与转子 1 同心，而且能独自偏摆，定子 3 由硅钢片叠成，并装有笼型绕组 4。速度继电器的轴与电动机轴 2 相连，电动机旋转时，转子 1 随之一起转动，形成旋转磁场。笼型绕组 4 切割磁力线进而产生感应电流，该电流与旋转磁场作用产生电磁转矩，使定子 3 随转子 1 向转子 1 的转动方向偏摆，定子柄 5 推动相应触头 6 动作；同时压缩反力弹簧 7，其反作用阻止定子 3 继续转动。当转子 1 的转速下降到一定数值时，电磁转矩小于反力弹簧 7 的反作用力矩，定子 3 返回原位，对应的触头 6 恢复原始状态。JY1 型速度继电器可在 700～3 600 r/min 范围内可靠工作。

一般速度继电器的动作转速为 120 r/min，触头复位转速为 100 r/min 以下。通过调整反力弹簧的拉力即可改变触头动作的转速，以适应控制电路的要求。

1.4 开关电器

开关电器（ Switchgear ）是指低压电器中非频繁手动接通和分断电路的开关，或机床电路中电源的引入开关，分为刀开关、组合开关等，应用于工矿企业的电气控制设备上。

1.4.1 刀开关

刀开关（ Knife Switch ）又名闸刀，是一种手动电器，主要用来手动接通与断开交、直流电路，通常只作隔离开关使用。在机床上，刀开关主要用作电源开关，用于主电路电源的控制。

刀开关按极数划分有单极、双极与三极。常用的三极刀开关允许长期通过的电流有 100 A、200 A、400 A、600 A 和 1 000 A 五种。目前生产的产品型号有 HD(单投)和 HS(双投)等系列。刀开关结构由刀片、触头座、手柄和底板组成。刀开关上安装熔丝或熔断器，组成兼有通、断电路和保护作用的开关电器，如胶盖闸刀开关、熔断式刀开关等。

胶盖闸刀开关主要用于频率为 50 Hz、电压小于 380 V、电流小于 60 A 的电力线路中，作为一般照明、电热等回路的控制开关；也可用作分支线路的配电开关。三极的胶盖闸刀开关常用的有 HK1、HK2 系列。

刀开关实物图及图形、文字符号如图 1－20 所示。

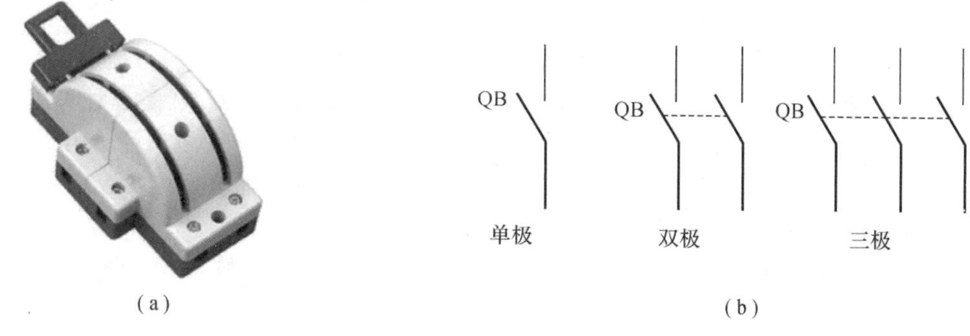

图 1 - 20　刀开关实物及图形、文字符号
(a)实物图;(b)图形、文字符号

1.4.2　组合开关

组合开关,又称转换开关(Combination Switch),在电气控制线路中,常被用作电源的引入开关,用来直接启动或停止小功率电动机或使电动机正反转、倒顺等;也常用作局部照明电路的控制。组合开关有单极、双极、三极和四极,额定持续电流有 10 A、25 A、60 A 和 100 A 等多种。

1. 结构

组合开关由若干分别装在数层绝缘件内的双断点桥式动触片和静触片(与盒外接线相连)组成。组合开关实物图及结构图、图形及文字符号如图 1 - 21 所示。

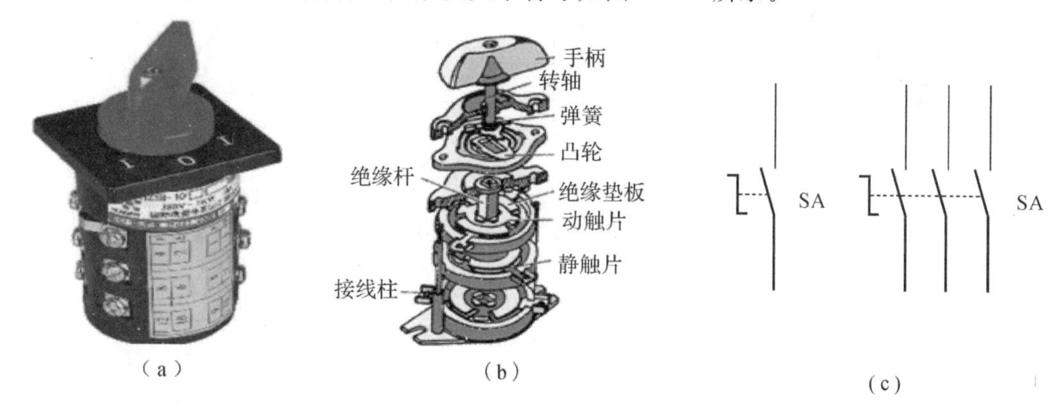

图 1 - 21　组合开关实物及结构图、图形及文字符号
(a)实物图;(b)结构图;(c)图形、文字符号

2. 工作原理

图 1 - 21(b)中动触片装在附加有手柄的绝缘方轴上,方轴随手柄而旋转,于是动触片也随方轴转动并变更其与静触片分、合位置。因此,组合开关实际上是一个多触头、多位置式,可以控制多个回路的开关电器,亦称转换开关。组合开关根据接线方法不同可组成以下几种类型:同时通断、交替通断、两位转换、三位转换和四位转换等,以满足不同电路的控制要求。

全国统一设计的新型组合开关有 HZ15 系列,其他常用的组合开关有 HZ10 型、HZ5 型和 HZ2 型。近年来引进生产的德国西门子公司的 3ST、3LB 系列组合开关也有应用。

1.4.3 低压断路器

低压断路器(Low-voltage Circuit Breaker)又称自动开关或空气开关,是一种可以接通和分断正常(过)负荷电流和短路电流的开关电器。它兼具过负荷、短路、欠压和漏电保护等功能,能自动切断故障电路,保护用电设备安全。它广泛应用于低压配电系统各级馈出线、各种机械设备的电源控制和用电终端的控制和保护。

低压断路器主要以结构形式分类,分为开启(万能)式和装置(塑料壳)式两种。

1. 结构

低压断路器主要由触头、操作机构、脱扣器和灭弧装置等组成。操作机构分为直接手柄操作、杠杆操作、电磁铁操作和电动机驱动四种。脱扣器有电磁脱扣器、热脱扣器、复式脱扣器、欠压脱扣器和分励脱扣器等类型。低压断路器实物图及结构图、图形及文字符号如图 1-22 所示。

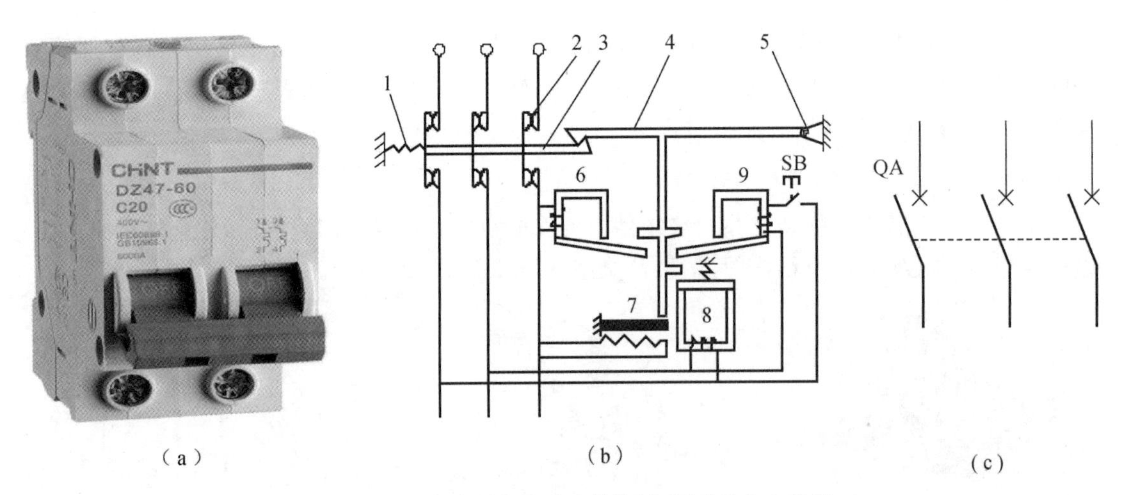

图 1-22 低压断路器实物图及结构图、图形及文字符号

(a)实物图;(b)结构图;(c)图形、文字符号

1—分闸弹簧;2—主触头;3—传动杆;4—锁扣;5—轴;

6—过电流脱扣器;7—热脱扣器;8—欠压失压脱扣器;9—分励脱扣器

2. 工作原理

图 1-22(b)中,三个主触头 2 串接于三相电路中。经操作机构将其闭合,此时传动杆 3 由锁扣 4 钩住,保持主触头 2 的闭合状态,同时分闸弹簧 1 已被拉伸。当主电路出现过电流故障且达到过电流脱扣器 6 的动作电流时,过电流脱扣器 6 的衔铁吸合,传动杆 3 上移将锁扣 4 顶开,在分闸弹簧 1 的作用下使主触头 2 断开。当主电路出现欠压、失压或过载时,则欠压失压脱扣器 8 和热脱扣器 7 分别将锁扣 4 顶开,使主触头 2 断开。分励脱扣器 9 可由主电路或其他控制电源供电,由操作人员发出指令或继电保护信号使分励线圈通电,其衔铁吸合,将锁扣 4 顶开,在分闸弹簧 1 作用下使主触头 2 断开,同时也使分励线圈断电。

常用的低压断路器有 DZ5、DZ15、DZ20(全国统一设计)等系列。

3. 智能化断路器

智能化断路器是以微处理器或单片机为核心，除具备普通断路器的各种保护功能外，还可以显示电路中各种电气参数(电流、电压、功率和功率因数等)，具备对电路在线监测、调节、实验和自诊断可通信等功能，能够对各种保护功能的动作参数进行显示、设定和修改，保护电路动作时故障参数存储在非易失存储区中便于查询。

智能化断路器有框架式和塑料外壳式两种。框架式智能化断路器主要用于智能化自动配电系统中的主断路器，塑料外壳式智能化断路器主要用于配电网络中分配电能和作为线路及电源设备的控制与保护，也可用于三相笼型异步电动机的控制。

1.5　主令电器

主令电器(Master Switch)是在自动控制系统中用于发出指令或程序控制的开关电器，主要用来闭合或断开控制电路。主令电器应用广泛，常见的有控制按钮、万能转换开关、行程开关、接近开关和凸轮开关等。

1.5.1　控制按钮

控制按钮(Control Button)简称按钮，是一种结构简单、应用广泛的主令电器。它主要用于远距离控制接触器、电磁起动器、继电器线圈、电气联锁线路及其他控制线路等。

1. 结构

控制按钮通常由按钮帽、复位弹簧、触头和外壳部分等组成，其实物图及结构图、图形及文字符号如图1-23所示。

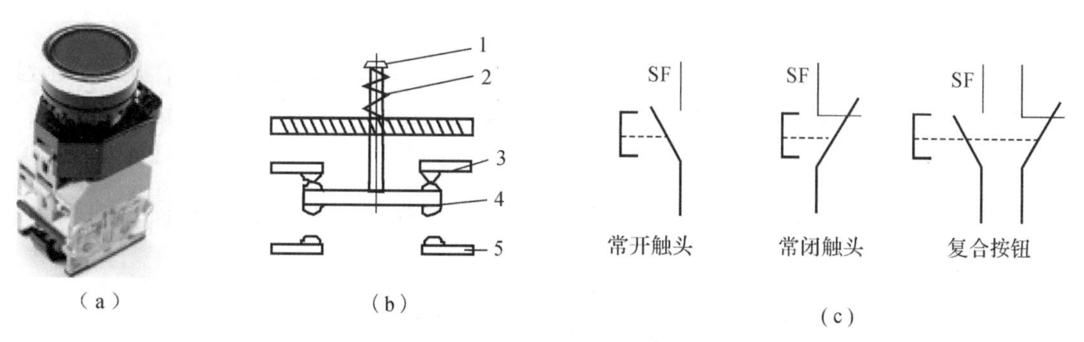

图1-23　控制按钮实物图及结构图、图形及文字符号

(a)实物图；(b)结构图；(c)图形、文字符号

1—按钮；2—复位弹簧；3—常闭触头；4—动触头；5—常开触头

按钮在结构上有按钮式、紧急式(装有突出的蘑菇形钮帽，便于紧急操作)、旋钮式(用手旋转进行操作)、指示灯式(在透明的按钮内装入信号灯，以作信号显示)、钥匙式(用钥匙插入方可旋转，为使用安全)等。通常所选用的规格为交流额定电压500 V，允许持续电流为5 A。

控制按钮的颜色有红、绿、黑、白、黄、蓝等几种，使用场合见表1-1。

表1-1 控制按钮颜色及要求

颜　色	要　求	典型应用
绿色	启动/接通	启动一台/多台电动机,启动一台机器的一部分,使电气元件得电
红色	危险情况下操作	紧急停止
	停止/分断	停止一台/多台电动机,停止一台机器的一部分,使电气元件失电
黄色	应急/干预	抑制非正常情况或中断非理想的工作周期
蓝色	上述几种颜色未包括的任一种功能	—
黑色、白色、灰色	无特指功能	停止/分断上述以外的任何情况

全国统一设计的按钮型号为LA25系列,其他常用的型号为LA2、LA10、LA18、LA19、LA20等系列。引进生产的有德国BBC公司的LAZ系列。

LA25系列按钮是组合式结构,并采用插接式结构连接方式,接触系统采用独立的接触单元,可以根据需要任意组合常开、常闭触点对数,最多可组合6个单元。

2. 工作原理

按钮中触头的数量和形式根据需要可装配成1常开1常闭到6常开6常闭的形式,接线时,也可以只接常开/常闭触头。当按下按钮时,先断开常闭触头3,而后接通常开触头5;释放按钮后,在复位弹簧2的作用下使触头复位。

1.5.2 万能转换开关

万能转换开关(Highly Versatile Change-over Switch)属于主令电器,和组合开关相比,其具有更多操作位置和触头,是能够换接多条电路并实现控制的一种手动控制电器。

1. 结构

万能转换开关由多层叠装的触头座、凸轮、转轴、定位机构、螺杆和手柄等组成。其实物图如图1-24所示。

图1-24 万能转换开关实物图

2. 工作原理

万能转换开关的触头底座中的凸轮套在转轴上，当万能转换开关的手柄转动到不同的挡位时，转轴带着凸轮随之转动，使多层叠装的触头座中的部分触头组接通，部分触头组断开，以适应不同线路的要求。

万能转换开关在电气原理图中的画法，如图1-25所示。图1-25(a)中虚线表示操作位置，而不同操作位置的各对触头通断状态表示于触头下方或右侧，与虚线相交位置上的实心圆表示接通，圆环表示断开。图1-25(b)是触点通断状态表，表中以“×”表示触头闭合，无记号表示分断。

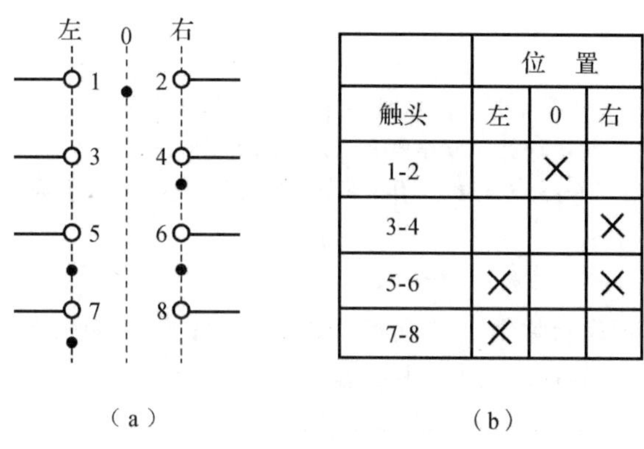

	位置		
触头	左	0	右
1-2		×	
3-4			×
5-6	×		×
7-8	×		

（a）　　（b）

图1-25　万能转换开关触头通断示意图

(a)画“·”标记表示；(b)接通表表示

万能转换开关主要用于交流50 Hz、额定工作电压380 V及以下、额定电流至160 A的电气线路中，实现电气控制电路的转换及频繁操作时小容量电动机的启动、停止或换向。常用的万能转换开关有LW8、LW6、LW5、LW2等系列。

1.5.3　行程开关

行程开关(Travel Switch)，又称限位开关，是一种常用的小电流主令电器。它利用生产机械运动部件的碰撞使其触头动作来实现接通或分断控制电路，达到控制目的。它广泛用于各类机床和起重机械，用以控制其行程、进行终端限位保护。在电梯的控制电路中，还可用来实现自动开关门的限位，轿厢的上、下限位保护。行程开关按结构分为直动式、滚动式和微动式；按接触头性质分为有触头式和无触头式。

一般行程开关由执行元件、操作机构及外壳等部件组成。操作机构工作原理与控制按钮类似，只是它用运动部件上的撞块(撞块移动速度大于0.4 m/min)来碰撞行程开关的推杆。现以微动开关(Micro Switch)为例，说明其结构及工作原理。

微动开关是用规定的行程和力进行开关动作的快动机构，以外壳覆盖，其外部有驱动杆。因为开关的触头间距比较小，故名微动开关，又叫灵敏开关。

1. 结构

微动开关实物图、结构图和行程开关图形、文字符号如图1-26所示。

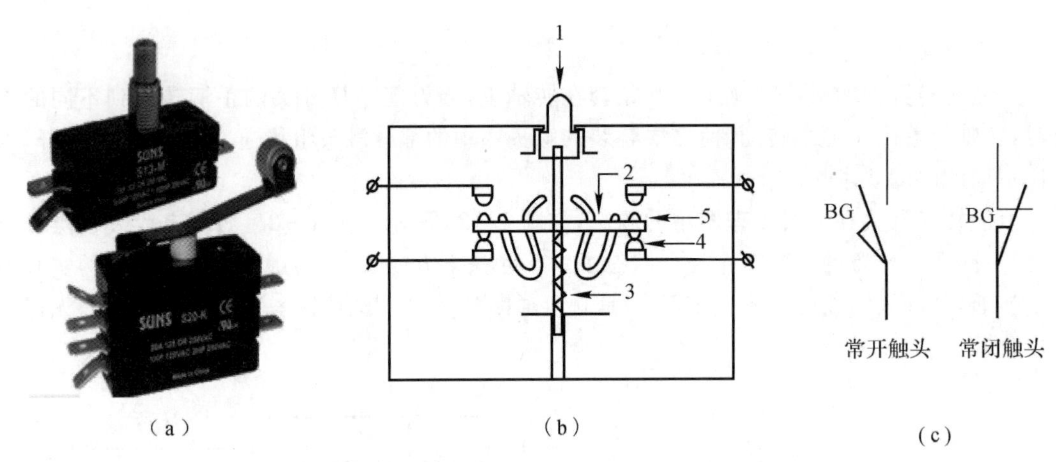

图 1-26　微动开关实物图、结构图和行程开关图形、文字符号

(a)实物图;(b)结构图;(c)行程开关图形、文字符号

1—推杆;2—弹簧;3—压缩弹簧;4—动断触头;5—动合触头

2. 工作原理

微动开关采用具有弯片状弹簧的瞬动机构。如图 1-26(b)所示,当推杆 1 被压下时,弹簧片 3 发生变形,储存能量并产生位移,当达到预定的临界点时,弹簧片 3 连同动触头 5 产生瞬时跳跃,从而导致电路的接通、分断或转移。

微动开关广泛应用于电子设备、仪器仪表和电力系统等场合,实现频繁换接电路设备的自动控制及安全保护。根据使用要求的不同,微动开关的机械寿命有 3 万次～800 万次不等。

行程开关的主要技术参数有额定电压、额定电流、触头转换时间、动作力、动作角度或工作行程、触头数量、结构型式和操作频率等。

全国统一设计的行程开关有 LX32、LX33 和 LX31 系列,其他常用的还有 LX19、LXW-11、JLXK1、LW2、LX5、LX10 等系列。

1.5.4　接近开关

接近开关(Proximity Switch)是一种无须与运动部件进行机械直接接触操作的位置开关。当物体接近开关的感应区域,即可使开关动作,从而驱动直流电器或给计算机装置提供控制指令。接近开关是电子开关量传感器(即无触头开关),它动作可靠、频率响应快、应用寿命长、抗干扰能力强,广泛应用于机床、冶金、化工、轻纺和印刷行业,在自动控制系统中可用作限位、计数、定位控制和自动保护环节等。接近开关按工作原理分有电感式、电容式、霍尔式、交/直流型;按外形分有圆柱形、方形、沟形、穿孔(贯通)形和分离形;按输出形式分有两线制和三线制(有 NPN 型和 PNP 型)。现以电感式接近开关为例,说明其结构及工作原理。

1. 结构

电感式接近开关由振荡器、开关电路及放大输出电路三部分组成。其实物图如图 1-27 所示,图形、文字符号如图 1-28 所示。

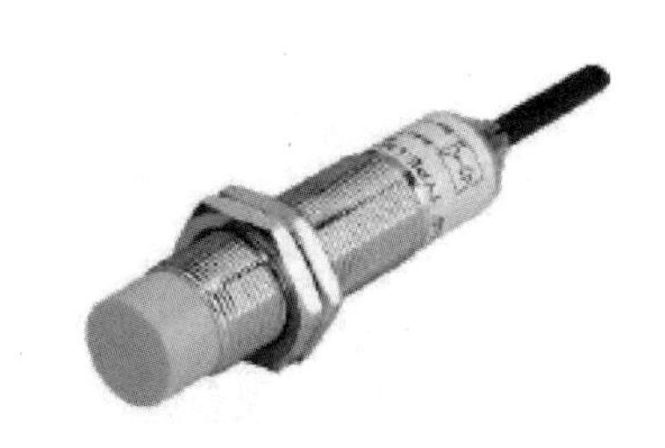

图1-27 电感式接近开关实物图

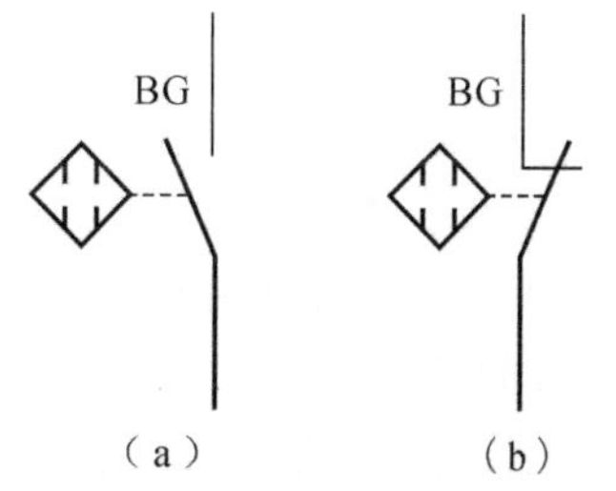

图1-28 接近开关图形、文字符号
(a)常开触头;(b)常闭触头

2. 工作原理

电感式接近开关的振荡器产生一个交变磁场,当金属目标接近这一磁场并达到感应距离时,在金属目标内产生涡流,从而导致振荡衰减,以至停振。振荡器振荡及停振的变化被后级放大电路处理并转换成开关信号,触发驱动控制器件。它检测的物体必须是导电体。

在一般的工业生产场所,通常都选用电感式接近开关和电容式接近开关,在各种机械设备上作位置检测、计数信号拾取等。

3. 选用原则

(1)检测体为金属材料,选用电感式接近开关;

(2)检测体为非金属材料,选用电容式接近开关;

(3)远距离检测和控制金属或非金属,选用光电型接近开关或超声波型接近开关;

(4)检测体为金属且对检测灵敏度要求不高,可选用价格低廉的磁性接近开关或霍尔式接近开关。

1.6 熔断器

1.6.1 熔断器的种类

熔断器(Fuse)是指当通过熔体的电流超过规定值时,以本身产生的热量使熔体熔断,从而断开电路的一种电流保护器。它可以实现过载和短路保护,广泛应用于高、低压配电系统和控制系统以及用电设备中。熔断器按其结构可分为开启式、半封闭式和封闭式三类。开启式很少采用;半封闭式如瓷插式熔断器;封闭式又可分为有填料管式、无填料管式及有填料螺旋式等。

1. 熔断器的工作原理和特性

熔断器主要由熔体和熔器(安装熔体的绝缘管或绝缘底座)组成。熔体的材料有低熔点材料(锡铅合金、锌等)和高熔点材料(银、铜等)两种。熔体一般为丝/片状。绝缘管具有灭弧作用。使用时,熔断器串联在所保护的电路中,当电路发生过载或短路故障时,如果通过熔体的电流达到或超过了某一定值,熔体自行熔断,切断故障电流,起到保护作用。电气设备的电流保护主要有过载延时保护和短路瞬时保护两种形式,其主要区别见表1-2。

表1-2 过载保护和短路保护区别

名称	定义	工作过程	保护目的	时间特性	参数特性	现象
过载	超过设备的额定负载能力	双金属片变热产生线膨胀推动机构动作	针对负载的功率消耗，功率消耗超过规定值时启动保护	延时保护	熔化系数小，发热时间常数大	电动机发生堵转，吊车吊不动
短路	相线间或相线与零线间直接导通，瞬间高温高热电流急剧增大	熔体热熔化	防止电路直接连接	瞬时保护	较大的限流系数，较小的发热时间常数，较高的分断能力和较低的过电压	线路烧毁

熔断器的主要技术参数有保护特性和分断能力。其保护特性曲线表示流过熔体的电流大小与熔断时间的关系；其分断能力是指它在额定电压及一定的功率因数（或时间常数）下切断短路电流的极限能力。前者是为过载保护，需要反时限特性；后者是为短路保护，需要瞬动限流特性。

2. 常用熔断器

常用的熔断器有瓷插式、螺旋式及管式熔断器三种。

（1）瓷插式熔断器。瓷插式熔断器由瓷底、瓷盖、动静触头及熔丝几部分组成，其实物图和图形、文字符号如图1-29所示。瓷插式熔断器广泛应用于照明和小容量电动机的短路保护，常用RC1A系列。

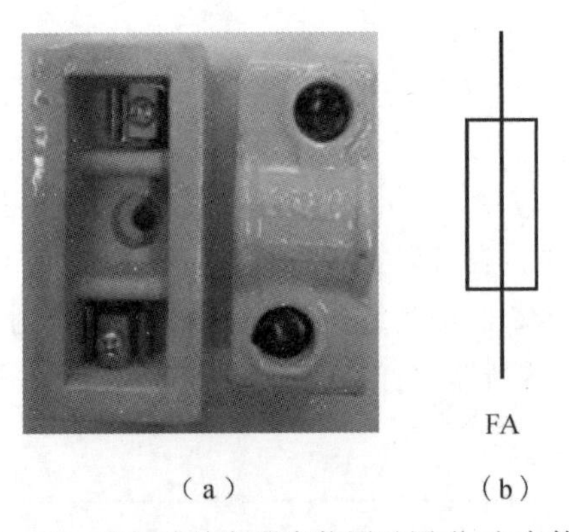

图1-29 瓷插式熔断器实物图及图形、文字符号

(a)实物图；(b)图形、文字符号

（2）螺旋式熔断器。螺旋式熔断器主要由瓷帽，瓷套，上、下接线端，底座和熔断管组成，其实物图、结构图如图1-30所示。螺旋式熔断器适用于电压500 V、电流200 A的交流线路及电动机控制电路中的过载或短路保护，常用RL1和RL2等系列。

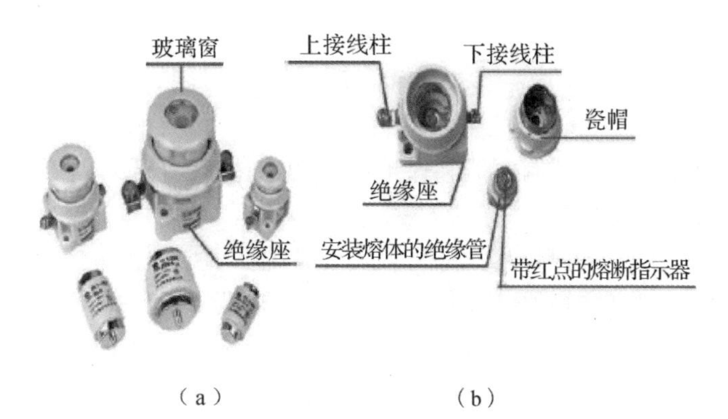

（a）　　　　　　　　（b）

图 1-30　螺旋式熔断器实物图及结构图

(a)实物图;(b)结构图

1.6.2　熔断器的选择

1. 熔断器种类的确定

熔断器根据负载的保护特性和短路电流的大小来选择。如车间配电网路保护选用分断能力大或有限流作用的 RT0 系列;若线路故障频发,选用可拆式如 RC1A、RL1、RM7、RM1 等系列。

2. 熔体额定电流的确定

在选择和计算熔体额定电流时,应考虑负载。

(1)对于电炉、照明等阻性负载电路的短路保护,熔体的额定电流应稍大于或等于负载的额定电流,如式(1-8)所示:

$$I_{re} \geqslant I_{ed} \tag{1-8}$$

式中:I_{re}为熔体的额定电流,单位为 A;I_{ed}为负载的额定电流,单位为 A。

(2)对一台电动机负载的短路保护,熔体的额定电流应等于 1.5～2.5 倍电动机的额定电流,如式(1-9)所示:

$$I_{re} = (1.5 \sim 2.5) I_{ed} \tag{1-9}$$

3. 熔体额定电流的计算

对于多台电动机负载的短路保护,应按式(1-10)所示计算熔体的额定电流:

$$I_{re} = (1.5 \sim 2.5) I_{edmax} + \sum I_e \tag{1-10}$$

式中:I_{edmax}为最大一台电动机容量的额定电流,单位为 A;$\sum I_e$为其他各台电动机额定电流的总和,单位为 A。

当电动机功率较大,实际负载较小时,I_{re}可适当选小,小到以电动机启动时熔丝不断为宜。

4. 熔断器熔管额定电流的确定

熔断器熔管的额定电流必须大于或等于所装熔体的额定电流。

5. 熔断器额定电压的选择

熔断器的额定电压必须大于或等于线路的工作电压。

本章小结

本章较详细地介绍了常用控制电器和保护电器的构造、工作原理、图形符号、技术参数及各自的特点、用途和选择原则等。

(1)控制电器主要用于接通和切断电路,以实现各种控制要求。分为自动切换和非自动切换两大类。自动切换电器有接触器、中间继电器、时间继电器、行程开关和自动开关等,其特点是触头的动作是自动的;非自动切换电器有按钮、转换开关等,其触头的动作是靠手动实现的。

(2)保护电器是对电动机及电控系统实现短路、过流、漏电及失(欠)压等保护。如熔断器、热继电器、过电流和失(欠)压继电器、漏电保护开关及过电压和失(欠)压继电器等。这些电器可根据电路的故障情况自动切断电路,实现保护作用。

学习这些常用电器时,应联系工程实践、结合实物,通过实践或实习等手段,加深对本章内容的理解,并抓住各自的特点及共性,以便合理使用及正确选择电器,为将来从事工程实践打下良好的基础。

思考题与练习题

1.分别简述电器和常用低压电器的分类。

2.分别简述电磁机构的吸力特性与反力特性及其配合关系。

3.简述交流电磁机构短路环的作用。

4.简述常见的灭弧措施。

5.简述热继电器和过电流继电器各自的区别和用途。

6.简述在电动机的控制中,热继电器和熔断器保护功能的不同之处。

7.简述热继电器的作用,带有断相保护的热继电器和普通热继电器在结构上的区别及各自的应用场合。

8.简述中间继电器与接触器的异同点。

9.简述低压断路器的功能、工作原理和应用场合。简述与采用刀开关和熔断器组合的控制方式相比,低压断路器有何优点。

10.简述控制按钮、万能转换开关、行程开关和接近开关在电路中各自的作用。

11.简述接近开关与其他行程开关的区别及其选用原则。

12.简述熔断器的选用原则及具体方式。

第2章 电气控制线路基本环节和典型线路分析

本章重点：

（1）电气原理图的概念、绘制原则；

（2）常用电气图形符号和文字符号的国家标准；

（3）电气控制线路基本环节；

（4）C650卧式车床电气控制线路分析；

（5）X62W卧式万能铣床电气控制线路分析。

电气控制线路是以一定的控制方式用导线把继电器、接触器、按钮、行程开关和保护元件等器件连接起来，以各类电动机或其他执行电器为被控对象，实现对电力拖动系统的启动、反向、制动和调速等运行性能的自动控制，以满足生产工艺的要求和实现生产过程自动化。

基本环节的控制线路通过组合，成为复杂的电气设备控制系统。本章在第1章的知识基础上，介绍电气控制线路的基本环节和一些典型控制线路，然后以C650卧式车床和X62W卧式万能铣床为例，详细介绍这两种典型机床的电气控制线路，为学习第3章及后续章节内容奠定基础。

2.1 电气控制系统图

电气控制线路图一般包括电气原理图（根据电路工作原理用规定的图形符号绘制的图形）、电器元件布置图和电气安装接线图（按电气元器件的布置位置和实际接线，用规定的图形符号绘制的图形）。电气原理图用以表明电路功能，便于分析系统的工作原理；电气安装接线图便于安装、检修和调试。

2.1.1 常用电气图形符号和字母符号

电气原理图中电气元件的图形符号（Graphical Symbol）和文字符号（ Letter Symbol ）必须符合国家标准规定。国家标准是在参照国际电工委员会（IEC）和国际标准化组织（ISO）所颁布标准的基础上制定的。本书仅列出最新的国家标准《电气简图用图形符号》（GB/T 4728—2018）、《人机界面标志标识的基本和安全规则》（GB/T 4026—2019）和《技术产品及技术产品文件结构原则》（GB/T 20939—2007）的部分常用内容，分别为设备端子、导体终端和导体的标识，符号要素与限定符号，导线和连接件，基本无源元件，半导体管和电子管，电能的发生与转换，开关、控制和保护器件，测量仪表、灯和信号器件，见表2-1。

表 2-1　常用电气图形符号和字母符号

1. 设备端子、导体终端和导体的标识

特定导体/端子		导体/端子的标识方法		
		字母数字标识		图形符号
		导　体	端　子	
交流导体		AC	AC	～
1	线 1	L1	U	
2	线 2	L2	V	
3	线 3	L3	W	
4	中性导体	N	N	无推荐
直流导体		DC	DC	⎓
1	正极	L+	+	+
2	负极	L−	−	−
3	中间导体	M	M	无推荐

2. 符号要素与限定符号

类　型	国标序号	图形符号	字母符号	说　明
符号要素	02—01—01	□	—	元件装置功能元件 注：填入或加上适当的符号于轮廓符号内以表示元件、装置或功能
	02—01—02	▭		
	02—01—03	○		
电流和电压的种类	02—02—01	——	—	直流
	02—02—05	～	—	交流
	02—02—14	N	—	中性(中性线)
	02—02—15	M	—	中间线
	02—02—16	+	—	正极
	02—02—17	−	—	负极

续表

类　型	国标序号	图形符号	字母符号	说　明
操作和操作方法	02—13—01		—	一般情况下手动控制
	02—13—02		—	受限制的手动控制
	02—13—03		—	拉拔操作
	02—13—04		—	旋转操作
	02—13—05		—	推动操作
	02—13—06		—	接近效应操作
	02—13—07		—	接触效应操作
	02—13—08		—	紧急开关(蘑菇安全按钮)
	02—13—24		—	电磁执行器操作
	02—13—25		—	热执行操作(如热继电器热过电流保护)
	02—13—26	M	—	电动机操作
接地、接机壳和等电位	02—15—01		XE	接地一般符号
	02—15—02			无噪声接地(抗干扰接地)
	02—15—02			保护接地

3. 导线和连接件

类　型	国标序号	图形符号	字母符号	说　明
导线	03—01—01		WD	导线、导线组、电线、电缆、传输通路线路、母线、一般符号
	03—01—02			示例：三根导线
	03—01—03	3		
	03—01—07			屏蔽导线
	03—01—08			交合导线(示出二股)

续表

类型	国标序号	图形符号	字母符号	说明
端子和导线的连接	03—2—01	●	XD	导线的连接
	03—2—03	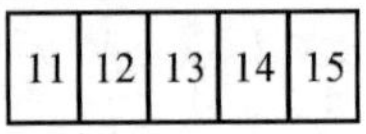 11 12 13 14 15		端子板
	03—2—04	形式1 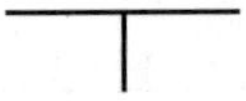		导线连接
	03—2—05	形式2 		
	03—2—10			可拆卸的端子

4. 基本无源元件

类型	国标序号	图形符号	字母符号	说明
电阻器	04—01—01		RA	电阻器一般符号
	04—01—03			可调电阻器
	04—01—18	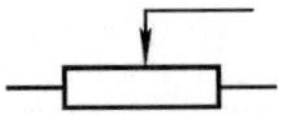		滑动触头电位器
电容器	04—02—01	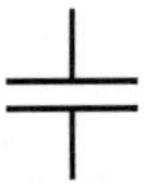	CA	电容器一般符号
电感器	04—03—01		RA	电感器、线圈、绕组、扼流带铁芯的电感器
	04—03—02	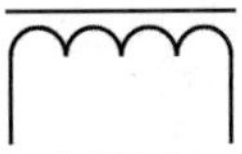		

5. 半导体管和电子管

类型	国标序号	图形符号	字母符号	说明
半导体二极管	05—03—01	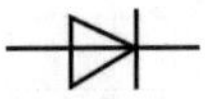	RA	半导体二极管一般符号
	05—03—02	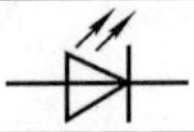	PG	发光二极管 一般符号
晶体闸流管	05—04—05	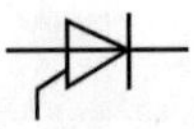	QA	反向阻断三极晶体闸流管 N 型控制极(阳极侧受控)
	05—04—06	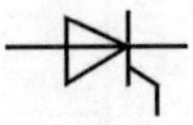		反向阻断三极晶体闸流管 P 型控制极(阴极侧受控)
	05—04—11	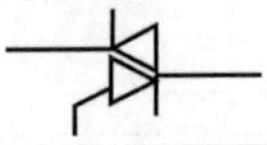		双向三极晶体闸流管 三端双向晶体闸流管

续表

类　型	国标序号	图形符号	字母符号	说　明
晶体闸流管	05—04—13		QA	反向导通三极晶体闸流管 N 型控制极(阳极侧受控)
	05—04—14			反向导通三极晶体闸流管 P 型控制极(阴极侧受控)
半导体管	05—05—01		KF	PNP 型半导体管
	05—05—02			NPN 型半导体管
光电子、光敏和磁敏器件	05—06—01		RA	光敏电阻:具有对称导电性的光电器件
	05—06—02			光电二极管:具有非对称导电性的光电器件
	05—06—04		KF	光电半导体管(示出 PNP 型)
	05—06—17			光耦合器、光隔离器(示出发光二级管和光电半导体管)

6. 电能的发生与转换

类　型	国标序号	图形符号	字母符号	说　明
电动机	06—04—03	M	MA	直流电动机
	06—04—05	M ~		交流电动机
	06—04—04	~	GA	交流发电机
	06—08—01	M 3~	MA	三相鼠笼异步电动机
变压器和电抗器	06—19—03		TA	双绕组变压器
	06—19—08			自耦变压器
	06—19—10		RA	电抗器、扼流圈
互感器	06—19—12		BE	电流互感器　脉冲变压器
	06—23—01			电压互感器

续表

类　型	国标序号	图形符号	字母符号	说　明
变流器	06—25—02		TB	整流器
	06—25—03			逆变器
	06—25—04			桥式全波整流
原电池和蓄电池	06—26—01		GB	原电池或蓄电池，长线代表阳极，短线代表阴极

7.开关、控制和保护器件

类　型	国标序号	图形符号	字母符号	说　明
触头限定符号	07—01—01		—	接触器功能
	07—01—02		—	断路器功能
	07—01—03		—	隔离开关功能
	07—01—04		—	负荷开关功能
	07—01—05		—	自动释放功能
	07—01—06		—	限制开关功能，位置开关功能
	07—01—07		—	弹性反回功能，自动复位功能
	07—01—08		—	无弹性反回功能
两个或三个位置的触头	07—02—01		KF	动合(常开)触头
	07—02—03			动断(常闭)触头
延时触头	07—05—02			当操作器被吸合时延时闭合的动合触头
	07—20—03			当操作器件被释放时延时断开的动合触头

续表

类　型	国标序号	图形符号	字母符号	说　明
延时触头	07—05—06		KF	当操作器被释放时延时闭合的动断触头
	07—05—07			当操作器被吸合时延时断开的动断触头
单极开关	07—07—01		SF	手动开关一般符号
	07—07—02			按钮开关(不闭锁)
				按钮开关(闭锁)
	07—07—03	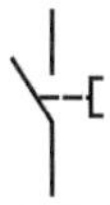		拉拔开关(不闭锁)
	07—07—04	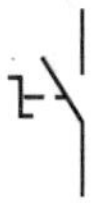		按钮开关,旋转开(闭锁)
位置和限制开关	07—08—01		BG	位置开关,动合触头 限制开关,动合触头
	07—08—02			位置开关,动断触头 限制开关,动断触头
开关装置和控制装置	07—13—01		QA	多极开关一般符号
	07—13—02	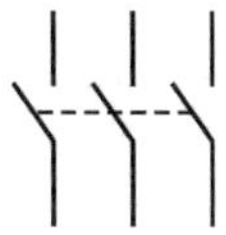		多线表示
	07—13—03			接触器(在非动作位置触头断开)

续表

类　型	国标序号	图形符号	字母符号	说　明
开关装置和控制装置	07－13－04		QB	具有自动释放的接触器
	07－13－06		QA	接触器(在非动作位置触头闭合)
	07－13－07			断路器
	07－13－08			隔离开关
	07－13－09	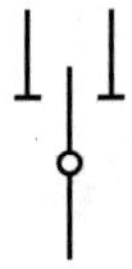		具有中间断开位置的双向隔离开关
	07－13－10			负荷开关(负荷隔离开关)
	07－13－11			具有自动释放的负荷开关
继电器操作	07－15－01	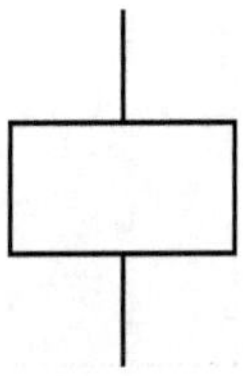	KF	电磁继电器线圈
			MB	电磁铁线圈
			QA	接触器线圈
	07－15－07	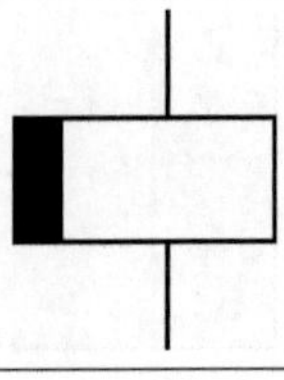	KF	延时释放继电器线圈

续表

类　型	国标序号	图形符号	字母符号	说　明
继电器操作	07—15—08		KF	延时吸合继电器线圈
	07—15—21		BB	热继电器的驱动器件
	07—17—07	$U<$	KF	电压继电器线圈
	07—17—08	$I>$		电流继电器线圈
传感器和检测器	07—19—01		BG	接近传感器
	07—19—04			接触传感器
开关	07—20—02			接近开关动合触头
	07—20—03			磁铁接近时动作的接近开关、动合触头

续表

类　型	国标序号	图形符号	字母符号	说　明
熔断器和熔断器式开关	07－21－01	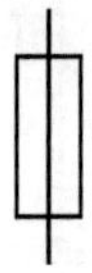	FA	熔断器一般符号
	07－21－02	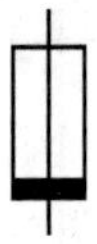		供电端由粗线表示的熔断器
	07－21－03	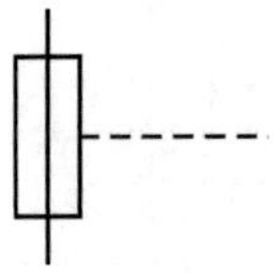		带机械连杆的熔断器
	07－21－03	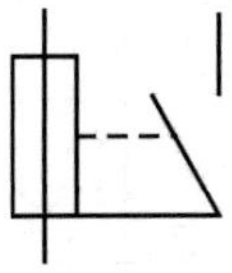		具有报警触点的三端熔断器
	07－21－04	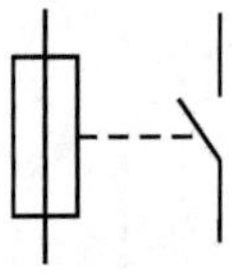		具有独立报警电路的熔断器
	07－21－05			跌开式熔断器
	07－21－06		QA	熔断器式开关
	07－21－09			熔断器式负荷开关
	07－21－09	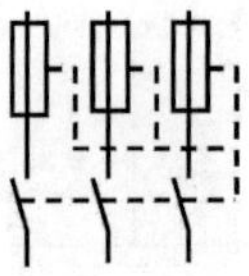		任何一个撞击器式熔断器熔断而自动释放的三相开关

续表

类　型	国标序号	图形符号	字母符号	说　明
火花间隙和避雷器	07—22—01		F	火花间隙
	07—22—02			双火花间隙
	07—22—03			避雷器
8. 测量仪表、灯和信号器件				
类　型	国标序号	图形符号	字母符号	说　明
测量仪表	08—02—01	 V	TB	电压表
	08—02—12			检流计
灯	08—10—01		PG	灯一般符号
信号器件	08—10—05	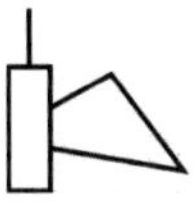	PB	电喇叭
	08—10—06			电铃
	08—10—10	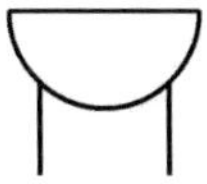		蜂鸣器

2.1.2　电气控制系统图的绘制原则

1. 电气原理图

电气原理图(Electrical Schematic Diagram)包括所有电气元件的导电部件和接线端子(Terminal),表示电路的工作原理、各元器件的作用和相互关系,是电气控制系统设计的核心。

绘制电气原理图时应遵循的主要原则如下。

(1)电气原理图分为主电路和控制电路。主电路是电路中从电源到电动机之间相连的电气元件部分,为粗实线,在图面左侧或上方,一般由组合开关、主熔断器、接触器主触头、热继电器的热元件和电动机等组成,通过大电流。控制电路是控制线路中除主电路以外的电路,流过的电流较小,为细实线,在图面右侧或下方。其功能布置按动作顺序从上到下、从左到右排列。

(2)采用电气元件展开图的画法。同一电气元件的不同部件(如线圈、触头)分散在不同位置时,要标注统一的文字符号。对于同类器件,需在其文字符号后加数字序号来区别。如 KF1、KF2 文字符号区别。

(3)所有电气元件触头均按"正常"状态画出。如继电器、接触器的触头表达状态为线圈未通电时;控制器为手柄处于零位时;按钮、行程开关等触头为未受外力作用时。

(4)少线条和免交叉原则。各导线间的"+"形连接点,以实心圆点表示。若图面布置需要,可以将图形符号逆时针方向旋转 90°,一般文字符号不倒置。

(5)主电路标号由文字符号和数字标号组成。文字符号标明主电路中元件或线路的主要特征,数字标号区别电路不同线段。如 L1、L2、L3 标识三相交流电源引入线,U、V、W 标识电源开关之后的三相主电路。

(6)控制电路由三位或三位以下数字组成。交流控制电路的标号一般以主要压降元件为分界(如线圈),横排时,左侧奇数、右侧偶数;竖排时,上方奇数、下方偶数。直流控制电路中,电源正极奇数、负极偶数。

以上原则在三相笼型电动机单相全压启动控制线路中体现,如图 2-1 所示。

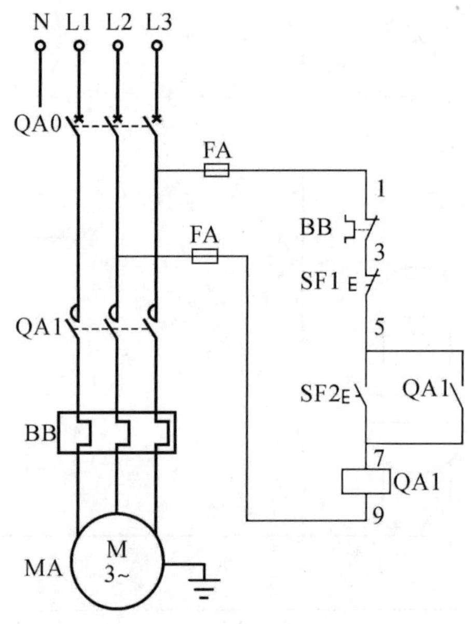

图 2-1 三相笼型电动机单相全压启动控制线路

2. 电器元件布置图

电器元件布置图(Electrical Location Diagram)表示电气原理图中各元器件的实际安装位置,按照实际情况分别绘制。元器件轮廓线可用粗实线绘制,其绘制遵循以下原则,如图 2-2 所示。

（1）控制柜或面板下方安放体积较大/重的元器件，上方或后方安放发热元器件。

（2）考虑安装间隙及整齐、美观。需要经常维护、整定和检修的电气元件、操作开关、监视仪器仪表等应位置高低适宜，便于操作。

（3）强电、弱电分开走线，弱电应有屏蔽层，防止外界干扰。

（4）控制柜或面板内电气元件与板外元件通过端子排，按照电气原理图中的接线编号连接。

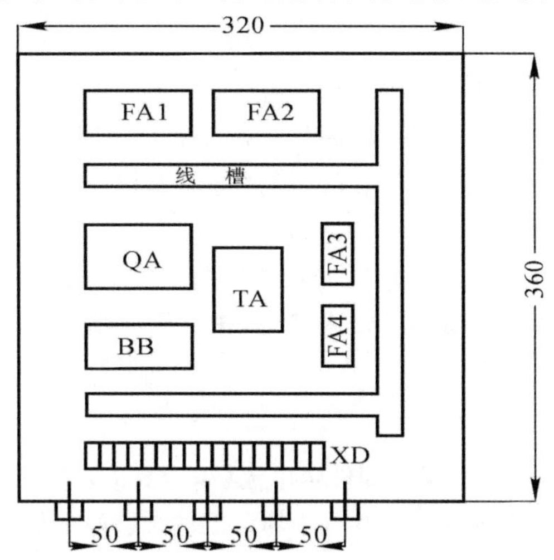

图 2－2　CW6132 型车床电气元件布置图（单位：mm）

3. 电气安装接线图

电气安装接线图（Electrical Installation Wiring Diagram）表示电气原理图中各元器件实际接线情况，通常需和原理图配合使用。其绘制遵循以下原则，如图 2－3 所示。

（1）各电气元件的位置应与实际安装位置一致，其文字符号与电气原理图中的标注一致，同一个电气元件的各部件需画在一起。

（2）同走向和同功能的多根导线可用单线或线束表示。画连接线时，应标明导线的规格、型号、颜色、根数和穿线管的尺寸。

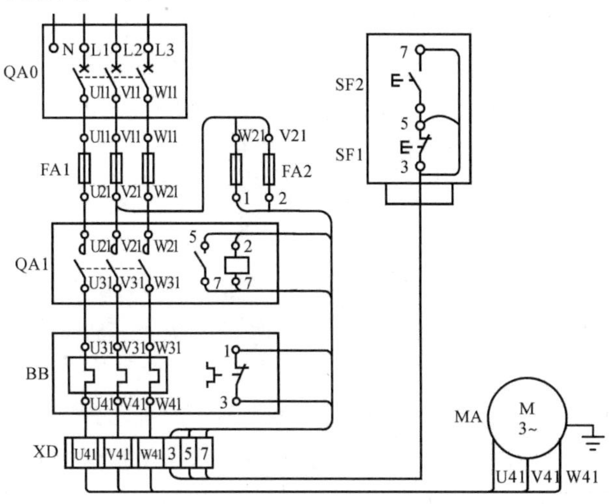

图 2－3　三相异步电动机启动、停止控制线路安装接线图

2.1.3 电气控制系统常用保护措施

电气控制系统安全可靠运行必须有保护环节做保障。常用的保护环节有短路、过电流、过载、失电压、欠电压、过电压、断相和弱磁保护等。这里主要介绍电动机常用的保护环节，为本章后续内容奠定基础。

1. 短路保护

短路就是不同电位的导电部分之间的低阻性短接，相当于电源未经负载而直接由导线接通成闭合回路，如负载短路、接线错误和线路绝缘损坏等。短路产生的瞬时电流可达到额定电流的十几倍到几十倍，使电气设备或配电线路因过电流而损坏，甚至引起火灾。因此，短路保护要具有在极短时间内切断电源的瞬动特性。

常用方法有熔断器保护和低压断路器保护。熔断器熔体的选择见第 1 章 1.6.2；低压断路器动作电流按电动机启动电流的 1.2 倍来整定，相应低压断路器切断短路电流的触头容量应加大。

2. 过电流保护

过电流是指电动机或电器元件超过其额定电流(小于 6 倍)的运行状态。过电流时，若电流值在最大允许温升前复原，电器元件不会立刻损坏。但过大的冲击负载，会使电动机因流过过大的冲击电流而损坏，机械的传动部件也会因过大的电磁转矩而损坏，因此要瞬时切断电源。

过电流保护常用过电流继电器与接触器配合实现，将过电流继电器线圈串接在被保护电路中，当电路电流达到其整定值时，过电流继电器动作，其串接在电路中接触器线圈的常闭触头断开，接触器线圈断电释放，接触器主触头断开，切断电动机电源。这种过电流保护环节常用于直流电动机和三相笼型异步电动机的控制电路中。

3. 过载保护

对于电动机而言，过载是指其运行电流大于其额定电流(1.5 倍以内)。负载的突然增加，缺相运行或电源电压降低等都会引起电动机过载。若电动机长期过载运行，其绕组的温升将超过允许值而使电动机的绝缘老化、损坏。

过载保护装置要求具有反时限特性，且不受电动机短时过载冲击电流或短路电流的影响而瞬时动作，因此通常用热继电器作过载保护。当 6 倍以上额定电流通过热继电器时，需经 5 s 后才动作。这样，在热继电器未动作前，可能使热继电器的发热元件先烧坏。因此，在用热继电器作过载保护时，还必须安装熔断器或低压断路器作短路保护。由于过载保护特性与过电流保护不同，所以不能用过电流保护方法来进行过载保护。

4. 失电压保护

失压保护是指一旦无电压(断电)或电压太低，设备就会停止运行的自动保护。对于电动机而言，当本路电压低于临界电压时保护电器才动作的称为失压保护，其主要任务是防止电动机自启动，避免意外事故。

失电压保护常用按钮和接触器控制的启动、停止电路配合实现。当电源电压消失时，接触器就会自动释放而切断电动机电源。当电源电压恢复时，由于接触器自锁触头已断开，电动机不会自行启动。若线路中使用了手动开关或行程开关来控制接触器，则必须采用专门的零电压继电器。工作过程中一旦失电，零压继电器释放，其自锁电路断开，避免了电源恢复时电动机自行启动。

5. 欠电压保护

电动机在额定负载下，电压过低(欠电压)，工作电流会大幅增加，故要加保护。

欠电压保护可以通过按钮和接触器控制的电路实现，也可采用欠电压继电器进行欠电压保护。将电压继电器线圈跨接在电源上，其常开触头串接在接触器线圈电路中，当电源电压低于释放值时，电压继电器动作使接触器释放，接触器主触头断开电动机电源，实现欠电压保护。

总之，电动机的三相电源通过交流接触器来控制，接触器线圈电压从主回路取得。启动按钮将接触器吸合后，通过接触器常开辅助触头进行自锁，在主回路电压过低或没有电压后，接触器线圈因吸合电压不足或没有电压，将导通到电动机的三相电源断开，实现对电动机的欠压和失压保护。

6. 过电压保护

过电压是指工频下交流电压均方根值升高，超过额定值的10%，且持续时间大于1 min的长时间电压变动现象。过电压的出现通常是负荷投切的瞬间结果。正常使用时在感性或容性负载接通或断开情况下发生。就电气控制系统而言，电磁铁、电磁吸盘等大电感负载及直流电磁机构、直流继电器等，在通断时会产生较高的感应电动势，将电磁线圈绝缘部分击穿而损坏。因此，必须采用过电压保护。通常是在线圈两端并联一个电阻，电阻串电容或二极管串电阻，以形成一个放电回路，实现过电压保护。

7. 弱磁保护

直流电动机运行时，磁场过度减小会引起电动机超速，需设置弱磁保护，通过在电动机励磁回路中串入欠电流继电器来实现。当励磁电流过小时，欠电流继电器释放，其触头断开控制电动机电枢回路的接触器线圈电路，接触器线圈断电释放，接触器主触头断开电动机电枢回路，切断电动机电源，起到保护作用。

8. 其他保护

除上述保护外，还有超速保护、行程保护和油压保护等，都是通过在控制电路中串接一个受这些参量控制的常开触头或常闭触头对控制电路的电源进行控制来实现的。这些装置有离心开关、测速发电动机、行程开关和压力继电器等。

2.2　三相笼型异步电动机的基本控制

三相笼型异步电动机(Triple-Phase Asynchronous Motor)结构简单、价格便宜，应用于一般无特殊要求的机械设备，如农业机械、食品机械、风机、水泵、机床、搅拌机和空气压缩机等。其控制线路多由继电器、接触器和按钮等触头电器组成。其基本控制线路有全压启动、正反转、点动、多点控制、顺序控制和自动循环等。

2.2.1　全压启动控制

如图2-4所示为三相笼型异步电动机的单向全压启动控制线路。主电路由电源开关QA0、接触器QA1的主触头、热继电器BB的热元件和电动机MA构成。控制线路由热继电器BB的常闭触头、停止按钮SF1、启动按钮SF2、接触器QA1常开触头以及它的线圈组成。这是最基本的电动机控制线路。

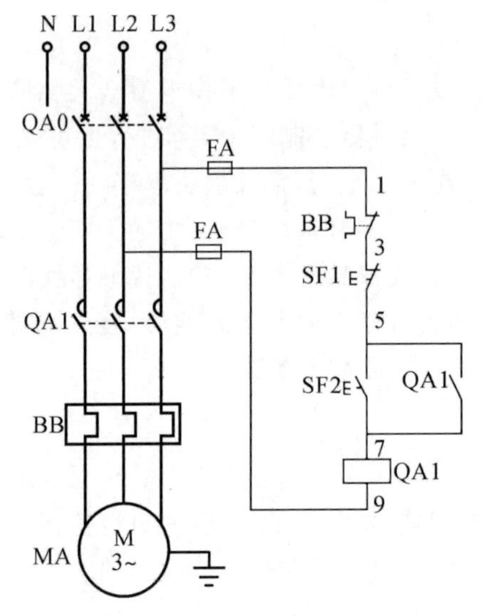

图 2-4 单向全压启动控制线路

1.控制线路工作原理

线路工作过程如下:

闭合电源开关 QA0。

(1)启动。

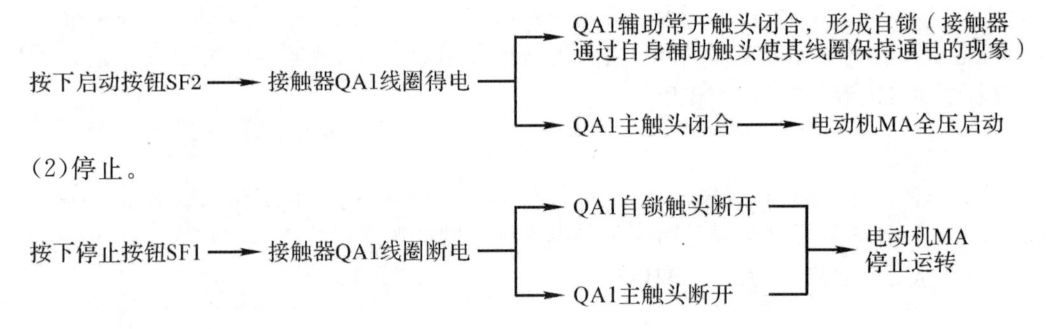

(2)停止。

2.控制线路的保护环节

(1)短路保护。主电路由电源开关 QA0,控制线路由熔断器 FA 分别实现。

(2)过载保护。由热继电器 BB 实现。当电动机长期超载运行,串接在电动机定子电路中的发热元件使双金属片受热弯曲,使热继电器动作,常闭触头 BB 断开,接触器 QA1 线圈失电,其主触头 QA1 断开主电路,电动机停止运转,实现过载保护。

(3)欠压和失压保护。当电源电压过分降低或电压消失时,接触器电磁吸力急剧下降或消失,衔铁释放,各触头复原,断开电动机电源,电动机停止旋转。即便电源电压恢复,电动机也不会自行启动,从而避免发生事故。

在图 2-4 所示电路中,依靠接触器本身实现欠压和失压保护。当电源电压低到一定程度或失电时,接触器 QA1 的电磁吸力小于反力,电磁机构会释放,主触头断开主电源,电动机停转。这时若电源恢复,由于控制电路失去自锁,电动机不会自行启动。只有再次按下启动按钮

SF2,电动机才会重新启动。

以上三种保护是三相笼型异步电动机常用的保护环节,它对保证三相笼型异步电动机的安全运行非常重要。

2.2.2　正反转控制

各种生产机械常常要求具有上下、左右、前后等相反方向的运动,如铣床工作台的往复运动,就要求拖动电动机能可逆运行。由电动机原理可知,对调三相异步电动机三相电源中的任意两相,即可实现电动机反向运转。此处,通过接触器改变定子绕组相序来实现,其线路如图 2-5 所示。实验演示链接扫二维码  。

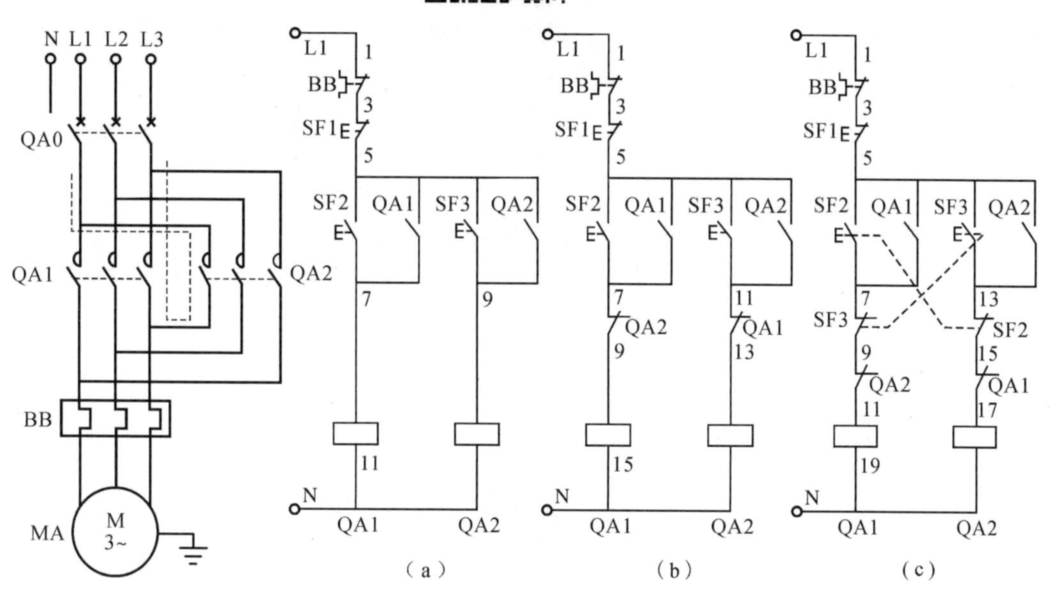

图 2-5　正反向工作的控制线路

(a)无互锁;(b)“正—停—反”控制;(c)“正—反—停”控制

图 2-5(c)所示线路工作过程如下:

闭合电源开关 QA0。

(1)正转。

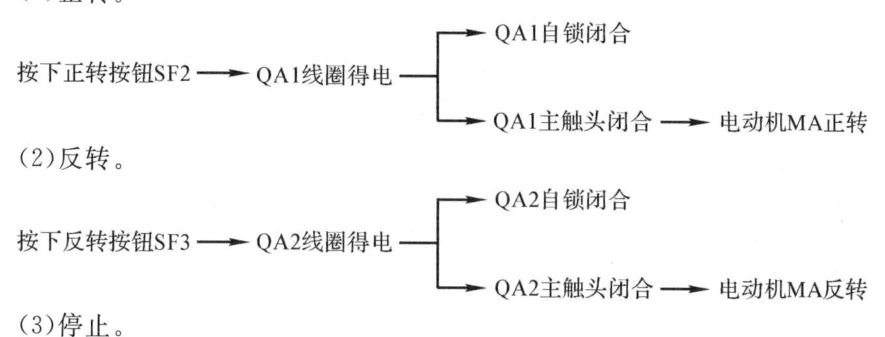

(3)停止。

按下停止按钮SF1 ⟶ QA1(QA2)线圈断电，主触头释放 ⟶ 电动机MA断电停转

当出现误操作，即同时按正、反向启动按钮 SF2 和 SF3 时，若采用图 2-5(a)所示无互锁线路，将造成短路故障。如图 2-5(b)所示，将正反转接触器的常闭触头串接在对方线圈电路中，形成互相制约的控制关系称为互锁。

图 2-5(b)所示的电路为“正一停一反”控制，若要实现反转运行，需先停止正转，再按反向启动按钮；反之亦然。图 2-5(c)所示的电路为“正一反一停”控制，它是在图 2-5(b)基础上增设启动按钮的常闭触头做互锁，构成具有电气、按钮双互锁的控制电路，实现直接按反向按钮就能使电动机反向工作，该电路也可实现“正一停一反”控制。“正一反一停”控制线路常用于机床电力拖动系统。

2.2.3 点动控制

在生产实践中，生产机械连续不断的工作称为长动。而点动，就是按下按钮，电动机启动工作，松开按钮则停止工作，如机床刀架、横梁和立柱的快速移动，机床的调整对刀等应用。能实现点动的几种常见控制线路如图 2-6 所示。

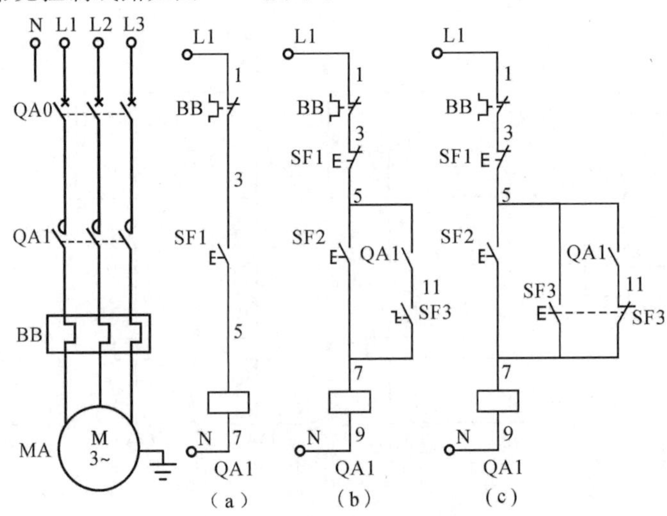

图 2-6 几种常见点动控制线路

线路工作过程如下：

闭合电源开关 QA0。

图 2-6(a)所示为基本点动控制线路。按下启动按钮 SF1，QA1 线圈通电(无自锁)，电动机启动运行；松开 SF1，QA1 线圈电释放，电动机停止运转。

图 2-6(b)所示为带转换开关 SF3 的点动控制和连续运转皆可实现的线路。断开开关 SF3，由按钮 SF2 实现点动控制；闭合开头 SF3，接入 QA1 的自锁触点，实现连续控制。

图 2-6(c)中增加了一个复合按钮 SF3 来实现点动控制，利用 SF3 的常闭触点来断开自锁电路，实现点动控制；由启动按钮 SF2 实现连续控制。SF1 为连续运转的停止按钮。

2.2.4 多点控制

一些大型机床设备，为了操作方便，需要在多个地点控制。如重型龙门刨床，可以在固定

的操作台上或在机床周围通过悬挂按钮盒控制。实现两地控制，要求接通电路将启动按钮并联、断开电路将停止按钮串联，按钮分别安装在两个地方，如图 2－7 所示。该原则也适用于三地及以上的控制。

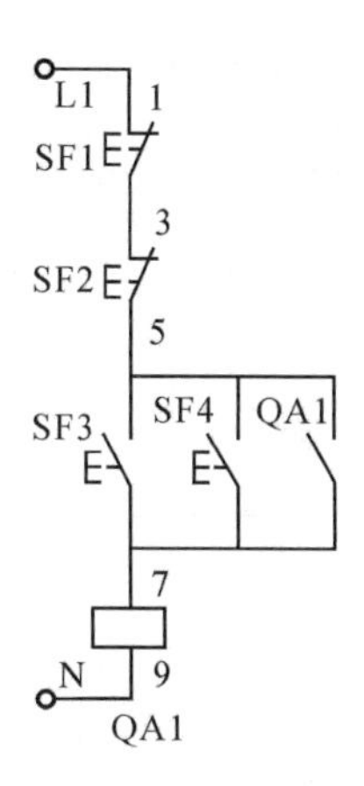

图 2－7　实现多地点控制线路

2.2.5　顺序控制

在机床控制中，有时要求电动机或各种运动部件之间按照一定顺序工作。如铣床的主轴旋转后，工作台方可移动等。如图 2－8 所示，MA1 为油泵电动机，MA2 为主拖动电动机。在图 2－8(a)中将控制油泵电动机的接触器 QA1 的常开辅助触头串入控制主拖动电动机的接触器 QA2 的线圈电路中，实现按顺序工作的联锁要求；图 2－8(b)则是利用时间继电器 KF 的延时闭合常开触头实现按时间顺序启动的控制线路，线路要求电动机 MA1 启动一定时间后，电动机 MA2 自动启动。

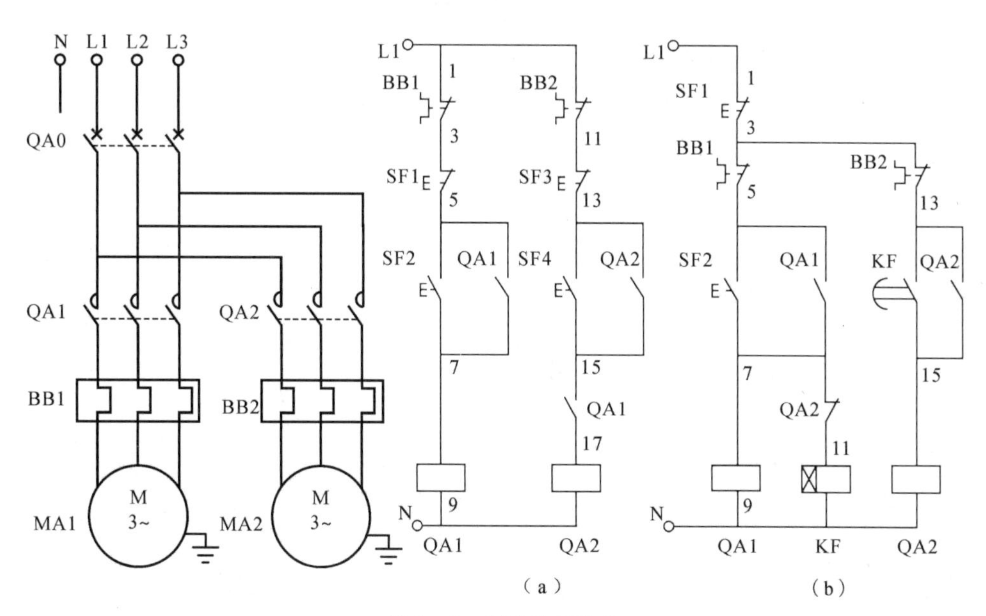

图 2－8　顺序控制线路

(a)基于动作顺序；(b)基于时间顺序

线路工作过程如下：

闭合电源开关 QA0。

(1)基于动作顺序。

按下启动按钮SF2 → QA1线圈得电 → QA1自锁闭合，电动机启动，QA1串接在线圈QA2上的常开辅助触头闭合

按下启动按钮SF2 → 按下启动按钮SF4 → QA2自锁闭合，电动机MA2启动

(2)基于时间顺序。

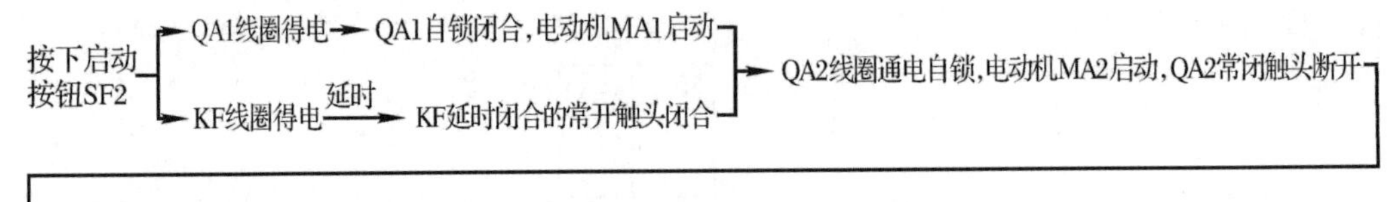

2.2.6 自动循环控制

在生产机械中，有些部件的自动循环是通过电动机正反转实现，如龙门刨工作台的前进和后退。一般通过限位开关(行程开关)实现电动机正反转自动往复循环进而实现生产机械位置变化的控制，也称行程控制，如图 2-9 所示。

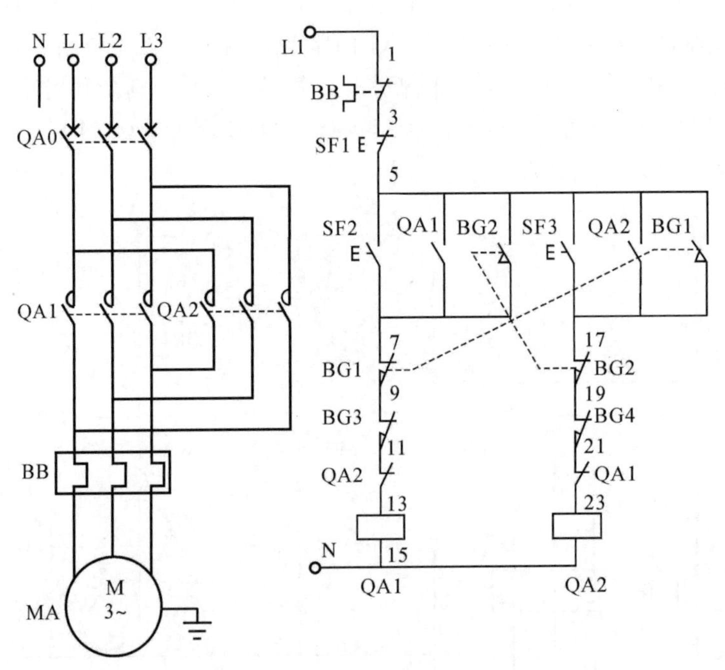

图 2-9 正反转自动往复循环控制线路

线路工作过程如下：

闭合电源开关 QA0。

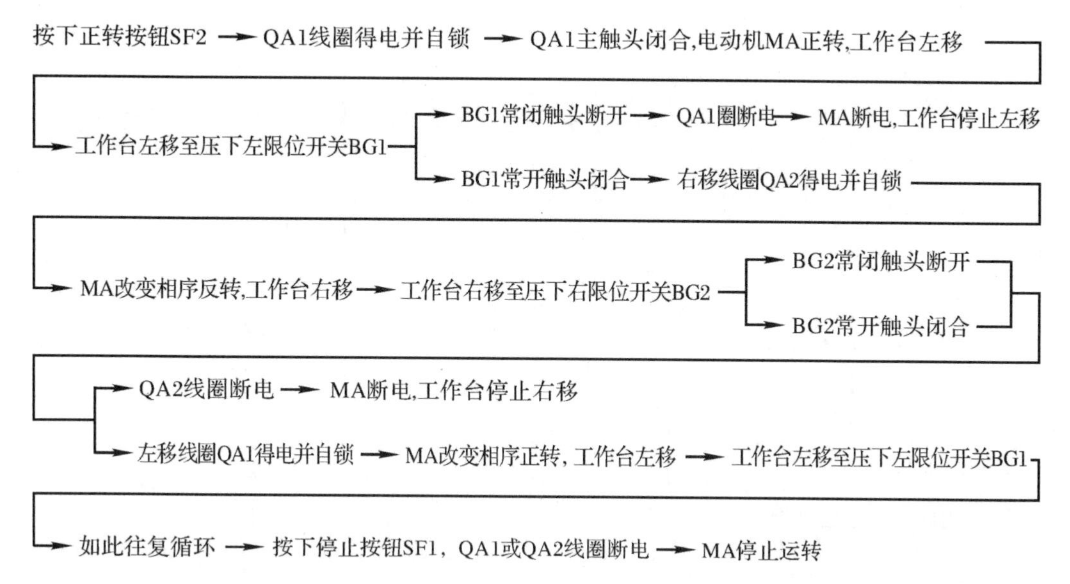

BG3、BG4 分别为左、右超限限位保护用的行程开关，由于机械式的行程开关易损坏，所以现在多用接近开关或光电开关来取代行程开关实现行程控制。

2.3　三相笼型异步电动机降压启动控制

电动机直接启动控制线路简单方便，但当大于 10 kW 的较大容量的笼型异步电动机直接启动时，启动电流大，电网电压波动大，需要采用降压方式来启动以限制启动电流。

降压启动是降低启动时加在电动机定子绕组上的电压，启动后再将该电压恢复到额定值运行，以减小启动电流对电网和电动机本身的冲击。适用于空载或轻载启动场合。

降压启动方式有星形-三角形（Y -△）、自耦变压器、使用软启动器、定子电路串电阻（或电抗）和延边三角形等。常用的方式是星形-三角形和使用软启动器。

2.3.1　星形-三角形(Y -△)降压启动控制

Y -△ 降压启动是指电动机启动时，将电动机定子绕组接成星形（Y），以降低启动电压，限制启动电流；待电动机启动后，再将定子绕组改接成三角形（△），使电动机全压运行的方式。图 2 - 10(a)(b)所示分别为 Y -△转换绕组连接示意图和 Y -△降压启动线路图。线路设计选用时间继电器控制。实验演示链接扫二维码  。

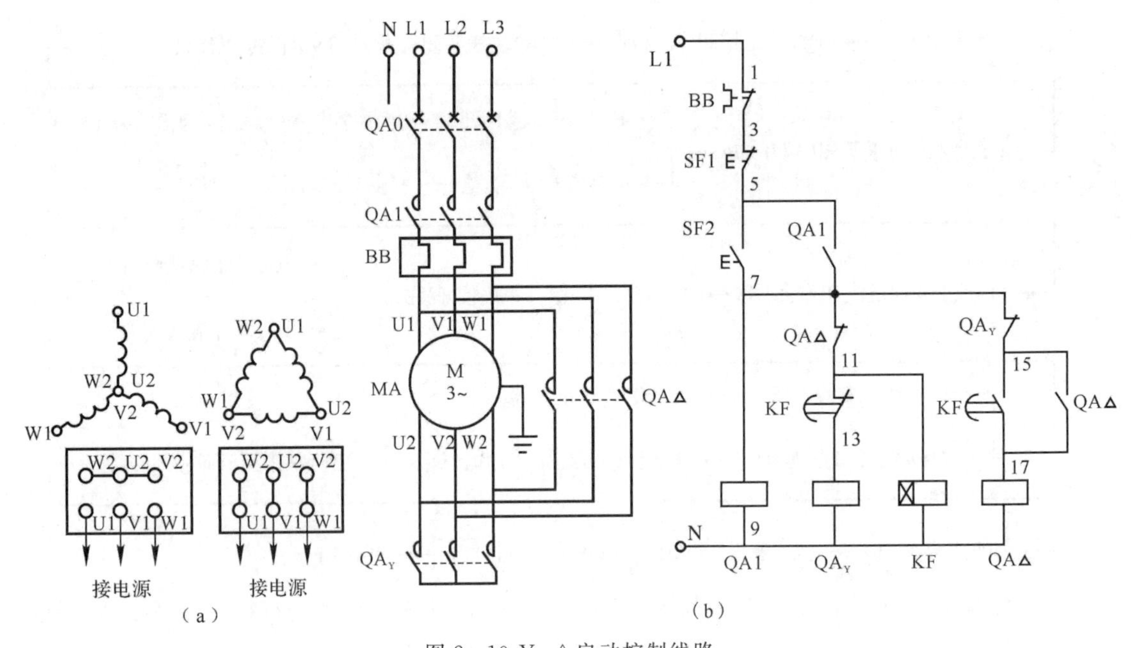

图 2-10 Y-△启动控制线路

(a) Y-△转换绕组连接示意图；(b)降压启动控制线路图

线路工作过程如下：

合上电源开关 QA0。

(1)启动。

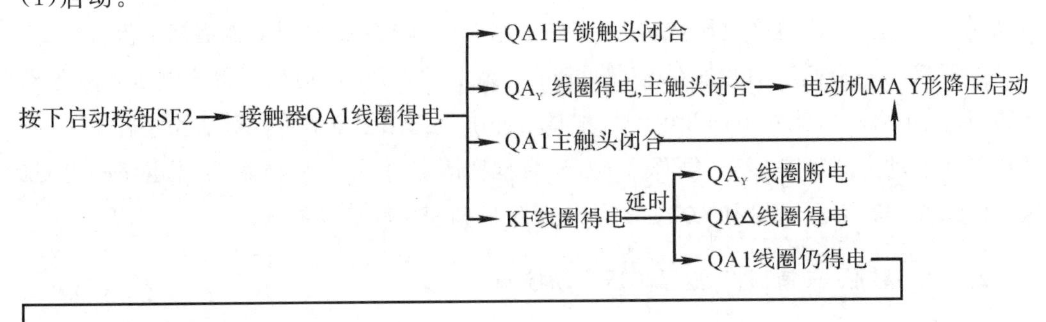

(2)停止。

按下停止按钮SF1 → QA1、QA△线圈断电释放 → 电动机MA断电停转

优点：Y 形启动电流降为原来△形接法直接启动时的 1/3，启动电流约为电动机额定电流的 2 倍，启动电流特性好、结构简单、价格低。

缺点：启动转矩下降为原来△形直接启动时的 1/3，转矩特性差。

2.3.2 自耦变压器降压启动控制

自耦变压器降压启动是指电动机启动时利用自耦变压器来降低加在电动机定子绕组上的启动电压，待电动机启动后，再使电动机与自耦变压器脱离，从而在全压下正常运动。线路设计选用时间继电器控制。串自耦变压器降压启动的控制线路如图 2-11 所示。

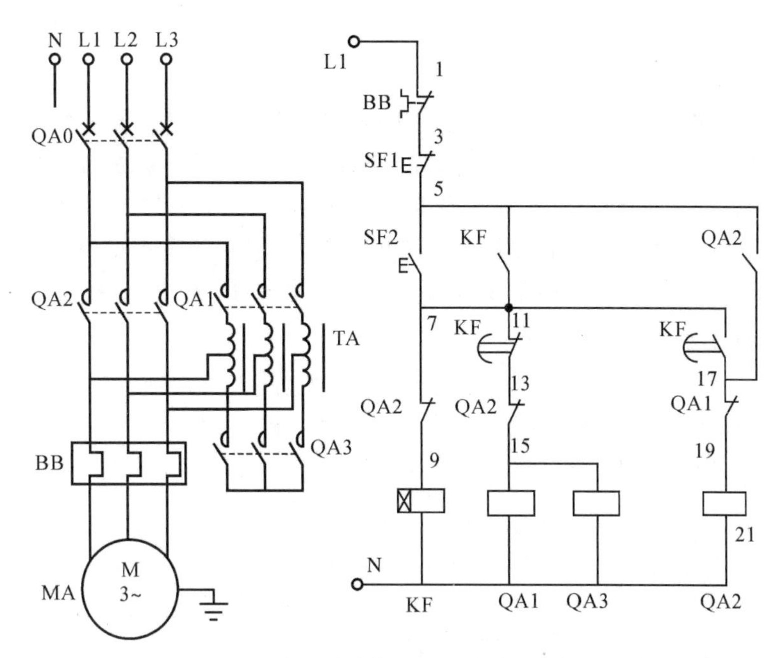

图 2－11　定子串自耦变压器降压启动控制线路

线路工作过程如下：

闭合电源开关 QA0。

（1）启动。

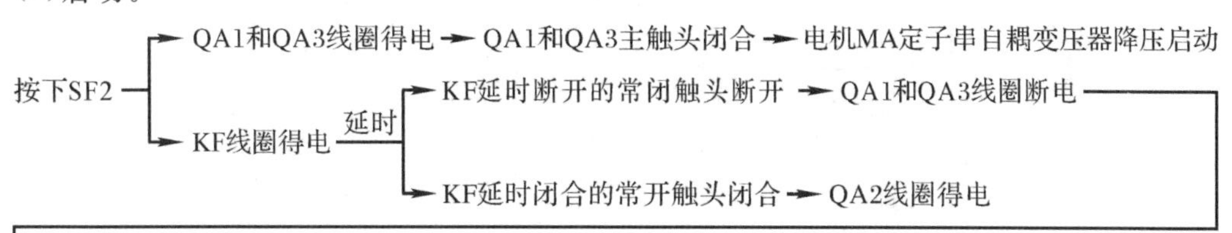

（2）停止。

按下停止按钮SF1 → KF和QA2线圈断电释放 → 电动机MA断电停止

优点：启动时对电网的电流冲击小，功率损耗小。

缺点：设备体积大，投资较贵。

2.4　三相笼型异步电动机制动控制

当三相笼型异步电动机定子绕组脱离电源时，因惯性作用，转子需经一段时间才能停止旋转，导致运动部件停位不准确，工作不安全，无法满足某些机械工艺的要求，如 X62W 万能铣床、卧式镗床和组合机床等。因此要求对电动机进行有效制动控制。制动控制方法一般有两大类：机械制动和电气制动。机械制动是用机械装置来强迫电动机迅速停车；电气制动是使电动机停车时产生一个与转子原旋转方向相反的制动转矩实现制动，常用方法有反接制动和能耗制动。

2.4.1 反接制动控制

反接制动是反接电动机电源相序，使电动机产生起阻滞作用的反转矩实现制动电动机。通常在主回路中串接反接制动电阻 RA 来限制冲击电流；且使用速度继电器 BS 检测电动机速度，确保当转速趋于零时，迅速切断反相序电源杜绝电动机反转；结构上，速度继电器与电动机同轴连接，其常开触头串联在控制电路中。当电动机转动时，速度继电器常开触头闭合；电动机停止时，其常开触头断开。其控制线路有单向运行反接制动和可逆运行反接制动两种。

1. 电动机单向运行反接制动控制

带制动电阻的单向反接制动控制线路如图 2-12 所示，其中速度继电器 BS 在 120～3 000 r/min 范围内触头动作，当转速低于 100 r/min 时，触头复原。

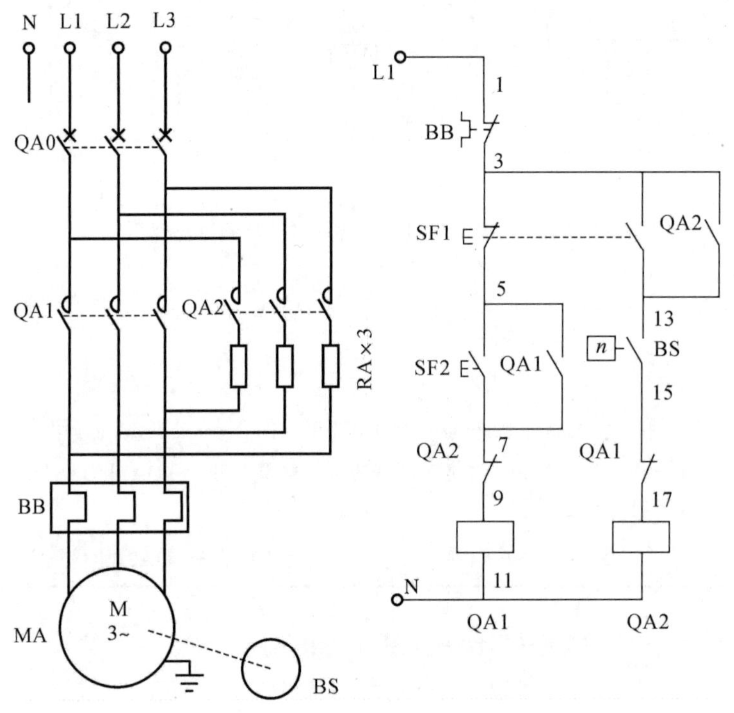

图 2-12 单向反接制动的控制线路

线路工作过程如下：

闭合电源开关 QA0。

(1)启动。

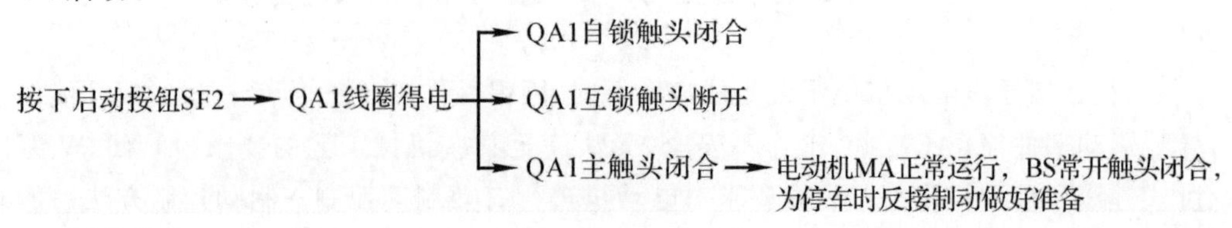

(2)制动停车。

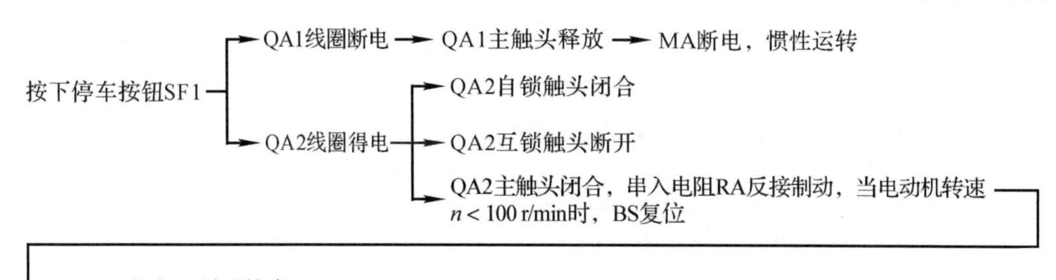

2. 可逆运行反接制动控制

带反接制动电阻 RA 的可逆运行反接制动控制线路如图 2－13 所示，BS1 和 BS2 分别为速度继电器 BS 的正转和反转常开触头。

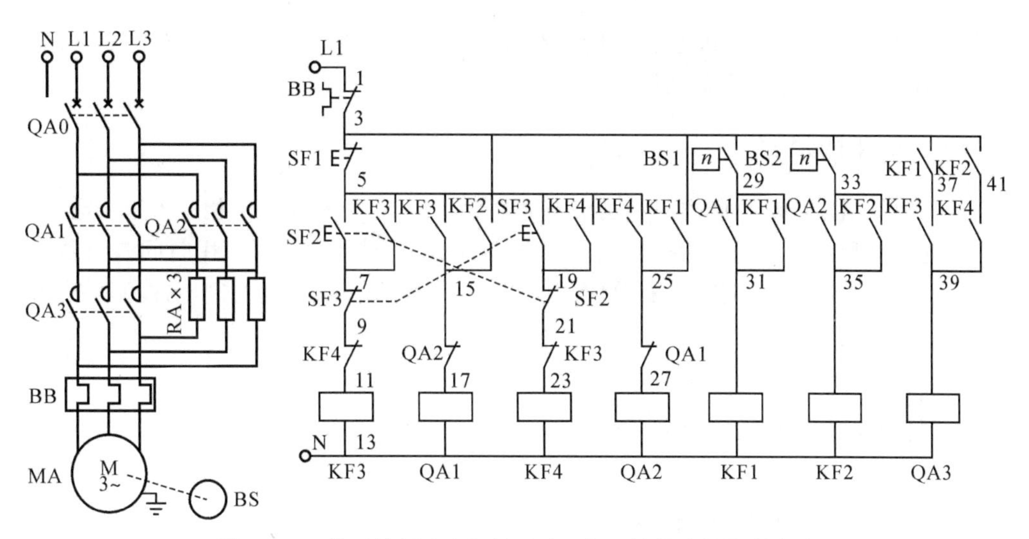

图 2－13　带反接制动电阻的可逆运行反接制动的控制线路

线路工作过程如下：

闭合电源开关 QA0。

(1)正向降压启动。

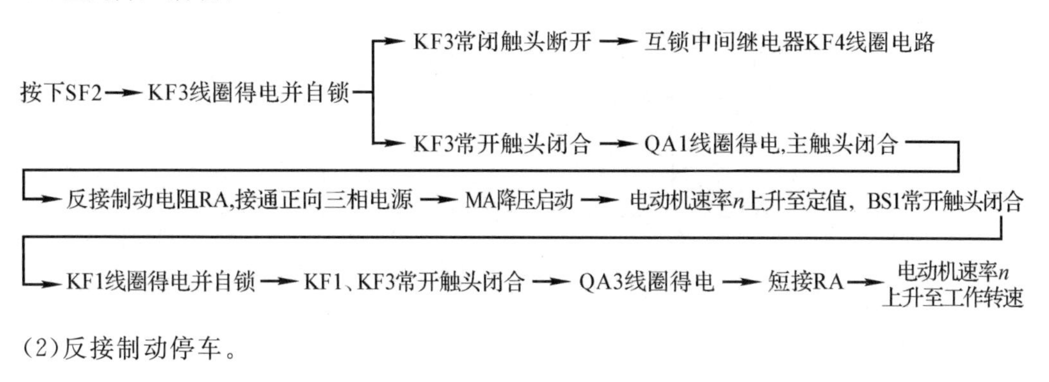

(2)反接制动停车。

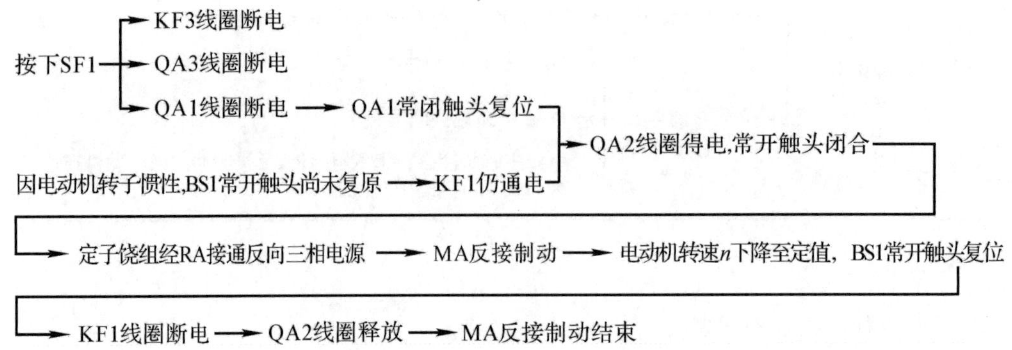

电动机反向启动和制动停车过程与正转时相同,此处不再赘述。

优点:制动力矩大,制动迅速,控制电路简单,设备投资少。

缺点:制动过程中冲击力强烈,易损坏传动部件。

适用于 10 kW 以下小容量电动机制动要求迅速、系统惯性大,不经常启动与制动的设备,如铣床、镗床和中型车床等主轴的制动控制。

2.4.2 能耗制动控制

能耗制动是指在电动机脱离三相交流电源之后,定子绕组的任意两相通入直流电流,利用转子感应电流与静止磁场的作用产生制动的电磁力矩,实现制动。可以用时间继电器和速度继电器分别进行控制,其控制线路有单向能耗制动和正反向能耗制动控制两种,制动直流电流由变压器和整流元件提供。

1. 电动机单向运行能耗制动控制

(1)时间继电器控制的单向能耗制动控制线路如图 2-14 所示。

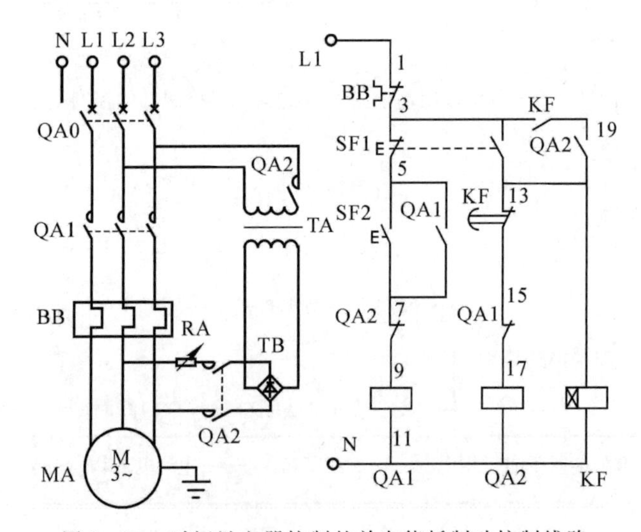

图 2-14 时间继电器控制的单向能耗制动控制线路

线路工作过程如下:

闭合电源开关 QA0。

1)启动。

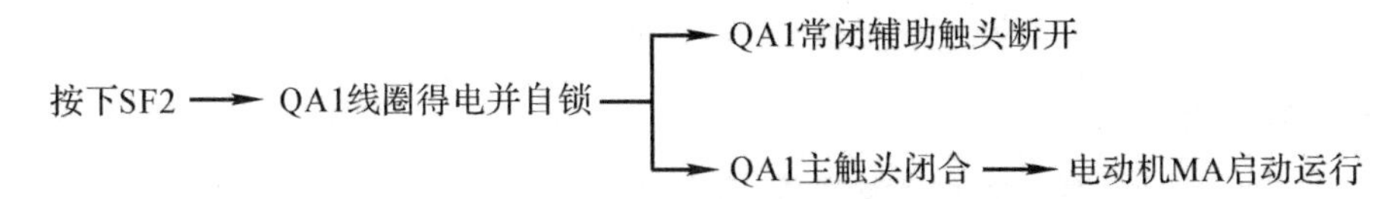

2)制动停车。

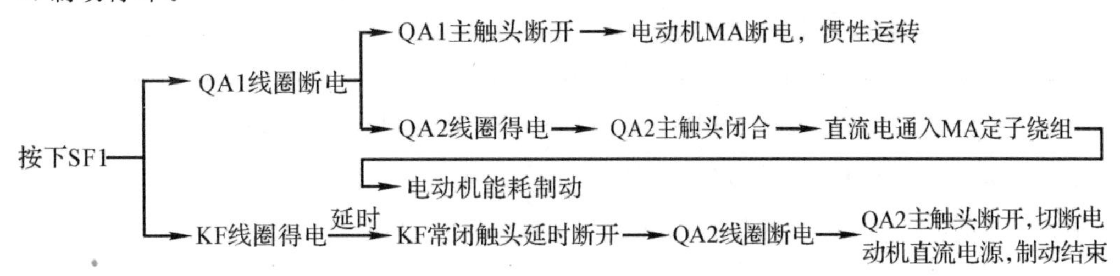

(2)速度继电器控制的单向能耗制动控制线路如图 2－15 所示。

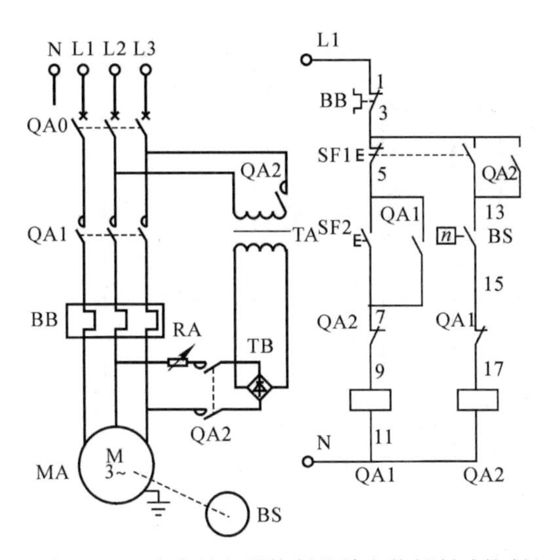

图 2－15　速度继电器控制的单向能耗制动控制线路

该线路与图 2－14 控制线路大体相同，区别是在电动机轴端安装了速度继电器 BS，并且用 BS 的常开触头取代时间继电器 KF 的线圈及其触点电路。

线路工作过程如下：

闭合电源开关 QA0。

1)启动。

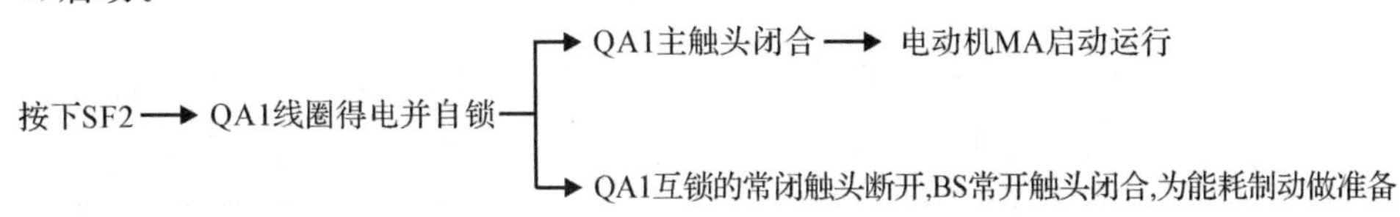

2)制动停车。

按下SF1 → QA1线圈断电 →
- → QA1主触头断开 → 电机MA断开交流电源
- → QA1互锁触头闭合,MA惯性继续运转,BS常开触头闭合 → QA2得电自锁 → QA2主触头闭合 → MA定子绕组通入直流电流,能耗制动 → 当MA转速$n<100$ r/min时，BS常开触头复位 → QA2断电释放，MA制动结束

2.电动机可逆运行能耗制动控制

图 2-16 为时间继电器控制的可逆运行的能耗制动控制线路。

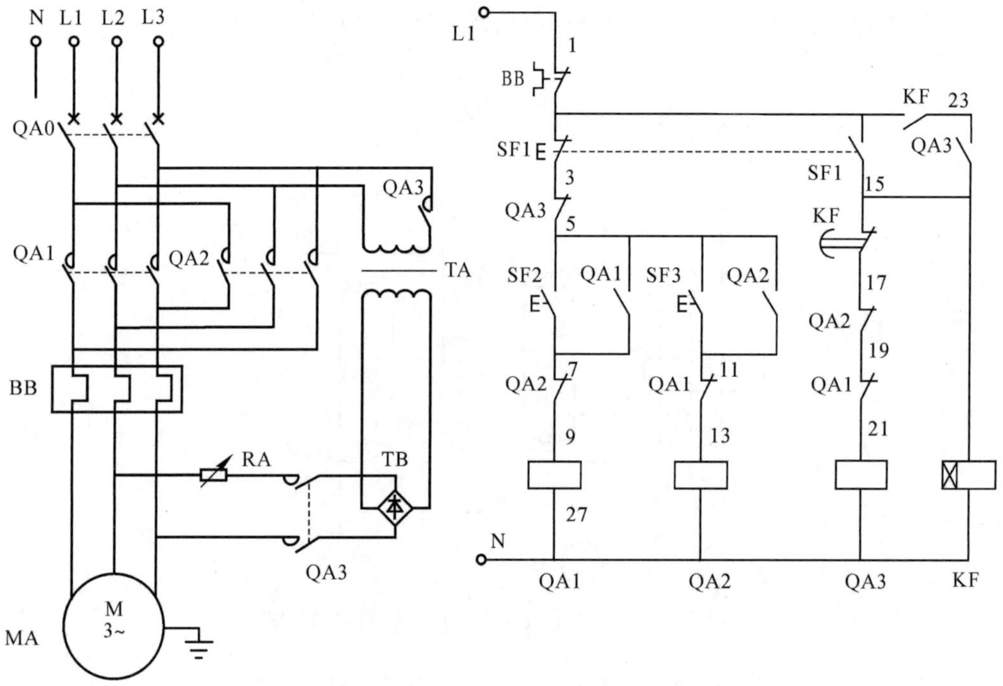

图 2-16　时间继电器实现可逆运行的能耗制动控制线路

电动机处于正向运行时制动工作过程如下：

制动停车。

按下SF1 →
- → QA1线圈断电 → QA1主触头释放，切断MA三相交流电源
- → QA3线圈得电并自锁 → QA3主触头闭合 → MA定子绕组通入直流电源 → 对MA进行正向能耗制动
- → KF线圈得到电 —延时→ KF延时断开的常闭触头断开 → QA3、KF相继断电释放 → MA制动结束

反向启动与反向能耗制动其过程与上述正向情况类似,此处不再复述。

时间继电器控制的能耗制动,一般适用于负载转速比较稳定的生产机械。

用速度继电器 BS 取代时间继电器 KF 的可逆运行能耗制动线路此处不再赘述,该方法适用于通过传动系统实现负载速度变换或加工零件经常变动的生产机械。

能耗制动需要直流电源，控制线路相对复杂，与反接制动相比，消耗能量少，制动电流小；但能耗制动的制动效果不如反接制动明显。适用于电动机容量较大和启动、制动频繁的设备，如磨床、龙门刨床等机床的控制线路。

2.5　三相笼型异步电动机调速控制

在工业现场，如钢铁行业的轧钢机、鼓风机，机床行业中的车床、机械加工中心等，都要求三相笼型异步电动机可调速，实现节能，提高生产效率。三相笼型异步电动机一般调速方法包括改变定子绕组极对数的变极调速、改变电磁转差率的降压调速、变频调速、串级调速和改变转子电路电阻调速。

变极调速控制最简单且价格便宜，但不能实现无级调速。变频调速控制最复杂，但性能最好，随着其成本日益降低，目前已广泛应用于工业自动控制领域中。变频调速和变频器的使用在将第 10 章单独讲解。

2.5.1　基础知识

三相笼型异步电动机的转速公式如式(2 - 1)所示：

$$n=n_0(1-s)=\frac{60f_1}{p}(1-s) \tag{2-1}$$

式中：n_0 为电动机同步转速，单位为 r/min；p 为极对数；s 为转差率；f_1 为供电电源频率，单位为 Hz。

从式(2 - 1)可以看出，三相笼型异步电动机调速的方法有三种：改变极对数 p 的变极调速、改变转差率 s 的降压调速和改变电动机供电电源频率 f_1 的变频调速，与前面提到五种调速方法的前三种一致。本节介绍第一种方法——变极调速。

2.5.2　变极调速

变极调速是通过接触器触头改变电动机定子绕组的接线方式来改变极对数 p，实现电动机有级调速。为获取更宽的调速范围，有的机床采用三速、四速电动机。

电动机变极采用电流反向法。以电动机一单相绕组为例来说明变极原理。极数为 4 ($p=2$)时的一相绕组的展开图如图 2 - 17(a)所示，绕组由相同的两部分(半相绕组)串联而成，左边半相绕组的末端 X1 连接右边半相绕组的首端 A2。绕组的并联连接方式展开图如图 2 - 17(b)所示，其磁极数目减少一半，由 4 极变成 2($p=1$)极。

串联时两个半相绕组的电流方向相同，都是从首端进、末端出，如图 2 - 17(a)所示；改成并联后，两个半相绕组的电流方向相反，当一个半相绕组的电流从首端进、末端出时，另一个半相绕组的电流则为从末端进、首端出，如图 2 - 17(b)所示。因此通过半相绕组的电流反向来实现改变磁极数目。

△- YY 接法如图 2 - 17(c)(e)所示；Y - YY 接法如图 2 - 17(d)(e)所示，这两种接法都实现了从四级低速到两级高速的转换。

在图 2 - 17(c)中，电动机三相绕组端子的出线端 U1、V1、W1 接电源，U3、V3、W3 端悬空，绕组为△接法；每相绕组中两个线圈串联，形成四个极，磁极对数 $p=2$，带入式(2 - 1)，得其同步转速为 1 500 r/min；电动机为低速。

在图 2－17(e)中，电动机三相绕组端子的出线端 U1、V1、W1 端短接，而 U3、V3、W3 接电源，绕组为 YY 接法；每相绕组中两个线圈并联，形成两个极，磁极对数 $p=1$，带入式(2－1)，得其同步转速为 3 000 r/min；电动机为高速。

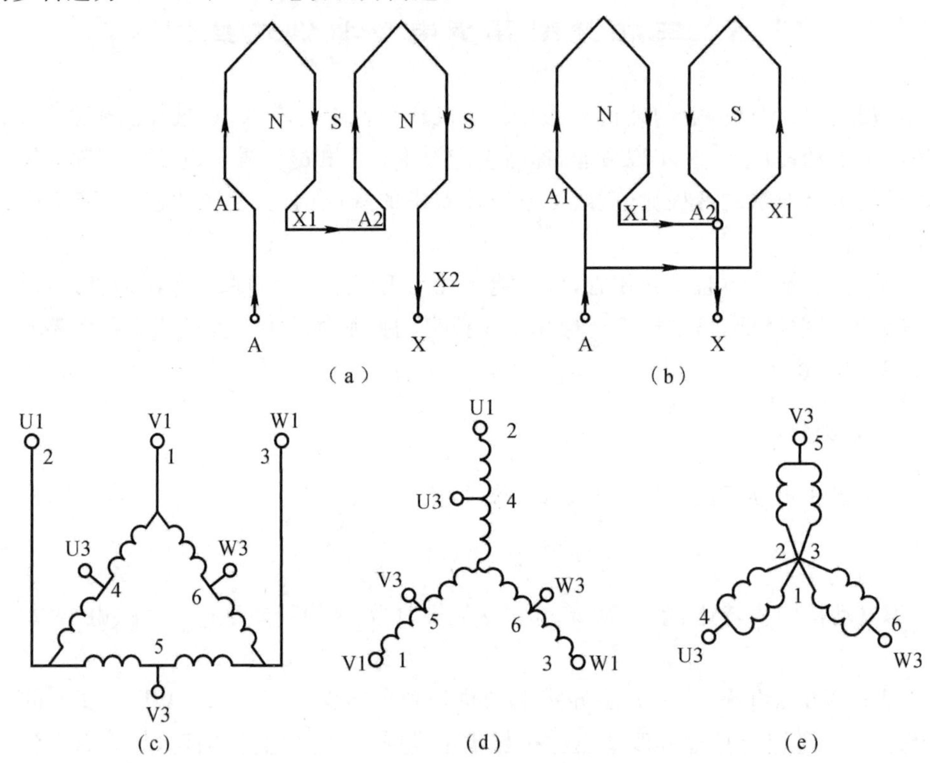

图 2－17　双速电动机改变极对数的原理

(a)顺向串联 $2p=4$ 级；(b)反向并联 $2p=2$ 级；(c)△接法；(d) Y 接法；(e) YY 接法

双速电动机调速控制线路图如图 2－18 所示。

线路工作过程如下：

闭合电源开关 QA0。

(1)低速运行。

按下低速按钮SF2 → QA1线圈得电并自锁 → 电动机4极低速Δ运行

(2)高速运行。

按下高速启动按钮SF3 → QA1通电自锁 → KF线圈得电自锁,电动机低速Δ运行 —延时→

→ KF常闭触头断开，QA1线圈断电释放
→ QA2线圈得电并自锁
→ QA3线圈得电 → KF线圈断电释放

→ 低速Δ运行切换至2极,高速YY运行

优点：调速线路简单、维修方便，能适应不同负载的要求；△－YY 接法适用于恒功率调速；Y－YY 接法适用于恒转矩调速。

缺点：该种调速方法为有级调速，扩大调速范围时需与机械变速配合使用。

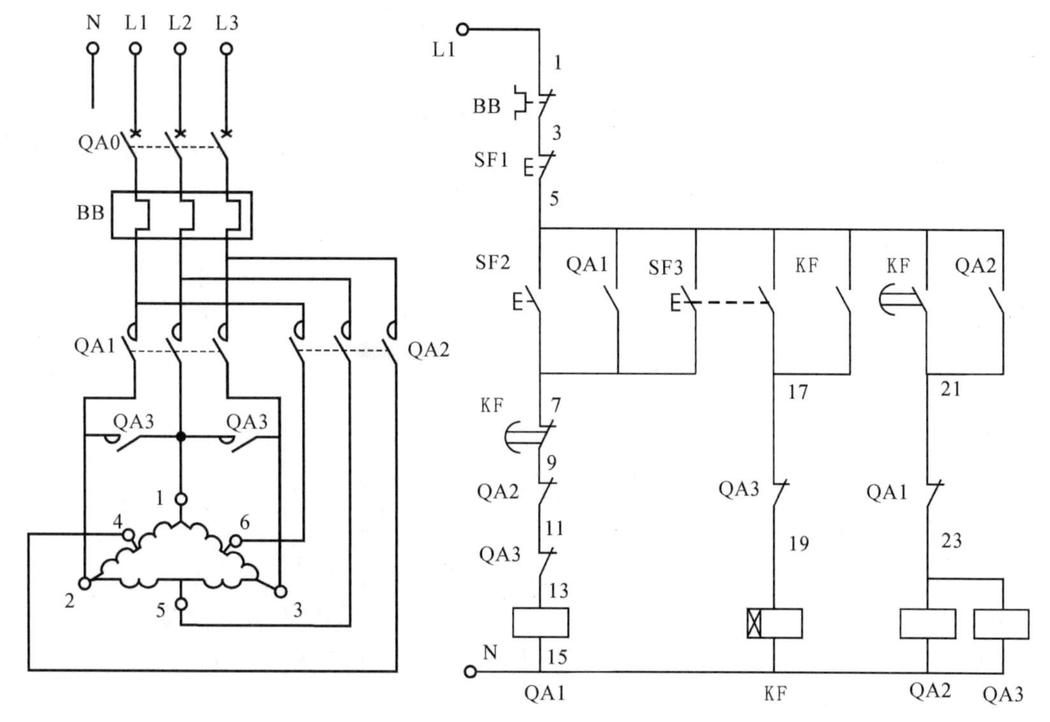

图 2－18　双速电动机调速控制线路

2.6　典型生产机械电气控制线路分析

在现代生产机械设备中，电气控制系统是重要的组成部分，本节将通过分析典型生产机械C650 卧式车床和 X62W 卧式万能铣床的电气控制线路，进一步介绍电气控制线路的组成以及各种基本控制线路在具体系统中的应用。同时，掌握分析电气控制线路的方法，从中找出规律，逐步提高阅读电气控制线路图的能力。

2.6.1　电气控制线路分析基础

1. 电气控制线路分析的内容与要求

电气控制原理图通常由主电路、控制电路、辅助电路、保护及联锁环节等部分组成。

2. 电气原理图阅读分析的方法与步骤

通常分析电气控制系统时，遵循先主后辅的原则，即以主回路的某一电动机或控制线路的某个电气元件（如接触器或继电器线圈）为对象，从电源开始，从上到下，从左到右，逐一分析某一电动机或控制线路的某个电气元件的接通及断开的关系（逻辑条件），并区分出主令信号、联锁条件和保护要求等。根据图中线号和元器件的标识符号，分析出各控制条件与输出的因果关系。

电气原理图的分析方法与步骤如下：

（1）分析主电路。主电路旨在实现机床拖动要求。从其构成可分析出电动机或执行电器的类型、工作方式、启动、转向、调速和制动等基本控制要求。

(2)分析控制电路。控制电路旨在实现主电路控制要求。根据控制线路功能差分出若干局部控制线路,始于电源和主令信号,通过接触器或继电器线圈等,止于线路的保护环节,通过闭合回路的逻辑判断,写出控制过程,常用方法为“查线读图法”。

(3)分析辅助电路。辅助电路包括执行元件的工作状态和电源显示、参数测定、照明和故障报警等部分,多由控制电路中元件实现,分析时不可脱离控制电路。

(4)分析联锁与保护环节。该部分旨在满足生产机械的安全性和可靠性要求,因此在控制线路中需设置配套电气保护装置和必要的电气联锁。线路分析过程不可遗漏。

(5)查漏补缺。经过以上步骤(1)～(4),还须“查漏补缺”,在厘清各控制环节间关联的基础上,检查整个控制线路是否有遗漏。

2.6.2 C650 卧式车床电气控制线路分析

卧式车床主要是用车刀进行车削加工的机床,加工各种回转表面、螺纹和端面,并可通过尾架进行钻孔、铰孔和攻螺纹等切削加工。

卧式车床通常由一台主电动机拖动,经由机械传动链,实现切削主运动和刀具进给运动的输出,其运动速度由变速齿轮箱通过手柄操作进行切换。刀具的快速移动、冷却泵等采用单独的电动机驱动。现以 C650 型卧式车床电气控制系统为例,进行电气控制线路分析。

1. 机床的主要结构和运动形式

C650 卧式车床主要由床身、主轴、刀架、溜板箱、尾架和丝杠机构等部分组成,如图 2-19 所示。

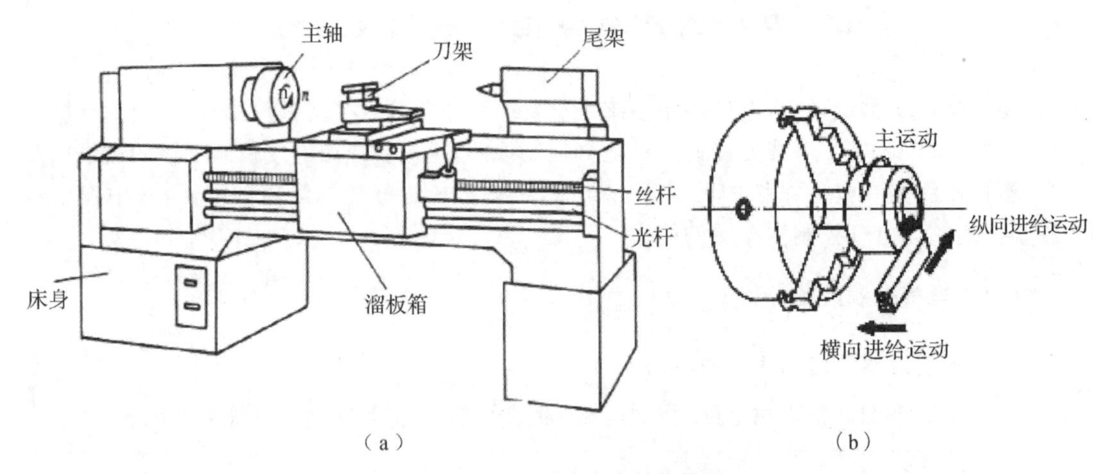

图 2-19 C650 卧式车床结构简图

(a) C650 卧式车床结构简图;(b)主轴运动和进给运动示意图

车床的主运动是主轴的旋转运动,由主轴电动机通过皮带传送到主轴箱带动旋转;进给运动是溜板箱中的溜板带动刀架的直线运动。进给运动也是由主轴电动机经过主轴箱输出轴、挂轮箱、传给进给箱,再通过丝杠机构运动传入溜板箱,溜板箱带动刀架做纵向和横向两个方向的进给运动。

2. 电力拖动及控制要求

基于车床的加工工艺,对拖动控制要求如下。

(1)主电动机 MA1 功率 30 kW,采用全压空载直接启动,实现主轴主运动和溜板箱进给运动的驱动,可正反旋转和反接制动。为便于对刀操作,加设单向低速点动功能。

(2)电动机 MA2 功率 0.15 kW,采用直接启动/停止,拖动冷却泵,为连续控制。

(3)主电动机 MA1 和冷却泵电动机 MA2 具有短路和过载保护。

(4)快速移动电动机 MA3 功率 2.2 kW,拖动刀架快速移动,加设手动控制启停。

(5)采用电流表检测电动机负载情况,有必要的保护和联锁,有安全照明装置。

3. 电气控制线路分析

C650 卧式车床电气元件符号与功能说明见表 2-2。

表 2-2　车床电气元件符号及功能说明表

序　号	符　号	名称及用途	序　号	符　号	名称及用途
1	MA1	主电动机	15	SF1	总停按钮
2	MA2	冷却泵电动机	16	SF2	主电动机正向点动按钮
3	MA3	快速移动电动机	17	SF3	主电动机正向启动按钮
4	QA1	主电动机正转接触器	18	SF4	主电动机反向启动按钮
5	QA2	主电动机反转接触器	19	SF5	冷却泵电动机停止按钮
6	QA3	短接限流电阻接触器	20	SF6	冷却泵电动机启动按钮
7	QA4	冷却泵电动机接触器	21	TA	控制变压器
8	QA5	刀架快速移动电动机接触器	22	FA1～FA6	熔断器
9	KF2	中间继电器	23	BB1	主电动机过载保护热继电器
10	KF1	通电延时时间继电器	24	BB2	冷却泵电动机保护热继电器
11	BG1	快移电动机点动手柄位置开关	25	RA	限流电阻
12	SF0	机床照明灯开关	26	EA	照明灯
13	BS	速度继电器	27	BE	电流互感器
14	PG	电流表	28	QA0	隔离开关

C650 卧式车床电气控制系统线路如图 2-20 所示。

(1)主电动机 MA1 的控制。主电动机 MA1 的控制由三部分组成:正反转控制、点动控制和反接制动。

1)正反转控制。线路中 QA1 为正转接触器,QA2 为反转接触器,QA3 为短接限流电阻接触器,KF1 为时间继电器,KF2 为中间继电器,BS 为速度继电器。

A. 正转。主电动机 MA1 的正转由正转启动按钮 SF3 控制。

按下 SF3,电路(3—5—7—15—QA3—35)接通,QA3 先得电吸合,QA3 主触头闭合,将电阻 RA 短接;且其常开辅助触头(5—23)闭合;KF2 线圈得电,其常开辅助触头(9—11)闭合;QA1 线圈得电,QA1 主触头闭合,MA1 全压启动正转。因 KF2 和 QA1 吸合,使电路(7—15—9—11—13—QA1—35)接通,QA1 自锁,故松开 SF3 后,MA1 仍继续运转。当电动机速度达到一定值时,速度继电器 BS2 闭合,为正转时候的反接制动做准备。

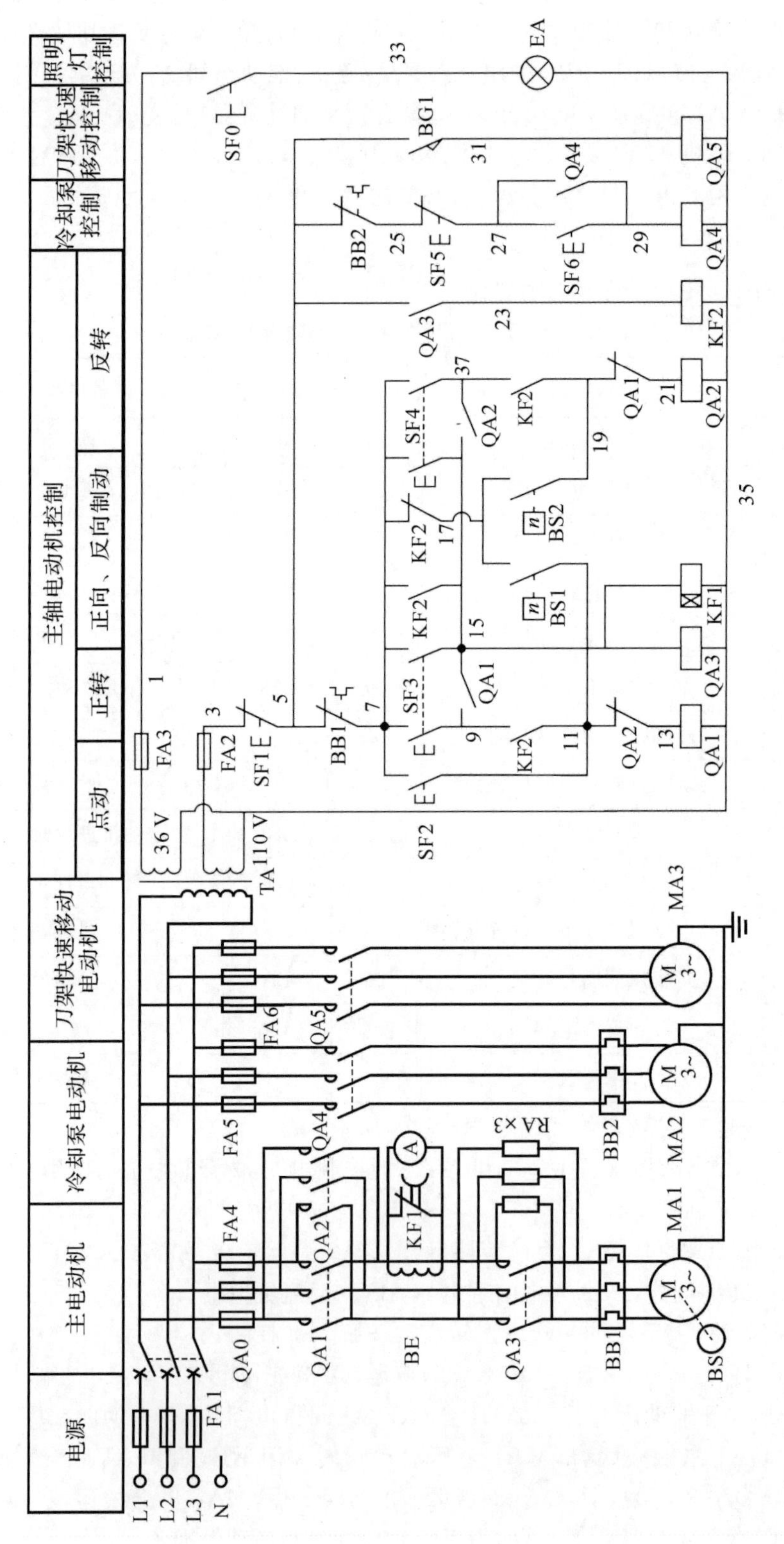

图2-20 C650卧式车床控制线路图

B. 反转。主电动机 MA1 的反转由反转启动按钮 SF4 控制，其工作过程类似正转。

按下 SF4，QA3 先得电吸合，然后使 KF2、QA2 线圈陆续得电吸合，QA2 主触头使电源相序反接，MA1 全压启动反转。同时因 KF2 和 QA2 吸合，使电路(3—5—7—15—19—21—QA2—35)接通，QA2 自锁，故松开 SF4 后，MA1 仍继续反转。当电动机速度达到一定值时，速度继电器 BS1 闭合，为反转时候的反接制动做准备。

在 QA1 和 QA2 线圈的电路中，分别串接 QA2 和 QA1 的常闭辅助触头，起互锁作用。

2)点动控制。主电动机 MA1 的点动调整由按钮 SF2 控制。

按下 SF2，电路(3—5—7—11—13—QA1—35)接通，QA1 得电，主触头闭合，电动机 MA1 经限流电阻 RA 接入主电路，降压启动；此过程因 KF2 未通电，故 QA1 不自锁。松开 SF2，QA1 断电，MA1 停转。

3)停车制动控制。采用反接制动方式，由停车按钮 SF1 控制，当电动机转速 $n<100$ r/min 时，电动机转速低于速度继电器动作值，用速度继电器 BS 的触头信号切断 MA1 电源。

A. 正转制动。

按下 SF1，QA3、KF2、QA1 断电释放，切断 MA1 电源，但 MA1 因惯性仍继续旋转，BS2 仍闭合。松开 SF1，电路(3—5—7—KF2 常闭触头—17—19—21—QA2—35)接通，QA2 得电吸合，MA1 经 QA2 主触头和 RA 接通反相电源，实现反接制动，转速迅速下降，$n<100$ r/min 时，BS2 的常开触头断开，切断 QA2 通电回路，MA1 断电停车。

B. 反转制动。其工作过程类似正转制动。

按下 SF1，QA3、KF2、QA2 断电释放，切断 MA1 电源，但 MA1 因惯性仍继续旋转，BS1 仍闭合。松开 SF1，电路(3—5—7—KF2 常闭触头—17—11—13—QA1—35)接通，QA1 得电吸合，MA1 经 QA1 主触头和 RA 接通反相电源，实现反接制动，转速迅速下降，$n<100$ r/min 时，BS1 的常开触头断开，切断 QA1 通电回路，MA1 断电停车。

(2)冷却泵电动机 MA2 的控制。采用电动机单向启、停控制。线路中 SF6 为启动按钮，SF5 为停止按钮，QA4 为冷却泵电动机接触器。

启动时按下 SF6，QA4 线圈得电，其辅助常开触头(27—29)闭合并自锁；其主触点闭合，MA2 得电运转；停止时按下 SF5，QA4 线圈断电，其所有触头复位，MA2 断电停车。

(3)刀架的快速移动电动机 MA3 的控制。通过转动刀架手柄压动位置开关 BG1，控制交流接触器 QA5 的通断(无自锁)，以此达到 MA3 的启动和停止。

(4)其他辅助电路。

1)开关 SF0 控制照明灯 EA 的通断，其回路电压为 36 V 的安全照明电压。

2)时间继电器 KF1 延时断开的常闭触头与电流表并联，防止 MA1 在点动和制动时大电流对电流表的冲击。

2.6.3　X62W 卧式万能铣床电气控制线路分析

铣床(Milling Machine)主要指用铣刀对工件多种表面进行加工的机床。它可以加工平面、沟槽，装上分度头后可以铣切直齿齿轮和螺旋面，装上圆工作台还可以铣切凸轮和弧形槽，是一种较为精密的加工设备。

铣床中所用的切削刀具为各种形式的铣刀，以顺铣和逆铣两种形式进行，由一台主轴电动机拖动；工件装在工作台或分度头等附件上，工作台的移动由一台进给电动机拖动，主轴及进给变速由变速盘通过变速手柄操作进行选择。冷却泵等采用单独的电动机驱动。现以 X62W 卧式万能铣床电气控制系统为例，进行电气控制线路分析。

1. 铣床的主要结构和运动形式

X62W 卧式万能铣床主要由床身、主轴、刀杆、悬梁、工作台、回转盘、横溜板、升降台和底座等几部分组成，如图 2-21 所示。

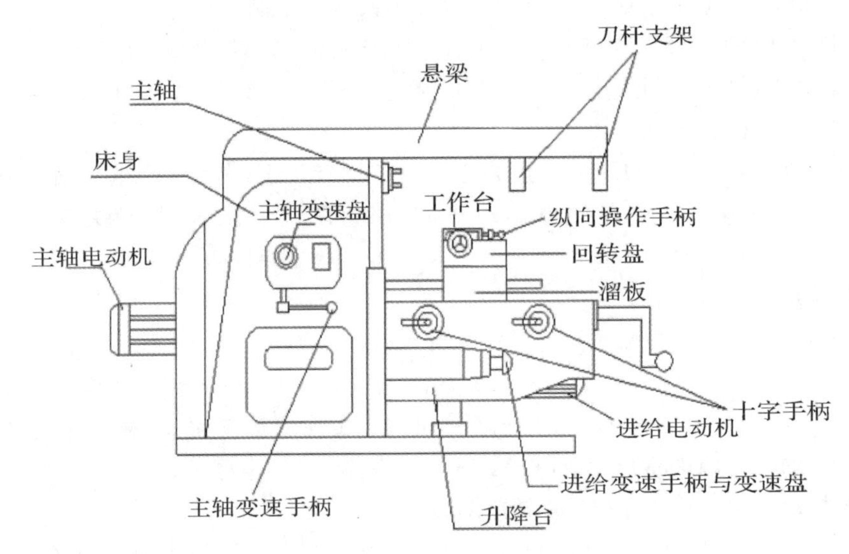

图 2-21　X62W 卧式万能铣床结构示意图

铣床在工作时，工件装在工作台或分度头等附件上，主轴带动铣刀的旋转运动是主运动。在 X62W 卧式万能铣床床身的前面有垂直导轨，升降台可沿着它上下移动；升降台上的水平导轨装有可在平行主轴轴线方向前后移动的溜板，溜板上部有可转动的回转盘导轨，其上的工作台作垂直于主轴轴线方向的左右移动；工件由工作台上的 T 形槽固定，铣床工作台的前后(横向)、左右(纵向)和上下(垂直)6 个方向的运动是进给运动；工作台的旋转运动、在各个方向的快速移动则为辅助运动。

2. 电力拖动及控制要求

基于铣床的加工工艺，对拖动控制要求如下。

(1)主轴电动机 MA1 功率 7.5 kW，为减小铣削加工的多刀多刃切削不连续导致的负载波动，在主轴传动系统中加入飞轮；为减小引入飞轮导致的主轴停车长时大惯性，采用机械调速，调速范围 $D=50$，采用电磁离合器进行制动，平稳迅速。利用换向开关改变主轴转向，进行顺铣与逆铣。

电磁离合器是一种自动化执行元件，它利用电磁力的作用来传递或中止机械传动中的扭矩。多片式摩擦电磁离合器结构简图如图 2-22 所示。

电磁离合器的主轴 1 的花键轴端，装有可沿轴向自由移动的主动摩擦片 2，因系花键联接，可同主动轴一起转动。从动摩擦片 3 与主动摩擦片 2 交替装叠，其外缘凸起部分卡在与从动齿轮 4 固定在一起的套筒 5 内，可以随从动齿轮 4 转动，而不随主动轴转动。线圈 6 通电，衔铁8被吸住，紧压各摩擦片并吸向铁芯7。从动齿轮4依靠主动摩擦片2和从动摩擦片3之间的摩擦力随主动轴转动。线圈断电，装在内外摩擦片之间的圈状弹簧使衔铁和摩擦片复原，离合器不再传递力矩。线圈一端通过电刷和滑环9输入直流电，另一端接地。一般采用24 V直流电源供电。此处为了将前述制动知识通过电气控制系统实现主轴制动，改用速度继电器控制主轴，进行反接制动。

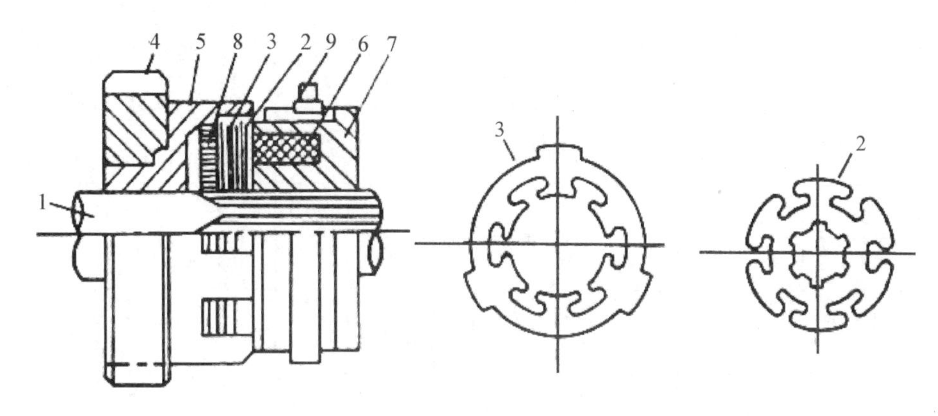

图2-22　电磁离合器结构图

1—主轴；2—主动摩擦片；3—从动摩擦片；4—从动齿轮；
5—套筒；6—线圈；7—铁芯；8—衔铁；9—滑环

(2)工作台进给电动机MA2功率1.5 kW，其正反转切换依靠电气控制实现，工作台前后(横向)、左右(纵向)和上下(垂直)3种运动形式6个方向的进给运动之间由电动机MA2实现且电气互锁(加工时仅允许1种方向运动)；使用圆工作台加工时，工作台严禁上下、左右、前后6个方向的运动。

(3)主轴电动机MA1及进给电动机MA2变速采用变速盘选择，为便于变速时齿轮啮合，加设低速冲动功能。

(4)主轴电动机MA1及进给电动机MA2之间电气互锁，且遵循正向启动、逆序停车原则，即启动时，主轴电动机MA1先启动，工作台电动机MA2后启动；停车时，工作台进给电动机MA2先停转，再关断主轴电动机MA1。

(5)冷却泵电动机MA3功率0.125 kW；主轴电动机MA1、工作台进给电动机MA2和冷却泵电动机MA3都具有短路和过载保护。

3.电气控制线路分析

X62W卧式万能铣床电气元件符号与功能说明见表2-3。

表2-3　X62W万能铣床电气元件符号与功能说明表

序　号	符　号	名称及用途	序　号	符　号	名称及用途
1	MA1	主轴电动机	16	SF1	工作台模式转换开关
2	MA2	工作台进给电动机	17	SF2	主轴电动机换向转换开关
3	MA3	冷却泵电动机	18	SF3	冷却泵电动机开关

续表

序　号	符　号	名称及用途	序　号	符　号	名称及用途
4	QA1	主轴电动机正转接触器	19	SF4	机床照明灯开关
5	QA2	主轴制动及变速冲动接触器	20	SF5	主轴换刀开关
6	QA3	工作台进给电动机正转接触器	21	SF6～SF7	主电动机正向启动按钮
7	QA4	工作台进给电动机反转接触器	22	SF8～SF9	主电动机反向制动按钮
8	MB	工作台快速进给电磁铁离合器	23	SF10～SF11	工作台快速进给按钮
9	FA1～FA6	熔断器	24	BG1～BG4	工作台前下后上行程开关
10	BS	速度继电器	25	BG5	主轴电动机变速冲动行程开关
11	PG1～PG3	指示灯	26	BG6	工作台进给变速行程开关
12	PG4	电压表	27	BB1	主轴电动机过载保护热继电器
13	TA	控制变压器	28	BB2	进给电动机过载保护热继电器
14	RA	限流电阻	29	BB3	冷却泵电动机过载保护热继电器
15	EA	照明灯	30	QB	隔离开关

X62W 卧式万能铣床电气控制系统线路如图 2 - 23 所示。实验演示链接扫二维码。

X62W 卧式万能铣床主要由 3 台异步电动机拖动，分别是主轴电动机 MA1、进给电动机 MA2 和冷却泵电动机 MA3。主轴电动机 MA1 拖动主轴带动铣刀进行铣削加工，换向转换开关 SF2 控制运转方向。进给电动机 MA2 的运转方向由正转接触器 QA3 和反转接触器 QA4 控制，通过操作变速手柄可以改变工作台进给运动的方向和实现快速移动。冷却泵 MA3 主要是提供切削液，通过按钮 SF3 进行启动和停止。

开车前的准备，首先闭合隔离开关 QB、主轴换刀开关 SF5，引入三相交流电源，闭合机床照明灯开关 SF4，打开照明灯 EA 为机床照明，准备工作完成。

(1)主轴电动机 MA1 的控制。主电动机 MA1 控制由三部分组成：正反转启动、变速冲动和反接制动。

线路中 QA1 为正转接触器，QA2 为反接制动接触器，SF2 为主轴电动机正反转转换开关，BS 为速度继电器，RA 为反接制动电阻，BG5 为主轴电动机变速冲动行程开关，SF6 和 SF7 为主轴电动机正向启动按钮，SF8 和 SF9 为主轴电动机反向制动按钮。

1)正转。主电动机 MA1 的启动分别由主轴电动机换向转换开关 SF2、两个启动 SF6 和 SF7 按钮控制，两处操作分别在升降台和床身上实现。

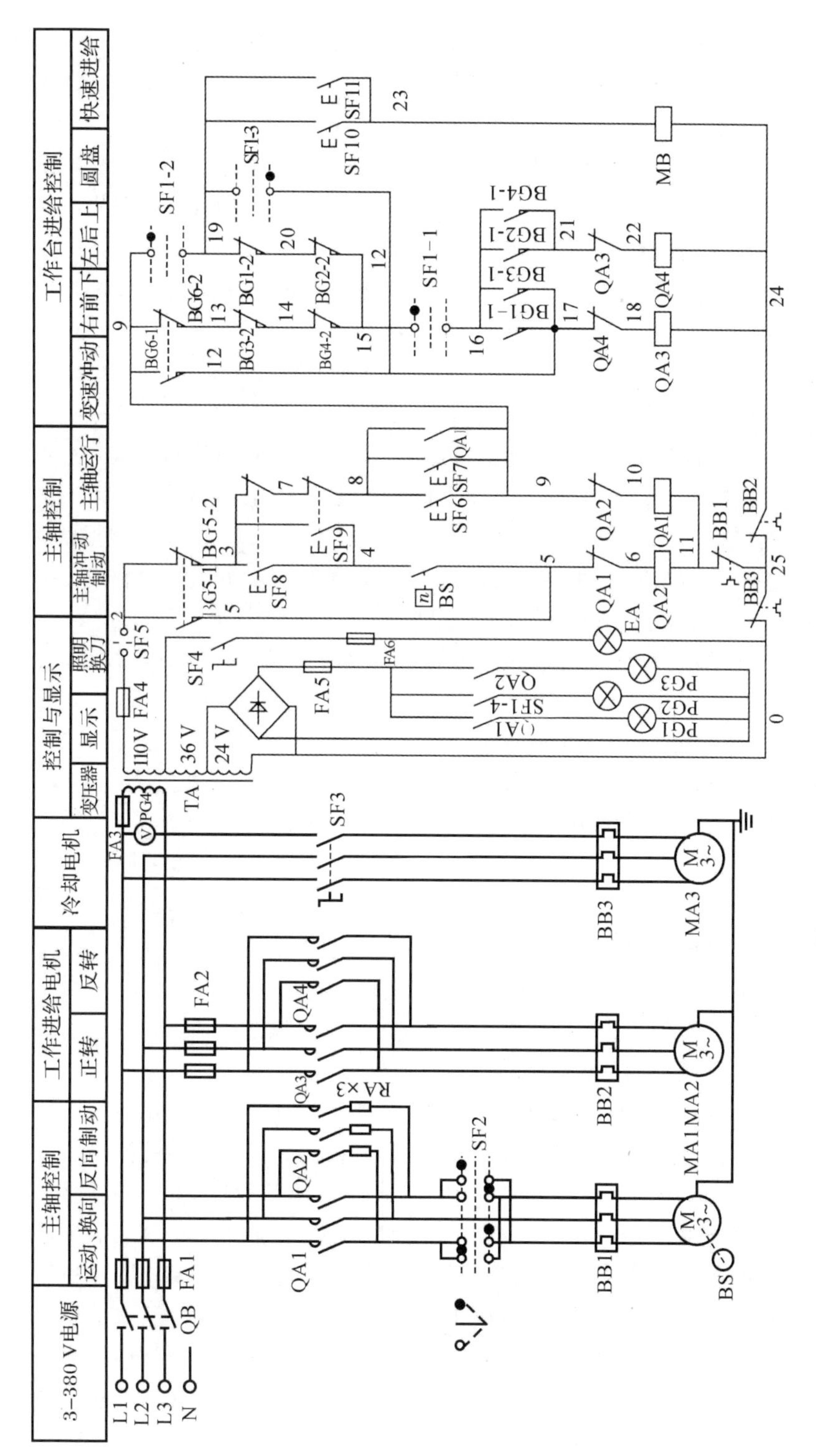

图2-23　X62W卧式万能铣床电气控制线路图

将SF2打到左边选择正转，按下SF6或SF7，电路(2—3—7—8—9—10—QA1—11—25—0)接通，QA1线圈得电吸合，QA1主触头闭合，其常开辅助触头(8—9)闭合自锁；MA1全压启动正转；且QA1常闭辅助触头(5—6)断开并互锁，同时直流24 V回路中QA1常开辅助触头闭合，主轴运行指示灯PG1亮。因QA1自锁，故松开SF6或SF7后，MA1仍继续运转。当转速达到120 r/min时BS常开触头(4—5)闭合为反接制动做准备。

2)反转。将SF2打到右边选择反转，工作原理同正转。

3)主轴反接制动。按下SF8或SF9，电路(2—3—7或8)断开，QA1线圈失电，QA1的自锁触头(8—9)断开，其常闭辅助触头(5—6)闭合互锁；电路(2—3—4—5—6—QA2—11—25—0)接通，QA2线圈得电吸合，QA2主触头闭合，定子绕组经3个电阻RA获得反相序交流电源，对MA1进行反接制动；同时QA2常闭辅助触头(9—10)断开并互锁，直流24 V回路中QA2常开辅助触头闭合，主轴制动指示灯PG3亮。当MA1转速迅速下降，低于100 r/min时，BS常开触头(4—5)复位断开，切断QA2电路，反接制动结束。

4)主轴变速冲动。利用变速手柄与冲动行程开关BG5通过机械进行控制。

将主轴变速手柄拉出，选择合适的转速，再推回复位，压下主轴电动机冲动行程开关BG5，BG5-1(2—5)闭合，BG5-2(2—3)断开，电路(2—5—6—QA2—11—25—0)接通，QA2线圈瞬间得电吸合，QA2主触头闭合，MA1电动机做瞬时点动，以便齿轮良好啮合。释放BG5，QA2线圈失电，所有触头复位，切断主轴电动机瞬时点动电路。

注意：无论开车还是停车，操作变速手柄复位都应快速连续，以免通电时间过长，引起MA1转速过高而打坏齿轮。

(2)工作台进给电动机MA2的控制。进给运动分为长方形工作台和圆盘形工作台，这两种运动都必须在主轴运动的基础上进行，此外6个方向的运动都是复合联锁，不能同时接通。

工作台进给电动机MA2控制由四部分组成：长方形工作台、圆盘形工作台、变速冲动和进给快速移动。

线路中QA3为正转(右前下)接触器，QA4为反转(左后上)接触器，SF2为主轴电动机正反转转换开关，SF1为工作台模式转换开关，BG1～BG4为工作台前下后上行程开关，BG6为工作台进给变速行程开关，MB为工作台快速进给电磁铁离合器。

1)长方形工作台。首先将工作台模式转换开关SF1转到长方形工作台模式。此时SF1-1和SF1-2接通，SF1-3和SF1-4断开。

A. 长方形工作台向右运动。将纵向操作手柄打到右侧，手柄的联动结构压下右限位行程开关BG1，BG1-1(16—17)闭合，BG1-2(19—20)断开，其他控制进给运动的行程开关都处于原始位置，电路(2—3—7—8—9—13—14—15—16—17—18—QA3—24—25—0)接通，QA3线圈得电，主触头闭合，其常闭辅助触头(21—22)断开并互锁，MA2电动机得电，工作台向右进给运动。

将纵向操作手柄打到中间零位，右限位行程开关BG1不再受压，BG1-1(16—17)断开，QA3线圈断电释放，进给电动机停转，工作台向右进给停止。

B. 长方形工作台向左移动。将纵向操作手柄打到左侧，手柄的联动结构压下左限位行程开关BG2，BG2-1(16—21)闭合，BG2-2(20—15)断开，其他控制进给运动的行程开关都处于原始位置，电路(2—3—7—8—9—13—14—15—16—21—22—QA4—24—25—0)接通，QA4线圈得电，主触头闭合，其常闭辅助触头(17—18)断开并互锁，MA2电动机得电，工作台向左进给运动。

将纵向操作手柄打到中间零位，左限位行程开关BG2不再受压，BG2-1(16—21)断开，QA4

线圈断电释放，进给电动机停转，工作台向左进给停止。

C. 长方形工作台向前(下)运动。将横向与垂直操作手柄打到前(下)侧，手柄的联动结构压下前(下)限位行程开关BG3，BG3-1(16—17)闭合，BG3-2(13—14)断开，其他控制进给运动的行程开关都处于原始位置，电路(2—3—7—8—9—19—20—15—16—17—18—QA3—24—25—0)接通，QA3线圈得电，主触头闭合，其常闭辅助触头(21—22)断开并互锁，MA2电动机得电，工作台向前(下)进给运动。

将横向与垂直操作手柄打到中间零位，前(下)限位行程开关BG3不再受压，BG3-1(16—17)断开，QA3线圈断电释放，进给电动机停转，工作台向前(下)进给停止。

D. 长方形工作台向后(上)运动。将横向与垂直作手柄打到后(上)侧，手柄的联动结构压下后(上)限位行程开关BG4，BG4-1(16—21)闭合，BG4-2(14—15)断开，其他控制进给运动的行程开关都处于原始位置，电路(2—3—7—8—9—19—20—15—16—21—22—QA4—24—25—0)接通，QA4线圈得电，主触头闭合，其常闭辅助触头(17—18)断开并互锁，MA2电动机得电，工作台向后(上)进给运动。

将横向与垂直操作手柄打到中间零位，后(上)限位行程开关BG4不再受压，BG4-1(16—21)断开，QA4线圈断电释放，进给电动机停转，工作台向后(上)进给停止。

2)圆盘工作台。将工作台模式转换开关SF1转到圆盘工作台模式。此时SF1-3和SF1-4接通，SF1-1和SF1-2断开。将SF2打到左边选择正转，按下SF6或SF7，电路(2—3—7—8—9—13—14—15—20—19—12—17—18—QA3—24—25—0)接通，QA3线圈得电吸合，主触头闭合，其常闭辅助触头(21—22)断开并互锁，MA2电动机得电，经机械传动机构拖动圆盘工作台单向旋转。

3)进给变速冲动。在主轴电动机MA1运行条件下，变速冲动需要将变速操作手柄打到中间零位，进给的行程开关都在原位，方能实现。与主轴变速时的冲动控制一样，进给电动机MA2通电时间易短，以防止转速过大，在变速时打坏齿轮。

将进给变速手柄拉至速度合适位置，压下工作台进给变速行程开关BG6，BG6-1(9—17)闭合，BG6-2(9—13)断开，电路(2—3—7—8—9—17—18—QA3—24—25—0)接通，QA3线圈瞬间得电吸合，QA3主触头闭合，MA2电动机做瞬时点动，以便齿轮良好啮合。释放BG6，QA3线圈失电，所有触头复位，切断工作台进给电动机瞬时点动电路。

4)工作台快速进给。为提高劳动生产率，要求铣床在不做铣削加工时，工作台可以在前后(横向)、左右(纵向)和上下(垂直)3种运动形式6个方向的实现快速进给运动。

主轴电动机MA1启动后，将进给变速手柄扳到所需位置，工作台按照选定的速度和方向做常速进给移动时，再按下快速进给按钮SF10或SF11，电路(2—3—7—8—9—19—23—MB—24—25—0)接通，工作台快速进给电磁铁离合器MB接通，使工作台按照运动方向做快速移动。当松开快速进给按钮SF10或SF11，电磁铁MB断电，摩擦离合器断开，停止快速进给，工作台仍按原常速继续运动。

(3)控制电路的联锁与保护。X62W型万能铣床运动较多，电气控制电路较为复杂，为安全可靠地工作，应具有完善的联锁与保护。

1)主轴运动与进给运动的顺序联锁。进给电气控制电路接在主轴电动机接触器QA1的常开辅助触头之后。这就保证了主电动机启动之后方可启动进给电动机，而当主轴电动机MA1停止时，进给电动机MA2也立即停止。

2)工作台 6 个运动方向的联锁。工作台只允许单方向运动,为此,工作台前后(横向)、左右(纵向)和上下(垂直)3 种运动形式 6 个方向的进给运动之间都有互锁。其中工作台纵向操纵手柄实现工作台左、右运动方向的联锁;横向与垂直操纵手柄实现前、后和上、下 4 个方向之间的联锁。为实现这两个操纵手柄之间的联锁,在图 2-23 中,接线点(19—20—15)由 BG1、BG2 复合常闭触点串联组成,接线点(13—14—15)由 BG3、BG4 复合常闭触点串联组成,两个接线点并联后,再分别串接于 QA4 和 QA3 线圈电路中,控制进给电动机 MA2。当扳动纵向进给操纵手柄时,压下 BG1 或 BG2 开关,断开支路(19—20—15),但 QA3 或 QA4 线圈仍可经支路(13—14—15—16—17—18)或支路(13—14—15—16—21—22)供电;若此时再扳动横向与垂直进给操纵手柄,又将压下 BG2 或 BG4 开关,将支路(13—14—15)断开,使 QA3、QA4 线圈无法通电,进给电动机无法工作。这就保证了不允许同时操纵两个机械手柄,从而实现了工作台 6 个运动方向的联锁。

3)长方形工作台与圆工作台的联锁。圆形工作台的运动必须与长工作台 6 个方向的进给运动有可靠的联锁,否则将造成刀具和机床的损坏。为避免这样的事故发生,从电气上采取了互锁措施,只有纵向进给操纵手柄、垂直与横向进给操纵手柄都置于零位时才可以进行圆形工作台的旋转运动。若有某一操纵手柄不在零位,则行程开关 BG1～BG4 中的一个被压下,其对应的常闭触点断开,从而切断了 QA3 线圈通电电路。因此,当圆工作台工作时,若扳下任一个进给操纵手柄,接触器 QA3 将断电释放,进给电动机 MA2 自动停止。

4)具有完善的保护。该电路具有短路保护、长期过载保护和工作台 6 个运动方向的限位保护等。该机床的限位保护采用机械和电气相配合的方法。由挡块确定各进给方向上的极限位置,当工作台运动到极限位置时,挡铁将操纵手柄撞回中间零位,在电气上使相应进给方向的行程开关复位,切断进给电动机的控制电路,使进给运动停止,从而保证了工作台在规定范围内运动,避免了机械和人身事故的发生。

本章小结

本章重点介绍并分析了电气控制线路基本环节和典型线路,具体有电气控制线路图的图形、文字符号及绘制原则、电气控制系统的常用保护措施、三相笼型异步电动机的基本控制线路、降压启动控制线路、制动控制线路和速度控制线路;典型生产机械以 C650 卧式车床和 X62W 卧式万能铣床为例,详细介绍了这两种典型加工机械的工作原理和控制要求,并进行电气控制线路分析,为学习第 3 章及后续章节内容,尤其是第 11 章的 11.3 节和 11.5 节奠定了基础。

思考题与练习题

1. 简述绘制电气原理图时应遵循的主要原则。
2. 简述电气控制系统的常用保护措施。
3. 简述三相笼型异步电动机单向全压启动控制线路的保护环节及作用。
4. 试设计某三相笼型异步电动机单向运转(的)主电路和控制电路(必要的保护)。
5. 简述三相笼型异步电动机几种不同的降压启动方式及优缺点。
6. 简述三相笼型异步电动机几种不同的制动方式、优缺点及适用场合。

7. 简述三相笼型异步电动机几种不同的调速方法，简述双速电动机调速的工作原理。

8. 简述自锁、互锁和联锁的概念及在电气线路中的作用。

9. 设计一个电气控制线路，控制要求为：2 台三相笼型异步电动机 MA1 和 MA2；MA1 先启动，5 s 后 MA2 自动启动；MA2 启动后，MA1 立即停车；MA2 能单独停车；MA1 和 MA2 均能点动。

10. 设计一个电气控制线路，要求电动机 MA1 启动 5 s 后，电动机 MA2 自行启动；运行 5 s 后，电动机 MA1 停止，同时电动机 MA3 自行启动；再运行 5 s，2 台电动机全部停止。

11. 对图 2－23 所示的 X62W 卧式万能铣床电气原理图，分析和回答以下问题：

(1)分析 X62W 卧式万能铣床的工作过程；

(2)写出 QA1 自锁回路的构成；

(3)分析万能转换开关 SF2 的作用和速度继电器 BS 的常开触头的作用。

第3章　PLC基本概述

自20世纪60年代末期第一台PLC问世以来，PLC发展迅速。近些年，随着微电子技术和计算机技术的不断发展，PLC在处理速度、控制功能、通信能力及控制领域等方面都有新的突破。PLC将传统的继电接触器控制技术和现代计算机信息处理技术的优点有机结合起来，成为工业自动化领域中最重要、应用最广泛的控制设备之一，并已经成为现代化工业生产自动化的重要支柱。

本章重点：

(1)PLC的产生和定义；

(2)PLC的基本功能与特点；

(3)PLC的应用和分类；

(4)PLC其他典型控制系统的比较；

(5)PLC的系统组成与工作原理。

3.1　PLC的产生和定义

3.1.1　PLC的产生

在PLC问世之前，传统的继电器控制系统，因结构简单、易掌握、价格便宜，以及能满足大部分场合电气顺序逻辑控制的要求而在工业控制领域中一直占据着主导地位。但继电接触器控制系统设备体积大、可靠性差、动作速度慢、功能弱，难于实现较复杂的控制；特别是由于它是靠硬连线逻辑构成的系统，接线复杂烦琐，当生产工艺或控制对象需要改变时，原有的接线和控制柜需要更换，故通用性和灵活性较差。为改变这一现状，1968年美国通用汽车(GM)公司提出要研制一种新的汽车流水线控制系统，即著名的“GM 10条”。1969年，美国数字设备公司(DEC)研制开发出世界上第一台可编程序逻辑控制器，并在GM公司汽车生产线上应用成功。

随着微处理器技术日趋成熟，可编程序逻辑控制器的处理速度大大提高，功能也不断完善，既能进行逻辑运算、处理开关量；又能进行数学运算、处理模拟量，进行PID调节等功能，真正成为一种电子计算机工业控制设备。国外工业界在1980年正式将其命名为可编程序控制器(Programmable Logic Controller，PLC)，简称PLC。

3.1.2　PLC 的定义

国际电工委员会(IEC)对可编程控制器的定义是:“可编程序控制器是一种数字运算操作的电子系统,专为工业环境而设计。它采用了可编程序的存储器,用来在其内部存储逻辑运算、顺序控制、定时、计数和算术运算等操作的指令,并通过数字式和模拟式的输入和输出,控制各种类型机械的生产过程;而有关的外围设备,都应按易于与工业系统连成一个整体,易于扩充其功能的原则设计。”

在该定义中重点说明了三个概念,即 PLC 是什么,它具备什么功能(能做什么)以及 PLC 及其控制系统的设计原则。PLC 定义示意图如图 3-1 所示。

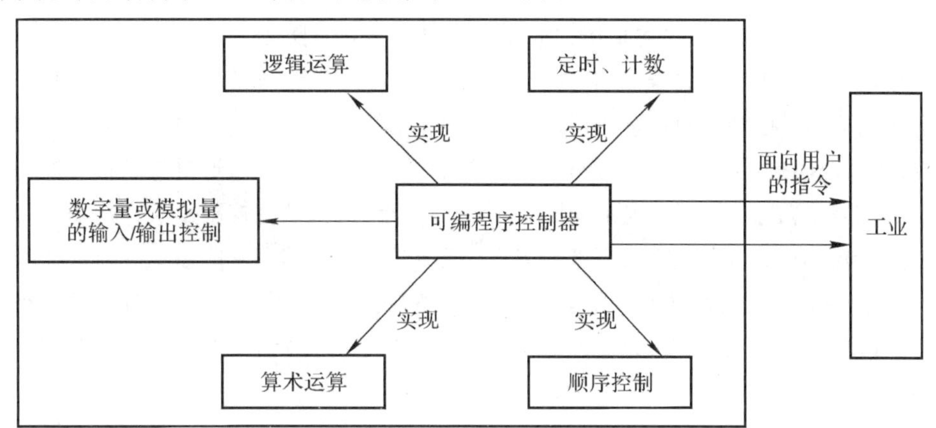

图 3-1　PLC 定义示意图

3.2　PLC 的基本功能与特点

3.2.1　PLC 的基本功能

(1)逻辑控制功能。逻辑控制又称为顺序控制或条件控制,是 PLC 应用最广泛的领域,其实质就是位处理功能。PLC 具有“与”“或”“非”功能,能够描述继电器触点的串联、并联、串并联等各种连接,因此可以代替继电器进行组合逻辑与顺序逻辑控制。

(2)定时与计数控制功能。PLC 的定时功能类似于继电接触器控制系统中的时间继电器控制,PLC 的计数器类似于单片机中的计数器。PLC 具有定时、计数功能,为用户提供若干个定时器、计数器,并设置了定时、计数指令,定时值、计数值可由用户在编程时设定,以满足生产工艺的要求。

(3)步进控制功能。步进控制,是指在多道加工工序中,完成一道工序以后,自动进行下一道工序,也称为顺序控制。

(4)A/D、D/A 转换功能。PLC 具有模数转换(A/D)和数模转换(D/A)功能,能完成对模拟量的控制与调节。

(5)数据处理功能。PLC 具有数据处理能力,能进行数据并行传送、比较和逻辑运算,还能进行数据移位及数制转换等操作。

(6)通信与联网功能。PLC 采用通信技术，可进行远程 I/O 控制，多台 PLC 之间可以进行连接，还可以与计算机进行通信。由一台计算机和若干台 PLC 可以组成 DCS 分布式控制网络，以完成较大规模的复杂控制。

(7)控制系统监控。PLC 配置有较强的监控功能，操作人员通过监控命令可以监视有关部分的运行状态，可以调整定时或计数等设定值，因而调试、使用和维护方便。

3.2.2 PLC 的特点

(1) 抗干扰能力强，可靠性高。PLC 专为工业环境设计，硬件结构和软件设计都具有强抗干扰能力。硬件结构上，主要模块均采用大规模集成电路，耐热、防潮、防尘、抗震；且采用隔离、屏蔽、滤波、接地等抗干扰措施；在软件上具有自诊断和纠错等功能，软件程序取代了继电-接触器控制系统中大量的机械触点和繁杂的连线，具有高可靠性。

(2)控制系统简单，功能完善。当一个 PLC 控制系统需要扩展时，通过选型扩展模块和特殊功能模块，以组合式搭接，便可实现系统扩充，增减其功能，满足系统控制要求。

(3)编程和维护方便，易于使用。PLC 编程梯形图语言类似继电-接触器控制系统中的电气原理图，形象直观，容易掌握，熟悉一定电气线路的工程技术人员可在短时间掌握；PLC 有完善的自诊断及纠错功能，其内部工作、通信、I/O 点、异常状态等均有显示，便于工作技术人员迅速查找故障并排除。

(4)系统设计安装调试方便。继电-接触器控制系统实现一项工程时，须按工艺要求绘制电气原理图、电器元件布置图和电气安装接线图，然后进行安装调试，后期修改也很麻烦。而 PLC 控制系统为模块化结构，现场施工与程序设计可同时进行，且用软件编程取代硬接线实现控制功能，极大简化安装接线工作及施工周期，且调试快。

3.3 PLC 的应用和分类

3.3.1 PLC 的应用领域

PLC 广泛应用于汽车、冶金、石油、化工、采矿、机械制造、食品/粮食加工、电力和纺织等各个领域。根据 PLC 的功能，将其应用领域大致分为如下几方面。

(1)逻辑控制。逻辑控制是 PLC 最基本、最广泛的应用领域，它采用“与”“或”“非”等逻辑运算功能实现逻辑控制、定时控制和顺序逻辑控制。它既可用于单台设备的控制，也可用于自动化生产线。

(2)运动控制。PLC 使用运动控制模块，对直线运动或圆周运动的位置、速度和加速度进行控制，实现单轴、双轴以及多轴位置控制，并将运动控制和顺序控制功能有机结合，如用于装配机械、机器人和金属切削机床等。

(3)闭环过程控制。闭环过程控制是指对温度、压力、流量和物位等连续变化的模拟量实现的控制。PLC 通过模拟量模块，应用数据处理和运算功能，实现模拟量与数字量的 D/A 和 A/D

转换，并实现被控模拟量的闭环PID控制。它广泛地应用于加热炉、挤压成型机和锅炉等设备中。

(4)数据处理。大型PLC除具有数学运算功能外，还具有数据的传送、转换、排序和查表等功能，以完成数据采集、分析和处理，实现数据的比较、通信、保存和打印等。

(5)通信联网。PLC的通信包括主机与远程I/O之间的通信、PLC之间相互的通信、PLC与其他智能设备之间的通信。PLC与其他智能设备一起，可以构成"集中管理、分散控制"的分布式控制系统。

3.3.2　按I/O点数分类

根据PLC的I/O总点数分为小型机、中型机和大型机三类。

(1)小型机。小型PLC的I/O点数小于256点，一般以处理开关量逻辑控制为主。如西门子公司生产的S7-200 PLC、三菱公司生产的FX2N系列PLC、欧姆龙公司生产的CP1H系列PLC。如图3-2(a)所示为西门子公司生产的S7-200 PLC。

(2)中型机。中型PLC的I/O点数在256～2 048点之间，适用于复杂的逻辑控制系统以及连续生产线的过程控制场合，一般采用模块化结构。如西门子公司生产的S7-300系列PLC、欧姆龙公司生产的CQM1H系列PLC。如图3-2(b)所示为西门子公司生产的S7-300系列PLC。

实物介绍链接扫二维码  。

(3)大型机。大型PLC的I/O点数大于2 048点，适用于设备自动化控制、过程自动化控制和过程监控系统。如西门子公司生产的S7-400系列PLC、欧姆龙公司生产的CS1系列PLC。如图3-2(c)所示为西门子公司生产的S7-400系列PLC。

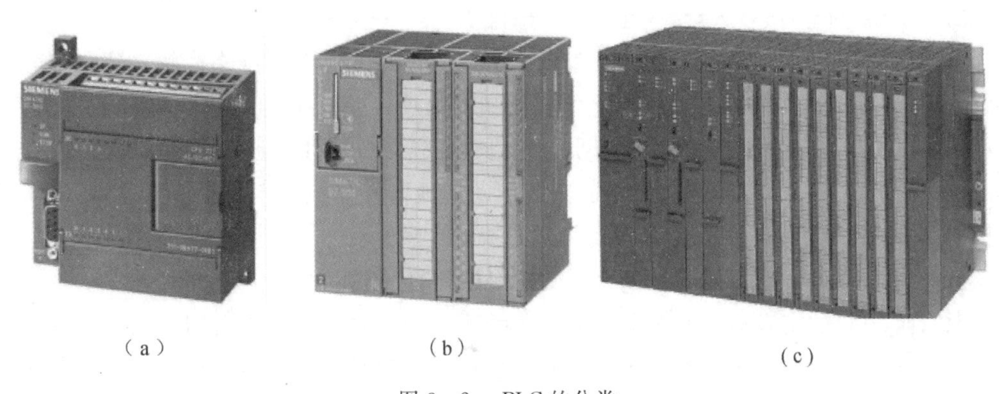

(a)　　(b)　　(c)

图3-2　PLC的分类

(a)西门子小型PLC S7-200 PLC；(b)西门子中型PLC S7-300PLC；(c)西门子大型PLC S7-400PLC

3.3.3　按结构形式分类

根据PLC硬件结构形式，将PLC分为整体式和模块式两类。

(1)整体式结构。整体式 PLC 将 CPU、I/O 和电源等部件集中安装在机壳内,组成一个基本单元(主机)。其结构紧凑,体积小,易于安装,如图 3-2(a)所示。小型 PLC 系统配置专用的特殊功能模块,如 AI/AO 模块、通信模块等,完成特殊的控制任务。

(2)模块式结构。模块式结构,又称积木式结构,该结构的 PLC 由 CPU 模块、I/O 模块、电源模块和各种功能模块等构成,组装时将它们插在框架上或基板上即可。如图 3-2(b)(c)所示的中、大型 PLC 即为模块式结构。

3.4 PLC 与其他控制系统的比较

3.4.1 与继电器控制系统的比较

PLC 控制系统与传统继电器控制系统相比,有不少相似之处,但也有诸多不同,主要体现在以下几方面。

(1)控制逻辑。继电器控制逻辑采用硬接线,利用继电器机械触点(触点数目有限,灵活性和扩展性差)的串联或并联等组合成控制逻辑,其接线多而复杂、体积大、故障率高,当系统构成后,要再改变或增加功能,工作量大。而 PLC 本身就是一种数字运算操作的电子系统,采用存储器逻辑,改变控制逻辑即可改变程序,且 PLC 内部的软元件,其触点数可无限制使用,对应的控制系统连线少、体积小、功耗小,具有良好的灵活性和扩展性。

(2)工作方式。电源接通时,继电器控制线路中各继电器同时都处于受控状态,相应的机械性触点会吸合或断开,为并行工作方式。而 PLC 的用户程序循环执行,其内部软元件动作与它们各自的梯形图位置紧密关联,属于串行工作方式。

(3)控制速度。继电器控制逻辑依靠触点的机械动作实现控制,触点的开闭动作一般在几十毫秒数量级且易出现抖动;而 PLC 是数字运算操作的电子系统,无触点控制,速度极快,一般执行单条用户指令时间为微秒数量级,且不会出现抖动。

(4)可靠性和可维护性。继电器控制逻辑使用大量的机械触点,连线多。触点开闭时会受到电弧的损坏,并有机械磨损,寿命短,因此可靠性和可维护性差。而 PLC 采用微电子技术,开关动作由无触点的半导体电路来完成,体积小、寿命长、可靠性高。PLC 还配有自检和监督功能,能检查出自身的故障,并随时显示给操作人员;还能动态地监视控制程序的执行情况,为现场调试和维护提供方便。

(5)定时和计数控制。继电器控制系统的时间控制通过定时精度不高、定时范围窄的时间继电器实现。而 PLC 的定时器由半导体集成电路实现,时基脉冲由晶体振荡器产生,精度相当高,定时范围从 0.001 s 到数分钟到数小时甚至更长。PLC 还有计数器,具备计数功能,而继电器控制系统不具备此功能。

(6)设计和施工。继电器控制系统完成一项控制工程,需要设计、施工和调试等工序,周期长,且修改烦琐,灵活性差。对于 PLC 而言,在系统设计完成以后,可同时进行现场施工和软件的程序设计,周期短,调试和修改都方便。

3.4.2　与微型计算机控制系统的比较

在应用范围上，PLC 主要用于工业控制，微型计算机控制系统除了用在控制领域外，还大量用于科学计算、数据处理和计算机通信等方面；工作环境上，PLC 专为工业环境设计，微型计算机控制系统则对工业环境要求较高，需要在干扰小且温湿度一定的室内使用；工作方式上，PLC 采用循环扫描工作方式，微型计算机一般采用等待命令方式；程序设计上，PLC 采用面向过程的逻辑语言，以梯形图为主，与传统电气原理图非常相似，且简单易学，微型计算机编程语言多，如 VC、VB 和汇编语言等，相对前者较复杂，上手慢。

总的来说，PLC 是一种用于工业自动化控制的专用微机控制系统，一般集中在功能控制上，而微型计算机则作为上位机，集中在信息处理和 PLC 网络的通信管理上，二者相辅相成。

3.4.3　与单片机控制系统的比较

从本质上讲，PLC 实为一套已经做好的单片机系统，有较强的通用性。

单片机可以构成各种各样的应用系统，使用范围更广（如家电产品的冰箱、空调和洗衣机，工业现场的智能化仪器仪表和控制器产品等）。PLC 控制系统适合在工业控制领域的制造业自动化和过程控制中使用。仅就"单片机"而言，它只是一种集成电路，还必须与其他元器件及软件构成系统才能应用。从工程的使用来看，对单项工程或重复数极少的项目，采用 PLC 快捷方便，成功率高，可靠性好，但成本较高；对于量大的配套项目，采用单片机系统具有成本低、效益高的优点，但这要有相当的研发力量和行业经验才能使系统稳定。

总的来说，单片机结构简单，功能完善，价格便宜，一般用于弱电控制，PLC 控制系统则是专为工业现场的自动化控制而设计的。

3.4.4　与 DCS、FCS 控制系统的比较

PLC、DCS(Distributed Control System，集散控制系统)和 FCS(Fieldbus Control System，现场总线控制系统)是目前工业自动化领域所使用的三大控制系统，各自的特点如下。

1. PLC

PLC 从开关量控制发展到工业过程中的步进(顺序)控制、连续 PID 控制和数据控制，具有数据处理能力、通信和联网等多功能。

(1)可用一台 PLC / PC 机为主站，多台同型 PLC 为从站。

(2)PLC 网络既可作为独立 DCS，也可作为 DCS 的子系统。

2. DCS

DCS 是以微处理器为基础，采用控制功能分散、显示操作集中、兼顾分而自治和综合协调设计原则的新一代仪表控制系统。它采用控制(工程师站)、操作(操作员站)和现场仪表(现场测控站)的三级合作自治结构，主要特征是集中管理和分散控制，核心是通信，即数据公路。它用于大规模的连续过程控制，如石化、大型电厂机组的集中控制等。DCS 系统体系结构图如图 3－3 所示。

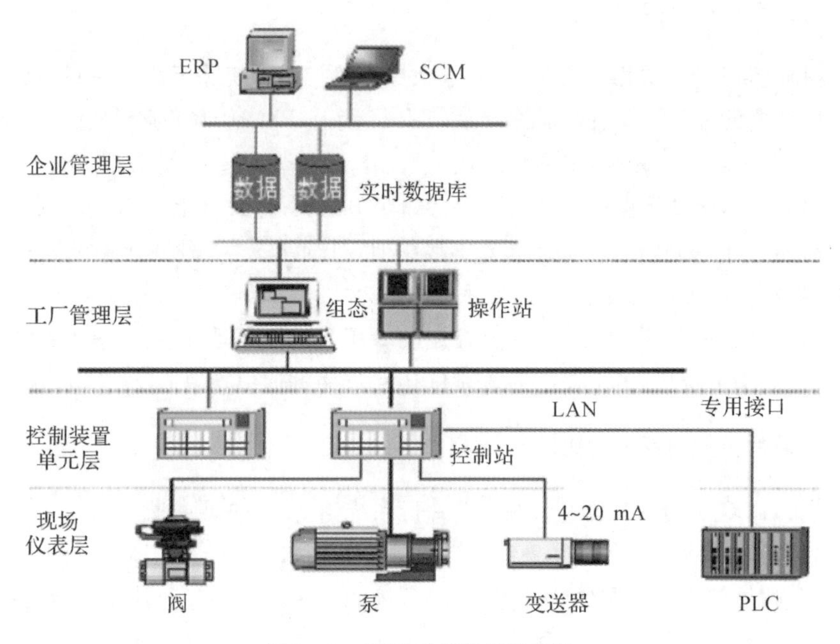

图 3-3　DCS系统体系结构图

3. FCS

现场总线是安装在制造或过程区域的现场装置与控制室内的开放式、双向传输和多分支结构的通信网络。它是第五代过程控制系统,是由PLC和DCS发展而来的。FCS的特点是一条总线连接所有的设备,基础是数字智能现场装置,本质是信息处理现场化,核心是总线协议。FCS可以将PID控制彻底分散到现场设备(Field Device)中。它将取代现场一对一的4～20 mA模拟信号线,是21世纪自动化控制系统的方向。现场总线主要应用于石油、化工、电力、医药、冶金、加工制造、交通运输、国防、航天、农业和楼宇等领域。西门子DP现场总线结构图如图3-4所示。

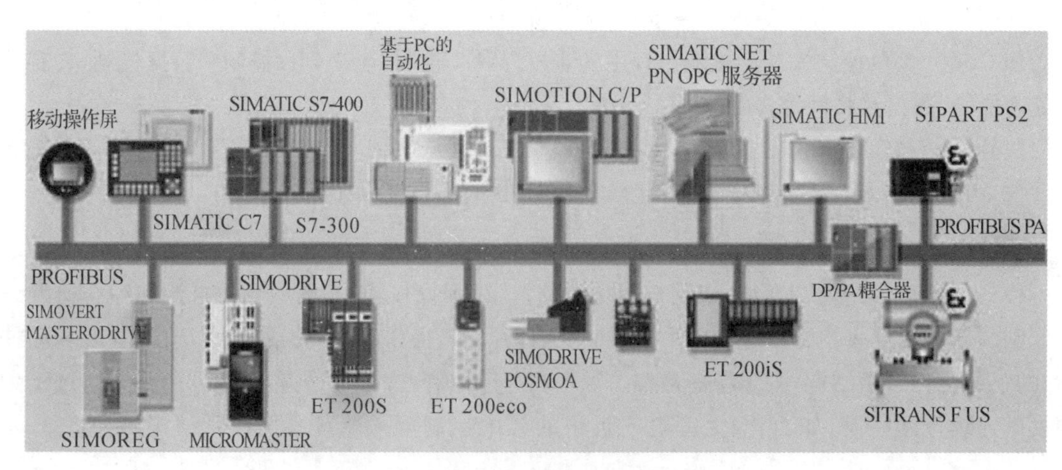

图 3-4　西门子DP现场总线结构图

4. DCS与FCS的应用差异

(1)DCS是个大系统,必须整体投资一步到位,扩容难度较大。而FCS投资起点低,可以边用、边扩、边投运。

(2)DCS是封闭式系统,各公司产品基本不兼容。而FCS是开放式系统,不同厂商、品牌的各种产品基本能同时连入同一现场总线,达到最佳的系统集成。

(3)DCS的信息全都是由二进制或模拟信号形成的,必须通过D/A与A/D转换。而FCS将这些转换在现场一次一遍完成,实现全数字化通信,并且FCS可以将PID闭环控制功能装入现场设备中,缩短了控制周期,提高了运算速度,从而改善调节性能。

(4)DCS可以控制和监视工艺全过程,对自身进行诊断、维护和组态,但是其I/O信号采用传统的模拟量信号,因此,它无法在DCS工程师站上对现场仪表(含变送器、执行器等)进行远程诊断、维护和组态。而FCS采用的是双向数字通信现场总线信号制,可以对现场装置(含变送器、执行机构等)进行远程诊断、维护和组态。

(5)FCS由于信息处理现场化,所以与DCS相比可以省去相当数量的隔离器、端子柜等,节省空间与大量电缆等辅助设备。

(6)FCS比DCS组态简单,因结构、性能标准化,便于安装、运行和维护。

在未来的工业过程控制系统中,数字技术向智能化、开放化、网络化和信息化发展,同时,工业控制软件也将向标准化、网络化、智能化和开放化发展。因此今后的控制系统将会是:FCS处于控制系统中心地位,兼有DCS、PLC系统的标准化、智能化和开放化、网络化和信息化。

3.5　PLC的系统组成与工作原理

3.5.1　PLC的系统组成

PLC种类各异,但其组成和工作原理相类似,这里以小型PLC为例,介绍PLC组成。PLC一般由四部分组成:CPU、电源、存储器和专门设计的I/O接口电路。PLC的组成框图如图3-5所示。

1. 中央处理器CPU

中央处理器(CPU)是PLC的核心,一般由控制器、运算器和寄存器组成,它按照系统程序赋予的功能完成的主要任务如下。

(1)接收与存储由上位机或其他编程设备输入的用户程序和数据。

(2)检查编程过程中的语法错误,诊断电源及PLC内部的工作故障。

(3)用扫描方式工作,接收来自现场的输入信号,送入输入映像寄存器和数据存储器中。

(4)在进入运行方式后,从存储器中逐条读取并执行用户程序所规定的逻辑运算、算术运算及数据处理等操作。

(5)根据运算结果,更新有关标志位的状态,刷新输出映像寄存器的内容,再经输出部件实现输出控制、打印制表或数据通信等功能。

2. 存储器

PLC的存储器功能类似于微机系统的存储器,由系统程序存储器和用户程序存储器两部分构成。

(1)系统程序存储器。存放ROM内,是PLC生产厂家编写的系统程序,用户不能更改。系统程序的内容主要包括三部分:系统管理程序、用户指令解释程序和标准程序模块与系统调用管理程序。

(2)用户程序存储器。包括用户程序存储器(程序区),存放用户编写的应用程序和用户数据存储器(数据区),存放用户程序中所使用器件的ON/OFF状态和数值、数据等两部分。用户存储器的大小影响用户程序容量的大小,是反映PLC性能的重要指标之一。

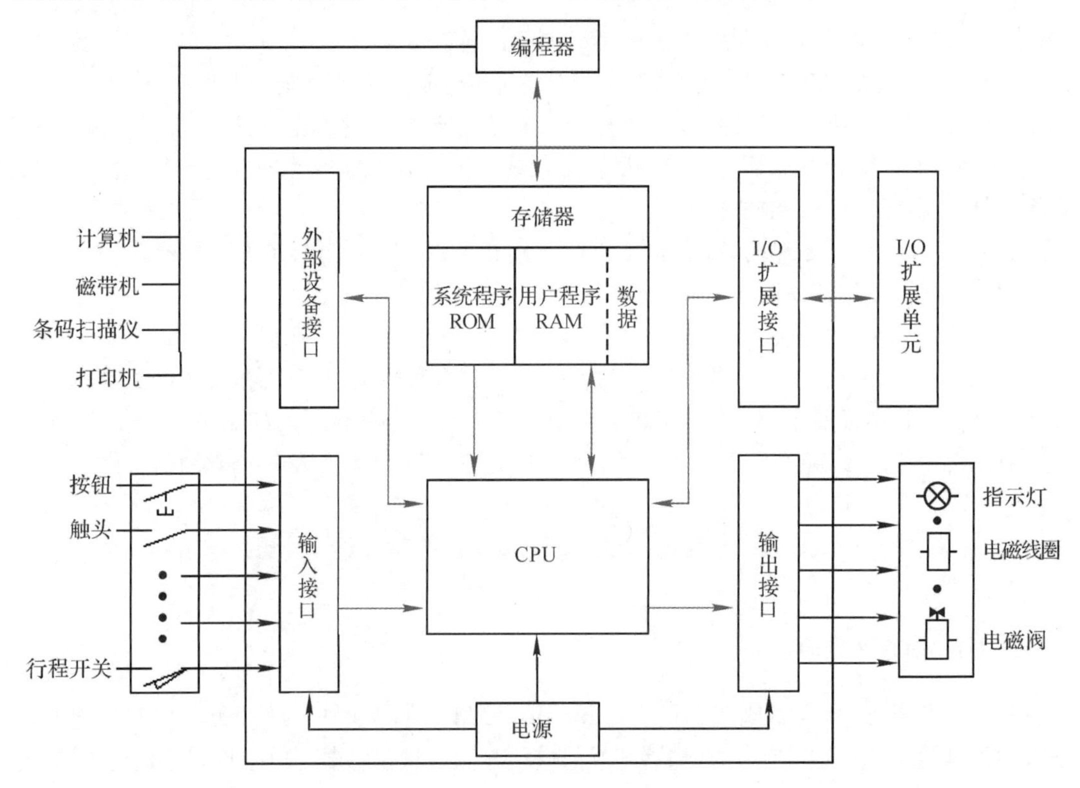

图3-5　PLC的组成框图

3.输入/输出单元(I/O单元)

PLC输入/输出接口单元包含两部分:一部分是与被控设备相连接的接口电路,另一部分是输入和输出的映像寄存器。PLC的输入和输出信号类型一般有开关量和模拟量两种。

根据PLC类型的不同,将其接线方式分为汇点式、分组式和隔离式三种,如图3-6所示。生产现场的各种输入信号,如限位开关、操作按钮、选择开关、行程开关以及传感器的信号,首先,由输入单元的外部接口电路接收并转换成CPU能够识别和处理的信号,存到输入映像寄存器。其次,由CPU读取这些输入信息并结合其他元器件最新的信息,按照用户程序进行运算,将有关输出的最新运算结果放到由输出点相对应的触发器组成的输出映像寄存器。最后,由输出接口电路输出,以驱动电磁阀、接触器和指示灯等被控设备的执行元件。

汇点式是输入/输出单元各自只有一个公共端COM,其输入或输出点公用一个电源;分组式是输入/输出端子分为若干组,每组的I/O电路有一个公共端且公用一个电源,组与组之间的电路隔开；隔离式是指具有公共端子的各组 I/O 点间互相隔离，可各自使用独立的电源。

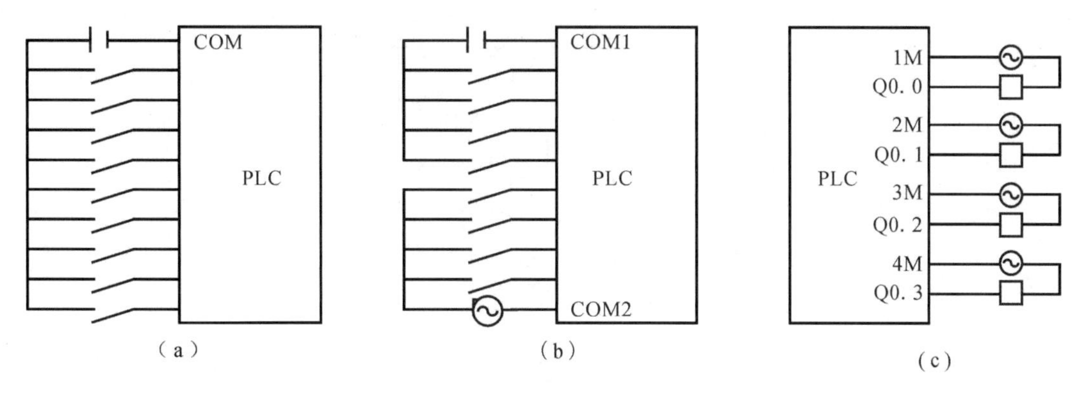

图 3－6　输入/输出单元三种接线单元

(a)汇点式；(b)分组式；(c)隔离式

PLC 的输入和输出接口电路由光电耦合电路(关键器件由发光二极管和光电三极管组成的光耦合器)或继电器进行隔离，其 I/O 点的通/断状态用 LED 发光管指示。

现以开关量输入/输出接口电路为例，做简单介绍。PLC 的输入类型有直流(使用最多)、交流或交直流。输入电路的电源可由外部或 PLC 自身的电源提供。开关量输入接口电路原理图如图 3－7 所示。

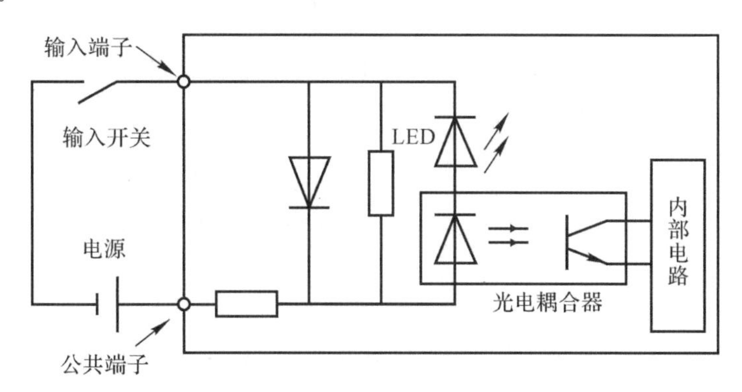

图 3－7　开关量输入接口电路原理图

图 3－7 为某点直流输入的内部电路和外部接线图，当图 3－7 中外界输入开关通过输入端子接通时，光电耦合器中的晶体管导通，LED 发光二极管亮；当输入开关触点断开时，光电耦合器中无输出，晶体管截止，LED 发光二极管灭，信号经内部电路传送给 CPU。

输出接口电路类型主要有继电器输出(交直流输出模块)和晶体管输出(直流输出模块)。开关量输出接口电路原理如图 3－8 所示。

继电器输出类型 PLC 适用于输出信号的通断频率较低的场合(交/直流电源皆可)；晶体管输出型 PLC 适用于输出接口的通断频率较高的运动控制系统(仅限直流电源)，如控制步进电动机等。

4. 电源单元

PLC 一般使用单相 220 V 交流电源或 24 V 直流电源，内部的开关电源为 PLC 的 CPU、存储器等电路提供 5 V 硬件系统所需的直流电源，同时为外部输入单元 I/O 端口提供直流 24 V 电源。

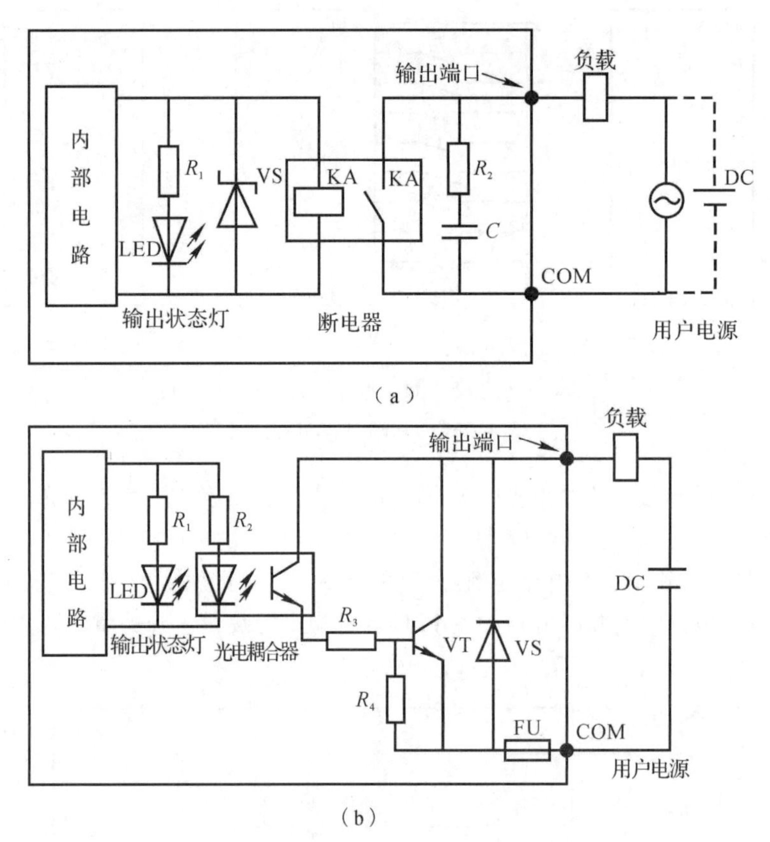

图 3-8　开关量输出接口电路原理图

(a) 继电器式输出型接口电路；(b) 晶体管式输出型接口电路

5. I/O 扩展接口

I/O 扩展接口用于将扩展单元或功能模块与基本单元相连，使 PLC 配置更加灵活，以满足不同控制系统的需要。

6. 通信接口

为了实现“上位机- PLC”或“PLC - PLC”之间的对话，PLC 配有多种通信接口与显示设定单元、触摸屏和打印机相连，实现人机交互；或与其他 PLC、PC 机及 FCS 网络相连，组成多机系统或工业网络控制系统。

3.5.2　PLC 的工作原理

1. PLC 的工作方式

继电接触器控制电路工作时为“并行”方式，电路中继电器都处于受控状态，凡符合条件吸合的继电器都同时处于吸合状态，受各种约束条件不应吸合的继电器都同时处于断开状态。而 PLC 是以“串行”方式工作的，也就是以扫描的方式，循环地、连续地、顺序地，逐条执行程序的方式工作，如图 3-9 所示。该图为 PLC 控制电动机自锁旋转和停止的应用，PLC 的输入端连接启/停开关信号，PLC 中的程序综合各个信号的状态执行用户程序，其计算结果通过输出端来控制电动机启动器进而控制电动机的自锁旋转和停止。

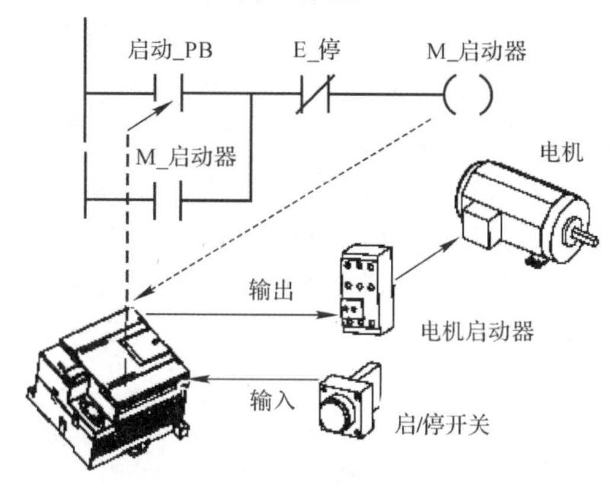

图 3－9　PLC 中输入和输出的控制

2. PLC 程序循环扫描的过程

PLC 运行正常时，每一次扫描所用的时间称为扫描周期，一般将完成部分或全部的以下操作：读取输入→执行程序→处理通信请求→执行 CPU 自检→改写输出，如图 3－10 所示。

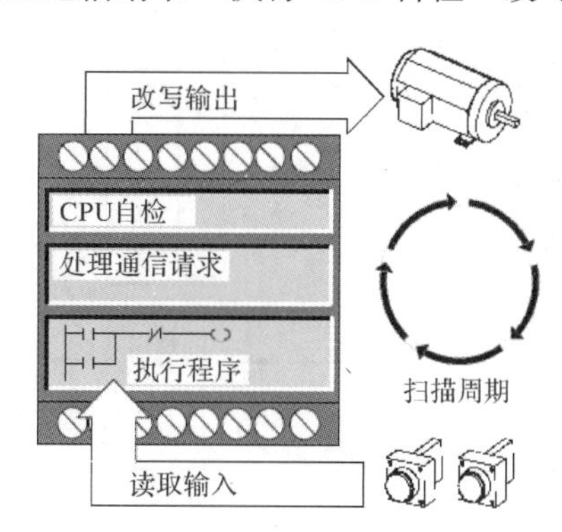

图 3－10　PLC 循环扫描工作过程

(1)读取输入(输入采样)阶段。在该阶段，PLC 扫描所有输入端子，并将各输入端的通/断状况存入相对应的输入映像寄存器中，改写输入映像寄存器的值。此后，输入映像寄存器与外界隔离，不管外设输入情况如何变化，输入映像寄存器的内容也不会改变。输入端状况的变化只能在下一个循环扫描周期的读取输入阶段才被拾取，这样可以保证在一个循环扫描周期内运用相同的输入信号状况。因此，要注意输入信号的宽度要大于一个扫描周期，不然很可能形成信号的丢失。

(2)执行程序阶段。PLC 的用户程序由若干条指令组成，指令在存储器中按次序排列。当 PLC 执行程序时，CPU 对用户程序按次序进行扫描。假如程序用梯形图表明，则按先上后下、从左至右的次序逐条履行程序指令。每扫描到一条指令，所需求的输入信号的状况均从输入映像寄存器中读取，而不是直接运用现场输入端子的通/断状况。在执行用户程序的过程中，根据指令做相应的运算或处理，每一次运算的结果不是直接送到输出端子当即驱动外部负载，而是将结果先写入输出映像寄存器中。输出映像寄存器中的值可以被后面的读指令所运用。

(3)处理通信请求阶段。在该阶段,CPU 查看有无通信使命,假如有则调用相应进程,完成与其他设备(如带微处理器的智能模块、远程 I/O 接口、编程器和 HMI 装置等)的通信处理,并对通信数据做相应处理。

(4)CPU 自检阶段。包括 CPU 自诊断和复位监视定时器。在自诊断阶段,CPU 检测 PLC 各模块的状况,若呈现异常当即进行确诊和处理,同时给出故障信号,点亮 CPU 面板上的 LED 指示灯。当呈现致命错误时,CPU 被强制为 STOP 方式,中止运行程序。监视定时器又称看门狗定时器 WDT,是为了监视 PLC 的每次扫描时间,避免由于 PLC 在运行程序的过程中进入死循环而设置的。若程序运转正常,则在每次扫描周期的内部处理阶段对 WDT 进行复位(清零)。假如程序运转失常进入死循环,则 WDT 得不到准时清零而触发超时溢出,CPU 将给出报警信号或中止工作。

(5)改写输出(输出刷新)阶段。执行完用户程序后,进入改写输出阶段。PLC 将输出映像寄存器中的通/断状况送到输出锁存器中,通过输出端子驱动用户输出设备或负载,实现操控功能。输出锁存器的值一直坚持到下次改写输出。

在改写输出阶段完毕后,CPU 进入下一个循环扫描周期,如图 3-11 所示。扫描周期的长短与 CPU 的运算速度、I/O 点的情况、用户应用程序的长短及编程情况等有关。

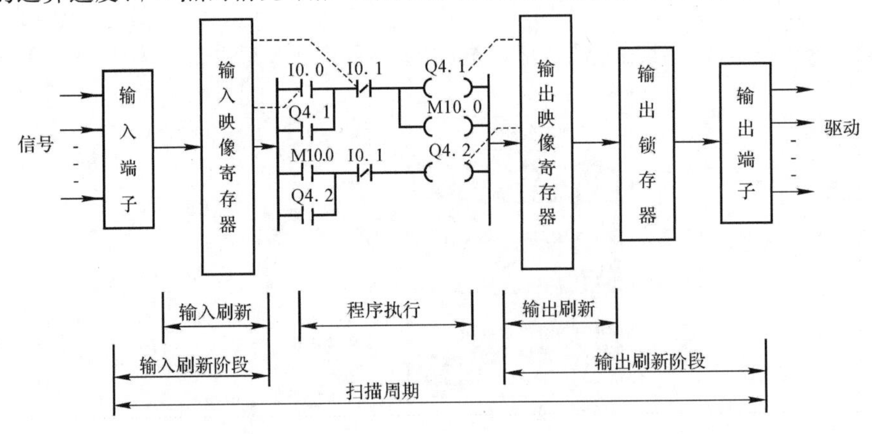

图 3-11　PLC 扫描过程的中心内容

本章小结

PLC 将传统的继电-接触器控制技术和现代计算机信息处理技术的优点有机结合,成为工业自动化领域中最重要、应用最广泛的控制设备之一,也是现代工业生产自动化的重要支柱。

(1)PLC 最显著的特点是抗干扰能力强、可靠性高、使用简单、系统柔性大和功能强。

(2)PLC 类型从结构上可分为整体式和模块式;从 I/O 点数容量上可分为小型、中型和大型。

(3)PLC 与其他典型控制系统的区别见 3.4 节与继电器、微型计算机、单片机、DCS、FCS 等控制系统的区别。

(4)PLC 的组成部件主要由中央处理器(CPU)、存储器、输入/输出(I/O)单元、电源单元和通信接口等组成。

(5)PLC 运行正常时,按照读取输入、执行程序、处理通信请求、CPU 自检和改写输出共五个阶段进行周期性循环扫描用户程序的方式工作。

思考题与练习题

1. 简述PLC的定义中三方面的概念。
2. 简述PLC的应用场合。
3. 简述PLC的特点。
4. 简述PLC与继电器控制系统的区别。
5. 简述PLC与单片机控制系统的区别。
6. 简述PLC、DCS和FCS三大控制系统各自特点。
7. 简述PLC的分类。
8. 简述构成PLC的主要部件及各部分的主要作用。
9. 简述PLC输入/输出单元的三种接线方式。
10. 简述PLC的程序循环扫描的过程及在每个阶段主要完成的相应控制任务。

第4章　S7－200 PLC基础知识

西门子S7－200 PLC是德国西门子公司于1995年底推出的小型整体式可编程序控制器，其指令丰富、功能强大、可靠性高，具有体积小、运算速度快、性价比高和易于扩展等特点，适合于各行各业、各种场合的监测及控制自动化。本章以西门子S7－200为对象，讲解PLC硬件系统的重点。

本章重点：

(1)S7－200 PLC的硬件组成；

(2)S7－200 PLC的系统扩展方法与电源计算；

(3)S7－200 PLC的内部器件资源；

(4)S7－200 PLC的数据类型；

(5)S7－200 PLC的寻址方式；

(6)S7－200 PLC的指令系统与程序结构。

4.1　西门子S7系列PLC简介

西门子S7系列PLC体积小、运算速度快，具有网络通信能力、功能强和可靠性高等特点。表4－1为西门子S7系列PLC种类、应用环境和特点。

表4－1　西门子S7系列PLC种类、应用环境和特点

西门子系列PLC	应用环境	特　点
LOGO!	主要用于逻辑控制	简单自动化； 作为时间继电器、计数器和辅助继电器代替开关设备； 模块化设计、柔性应用； 数字量、模拟量和通信模块； 使用拖放功能的智能电路开发； 用户界面友好，配置简单
S7－200	适用于各行各业各种场合中的检测、监测	串行模块结构，模块化扩展； 紧凑设计，CPU集成I/O； 具有高速计数器、报警输入和终端； 多种通信选项

续表

西门子系列 PLC	应用环境	特　点
S7 - 300	主要用于制造工程	通用性应用和极丰富的 CPU 功能及模块种类； 模块化扩展； 使用了 MMC 存储数据和程序，系统免维护； 有可在露天恶劣条件下使用的模块类型
S7 - 400	主要用于制造和过程工业	极高的处理速度、强大的通信性能和卓越的 CPU 资源裕量； 定点加法和乘法的指令执行速度最快仅 0.03 μs； 模块化扩展，大型 I/O 框架和最高 20 M 主内存； 快速响应，强实时性，垂直集成； 支持热插拔和在线修改 I/O 配置，避免重启

几种常见小型西门子 PLC 如图 4 - 1 所示。

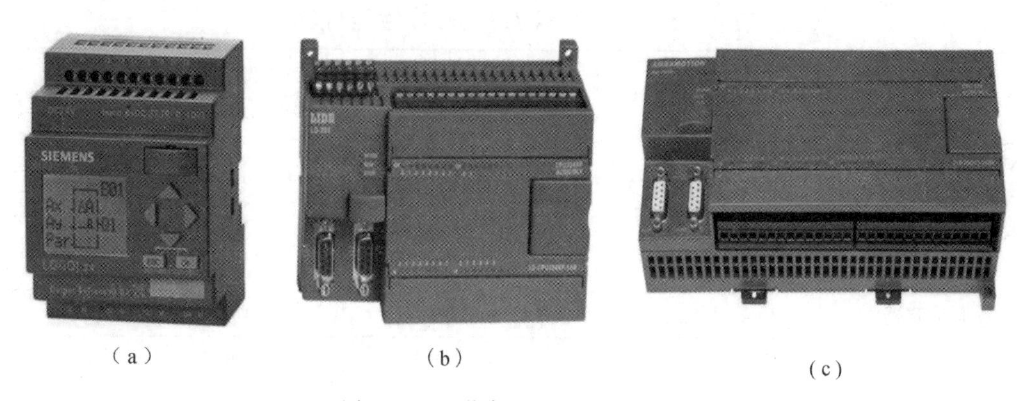

(a)　　(b)　　(c)

图 4 - 1　几种常见小型西门子 PLC

(a)LOGO! 系列；(b) CPU 224XP；(c) CPU226

4.1.1　硬件系统

S7 - 200 PLC CPU22X 主机单元(CPU 模块)硬件结构如图 4 - 2 所示，它包括 CPU 单元、I/O 点、通信口和电源等。实物硬件结构介绍链接扫二维码  。

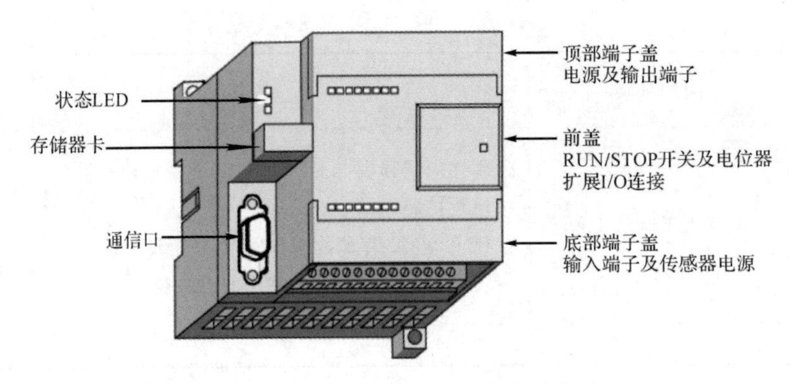

图 4-2　S7-200 PLC 硬件结构图

4.1.2　主机单元

1. 主机单元的类别与性能

S7-200 PLC 目前为 CPU22X 系列的 CPU221、CPU222、CPU224、CPU224 XP、CPU226 共 5 种不同结构配置的 CPU 单元，其技术性能指标见表 4-2。

表 4-2　CPU22X 系列技术(性能)指标

特　性	CPU221	CPU222	CPU224	CPU224XP XPU224XPsi	CPU226
RUN 模式下编辑程序储存器	4 096 B	4 096 B	8 192 B	12 288 B	16 384 B
STOP 模式下编辑程序储存器	4 096 B	4 096 B	12 288 B	16 384 B	24 576 B
数据存储器	2 048 B	2 048 B	8 192 B	10 240 B	10 240 B
掉电保护时间	50 h	50 h	100 h	100 h	100 h
数字量的本机 I/O	6 输入/4 输出	8 输入/6 输出	14 输入/10 输出	14 输入/10 输出	24 输入/16 输出
模拟量的本机 I/O	无	无	无	2 输入/1 输出	无
扩展模块数量	0 个	2 个	7 个	7 个	7 个
单相高速计数器	4 路 30 kHz	4 路 30 kHz	6 路 30 kHz	4 路 30 kHz 2 路 200 kHz	6 路 30 kHz
两相高速计数器	2 路 20 kHz	2 路 20 kHz	4 路 20 kHz	3 路 20 kHz 1 路 200 kHz	4 路 20 kHz
脉冲输出(DC)	2 路 20 kHz	2 路 20 kHz	2 路 20 kHz	2 路 100 kHz	2 路 20 kHz
模拟电位器	1	1	2	2	2
实时时钟	卡	卡	内置	内置	内置
通信口	1 S-485	1 S-485	1 S-485	2 RS-485	2 RS-485
浮点数运算	是				
数字 I/O 映象大小	256(128 输入/128 输出)				
布尔型执行速度	0.22 μs/指令				

CPU22X 系列 PLC 都具有 PPI 通信协议、MPI 通信协议和自由口方式通信能力，除 CPU 221 外，其他 CPU 单元都具有 PID 控制器。其中 CPU 224 XP 单元是在 CPU 224 基础上进一步增大了程序和存储空间，具有模拟量 I/O 和强大控制能力的新型 CPU；CPU 226 可用于较复杂的中小型控制系统。

2. 主机单元的 I/O

S7 - 200 PLC 主机单元的 I/O 包括输入端子和输出端子，作为开关量 I/O 时，输入方式有直流 24 V 的源型（输入的公共端作为电源正极，即为共阳极）和漏型（公共端作为电源负极，即为共阴极）。输出方式分为直流 24 V 的源型、漏型和交流 120 V/240 V 继电器型，其接线方式如图 4 - 3 所示。

CPU22X 系列主机单元有 CPU22X AC/ DC/ RLY 和 CPU22X DC/ DC/ DC 两种类型，对于接线端子的接线方式，输入为相同的两组接线方式，每组均有各自独立公共端 1M 和 2M。继电器输出型（AC/ DC/ RLY）采用分组式，其公共端为 1L、2L 和 3L；晶体管输出型（DC/ DC/ DC）采用汇点式，其公共端为 1L＋（L＋）和 2L＋。

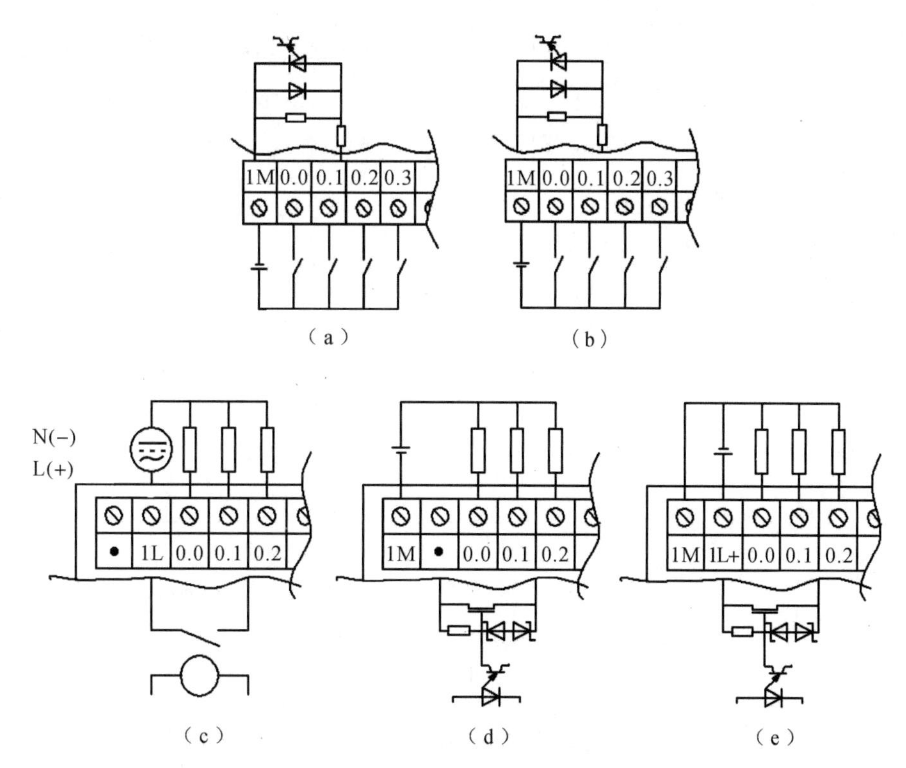

图 4 - 3　主机单元的接线方式

(a)直流 24 V 漏型输入；(b)直流 24 V 源型输入；

(c)交流 120 V/240 V 继电器输出；(d)直流 24 V 漏型输出；(e)直流 24 V 源型输出

现以 CPU226 DC/ DC/ DC 为例，说明主机单元的 I/O 端子连接图，如图 4 - 4 所示。

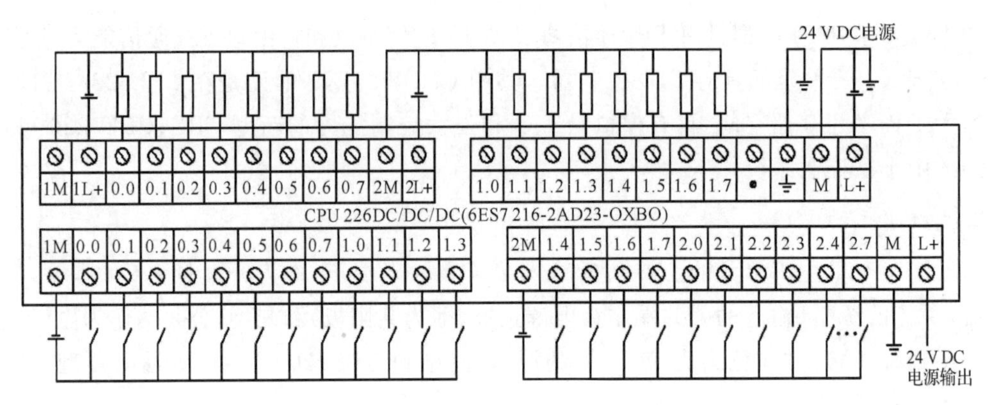

图 4 - 4　CPU226 主机单元 I/O 端子连接图

4.1.3　扩展模块

除主机单元外，CPU22X 系列 PLC 还提供了相应的外部扩展模块。扩展模块主要有 DI/DO 模块、AI/AO 模块、智能模块和其他模块等。除 CPU221 外，其余的主机单元还可以通过连接扩展模块，完善 CPU 的功能，实现扩展 I/O 点数和执行特殊功能的控制要求。连接方式如图 4 - 5 所示。其中 CPU222 最大扩展模块数为 2 块，最大扩展模块电流为 340 mA，CPU224 最大扩展电流为 660 mA，CPU226 最大扩展电流为 1 000 mA，CPU224 和 CPU226 最大扩展模块数都为 7 块。

1. 数字量 I/O(DI/DO) 扩展模块

S7 - 200 PLC 可提供三大类型数字量 I/O 扩展模块，见表 4 - 3。

表 4 - 3　S7 - 200 PLC 扩展模块

扩展模块		规　格		
数字量模块	输入 EM221	8×DC 输入	8×AC 输入	16×DC 输入
	输出 EM222	4×DC 输出	4×继电器输出	—
		8×DC 输出	8×AC 输出	8×继电器输出
	混合 EM223	4×DC 输入/4×DC 输出	8×DC 输入/8×DC 输出	16×DC 输入/16×DC 输出
		4×DC 输入/ 4×继电器输出	8×DC 输入/ 8×继电器输出	16×DC 输入/ 16×继电器输出
模拟量模块	输入 EM231	4 输入	4 热电偶输入	2 热电阻输入
	输出 EM232	2 输出		
	混合 EM235	4 输入/1 输出(占用 2 路输出地址)		
智能模块		定位模块 EM253	调制解调器模块 EM241	PROFIBUS -模块 EM277
		以太网模块 CP243 - 1IT	—	—
其他模块		ASI 接口模块 CPU243 - 2、称重模块 SIWAREX MS		

扩展模块连接方式如图 4 - 5 所示。

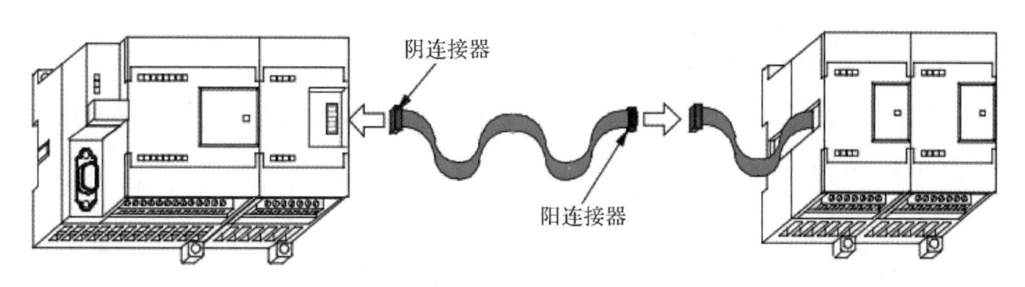

图 4 - 5　扩展模块连接方式

2. 模拟量 I/O(AI/AO) 扩展模块

在工业控制中,被控对象常常是连续变化的物理量,也称为模拟量,如温度、压力、流量、流速和液位等,而 PLC 的 CPU 内部执行的是数字量,因此需要将模拟量转化为数字量,以便 CPU 进行处理。这一任务由模拟量 I/O 扩展模块完成,A/D 扩展模块可将 PLC 外部的电压或电流信号转换成数字量送入 PLC 内,经 PLC 处理后,再由 D/A 扩展模块将 PLC 输出的数字量信号转换成电压或电流信号传送给被控对象。模拟量 I/O 扩展模块具有 12 位的分辨率和多种输入/输出范围,可以直接与传感器和执行器相连。

3. 智能模块

(1)定位模块 EM253。用于高精度的运动控制系统。控制范围从微型步进电动机到智能伺服系统。集成的脉冲接口能产生高达 200 kHz 的脉冲信号,并指定位置、速度和方向。集成的位置开关输入能够脱离 CPU 独立地完成任务。

(2)调制解调器模块 EM241。用于 S7 - 200 PLC 远程维护与远程诊断的通信接口模块。通过该模块可连接全球电话网,并进行远程计算机与 PLC 间的数据传输、远程服务、短信收发或寻呼服务等。

(3)PROFIBUS - DP 模块 EM277。通过该模块可以把 S7 - 200 PLC 连接到 PROFIBUS - DP 网络中,实现控制系统与分散式 I/O 的通信。该模块还支持 MPI 从站通信,以实现作为从站的 S7 - 200 PLC 与作为主站的 S7 - 300/400 PLC 间的数据交换。

(4)工业以太网模块 CP243 - 1 和 CP243 - 1IT。这两个模块可以把 S7 - 200 PLC 连接到工业以太网中,通过以太网的连接,PLC 可以利用远程编程,对其进行程序编辑、状态监视和程序传送等编程服务,也可与网络中的其他 PLC 进行数据交换、E-mail 的收发与 PLC 数据的读/写操作等。每个 S7 - 200 CPU 只能连接一个 CP243 - 1IT Internet 模块,否则 S7 - 200 CPU 不能正常工作。

4. 其他模块

ASI 接口模块 CP243 - 2。通过该模块可以把 S7 - 200 PLC 连接到 AS - I 网络中,从而使其作为 AS - I 网络中的主站。

4.2 S7－200 PLC 的系统扩展方法与电源计算

4.2.1 I/O 点数的扩展与编址

编址是对 I/O 模块上的 I/O 点进行编码，要求对同种类型输入点或输出点的模块进行顺序编址，原则如下。

(1)S7－200 PLC 的主机上集成的 I/O 点有固定地址；扩展时，在 CPU 右边连接多个扩展模块，其 I/O 点地址由模块类型和同类 I/O 模块所在位置决定，按照从左到右的顺序对地址编码依次排序。

(2)对于数字量，输入/输出映像寄存器的单位长度为 8 bit(1 B)。本模块高位实际位数未满 8 bit 的，未用位不能分配给 I/O 分配的后续模块，后续同类地址编排须从一个新的连续字节开始。

(3)对于模拟量，输入/输出以 2 点或 2 个通道(2 个字)的递增方式来分配空间。本模块中未使用的通道地址不能被后续的同类模块继续使用，后续地址的编排须从新的 2 个字以后的地址开始。

例 4－1 某一控制系统选用 CPU224XP，系统所需的输入/输出点数分别为数字量输入 26 点、数字量输出 22 点，模拟量输入 10 点和模拟量输出 3 点。

解:本系统可有多种扩展模块的不同选取组合，相应各模块在 I/O 分配中的位置排列方式也有多种，图 4－6 所示为其中一种模块连接示意图，图 4－7 为模块连接所对应的编址情况，图 4－7 中斜体排列(浅色)的地址为后续模块不能使用的地址空位。

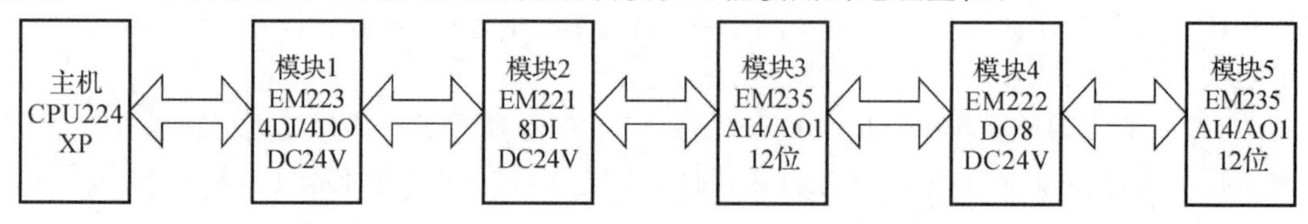

图 4－6　模块连接示意图

CPU224XP		4入/4出		8入	4模拟量入 1模拟量出		8出	4模拟量入 1模拟量出	
局部I/O		模块0		模块1	模块2		模块3	模块4	
I0.0	Q0.0	I2.0	Q2.0	I3.0	AIW4	AQW4	Q3.0	AIW12	AQW8
I0.1	Q0.1	I2.1	Q2.1	I3.1	AIW6	*AQW6*	Q3.1	AIW14	*AQW10*
I0.2	Q0.2	I2.2	Q2.2	I3.2	AIW8		Q3.2	AIW16	
I0.3	Q0.3	I2.3	Q2.3	I3.3	AIW10		Q3.3	AIW18	
I0.4	Q0.4	*I2.4*	*Q2.4*	I3.4			Q3.4		
I0.5	Q0.5	*I2.5*	*Q2.5*	I3.5			Q3.5		
I0.6	Q0.6	*I2.6*	*Q2.6*	I3.6			Q3.6		
I0.7	Q0.7	*I2.7*	*Q2.7*	I3.7			Q3.7		
I1.0	Q1.0								
I1.1	Q1.1								
I1.2	*Q1.2*								
I1.3	*Q1.3*								
I1.4	*Q1.4*								
I1.5	*Q1.5*								
I1.6	*Q1.6*								
I1.7	*Q1.7*								
AIW0	AQW0								
AIW2	*AQW2*								

扩展I/O

图 4－7　编址情况

4.2.2　S7－200 PLC电源计算

S7－200 PLC有为它自身、扩展模块接口与通信、I/O口的光电耦合器等供电的硬件系统所需的5 V电源，还有一个向外提供I/O口使用的24 V电源。S7－200 PLC的CPU供电能力见表4－4。S7－200 PLC的CPU所提供的供电电源不能和外接电源并联，但它们必须共地。数字量扩展模块常规规范见表4－5，模拟量扩展模块常规规范见表4－6，CPU电源计算示例见表4－7。

表4－4　S7－200 PLC的CPU供电能力

CPU型号	＋5 V DC	＋24 V DC
CPU221	不能带扩展模块	180 mA
CPU222	340 mA	180 mA
CPU224	660 mA	280 mA
CPU226/CPU226XM	1 000 mA	400 mA

表4－5　数字量扩展模块常规规范

模块名称及描述	功耗/W	DC要求	
		＋5 V DC	＋24 V DC
EM221 DI8×24 V DC	2	30 mA	ON:4 mA/输入
EM221 DI8×120 V/230 V AC	3	30 mA	—
EM221 DI16×24 V DC	3	70 mA	ON:4 mA/输入
EM222 DO4×24 V DC/5 A	3	40 mA	—
EM222 DO4×继电器/10 A	4	30 mA	ON:20 mA/输出
EM222 DO8×24 V DC	2	50 mA	—
EM222 DO8×继电器	2	40 mA	ON:9 mA/输出
EM222 DO8×120 V/230 V AC	4	110 mA	—
EM223 24 V　DC4输入/4输出	2	40 mA	ON:4 mA/输入
EM223 24 V　DC4输入/4继电器	2	40 mA	ON:9 mA/输出,4 mA/输入
EM223 24 V　DC8输入/8输出	3	80 mA	ON:4 mA/输入
EM223 24 V　DC8输入/8继电器	3	80 mA	ON:9 mA/输出,4 mA/输入
EM223 24 V　DC16输入/16继电器	6	160 mA	ON:4 mA/输入
EM223 24 V　DC16输入/16继电器	6	150 mA	ON:9 mA/输出,4 mA/输入
EM223 24 V　DC32输入/32输出	9	240 mA	ON:4 mA/输入
EM223 24 V　DC32输入/32继电器	13	205 mA	ON:9 mA/输出,4 mA/输入

表 4-6　模拟扩展模块常规规范

模块名称及描述	功耗/W	DC 要求	
		+5 V DC	+24 V DC
EM231 模拟量输入,4 输入/8 输入	2	20 mA	60 mA
EM232 模拟量输出,2 输出/4 输出	2	20 mA	70 mA/100 mA
EM235 模拟量组合,4 输入/1 输出	2	30 mA	60 mA

表 4-7　CPU 电源计算示例

CPU 电源预算	+5 V DC(660 mA) (减去以下电源需求)	+24 V DC(280 mA) (减去以下电源需求)
1 块 CPU224,14 点输入	—	14×4 mA=56 mA
3 块 EM223,+5 V DC 电源需求	3×80 mA=240 mA	—
1 块 EM221,+5 V DC 电源需求	1×30 mA=30 mA	—
3 块 EM223,每个 EM223 8 点输入	—	3×8×4 mA=96 mA
3 块 EM223,每个 EM223 8 点继电器输出	—	3×8×9 mA=216 mA
1 块 EM221,每个 EM221 8 点输入	—	1×8×4 mA=32 mA
总需求	240 mA + 30 mA = 270 mA	56 mA+96 mA+216 mA+32 mA=400 mA
总电流差额	660 mA-270 mA=390 mA(余)	280 mA-400 mA=-120 mA(缺)

4.3　S7-200 PLC 的内部存储区域

软元件是 PLC 内部由电子电路和寄存器及存储器单元等组成的具有一定功能的器件,位于不同的存储区,对应固定的地址而拥有独特的功能。其特点是都具有继电器特性,但无机械性触点。存储器区的范围及特性见表 4-8。

表 4-8　S7-200 存储器范围及特性

中断描述	CPU221	CPU222	CPU224	CPU224XP	CPU226
在运行模式下编辑用户程序长度	4 096 B	4 096 B	8 192 B	12 288 B	16384 B
不在运行模式下编辑用户程序长度	4 096 B	4 096 B	12 288 B	16 384 B	24 576 B
用户数据大小	2 048 B	2 048 B	8 192 B	10 240 B	10240 B
输入映像寄存器	I0.0～I15.7	I0.0～I15.7	I0.0～I15.7	I0.0～I15.7	I0.0～I15.7
输出映像寄存器	Q0.0～Q15.7	Q0.0～Q15.7	Q0.0～Q15.7	Q0.0～Q15.7	Q0.0～Q15.7

续表

中断描述		CPU221	CPU222	CPU224	CPU224XP	CPU226
模拟量输入(只读)		AIW0～AIW30	AIW0～AIW30	AIW0～AIW62	AIW0～AIW62	AIW0～AIW62
模拟量输出(只写)		AQW0～AQW30	AQW0～AQW30	AQW0～AQW62	AQW0～AQW62	AQW0～AQW62
变量寄存器(V)		VB0～VB2047	VB0～VB2047	VB0～VB8191	VB0～VB10239	VB0～VB10239
局部寄存器(L)		LB0～LB63	LB0～LB63	LB0～LB63	LB0～LB63	LB0～LB63
位寄存器(M)		M0.0～M31.7	M0.0～M31.7	M0.0～M31.7	M0.0～M31.7	M0.0～M31.7
特殊寄存器(SM) 只读		SM0.0～SM179.7 SM0.0～SM29.7	SM0.0～SM299.7 SM0.0～SM29.7	SM0.0～SM549.7 SM0.0～SM29.7	SM0.0～SM549.7 SM0.0～SM29.7	SM0.0～SM549.7 0.0～SM29.7
定时器		256(T0～T255)	256(T0～T255)	256(T0～T255)	256(T0～T255)	256(T0～T255)
有记忆接通延迟	1 ms	T0,T64	T0,T64	T0,T64	T0,T64	T0,T64
	10 ms	T1～T4, T65～T68	T1～T4, T65～T68	T1～T4, T65～T68	T1～T4, T65～T68	T1～T4, T65～T68
	100 ms	T5～T31, T69～T95	T5～T31, T69～T95	T5～T31, T69～T95	T5～T31, T69～T95	T5～T31, T69～T95
接通/关断延迟	1 ms	T32,T96	T32,T96	T32,T96	T32,T96	T32,T96
	10 ms	T33～T36, T97～T100	T33～T36, T97～T100	T33～T36, T97～T100	T33～T36, T97～T100	T33～T36, T97～T100
	100 ms	T37～T63, T101～T255	T37～T63, T101～T255	T37～T63, T101～T255	T37～T63, T101～T255	T37～T63, T101～T255
计数器		C0～C255	C0～C255	C0～C255	C0～C255	C0～C255
高速计数器		HSC0～HSC5	HSC0～HSC5	HSC0～HSC5	HSC0～HSC5	HSC0～HSC5
顺序控制继电器(S)		S0.0～S31.7	S0.0～S31.7	S0.0～S31.7	S0.0～S31.7	S0.0～S31.7
累加寄存器		AC0～AC3	AC0～AC3	AC0～AC3	AC0～AC3	AC0～AC3
跳转/标号		0～255	0～255	0～255	0～255	0～255
调用/子程序		0～63	0～63	0～63	0～63	0～127
中断程序		0～127	0～127	0～127	0～127	0～127
正/负跳变		256	256	256	256	256

4.3.1　输入映像区(I)

在每个扫描周期的开始,CPU 对物理输入点进行采样,并将采样值存于输入过程映像寄存器(Process-Image Input Register)中,该区域是 PLC 存储外界硬触点(如按钮、行程开关和光电开关等传感器)信号的窗口,PLC通过光电耦合器将外部信号的状态读入并存储在输入过程映像寄存器中,外部接通的在输入映像区中存储一个1,外部不接通的信号在输入映像区中存储一个0。

由于在每个扫描周期的开始被刷新,所以在程序中不可驱动该区域,但是在现场调试过程中,可以使用软件强制该区域。I、Q、M、S、SM、V、L都支持位寻址、字节寻址、字寻址和双字寻址。

4.3.2 输出映像区(Q)

在扫描周期的最后一步,CPU将输出映像寄存器(Process-Image Output)区中的数据传送给输出模块驱动外部负载。如果在程序的最终运算结果中,输出映像区中数值为1的在外界硬件点刷新输出,反之则不输出。

4.3.3 通用辅助继电器区(M)

通用辅助继电器(或中间继电器)位于PLC存储器的位存储器(Bit Memory Area)区,其作用和继电器接触器控制系统中的中间继电器相同,它在PLC中没有外部的输入端子或输出端子与之对应,因此它不能受外部信号的直接控制,其触点也不能直接驱动外部负载。它的主要作用是用于在程序运算过程中的条件暂存和停电后的保持状态。程序运算过程中对于逻辑运算结果的保存这一点尤为常用。

4.3.4 特殊继电器区(SM)

特殊继电器区或特殊存储器(Special Memory)具有特殊功能,用来存储系统的状态变量、有关的控制参数和信息,用户可以通过特殊标志来建立PLC与被控对象之间的关系。常用特殊继电器位的功能见表4-9。

表4-9 常用特殊继电器位功能表

表示状态	存储扫描时间	存储模拟电位器值	用于通信	用于高速计数	用于脉冲输出	用于中断
SMB0 SMB1 SMB5	SMW22 SMW26	SMB28 SMB29	SMB2、SMB3、SMB30、SMB130(自由口通信) SMB86~SMB94、SMB186~SMB194(接收信息控制)	SMB36~SMB65 SMB131~SMB165	SMB66~SMB85 SMB166~SMB185	SMB4 SMB34 SMB35
常用特殊继电器位						
SM0.0始终为ON;SM0.1首次扫描为ON,常用作初始化脉冲;SM0.4时钟脉冲,30 s闭合/断开;SM0.5时钟脉冲0.5 s闭合/断开;SM1.1执行某些指令,结果溢出或非法数值时置位;SM1.0执行某些指令,结果为0时置位						

4.3.5　顺序控制继电器区(S)

顺序控制继电器(Sequence Control Relay) 又称为状态继电器(State Memory) ,用在顺序控制或步进控制中。如果它未被使用在顺序控制中,它也可以作为一般的中间继电器使用。相关内容将在第 6 章具体讲解。

4.3.6　变量存储器区(V)

变量存储器(Variable Memory) 区用来存储程序运算过程中产生的中间结果或者最终结果,该区域与中间继电器 M 状态和顺序控制继电器 S 的使用效果很类似,但是该区域范围较大,适合存储大量运算数据。

4.3.7　局部变量存储器区(L)

局部变量存储器(Local Variable Memory)区用来存放局部变量,多用于带参数的子程序调用过程中。局部变量存储仅局部有效(变量只和特定的程序相关联),全局变量存储全局有效(同一个变量可以被任何程序,如主程序、子程序和中断程序访问)。S7 - 200 PLC 有 64 B 的局部变量存储区,其中 60 个可以用于临时存储或给子程序传递参数。

4.3.8　定时器存储区(T)

定时器(Timer) 作用相当于继电器系统中的时间继电器,定时器存储区在 S7 - 200 PLC 的有效范围为 T0～T255,它们的编号不同代表时基和定时器类型不同,相关内容将在 5.1.3 节中具体讲解。

4.3.9　计数器存储区(C)

计数器(Counter) 存储区用来累计其计数输入脉冲电平由低到高的次数,计数器存储区在 S7 - 200 PLC 的有效范围为 C0～C255,相关内容将在 5.1.4 节中具体讲解。

4.3.10　模拟量输入映像寄存器区(AI)

S7 - 200 PLC 用 A/D 转换器将工控领域中的模拟量(在一定范围连续变化的物理量)转换为 1 个字长(16 bit)的数字量,则 AI(Analog Input)的区域为模拟量的输入区域,该区域只支持从偶数号字节进行编址来存取转换过的模拟量值。编址内容包括元件名称、数据长度和起始字节的地址,如 AIW2 等。模拟量的输入值为只读数据。

4.3.11　模拟量输出映像寄存器区(AQ)

模拟量的输出区域(Analog Output) 是用于将 PLC 中 1 个字长的数字量转换成模拟量(D/A),来驱动外部模拟量控制设备的控制器。其编制方式类同 AI,如 AQW2 等。模拟量的输出值为只写数据。

4.3.12　高速计数器区(HC)

高速计数器(High-Speed Counter) 存储区用来存储 CPU 扫描速率无法处理的高速脉

冲，计数过程与扫描周期无关，当前值和设定值都为 32 bit 有符号双整数，本存储区为只读区域。

4.3.13 累加器区(AC)

S7－200 PLC 提供 4 个 32 bit 用来暂存数据的累加器区(Accumulator)，分别为 AC0～AC3，一般编程中把它用于需要大量转换运算的运算过程之中。可以进行读、写两种操作。

4.4 S7－200 PLC 的数据类型与寻址方式

4.4.1 数据长度

计算机使用的都是二进制数，在 PLC 中，常使用位、字节、字和双字来表示数据，它们占用的连续位数称为数据长度。

位(Bit)指二进制的一位，是最基本的存储单位，只有“0”或“1”两种状态。在 PLC 中，1 个位可对应 1 个继电器。若某继电器线圈得电时，相应位的状态为“1”；若该继电器线圈失电或断开时，相应位的状态则为“0”。8 位二进制数构成 1 个字节(Byte)，其中第 7 位为最高位(MSB)，第 0 位为最低位(LSB)。2 个字节构成 1 个字(Word)，在 PLC 中字又称为通道(CH)，一个字含 16 位，即一个通道由 16 个继电器组成。2 个字构成 1 个双字(Double Word)，由 32 个继电器组成。

4.4.2 数据类型及数据范围

S7－200 PLC 的数据类型主要有 1 位布尔型(BOOL)、8 位字节型(BYTE)、16 位有符号整数(INT)、32 位无符号双字整数(DWORD)、32 位有符号整数(DINT)和 32 位实数(浮点数 REAL)，每种数据类型、长度及范围见表 4－10。

表 4－10 S7－200 PLC 数据类型、长度及范围

基本数据类型	位 数	范 围	基本数据类型	位 数	范 围
布尔型 BOOL	1	位，范围：0，1	整型 INT	16	整数，范围：－32 768～32 767
字节型 BYTE	8	字节，范围：0～255	双整型 DINT	32	双字整数，范围：$-2^{31}\sim(2^{32}-1)$
字型 WORD	16	字，范围：65 535	实数型 REAL	32	浮点数
双字型 WORD	32	双字，范围：$0\sim(2^{32}-1)$			

1. 位(Bit)

位类型只有 2 个值：“0”或“1”。如 I0.0、Q1.0、M3.7 和 VB0.0 等。

2. 字节(Byte)

1 个字节等于 8 位，其中第 0 位为最低位(LSB)，第 7 位为最高位(MSB)。如 IB0(包括

I0.0～I0.7)、QB1(包括Q 1.0～Q 1.7)、MB0和VB1等。其中第一个字母表示数据类型，如I、Q、M等，第二个字母表示B字节。

3. 字(Word)

相邻的2个字节构成1个字，16位，来表示一个无符号数。如IW0是由IB0和IB1组成的，其中I是输入影像寄存器，W表示字，0为字的起始字节(必须为偶数)。字的范围为十六进制数0000～FFFF。

4. 双字(Double Word)

相邻的2个字构成1个双字，32位，来表示一个无符号数。如MD0是由MW0和MW2组成的，其中M是通用辅助继电器，D表示双字，0为双字的起始字节(必须为偶数)。双字的范围为十六进制数0000～FFFF FFFF。

5. 16位整数(Integer，INT)

16位整数为有符号数，最高位为符号位，若符号位为1，表示负数；若符号位为0，表示正数。

6. 32位整数(Double Integer，DINT)

32位整数也为有符号数，最高位为符号位，若符号位为1，表示负数；若符号位为0，表示正数。

7. 浮点数(Real，R)

浮点数也称为实数，为32位，可用来表示小数。浮点数可以为：$1.m\times 2^{e}$，其存储结构如图4－8所示，如$213.4=2.134\times 10^{2}$。

图4－8　浮点数存贮结构

8. 常数

常数的数据长度可以为字节、字和双字。CPU以二进制的形式存储常数，书写常数有二进制、十进制、十六进制、ASCII码或实数等多种形式，其格式如下：十进制数：8 721；十六进制数：16＃3BCD；二进制常数：2＃1101100010100101；ASCII码："good"；实数：＋1.1754 95E－38(正数)，－3.402823E＋38(负数)。

4.4.3　寻址方式

S7－200 PLC将信息存储在不同的存储单元，每个单元都有唯一的地址，系统允许用户以字节、字和双字的方式存取信息，使用数据地址访问数据称为寻址。指定参与的操作数据或操作数据地址的方法，称为寻址方式。S7－200 PLC有立即寻址、直接寻址和间接寻址三种方式。

1. 立即寻址

指令直接给出操作数，操作数紧跟着操作码，在取出指令的同时也就取出了操作数，这种寻址方式称为立即寻址。立即寻址方式可用来提供常数、设置初始值等。如：传送指令“MOVD 256，VD100”中，256 即为立即数，也是源操作数，紧跟操作码其后，这个传送指令的功能就是将十进制数 256 传送到 VD100 单元。

2. 直接寻址

指令中直接给出操作数地址的寻址方式称为直接寻址。直接寻址可按照位、字节、字和双字进行寻址，如图 4－9 所示；相应的寻址空间见表 4－11（表中“x”表示字节号，“y”表示字节内的位地址）。使用时，必须指定存储器的标识符、字节地址及位号。

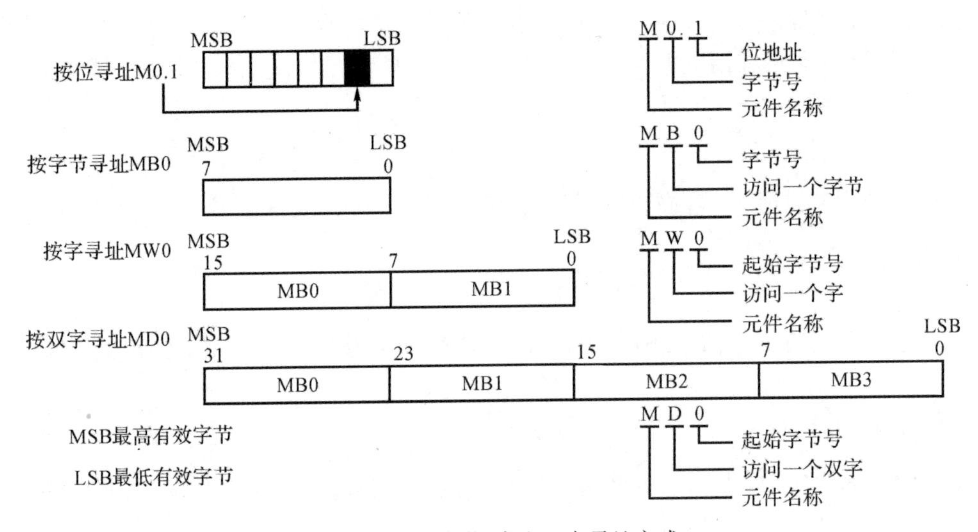

图 4－9　位、字节、字和双字寻址方式

表 4－11　S7－200 PLC 可直接寻址的数据空间

元件符号	所在数字区域	位寻址	字节寻址	字寻址	双字寻址
I	数字量输入映像区	I$x.y$	IBx	IWx	IDx
Q	数字量输出映像区	Q$x.y$	QBx	QWx	QDx
V	变量存储器区	V$x.y$	VBx	VWx	VDx
M	内部标志位寄存器区	M$x.y$	MBx	MWx	MDx
S	顺序控制继电器区	S$x.y$	SBx	SWx	SDx
SM	特殊标志寄存器区	SM$x.y$	SMBx	SMWx	SMDx
L	局部存储器区	L$x.y$	LBx	LWx	LDx
T	定时器存储器区	无	无	Tx	无
C	计数器存储器区	无	无	Cx	无
AI	模拟量输入映像区	无	无	AIx	无
AQ	模拟量输出映像区	无	无	AQx	无
AC	累加器区	无	任意		
HC	高速计数器区	无	无	无	HCx

可以进行这种位寻址的编程元件有 I、Q、M、SM、L、V 和 S 。

3. 间接寻址

间接寻址是使用指针(存储单元地址的地址)的方式来访问存储器中的数据 。可以用指针进行间接寻址的存储区有 I、Q、M、V、S、T 和 C。其中 T 和 C 仅仅是当前值可以进行间接寻址,而对独立的位值和模拟量值不能进行间接寻址,使用间接寻址时,首先要建立指针,然后利用指针存取数据,步骤如下。

(1)建立指针。指针为 32 位双字,可作为指针的存储区有 V、L 和 AC。必须用双字传送指令(MOVD),指令中的内存地址(操作数)前必须使用"&"地址符号。

将存储器所要访问单元的地址装入用来作为指针的存储器单元或寄存器。

例如:MOVD &VBl00,AC0

该指令表示将 VBl00 的地址送入 AC0 中建立指针。

(2)用指针存取数据。在操作数的前面加"*"表示该操作数为一个指针。如图 4－10 所示,AC 1 为指针,用来存放要访问的操作数的地址。在这个例子中,存于 VB200、VB201 中的数据被传送到 ACO 中去。

(3)修改指针。连续存储数据时,可以通过修改指针后存取其紧接的数据。简单的数学运算指令,加法、减法、自增和自减等指令可以用来修改指针。在修改指针时,要注意访问数据的长度:存取字节时,指针加 1;存取字时,指针加 2;存取双字时,指针加 4。

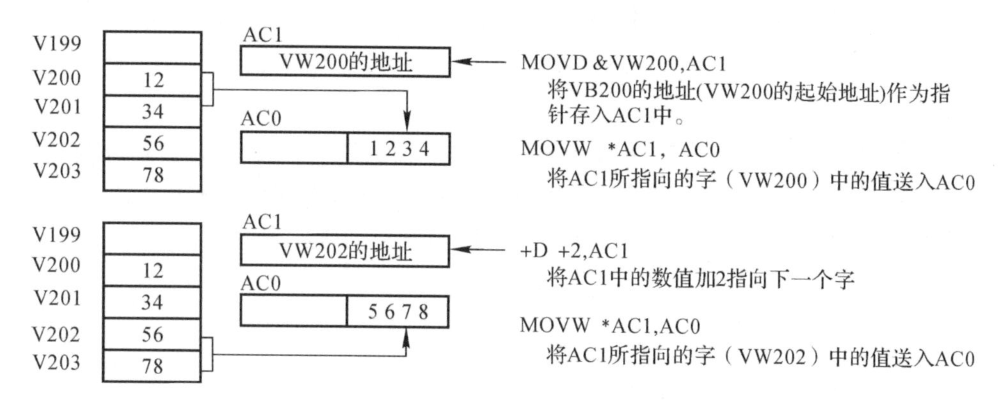

图 4－10　建立指针、存取数据及修改指针

4.5　S7－200 PLC 的指令系统与程序结构

4.5.1　编程语言

编程语言是 PLC 的重要组成部分,通常有梯形图和语句表等。IEC61131 是国际电工委员会(IEC) 制定的一个关于 PLC 的国际标准,其中的第三部分,即 IEC61131－3 是 PLC 编程语言的标准。

IEC61131－3 提供 5 种 PLC 的标准编程语言,其中有 3 种图形语言,即梯形图 (Ladder Diagram,LAD)、功能块图 (Function Block Diagram,FBD)和顺序功能图(Sequential Function Chart,SFC);两种文本语言,即结构化文本(Structured Text,ST)和指令表(Instruction List,IL)。此处主要介绍3种图形语言。

1. 梯形图(LAD)

梯形图是最早也是现在最常用的PLC编程语言。它是从继电器控制系统原理图的基础上演变而来的,只是在使用符号和表达方式上有一定区别。它直观、清晰,如图4-11所示。左右两条垂直的线称为母线。母线之间是触点的逻辑连接和线圈的输出。

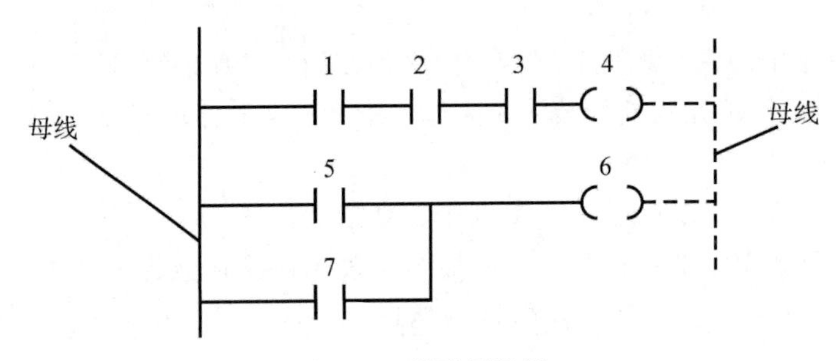

图4-11 梯形图举例

在梯形图中,假设有"能流",左边的母线为电源"火线",右边的母线(图中虚线)为电源"零线"。如有"能流"从左至右流向线圈,则线圈被激励。如无"能流",则线圈未被激励。在图4-11中,当1、2、3节点都接通后,线圈4才能接通(被激励);而5、7节点中任何一个接通,线圈6就被激励。

2. 功能块图(FBD)

功能块图是一种基于电子器件门电路逻辑运算形式的编程语言,利用它可以查看到像普通逻辑门图形的逻辑盒指令。如图4-12所示,它也可以把函数(FUN)和功能块(FB)连接到电路中,完成各种复杂的功能和计算。目前使用FBD编程的人不多。

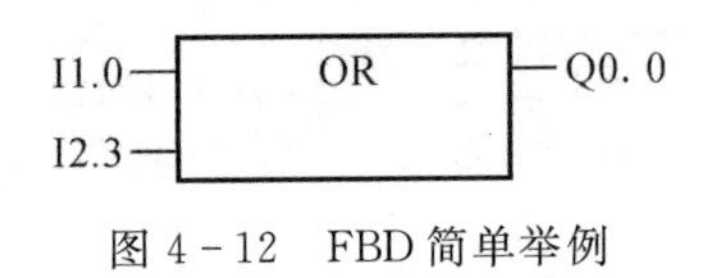

图4-12　FBD简单举例

3. 顺序功能图(SFC)

顺序功能图,亦称功能图。它可以对具有并发、选择等复杂结构的系统进行编程,特别适合在复杂的顺序控制系统中使用。SFC中,最重要的三个元素是状态(步),以及和状态相关的动作、转移。详细描述见第6章。

4.5.2　程序结构

S7-200 PLC的程序由用户程序、数据块和参数块构成。

1. 用户程序

用户程序是用户针对控制任务用规定的PLC编程语言(如STL、LAD或FBD等)编写的程序,存放在PLC的用户存储器区。用户控制程序可以包含一个主程序(必须且唯一)、若干子程序和中断程序。在重复执行某项功能时会用到子程序；当特定的情况发生需要及时执行某项控制任务时，则会用到中断程序。在第 5 章和第 7 章中将对主程序、子程序和中断程序的编制有详细的讲解。

2. 数据块

数据块为可选部分，它主要存放控制程序运行所需的数据。

3. 参数块

参数块存放的是 CPU 组态数据，如果在编程软件或其他编程工具上未进行 CPU 的组态，则系统以默认值进行自动配置。

本 章 小 结

本章以西门子小型 S7－200 PLC 为对象，详细介绍了其硬件系统、内部器件资源、数据类型及寻址方式，对指令系统与程序结构也做了简要介绍。

(1)小型 S7－200 PLC 结构为整体式，目前 CPU22X 系列常用的有 CPU224、CPU224XP 和 CPU226，其主机单元 I/O 方式根据控制要求及具体情况有所不同，扩展模块主要有 DI/DO 模块、AI/AO 模块、智能模块和其他模块，进行扩展时需遵循相应的原则，并对 CPU 电源的负载能力进行校验。

(2)S7－200 PLC 的软元件(存储器)功能各异，其数量决定了 PLC 的规模和数据处理能力，应熟练掌握 S7－200 存储器范围及特性、各种元器件使用方法及寻址方式。

(3)S7－200 PLC 的数据类型有字符串、布尔型、整型和实型等；指令中常数可用二进制、十进制、十六进制、ASCII 码或浮点数据来表示。

(4)S7－200 PLC 的编程语言有梯形图 LAD、功能块图 FBD 和顺序功能图 SFC 三种，其中 LAD 最为常用。

(5)S7－200 PLC 的程序由用户程序(必须有)、数据块和参数块三部分组成。用户程序由主程序、子程序和中断程序组成。

思考题与练习题

1. 简述 S7－200 PLC 的硬件系统组成。

2. 根据 PLC 控制系统特性，S7－200 PLC 主机单元的 I/O 接线方式分为哪几种？

3. 一个控制系统需要 12 点数字量输入、30 点数字量输出、7 点模拟量输入和 2 点模拟量输出。选用合适的主机和相应扩展模块，绘制连接图，写出各模块的编址，并对 CPU 电源的负载能力进行校验。

4. 简述 PLC 中的软元件特点。

5. 简述 S7－200 PLC 中软元件的种类及各自功用。

6. S7－200 PLC 有哪几种寻址方式？其中的间接寻址包括几个步骤？试举例说明。

7. S7－200 PLC 的程序及其中的用户程序一般由哪几部分组成？

第5章　S7－200 PLC基本指令及程序设计

本章重点：

(1)S7－200 PLC的基本逻辑指令；

(2)定时器(T)、计数器(C)工作原理及运用；

(3)PLC基本逻辑指令的程序设计法及其使用。

本章是学习西门子S7－200 PLC的重点，详细讲解S7－200 PLC的基本逻辑指令系统及其使用方法，几种常用典型电路的PLC程序设计方法，并将程序进行拓展和对比，要求熟练掌握定时器(T)、计数器(C)的工作原理及运用。

5.1　S7－200 PLC基本逻辑指令

西门子S7－200 PLC的基本逻辑指令是直接对I/O进行操作的指令，主要包括位逻辑操作指令(包括触点指令、线圈指令等)、逻辑堆栈指令、定时器指令、计数器指令和比较指令等。

5.1.1　位逻辑指令

1. 触点

(1)标准触点(LD、A、O、LDN、AN、ON)。常开触点指令LD(Load)、A(And)和O(Or)，与常闭触点指令LDN(Load Not)、AN(And Not)和ON(Or Not)等从存储器中得到数值(若数据类型是I或Q,则从过程映像寄存器中得到数值)。当Bit位值为1时，常开触点闭合；当Bit位值为0时，常闭触点闭合。

(2)立即触点(LDI、AI 、OI、LDNI、ANI、ONI)。I表示立即(Immediate)。立即触点不受PLC循环扫描周期的影响，会立即刷新。常开触点立即指令LDI、AI和OI与常闭触点指令LDNI、ANI和ONI读取物理输入点的状态，但不更新过程映像寄存器中的数值。物理输入点的状态为1时，常开立即触点闭合；当物理输入点为0时，常闭触点立即闭合。

(3)取反指令(NOT)。取反指令NOT改变能流输入的状态，用于对某一位的逻辑值取反。

(4)正/负跳变指令EU(Edge Up)/ ED(Edge Down)。正跳变指令(EU)检测到每一次正跳变(由0到1)，则让能流接通一个扫描周期；负跳变指令(ED)检测到每一次负跳变(由1到0)，则让能流接通一个扫描周期。

触点指令使用说明见表 5－1，有效操作数见表 5－2，使用举例如图 5－1 所示。

表 5－1 触点指令使用说明

指 令	LAD	STL	功 能	说 明
逻辑取	Bit ─┤ ├─	(1)LD Bit (2)A Bit (3)O Bit	(1)与母线连接的常开触点的装载； (2)单个常开触点的串联连接； (3)单个常开触点的并联连接。 其他：分支电路块的开始	Bit 为 I、Q、M、SM、T、C、V、S、L
逻辑取反	Bit ─┤ / ├─	(1)LDN Bit (2)AN Bit (3)ON Bit	(1)与母线连接的常闭触点的装载； (2)单个常闭触点的串联连接； (3)单个常闭触点的并联连接。 其他：分支电路块的开始	Bit 为 I、Q、M、SM、T、C、V、S、L
立即取	Bit ─┤ I ├─	(1)LDI Bit (2)AI Bit (3)OI Bit	(1)与母线连接的常开立即触点的装载； (2)单个常开立即触点的串联连接； (3)单个常开立即触点的并联连接	Bit 为 I
立即取反	Bit ─┤ /I ├─	(1)LDNI Bit (2)ANI Bit (3)ONI Bit	(1)与母线连接的常闭立即触点的装载； (2)单个常闭立即触点的串联连接； (3)单个常闭立即触点的并联连接	Bit 为 I
取反	─┤ NOT ├─	NOT	对某一位的逻辑值取反	无操作数
正跳变	─┤ P ├─	EU	在上升沿产生脉冲	无操作数
负跳变	─┤ N ├─	ED	在下降沿产生脉冲	无操作数

表 5－2 触点指令的有效操作数

输 入	数据类型	操作数
位	BOOL	I、Q、M、SM、T、C、V、S、L、能流
位(立即)	BOOL	I

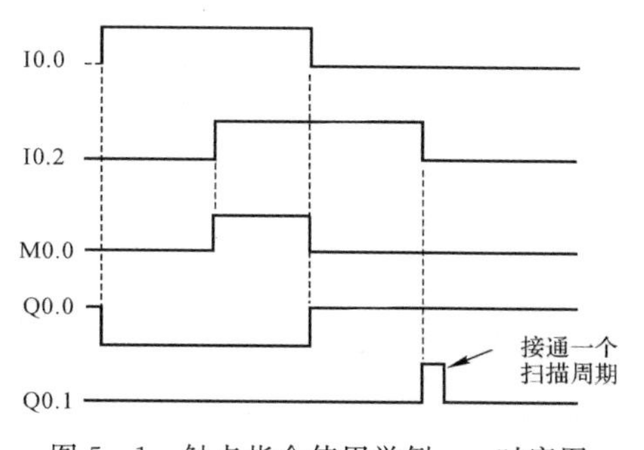

图 5－1 触点指令使用举例——时序图

2. 线圈

(1)输出OUT(=)。输出指令(=)将新值写入输出点的过程映像寄存器中并得到数值。当执行该指令时,PLC将输出过程映像寄存器的位接通或断开。

(2)立即输出(= I)。当执行该指令时,新值将同时写到过程映像寄存器和物理输出点,物理输出点立即被置为能流值。

(3)置位/复位指令S(Set)/ R(Reset)。置位(S)/ 复位(R)指令将从指定Bit位开始的 N(1～255)个点置位或复位。

注意:若对定时器(T)位或计数器(C)复位,则其当前值也被清零。

(4)立即置位/立即复位指令SI(Set Immediate)/ RI(Reset Immediate)。立即置位(SI)/立即复位(RI)指令将从指定Bit位开始的 N(1～128)个点立即置位或立即复位。

线圈指令使用说明见表5-3,有效操作数见表5-4,使用举例如图5-2所示。

表5-3 线圈指令使用说明

指　令	LAD	STL	功　能	说　明
输出	Bit —(　)	= Bit	线圈输出	Bit为Q
立即输出	Bit —(I)	=I Bit	线圈立即输出	Bit为Q
置位	Bit —(S) N	S Bit,N	从指定Bit位开始的 N 个点置位	Bit为Q, N 为1～255
立即置位	Bit —(SI) N	SI Bit,N	从指定Bit位开始的 N 个点立即置位	Bit为Q, N 为1～128
复位	Bit —(R) N	R Bit,N	从指定Bit位开始的 N 个点复位	Bit为Q, N 为1～255
立即复位	Bit —(RI) N	RI Bit,N	从指定Bit位开始的 N 个点立即复位	Bit为Q, N 为1～128

表5-4 线圈指令的有效操作数

输　出	数据类型	操作数
位	BOOL	I、Q、M、SM、T、C、V、S、L
位(立即)	BOOL	Q
N	BYTE	IB、QB、VB、MB、SB、SMB、LB、AC、* VD、* LD、* AC、常数

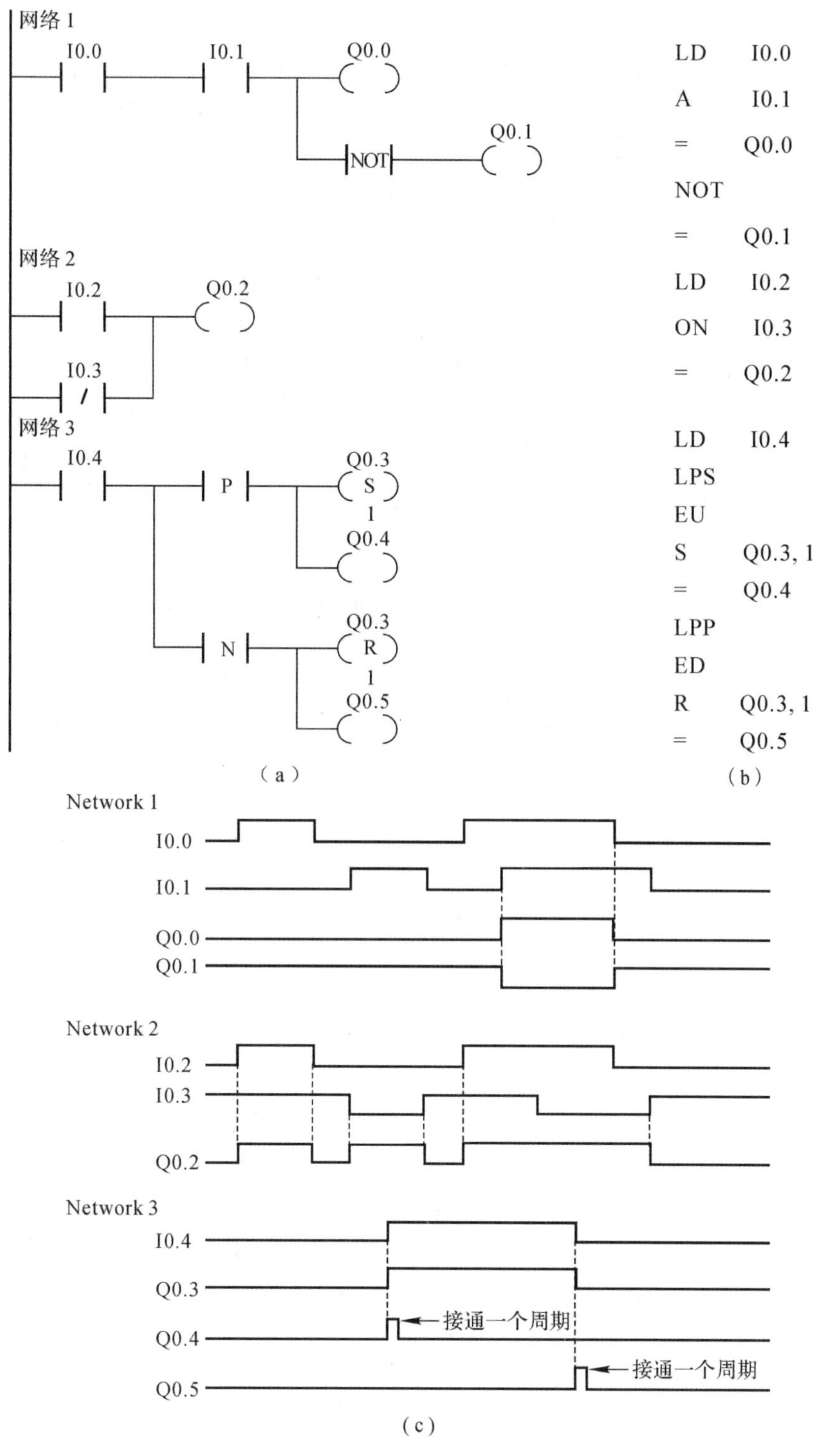

图 5－2　位逻辑指令的使用举例

(a)梯形图；(b)语句表；(c)时序图

5.1.2 逻辑堆栈指令

逻辑堆栈指令主要用来完成触点复杂逻辑连接的编程，存储最新的逻辑计算结果为后续的逻辑环节使用。它类似于计算机中的堆栈结构，特点是“先进后出”。逻辑堆栈指令使用说明见表 5－5，使用举例如图 5－3 和图 5－4 所示。

表 5－5　逻辑堆栈指令使用说明

指　令	LAD	STL	功　能	说　明
栈装载与	无	ALD	并联电路块的串联连接	无操作数
栈装载或	无	OLD	串联电路块的并联连接	无操作数
逻辑入栈	无	LPS	生成一条新母线，把栈顶值复制后压入堆栈	无操作数，与 LPP 成对使用
逻辑读栈	无	LRD	LPS 右侧第二个开始以后的从逻辑块编程，读取最近的 LPS 压入堆栈的内容	无操作数
逻辑出栈	无	LPP	LPS 产生新母线右侧的最后一个从逻辑块编程，把堆栈弹出一级，堆栈内容依次上移	无操作数，与 LPS 成对使用
装入堆栈	无	LDS N	复制堆栈中的第 N 个值到栈顶，栈底值被推出并消失	无操作数，N 为 0～8
与指令	无	AENO	将栈顶值和 ENO 位的逻辑进行与运算，运算结果保存到栈顶	无操作数，在 STL 中使用

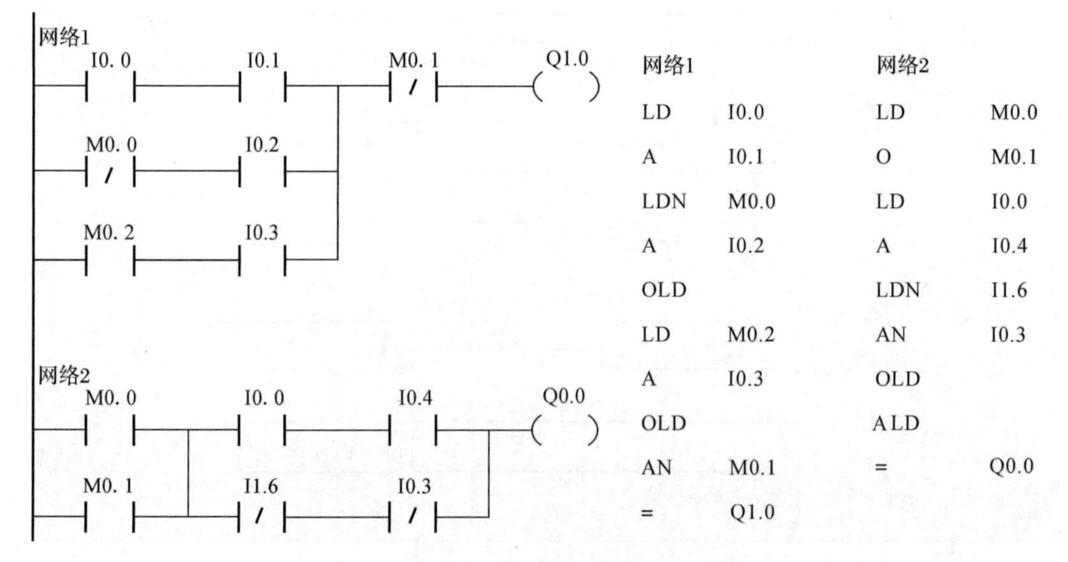

图 5－3　堆栈指令的使用举例

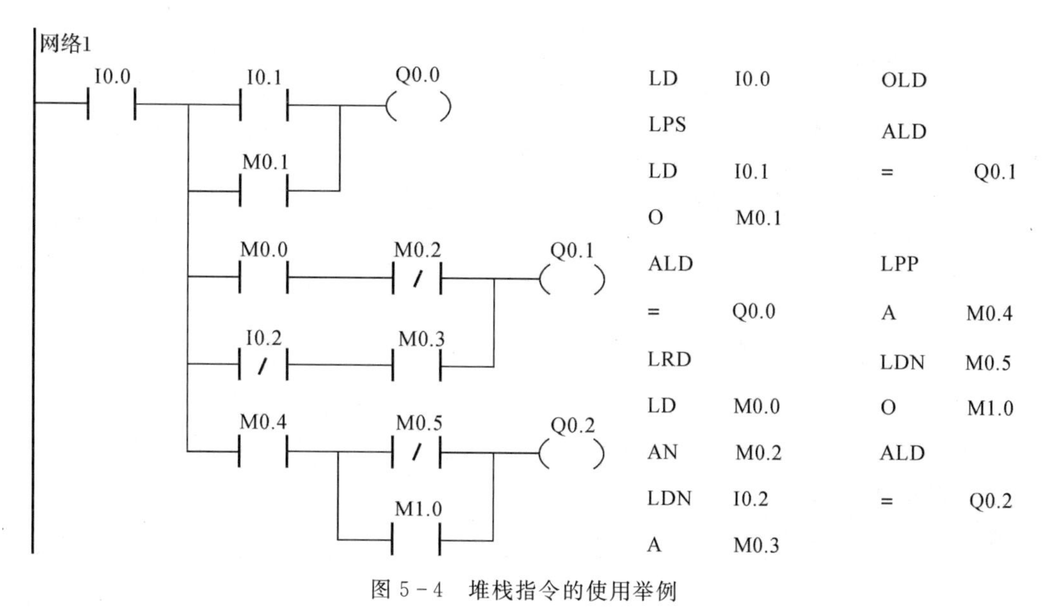

图 5－4　堆栈指令的使用举例

1. 栈装载与指令 ALD

栈装载与 ALD(And Load)指令又称为与块指令，用于并联电路块(两条以上支路并联形成的电路)的串联连接。

2. 栈装载或指令 OLD

栈装载或 OLD(Or Load)指令又称为或块指令，用于串联电路块(两条以上支路串联形成的电路)的并联连接。

3. 逻辑入栈 LPS、逻辑读栈 LRD、逻辑出栈 LPP 指令

该指令用于一个触点(触点组)同时控制两个或两个以上线圈输出。

(1)逻辑入栈指令 LPS(Logic Push)又称为分支电路开始指令，用于生成一条新母线，主逻辑块位于其左侧，从逻辑块位于其右侧(第一个)。该指令的作用是把栈顶值复制后压入堆栈。

(2)逻辑读栈指令 LRD(Logic Read)为紧跟 LPS 右侧第一个从逻辑块的编程，即为第二个开始以后的从逻辑块编程。该指令的作用是读取最近的 LPS 压入堆栈的内容，而堆栈本身不进行 Push 和 Pop 工作。

(3)逻辑出栈指令 LPP(Logic Pop) 又称为分支电路结束指令，用于 LPS 产生的新母线右侧的最后一个从逻辑块编程，在读取完离它最近的 LPS 压入堆栈的内容，同时复位该条新母线。该指令的作用是把堆栈弹出一级，堆栈内容依次上移。

4. 装入堆栈指令 LDS

装入堆栈指令 LDS(Load Stack)是复制堆栈中的第 N 个值到栈顶，栈底值被推出并消失。

5. 与指令 ENO

与指令 ENO 是 LAD 中指令盒的布尔能流输出端。若指令盒的能流输入有效，则执行无

错误，ENO 置位并将能流向下传递，作为允许位表示指令成功执行。STL 指令无 EN 输入，使用时需“与”ENO（AENO）指令来产生和指令盒中的 ENO 位相同的功能。

5.1.3 定时器指令

PLC 中最常用且重要的元器件之一就是定时器 T(Timer)，用来对时间间隔计数。使用定时器，需设置定时值，若定时器的使能输入 IN 端满足条件，当前值从 0 开始按一定的单位增加；当定时器的当前值计数与设定值相等时，则定时器发生动作，来满足各种定时逻辑控制的需要。

1. 定时器种类

S7－200 PLC 有接通延时定时器 TON(On-Delay Timer)、有记忆的接通延时定时器 TONR(Retentive On-Delay Timer)和断开延时定时器 TOF(Off-Delay Timer)共三种来用于执行不同类型的定时任务。

2. 分辨率与定时时间的计算

单位时间的时间增量称作定时器的分辨率(时基)，它决定了每个时间间隔的长短。TON、TONR 和 TOF 定时器有三种分辨率：1 ms、10 ms 和 100 ms。

定时器定时时间 T 计算公式如式(5－1)所示：

$$T = PT \times S \tag{5-1}$$

式中：PT 为预设值(设定值)，S 为分辨率。为了保证定时器在选定的分辨率内任何地方启动，其预设值 PT 必须大于最小需要时间间隔。如选用 10 ms 定时器要确保至少 100 ms 的时间间隔，则 PT 应设为 11。另外两种分辨率的定时器选用预设值方法类同。定时器指令盒的操作数和数据类型见表 5－6。

表 5－6　定时器指令盒的操作数和数据类型

输入/输出	数据类型	操作数
T＊＊＊	WORD	常数(T0～T255)
IN(LAD)	BOOL	I、Q、V、M、SM、S、T、C、L、能流
PT	INT	常数、VW、IW、QW、MW、SW、SMW、LW、T、C、AIW、AC、＊VD、＊AC、＊LD

3. 定时器的编号

定时器的编号由 T 和常数编号(最大数为 255)组成，即 T＊＊＊，如 T37。

在程序中，T＊＊＊包括定时器位和定时器当前值两个信息。定时器当前值存储定时器当前累计时间，为 16 位，最大计数值为 32 767；当定时器的当前值达到设定值 PT 时，定时器的触点动作。

定时器当前值的更新方式因其分辨率(时基)的不同而不同。定时器的分辨率(时基)由定时器的编号决定，表 5－7 为不同类型的定时器时基与编号对应关系。

表 5－7　定时器号和分辨率

定时器类型	分辨率/ms	最大值/s	定时器编号
TONR	1	32.767	T0，T64
	10	327.67	T1～T4，T65～T68
	100	3 276.7	T5～T31，T69～T95
TON、TOF	1	32.767	T32，T96
	10	327.67	T33～T36，T97～T100
	100	3 276.7	T37～T63，T101～T255

注意：同一个定时器号类型必须相同，如 TON37 和 TOF37 不能同时出现。

4. 定时器指令

三种定时器指令使用说明见表 5－8，定时器指令的操作数说明见表 5－9。

表 5－8　定时器指令使用说明

	定时器类型		
形　式	接通延时定时器 TON	有记忆的接通延时定时器 TONR	断开延时定时器 TOF
功　能	用于单一时间间隔的定时	用于累计多时间间隔	关断或故障事件后的时间延时
LAD	IN TON PT ms	IN TONR PT ms	IN TOF PT ms
STL	TON　T＊＊＊，PT	TONR　T＊＊＊，PT	TOF　T＊＊＊，PT

表 5－9　定时器指令的操作说明

定时器类型	上电周期/首次扫描	输入(IN)状态	当前值≥PT
TON	定时器位 OFF， 当前值＝0	ON：当前值开始计数； OFF：定时器位 OFF，当前值＝0	定时器位 ON， 当前值连续计数到 32 767
TONR	定时器位 OFF， 当前值＝0	ON：当前值开始计数； OFF：定时器位和当前值保持最后状态	定时器位 ON， 当前值连续计数到 32 767
TOF	定时器位 OFF， 当前值＝0	ON：定时器位 ON，当前值＝0； OFF：发生 ON 到 OFF 跳变后，定时器计数	定时器位 OFF， 当前值＝PT，停止计时

注意：TONR 只能通过复位指令 R 进行复位操作，复位后，定时器位为 OFF，当前值为 0。

5. 定时器使用举例

定时器的使用举例如图 5－5～图 5－7 所示。

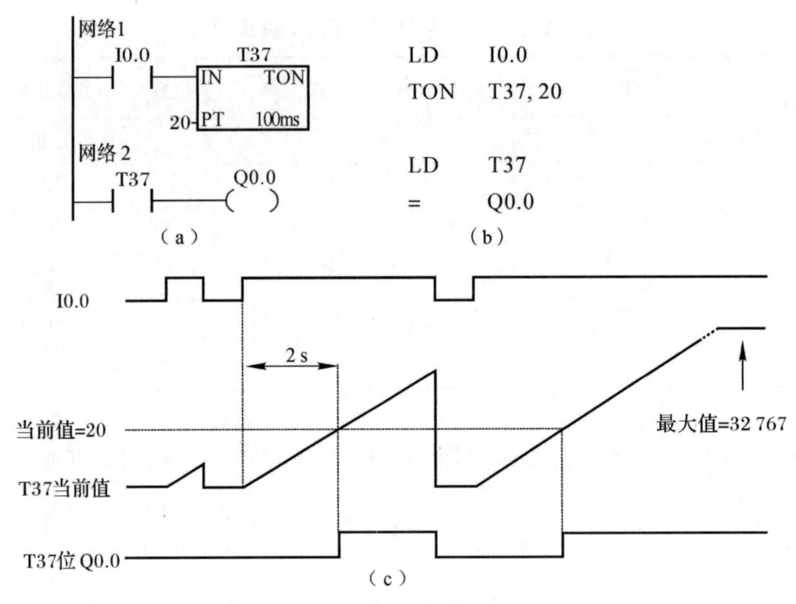

图 5-5 定时器 TON 指令的使用举例

(a)梯形图；(b)语句表；(c)时序图

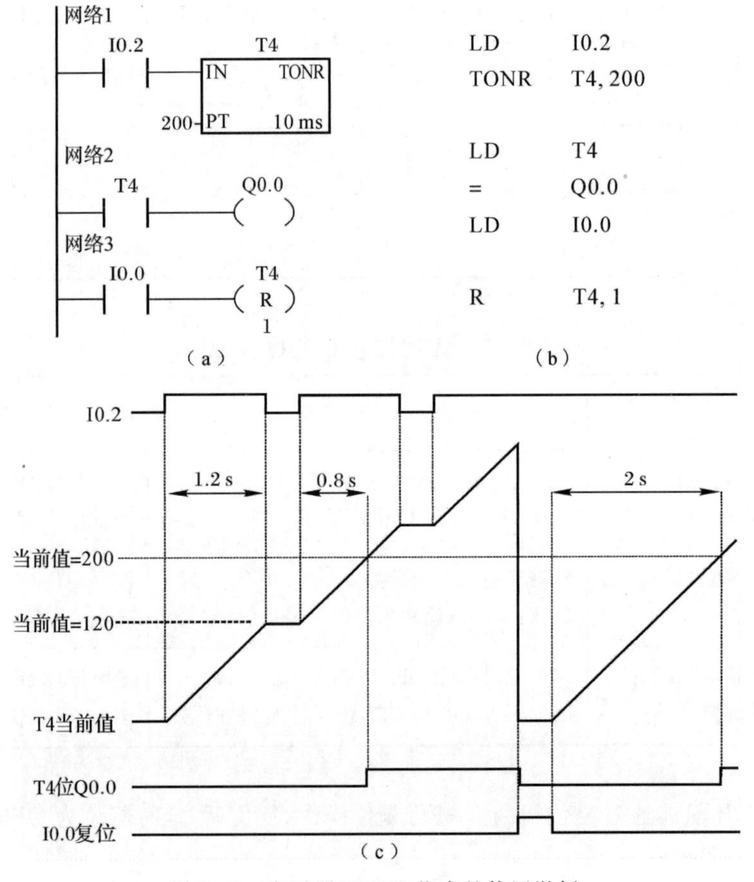

图 5-6 定时器 TONR 指令的使用举例

(a)梯形图；(b)语句表；(c)时序图

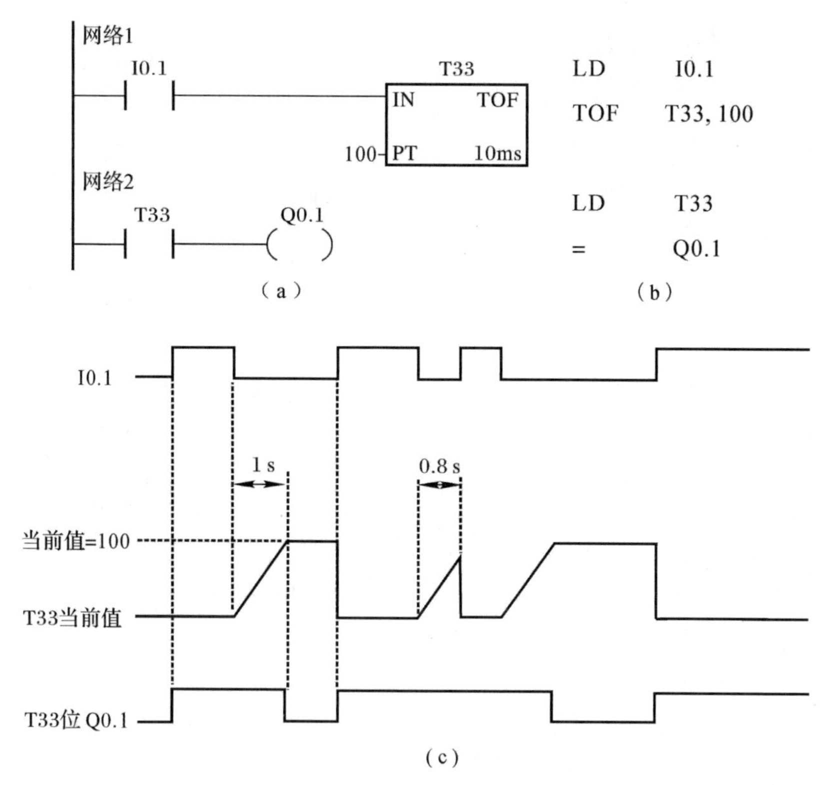

图 5－7　定时器 TOF 指令的使用举例

(a)梯形图；(b)语句表；(c)时序图

6. 定时器刷新方式

定时器的刷新方式因定时器的分辨率(时基)不同而以分为以下三种。

(1)1 ms 定时器。1 ms 型定时器采用中断刷新方式，由系统每隔 1ms 刷新一次定时器位和其当前值，与扫描周期及程序处理无关。当扫描周期大于 1 ms 时，定时器位和其当前值可能被多次刷新而改变。

(2)10 ms 定时器。10 ms 定时器在每次扫描周期的开始刷新，在一个扫描周期内定时器位和其当前值保持不变。

(3)100 ms 定时器。100 ms 定时器在执行定时器指令时被刷新，仅在一个扫描周期内定时器位和其当前值保持不变，若 100 ms 定时器被激活后，若每个扫描周期都执行该指令或在一个扫描周期内多次执行该指令，则会造成计时失准。故 100 ms 定时器仅用在定时器指令在每个扫描周期精确执行一次的程序中。

7. 正确使用定时器

使用三种不同分辨率的定时器，要求这些定时器在其计时时间到时产生一个宽度为一个扫描周期的脉冲，如图 5－8 所示。从 Q0.0 的输出，可以看出不同分辨率的定时器由于刷新方式的不同而产生了不同结果。

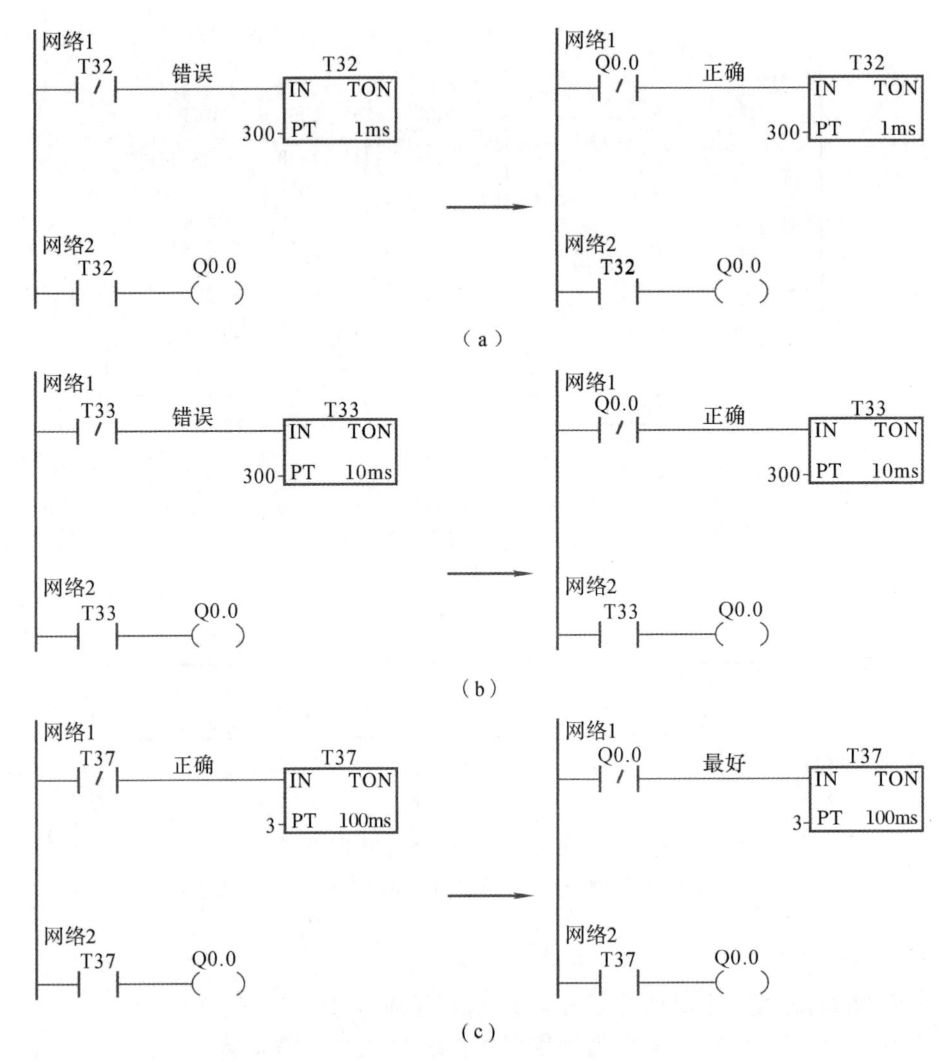

图 5-8　定时器的正确使用举例

(a)1 ms 定时器的使用;(b)10 ms 定时器的使用;(c)100 ms 定时器的使用

如图 5-8(a)所示,1 ms 定时器 T32 的错用是因为只有当 T32 的当前值更新发生在其常闭触点执行后到其常开触点执行前 Q0.0 才能被置位一个扫描周期,其他情况则无法置位 ON。

如图 5-8(b)所示,10 ms 定时器 T33 的错用是因为 Q0.0 永不会被置位 ON,因 T33 在每次扫描开始被置位,但执行到定时器指令时,T33 将被复位(当前值和位都被置 0)。当 T33 常开触点被执行时,因 T33 为 OFF,故 Q0.0 也会为 OFF,即永不会被置位 ON 。

如图 5-8(c)所示,100 ms 定时器 T37 的使用方法在修改前,只要当 T37 当前值达到设定值时,Q0.0 就会被置位一个扫描周期。

改用正确方法后,将定时器到达设定值产生结果的元器件的常闭触点用作定时器自身的输入,则不论哪种定时器,都能保证定时器达到设定值时,产生宽度为一个扫描周期的脉冲 Q0.0。一般情况下不建议将定时器自身的常闭触点作为自身的复位条件。

为了简单方便,在实际使用时,100 ms 的定时器常采用自复位逻辑,且 100 ms 定时器也是使用最多的定时器。

8. 定时器综合应用举例

例 5 - 1　阶梯灯的定时点亮。设计一个阶梯灯的定时点亮控制程序。一个三层楼上的亮灯按钮都被接到输入端 I0. 0。当按下 I0. 0 的 ON 按钮，则输出端 Q0. 0 的灯发光 30 s，若在此时段内 ON 按钮又被人按下，则时间间隔从头开始，如此可确保有人在最后一次按 ON 按钮，灯持续亮 30 s 的照明需要。

解：方法一如图 5 - 9 所示。实验演示链接扫二维码  。

网络1
I0.0　T37 (R) 1　Q0.0 (S) 1
网络2
SM0.0　T37 IN TON　300-PT 100ms
网络3
T37　Q0.0 (R) 1

（a）

```
LD      I0.0
R       T37, 1
S       Q0.0, 1

LD      SM0.0
TON     T37, 300

LD      T37
R       Q0.0, 1
```

（b）

图 5 - 9　阶梯灯的定时点亮(方法一)

(a)梯形图；(b)语句表

解：方法二如图 5 - 10 所示。

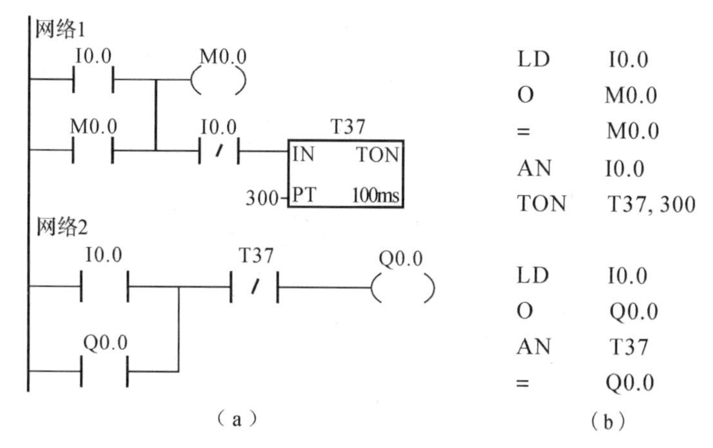

图 5 - 10　阶梯灯的定时点亮(方法二)

(a)梯形图；(b)语句表

5.1.4 计数器指令

计数器 C(Counter)用于执行累计输入脉冲的任务。使用计数器类似于定时器,需设置输入脉冲的设定值,计数器累计其脉冲输入端信号上升沿个数达到设定值时,计数器发生动作,以便完成计数控制任务。

1. 计数器种类

S7-200 PLC 有增计数器 CTU(Count Up)、增减计数器 CTUD(Count Up/Down)和减计数器 CTD(Count Down)共三种来用于执行累计输入脉冲的任务。计数器指令盒的操作数和数据类型见表 5-10。

表 5-10 计数器指令盒的操作数和数据类型

输入/输出	数据类型	操作数
C * * *	WORD	常数(C0~C255)
CU、CD、LD、R	BOOL	能流、I、Q、V、M、SM、S、T、C、L
PV	INT	常数、VW、IW、QW、MW、SW、SMW、LW、T、C、AIW、AC、* VD、* AC、* LD

2. 计数器的编号

计数器的编号由 C 和常数编号(最大数为 255)组成,即 C * * *,如 C0。在程序中,C * * * 包括计数器位和计数器当前值两个信息。计数器当前值累计输入端信号上升沿个数,为 16 位,最大计数值为 32 767;当计数器的当前值达到设定值 PV 时,计数器的触点动作。

3. 计数器指令

三种计数器指令使用说明见表 5-11,计数器指令的操作说明见表 5-12。

表 5-11 计数器指令使用说明

	计数器类型		
形 式	增计数器(CTU)	增减计数器(CTUD)	减计数器(CTD)
LAD	CU CTU R PV	CU CTUD CD R PV	CD CTD LD PV
STL	CTU C * * *,PV	CTUD C * * *, PV	CTD C * * *,PV
说 明	CU:加计数输入端;CD:减计数输入端;R:计数复位输入端; LD:减计数复位输入端		

表 5 - 12　计数器指令的操作说明

计数器类型	上电周期/首次扫描	操　作	当前值≥PV
CTU	计数器位 OFF，当前值为 0	CU 使当前值持续递增	计数器位 ON，当前值连续计数到 32 767，若计数器被复位，则其位 OFF，当前值为 0
CTUD	计数器位 OFF，当前值为 0	CU 使当前值持续递增，CD 使当前值持续递减	计数器位 ON，当前值连续计数到 32 767 或 − 32 768，若计数器被复位，则位 OFF，当前值为 0
CTD	计数器位 ON，当前值为 PV	CD 使当前值持续递减为 0	当前值 = 0，计数器位 ON，若计数器被复位，则位 OFF，当前值为 PV

注意：同一个计数器号不能用作不同计数器类型，如 C1 不能作 CTU，CTD 和 CTUD 不能同时出现。

4. 计数器使用举例

计数器使用举例如图 5 - 11～图 5 - 13 所示。

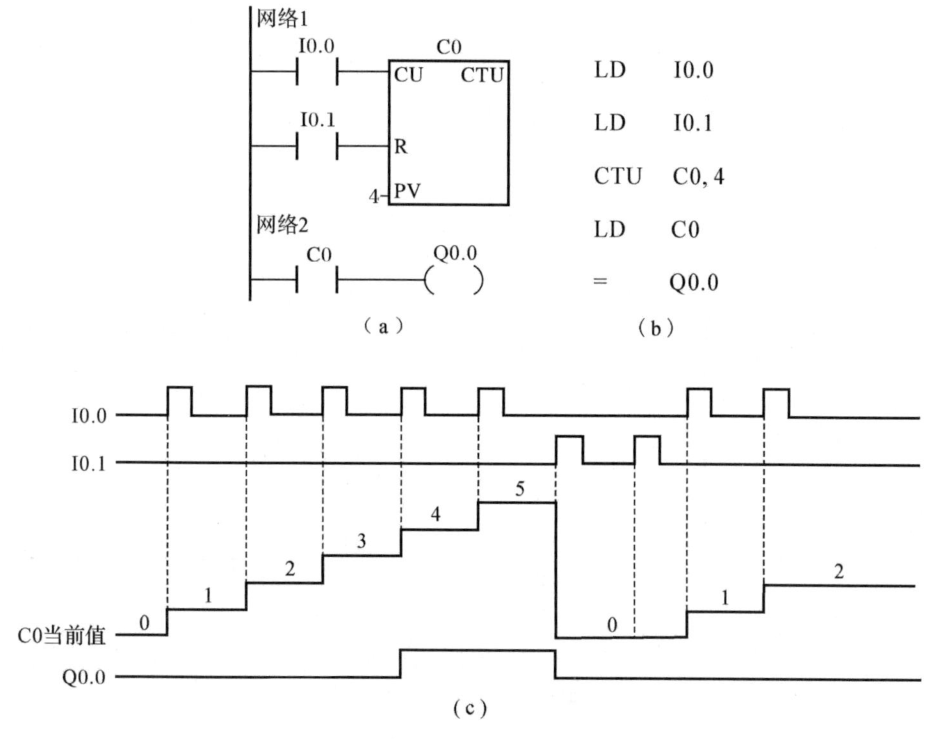

图 5 - 11　计数器 CTU 指令的使用举例

(a)梯形图；(b)语句表；(c)时序图

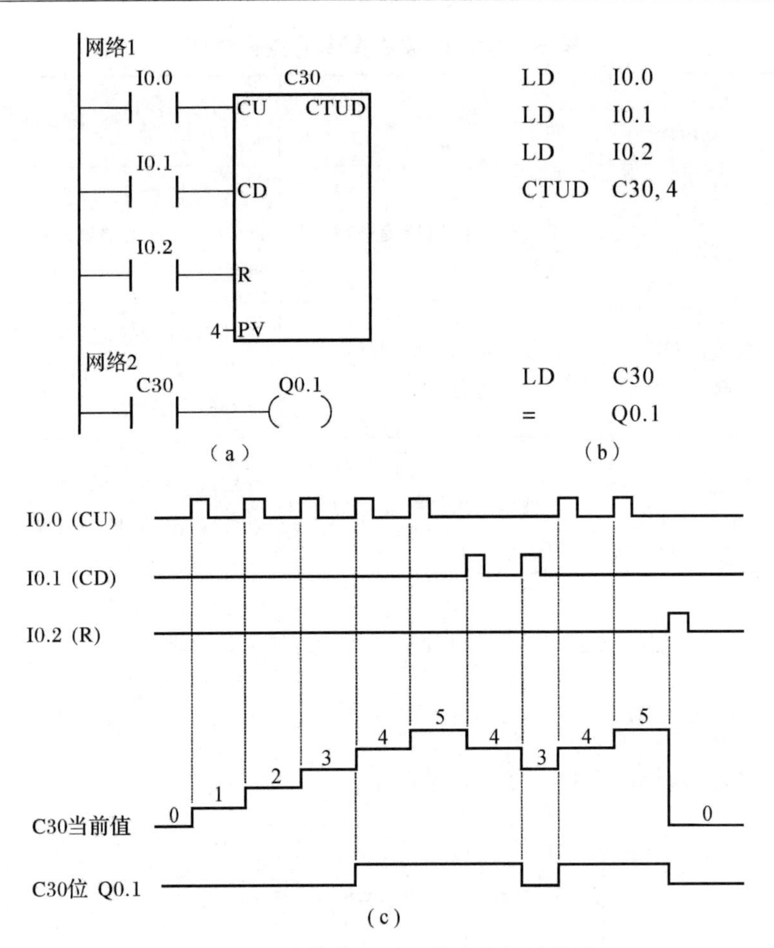

图 5-12 计数器 CTUD 指令的使用举例

(a)梯形图;(b)语句表;(c)时序图

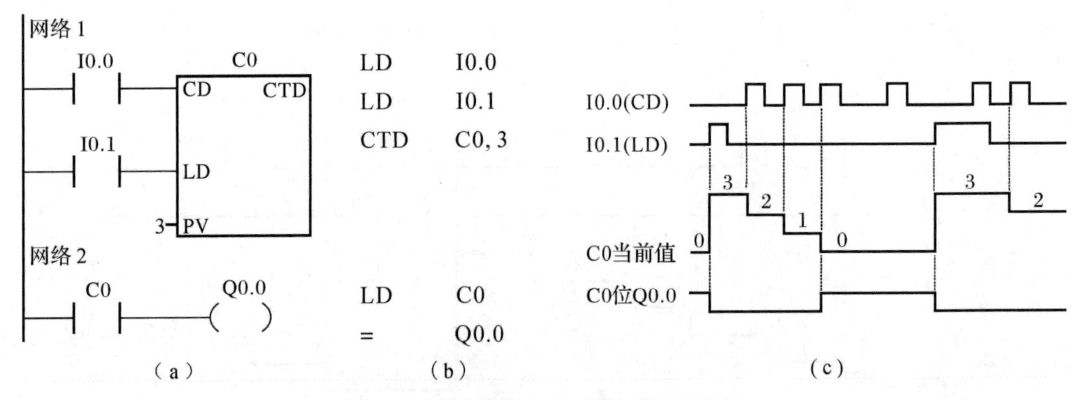

图 5-13 计数器 CTD 指令的使用举例

(a)梯形图;(b)语句表;(c)时序图

例 5-2 定时器和计数器综合应用举例。

解:将前面例 5-1 的定时器阶梯灯的定时点亮程序,结合计数器,同样可以实现阶梯灯的点亮控制功能。方法三如图 5 - 14 所示。

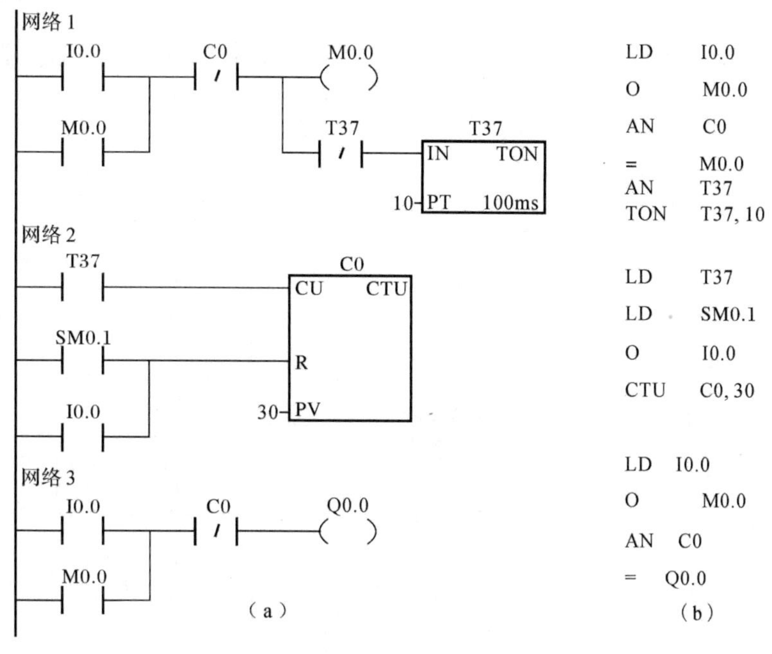

图 5 - 14　定时器和计数器综合应用举例[阶梯灯的定时点亮(方法三)]

(a)梯形图;(b)语句表

例 5 - 3　密码锁控制系统应用设计。设计一个密码锁控制系统,已知有 4 个按键 SF1 ～ SF4,控制要求如下:

(1)按下启动按键 SF1 则可进行开锁;

(2)开锁要求:顺序连续按压按键 SF2 共 3 次,SF3 共 2 次,密码锁自动打开;

(3)复位要求:若误操作按键,则按下复位按钮 SF4 则可重新开锁;

(4)报警要求:按键 SF2～ SF3 操作次数不符合要求,多按或顺序错误则自动报警。

解:方法一如下:

(1)I/O 地址分配见表 5 - 13;

表 5 - 13　密码锁控制系统 I/O 地址分配表

输　入			输　出		
名称	数据类型	位地址	名称	数据类型	位地址
启动按键 SF1	Bool	I0.0	开锁输出接触器灯 PG	Bool	Q0.0
复位按键 SF4	Bool	I0.1	报警输出蜂鸣器 PB	Bool	Q0.1
按键 SF2	Bool	I0.2			
按键 SF3	Bool	I0.3			

(2)控制程序如图 5－15 所示；

(3)密码锁控制系统仿真运行图如图 5－16 所示。实验演示链接扫二维码。

方法一：

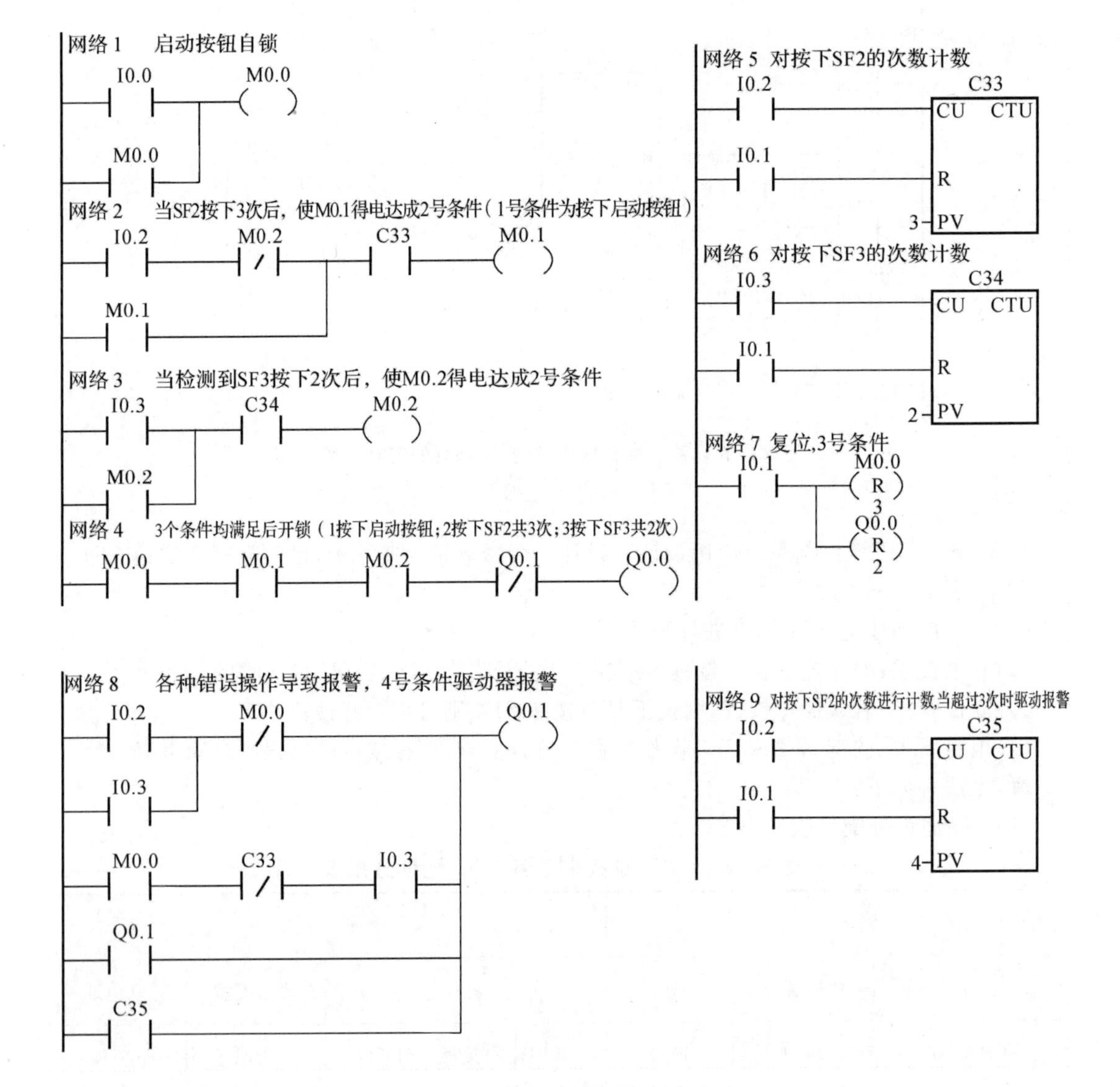

图 5－15 密码锁控制系统梯形图(方法一)

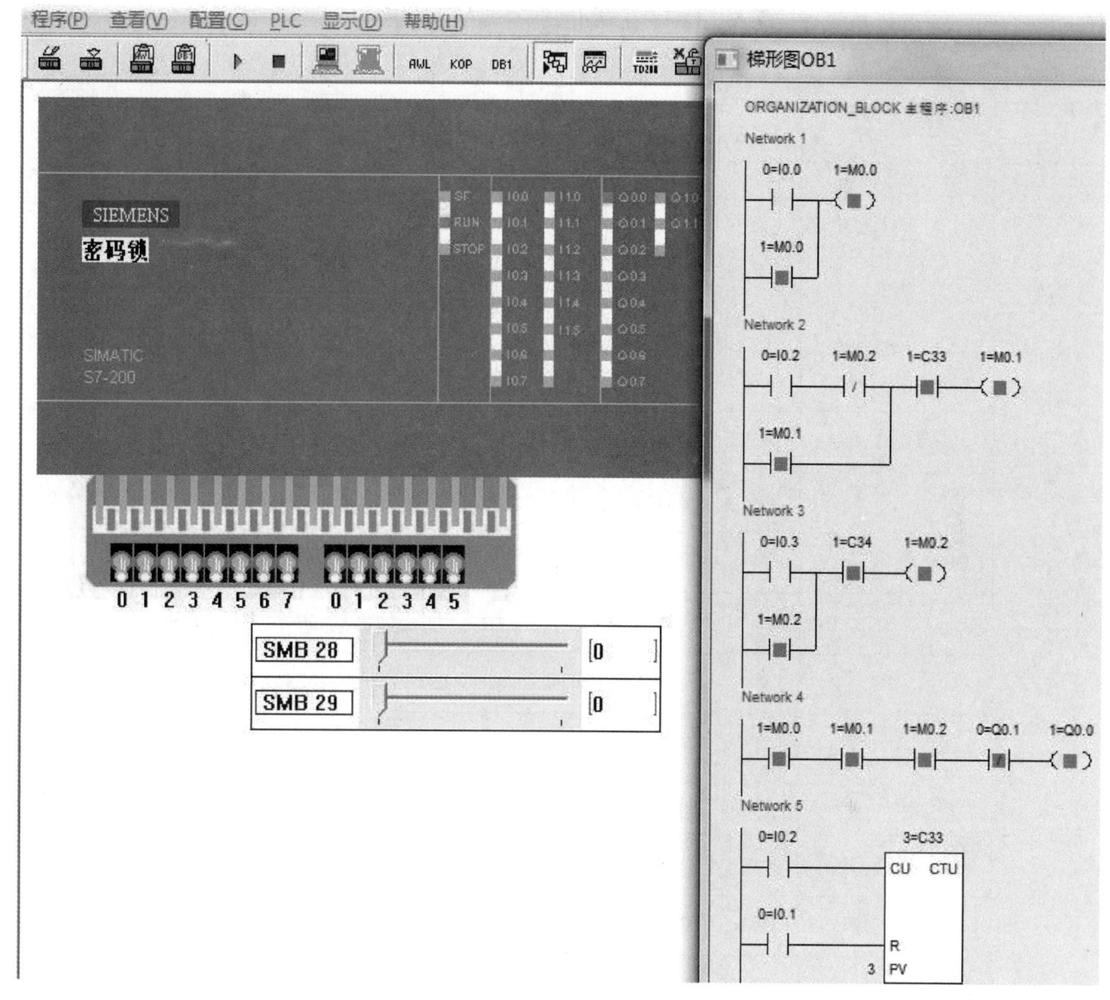

图 5－16　密码锁控制系统仿真运行图(方法一)

5.1.5　比较指令

比较指令是将两个数值或字符串(IN1 和 IN2)按指定条件进行比较,若条件满足,则触点闭合。该指令的类型有无符号字节比较(BYTE)、有符号整数比较(INT)、有符号双字整数比较(DINT)、有符号实数比较(REAL)和字符串比较(STRING)。

1. 数值比较

比较指令用于比较两个数值,有六种情况:IN1＝IN2、IN1＞＝IN2、IN1＜＝IN2、IN1＞IN2、IN1＜IN2、IN1＜＞IN2。

2. 字符串比较

字符串比较指令比较两个字符串的 ASCII 码,有两种情况:IN1＝IN2、IN1＜＞IN2。比较指令的 LAD 和 STL 形式见表 5－14,比较指令的操作数和数据类型见表 5－15。

表 5－14　比较指令的 LAD 和 STL

形式	方式				
	字节比较	整数比较	双字整数比较	实数比较	字符串比较
LAD 以 == 为例	IN1 ─┤==B├─ IN2	IN1 ─┤==I├─ IN2	IN1 ─┤==D├─ IN2	IN1 ─┤==R├─ IN2	IN1 ─┤==S├─ IN2
STL	LDB= IN1,IN2	LDW= IN1, IN2	LDD= IN1, IN2	LDR= IN1, IN2	LDS= IN1, IN2
	AB= IN1,IN2	AW= IN1,IN2	AD= IN1,IN2	AR= IN1,IN2	AS= IN1,IN2
	OB= IN1,IN2	OW= IN1,IN2	OD= IN1,IN2	OR= IN1,IN2	OS= IN1,IN2
	LDB< >IN1, IN2	LDW< > IN1, IN2	LDD< >IN1, IN2	LDR< >IN1, IN2	LDS< >IN1, IN2
	AB < > IN1, IN2	AW< > IN1, IN2	AD< > IN1, IN2	AR< > IN1, IN2	AS< > IN1, IN2
	OB< > IN1, IN2	OW< > IN1, IN2	OD< > IN1, IN2	OR< > IN1, IN2	OS< > IN1, IN2
	LDB< IN1, IN2	LDW< IN1, IN2	LDD< IN1, IN2	LDR< IN1, IN2	
	AB< IN1, IN2	AW< IN1, IN2	AD< IN1, IN2	AR< IN1, IN2	
	OB< IN1, IN2	OW< IN1, IN2	OD< IN1, IN2	OR< IN1, IN2	
	LDB<=IN1, IN2	LDW<= IN1, IN2	LDD<=IN1, IN2	LDR<=IN1, IN2	
	AB<= IN1, IN2	AW<= IN1, IN2	AD<= IN1, IN2	AR<= IN1, IN2	
	OB<= IN1, IN2	OW<= IN1, IN2	OD<= IN1, IN2	OR<= IN1, IN2	
	LDB> IN1, IN2	LDW> IN1, IN2	LDD> IN1, IN2	LDR> IN1, IN2	
	AB> IN1, IN2	AW> IN1, IN2	AD> IN1, IN2	AR> IN1, IN2	
	OB> IN1, IN2	OW> IN1, IN2	OD> IN1, IN2	OR> IN1, IN2	
	LDB>=IN1, IN2	LDW>= IN1, IN2	LDD>=IN1, IN2	LDR>=IN1, IN2	
	AB>= IN1, IN2	AW>= IN1, IN2	AD>= IN1, IN2	AR>= IN1, IN2	
	OB>= IN1, IN2	OW>= IN1, IN2	OD>= IN1, IN2	OR>= IN1, IN2	

表 5－15　比较指令的操作数和数据类型

输入/输出	数据类型	操作数
IN1 IN2	BYTE	常数、IB、QB、VB、MB、SMB、SB、LB、AC、* VD、* AC、* LD
	INT	常数、IW、QW、VW、MW、SMW、SW、LW、T、C、AC、* VD、* AC、* LD、AIW
	DINT	常数、ID、QD、MD、SD、SMD、LD、AC、* VD、* AC、* LD、HC
	REAL	常数、ID、QD、MD、SD、SMD、LD、AC、* VD、* AC、* LD
	STRING	常数、LB、* VD、* AC、* LD、VB
OUT	BOOL	能流、I、Q、V、M、SM、S、T、C、L

3. 比较指令使用举例

比较指令的使用举例如图 5－17～图 5－19 所示。

例 5－4

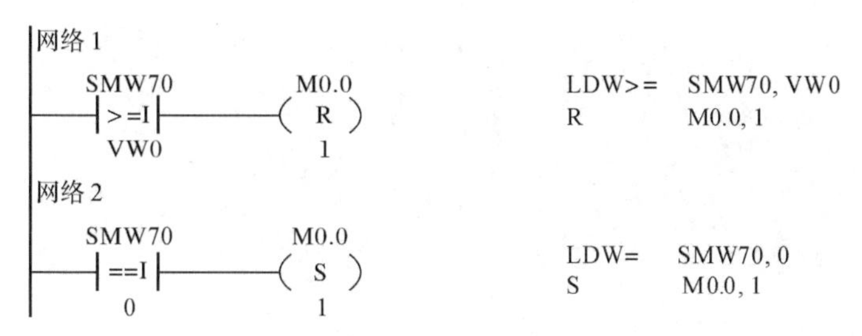

图 5－17　比较指令的使用举例

例 5－5　在 5.1.4 节计数器中的密码锁控制系统应用设计实例，也可以用比较指令实现。

解：方法二如图 5－18 和图 5－19 所示。

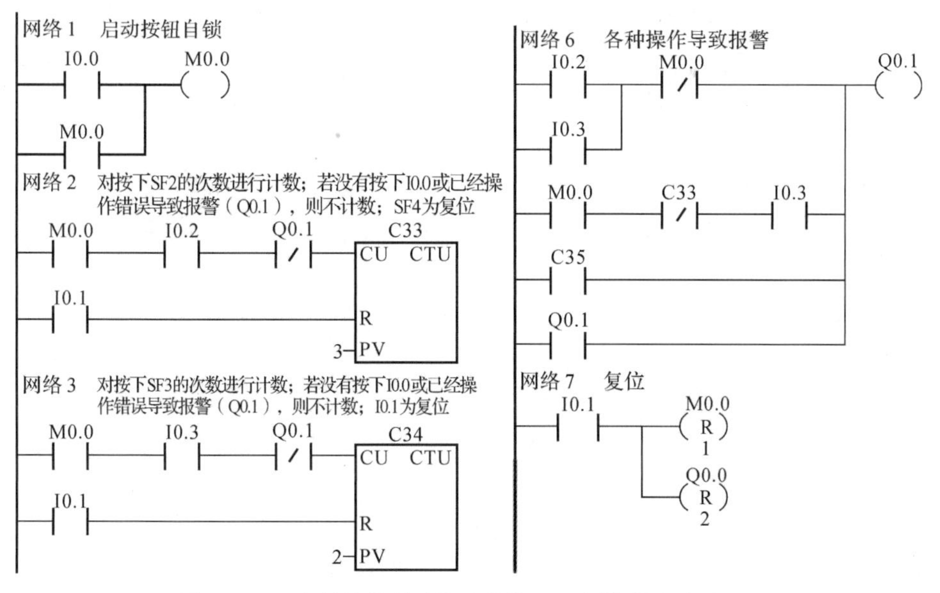

图 5－18　密码锁控制系统比较指令程序梯形图(方法二)

网络 4　对按下SF2的次数进行计数(超过3次时报警)，当C35=4时作为报警条件进行报警

M0.0　I0.2　Q0.1　C35 CU CTU

I0.1　R

4 PV

网络 5　在操作顺序无误的前提下满足3个条件后开锁（1.按下启动按钮；2.按下SF2共3次；3.按下SF3共2次）

M0.0　C33 ==I 3　C34 ==I 2　Q0.1　Q0.0

续图 5－18　密码锁控制系统比较指令程序梯形图(方法二)

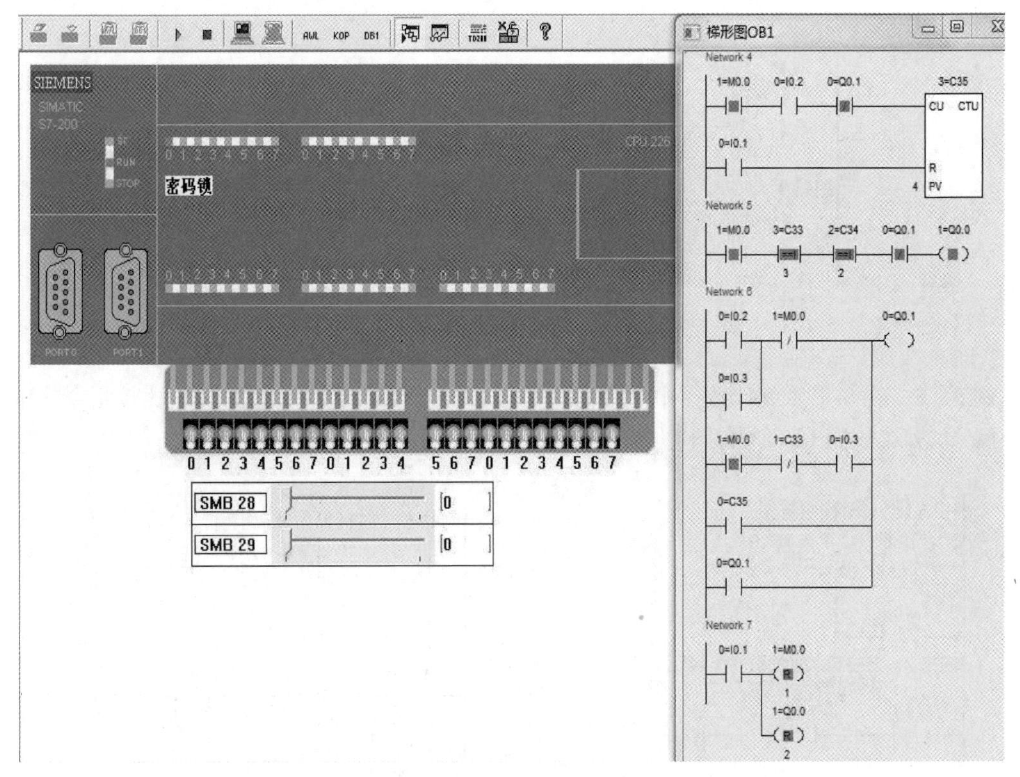

图 5－19　密码锁控制系统比较指令仿真运行图(方法二)

5.2　程序控制指令

程序控制指令使程序结构灵活，合理使用程序控制类指令可以起到优化程序结构的作用。该类指令主要包括有条件结束指令、停止指令、看门狗复位指令、跳转及标号指令、子程序及子程序返回指令、循环指令和顺序控制继电器指令（第 6 章单另讲解）等。程序控制指令使用说明见表 5-16。

表 5-16　程序控制指令使用说明

指　令	LAD	STL	功　能	说　明
有条件结束	-(END)	END	根据前面的逻辑关系，终止用户程序	无操作数
停止	-(STOP)	STOP	终止执行程序	无操作数
看门狗复位	-(WDR)	WDR	延长扫描周期	无操作数
跳转	-(JMP)	JMP	使程序流程转到同一程序中的具体标号(n)处	操作数 n:0～255 数据类型:WORD
标号	LBL	LBL	标记跳转目标标号	
子程序调用	SBR_0 EN	CALL SBR_0	使能输入 EN 有效时，将程序控制权交给子程序 SBR_n	操作数 n: CPU221、CPU222、CPU224，n 为 0～63；CPU224XP、CPU226，n 为 0～127 数据类型:WORD
子程序返回	-(RET)	CRET	使能输入 EN 有效时，终止子程序，回到子程序调用指令的下一条指令	操作数:无 数据类型:无
循环指令开始	FOR EN　ENO INDX INIT FINAL	FOR	标记循环的开始	指令盒三个输入端: INDX:当前值计数器 INIT:循环次数初始值 FINAL:循环次数终值 FOR 与 NEXT 须成对使用
循环指令结束	-(NEXT)	NEXT	标记循环的结束	FOR 与 NEXT 须成对使用

5.2.1 有条件结束指令

有条件结束指令(END)根据前面的逻辑关系,终止用户程序,可以在主程序中使用,但是不可在子程序或中断程序中使用。

5.2.2 停止指令

停止指令(STOP)使 CPU 从 RUN 模式转换到 STOP 模式,立即终止执行程序。若在中断程序中使用它,则立即终止中断程序,忽略所有挂起的中断,继续扫描程序的剩余部分,在本次扫描周期结束后,完成将主机从 RUN 到 STOP 的切换。

5.2.3 看门狗复位指令

WDR(Watchdog Reset)为看门狗复位指令(警戒时钟刷新指令)。它可刷新警戒时钟,延长扫描周期,有效地避免看门狗超时错误。如在循环结构中使用该指令,则在中止本次扫描前,通信(自由口除外)、I/O 刷新(直接 I/O 除外)、强制刷新、SM 位刷新(SM0、SM5~SM29 的位不能被刷新)、运行时间诊断、中断程序中的 STOP 指令等操作过程将被禁止。以上 3 个指令的使用举例如图 5-20 所示。

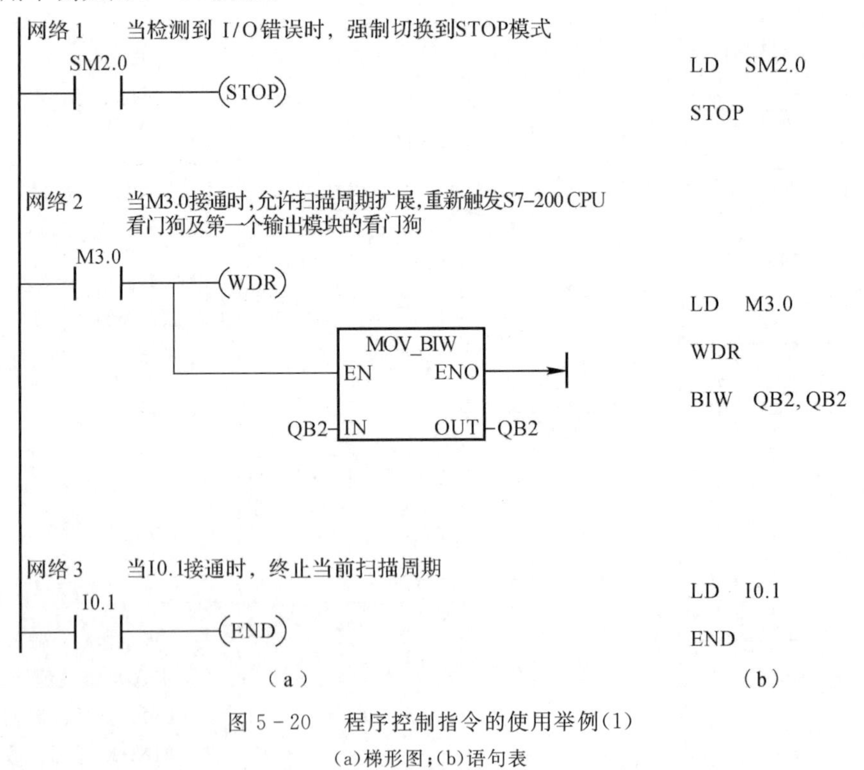

图 5-20　程序控制指令的使用举例(1)

(a)梯形图;(b)语句表

5.2.4 跳转及标号指令

跳转指令 JMP(Jump Label)和标号指令 LBL(Label)使程序流程转到同一程序中的具体标号(n)处,该指令需在同一程序块中(主程序、同一个子程序或同一个中断程序)配对使用,不可在不同程序块中互相跳转，使用举例如图 5 - 21 所示。

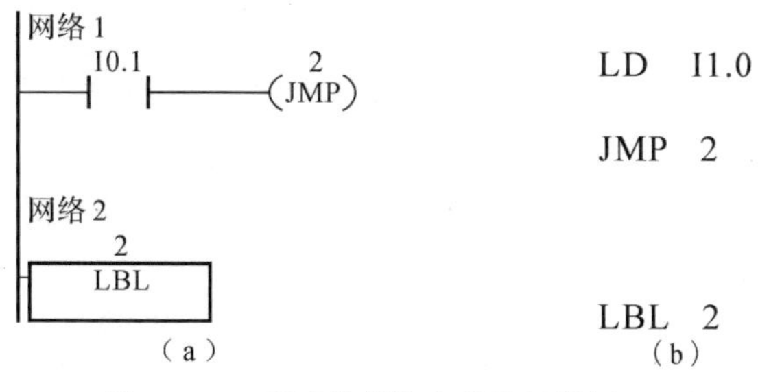

图 5 - 21　程序控制指令的使用举例(2)

(a)梯形图；(b)语句表

5.2.5　子程序调用与返回指令

子程序一般具有特定功能，用于较复杂的程序或多次使用场合，S7 - 200 PLC 的指令系统与子程序有关的操作有三部分：建立子程序、子程序的调用和返回，使用举例见表 5 - 17。

表 5 - 17　程序控制指令的使用举例(3)

指　令	LAD	STL
主程序	网络 1　首次扫描，调用初始化子程序0 SM0.1　SBR_0　EN	LD　SM0.1 CALL　SBR_0
子程序	网络 1　使用条件返回指令，在子程序结束前返回 M5.0　RET 网络 2　若M5.0被接通，则本程序段被跳过 SM0.0　MOV_B　EN　ENO 20　IN　OUT　VB10	LD　M5.0 CRET LD　SM0.0 MOVB　20，VB10

1. 建立子程序

可以通过 Edit > Insert > Subroutine 建立一个子程序，在一个程序中可以有多个子程序，其地址序号排列为默认的程序名 SBR_0 ～ SBR_n。编辑子程序时，在指令树窗口双击对应子程序即可。

2. 子程序的调用与返回

子程序调用指令(CALL)将程序控制权交给子程序 SBR_n，调用时是否带参数根据程序控制要求而定，执行完子程序后，返回主程序中子程序调用指令的下一条指令。子程序条件返回指令(CRET)根据它前面的逻辑决定是否终止子程序。

注意:

(1)若在子程序的内部又对另一子程序执行调用指令,则这种调用称为子程序的嵌套,其嵌套深度不超过 8 级。

(2)当子程序在一个扫描周期内被多次调用时,在子程序中不能使用上升沿、下降沿、定时器和计数器指令。

(3)在被中断服务程序调用的子程序中,不可再出现子程序调用。

5.2.6 循环指令

循环指令(FOR、NEXT)用来描述重复进行一定次数的程序段,也称循环体。每条 FOR 指令与 NEXT 一一对应。每执行一次循环体,则当前计数值加 1,并将其结果与终值做比较,若大于终值,则终止循环。循环指令的有效操作数见表 5-18,使用举例如图 5-22 所示。

表 5-18 循环指令的有效操作数

输入/输出	数据类型	操作数
INDX	INT	IW、QW、VW、MW、SMW、SW、T、C、LW、AC、* VD、* AC
INIT、FINAL	INT	常数、IW、QW、VW、MW、SMW、SW、T、C、LW、AC、* VD、* AC

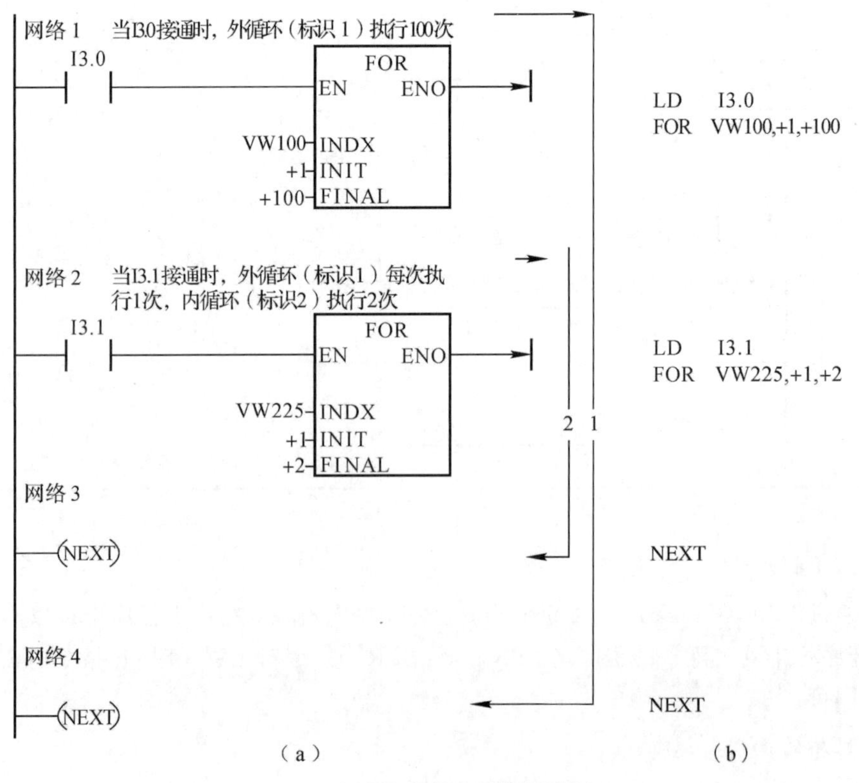

图 5-22 程序控制指令的使用举例(4)

(a)梯形图;(b)语句表

注意：

(1)FOR 和 NEXT 可循环嵌套，嵌套最多为 8 层，但各个嵌套间不可交叉。

(2)当使能输入 EN 重新有效时，指令将自动复位各参数。

(3)终值 FINAL 必须小于初值 INIT，方可进行循环。

5.3　PLC 的编程规则

5.3.1　编程基本规则

(1)每个梯形图网络由多个梯级组成，每个输出元素可构成一个梯级，每个梯级可由多个支路组成。

(2)梯形图每一行都是从主母线开始，而且输出线圈接在最右边，输入触点不能放在输出线圈的右边。

(3)输出线圈不能与左母线直接相连，需通过特殊继电器 SM0.0 实现，如图 5－23 所示。

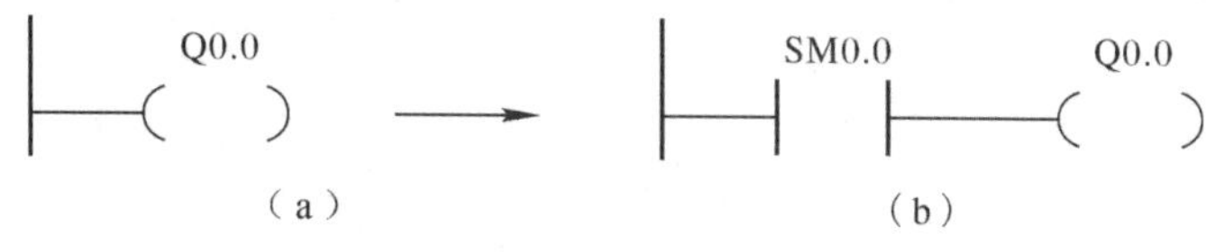

图 5－23　梯形图画法实例(1)

(a)错误；(b)正确

(4)多个输出线圈可以并联使用。

(5)在一个程序中各输出处同一编号的输出线圈若使用两次称为“双线圈”，双线圈输出容易引起误动作，需要避免。

(6)在 PLC 梯形图中，外部输入/输出继电器、内部继电器、定时器和计数器等器件的触点可以多次使用。

(7)梯形图中串联或者并联的触点的个数没有限制，可无限次使用。

(8)在用梯形图编程时，只有在一个梯级编制完整后才能继续后面的编程。

(9)梯形图程序运行时，其执行按照从左往右、从上往下、串行执行的原则。

(10)梯形图中所使用的元件编号应在对应型号 PLC 的 CPU 存储器范围内。

(11)使用输入继电器触点的编号需与控制信号的输入端子号相对应，使用输出继电器触点的编号需与外接负载的输出端子号相对应。

5.3.2　编程技巧及原则

(1)遵循上重下轻、左重右轻，避免混联。

(2)梯形图中应该把串联触点较多的电路放在梯形图的上方，如图 5－24 所示。

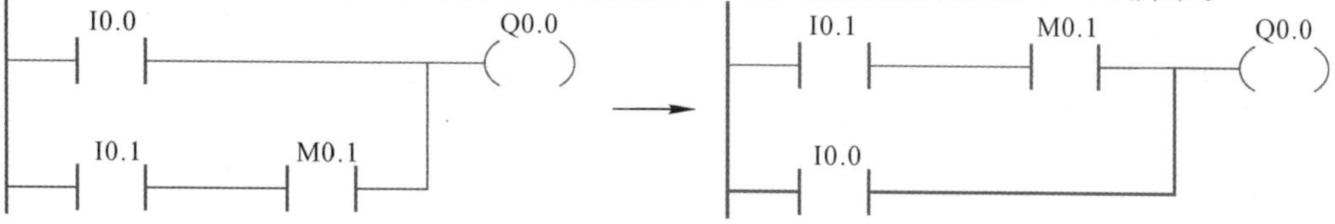

图 5－24　梯形图画法实例(2)

(3)并联电路块置于梯形图最左侧,如图 5-25 所示。

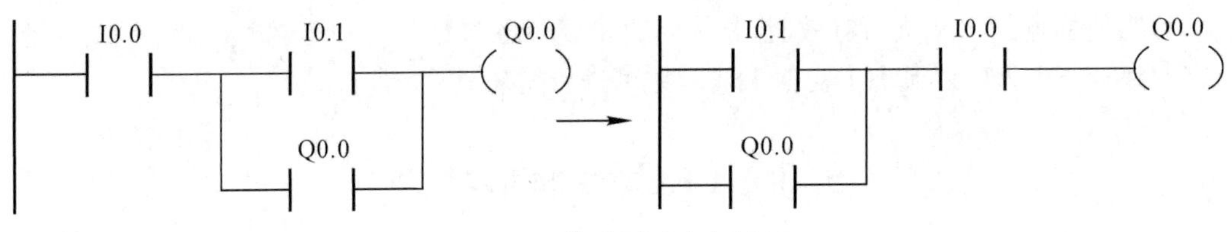

图 5-25　梯形图画法实例(3)

(4)为了输出程序方便操作,可以把一些梯级做适当的变换,如图 5-26 所示。

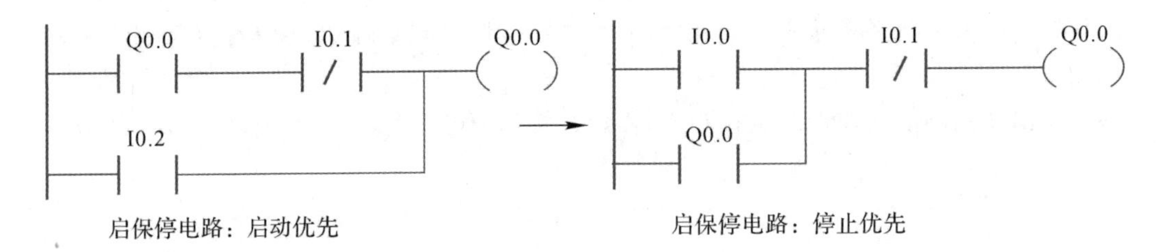

图 5-26　梯形图画法实例(4)

(5)指令的放置位置不同将影响程序使用效果,如图 5-27 和图 5-28 所示。

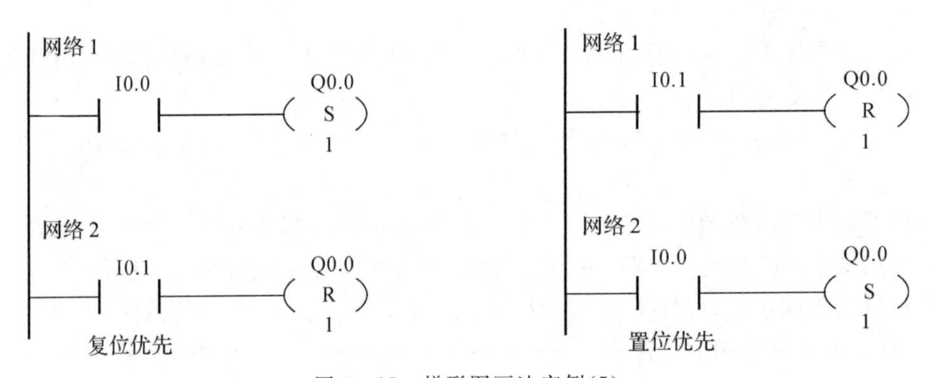

图 5-27　梯形图画法实例(5)

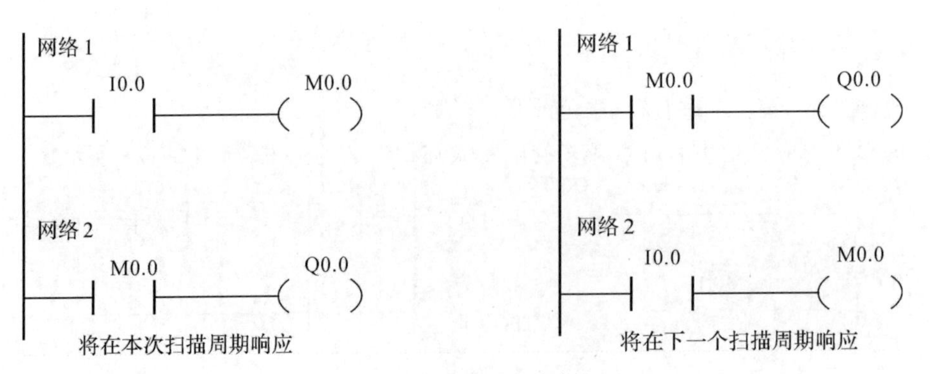

图 5-28　梯形图画法实例(6)

本章小结

本章是本课程的重点章节，详细讲解了 PLC 的基本编程指令、编程方法。

注意：

(1)5.1 节重点讲述了 S7 - 200 PLC 基本逻辑指令，以表格的形式对比了各个逻辑指令的功能及操作说明。本章需要熟练掌握各种指令在梯形图和语句表中的正确使用方法。

(2)5.1.3 节和 5.1.4 节重点讲述了定时器和计数器指令，两节内容都以表格的形式详细描述和对比了不同类型定时器、不同类型计数器的 LAD 和 STL 形式和操作说明，列举了大量的例题，并以不同的程序编写方式呈现，旨在开拓编程思路和编程方法。

(3)5.1.3 节和 5.1.4 节同时给出了定时器和计数器综合应用举例，列举的例题同样以不同的程序编写方式呈现，并附仿真效果图及操作视频链接，旨在提高编程学习的直观性和趣味性。

(4)5.1.5 节是比较指令，同样以表格的形式详细描述了 LAD 和 STL 的形式以及操作数和数据类型，并将 5.1.3 节和 5.1.4 节中的例题，使用比较指令进行另一种方法的程序编写，旨在开拓编程思路和编程方法，并附仿真效果图及操作视频链接，旨在提高学习编程的直观性和趣味性。

(5)5.2 节是程序控制指令，同样以表格的形式详细描述了程序控制指令的使用说明，其中常用指令为跳转指令、循环指令、子程序调用与返回指令，需要熟练应用。

(6)5.3 节是 PLC 的编程规则，讲述了 S7 - 200 PLC 编程基本规则、编程技巧及原则，需要在理解的基础上熟练掌握。

思考题与练习题

1. 简述 S7 - 200 PLC 定时器的种类及刷新方式，对于不同类型的定时器，各自执行复位指令后，它们当前值和当前位的变化状态异同点。

2. 简述 S7 - 200 PLC 计数器种类，对于不同类型的计数器，各自执行复位指令后，它们当前值和当前位的变化状态异同点。

3. 根据下列语句表，写出对应的梯形图。

(1)		(2)接(1)		(3)接(2)	
LDN	I0.0	O	T40	AN	T37
AN	I0.1	ALD		=	Q0.0
LDN	M0.0	LDN	M1.0	S	Q0.2,2
A	M0.1	A	M1.1	A	M0.7
OLD		ON	M1.2	TON	T37,300
LDN	I0.3	OLD		AN	M0.6
				=	M2.0

4. 设计一个延时脉冲产生电路。要求在有输入信号 I0.0 后，每隔 3 s 产生一个 Q0.0 脉冲输出，时序图见图 5-29。

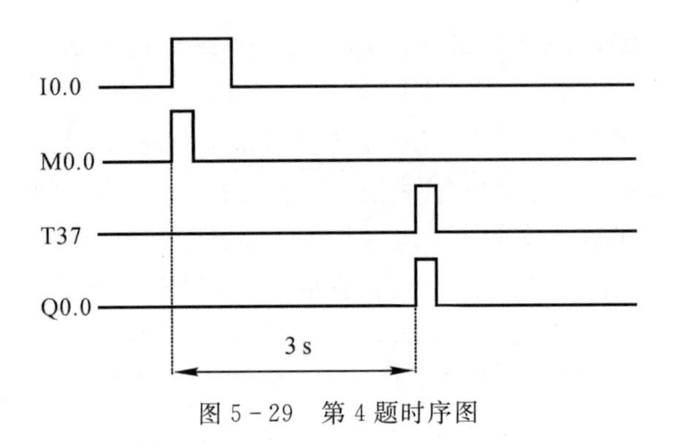

图 5-29　第 4 题时序图

5. 根据下列语句表，写出对应的梯形图。

(1)		(2)接(1)		(3)接(2)	
LD	I0.0	LPP			
ON	Q0.0	AN	M0.1	AN	M0.4
LPS		=	M0.2	=	M0.3
A	I0.1	LRD		LPP	
LPS		LDN	T38	AN	I0.5
A	M0.0	O	M0.3	EU	
=	Q0.0	ALD		R	Q0.5,2

6. 设计一个延时接通、延时断开电路。要求在有输入信号 I0.0 后，3 s 后 Q0.0 有输出；在输入信号 I0.0 断开后，输出信号 Q0.0 延时 5 s 后结束输出，时序图见图 5-30。

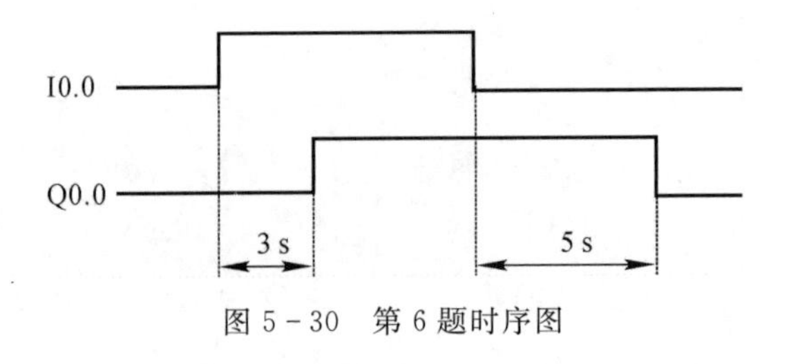

图 5-30　第 6 题时序图

7. 设计一个 20 h 25 min 的长延时电路。

8. 设计一个定时器与计数器综合应用程序。要求在按下按钮 I0.0 后 Q0.0 变为 1 并保持，在 I0.1 输入三个脉冲后(用 C0 计数)，定时器 T37 开始定时，5 s 后 Q0.0 变为 0 状态，同时计数器 C0 被复位。在 PLC 刚开始执行用户程序时，C0 也被复位，写出梯形图。

9. 使用置位、复位指令(方法 1)和比较指令(方法 2)，设计两个对电动机顺序启动、逆序停止控制的程序，控制要求如下：

(1)开机时先启动电动机 MA1，10 s 后自动启动电动机 MA2；

(2)停止时立即关断电动机 MA2，5 s 后自动关断电动机 MA1。

10. 在 MW14 小于 1 247 时，将 M0.0 置位为 ON，反之将 M0.1 置位为 OFF。用比较指令设计程序。

第6章　顺序控制设计法

在工业生产中，产品总是按照一定的工艺规程进行生产。工艺规程是工艺工程师为了合理高效地生产所编制的工艺文件。生产设备必须按照工艺规程进行生产，才能生产出高质量的产品，才能提高生产效率。在自动化生产线中，传输线、机器和设备必须按生产工艺规程进行控制。顺序控制指对生产设备按生产工艺规程的顺序要求进行的控制。顺序控制的目的是控制生产设备的多个不同的动作或操作，使生产设备按照生产工艺规程要求的先后次序和参数进行生产。

利用PLC实现顺序控制非常合适。顺序控制的运算主要是逻辑运算，而PLC的基本功能就是逻辑控制。顺序控制需要大量的辅助继电器，而PLC有大量的位存储器，为顺序控制提供了极大的方便。为了更好地实现顺序控制，PLC也为顺序控制提供了专门的顺序控制指令和状态存储器。

本章重点：

(1)顺序控制设计法的步骤；

(2)顺序控制功能图的组成和设计；

(3)以转换为中心的方法应用；

(4)使用SCR指令编写梯形图。

6.1　简单顺序控制

顺序控制设计法是利用PLC实现顺序控制的设计方法。控制工程师按照此法可以快速地设计出顺序控制的梯形图。顺序功能图(Sequential Function Chart，SFC)是顺序控制所要实现的控制过程和功能的图形表示。顺序控制设计法的步骤有两步：先根据生产工艺的要求设计顺序功能图；然后按照顺序功能图画出梯形图。其中第一步是关键。高质量的顺序功能图来自于对生产工艺的详细了解和深入理解，设计者必须对生产现场进行实地考察，获得第一手的资料；否则设计出的顺序功能图难以令人满意。

顺序控制设计法的基本思想是：把被控设备的生产周期按照其动作划分为若干个阶段，也就是步；用编程元件代表步，将其作为控制的核心。在1986年，我国颁布了顺序功能图的国家标准GB6988.6—1986。顺序功能图主要由方框、有向连线和短线等图形符号组成，代表步、动作、转换和进展等概念。顺序功能图实际上是图形化的工艺流程，它描述了控制的过程、功能和特点。从顺序功能图上可以看出控制的动作、动作的次序和过程的控制方式等。顺序功能图是顺序控制设计法的有力工具。完成顺序功能图的设计后，可以在其帮助下非常容易地画出梯形图。

6.1.1　步和动作

生产需要设备完成一系列复杂的动作，这些动作要及时、准确和紧密配合。设备的所有动作都是由控制器输出的信号控制的，也就是由控制器的输出命令控制的。对编程来说，可以把动作和命令都可以看成 PLC 的输出信号。

步是控制器输出信号稳定持续的阶段。某段时间阶段内，控制器输出信号稳定不变，但超出这段时间，至少有一个输出信号发生变化，这个阶段就是一步。图 6-1 是送料小车工作的示意图。小车把圆柱形的工件从 *A* 点送到 *B* 点。小车由电机驱动，由 PLC 控制电机。送料小车的工作过程是：在 *A* 点人工给小车装好工件后，按下启动按钮，小车向右前进，到达 *B* 点后停车；然后小车自动卸料，同时定时，定时时间可以满足卸料完成；定时时间到后，小车自动后退到 *A* 点停车。当小车回到 *A* 点后，可以开始进行下一次送料。把小车送料一个来回的过程认为是一个工作周期。小车的一个送料工作周期是由前进、卸料和后退三个阶段组成的。每个阶段都是一步。

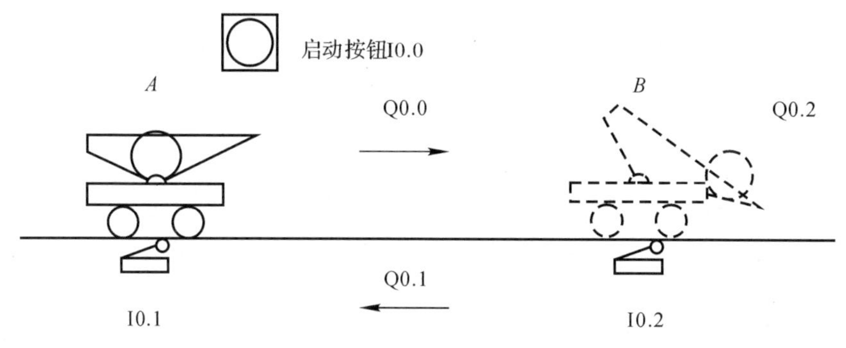

图 6-1　送料小车工作示意图

顺序控制设计法中，用编程元件（位存储器 M 或顺序控制继电器 S）代表步。在顺序功能图中，步用方框表示，方框内标记代表这一步的编程元件的位地址。顺序功能图中，动作也用方框表示，用短线连在其对应步的方框旁。同一步中的动作是同时进行的，没有先后次序。设备上电后，等待启动命令的这一段时间，一般没有动作，这一段时间也作为一步，称为初始步。初始步用双线方框表示。控制过程进行时，如果系统运行到了某一步，这一步对应的输出信号都被输出，对应的动作都运行，这一步就称为活动步。

图 6-2(a)是送料小车控制 PLC 的接线图。PLC 的所有输入输出信号都是开关信号。启动按钮 SF 接到 PLC 的输入端子 I0.0。*A* 点的行程开关 BG1 接到 PLC 的输入端子 I0.1。*B* 点的行程开关 BG2 接到 PLC 的输入端子 I0.2。控制小车右行的交流接触器接 QA1 接 PLC 的输出端子 Q0.0。控制小车左行的交流接触器 QA2 接 PLC 的输出端子 Q0.1。控制小车卸料的交流接触器 QA3 接 PLC 的输出端子 Q0.2。

图 6-2(b)是送料小车的顺序控制功能图。图中把表示步的方框按照工作顺序由上到下进行排列。双线方框 M0.0 表示初始步，方框 M0.1 表示向右的前进步，方框 M0.2 表示卸料步，方框 M0.3 表示向左的后退步。方框 Q0.0 表示前进动作，方框 Q0.2 表示卸料动作，方框 T37 表示定时，方框 Q0.1 表示后退动作。当小车前进时，步 M0.1 是活动步，此时 PLC 输出

Q0.0 信号。

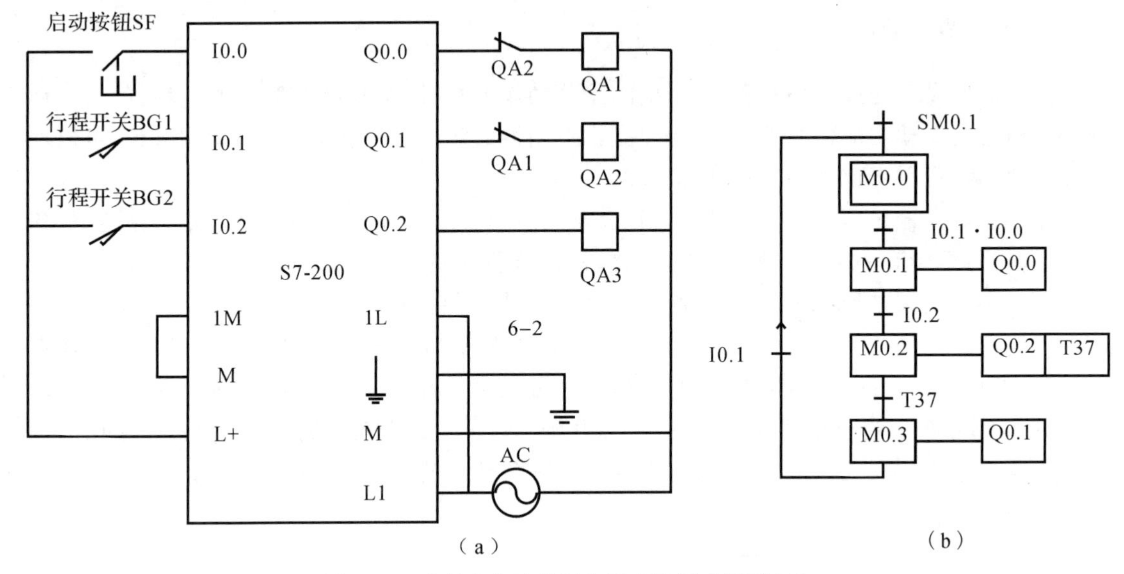

图 6-2　送料小车接线图和顺序控制功能图(M)

6.1.2　有向连线和转换

生产过程中,设备的一系列动作需要严格按工艺顺序进行。随着生产过程的进行,步的活动状态也会依次发生变化。在顺序功能图中,将依次变为活动步的步从上到下画出,并用带箭头的连线将它们连起来。这种带箭头的连线称为有向连线。箭头指示了活动步的进展方向。有向连线上的横向短线表示转换。转换前面的步为前级步,转换后面的步为后续步。转换旁边标着其转换条件。转换条件可以用文字语言、布尔代数表达式和图形符号标示。当转换条件满足时,活动步将由前级步转换到后续步。前后相邻两步之间必须有一个转换。表示活动步由前级步到后续步,需要通过转换来实现。

图 6-2 中,方框 M0.0 和方框 M0.1 之间的连线是有向连线,这条有向连线上的横向短线表示活动步由 M0.0 到 M0.1 需要的转换,转换条件写在了旁边,转换条件采用布尔代数表达式 I0.1 · I0.0 表示。

多个步之间的有向连线,箭头方向一致时可形成一条路线。活动步的进展就是指活动步沿着有向连线指示的路线和方向的前进。顺序功能图中,从上到下和从左到右的有向连线的箭头可以省略。

顺序控制方法是:依据来自命令或检测器件的输入信号及时间信号控制步的活动状态,使它们在合适的时刻依次变为活动步;然后再用代表步的编程元件控制输出信号,以控制设备的动作和操作。

6.1.3　活动步的转换

控制过程进行时,每个活动步对应一些确定的动作。每一个转换都有前级步和后续步,前级步和后续步对应的动作不全相同。活动步的转换就是指前级步由活动步变为不活动步,后续步由不活动步变为活动步。当活动步由前级步变换为后续步时，动作完成了改变，认为该转换成功实现。

一个转换成功实现涉及两方面的问题。一方面是满足什么条件活动步可以转换。条件有两个：一是该转换的前级步都是活动步；二是该转换的转换条件要满足。另一方面是怎么处理活动步的转换。转换的成功通过两个操作实现：一是把该转换的后续步都变为活动步；二是把该转换的前级步都变为不活动步。

整个控制过程中，活动步是由初始步开始的。控制过程开始后，初始步应该自动变为活动步。若初始步不能成为活动步，所有后续步也不能成为活动步，控制将不能启动。初始步变为活动步的转换条件，通常由 PLC 自身提供。在 S7－200 PLC 中，SM0.1 常用作此转换条件。

6.1.4　梯形图绘制

由顺序功能图可以很方便地绘制出梯形图。以转换为中心的方法是一种常用方法。该方法可确保控制进行时，每个转换都在适当时刻和条件下进行转换。如果每一个转换都能准确地转换，那么每一步都能准确地变为活动步，准确地变为不活动步。从而保证了所有步依次准确地变为活动步和不活动步。这样就实现了活动步按要求的路线和方向进展。

用以转换为中心的方法得到的梯形图，可以分成两大部分：控制程序和输出程序。通常把控制程序放在输出程序的前面。控制程序确保每个转换都在适当时刻和条件下成功转换。输出程序负责由步产生输出控制信号。在 PLC 中，一步是由编程位元件 M 的一位表示的，一步的两个状态用位元件的两个状态表示。某一步是活动步，表示它的位元件 M 是 1 状态；某一步是不活动步，表示它的位元件 M 是 0 状态。由于步与动作之间有明确的对应关系，所以输出程序非常简单，用表示步的编程元件 M 的触点驱动输出信号的线圈即可。

如前所述，一个转换成功的实现需要在两个条件都满足时完成两个操作。两个条件：一是该转换的前级步都是活动步；二是该转换的转换条件要满足。两个操作：一是使该转换的所有后续步都变为活动步；二是使该转换的前级步都变为不活动步。用以转换为中心的方法编写程序时，这两个转换条件和两个操作用一个网络表示。两个条件用触点串联表示；两个操作用 SET 指令和 RST 指令完成。程序运行时，两个操作的完成就是对应转换的实现。

对图 6－2 中转换 I0.2，转换要能成功，一个条件是前级步 M0.1 必须是活动步，即 M0.1 的状态是 1；另一个条件是该转换条件 I0.2 也要满足，即 I0.2 也是 1。转换的一个操作是使后续步 M0.2 变为活动步，即使 M0.2 等于 1；另一个操作是使前级步 M0.1 变为不活动步，即使 M0.1 等于 0。在图 6－3 所示的送料小车梯形图中，由转换 I0.2 画出的网络是第 3 个网络。这个网络中将 M0.1 常开触点和 I0.2 的常开触点串联起来，用 SET 对后续步 M0.2 置位，用 RST 对前级步 M0.1 复位。程序运行时，两个条件满足，两个触点闭合，能流由母线流过两个触点。M0.2 的状态变为 1，成为活动步；M0.1 的状态变为 0，成为不活动步。这样就完成了此转换在适当时刻和条件下成功转换。

图 6－3 中，前 5 个网络组成控制程序，后 3 个网络组成输出网络程序。第 1 个网络对应转换 SM0.1，此转换没有前级步，网络中不需要复位指令。第 2 个网络中有 3 个常开触点串联，后 2 个常开串联表示 I0.1 • I0.0。

网络1
SM0.1　M0.0 (S) 1

网络2
M0.0　I0.1　I0.0　M0.1 (S) 1　M0.0 (R) 1

网络3
M0.1　I0.2　M0.2 (S) 1　M0.1 (R) 1

网络4
M0.2　T37　M0.3 (S) 1　M0.2 (R) 1

网络5
M0.3　I0.1　M0.0 (S) 1　M0.3 (R) 1

网络6
M0.1　Q0.0 ( )

网络7
M0.2　Q0.2 ( )
T37
IN　TON
200 - PT　100ms

网络8
M0.3　Q0.1 ( )

图6-3　送料小车梯形图

采用以转换为中心法,可以非常容易地由顺序控制功能图绘制出梯形图。与经验法相比,顺序控制法的整个设计过程图形化、系统化和有序化。顺序功能图把控制过程用图形表示了出来,方便人们进行设计。设计过程中不需要试探性地加入辅助位元件,而是系统地加入辅助位元件,所用辅助位元件系统化。设计出顺序功能图后,可以有序地画出梯形图,不用对梯形图进行反复修改。整个设计工作的难度大大降低。设计出的梯形图结构清晰。

6.1.5　梯形图的仿真调试

为了更加清晰地理解顺序控制法编制的梯形图的控制过程。下面采用S7-200的仿真软件对小车控制的梯形图进行仿真调试。仿真调试视频链接扫二维码  。

(1)图6-3中梯形图控制的系统工作过程如下:当PLC进入RUN模式时,SM0.1在第一个扫描周期是1。网络1中SM0.1常开接通,能流从母线流到线圈M0.0,M0.0变为1,初始步为活动状态。当小车在左边A工位,行程开关I0.1接通。此时小车处于等待状态。如图6-4所示,此时仿真PLC图下方模拟A点行程开关的小开关闭合,PLC上表示输入信号I0.1的绿灯亮。PLC的所有输出信号为0,PLC上表示输出信号的灯都灭。

(2)把表示启动按钮的小开关闭合,PLC上表示输入信号I0.0的绿灯亮,如图6-5所示。在图6-3中,网络2的3个常开都接通,能流从母线流到线圈,将M0.1置位,将M0.0复位。

M0.1 变为活动步，M0.0 变为不活动步。网络 6 的 M0.1 的常开接通，Q0.0 的线圈得电。图 6-5 中 PLC 上表示输出信号 Q0.0 的灯亮，小车向右前进。需要手动将表示 *A* 点行程开关的小开关断开，表示小车离开了 *A* 点。将表示启动按钮的小开关也断开，表示手从启动按钮上离开，按钮弹起。图 6-6 所示为此时情况，PLC 上表示输入信号的灯全灭。PLC 上只有表示输出信号 Q0.0 的灯亮。

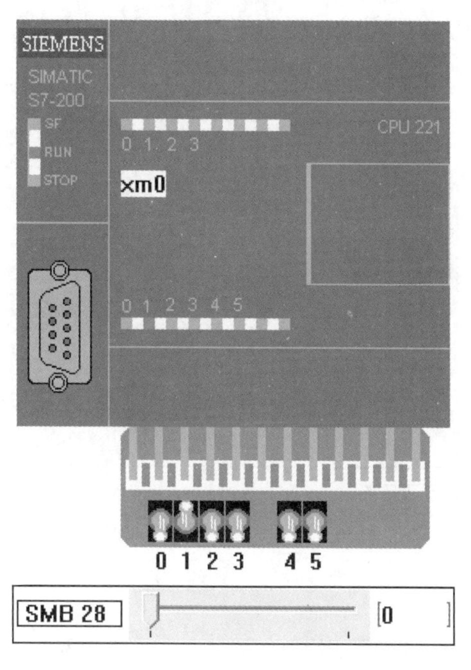

图 6-4　仿真调试图 1

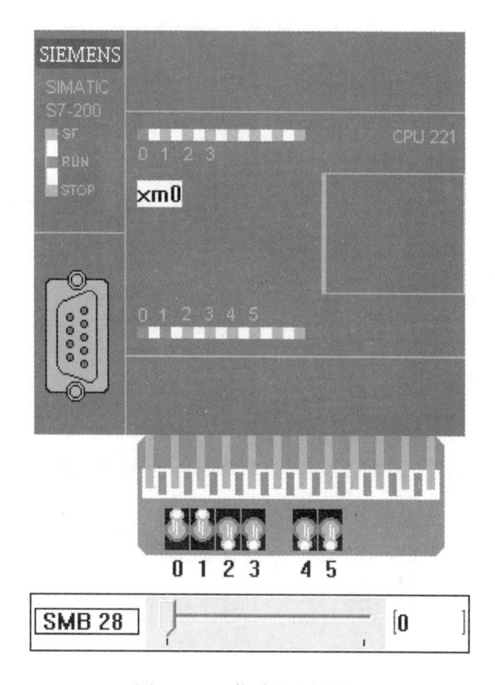

图 6-5　仿真调试图 2

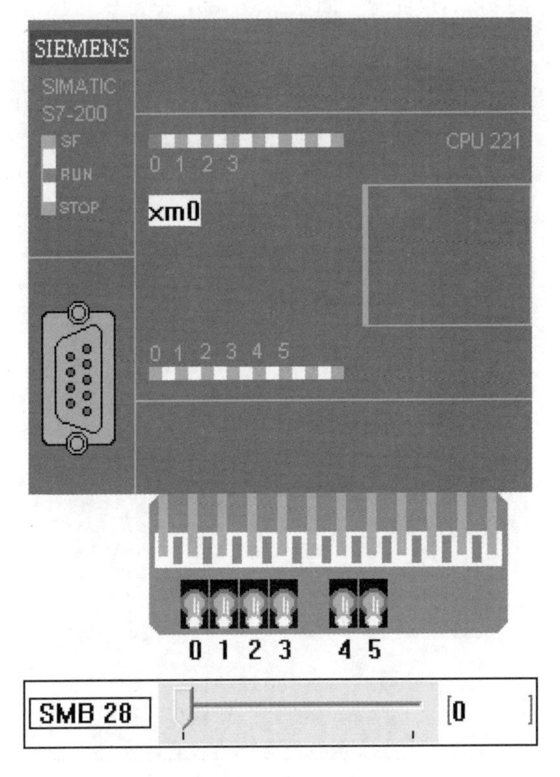

图 6-6 仿真调试图 3

(3)当小车到达右工位时，碰到行程开关 I0.2，手动将表示 *B* 点行程开关的小开关闭合，表示小车到达 *B* 点，如图 6-7 所示。在图 6-3 中，网络 3 的两个触点都接通，能流从母线流到线圈，M0.2 变为活动步，M0.1 变为不活动步。网络 6 的 M0.1 常开断开，Q0.0 的线圈失电。网络 7 的 M0.2 常开接通，Q0.2 线圈得电，同时定时器 T37 计时。图 6-7 中 PLC 上表示输入信号 I0.2 的灯亮，表示输出信号 Q0.2 的灯亮。前进信号 Q0.0 消失，小车停止前进。卸料信号 Q0.2 输出，小车卸料。

(4)5 s 后定时时间到，在图 6-3 中，网络 4 的两个常开都接通，能流从母线流到线圈。M0.3 变为活动步，M0.2 变为不活动步。网络 7 中 M0.2 常开断开，Q0.2 的线圈失电。定时器 T37 线圈失电复位。网络 8 的 M0.3 常开接通，Q0.1 线圈得电。PLC 上表示输出信号 Q0.2 的灯灭，表示输出信号 Q0.1 的灯亮。卸料信号 Q0.2 消失，小车停止卸料。后退信号 Q0.1 输出，小车后退。手动将表示 *B* 点行程开关的小开关断开，表示小车离开了 *B* 点。PLC 上表示输入信号的灯全灭。如图 6-8 所示。

(5)小车退回到左边工位时，碰到行程开关 I0.1，手动将表示 *A* 点行程开关的小开关闭合，表示小车到达 *A* 点，如图 6-4 所示。在图 6-3 中，网络 5 的两个常开接通，能流从母线流到线圈。M0.0 变为活动步，M0.3 变为不活动步。网络 8 的 M0.3 常开断开，Q0.1 线圈失电。如图 6-4 所示，PLC 上表示输出信号的灯全灭。小车停止后退。活动步回到初始步，小车等待下一个工作周期。

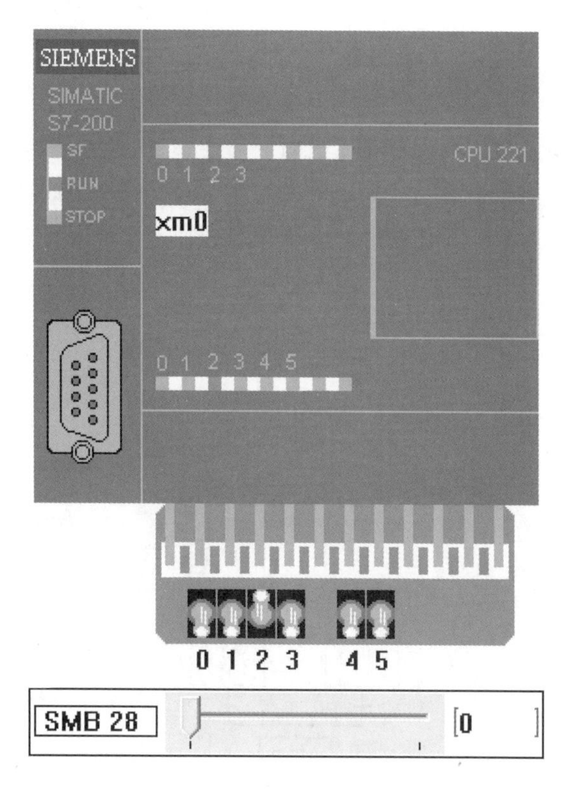

图 6-7　仿真调试图 4

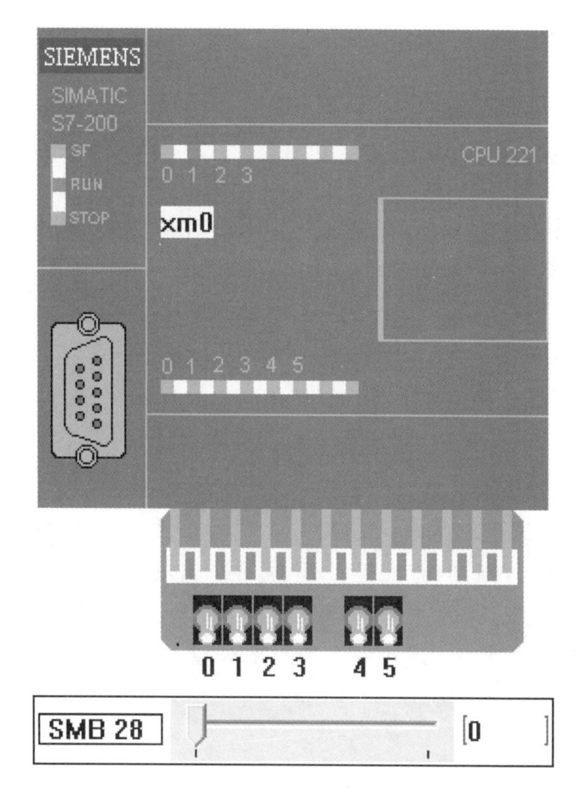

图 6-8　仿真调试图 5

6.2 复杂顺序控制

顺序功能图的结构指步与步、步与转换之间的连接关系。有的生产设备比较简单,有的生产设备比较复杂;有些生产工艺简单,有些生产工艺复杂。绘出的顺序功能图的结构有的简单,有的复杂。对复杂的结构可以看成由基本结构组合而成。

6.2.1 基本结构

基本结构有单序列、选择序列和并行序列,如图6-9所示。

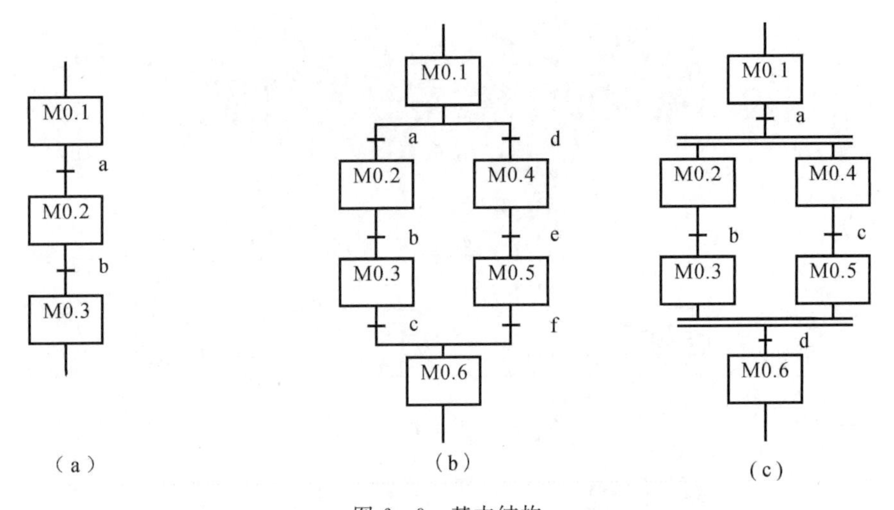

图6-9 基本结构

(a)单序列; (b)选择序列; (c)并行序列

1. 单序列

如图6-9(a)所示的单序列中,每一步之后只有一个转换,每一个转换之后只有一个步;每一个转换只有一个前级步,一个后续步;每一个步之前只有一个转换,之后只有一个转换。单序列中,相继的步和有向连线只形成一条路线。活动步只能沿着这条路线进展。单序列一般是对单个设备或单个部件的一种工作情况进行控制。

2. 选择序列

如图6-9(b)所示为选择序列。步M0.1后面的有向连线出现了分叉,此处是选择序列的开始处,称为分支。此处有多个转换,有向连线分叉后的每条分叉线上都有一个转换。各个转换的转换条件相斥。步M0.1为活动步时,哪一个转换条件满足,就使对应转换的后续步变为活动步。步M0.3和步M0.5后的有向连线汇合到一起,此处是选择序列的结束处,称为合并。有向连线汇合前的每条分叉线上都有一个转换。选择序列的分支到合并之间具有多条路线。满足条件的一条路线被激活。选择序列一般是对单个设备或单个部件完成不同工作的多种情况进行控制。

3. 并行序列

如图6-9(c)所示为并行序列。步M0.1后面的有向连线出现了分叉,此处是并行序列的开始处，也称为分支。此处只有一个转换，在分叉前的有向连线上。步 M0.1 为活动步时，只要满足此转换条件，此转换的两个后续步 M0.2 和步 M0.4 都可以变为活动步。步 M0.3 和步 M0.5 后的有向连线汇合到一起，此处是并行序列的结束处，也称为合并。汇合后的有向连线上有一个转换。并行序列的分支到合并之间具有多条路线。条件满足后，多条路线被同时激活。选择序列中，分叉和汇合处的有向连线常用双线表示同时。并行序列一般是对一台设备的多个部件或多个设备同时工作的情况进行控制。

6.2.2　液体混合的控制

液体混合是化工、制药和食品等工业生产中常用的工序。下面介绍一种液体混合控制系统，系统由一个混合槽、一个储液槽及配套的管道、阀门和搅拌器组成，如图 6－10 所示。储液槽用来储存液体 B，其上部装有 B 液位传感器。混合槽用来混合液体 A 和液体 B，混合槽中有搅拌器，搅拌器由电机驱动。混合槽的下面装有放液管道和阀门。在混合槽的上部分别安装 A 液位传感器，底部装有放空传感器。混合槽的上方敞开，左右两边分别有两种液体的进液管道及阀门。

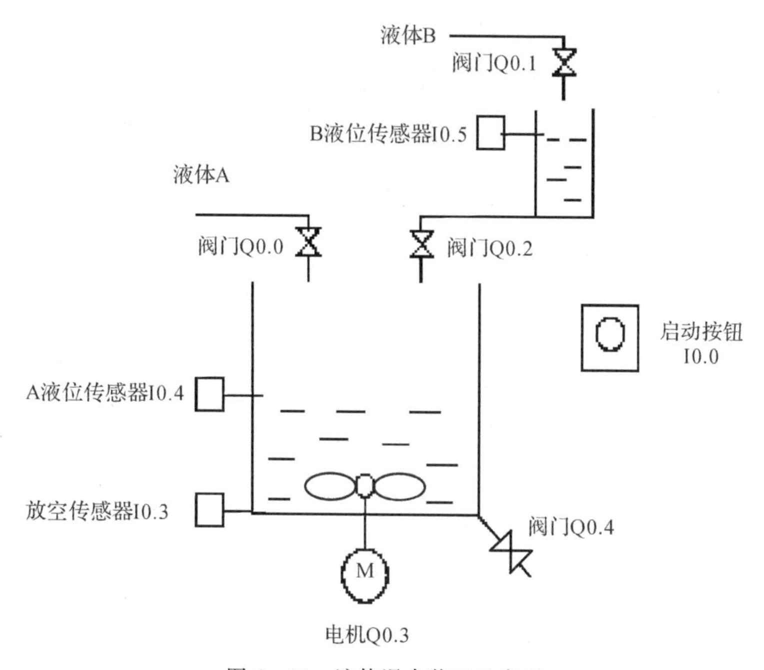

图 6－10　液体混合装置示意图

假设开始时混合槽和储液槽中都没有液体，按下启动按钮，打开阀门 Q0.0，向混合槽注入液体 A；同时打开阀门 Q0.1，向储液槽注入液体 B。当混合槽中液面到达 A 液位传感器位置时，关闭阀门 Q0.0；当储液槽中的液面达到 B 液位传感器位置时，关闭阀门 Q0.1。当这两阀门都关闭后，打开阀门 Q0.2，同时启动电机 Q0.3 搅拌液体，进行液体混合。搅拌 5 min 后，关闭阀门 Q0.2，停止搅拌，打开阀门 Q0.4 放液体。当液面下降到放空传感器位置时，关闭阀门 Q0.4。系统完成一个工作周期。

液体混合的顺序功能图如图 6－11 所示。注入液体由并行序列控制。在初始步 M0.0 为活动步时，启动信号 I0.0 出现后，步 M0.1 和步 M0.3 同时变为活动步。M0.1 输出信号 Q0.0，注 A 液体到混合槽。M0.3 输出信号 Q0.1，注 B 液体到储液槽。M0.2 和 M0.4 这两步都没有实际的输出动作，都是注入液体结束后的等待步，起到使两个路线同时结束的作用。当两步都为活动步时，立刻使 M0.5 变为活动步，进行搅拌过程。搅拌时间较长，可以满足 B 液体全部注入到混合槽。搅拌时间到后，M0.6 变为活动步，进行排放液体。当液面下降到放空传感器的位置时，结束整个工作周期，返回初始步。

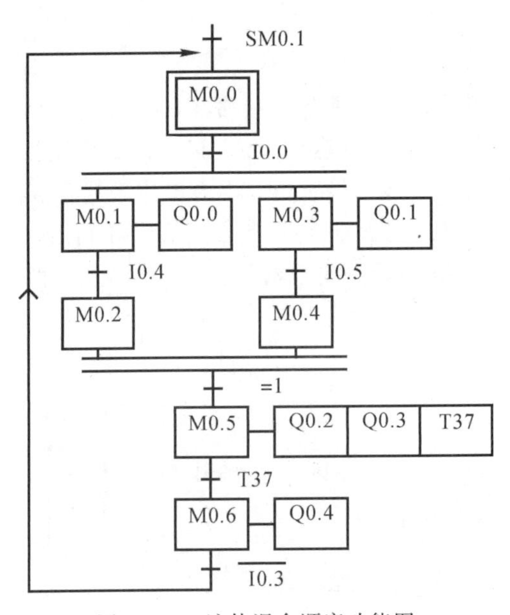

图 6-11　液体混合顺序功能图

液体混合过程的梯形图如图 6-12 所示。梯形图采用以转换为中心的方法绘制。转换 I0.0 的网络（网络 2）中有两条置位指令，分别使 M0.1 和 M0.3 置位，使它们同时变为活动步，激活并行序列。在网络 5 中，M0.2 的常开和 M0.4 的常开串联，当它们同时为活动步时，置位 M0.5，复位 M0.2 和 M0.4，并行序列完成汇合。顺序功能图中，步 M0.6 后的转换条件 I0.3 的非，在梯形图中用其常闭触点表示。为了调试方便，梯形图中把定时器 T37 的定时时间设为 60 s。调试结束时，把定时器 T37 的定时时间设为 5 min。仿真视频链接扫二维码 。

6.2.3　大小球分拣的控制

实际的生产过程往往是重复同一生产工艺，顺序功能图的步和有向连线会形成闭环，即活动步的进展经过一个周期回到原来的步。闭环有两种情况，如果活动步由初始步经过一个周期后，又回到初始步，这是单周期工作方式。如果活动步由初始步经过一个周期后，又回到初始步的下一步，这是连续循环工作方式。在单周期工作方式中，每完成一个工作周期，设备就会停留在初始状态，等待操作员重新启动新的工作周期。在连续循环工作方式中，完成一个工作周期后，设备自动开始下一个工作周期，实现循环工作。

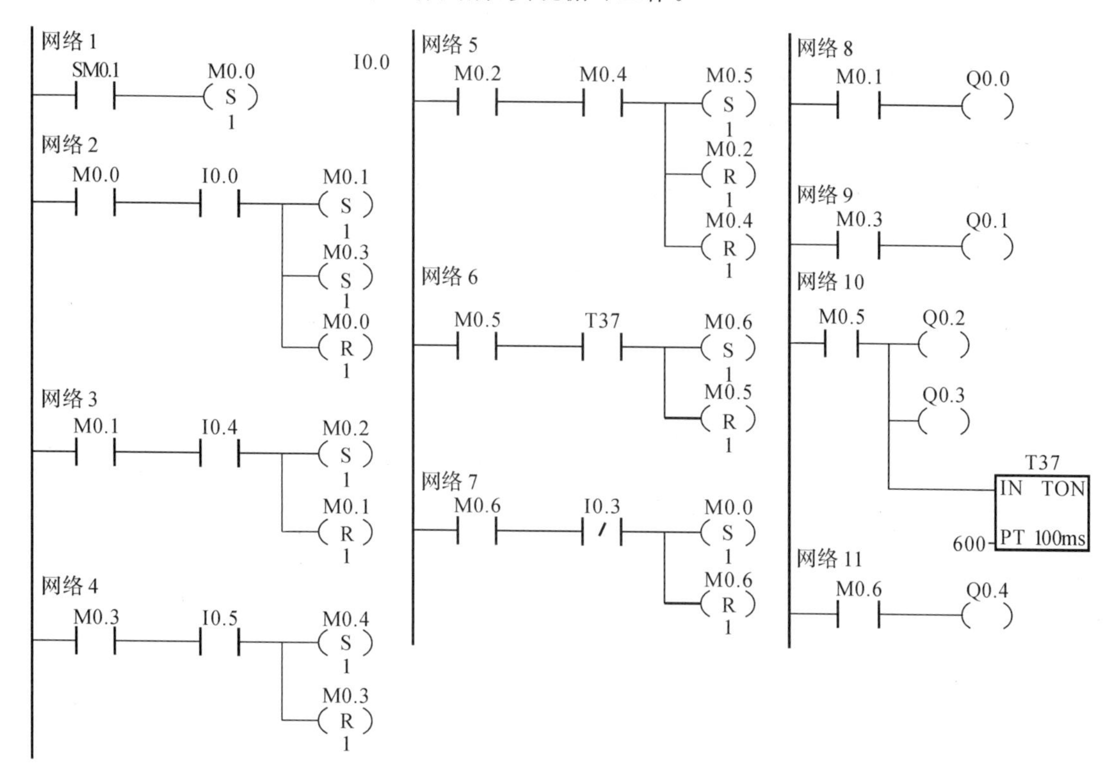

图6－12　液体混合的梯形图

图6－13是大小球分拣装置的示意图。机械手需要将混在一起的大小球分拣出来，将小球送到左边的小球箱中，将大球送到右边的大球箱中。机械手采用真空吸盘来抓取小球。大小球的分选采用传感器I0.5进行判断，判断为大球时传感器输出高电平，为小球时输出低电平。机械手可以上下运动，分别由信号Q0.2和Q0.0来控制。机械手可以左右移动，分别由信号Q0.3和Q0.4来控制。上限位开关和下限位开关根据需要可以在多处并联安装。

图6－14是大小球分拣控制的顺序功能图。对多球分拣，需要采用连续循环工作方式。M1.7是连续运行的标记。M1.7为1，则循环运行，否则返回初始步。

图6－15是大小球分拣控制的梯形图。梯形图采用以转换为中心的方法绘制。将机械手位于中间的上部，且吸盘不工作时，定义为原点。机械手位于原点时，才能启动分拣过程。为此在启动对应的网络2中，与启动按钮I0.0常开串在一起的还有中限位开关I0.2的常开、上限位开关I0.3的常开和吸盘电磁阀Q0.1的常闭。

在图6－15中，网络19是连续运行的标记M1.7的产生电路，此电路是启保停电路，启保停电路的启动信号来自启动按钮，启保停电路的停止信号来自停止按钮。在按下启动按钮后M1.7一直是1，直到按下停止按钮。

梯形图中，若同一动作信号的线圈出现两次及两次以上，只有最后一次出现有效，造成错误，称双线圈错误。通常梯形图中同一动作信号的线圈只能出现一次。当同一动作信号在不同步中都有输出时，为了防止双线圈错误，将有相同输出动作信号的步的常开并联起来，驱动此动作的线圈。图6－15中的网络21～25都是这种情况。

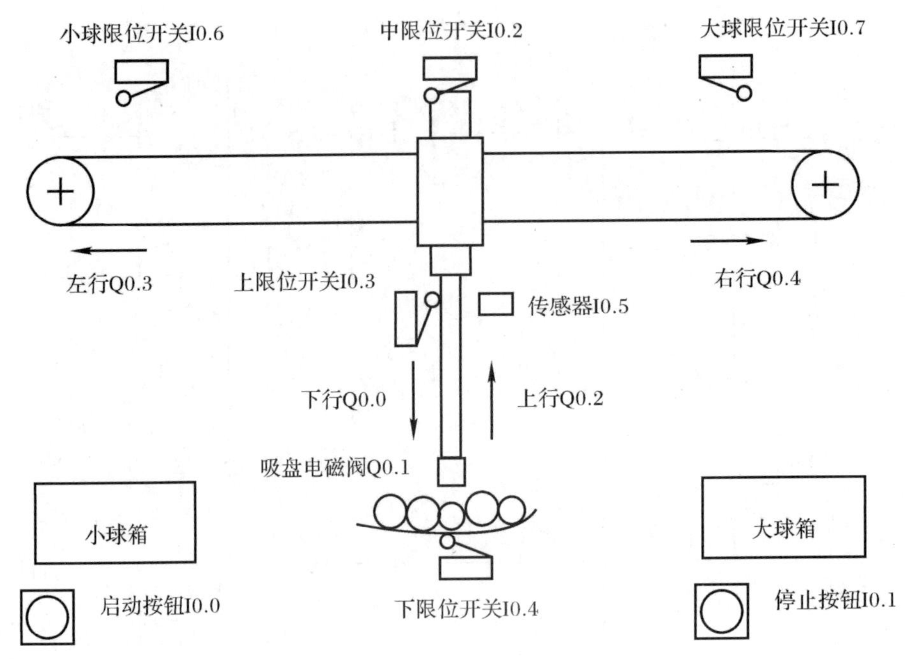

图 6-13　大小球分拣装置的示意图

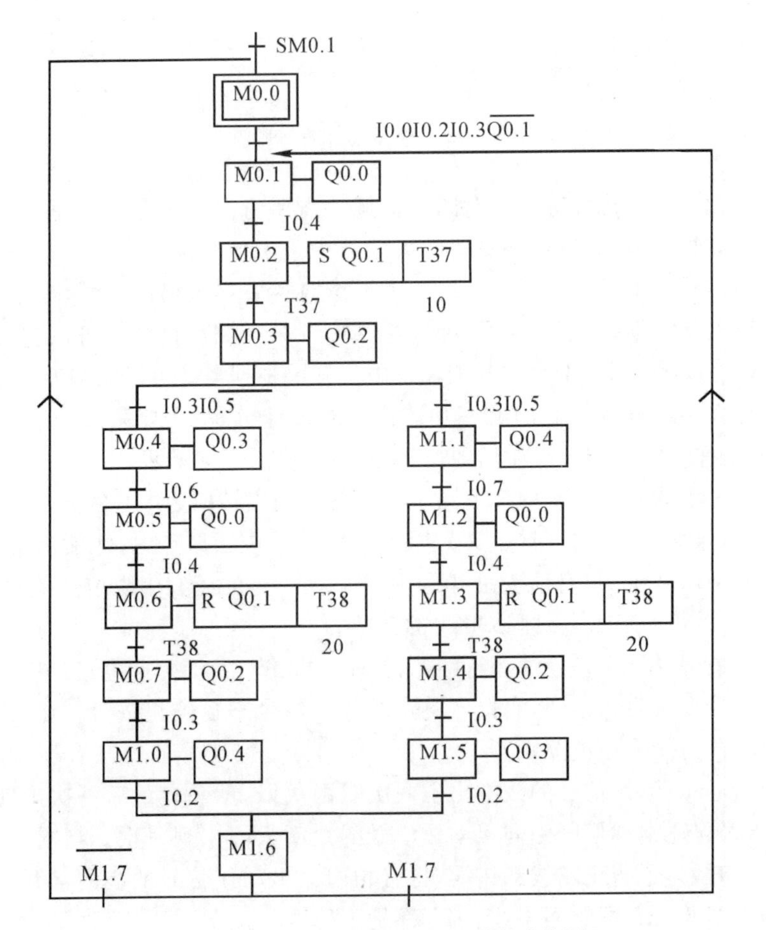

图 6-14　大小球分拣控制的顺序功能图

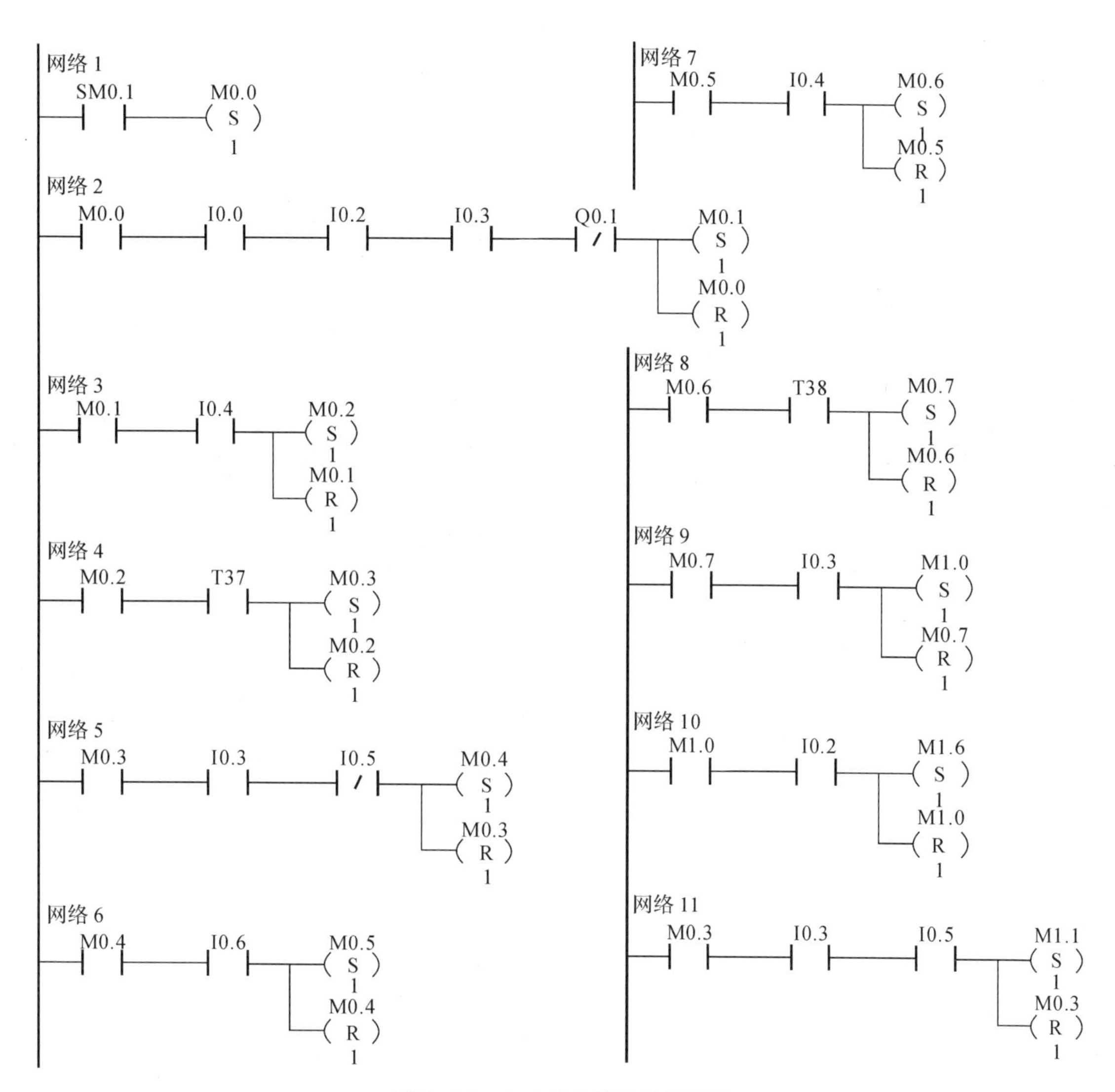

图 6－15　大小球分拣控制梯形图

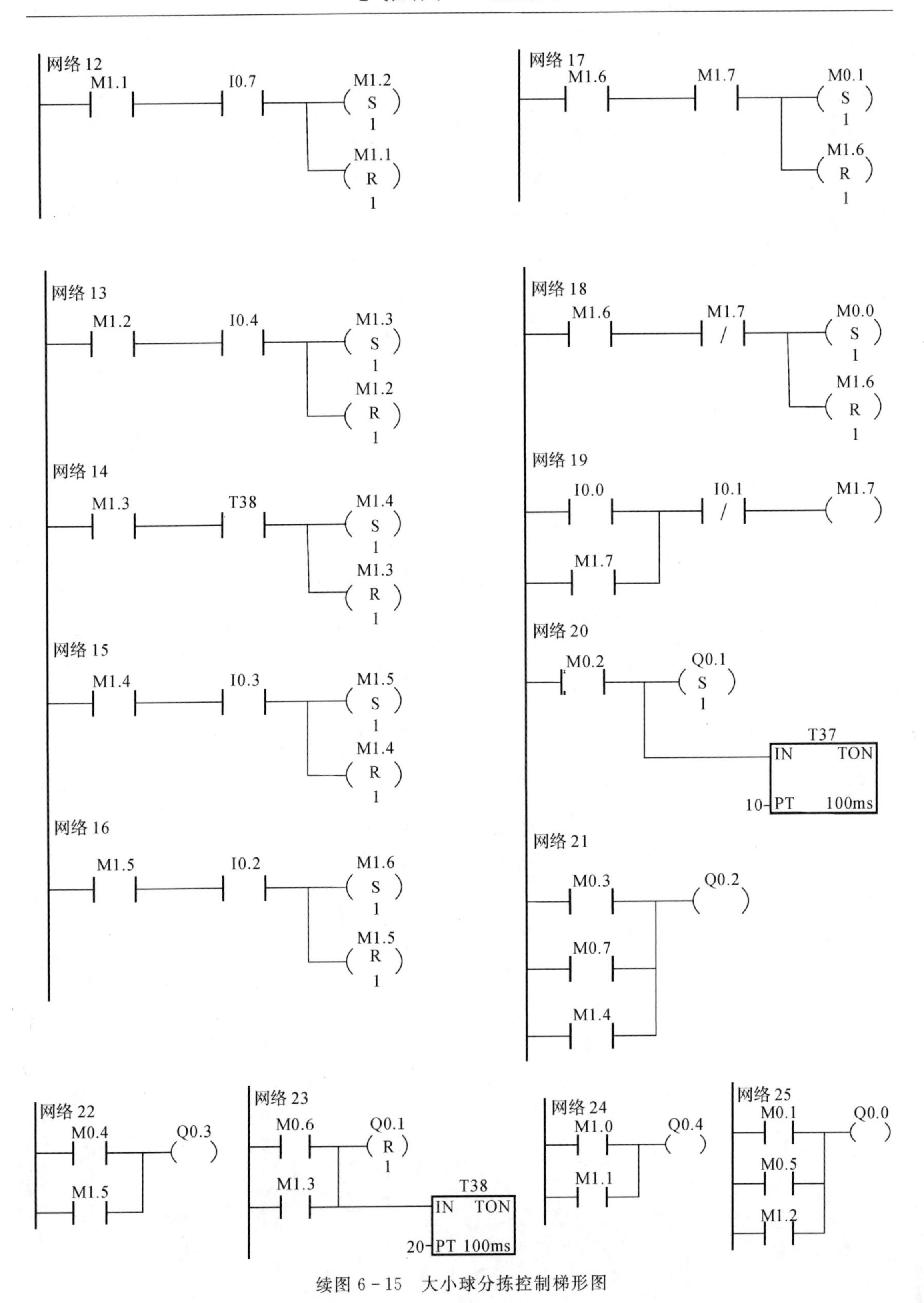

续图 6－15　大小球分拣控制梯形图

6.3　使用 SCR 指令编写梯形图

为了方便实现顺序控制，S7 - 200 PLC 系统提供了专用的顺序控制继电器(SCR)和 SCR 指令。使用 SCR 指令编写梯形图时，需要在顺序功能图中采用顺序控制继电器(S0.0～S31.7)来表示步。使用 SCR 指令编制梯形图时，梯形图中的一个 SCR 程序段对应顺序功能图中的一步。使用 SCR 指令编写梯形图，能使梯形图和顺序功能图很好地对应起来。

6.3.1　SCR 指令

SCR 指令有 3 条常用指令，见表 6 - 1。

指令"LSCR S_bit" 用来表示一个 SCR 程序段的开始。指令中的 S_bit 为对应顺序控制继电器的地址。执行程序时，此顺序控制继电器为 1 则执行该 SCR 程序段，否则不执行。梯形图中，该指令用方框表示，方框内标记 SCR，方框旁边写对应顺序控制继电器的地址 S_bit，方框直接接左母线。

指令"SCRT S_bit"用来表示本步到后续步之间的转换。梯形图中，该指令用括号表示，相当线圈，括号内标记 SCRT，括号旁边写后续顺序控制继电器地址 S_bit。该指令的线圈与母线之间接表示转换条件的触点或触点组合电路。当转换条件满足，指令线圈得电时，由 S_bit指定的后续顺序控制继电器为 1，对应后续步变为活动步；同时本条指令所在的步自动变为不活动步，不需要使用复位指令对其复位。

指令 SCRE 表示一个 SCR 程序段的结束。在梯形图中，指令 SCRE 用括号表示，相当线圈，直接接左母线。指令 SCRE 和指令"LSCR S_bit"通常成对出现。

使用 SCR 指令编写梯形图时，需要遵守以下规则：不同的步不能采用相同的 S；不能使用跳转指令在 SCR 段之间进行跳转；不能在 SCR 段中使用循环指令；不能在 SCR 段中使用 END 指令。

采用 SCR 指令编写梯形图前，同样需要设计顺序控制功能图。对前述送料小车控制的例子，顺序功能图已经设计好了，这里只需要将其中表示步的位存储器 M 都改为顺序控继电器 S 即可，如图 6 - 16 所示。

表 6 - 1　SCR 指令说明

梯形图	语句表	描　述
S_bit —[SCR]	LSCR　S_bit	SCR 程序段开始
S_bit —(SCRT)	SCRT　S_bit	SCR 转换
—(SCRE)	SCRE	SCR 程序段结束

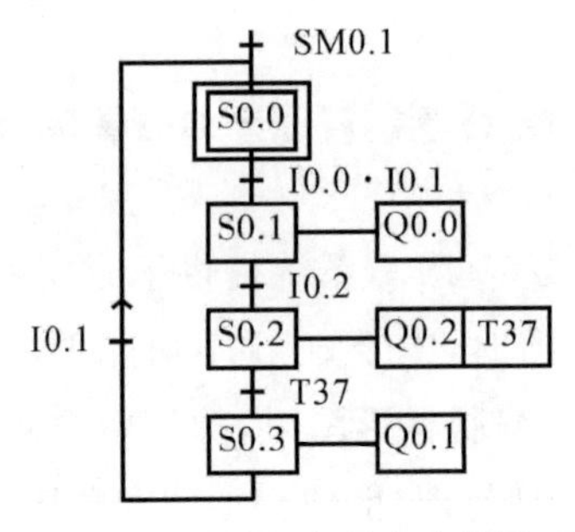

图 6－16　送料小车顺序功能图(S)

图 6－17 为送料小车控制梯形图。LSCR 指令就是梯形图中的 SCR 方框，它直接接左母线，占用单独的网络。每一条 SCR 方框指令都对应一步，即每一个 SCR 程序段都对应一步。一个 SCR 程序段中可以对该步控制的动作进行输出，通常采用 SM0.0 的触点驱动输出动作的线圈。执行程序时，活动步对应的 SCR 程序段被执行，不活动步对应的 SCR 程序段不被执行。

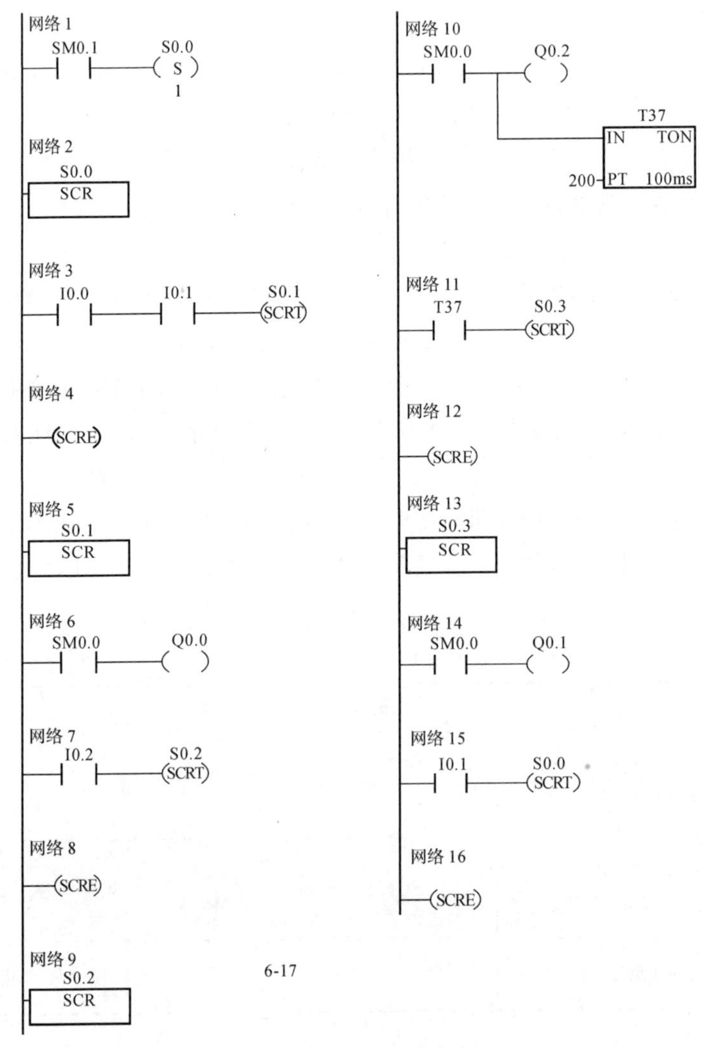

图 6－17　送料小车控制梯形图(S)

6.3.2　SCR 指令的应用

钻孔在工业中是常见的工艺过程。下面的例子是采用 PLC 对某一钻孔过程进行控制。钻孔的示意图和顺序控制功能图如图 6－18 所示。钻孔时，钻头有三种运动：钻头的旋转运动 Q0.0、钻头的快进运动 Q0.1 和钻头的工进运动 Q0.2。快进和工进都是钻头向工件的进给运动，差别是速度的不同。为了提高进给的效率，当钻头离工件较远时，钻头可以向工件快速进给。钻头钻工件时，为了保护钻头和工件，进给速度较慢。钻头有 3 个位置：上限位 I0.1、工进位 I0.2 和下限位 I0.3。启动信号为 I0.0，停止信号为 I0.4。当钻头在上限位 I0.1 时，按下启动按钮 I0.0，钻头向工件快进；当到达工进位置 I0.2 时，钻头向工件工进并同时旋转，钻头到达工件表面后向工件内部钻孔；当到达下限位 I0.3，钻头钻孔到位，之后钻头停止工进，但保持 3 s 旋转；然后钻头回退，并保持旋转；当退到工进位置后，钻头停止旋转，继续退回到上限位，完成一个正常工作周期。当钻头工进时，若出现意外情况，可以按下停止按钮 I0.4，使钻头提前退回。

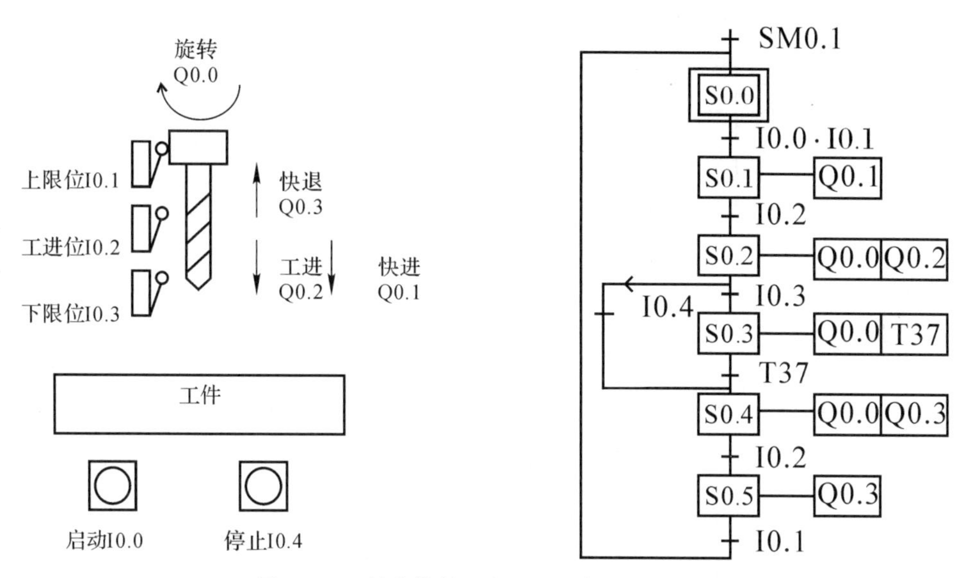

图 6－18　钻孔控制示意图和顺序控制功能图

图 6－19 是钻孔控制的梯形图片段。S0.2 步对应的程序段中有两个转换指令，按照不同的转换条件分别转换到不同的步。由于 Q0.0 在 S0.2、S0.3 和 S0.4 三步中都有输出，将其输出电路在后面绘出，Q0.0 线圈由 S0.2、S0.3 和 S0.4 常开触点并联后驱动。Q0.3 的情况与 Q0.0 类似。

图 6－20 是前述液体混合控制的顺序控制功能图，此图采用了顺序控制继电器表示步。

图 6－21 是采用顺序控制指令编写的液体混合控制梯形图片段。初始步 S0.0 后，程序进入并行序列，S0.0 程序段中转换指令 SCRT 有两条，转换条件满足时，使 S0.1 和 S0.3 同时变为活动步。步 S0.2 和步 S0.4 是虚步，没有实际输出动作。顺序控制中引入虚步，只是为了借助虚步同时结束并行序列。在网络 13 中，采用 S0.2 常开和 S0.4 常开串联来驱动 S0.5 线圈就可以完成这一任务，程序中没有它们对应的 SCR 程序段。

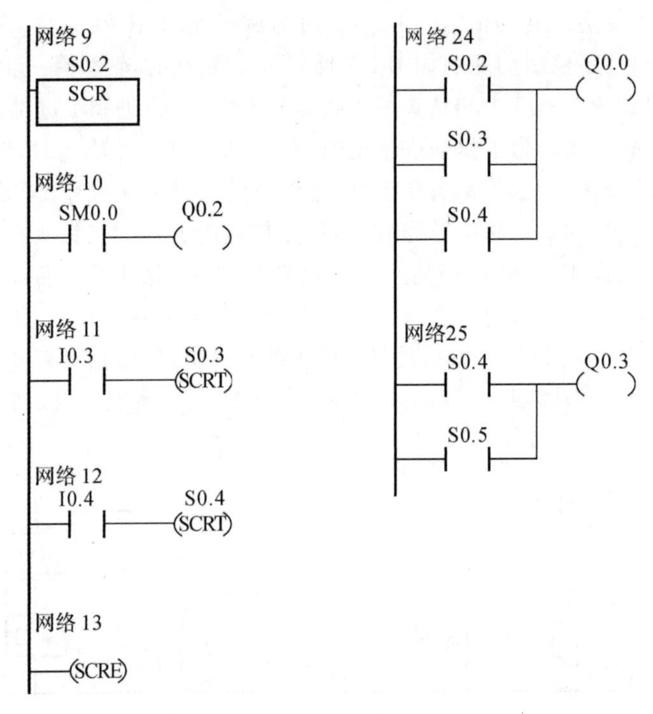

图 6－19　钻孔控制梯形图

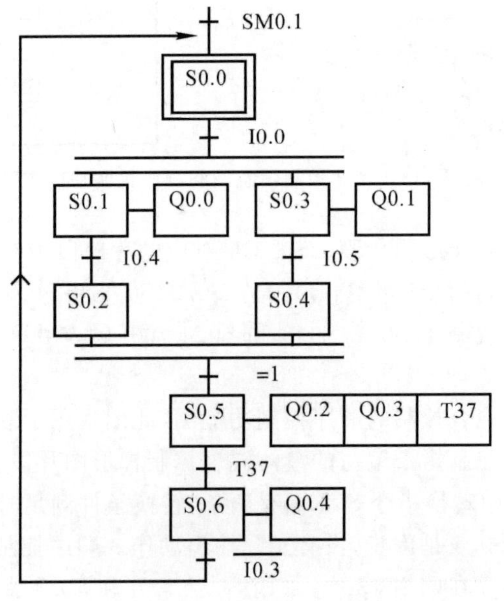

图 6－20　液体混合控制的顺序控制功能图(S)

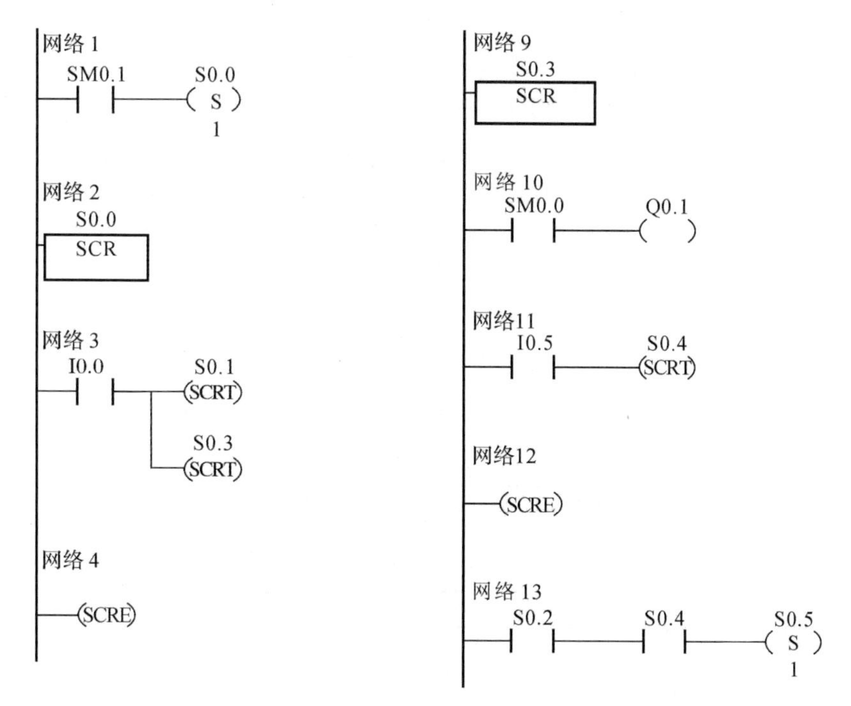

图 6－21　液体混合控制梯形图(S)

本章小结

(1)顺序控制指对生产设备按生产工艺规程的顺序要求进行的控制。使用顺序控制设计法的步骤有两步:先根据生产工艺的要求设计顺序功能图;然后按照顺序功能图画出梯形图。

(2)顺序功能图是顺序控制所要实现的控制过程和功能的图形表示。顺序功能图主要由方框、有向连线和短线等图形符号组成,代表步、动作、转换和进展等概念。顺序功能图的基本结构有单序列、选择序列和并行序列。顺序功能图的步和有向连线会形成闭环。闭环有单周期工作方式和连续循环工作方式两种。

(3)以转换为中心的方法是一种常用的由顺序功能图绘制梯形图的方法。用以转换为中心的方法得到的梯形图,可以分成两大部分:控制程序和输出程序。控制程序确保每个转换都在适当时刻和条件下成功转换。输出程序负责由步产生输出控制信号。

(4)S7－200 PLC 系统提供了专用的顺序控制继电器(SCR)和 SCR 指令。使用 SCR 指令编制梯形图时,梯形图中的一个 SCR 程序段对应顺序功能图中的一步。使用 SCR 指令编写梯形图,能使顺序功能图和梯形图很好地对应起来。

思考题与练习题

1. 什么是步? 怎样划分步?

2. 对比顺序功能图中,选择序列的结构和并行序列的结构。

3. 在顺序功能图中,动作和命令是什么关系?

4.转换要实现需要哪些条件？转换完成需要哪些操作？

5.街道上人行横道的交通信号灯布置示意图如图6-22所示。车道上的信号灯有红、黄和绿三种灯，人行道的信号灯有红和绿两种灯。交通信号灯的工作周期如下：首先，车道的绿灯亮1 min，同时人行道的红灯亮，车通行，禁止行人通过街道；然后，车道的黄灯亮5 s，人行道的红灯继续亮，禁止车通行，禁止行人通过街道；之后，车道的红灯亮30 s，同时人行道的绿灯亮，禁止车通行，行人可通过街道；最后，车道的黄灯亮5 s，人行道的红灯亮，禁止车通行，禁止行人通过街道。设计顺序功能图，采用以转换为中心法绘制梯形图。

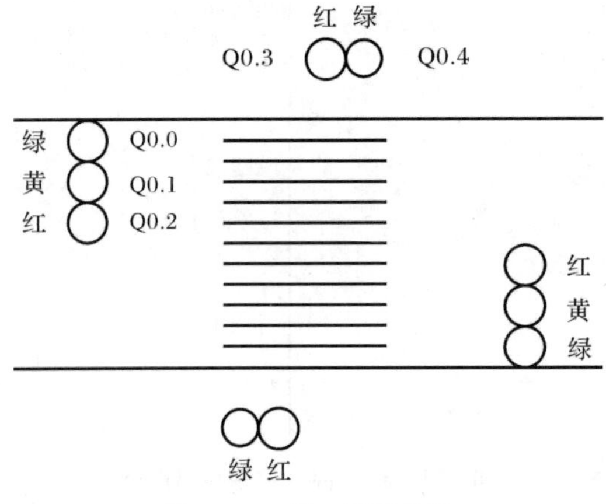

图6-22　第5题示意图

6.两级传输带的示意图如图6-23所示。两级传输带用来相继传输物料，物料先由前级传输带传送，到达后级传输带后，由后级传输带把物料继续向前传送。两级传输带都采用三相异步电动机驱动。为了防止物流在后级传输带上堆积，启动时，先启动后级传输带，5 s后再启动前级传输带；停止时，先停止前级传输带，5 s后停止后级传输带。设计顺序功能图，采用以转换为中心法绘制梯形图。

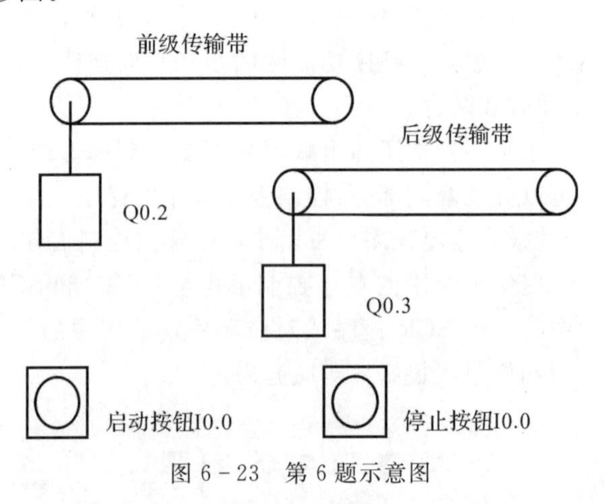

图6-23　第6题示意图

7.绘制图6-18中顺序控制功能图对应的梯形图。

8.绘制图6-20中顺序控制功能图对应的梯形图。

第7章 S7-200 PLC常用功能指令及应用

本章重点：

(1)传送类指令；

(2)数学运算类指令；

(3)中断指令；

(4)高速计数器指令；

(5)高速脉冲输出指令。

在第5章的学习中，我们学习了如何使用PLC的基本逻辑指令及同一程序的多种设计方法。但是对于一套完整的控制系统来说，还需要很多其他的功能一起使用才可以完成相应的控制功能，实现控制要求。本章学习PLC的常用功能指令及应用。

本章学习传送类指令、移位/循环指令、数学运算类指令、逻辑运算类指令、表功能指令、时钟指令、中断指令、高速处理指令和高速脉冲输出指令等。在本章的学习过程中，指令的功能往往是单一的，理解指令不难，关键在于如何将指令在实际项目中应用。想要熟练运用指令，首先就需要了解指令的特点、功能和特性。

在学习本章内容时，需要熟悉数进制转换、数据类型和地址的构成、PLC的工作原理和各个存储区的功能。

7.1 传送类指令

西门子S7-200 PLC的传送类指令是对各个编程元件间数据传送的指令，主要包括单一数据传送和数据块传送指令两大类。

在学习指令之前，首先了解指令盒的构成，如图7-1所示。

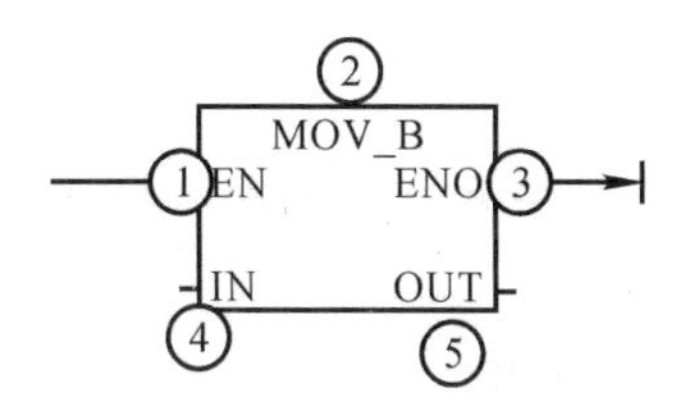

图7-1 指令盒构成示意图

(1)EN端：指令的使能端，表示使能输入端子，只有当该端子为1时，执行指令。由于PLC有扫描周期的存在，在任意一个扫描周期，只要EN端的信号为1，此指令便会执行。

(2)MOV_B 端:表示指令助记符和数据类型。图 7-1 中的②,下划线的前面部分表示出了本指令的功能为 MOV 传送,下划线的后半部分,表示出此指令允许选用的数据类型为字节型。

(3)ENO 端:表示使能输出,使能输出只有在前方的 EN 使能端有使能信号进入指令,且指令的执行无错误的情况下才会输出,ENO 端子在以上两个条件达成时,将使能输入的信号输出到外界去,此信号可以驱动其他功能指令或者作为其他命令执行的条件。

(4)IN 端:IN 为输入端,表示在此指令执行时,指令需要在外界提取一个数值作为指令执行的条件,在指令框的分配中,往往将需要从外界提取信号的端子放在指令框左边,IN 端子一般都是对地址读取,不改写地址。

(5)OUT 端:OUT 为输出端子,表示在此指令执行完成后,指令将输出一个结果到指定的地址中,OUT 输出端一般在指令的右边,是对地址的改写,不读取地址。

在某些指令中,由于需要多个输入信号,所以会有多个输入 IN 端出现,例如 IN1、IN2。也可能会有多个输出 OUT 出现。但是对于指令本身的结构来说,没有太大差异。有些指令在执行过程中,需要指定操作数数目,或者其他数值。此时指令的端子中会有一些其他端子名称,如 N,具体见后面示例。

7.1.1 单一数据传送指令

单一数据传送指令 MOV 包括字节传送(MOVB)、字传送(MOVW)、双字传送(MOVD)和实数传送(MOVR)。这四个指令在不改变原值的情况下,将输入 IN 端中的值传送到输出 OUT 端(见表 7-1),使用举例如图 7-2 所示。

注意:使 ENO=0 的错误条件是 SM4.3(运行时间)、0006(间接寻址)。

表 7-1 单一数据传送指令

指　令	字节传送	字传送	双字传送	实数传送
LAD	MOV_B EN ENO IN OUT	MOV_W EN ENO IN OUT	MOV_DW EN ENO IN OUT	MOV_R EN ENO IN OUT
STL	MOVB IN,OUT	MOVW IN,OUT	MOVD IN,OUT	MOVR IN,OUT
IN/OUT 数据类型	BYTE	WORD,INT	DWORD,DINT	REAL
IN/OUT 操作数	同:VB、IB、QB、MB、SMB、SB、LB、AC; 异:IN 有常数,OUT 无	同:VW、IW、QW、MW、SMW、SW、LW、AC、常数、T、C; 异:IN 有 AIW,OUT 有 AQW	同:VD、ID、QD、MD、SMD、SD、LD、AC、HC; 异:IN 有常数,OUT 无	同:VD、ID、QD、MD、SMD、SD、LD、AC; 异:IN 有常数,OUT 无

例 7－1　单一数据传送指令使用举例，程序如图 7－2 所示。

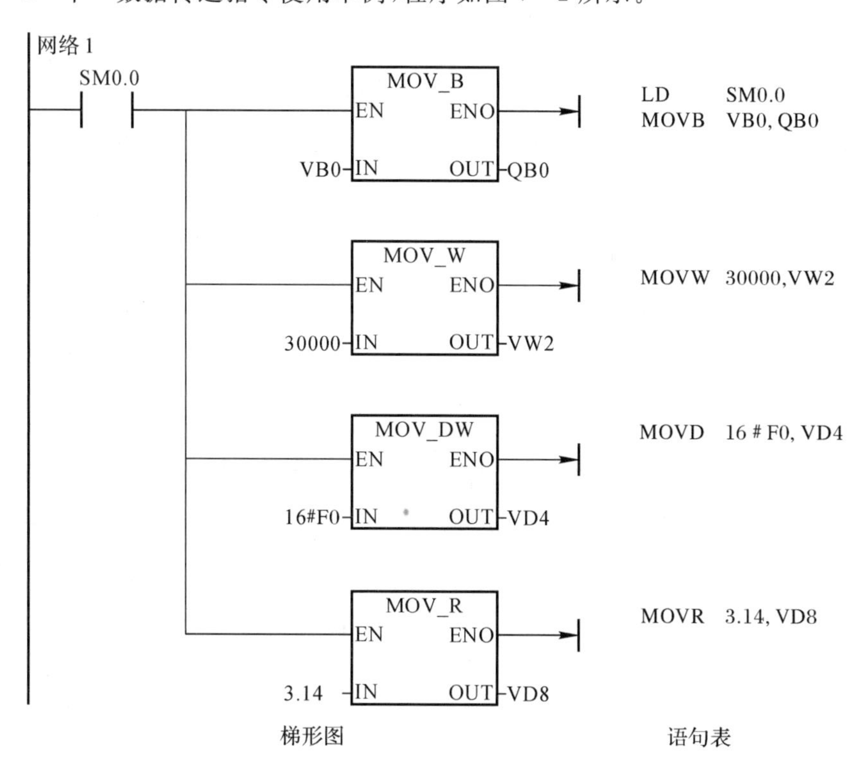

图 7－2　单一数据传送指令使用举例

7.1.2　块传送指令

块传送指令 BLKMOV(Block Move)包括字节块传送(BMB)、字块传送(BMW)和双字块传送(BMD)。这三个指令传送指定数量的数据到一个新的存贮区，数据起始地址为 IN 端，数据长度为 *N* 个字节、字或双字。新块的起始地址为 OUT 端。*N* 的范围从 1～255(见表 7－2)，使用举例如图 7－3 所示。

注意：使 ENO＝0 的错误条件是 SM4.3(运行时间)、0091(操作数超出范围)、0006(间接寻址)。

表 7－2　块传送指令

指　令	字节块传送	字块传送	双字块传送
LAD	BLKMOV_B EN ENO IN OUT N	BLKMOV_W EN ENO IN OUT N	BLKMOV_D EN ENO IN OUT N
STL	BMB　IN，OUT，N	BMW　IN，OUT，N	BMD　IN，OUT，N
IN/OUT 数据类型	BYTE	WORD，INT	DWORD，DINT

续表

指　令	字节块传送	字块传送	双字块传送
IN/OUT 操作数	同：VB、IB、QB、MB、SMB、SB、LB	同：VW、IW、QW、MW、SMW、SW、LW、T、C； 异：IN 有 AIW，OUT 有 AQW	同：VD、ID、QD、MD、SMD、SD、LD
N	VB、IB、QB、MB、SMB、SB、LB、AC、常数		

例 7－2　块传送指令使用举例，程序如图 7－3 所示。

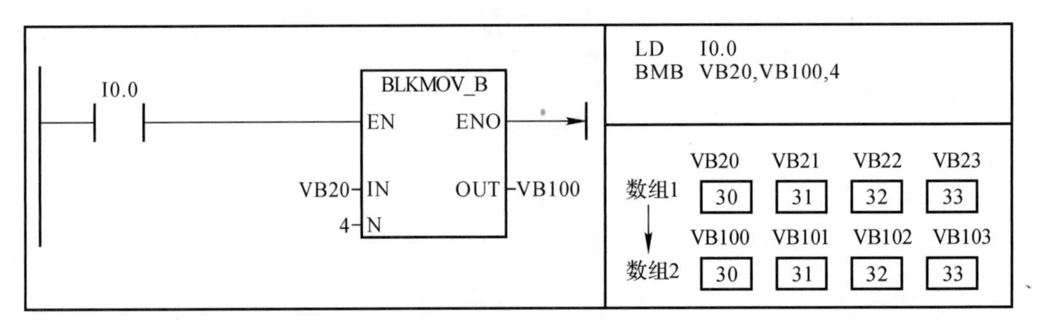

图 7－3　块传送指令使用举例

7.1.3　字节传送立即读、写指令

字节传送立即读指令 BIR(Move Byte Immediate Read)读物理输入 IN 端，然后将结果存入 OUT 端，但不刷新输入过程映像寄存器；字节传送立即写指令 BIW(Move Byte Immediate Write)则读取从物理输入 IN 端存入内存的数据，写入物理输出 OUT 端，并刷新输出过程映像寄存器，见表 7－3。

表 7－3　字节传送立即读、写指令和字节交换指令

指　令	字节传送立即读令	字节传送立即写	字节交换
LAD	MOV_BIR EN ENO IN OUT	MOV_BIW EN ENO IN OUT	SWAP EN ENO IN
STL	BIN　IN,OUT	BIW　IN,OUT	SWAP　IN
IN 数据类型	BYTE	BYTE	WORD

续表

指　令	字节传送立即读令	字节传送立即写	字节交换
IN 操作数	IB	VB、IB、QB、MB、SMB、SB、LB	VW、IW、QW、MW、SMW、SW、LW、T、C、AC
OUT 数据类型	BYTE	BYTE	无
OUT 操作数	VB、IB、QB、MB、SMB、SB、LB	QB	无

7.1.4　字节交换指令

字节交换指令 SWAP(Swap Bytes)用来互换输入字 IN 的高字节与低字节(见表 7 - 3)，使用举例如图 7 - 4 所示。

注意：使 ENO=0 的错误条件是 SM4.3(运行时间)、0006(间接寻址)。

例 7 - 3　字节交换指令使用举例，程序如图 7 - 4 所示。

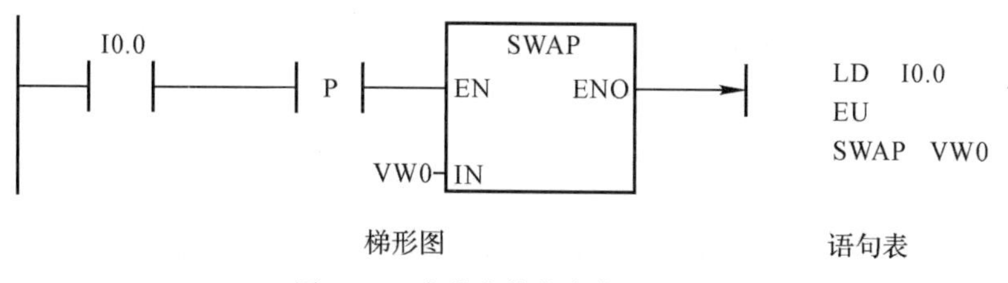

图 7 - 4　字节交换指令使用举例

作用：当 EN 使能端有使能信号时，将输入 IN 字中的 2 个字节的内容互相交换。例如 VW0 的值为 16#1234，指令执行完成后，VW0 的值为 16#3412。

说明：此指令的操作数必须为字类型，驱动该指令时，考虑到执行次数对结果的影响，需要使用边沿脉冲信号。

7.2　移位/循环指令

西门子 S7 - 200 PLC 的移位/循环指令，主要包括右移和左移、循环右移和循环左移、移位寄存器指令三大类。

7.2.1　移位指令

移位指令 SHIFT 将输入值 IN 右移或左移 N 位，将结果装载到输出 OUT 中并对移出的位自动补零。当移位位数 $N \geqslant N_{max}$ ($N_{Bmax}=8$，$N_{Wmax}=16$，$N_{DWmax}=32$)，则 N 取对应的上限值。在移位过程中，被移出位的状态寄存在溢出标志位 SM1.1 中。如果被移出的位有多个，则 SM1.1 寄存移出最后一位的状态。

左移位指令 SHL 有字节左移(SLB)、字左移(SLW)和双字左移(SLD)三种，见表 7－4；右移位指令 SHR 有字节右移(SRB)、字右移(SRW)和双字右移(SRD)三种，见表 7－4。移位和循环指令使用举例如图 7－5 所示。

表 7－4　左/右移位指令

指　令	字节左移	字左移	双字左移
LAD	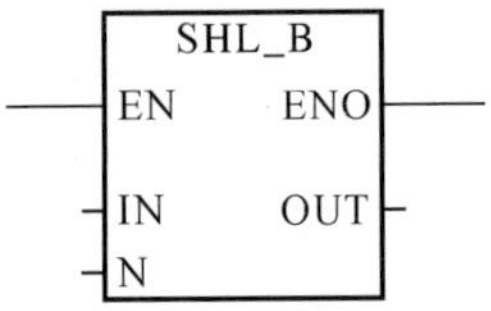 SHL_B EN　ENO IN　OUT N	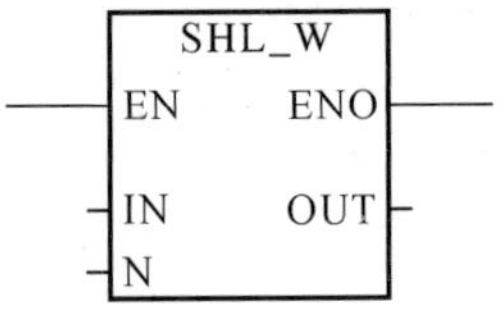 SHL_W EN　ENO IN　OUT N	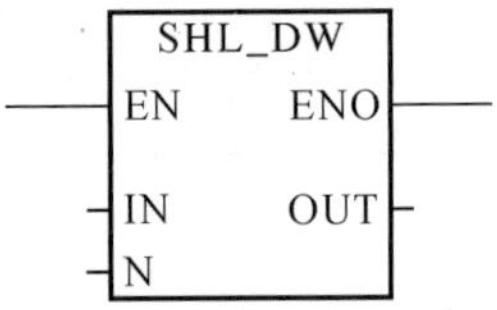 SHL_DW EN　ENO IN　OUT N
STL	SLB　OUT,N	SLW　OUT,N	SLD　OUT,N
指　令	字节右移	字右移	双字右移
LAD	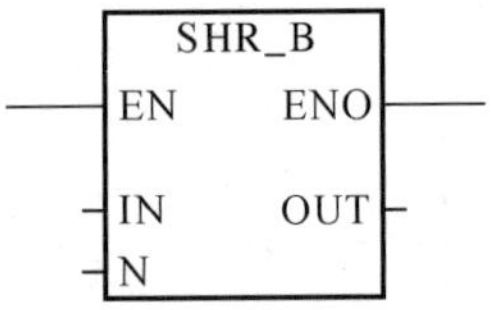 SHR_B EN　ENO IN　OUT N	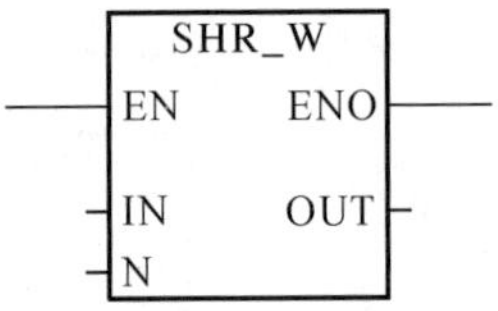 SHR_W EN　ENO IN　OUT N	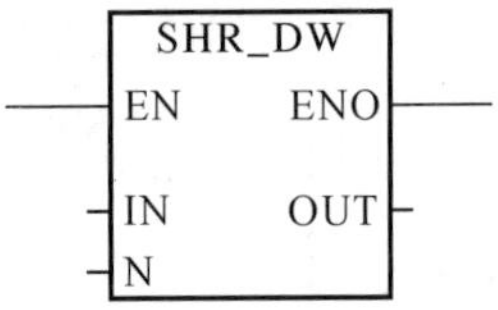 SHR_DW EN　ENO IN　OUT N
STL	SRB　OUT,N	SRW　OUT,N	SRD　OUT,N
IN/OUT 数据类型	BYTE	WORD	DWORD
IN/OUT 操作数	同：VB、IB、QB、MB、SMB、SB、LB、AC； 异：IN 有常数，OUT 无	同：VW、IW、QW、MW、SMW、SW、LW、T、C、AC； 异：IN 有 AIW、常数，OUT 无	同：VD、ID、QD、MD、SMD、SD、LD、AC、HC； 异：IN 有常数，OUT 无
N	数据类型为 BYTE，操作数为 VB、IB、QB、MB、SMB、SB、LB、AC、常数		

7.2.2　循环移位指令

循环移位指令(Rotate)将输入值 IN 循环右移或循环左移 N 位，并将输出结果装载到 OUT 中，循环移位是环形的。当移位位数 $N \geqslant N_{max}$ ($N_{Bmax}=8$，$N_{Wmax}=16$，$N_{DWmax}=32$)，则 N 取对应的上限值。S7－200 PLC 在执行循环移位之前，会执行取模操作，得到一个有效的移位次数。对于字节操作、字操作和双字操作，移位位数的取模操作的结果分别为 0～7、0～15 和 0～31。若循环移位指令执行，移动的最后一位的值复制到溢出标志位 SM1.1 中，若 N 为 0，则指令不执行。

循环左移指令(Rotate Left)有字节循环左移(RLB)、字循环左移(RLW)和双字循环左移(RLD)三种，见表 7－5；循环右移(Rotate Right)指令有字节循环右移(RRB)、字循环右移(RRW)和双字循环右移(RRD)三种见表 7－5。

表 7－5　循环移位指令

指　令	字节循环左移	字循环左移	双字循环左移
LAD	ROL_B EN　ENO IN　OUT N	ROL_W EN　ENO IN　OUT N	ROL_DW EN　ENO IN　OUT N
STL	RLB　OUT,N	RLW　OUT,N	RLD　OUT,N
指　令	字节循环右移	字循环右移	双字循环右移
LAD	ROR_B EN　ENO IN　OUT N	ROR_W EN　ENO IN　OUT N	ROR_DW EN　ENO IN　OUT N
STL	RRB　OUT,N	RRW　OUT,N	RRD　OUT,N
IN/OUT 数据类型	BYTE	WORD	DWORD
IN/OUT 操作数	同：VB、IB、QB、MB、SMB、SB、LB、AC； 异：IN 有常数，OUT 无	同：VW、IW、QW、MW、SMW、SW、LW、T、C； 异：IN 有 AIW、常数，OUT 无	同：VD、ID、QD、MD、SMD、SD、LD、AC、HC； 异：IN 有常数，OUT 无
N	数据类型为 BYTE，操作数为 VB、IB、QB、MB、SMB、SB、LB、AC、常数		

例 7－4　移位和循环指令使用举例，程序如图 7－5 所示。

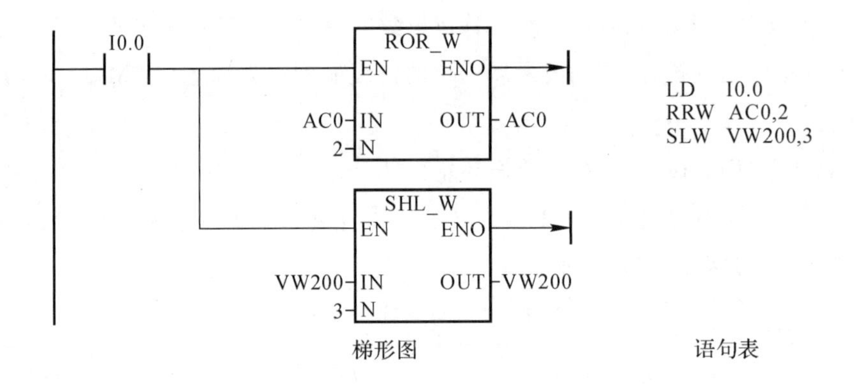

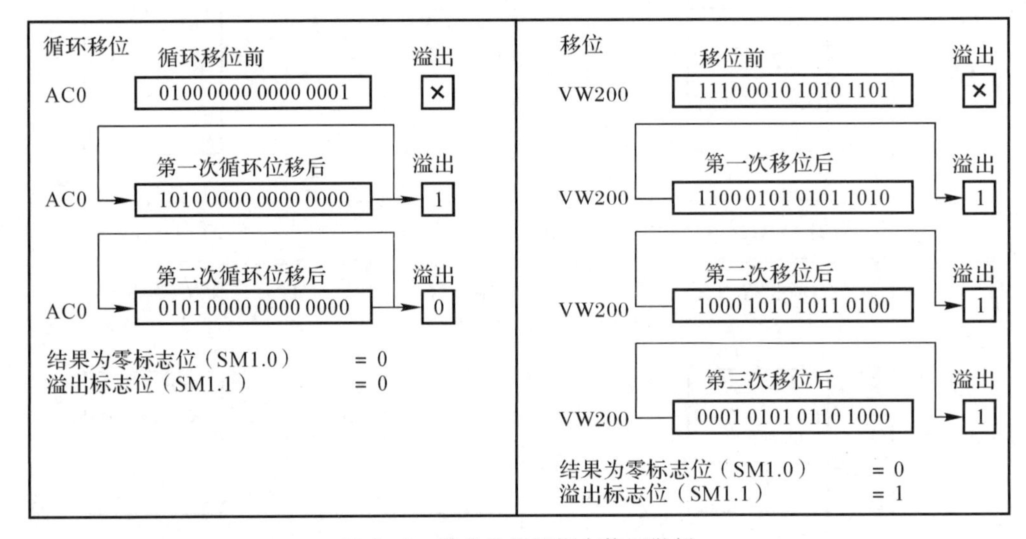

图 7-5　移位和循环指令使用举例

7.2.3　移位寄存器指令

移位寄存器指令 SHRB(Shift Register)把输入 DATA 的数值移入移位寄存器，每个扫描周期，整个移位寄存器移动一位，并被放入溢出标志位 SM1.1 中，指令使用说明见表 7-6，指令使用举例如图 7-6 所示。

表 7-6　移位寄存器指令

LAD	STL	DATA、S_BIT	N
SHRB：EN、ENO；数据输入端-DATA；最低位端-S_BIT；移位长度指示端-N	SHRB DATA，S_BIT，N 注意：+N 为数据左移， −N 为数据右移， N=−128～127	数据类型：BOOL 操作数：I、Q、M、SM、T、C、V、S、L	数据类型：BYTE 操作数：VB、IB、QB、MB、SMB、SB、LB、AC、常数

例 7-5　移位寄存器指令使用举例，程序如图 7-6 所示。

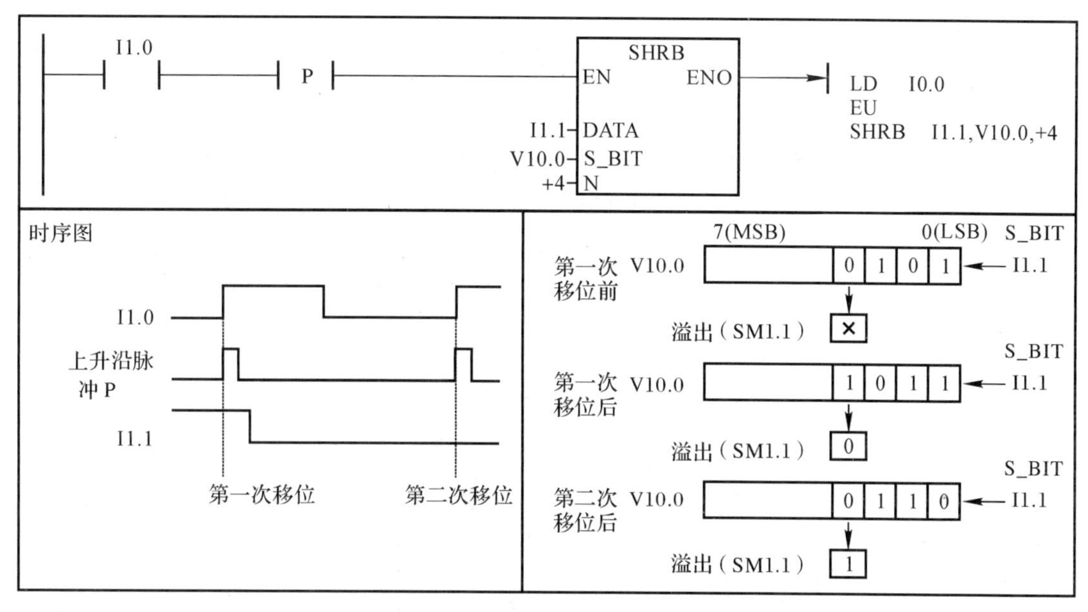

图7-6　移位寄存器指令使得举例

7.3　数学运算类指令

西门子S7-200 PLC的数学运算类指令，主要包括加、减、乘、除指令(对有符号数INX操作)，数学功能指令和递增，递减指令三大类。进行数学运算时，操作数类型可以是整型(INT)、双整型(DINT)和实数型(REAL)，见表7-7。

注意：使ENO=0的错误条件是SM1.1(溢出)、SM1.3(被零除)、0006(间接寻址)；受影响的特殊存储器位为SM1.0(结果为零)、SM1.1(溢出)、SM1.2(结果为负)和SM1.3(被零除)。

表7-7　数学运算的有效操作数

输入/输出	数据类型	操作数
IN1、IN2	REAL	VD、ID、QD、MD、SMD、SD、LD、AC、常数
	INT	VW、IW、QW、MW、SMW、SW、LW、T、C、AC、AIW、常数
	DINT	VD、ID、QD、MD、SMD、SD、LD、AC、常数、HC
OUT	REAL	VD、ID、QD、MD、SMD、SD、LD、AC
	INT	VW、IW、QW、MW、SMW、SW、LW、T、C、LW、AC
	DINT	VD、ID、QD、MD、SMD、SD、LD、AC

7.3.1　加法和减法指令

加法ADD(Add)和减法SUB(Subtract)指令使用说明见表7-8，指令使用举例如图7-7

所示。

表 7-8　加法和减法指令

指　令	实数相加	整数相加	双整数相加
LAD	ADD_R EN　ENO IN1　OUT IN2	ADD_I EN　ENO IN1　OUT IN2	ADD_DI EN　ENO IN1　OUT IN2
STL	+R　IN2,OUT	+I　IN2,OUT	+D　IN2,OUT
功　能	IN1+ IN2=OUT		
指　令	实数相减	整数相减	双整数相减
LAD	SUB_R EN　ENO IN1　OUT IN2	SUB_I EN　ENO IN1　OUT IN2	SUB_DI EN　ENO IN1　OUT IN2
STL	-R　IN2,OUT	-I　IN2,OUT	-D　IN2,OUT
功　能	IN1-IN2=OUT		

7.3.2　乘法和除法指令

乘法 MUL(Multiply)和除法 DIV(Divide)指令使用说明见表 7-9,指令使用举例如图 7-7所示。

表 7-9　乘法和除法指令

指　令	实数相乘	整数相乘得双整数	整数相乘	双整数相乘
LAD	MUL_R EN　ENO IN1　OUT IN2	MUL EN　ENO IN1　OUT IN2	MUL_I EN　ENO IN1　OUT IN2	MUL_DI EN　ENO IN1　OUT IN2
STL	*R　IN2,OUT	MUL　IN2,OUT	*I　IN2,OUT	*D　IN2,OUT
功　能	IN1 * IN2=OUT			
指　令	实数相除	整数相除得商/余数	整数相除	双整数相除
LAD	DIV_R EN　ENO IN1　OUT IN2	DIV EN　ENO IN1　OUT IN2	DIV_I EN　ENO IN1　OUT IN2	DIV_DI EN　ENO IN1　OUT IN2

续 表

指　令	实数相除	整数相除得商/余数	整数相除	双整数相除
STL	/R　IN2,OUT	DIV　IN2,OUT	/I　IN2,OUT	/D　IN2,OUT
功　能	IN1/IN2＝OUT			

例 7－6　加、减、乘、除指令使用举例，程序如图 7－7 所示。

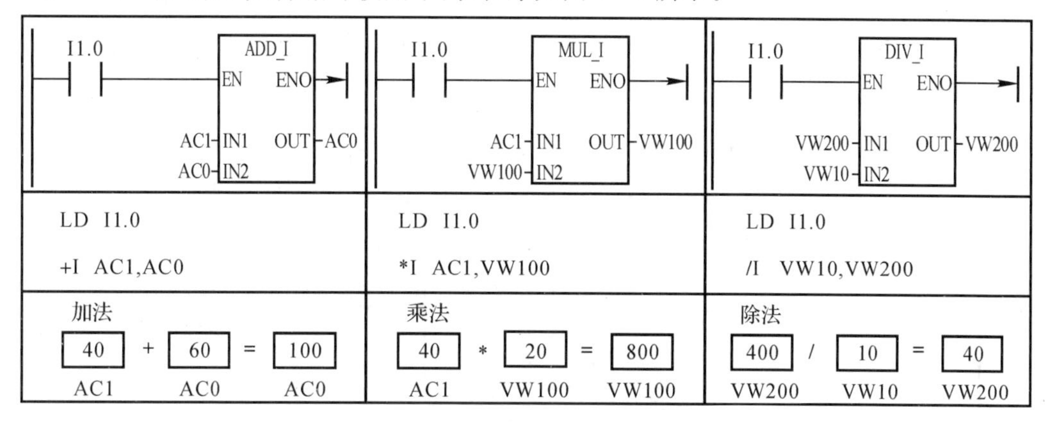

图 7－7　加、减、乘、除指令使用举例

7.3.3　数学功能指令

数学功能指令包括二次方根 SQRT(Square Root)、正弦 SIN(Sine)、余弦 COS(Cosine)、正切 TAN(Tan)、自然指数 EXP(Natural Exponential)和自然对数 LN(Natural Logarithm)，数据类型为浮点数(32 位的实数)，指令使用说明见表 7－10，指令使用举例如图 7－8 所示。数学功能指令的使用主要在模拟量运算和通信中，使用时要注意运算指令的数据类型，必须保证每条指令都分配了合理的数据类型和存储区，运算才能正确执行。

表 7－10　数学功能指令

指　令	二次方根计算	自然对数计算	自然指数计算
LAD	SQRT EN　ENO IN　OUT	LN EN　ENO IN　OUT	EXP EN　ENO IN　OUT
STL	SQRT　IN,OUT	LN　IN,OUT	EXP　IN,OUT
功　能	SQRT(IN)＝OUT	LN(IN)＝OUT	EXP(IN)＝OUT
指　令	正弦计算	余弦计算	正切计算
LAD	SIN EN　ENO IN　OUT	COS EN　ENO IN　OUT	TAN EN　ENO IN　OUT

续 表

指　令	正弦计算	余弦计算	正切计算
STL	SIN　IN,OUT	COS　IN,OUT	TAN　IN,OUT
功　能	SIN(IN)=OUT	COS(IN)=OUT	TAN(IN)=OUT

例 7-7　求 $\sin30°+\cos30°\times(\tan45°\div\sqrt{5})$ 的值，程序如图 7-8 所示。

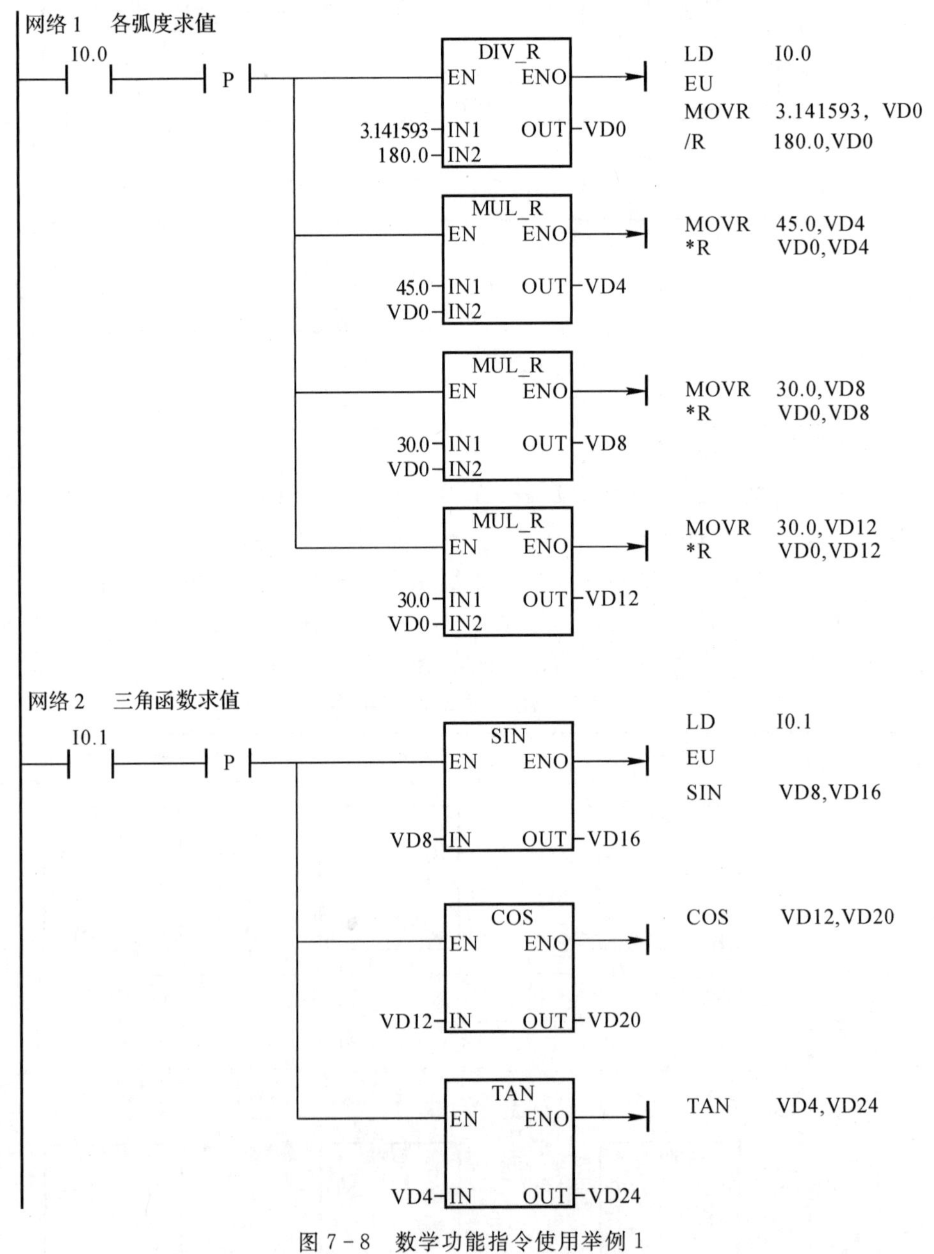

图 7-8　数学功能指令使用举例 1

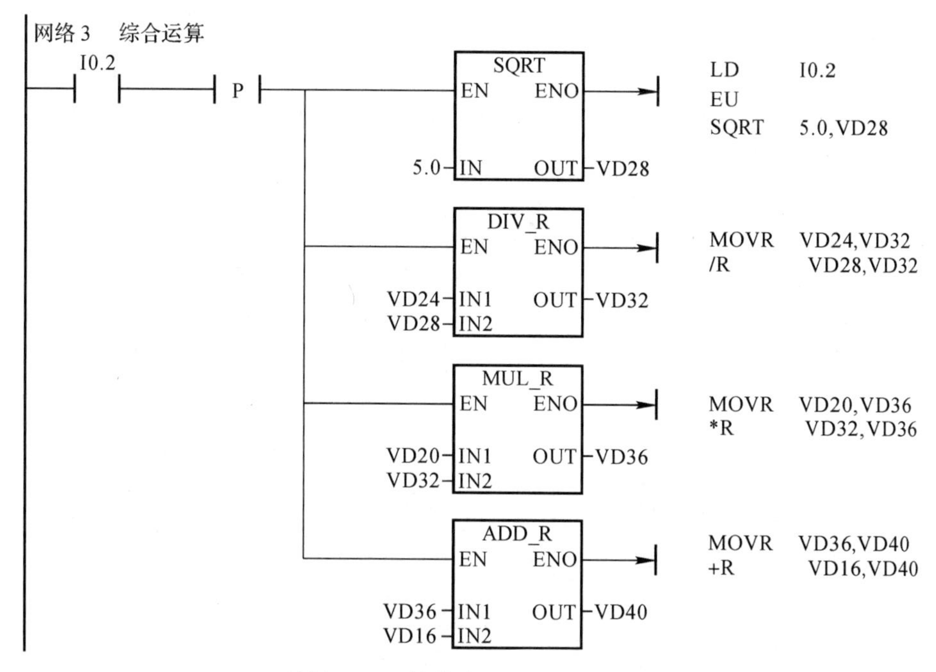

续图 7 - 8　数学功能指令使用举例 1

例 7 - 8　用自然对数计算和自然指数计算指令求 2 的 3 次方运算(用自然对数和指数表示为 $2^3 = \text{EXP}[3\times \text{LN}(2)] = 8$)的值,程序如图 7 - 9 所示。

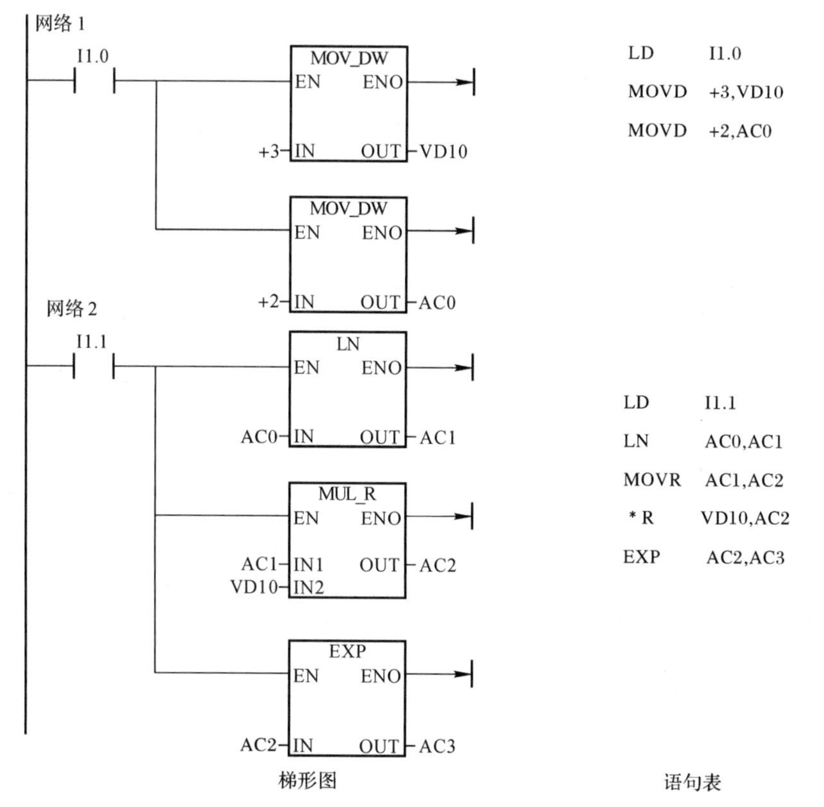

图 7 - 9　数学功能指令使用举例 2

7.3.4 递增和递减指令

递增(Increment)、递减(Decrement)指令是将输入 IN 端中的值加 1 或减 1 后,传送到输出 OUT 端;其中字节操作为无符号,字和双字操作为有符号,指令使用说明见表 7 - 11,指令使用举例如图 7 - 10 所示。

表 7 - 11 递增、递减指令

指 令	字节递增	字递增	双字递增
LAD	INC_B EN ENO IN OUT	INC_W EN ENO IN OUT	INC_DW EN ENO IN OUT
STL	INCB OUT	INCW OUT	INCD OUT
功 能	IN+1=OUT		
指 令	字节递减	字递减	双字递减
LAD	DEC_B EN ENO IN OUT	DEC_W EN ENO IN OUT	DEC_DW EN ENO IN OUT
STL	DECB OUT	DECW OUT	DECD OUT
功 能	IN−1=OUT		

例 7 - 9 递增、递减指令使用举例,程序如图 7 - 10 所示。

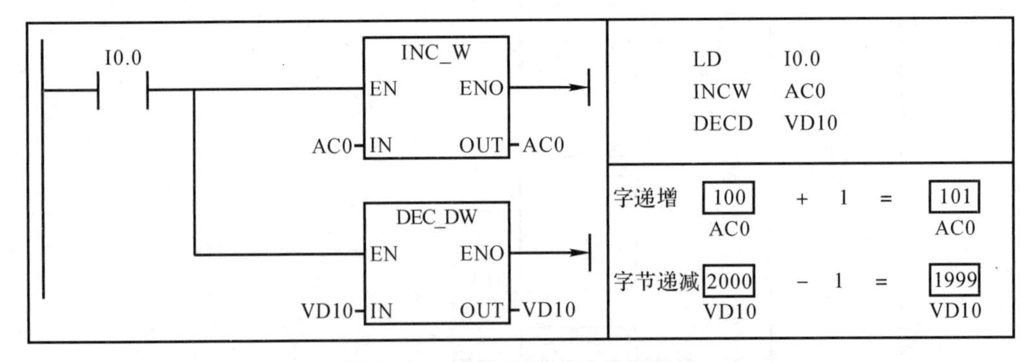

图 7 - 10 递增、递减指令使用举例

7.4 逻辑运算类指令

西门子 S7 - 200 PLC 的逻辑运算类指令,主要包括取反 INV(Logic Invert)指令、与 WAND(Logic And)指令、或 WOR(Logic Or)指令和异或 WXOR(Logic Exclusive Or)指令四大类。数据类型有字节、字和双字,逻辑运算类指令使用说明见表 7 - 12。一般情况下,逻

辑与运算有屏蔽的功能，逻辑或运算有打开任意位的功能，逻辑异或运算有反转状态的功能。在实际工程项目中，对于逻辑运算类指令有时可以使用其他方法取代。

注意：使 ENO＝0 的错误条件是 0006（间接寻址）；受影响的特殊存储器位为 SM1.0（结果为零）。

表 7－12　逻辑运算类指令

指　令	字节取反	字取反	双字取反
LAD	INV_B EN　ENO IN　OUT	INV_W EN　ENO IN　OUT	INV_DW EN　ENO IN　OUT
STL	INVB　OUT	INVW　OUT	INVD　OUT
功　能	将输入 IN 端取反的结果存入输出 OUT 中		
指　令	字节与	字与	双字与
LAD	WAND_B EN　ENO IN1　OUT IN2	WAND_W EN　ENO IN1　OUT IN2	WAND_DW EN　ENO IN1　OUT IN2
STL	ANDB　IN1，OUT	ANDW　IN1，OUT	ANDD　IN1，OUT
功　能	将两个输入端 IN1 和 IN2 的相应位进行“与”操作，有“0”出“0”，全“1”出“1”，将结果存入 OUT 中		
指　令	字节或	字或	双字或
LAD	WOR_B EN　ENO IN1　OUT IN2	WOR_W EN　ENO IN1　OUT IN2	WOR_DW EN　ENO IN1　OUT IN2
STL	ORB　IN1，OUT	ORW　IN1，OUT	ORD　IN1，OUT
功　能	将两个输入端 IN1 和 IN2 的相应位进行“或”操作，有“1”出“1”，将结果存入 OUT 中		
指　令	字节异或	字异或	双字异或
LAD	WXOR_B EN　ENO IN1　OUT IN2	WXOR_W EN　ENO IN1　OUT IN2	WXOR_DW EN　ENO IN1　OUT IN2
STL	XORB　IN1，OUT	XORW　IN1，OUT	XORD　IN1，OUT
功　能	将两个输入端 IN1 和 IN2 的相应位进行“异或”操作，相同出“0”，不同出“1”，将结果存入 OUT 中		

逻辑运算类指令的有效操作数见表 7-13。

表 7-13　逻辑运算类指令的有效操作数

输入/输出	数据类型	操作数
IN (IN1,IN2)	BYTE	VB、IB、QB、MB、SMB、SB、LB、AC、常数
	WORD	VW、IW、QW、MW、SMW、SW、LW、T、C、AIW、常数、AC
	DWORD	VD、ID、QD、MD、SMD、SD、LD、AC、常数、HC
OUT	BYTE	VB、IB、QB、MB、SMB、SB、LB、AC
	WORD	VW、IW、QW、MW、SMW、SW、LW、T、C、AC
	DWORD	VD、ID、QD、MD、SMD、SD、LD、AC

取反指令使用举例如图 7-11 所示。

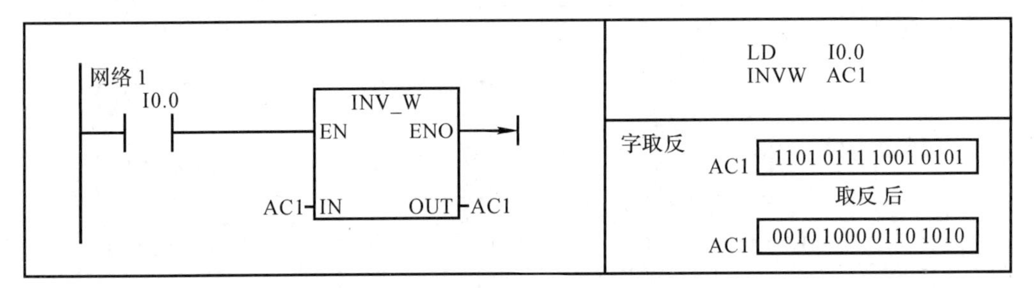

图 7-11　取反指令使用举例

与、或和异或指令使用举例如图 7-12 所示。

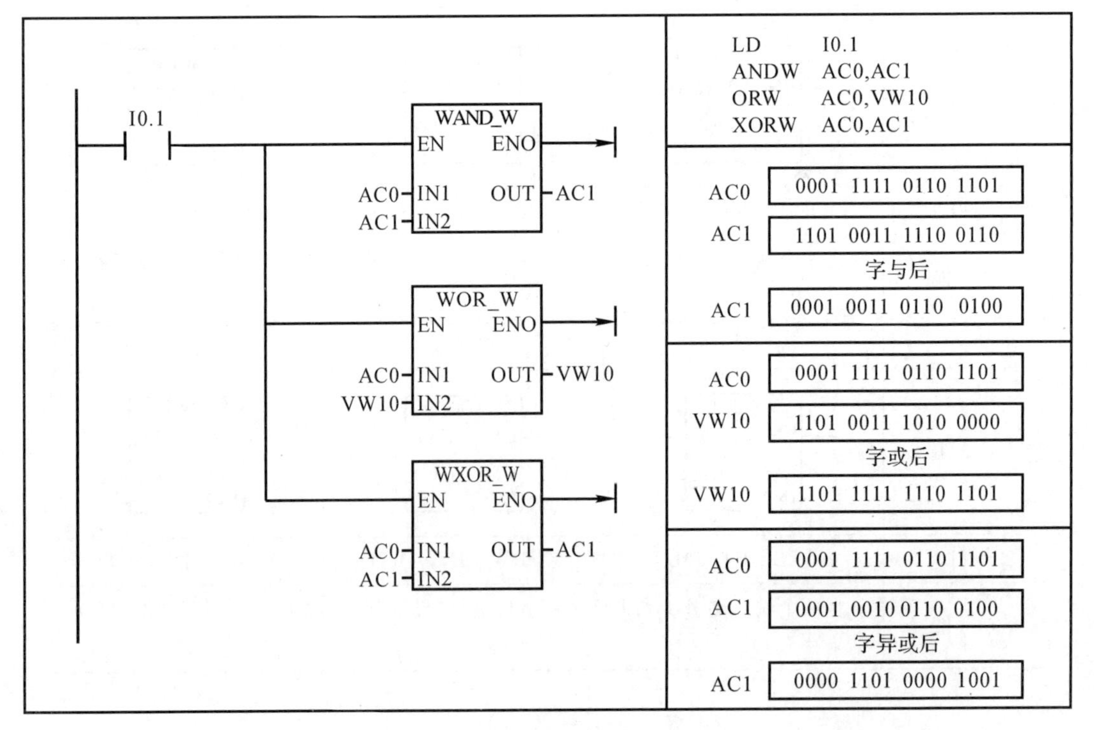

图 7-12　与、或和异或指令使用举例

7.5　转换类指令

西门子 S7－200 PLC 的转换类指令，是对操作数类型进行转换，主要包括标准转换指令、编码/解码指令、段码指令和 ASCII 码转换指令四大类。

7.5.1　标准转换指令

标准转换指令有数字转换指令、四舍五入和取整指令两类，指令的操作数与数学运算指令相比，数据类型多增加了字节型，其他都一样。

1. 数字转换指令

数字转换指令是字节与整数（Byte↔Integer）、双整数与整数（Double Integer↔Integer）、双整数与实数（Double Integer↔Real）、BCD 码与整数（BCD↔Integer）之间的相互转换。数字转换指令的使用说明见表 7－14 和表 7－15，使用举例如图 7－13 所示。

表 7－14　标准转换指令 1

指　令	字节至整数	整数至字节	整数至双整数	双整数至整数
LAD	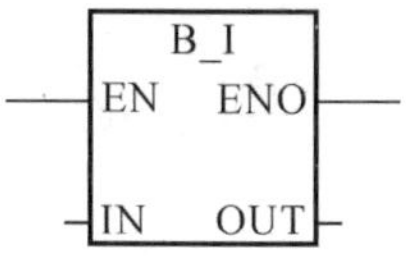 B_I EN　ENO IN　OUT	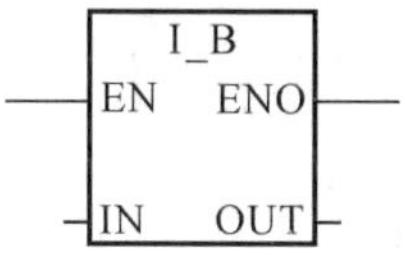 I_B EN　ENO IN　OUT	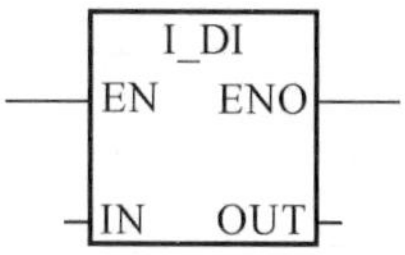 I_DI EN　ENO IN　OUT	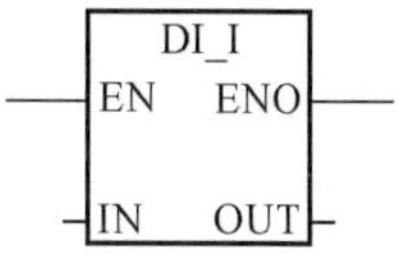 DI_I EN　ENO IN　OUT
STL	BTI　IN，OUT	ITB　IN，OUT	ITD　IN，OUT	DTI　IN，OUT
功　能	将输入值 IN 转换为指定格式并存储由 OUT 指定的变量中			

注意：

（1）若想将一个整数转换成实数，需先使用整数转换双整数指令，然后再使用双整数指令转换实数指令，也就是整数→双整数→实数；

（2）在 B－I、I－DI、DI－R 中不会出现溢出现象，但是在 DI－I、I－B 中有可能会产生数据的溢出引起溢出标志位的动作。

2. 四舍五入和取整指令

四舍五入（ROUND）指令是四舍五入取整指令，当小数部分大于 0.5 时，数值往上取整。取整（TRUNC）指令为舍小取整指令，当小数部分小于 0.5 时，数值舍小取整。四舍五入和取整指令的使用说明见表 7－15，使用举例如图 7－13 所示。

表 7－15　标准转换指令 2

指　令	双整数至实数	BCD 码至整数	整数至 BCD 码	四舍五入取整	舍小取整
LAD	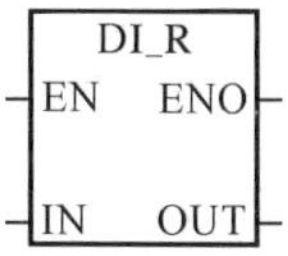 DI_R EN　ENO IN　OUT	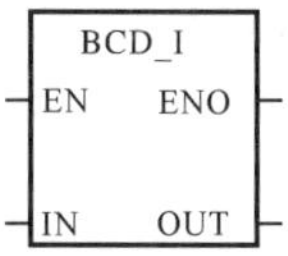 BCD_I EN　ENO IN　OUT	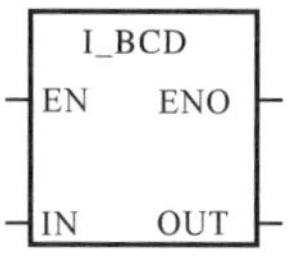 I_BCD EN　ENO IN　OUT	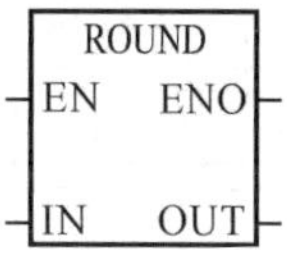 ROUND EN　ENO IN　OUT	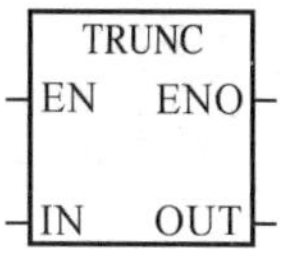 TRUNC EN　ENO IN　OUT

续表

指　令	双整数至实数	BCD 码至整数	整数至 BCD 码	四舍五入取整	舍小取整
STL	DTR　IN,OUT	BCDI　OUT	IBCD　OUT	ROUND　IN,OUT	TRUNC　IN,OUT
功　能	将输入值 IN 转换为指定格式并存储由 OUT 指定的变量中			将一个实数转换为双整数，四舍五入取整并存储由 OUT 指定的变量中	将一个实数转换为双整数，小数值舍去取整并存储由 OUT 指定的变量中

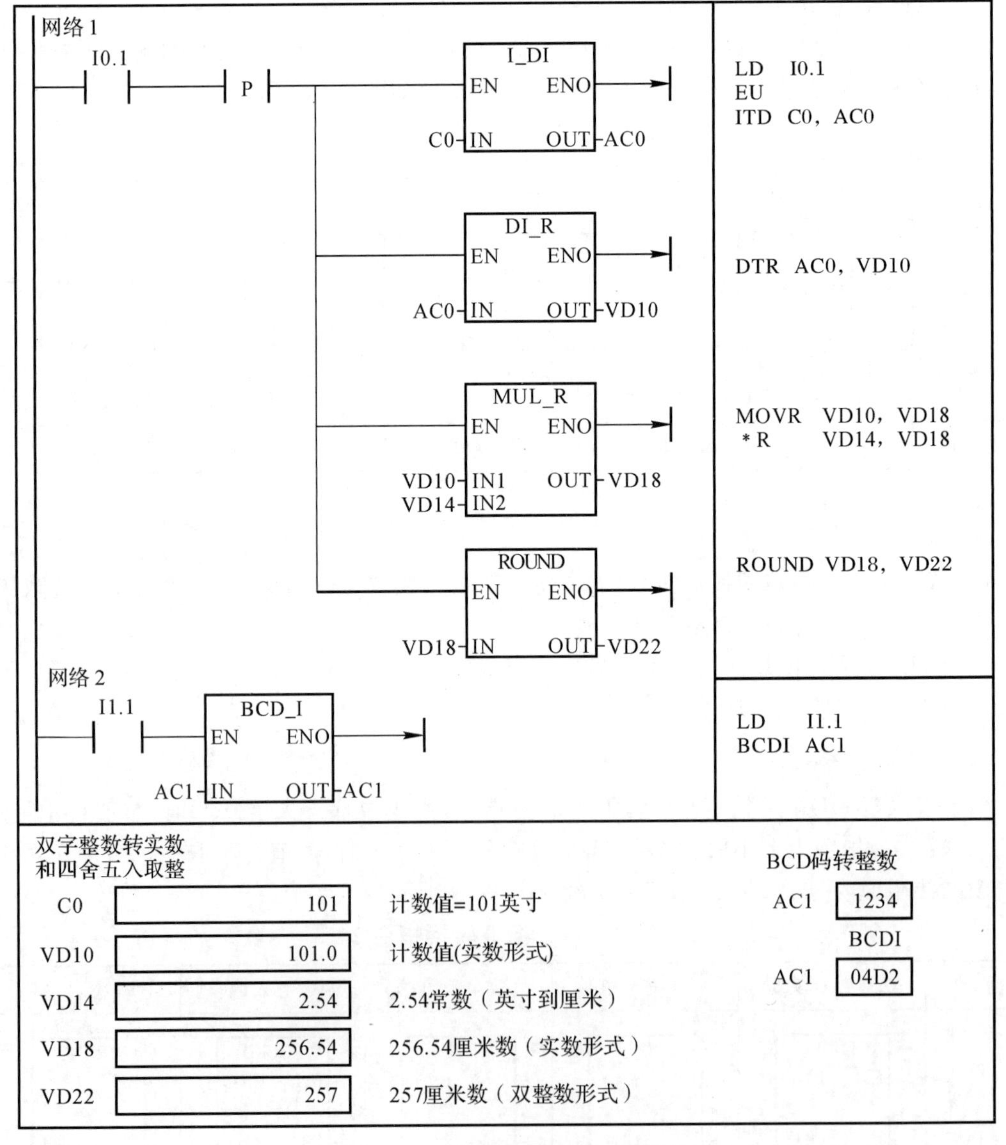

图 7-13　标准转换指令使用举例

7.5.2　编码和解码指令

编码 ENCO(Encode)指令和解码 DECO(Decode)指令的使用说明见表 7－16。数据类型有字节和字;有效操作数类同逻辑运算类指令(除无双字型),使用举例如图 7－14 所示。

表 7－16　编码/解码指令和七段数字显示译码指令

指　令	解码指令	编码指令	七段数字显示译码指令
LAD	DECO EN　ENO IN　OUT	ENCO EN　ENO IN　OUT	SEG EN　ENO IN　OUT
STL	DECO　IN,OUT	ENCO　IN,OUT	SEG　IN,OUT
功　能	根据输入字节 IN 的低四位的位号置输出字 OUT 的相应位为 1,输出字的所有其他位都清零	将输入字节 IN 中为 1 的最低有效位的位号写入字节 OUT 的低有效四位中	根据输入字节 IN 的低四位有效数字值产生点亮七段码显示器的位模式段码值

7.5.3　段码指令

七段数字显示译码 SEG(Segment)指令使用见表 7－16,字符显示与各段码对应关系见表 7－17 所示,使用举例如图 7－14 所示。实验演示链接扫二维码  。

表 7－17　字符显示与各段码对应关系表

(IN) LSD	段显示	(OUT) －g f e	(OUT) d c b a	(IN) LSD	段显示	(OUT) －g f e	(OUT) d c b a
0		0 0 1 1	1 1 1 1	8		0 1 1 1	1 1 1 1
1		0 0 0 0	0 1 1 0	9		0 1 1 0	0 1 1 1
2		0 1 0 1	1 0 1 1	A		0 1 1 1	0 1 1 1
3		0 1 0 0	1 1 1 1	B		0 1 1 1	1 1 0 0
4		0 1 1 0	0 1 1 0	C		0 0 1 1	1 0 0 1
5		0 1 1 0	1 1 0 1	D		0 1 0 1	1 1 1 0
6		0 1 1 1	1 1 0 1	E		0 1 1 1	1 0 0 1
7		0 0 0 0	0 1 1 1	F		0 1 1 1	0 0 0 1

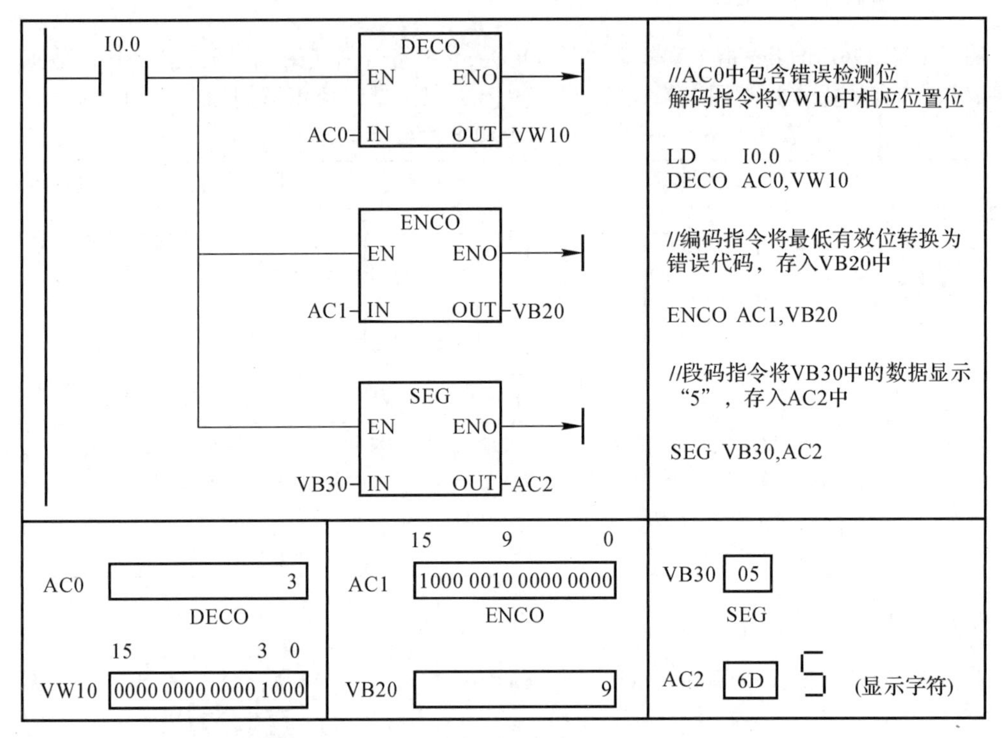

图 7-14 编码/解码和七段数字显示译码指令使用举例

7.5.4 ASCII 码转换指令

ASCII 是美国标志信息代码。其转换指令是将标准字符 ASCII 码分别与十六进制数、整数、双整数和实数之间进行转换。有效 ASCII 输入字符是 0～9 和 A～F 的十六进制数，分别转换成十六进制代码的 30～39 和 41～46，见表 7-18。

表 7-18 逻辑运算类指令的有效操作数

16#	0	1	2	3	4	5	6	7
ASCII	'0'	'1'	'2'	'3'	'4'	'5'	'6'	'7'
16#表示形式	16#30	16#31	16#32	16#33	16#34	16#35	16#36	16#37
16#	8	9	A	B	C	D	E	F
ASCII	'8'	'9'	'A'	'B'	'C'	'D'	'E'	'F'
16#表示形式	16#38	16#39	16#41	16#42	16#43	16#44	16#45	16#46

(1)ASCII 码转换至十六进制数 ATH(ASCII To HEX)指令使用说明见表 7-19，使用举例如图 7-15 所示。能够被转换为十六进制数的最大数值为 255。

表 7-19　ASCII 码转换指令

指　令	ASCII 码转换至十六进制数	十六进制数转换至 ASCII 码	整数转换至 ASCII 码	双整数转换至 ASCII 码	实数转换至 ASCII 码
LAD	ATH EN ENO IN OUT LEN	HTA EN ENO IN OUT LEN	ITA EN ENO IN OUT FMT	DTA EN ENO IN OUT FMT	RTA EN ENO IN OUT FMT
STL	ATH IN,OUT,LEN	HTA IN,OUT,LEN	ITA IN,OUT,FMT	DTA IN,OUT,FMT	RTA IN,OUT,FMT
功　能	从 IN 开始的长度为 LEN 的 ASCII 码转换为从 OUT 开始的十六进制数	从 IN 开始的长度为 LEN 的十六进制数转换为 OUT 开始的 ASCII 码	将整数 IN 转换成 ASCII 码字符串	将双整数 IN 转换成 ASCII 码字符串	将实数 IN 转换成 ASCII 码字符串

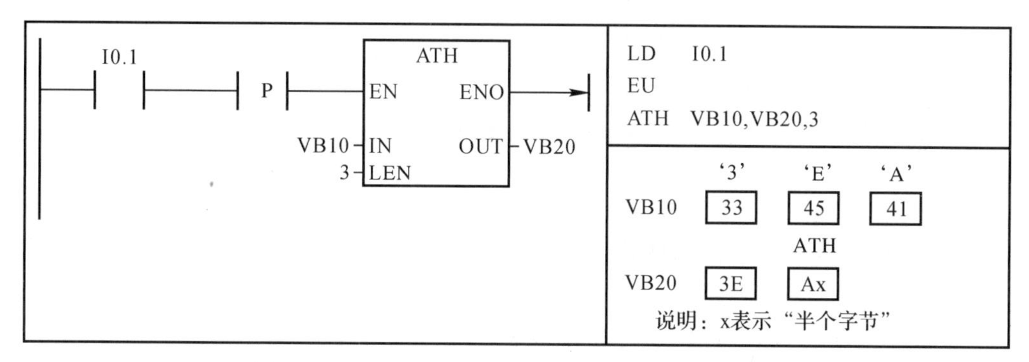

图 7-15　ASCII 码转换至十六进制数指令使用举例

(2)十六进制数转换至 ASCII 码 HTA (HEX To ASCII)指令使用说明见表 7-19,能够被转换的 ASCII 码字符串的最大数值为 255。

(3)整数转换至 ASCII 码 ITA(Integer To ASCII)指令中,格式 FMT 指定小数点右侧的转换精度和小数点是使用逗号或是点号,转换结果存放在 OUT 指定的连续 8 个字节中,指令使用说明见表 7-19。

FMT 操作数格式如图 7-16 所示。输出缓冲区的大小始终为 8 个字节,nnn 表示输出缓冲区中小数点右侧的数字位数(0～5)。若 nnn 为 0,则所显示的数值无小数点。当 nnn>5,则空格键的 ASCII 码填充输出缓冲区。c 指定整数和小数的分隔符,当 c=1,分隔符用逗号;当 c=0,分隔符用点号;FMT 的高 4 位必须为 0。

图 7-16 给出一个数值的例子,其格式为 c=0,分隔符用点号;小数点右侧有 3 位小数,nnn=011,输出缓冲区的格式遵从以下规则:

1)正数值写入输出缓冲区时无符号位；

2)负数值写入输出缓冲区时以负号(—)开头；

3)小数点左侧的开头的0(除去靠近小数点的0之外)被隐藏；

4)数值在输出缓冲区中右对齐。

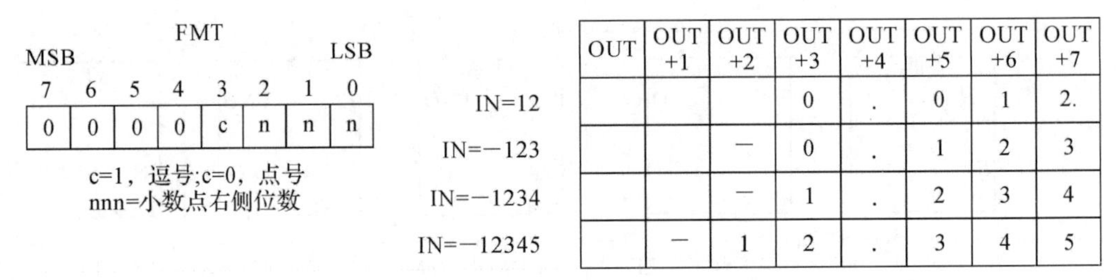

	OUT	OUT +1	OUT +2	OUT +3	OUT +4	OUT +5	OUT +6	OUT +7
IN=12				0	.	0	1	2.
IN=−123			—	0	.	1	2	3
IN=−1234			—	1	.	2	3	4
IN=−12345		—	1	2	.	3	4	5

图7-16 整数转换至ASCII码指令操作数格式

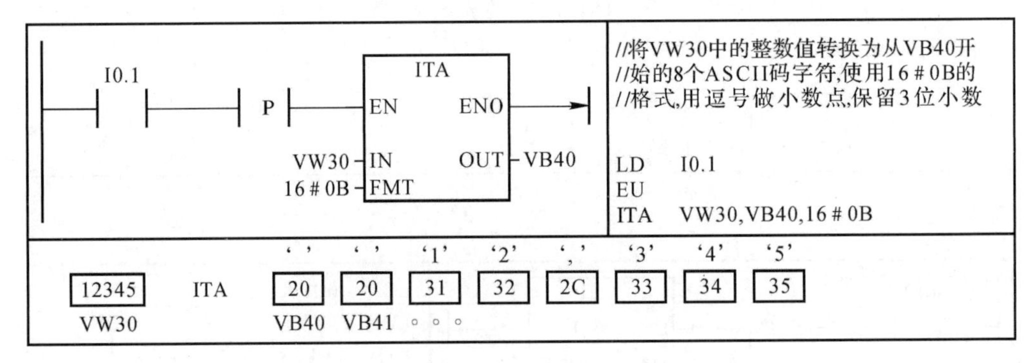

图7-17 整数转换至ASCII码指令使用举例

(4)双整数转换至ASCII码DTA(Double Integer To ASCII)指令中，FMT指定小数点右侧的转换精度和小数点是使用逗号或是点号，转换结果存放在从OUT指定的连续12个字节中，指令使用说明见表7-19。

FMT操作数格式如图7-18所示。输出缓冲区的大小为12个字节，nnn表示的含义及数值取值、c表示的含义及数值取值同整数转换至ASCII码。

图7-18给出一个数值的例子，其格式为c=0，分隔符用点号；小数点右侧有4位小数，nnn=100，输出缓冲区的格式遵从规则同整数转换至ASCII码。

FMT

MSB LSB

7	6	5	4	3	2	1	0
0	0	0	0	c	n	n	n

c=1，逗号;c=0，点号
nnn=小数点右侧位数

	OUT	OUT +1	OUT +2	OUT +3	OUT +4	OUT +5	OUT +6	OUT +7	OUT +8	OUT +9	OUT +10	OUT +11
IN=−12						—	0	.	0	0	1	2
IN=1234567					1	2	3	.	4	5	6	7

图7-18 双整数转换至ASCII码指令操作数格式

(5)实数转换至ASCII码RTA(Real To ASCII)指令中，格式FMT指定小数点右侧的转换精度和小数点是使用逗号或是点号，转换结果存放在从OUT指定的连续3～15个连续字节中，指令使用说明见表 7－19。

FMT 操作数格式如图 7－19 所示。输出缓冲区的大小为 12 个字节，nnn 表示的含义及数值取值、c 表示的含义及数值取值同整数转换至 ASCII 码。

图 7－19 给出一个数值的例子，其格式为 c＝0，分隔符用点号；小数点右侧有 1 位小数，nnn＝001 和 6 个字节的输出缓冲区大小 ssss＝0110，输出缓冲区的格式遵从规则同整数转换至 ASCII 码，使用举例如图 7－20 所示。

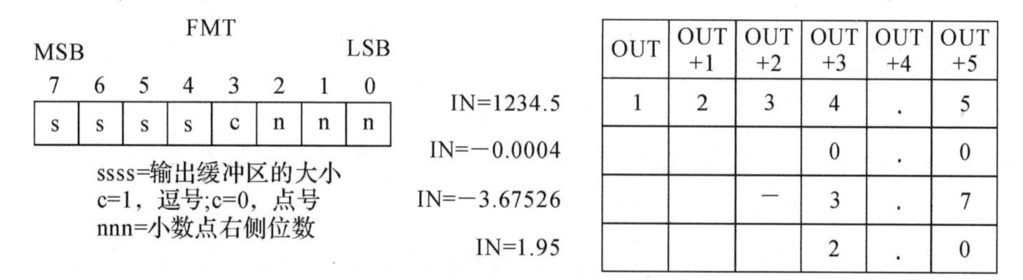

图 7－19　实数转换至 ASCII 码指令操作数格式

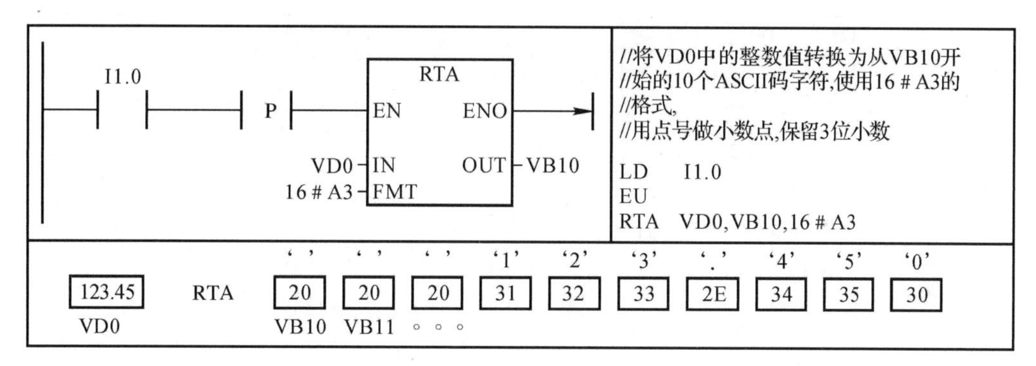

图 7－20　实数转换至 ASCII 码指令使用举例

7.6　时钟指令

对于实际工程中的控制系统，若希望实现系统的监控运行、运行记录及和实时有关的控制，可以使用时钟指令实现。指令中所有日期和时间值必须采用 BCD 格式编码（例如，16＃97 代表 1997 年），见表 7－20。

表 7－20　8 个字节时间缓冲区格式（T）

T 字节	说　明	字节数据
T0	年（0～99）当前年份	BCD 值
T＋1	月（1～12）当前月份	BCD 值
T＋2	日期（1～31）当前日期	BCD 值
T＋3	小时（0～23）当前小时	BCD 值
T＋4	分钟（0～59）当前分钟	BCD 值

续表

T字节	说　明	字节数据
T+5	秒 (0～59)当前秒	BCD值
T+6	00保留	始终设置为00
T+7	星期几 (1～7)当前是星期几，1是星期日	BCD值

时钟指令由读取实时时钟TODR(Time of Day Read)、设置实时时钟TODW(Time of Day Write)、读取实时时钟(扩展TODRX)和设置实时时钟(扩展TODWX)指令组成。指令使用说明见表7-21。时钟指令数据类型为字节型，操作数为VB、IB、QB、MB、SMB、SB和LB。时钟指令使用举例如图7-21所示。

表7-21　时钟指令

指　令	读取实时时钟	设置实时时钟	读取实时时钟(扩展)	设置实时时钟(扩展)
LAD	READ_RTC EN　ENO T	SET_RTC EN　ENO T	READ_RTCX EN　ENO T	SET_RTCX EN　ENO T
STL	TODR　T	TODW　T	TODRX　T	TODWX　T
功　能	从硬件时钟读取当前时间和日期，并将其载入以地址T起始的8个字节的时间缓冲区	将当前时间和日期写入用T指定的在8个字节的时间缓冲区开始的硬件时钟	从PLC中读取当前时间、日期和夏令时组态，装载到从T指定地址开始的19个字节缓冲区内	写当前时间、日期和夏令时组态，装载到从T指定地址开始的19个字节缓冲区内

注意：

(1)硬件时钟仅在CPU224以上的PLC有效；

(2)在使用时钟指令前，需要先在S7-200编程软件中先设定PLC的时钟；

(3)S7-200 CPU不具备自动核实日期是否正确的功能，故需确保输入的日期正确无误。S7-200中的当日时间时钟仅使用年份的最后两位数字，如2000年表示为00。S7-200 PLC不以任何方式使用年份信息。但是，使用算术或与年份值相比较的用户程序必须考虑两位数的表示方法和实际变化。2096年之前的闰年均可正确显示。

(4)在编程过程中，可以使用设置实时时钟指令将PLC内部时钟正确化。然后使用读取实时时钟指令一直读取PLC时钟，在程序中书写触点类比较指令，来完成不同时段达成不同功能的要求。例如定时开关设备等，见以下例题。

例7-10　设计某一路段的路灯定时开关控制程序，时间要求为18:00开灯，06:00关灯，路灯输出由Q0.1控制。梯形图及语句表如图7-21所示。

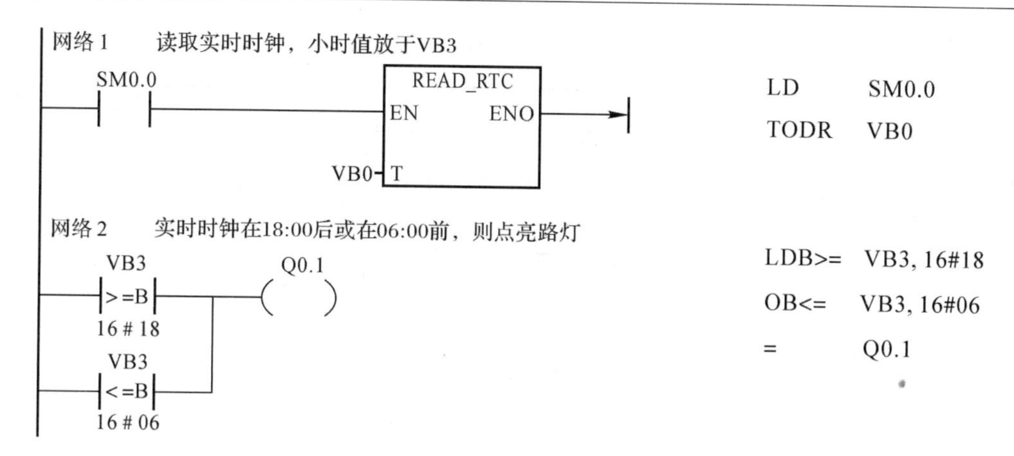

图 7 - 21　时钟指令使用举例

7.7　表　指　令

表功能指令用来建立和存储字型数据表，主要包括填表指令、存储区填充指令、查表指令、后进先出指令和先进先出指令。指令使用说明和有效操作数见表 7 - 22，表功能指令一般使用较少。

7.7.1　填表指令

填表 ATT(Add To Table)指令是向表 TBL 中增加一个数值 DATA。表中第一个数是为最大填表数 TL，第二个数是实际填表数 EC，表明已填入表的数据个数。新的数据依次添加在表中上一个数据的后面。表中每添加一个新的数据，EC 自动加 1。一个表最多可有 100 个数据。表功能指令使用说明见表 7 - 22。

表 7 - 22　表功能指令

指　令	填　表	存储区填充	查　表	后进先出	先进先出
LAD	AD_T_TBL EN ENO DATA TBL	FILL_N EN ENO IN OUT N	TBL_FIND EN ENO TBL PTN INDX CMD	LIFO EN ENO TBL DATA	FIFO EN ENO TBL DATA
STL	ATT DATA,TBL	FILL IN,OUT,N	FND TBL,PTN,INDX	LIFO TBL, DATA	FIFO TBL,DATA
数据类型	DATA 为 INT;TBL 为 WORD	IN 和 POT 为 INT;B 为 BYTE	TBL、INDX 为 WORD; PTN 为 INT;CMD 为 BYTE 型常数	DATA 为 INT;TBL 为 WORD	

例 7－11 将 VW100 中的数据 4567 填入 VW200 的数据表中，如图 7－22 所示。

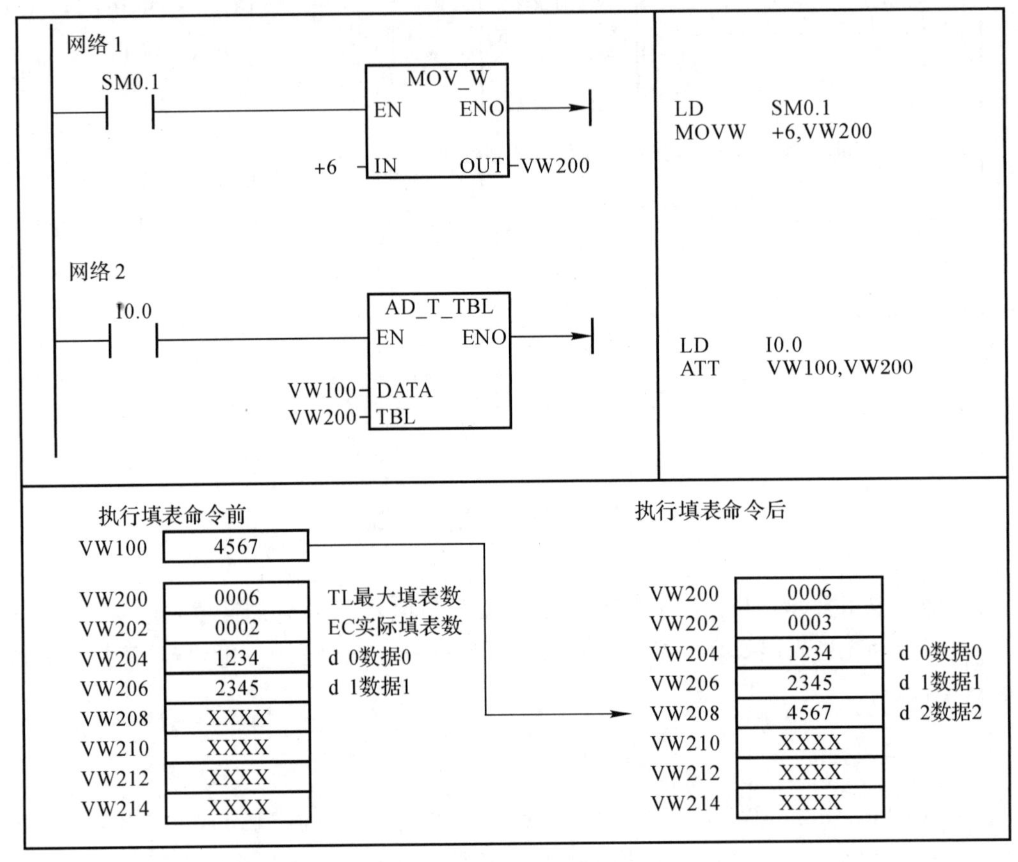

图 7－22 填表指令使用举例

7.7.2 存储区填充指令

存储区填充指令 FILL 用输入值 IN 填充从输出 OUT 开始的 N(1～255)个字的内容。功能指令使用说明见表 7－22，应用举例如图 7－23 所示。

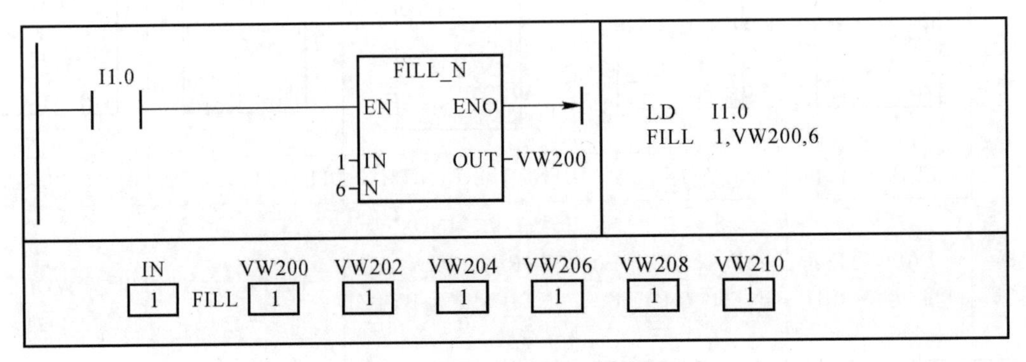

图 7－23 存储区填充指令使用举例

7.7.3　查表指令

查表 FND(Table Find)指令的 4 个引脚释义如下：

(1)TBL：表格首地址(为表的首地址输入端，指明被访问的表格)；

(2)PTN：描述查表时进行比较的数据(为查表时进行比较的数据的输入端)；

(3)CMD：为 1～4 的数值，对应比较运算符“?”中的 ＝、＜＞、＜、＞；

(4)INDX：存放表中符合查找条件的数据地址(0～99)(用来指定存储地址，以存放表中符合查找条件数据的数据编号)。

查表指令 FND 从 INDX 开始搜索表 TBL，寻找符合 PTN 和 CMD 的数据，若符合条件，则 INDX 指向表中该数的位置。若查找下一个符合条件的数据，在激活查表指令前，需 INDX＋1；反之 INDX＝EC。

例 7－12　查表指令应用举例如图 7－24 所示。

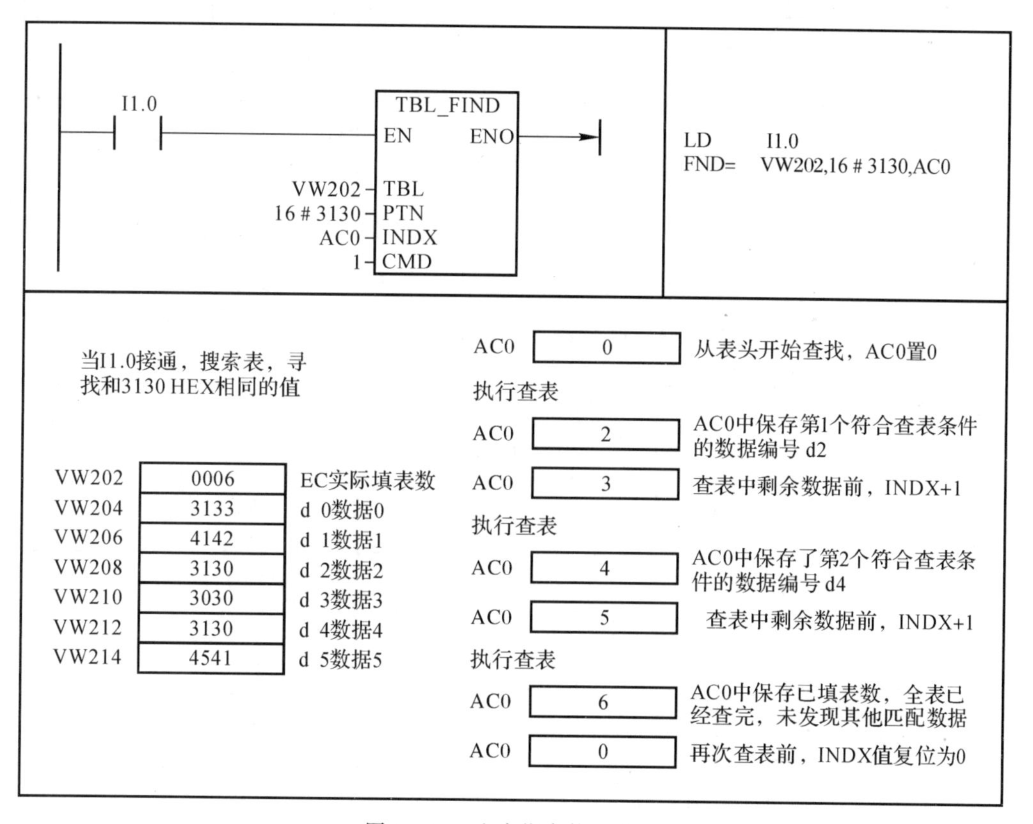

图 7－24　查表指令使用举例

7.7.4　后进先出指令和先进先出指令

(1)后进先出 LIFO(Last－In－First－Out)指令从表 TBL 中移走最后一个数据放至 DATA，表中其他数据位置不变。该指令每执行一次则表中数据 EC 减 1。

例 7－13　后进先出指令应用举例如图 7－25 所示。

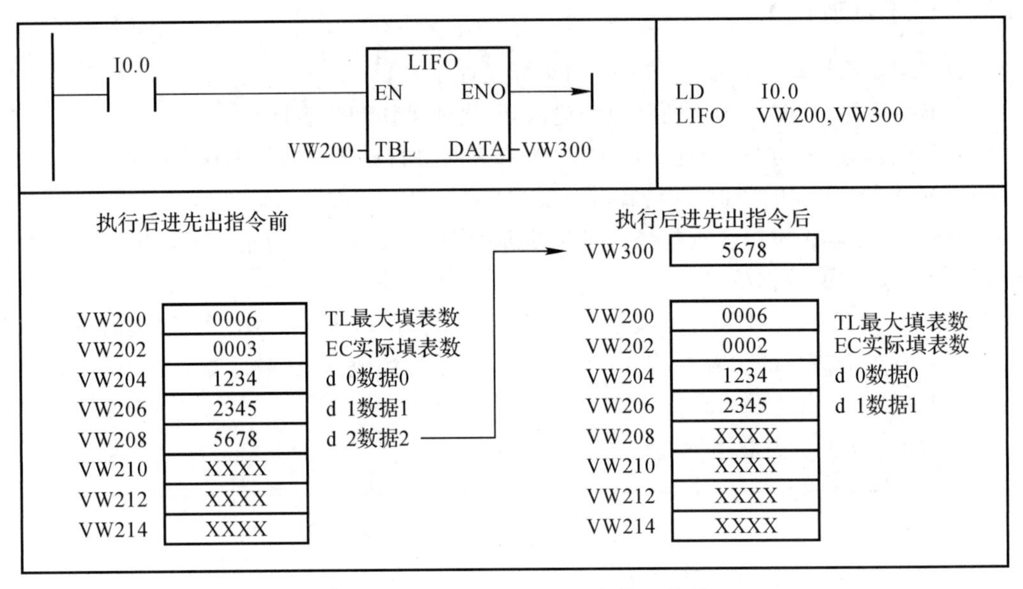

图 7-25　后进先出指令指令使用举例

(2)先进先出 FIFO(First-In-First-Out)指令从表 TBL 中移第一个进入表中的数据放至 DATA。剩余数据依次上移一个位置，该指令每执行一次则表中数据 EC 减 1。

例 7-14　先进先出指令应用举例如图 7-26 所示。

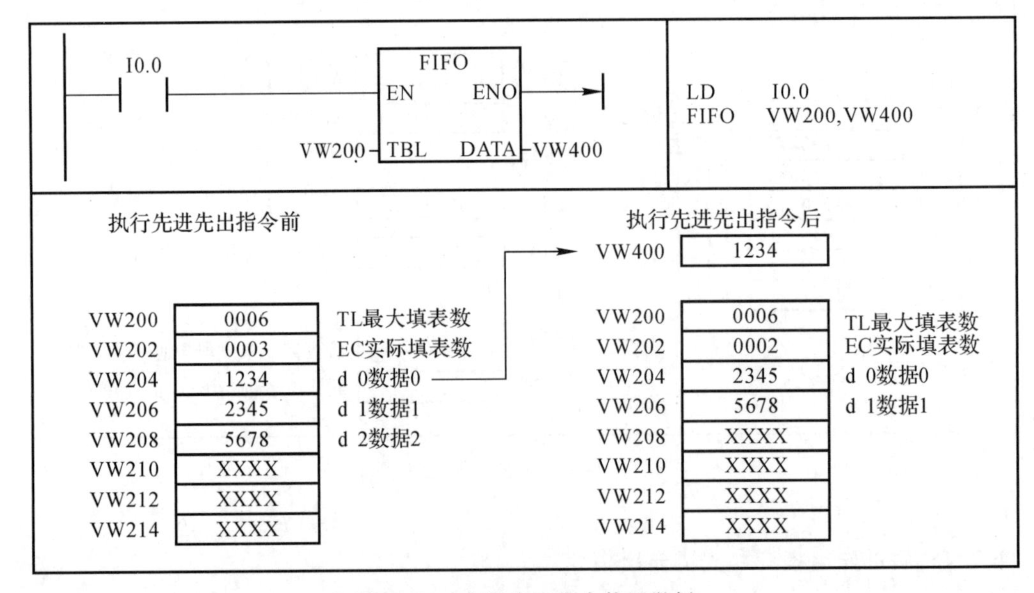

图 7-26　先进先出指令使用举例

7.8　中断指令

在 PLC 控制过程中，系统中经常需要对某些异常情况和特殊请求进行立即处理，以提高系统响应速度。由于 PLC 扫描机制的限制，所以需要引入中断功能。中断功能是：当中断信号到达时，系统立即停止当前正在执行的操作，转而去执行相应的中断服务程序，完成后再返回原程序执行操作。

7.8.1　有关中断的几个概念

1. 中断源及其分类

中断源，即中断事件向 CPU 发出中断请求的来源。每个中断源都分配一个编号，用来加以识别，这些编号称为中断事件号，S7－200 PLC 最多有 34 个中断源。这些中断源可分为 3 类：通信中断、输入/输出中断和时基中断。

(1)通信中断。通过程序来控制 PLC 的串行通信口的通信模式称为自由通信口模式，用户可根据需求，通过编程来定义波特率、每个字符位数、奇偶校验和通信协议等参数，此模式所对应的事件则称为通信中断。

(2)输入/输出中断。输入/输出中断包括外部输入中断(上升沿或下降沿中断)、高速计数器中断(HSC)和脉冲串输出中断(PTO)。在 S7－200 PLC 中，外部输入中断是系统利用 I0.0～I0.3的上升沿或下降沿产生中断，这些输入点可用作连接某些一旦发生应立即处理的外部事件；HSC 中断可对 HSC 运行时产生的事件进行响应，如当前值等于预设值、计数器方向的改变、计数器外部复位等事件引起的中断，PTO 中断则允许完成对指定脉冲数输出的响应，其典型应用是步进电机的控制。

(3)时基中断。时基中断包括定时中断和定时器中断。

1)定时中断：可按照指定的周期时间进行循环执行，周期时间以 1 ms 作为计量单位，周期时间设置范围为 1～255 ms，对于定时中断 0，需将周期时间值写入 SMB34；对于定时中断 1，需将周期时间值写入 SMB35。每当达到定时时间值，相关定时器溢出，CPU 执行中断处理程序。定时中断可用来以固定的时间间隔作为采样周期，对模拟量输入进行采样或执行 PID 回路。

2)定时器中断：只能使用分辨率为 1 ms 定时器 T32 和 T96，对指定的时间段产生中断。当所用定时器当前值等于预设值时，在 CPU 正常的定时刷新时执行中断程序。

2. 中断优先级

中断程序属于程序结构中的一种，在主程序、子程序和中断程序中，中断程序的优先级别最高。如果中断程序产生，它可以停止当前正在执行的主程序或者子程序，从而进入中断例行程序中执行。因此中断程序具有程序结构中的最高优先执行权。但在中断系统中，若多个中断源同时请求时，CPU 会根据中断性质和处理的轻重缓急程度进行排序，规定每个中断源都有一个中断优先级，S7－200 PLC 中，中断优先级由高到低排列如下：通信中断、输入/输出中断、时基中断。每种中断的不同中断事件又有不同的优先权，所有中断事件及优先级见表7－23。

表 7-23　中断事件及优先级

组中断优先级	组内类型	中断事件号	中断事件说明	组内优先级
通信中断（最高）	通信口 0	8	端口 0:接收字符	0
		9	端口 0:发送字符	0
		23	端口 0:接收信息完成	0
	通信口 1	24	端口 1:接收信息完成	1
		25	端口 1;接收字符	1
		26	端口 1;发送完成	1
输入/输出中断（中等）	脉冲输出 PTO	19	PTO 0 脉冲串输出完成中断	0
		20	PTO 1 脉冲串输出完成中断	1
	外部输入 I	0	I0.0 上升沿中断	2
		2	I0.1 上升沿中断	3
		4	I0.2 上升沿中断	4
		6	I0.3 上升沿中断	5
		1	I0.0 下降沿中断	6
		3	I0.1 下降沿中断	7
		5	I0.2 下降沿中断	8
		7	I0.3 下降沿中断	9
	高速计数器 HSC	12	HSC0 当前值 CV=预设值 PV	10
		27	HSC0 输入方向改变	11
		28	HSC0 外部复位	12
		13	HSC1 当前值 CV=预设值 PV	13
		14	HSC1 输入方向改变	14
		15	HSC1 外部复位	15
		16	HSC2 当前值 CV=预设值 PV	16
		17	HSC2 输入方向改变	17
		18	HSC2 外部复位	18
		32	HSC3 当前值 CV=预设值 PV	19
		29	HSC4 当前值 CV=预设值 PV	20
		30	HSC4 输入方向改变	21
		31	HSC4 外部复位	22
		33	HSC5 当前值 CV=预设值 PV	23

续表

组中断优先级	组内类型	中断事件号	中断事件说明	组内优先级
时基中断 （最低）	定时	10	定时中断 0　SMB34	0
		11	定时中断 1　SMB35	1
	定时器 TIMER	21	定时器 T32 当前值 CT＝PT 预设值	2
		22	定时器 T96 当前值 CT＝PT 预设值	3

CPU 按照先来先服务的原则响应中断请求，一个中断程序一旦执行，在此中断程序未执行完成前不会被其他任何中断程序所打断。任何时刻，CPU 只能执行一个中断程序。中断程序执行过程中，新出现的中断请求按照优先级和时间的先后顺序进行排队等待 CPU 处理。中断队列保存中断个数有限，若超过其范围，则会产生溢出，某些特殊标志存储器会被置位。中断队列和每个队列的最大中断数见表 7－24。

表 7－24　中断队列和每个队列的最大中断数

队　列	CPU221	CPU222	CPU224	CPU226	CPU224XP	中断队列溢出标志位
通信中断	4	4	4	8	8	SM4.0
输入/输出中断	16	16	16	16	16	SM4.1
时基中断	8	8	8	8	8	SM4.2

7.8.2　中断指令

CPU 正常运行期间，停止当前操作，执行其他特殊操作的行为就叫作中断，负责跳转的指令就是中断指令，有开放中断 ENI(Enable Interrupt)、禁止中断 DISI(Disable Interrupt)、中断条件返回 CRETI(Conditional Return from Interrupt)、连接中断 ATCH(Attach Interrupt)、分离中断 DTCH(Detach Interrupt)和清除中断事件 CEVNT(Clear Event)等指令，指令使用说明见表 7－25。

表 7－25　中断指令

指　令	开放中断	禁止中断	中断条件返回	连接中断	分离中断	清除中断事件
LAD	—(ENI)	—(DISI)	—(RETI)	ATCH EN　ENO INT EVNT	DTCH EN　ENO EVNT	CLR_EVNT EN　ENO EVNT
STL	ENI	DISI	CRETI	ATCH　INT,EVNT	DTCH　EVNT	CEVNT　EVNT

续表

指　令	开放中断	禁止中断	中断条件返回	连接中断	分离中断	清除中断事件
功　能	全局允许所有被连接的中断事件	全局禁止处理所有中断事件	当前面逻辑操作条件满足，从中断服务程序中返回主程序	关联中断事件EVNT和中断程序号INT，并使能该中断事件	切断关联中断事件EVNT和中断程序号INT，并禁止该中断事件	从中断队列中清除所有EVNT类型的中断事件
数据类型	无操作数	无操作数	无操作数	中断程序号INT：字节型常数0～127 中断事件号EVNT：字节型常数；CPU224XP和CPU226为0～33；CPU224为0～23和27～33		

7.8.3 中断程序

中断程序又称为中断服务程序，是用户为处理中断事件而事先编写好的程序。编程时，用中断程序入口的中断程序标志来识别每个中断程序。程序使用举例如图7-27和图7-28所示。

1.中断程序构成及要求

它由中断程序标号、中断程序指令和无条件返回指令三部分组成。中断程序标号，即中断程序的名称，它在建立中断程序时生成。中断程序指令是中断程序的实际有效部分，对中断事件的处理就是由这些指令组合完成的，在中断程序中可以调用嵌套子程序。中断返回指令用来退出中断程序回到主程序。它有两种返回指令：一种是无条件中断返回指令，程序编译时由软件自动在程序结尾加上该指令，无须编程人员手工输入；另一种是从中断程序有条件返回指令CRETI，在中断程序内部用它可以提前退出中断程序。为提高程序运算速度，应减少中断程序的执行时间，故要求中断程序的编写应短小精悍，最大限度地优化中断程序，否则在意外条件下可能会引起主程序控制的设备出现异常现象。

2.编制方法

软件编程时，在“编辑”菜单下“插入”中选择“中断程序”可生成一个新的中断程序编号(INT_0 ～INT_N)，进入该程序的编辑区，在此编辑区中可编写中断服务程序，或者在程序编辑器视窗中单击鼠标右键，从弹出的菜单下“插入”中选择“中断程序”实现中断程序的编写。

注意：

(1)在执行中断程序和中断程序调用的子程序时可以共用累加器和逻辑堆栈。

(2)在中断服务程序中禁止使用DISI、ENI、HDEF、LSCR和END等指令。

例7-15　用定时中断读取模拟量AIW0的数值，要求时间间隔为100 ms。

解:该程序由主程序 MAIN、子程序 SBR_0 和中断服务程序 INT_0 组成,如图 7 - 27 所示。视频链接扫二维码  。

主程序 MAIN:

网络 1　首次扫描,调用子程序SBR0

SM0.1　SBR_0　EN

```
LD      SM0.1
CALL    SBR_0:SBR0
```

子程序　SBR_0:

网络 1　设置定时中断时间间隔为100ms,连接INT_0到定时中断0(EVNT 10),全局允许中断

SM0.0　MOV_B　EN　ENO　100-IN　OUT-SMB34

ATCH　EN　ENO　INT_0:INT0-INT　10-EVNT

(ENI)

```
LD      SM0.0
MOVB    100, SMB34
ATCH    INT_0:INT0, 10
ENI
```

中断服务程序　INT_0:

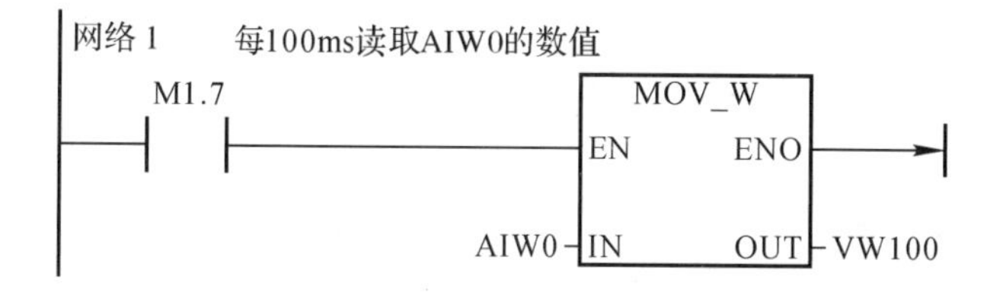


```
LD      M1.7
MOVW    AIW0, VW100
```

图 7 - 27　中断指令使用举例 1

例 7 - 16　定义 I0.0 的下降沿中断服务程序为 INT_0,若检测到 I/O 错误,则禁止中断并返回。

解:该程序由主程序 MAIN 和中断服务程序 INT_0 组成,如图 7 - 28 所示。

主程序 MAIN:

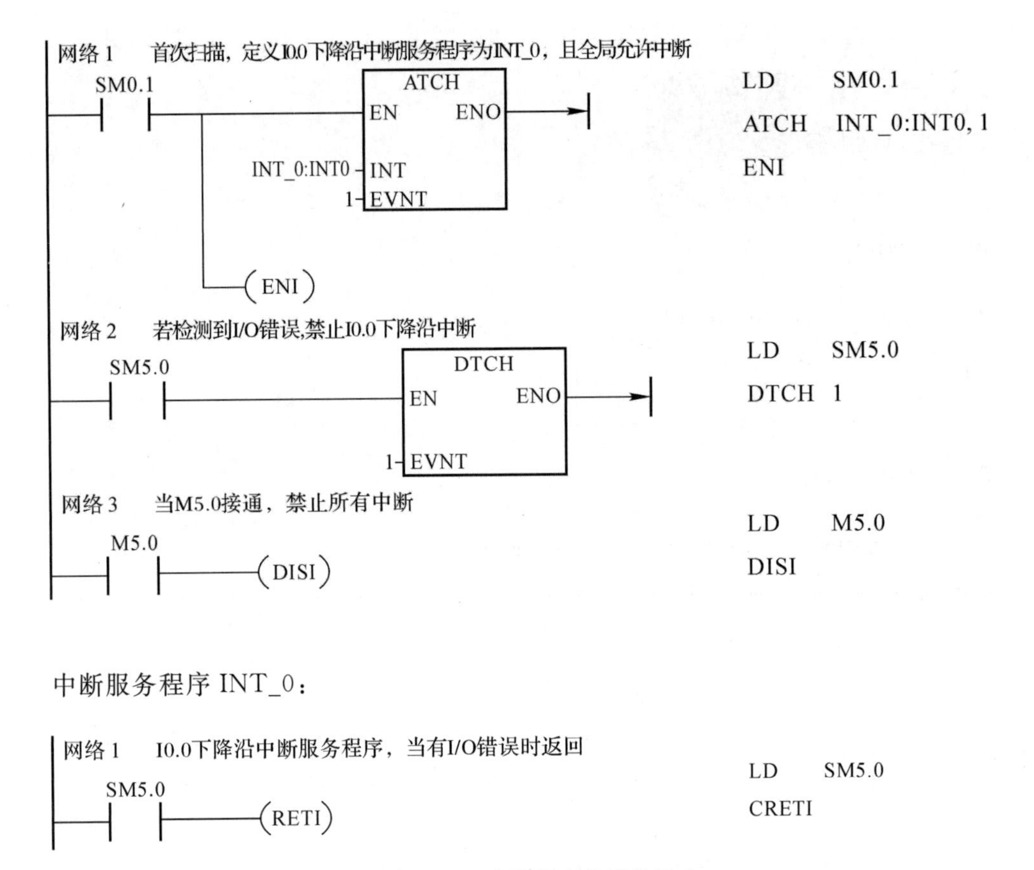

图 7－28 中断指令使用举例 2

单独的中断程序并不能发挥很大的作用，在很多高速通信、高速计数和高速脉冲输出场合，此类的条件都不是 PLC 扫描周期所能捕捉的，而对于这类中断执行的功能，想快速准确找到它们条件的方法就是借助中断。

7.9 高速计数器指令

PLC 在工作时，普通计数器按照 CPU 顺序扫描的方式进行工作。在每个扫描周期中，对上升沿正跳变有效的计数脉冲进行单次累加；若脉冲信号频率高于 PLC 的扫描频率，则会丢失输入脉冲信号。此时，可使用高速计数器 HSC(High-Speed Counter)指令来对 S7－200 扫描速率无法控制的高速事件进行计数。

一般来说，高速计数器 HSC 和编码器 Encoder 配合使用，用来实现在自动控制中的精确定位和测量长度。可用来累计比 PLC 扫描频率高得多的脉冲输入(30 kHz)，利用产生的中断事件完成预定的操作，在众多领域中有重要应用价值。

高速计数器 HSC 对 CPU 扫描速率无法控制的高速事件进行计数，最多可配置 12 种不同的操作模式。高速计数器 HSC 的最高计数频率由 CPU 的类型决定。

在西门子 S7 - 200 CPU22X 中，CPU221 和 CPU222 有 4 个高速计数器，编号为 HC0 和 HC3～HC5；CPU224(XP)和 CPU226 有 6 个高速计数器，编号为 HC0～HC5。每个高速计数器与固定的特殊寄存器对应关系见表 7 - 26。

表 7 - 26　HSC 使用的特殊标志寄存器

高速计数器编号	状态字节	控制字节	初始值(双字)	预设值(双字)
HSC0	SMB36	SMB37	SMD38	SMD42
HSC1	SMB46	SMB47	SMD48	SMD52
HSC2	SMB56	SMB57	SMD58	SMD62
HSC3(可作为单向计数器使用)	SMB136	SMB137	SMD138	SMD142
HSC4	SMB146	SMB147	SMD148	SMD152
HSC5(可作为单向计数器使用)	SMB156	SMB157	SMD158	SMD162

7.9.1　高速计数器指令

高速计数器指令由定义高速计数器指令 HDEF 和高速计数器指令 HSC 组成，指令使用说明见表 7 - 27。

表 7 - 27　高速计数器指令

指　令	定义高速计数器	高速计数器
LAD	HDEF EN　ENO HSC MODE	HSC EN　ENO N
STL	HDEF　HSC，MODE	HSC　N
功　能	为指定的 HSC 选择操作模式，模块的选择决定 HSC 的时钟、方向、启动和复位功能	在高速计数器 HSC 特殊存储器位的状态位基础上，配置和控制高速计数器并使之生效
数据类型	高速计数器编号 HSC：字节型常数 0～5；工作模式 MODE：字节型常数 0～12	高速计数器标号 N：字型常数 0～5；当准许输入 EN 使能有效时，启动 N 号高速计数器工作

7.9.2　高速计数器分类

高速计数器按工作方式的不同，一般分为内部方向控制的单相计数器、外部方向控制的单相计数器、双向计数器和正交计数器共四类：

1. 内部方向控制的单相计数器

内部方向控制的单相计数，只有1个脉冲输入端，通过高速计数器的控制字节的第3位的值为“1”(加计数)或“0”(减计数)来控制计数方向，如图7－29所示，图中CV为当前值，PV为预设值。

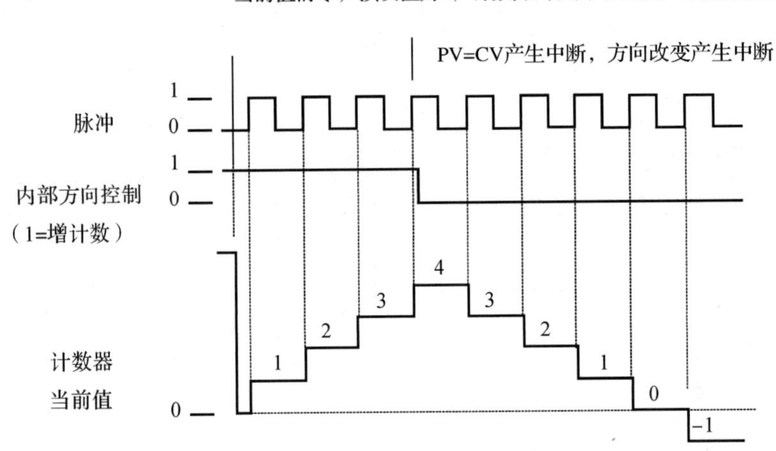

图7－29　内部方向控制的单相计数器

2. 外部方向控制的单相计数器

外部方向控制的单相计数，有1个方向控制端(值为“1”加计数或“0”减计数)来控制计数方向和1个脉冲输入端，如图7－30所示。

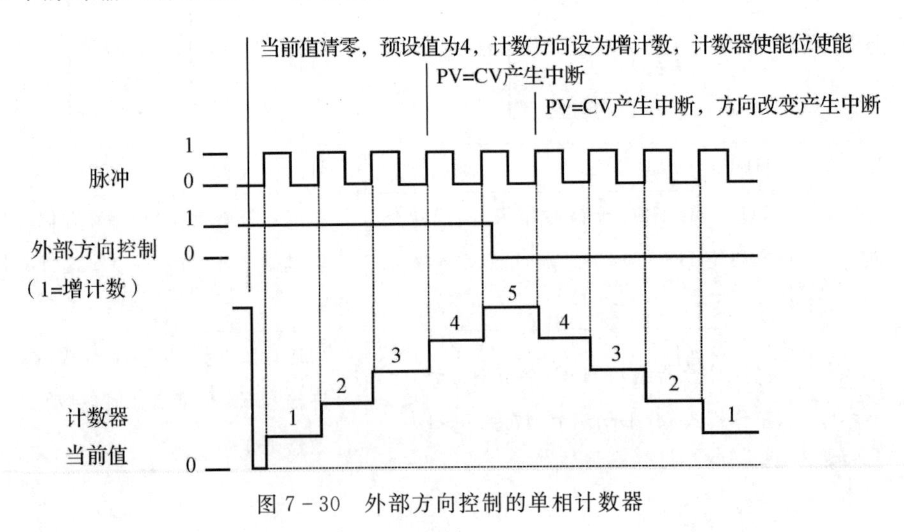

图7－30　外部方向控制的单相计数器

3. 双向计数器

双向计数器系统自动分配两个脉冲输入端(加计数输入端和减计数输入端)。计数值为两个输入端脉冲的代数和。当在使用模式 6、7 或者 8 时，若加计数时钟输入的上升沿与减计数时钟输入的上升沿之间的时间间隔小于 0.3 ms，则高速计数器视同这些事件为同时发生，此时当前值 CV 不变，计数方向指示不变；反之，高速计数器分别捕捉每个事件。如图 7 - 31 所示。

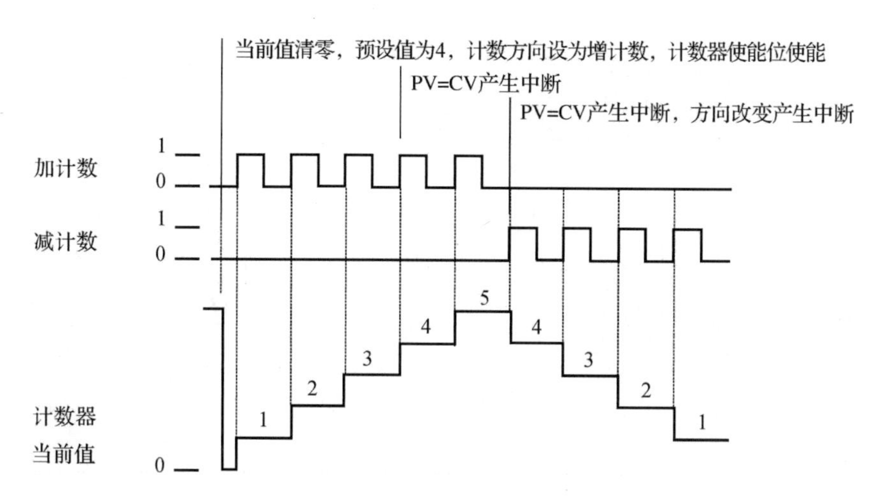

图 7 - 31　双向计数器

4. 正交计数器

正交计数器需两相编码器脉冲（A 相与 B 相）相位相差 90°输入，若 A 相超前 B 相 90°，则加计数；若 A 相滞后 B 相 90°，则减计数。有 1 倍速正交模式（1 个时钟脉冲计 1 个数）和 4 倍速正交模式（1 个时钟脉冲计 4 个数）两种模式可供选择，如图 7 - 32 和图 7 - 33所示。

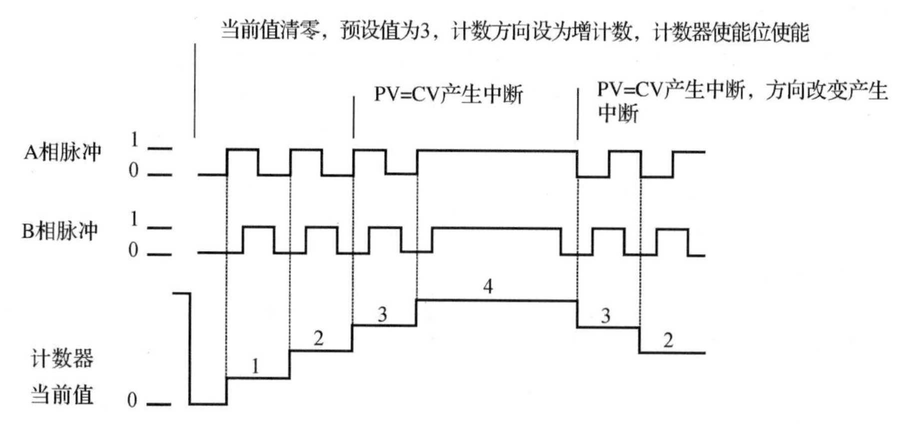

图 7 - 32　一倍频正交计数器

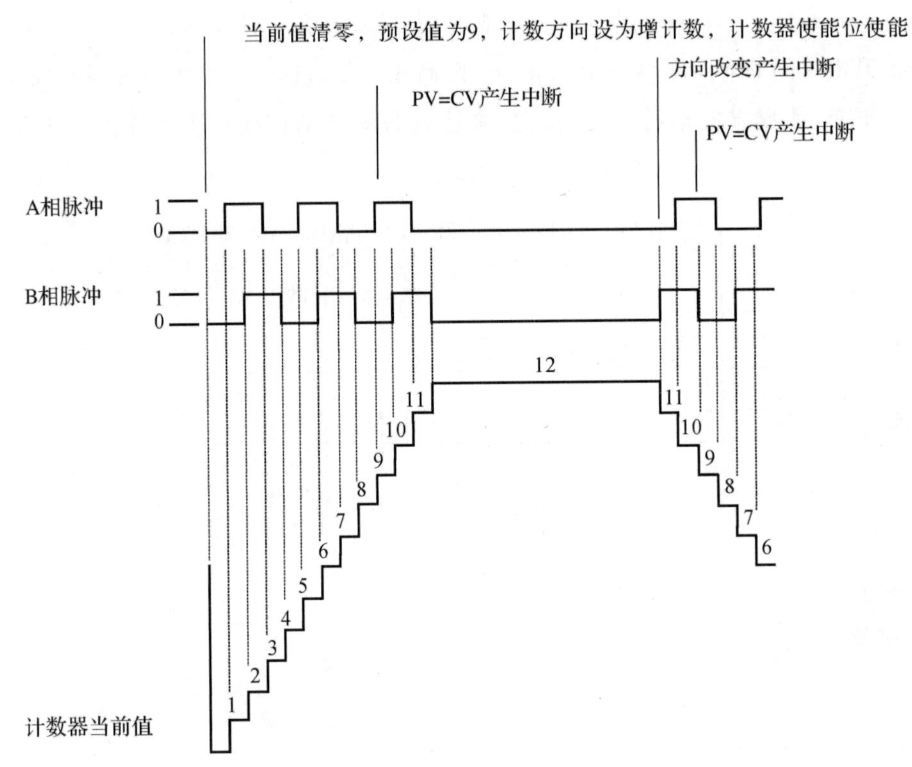

图 7-33　四倍频正交计数器

当高速计数器工作模式 12 对 PLC 本身输出的高速脉冲信号进行计数时，仅限于 HC0、HC3 对应于 Q0.0、Q0.1 输出的高速脉冲信号。

7.9.3　高速计数器使用的几点要求

1. 定义控制字节

系统为每个高速计数器都安排了一个特殊寄存器 SMB 作为控制字节指定位，可通过对控制字节指定位的设置，确定高速计数器的工作模式。S7-200 PLC 在执行 HSC 指令前，首先要检查与每个高速计数器相关的控制字节，在控制字节中设置了启动输入信号和复位输入信号的有效电平、正交计数器的计数倍率、计数方向采用内部控制的有效电平、是否允许改变计数方向、更新预设值与当前值，以及是否允许执行高速计数指令等。每一个高速计数器所对应的特殊寄存器控制位见表 7-28。

表 7-28　高速计数器数量及地址编号

HSC0	HSC1	HSC2	HSC3	HSC4	HSC5	说　明
SM37.0	SM47.0	SM57.0	—	SM147.0	—	复位输入控制电平有效值：0 高电平有效，1 低电平有效
—	SM47.1	SM57.1	—	—	—	启动输入控制电平有效值：0 高电平有效，1 低电平有效
SM37.2	SM47.2	SM57.2	—	SM147.2	—	倍率选择：0 为 4 倍率，1 为 1 倍率

续表

HSC0	HSC1	HSC2	HSC3	HSC4	HSC5	说　明
SM37.3	SM47.3	SM57.3	SM137.3	SM147.3	SM157.3	计数方向控制：0为减，1为加
SM37.4	SM47.4	SM57.4	SM137.4	SM147.4	SM157.4	改变计数方向控制：0不变，1改变
SM37.5	SM47.5	SM57.5	SM137.5	SM147.5	SM157.5	改变预设值控制：0不变，1改变
SM37.6	SM47.6	SM57.6	SM137.6	SM147.6	SM157.6	改变当前值控制：0不变，1改变
SM37.7	SM47.7	SM57.7	SM137.7	SM147.7	SM157.7	高速计数控制：0禁止计数，1计数

2. 装载初始值和预设值

每个高速计数器HSC都分别有一个32位带符号的整数初始值(HSC计数的起始值)和预设值(HSC运行的目标值)。当HSC的当前值CV＝预设值PV，则内部产生一个中断。欲向高速计数器HSC载入新的初始值和预设值，则必须设置包含初始值和预设值的控制字节及特殊内存字节，然后执行HSC指令，将新数值传输至高速计数器HSC。用于包含新当前值和预设值的特殊内存字节见表7－29。

表7－29　包含新当前值和预设值的特殊内存字节

计数器编号	HSC0	HSC1	HSC2	HSC3	HSC4	HSC5
新初始值	SMD38	SMD48	SMD58	SMD138	SMD148	SMD158
新预设值	SMD42	SMD52	SMD62	SMD142	SMD152	SMD162
读当前值	HC0	HC1	HC2	HC3	HC4	HC5

除控制字节以及新预设值和新初始值保持字节外，还可以使用数据类型HC(高速计数器当前值)加计数器号码(0、1、2、3、4或5)读取每个高速计数器的当前值。因此，读操作可直接访问当前值，但写操作只能用HSC指令实现。

3. 高速计数器工作模式的配置

每个高速计数器使用一条HDEF指令声明高速计数器的工作模式，每个高速计数器配置固定的输入端子作为高速计数器的脉冲输入、计数方向、启动和复位功能。同一个计数器选择的计数模式会因系统分配的固定输入端的数目和功能而有所不同，高速计数器的工作模式见表7－30。

表7－30　高速计数器的工作模式和输入端子

HSC模式	说　明	输　入			
	HSC0	I0.0	I0.1	I0.2	
	HSC1	I0.6	I0.7	I1.0	I1.1
	HSC2	I1.2	I1.3	I1.4	I1.5
	HSC3	I0.1			
	HSC4	I0.3	I0.4	I0.5	
	HSC5	I0.4			

续表

HSC模式	说　明	输　入			
0	具有内部方向控制的单相计数器	脉冲			
1		脉冲		复位	
2		脉冲		复位	启动
3	具有外部方向控制的单相计数器	脉冲	方向		
4		脉冲	方向	复位	
5		脉冲	方向	复位	启动
6	具有加减计数时钟的双向计数器	加计数脉冲	减计数脉冲		
7		加计数脉冲	减计数脉冲	复位	
8		加计数脉冲	减计数脉冲	复位	启动
9	A/B相正交计数器	脉冲A	脉冲B		
10		脉冲A	脉冲B	复位	
11		脉冲A	脉冲B	复位	启动
12	只有HSC0和HSC3支持模式12,HSC0计数Q0.0输出的脉冲数,HSC3计数Q0.1输出的脉冲数				

4.激活高速计数器

HSC指令的功能是根据与高速计数器相关的特殊继电器确定控制方式和工作状态,使高速计数器的设置生效,按照指令的工作模式执行计数操作。当准许输入EN使能有效时,启动数据输入端N,对应的N号高速计数器工作。HSC指令使用如图7-34所示。

当来自外部的输入设备(如编码器)所产生的脉冲信号,A相或者B相接到高速计数器0的信号输入端I0.0时,高速计数器0将对其进行计数,计数的方向为加计数,允许更新初始值和预设值。

定义HSC只需开启脉冲触发即可,无需一直接通,若条件是接通的,则相当于HSC一直处于定义状态。对于HSC的设定值,若没有当前值等于设定值进入中断,可以不对设定值进行设定。按照这一模式可以对其余的模式进行设测试。

注意:在中断程序当中使用这一指令激活高速计数器并将当前值清零。

5.高速计数器应用举例

在使用高速计时器时,需要按照以下步骤进行:

(1)根据控制要求选择高速计数器编号(见表7-26),以及高速计数器工作模式和输入端子(见表7-30),确定外围设备接线;

(2)确定高速计数器后,在子程序中定义高速计数器控制字节(见表7-29);

(3)设定初始值和预设值(见表7-29);

(4)设置中断事件(见表7-23)并全局开中断;

(5)执行HSC指令,激活高速计数器。

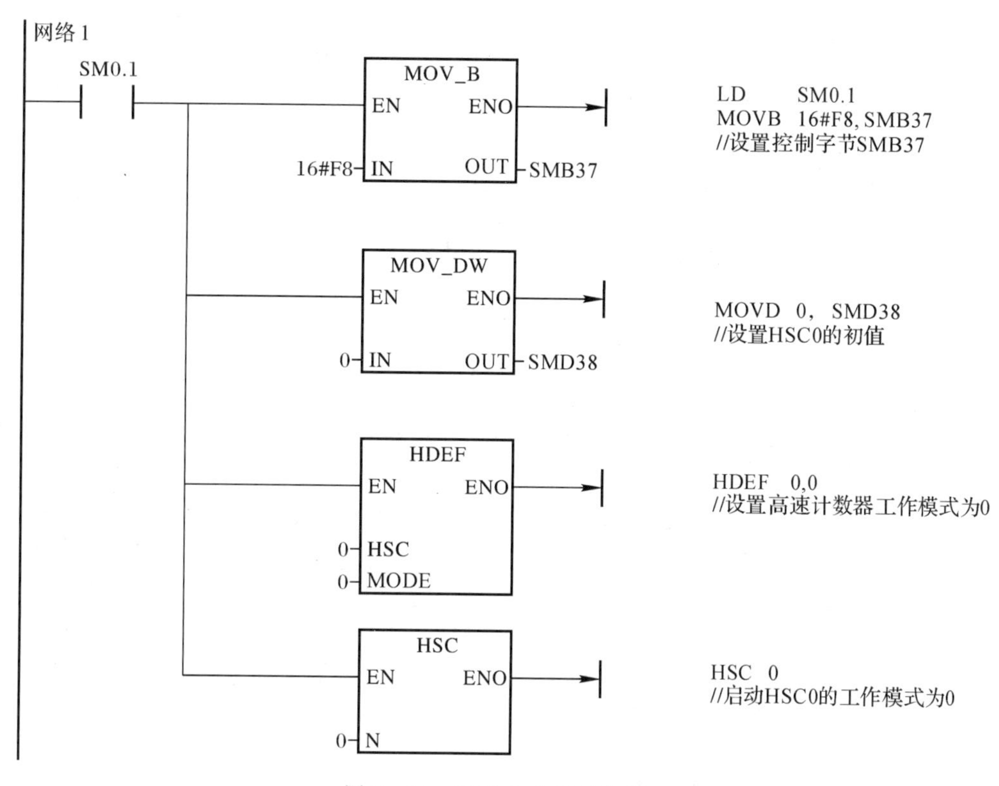

图 7－34　HSC 指令使用举例 1

例 7－17　使用脉冲输出 PLS 来为 HSC 产生高速计数信号，PLS 可以产生脉冲串和脉宽调制信号，用来控制伺服电机，则 PLC 可选型 CPU 224 DC/DC/DC 型，其中 I0.0 用于连接 HSC 输入端子，Q0.0 用于连接脉冲输出端子。

解：本程序由三部分组成：主程序、2 个子程序和 3 个中断程序，程序框图如图 7－35 所示。

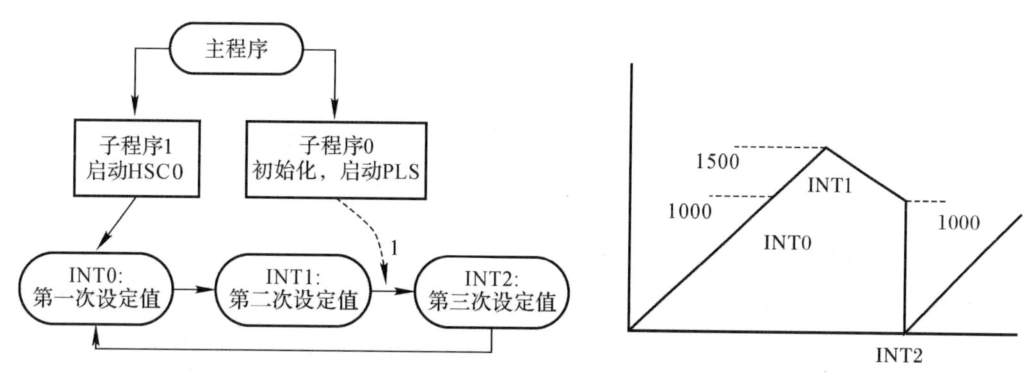

图 7－35　HSC 指令使用举例 2——程序框图

(1)主程序 MAIN。在主程序中，首先根据脉冲输出功能需求，将输出 Q0.0 置 0，再初始化高速计数器 HSC0，更新当前值 CV 和预设值 PV，正向计数，同时调用子程序 0 和 1；当脉冲数达到 SMD72 中规定的个数时，终止程序，如图 7－36 所示。

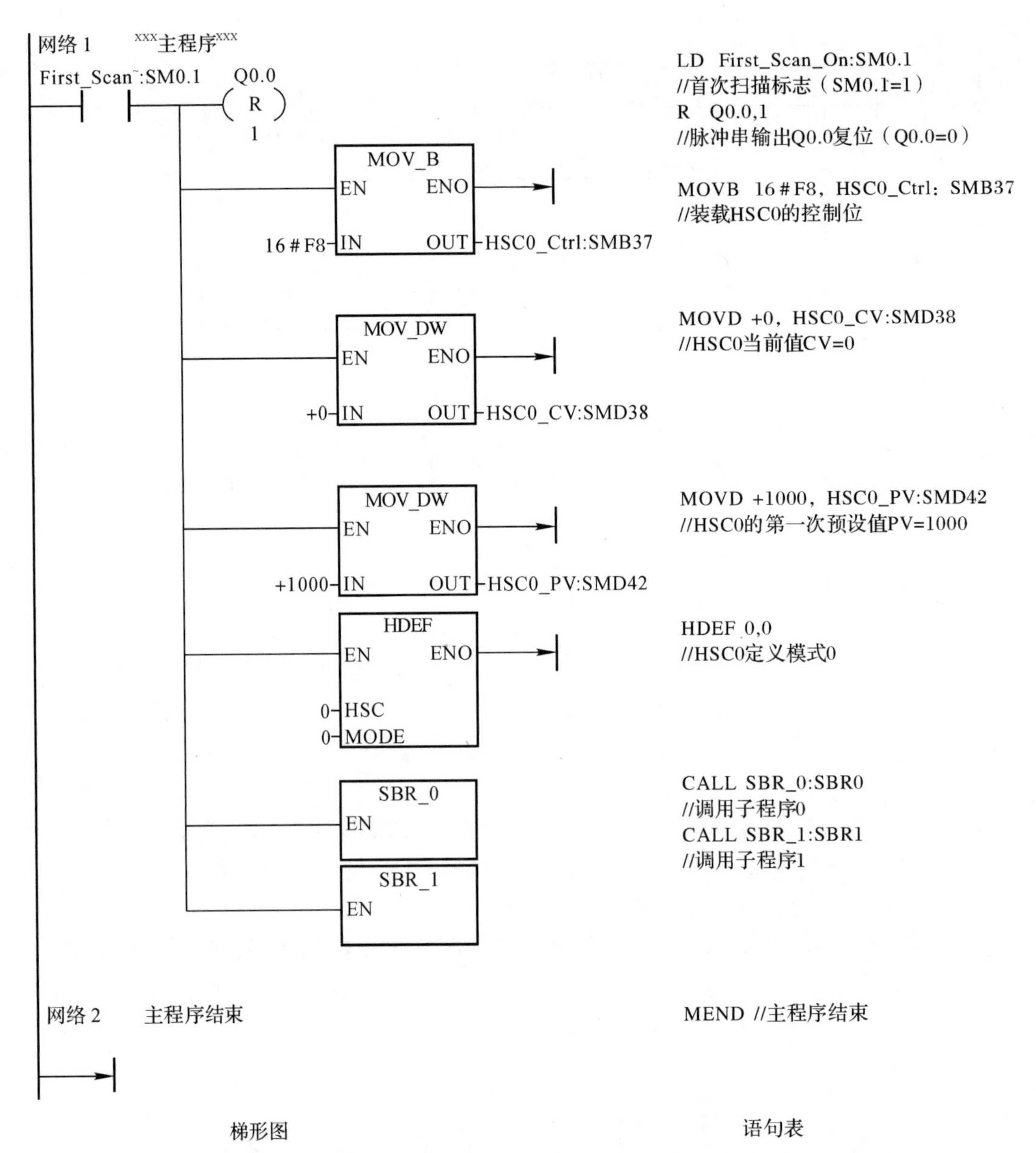

图 7－36 HSC 指令使用举例 2——主程序 MAIN

(2)子程序 SBR_0 和 SBR_1。

1)子程序 SBR_0 的作用是初始化，激活脉冲输出 PLS，在特殊存储字节 SMB67 中，定义脉冲输出特性，由 SMW68 定义脉冲输出周期的值为时基的倍数；最后，在 SMD72 中指定要产生的脉冲数，如图 7－37 所示。

2)子程序 SBR_1 的作用是启动 HSC0，把中断程序 0 分配给中断时间 12(HSC0 的当前值 CV＝预设值 PV)只要该条件满足，则该事件发生；最后允许中断，如图 7－38 所示。

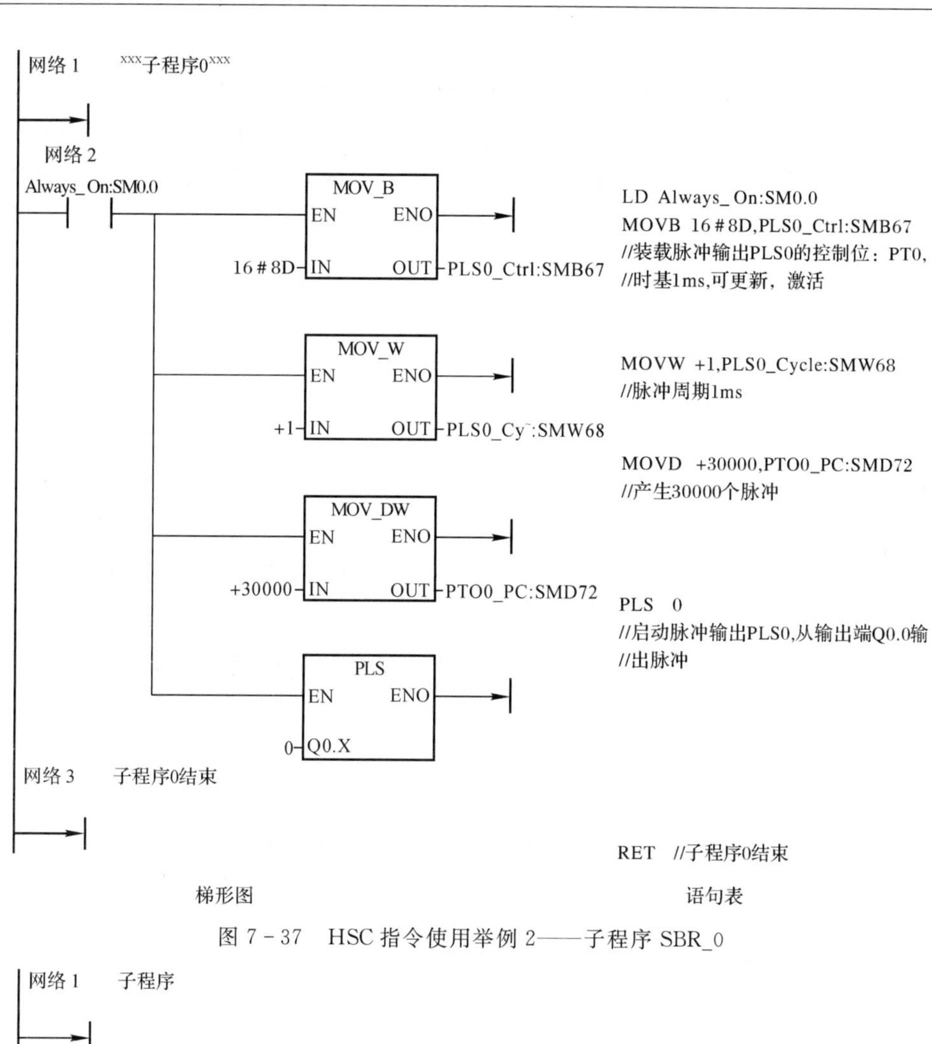

图 7 - 37　HSC 指令使用举例 2——子程序 SBR_0

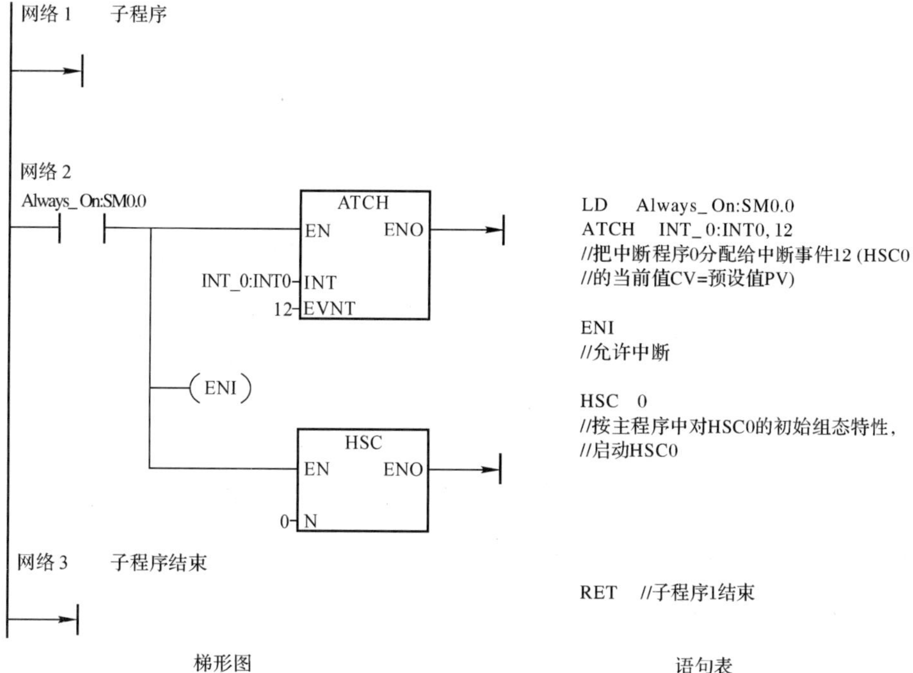

图 7 - 38　HSC 指令使用举例 2——子程序 SBR_1

(3)中断程序 INT_0、INT_1 和 INT_2。

1)中断程序 INT_0 的作用是当 HSC0 的计数脉冲达到第一预设值 PV 为 1000 时,调用中断程序 0,将输出端 Q0.1 置位 1,为 HSC0 设置新的预设值 PV 为 1500(第二预设值);然后用中断程序 1 取代中断程序 0,分配给中断事件 12(HSC0 的 CV=PV),同时结束中断程序 0,如图 7-39 所示。

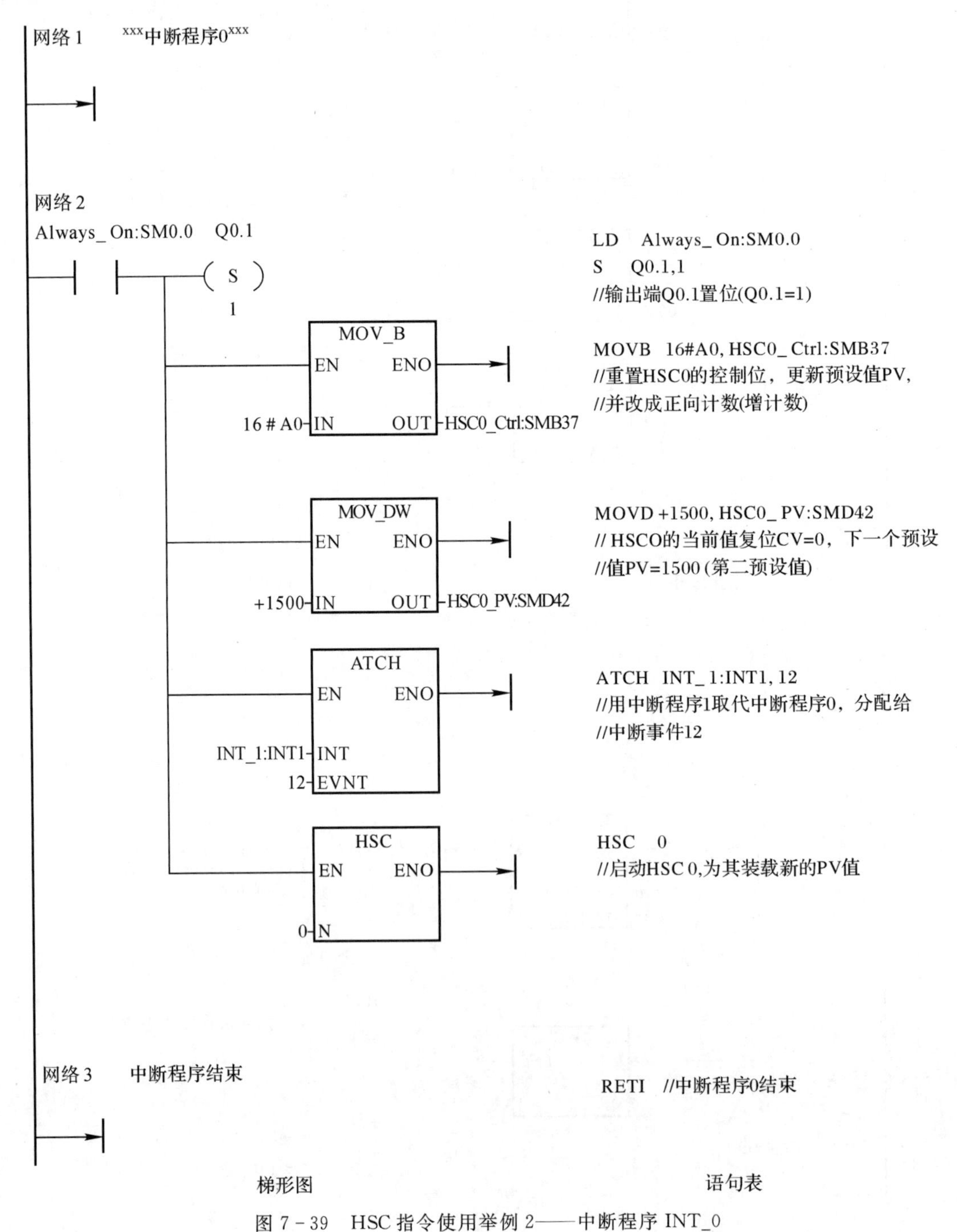

图 7-39 HSC 指令使用举例 2——中断程序 INT_0

2）中断程序 INT_1 的作用是当 HSC0 的计数脉冲达到第二预设值 PV 为 1500 时，调用中断程序 1，将输出端 Q0.2 置位 1；将 HSC0 改为减计数，并设置新的预设值 PV 为 1000（第三预设值）；然后用中断程序 2 取代中断程序 1，分配给中断事件 12（HSC0 的 CV＝PV），同时结束中断程序 1，如图 7－40 所示。

3）中断程序 INT_2 的作用是当 HSC0 的计数脉冲达到第三预设值 PV 为 1000 时，调用中断程序 2，将输出端 Q0.1 和 Q0.2 复位 0；将 HSC0 的计数方向重新修改为正向计数（增计数），并将当前计数值置 0，预设值 PV 为 1000 保持不变；然后重新把中断程序 0 分配给中断事件 12，程序再次启动 HSC0 运行；当脉冲数达到 SMD72 中规定的个数后，终止程序，如图 7－41所示。

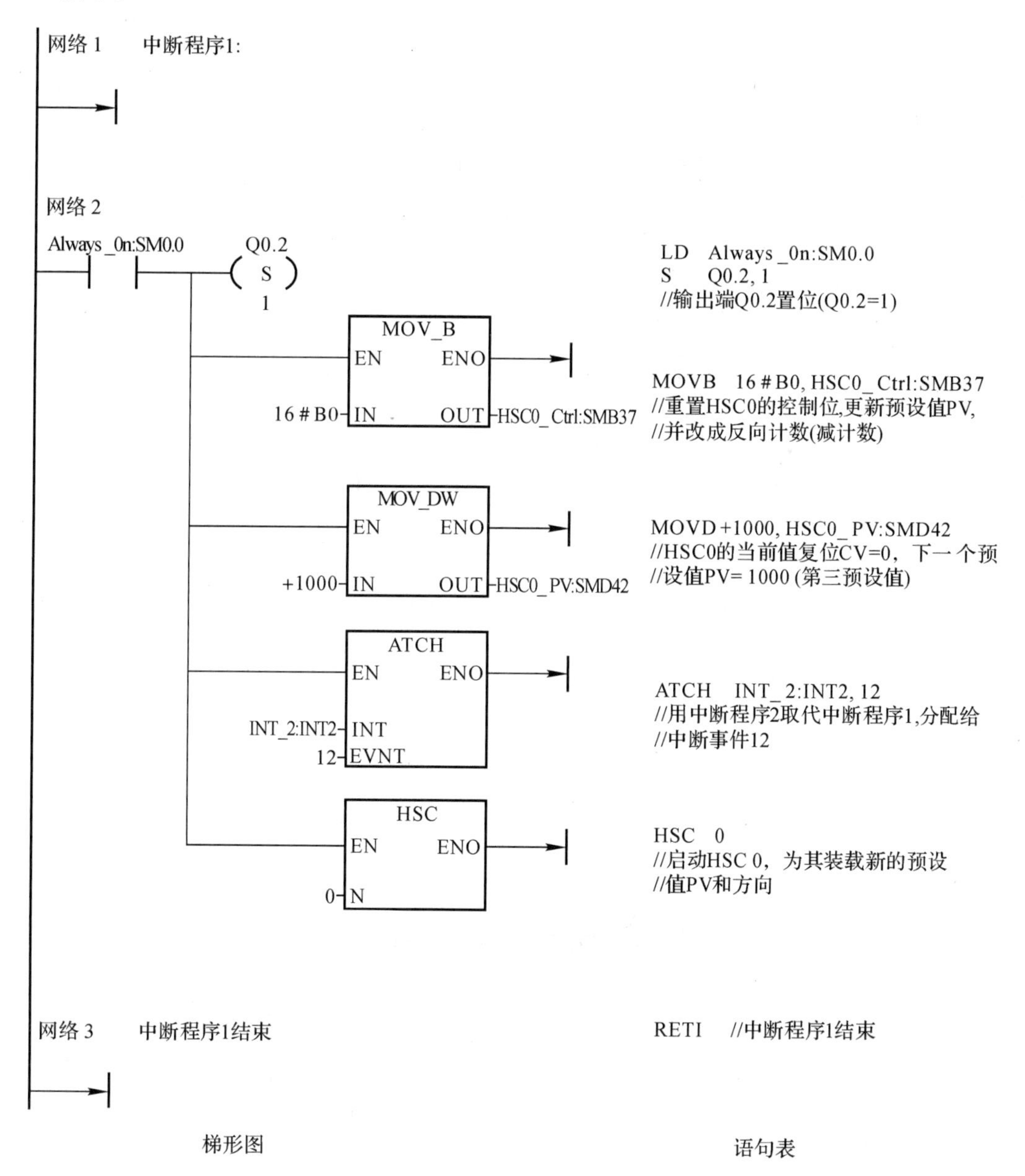

图 7－40　HSC 指令使用举例 2——中断程序 INT_1

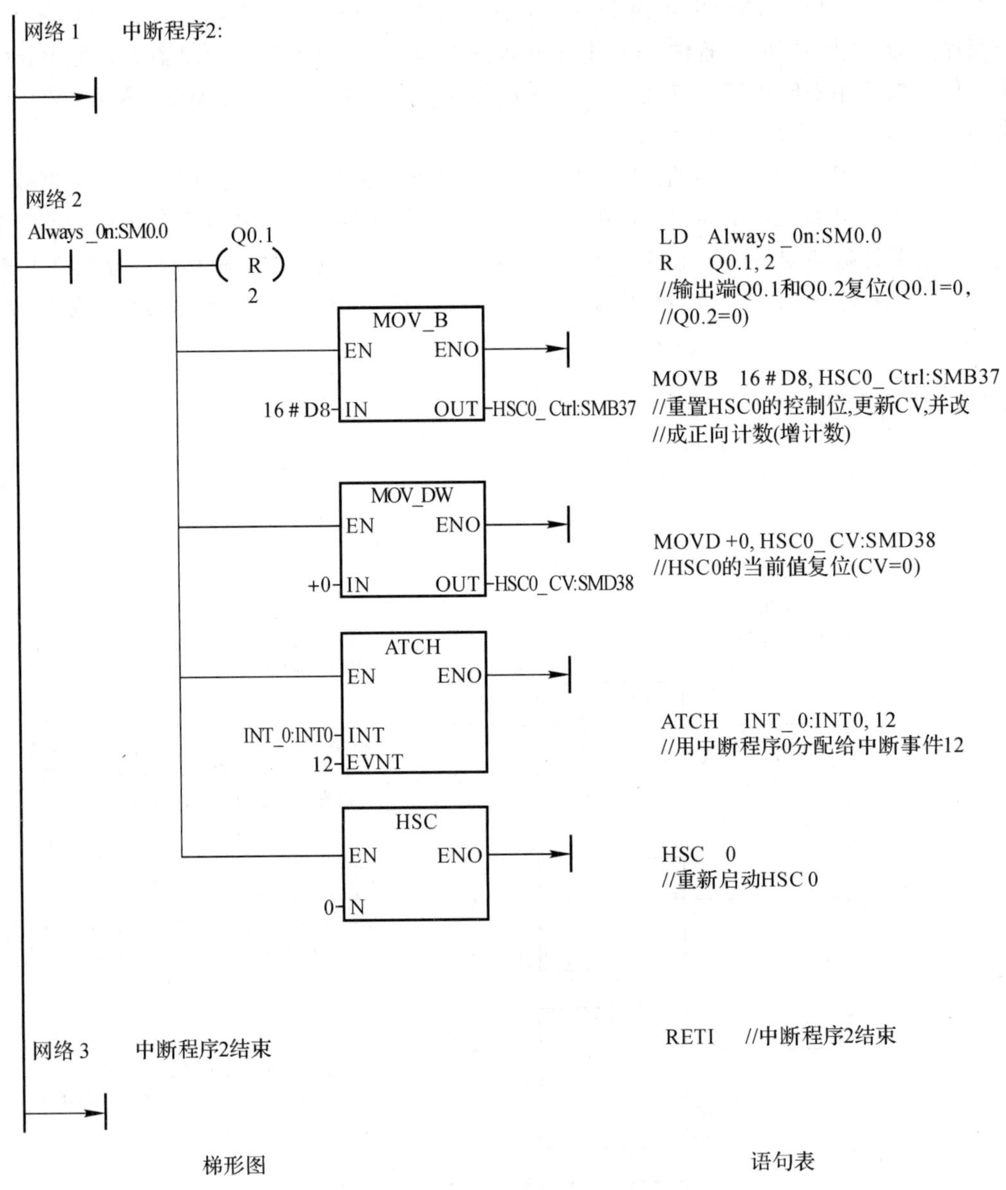

图 7-41　HSC 指令使用举例 2——中断程序 INT_2

7.10　高速脉冲输出指令

高速脉冲输出指令 PLS 用于在 S7-200 PLC 的高速输出 Q0.0 和 Q0.1 上控制脉冲串输出 PTO(Pulse Train Output)和脉宽调制 PWM(Pulse Width Modulation)功能，用来驱动负载实现精确控制，比如可以用来产生控制步进电机驱动器的脉冲，此时需要选择 PLC 的输出接口电路为晶体管输出型，其通断频率高，且只能使用直流电源。PTO 提供一个指定脉冲数目的方波输出(50%占空比)，可以产生单段脉冲串或者多段脉冲串(使用脉冲包络)。

PTO可以输出一串方波(占空比50%),控制脉冲数和周期(以μs或ms为增加量),波形示意图如图7－42所示;PWM可输出周期固定但占空比可变的脉冲。控制脉冲的脉宽和周期,波形示意图如图7－43所示,指令格式如图7－44所示,PLS指令数据输出Q必须为0或1的字型常数。

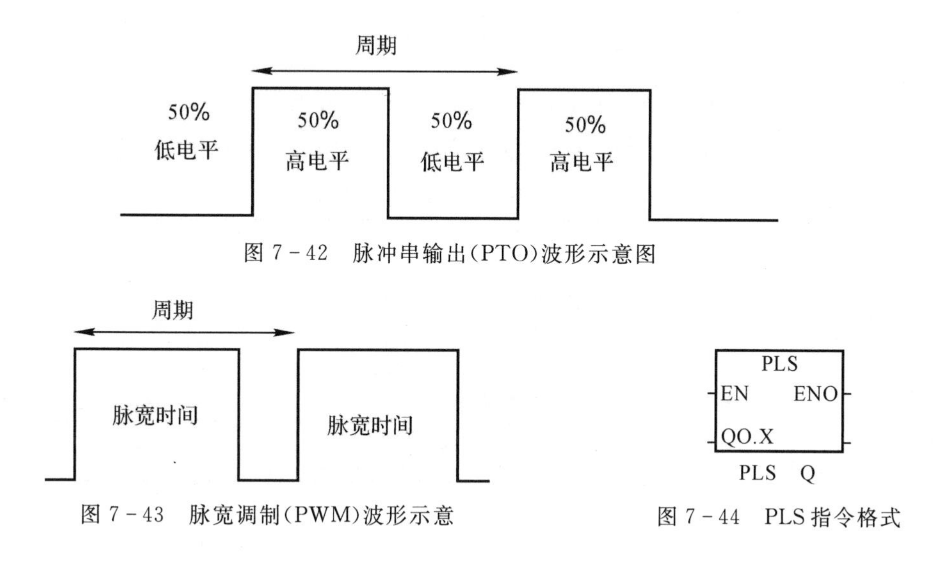

图7－42　脉冲串输出(PTO)波形示意图

图7－43　脉宽调制(PWM)波形示意

图7－44　PLS指令格式

注意:PTO/PWM发生器与过程映像寄存器共用Q0.0和Q0.1。当在该端口上激活PTO/PWM功能时,普通输出点功能被禁止,此刻只保留PTO/PWM发生器的控制权,输出波形不受过程映像寄存器区状态、输出点强制值或立即输出指令的影响。当结束高速脉冲输出指令时,Q0.0和Q0.1才回到过程映像寄存器等通用功能状态。

在使能PTO或者PWM操作之前,CPU会将Q0.0和Q0.1过程映象寄存器清0,所有控制位、周期、脉宽和脉冲计数值的缺省值均为0。在PTO/PWM的输出负载至少为10%的额定负载时,才能提供陡直的上升沿和下降沿。

7.10.1　与脉冲串操作相关的特殊寄存器

在S7－200 PLC中,每一个指定的特殊寄存器为2个PTO/PWM发生器存储1个8位的控制字节、1个16位无符号数的周期或脉宽值和1个32位无符号数的计数值。

1.状态字节

PTO方式下,Q0.0或Q0.1是否空闲或溢出、是否因用户命令或增量计算错误而终止等的状态都由状态字节来描述,见表7－31。

表7－31　定义状态字节

Q 0.0	Q 0.1	状态字节
SM66.4	SM76.4	PTO包络由于增量计算错误而终止　0无错误　1终止
SM66.5	SM76.5	PTO包络由于用户命令而终止　0无错误　1终止

续表

Q 0.0	Q 0.1	状态字节		
SM66.6	SM76.6	PTO管线上溢/下溢	0无溢出	1上溢/下溢
SM66.7	SM76.7	PTO空闲	0执行中	1PTO空闲

2.控制字节

PLS指令输出的控制字节，通过特殊寄存器SM67或SM77控制的相关位，定义PTO/PWM的输出形式、更新方式、时间基准、单段管线/多段管线选择等内容，见表7－32。

表7－32　定义控制字节

Q 0.0	Q 0.1	控制字节		
SM67.0	SM77.0	PTO/PWM更新周期	0禁止更新	1允许更新
SM67.1	SM77.1	PWM更新脉冲宽度	0禁止更新	1允许更新
SM67.2	SM77.2	PTO更新脉冲数	0禁止更新	1允许更新
SM67.3	SM77.3	PTO/PWM时基选择	0=1μs	1=1ms
SM67.4	SM77.4	PWM更新方式	0异步操作	1同步更新
SM67.5	SM77.5	PTO单段管线/多段管线选择	0单段操作	1多段操作
SM67.6	SM77.6	PTO/PWM选择	0=PTO	1=PWM
SM67.7	SM77.7	PTO和PWM禁止/允许	0禁止	1允许

3.其他PTO/PWM的特殊寄存器(SM)

在S7－200 PLC中，还有一些特殊寄存器SM，用于设定其他PTO/PWM的周期时间、脉冲宽度、单段PTO脉冲数和多段PTO段数等内容，见表7－33。

表7－33　设定脉冲周期和脉冲数量

Q 0.0	Q 0.1	其他PTO/PWM周期值
SMW68	SMW78	PTO/PWM周期时间(范围:2～65 535)
SMW70	SMW80	PWM脉冲宽度值(范围:0～65 535)
SMD72	SMD82	PTO脉冲数(范围:1～4 294 967 295)
SMB166	SMB176	多段PTO操作中使用的段数
SMB168	SMB178	多段PTO包络表起始字节地址

7.10.2　PTO的使用

高速脉冲串输出PTO，状态字节中的最高位用来指示脉冲串输出是否完成。在脉冲中输出完成的同时可以产生中断，因而可以调用中断程序完成指定操作。

1. 周期和脉冲数

周期：单位可以是 μs 或 ms，为 16 位无符号数，周期变化范围是 10～65 535 μs 或 2～65 535 ms。如果编程时设定周期单位小于最小值，系统默认则按最小值进行设置。

脉冲数：用双字无符号数表示，脉冲数取值范围为 1～4 294 967 295。如果编程时指定脉冲数为 0，则系统默认脉冲数为 1 个。

2. PTO 的种类

PTO 功能允许脉冲串“链接”或“排队”，以形成管线，保证多个输出脉冲串之间的连续性。根据管线的实现方式，将 PTO 分为两种：单段管线和多段管线。

(1)PTO 脉冲串的单段管。每次只能存储一个脉冲串的控制参数。在当前脉冲串输出期间，需要为下一个脉冲更新特殊寄存器 SM。初始 PTO 段启动，则须根据第二个波形要求改变特殊寄存器 SM，并再次执行 PLS 指令。第一个脉冲器发送到完成期间，第二个脉冲串管线属性保持不变。在 PTO 管线中，单段脉冲器的属性为单次存储有效。

单段管线模式中的各段脉冲串可以采用不同的时间基准，注意适当设置参数，否则会导致各个脉冲串间的连接不平稳、编程复杂。

(2)PTO 脉冲串的多段管线。多段管线是指在变量存储区 V 建立一个包络表，用来存放每个脉冲串的参数。执行 PLS 指令时，CPU 自动从存储器区 V 包络表中读出每个脉冲串的参数。多段管线 PTO 常用于步进电动机的控制。

包络是一个预先定义的以位置为横坐标、以速度为纵坐标的曲线，它是运动的图形描述。包络表由包络段数和各段构成，每段长度为 8 个字节，由 16 位周期增量值和 32 位脉冲个数值组成，其格式见表 7-34。选择多段管线操作时，必须装入包络表在存储器 V 中的起始地址偏移量 SMW168 或 SMW178。包络表中的所有周期值必须为同一个时间基准(μs 或 ms)，且在包络运行时时间基准不能改变。

表 7-34　三段包络表模式

字节偏移地址	名　称	描　述
VBn	段标号	段数，为 1～255，数 0 将产生非致命性错误，不产生 PTO 输出
VWn+1	段 1	初始周期，取值范围 2～65 535 时间基准单位
VWn+3		每个脉冲的周期增量，符号整数，取值范围为－32 768～32 767 时间基准单位
VDn+5		输出脉冲数(1～4 294 967 295)
VWn+9	段 2	初始周期，取值范围为 2～65 535 时间基准单位
VWn+11		每个脉冲的周期增量，符号整数，取值范围为－32 678～32 767 时间基准单位
VDn+13		输出脉冲数(1～4 294 967 295)

续表

字节偏移地址	名　称	描　述
VWn+17	段3	初始周期，取值范围为2～65 535时间基准单位
VWn+19		每个脉冲的周期增量，符号整数，取值范围为－32 768～32 767时间基准单位
VDn+21		输出脉冲数(1～4 294 967 295)

多段管线PTO编程简单，能够按照程序设定的周期增量值(“＋”增加周期，“－”减少周期，“0”周期不变)自动增减脉冲周期，当执行PLS指令时，包络表中的所有参数均不能改变。

3. 中断事件号

高速脉冲串输出可以采用中断方式进行控制，高速脉冲串输出中断事件有两个，即中断事件19和20，见表7-23。

4. PTO的使用步骤

使用高速脉冲串输出时，需按以下步骤进行。

(1)确定脉冲发生器及工作模式。根据控制要求选用高速脉冲串输出Q0.0/Q0.1，确定PTO的管线模式。

(2)设置控制字节，写入SMB67或SMB77中。

(3)写入周期表、周期增量和脉冲数。

单段脉冲分别设置周期表、周期增量和脉冲数；多段脉冲需建立多段脉冲包络表，设置各段参数；包络表中给定频率转换成周期值公式见式(7-1)。

$$\text{给定段的周期数量} = |\text{ECT}-\text{ICT}|/Q \tag{7-1}$$

式中：ECT为该段结束周期时间，ICT为该段初始化周期时间，Q为该段的脉冲数量。

(4)装入包络表的首地址。

(5)设置中断事件并全局开中断。PTO所对应的中断事件号为19或20。用中断调用ATCH指令，将中断事件号19或20与中断子程序连接，并全局开中断。

(6)执行PLS指令，激活端口。

例7-18　PTO应用举例。使用带有脉冲包络的PTO来控制一台步进电机，来实现步进电机第一段A点到B点加速、第二段B点到C点匀速和第三段C点到D点减速过程，如图7-45所示。

分析：从图7-45以看出，步进电动机分为第1段、第2段和第3段这三段运行。起始点A和终止点D脉冲频率都为2 kHz(周期为500 μs)；最大脉冲频率B点和C点为10 kHz(周期为100 μs)。步进电动机共运行4 000个脉冲数，其中第1段为加速运行，有200个脉冲数；第2段为匀速运行，有3 400个脉冲数；第3段为减速运行，有400个脉冲数。

使用PTO步骤如下：

(1)选择高速脉冲发生器为 Q0.0,并确定 PTO 为三段管线;

(2)设置控制字节 SMB67 为 16#A0,表示允许 PTO 功能,选择 PTO 多段操作,时基为 μs,不允许更新周期和脉冲数;

(3)建立三段包络表,并将包络表的首地址 VB100 写入 SMW168;

(4)中断调用 ATCH 指令将中断事件 19 与中断程序 INT_0 连接,并开启中断;

(5)执行 PLS 指令,激活 Q0.1,使 Q0.1 接通。

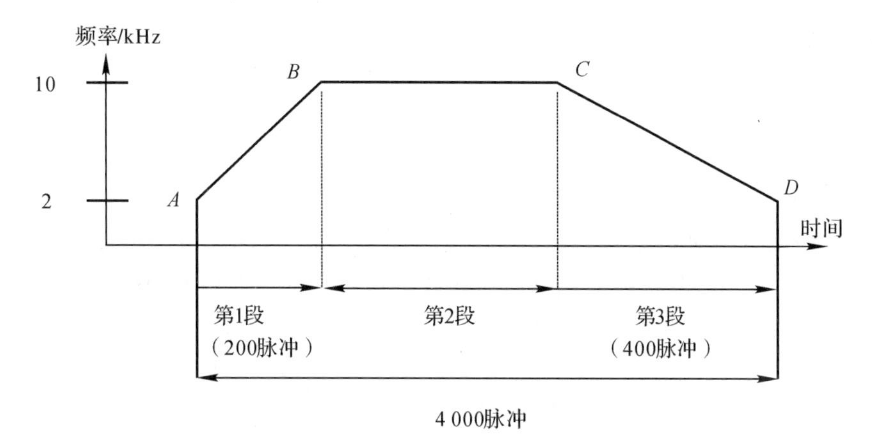

图 7-45　步进电机工作过程示意图

建立以 VB100 作为包络表存储单元首地址的包络表,见表 7-35。

表 7-35　步进电机控制包络表

包络表字节地址偏移	包络段	解　释	参数值
VB100	总段数	3 段 PTO	3
VW101	加速段 1 $A \to B$	初始周期	500 μs
VW103		脉冲周期增量	−2 μs
VD105		脉冲总数	200
VW109	匀速段 2 $B \to C$	初始周期	100 μs
VW111		脉冲周期增量	0 μs
VD113		脉冲总数	3 400
VW117	减速段 3 $C \to D$	初始周期	100 μs
VW119		脉冲增量	1 μs
VD121		脉冲总数	400

在使用脉冲包络过程中,第 1 段的结束周期为第 2 段的初始周期,第 2 段的结束周期等于第 3 段的初始周期,依次类推。

解:本程序由三部分组成:主程序、1 个子程序和 1 个中断程序。

(1)主程序 MAIN:主程序的作用是首先复位高速输出 Q0.0 置 0,调用子程序 SBR_0,如 7-46 所示。

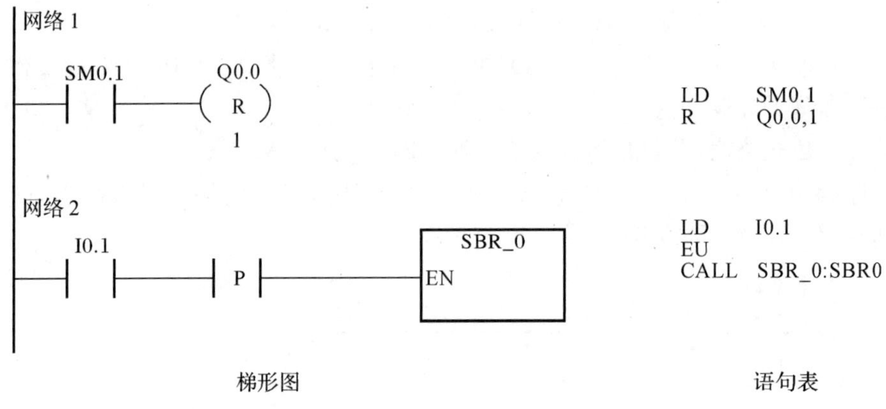

图 7-46 PTO 应用举例——主程序 MAIN

(2)子程序 SBR_0:子程序的作用是设置高速输出控制字,装入包络表首地址,设置中断,启动 PTO,将 PTO 三段脉冲包络操作,分别定义三段脉冲的周期初值、脉冲增量及脉冲数,如图 7-47 所示。

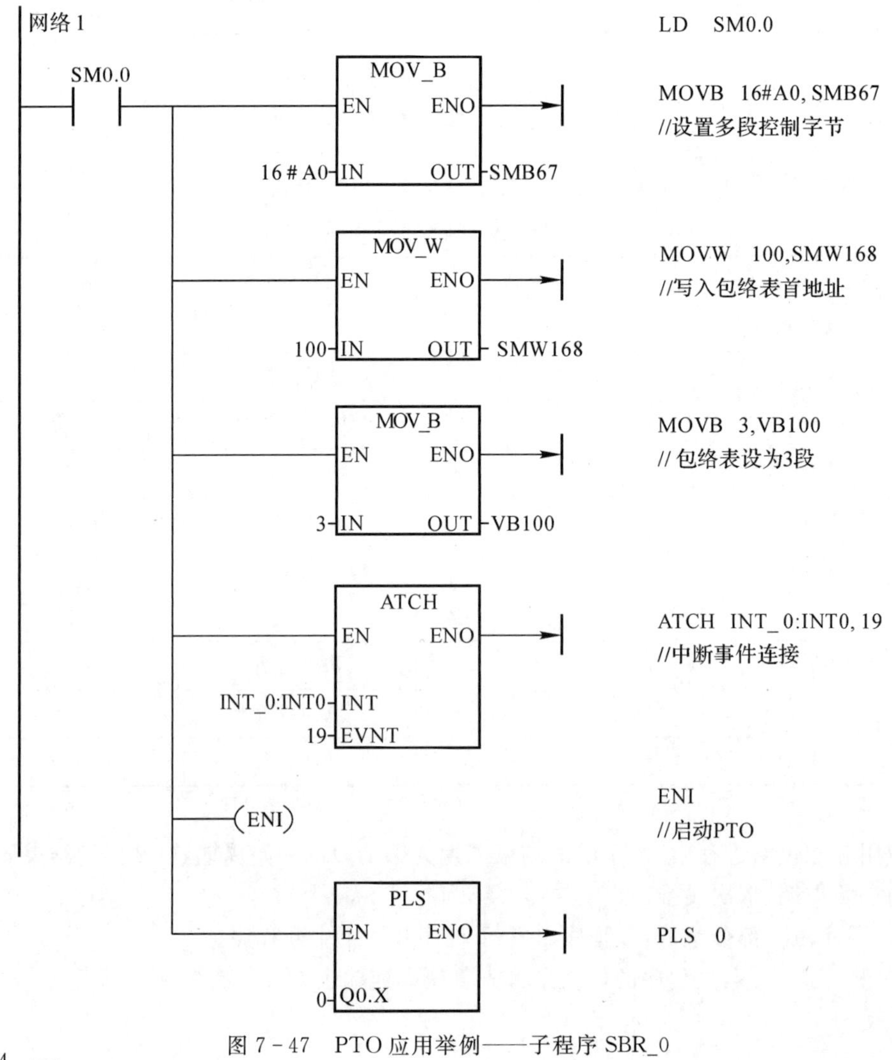

图 7-47 PTO 应用举例——子程序 SBR_0

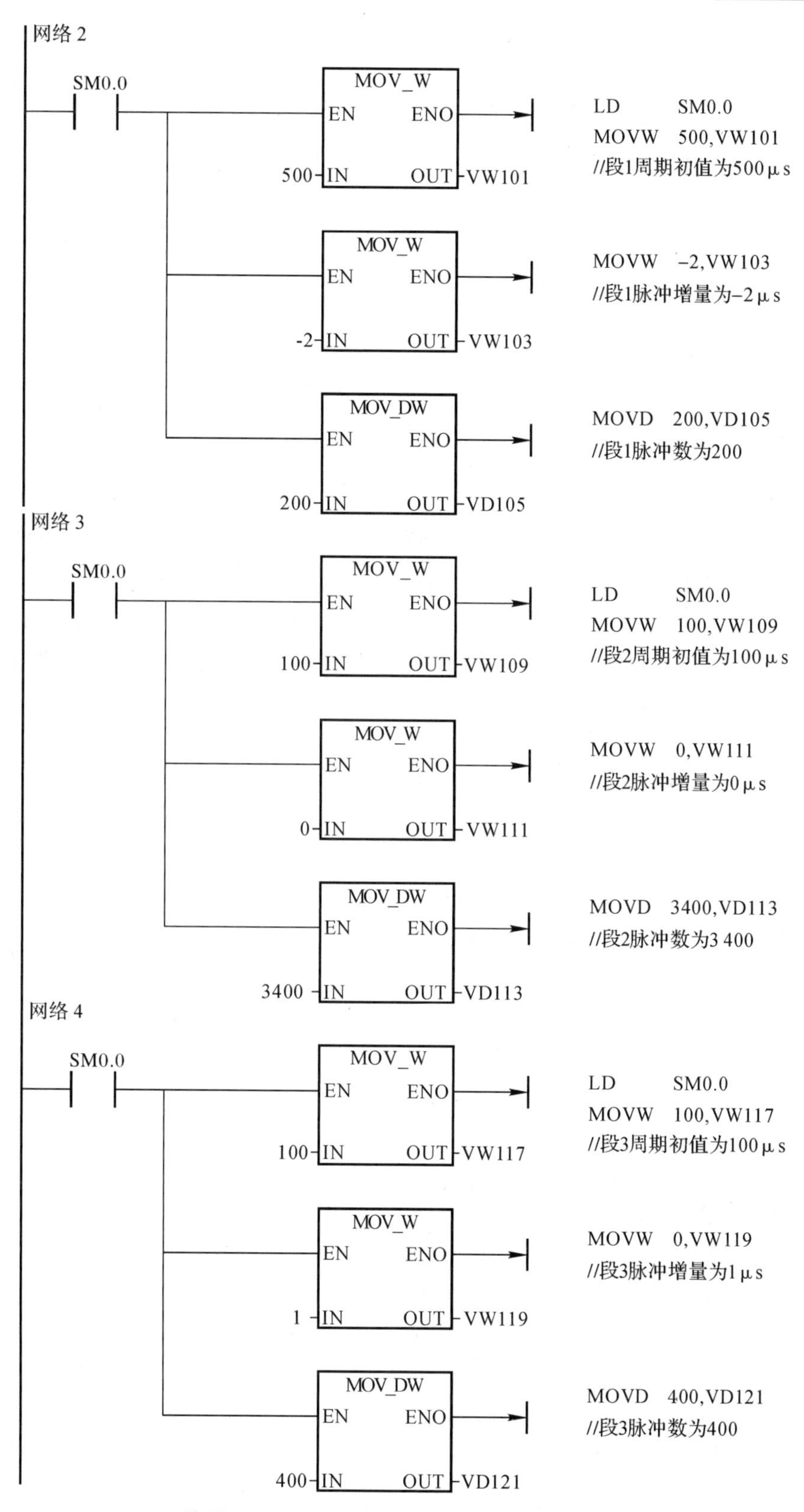

续图 7－47　PTO 应用举例——子程序 SBR_0

(3)中断程序 INT_0：中断程序 INT_0 作用是当 PTO 完成时，Q0.1 脉冲输出，如图7-48所示。

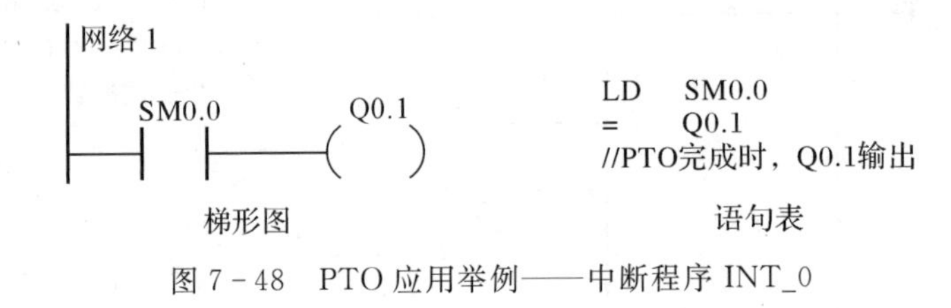

图 7-48 PTO 应用举例——中断程序 INT_0

7.10.3 脉宽调制

PWM 产生一个占空比变化周期固定的脉冲输出，可以以微秒或者毫秒为单位指定其周期和脉冲宽度。PWM 波形示意图如图 7-43 所示。

1. 周期和脉冲宽度

周期：单位可以是 μs 或 ms，为 16 位无符号数，周期变化范围是 10～65 535 μs 或 2～65 535 ms。如果编程时设定周期单位小于最小值，系统默认则按最小值进行设置。

脉冲宽度：周期单位可以是 μs 或 ms，为 16 位无符号数，脉冲宽度变化范围为 0～65 535 μs 或 0～65 535 ms。若设定脉宽等于周期(使占空比为 100%)，则输出连续接通；若设定脉宽等于 0(使占空比为 0%)，则输出断开。

2. 更新方式

改变高速 PWM 波形特性有同步更新和异步更新两种方式。

(1)同步更新：不需要改变时间基准时使用。同步更新时，波形变化发生在周期的边缘，使其形成平滑变化。

(2)异步更新：需要改变脉冲发生器的时间基准时使用。异步更新会引起脉冲输出功能被瞬时禁止或波形不同步，导致被控设备产生振动。

注意：建议采用 PWM 同步更新，选择一个适用于所有时间周期的时间基准。

3. PWM 的使用步骤

PWM 的使用步骤如下。

(1)确定脉冲发生器。根据控制要求选用高速脉冲串输出端，选择 PWM 模式。

(2)设置控制字节，写入 SMB67 或 SMB77 中。

(3)写入周期值和脉冲宽度值。将脉冲周期值写入 SMW68 或 SWM78 中，脉宽值写入 SMW70 或 SMW80 中。

(4)执行 PLS 指令，使 CPU 启动 PWM，激活端口，并由 Q0.0 或 Q0.1 输出。

例 7-19 PWM 应用举例。设计一个脉宽调制程序。要求输出端 Q0.0 输出方波信号，其脉宽每周期递增 0.5 s，周期固定为 5 s，脉宽初始值为 0.5 s。当脉宽达到设定的最大值 4.5 s时，脉宽改为每周期递减 0.5 s，直到脉宽为 0，以上过程周而复始。视频链接扫二维码。

注意：PLC 的外部接线上，输出端 Q0.0 必须与输入端 I0.0 连接，方可控制 PWM。

解：本程序由三部分组成：主程序、1 个子程序和 2 个中断程序，程序框图如图 7－49 所示。

(1)程序框图。

(2)程序说明。

1)特殊存储字节 SMB67(含 PWM 允许位、修改周期和脉宽允许位、时间基数选择位等，由子程序 SBR_0 调整)用来初始化输出端 Q0.0 的 PWM。通过 ENI 指令，允许全局中断后，发出 PLS 0 指令，使系统接受各设定值，并初始化“PTO/PWM 发生器”，从而在输出端 Q0.0 输出脉宽调制 PWM 信号。

2)将数值 5000 置入特殊存储字节 SMB68 设定周期 5s，将数值 500 置入特殊存储字 SMW70 设定初始脉宽 0.5 s。

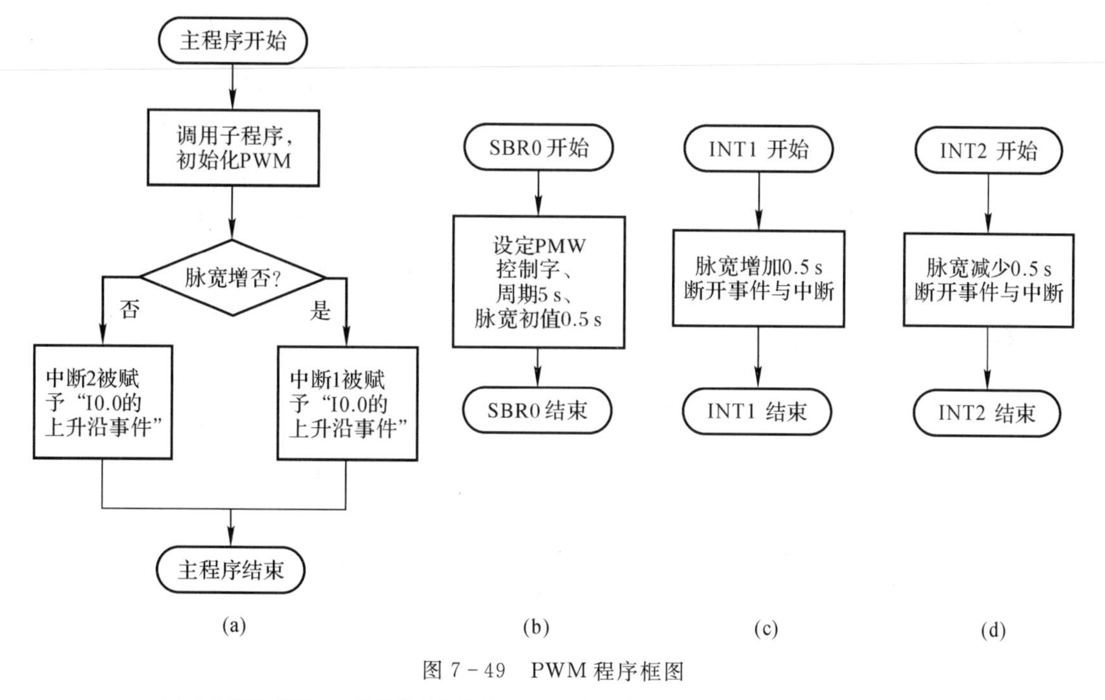

图 7－49　PWM 程序框图

(a)主程序流程图；(b)子程序流程图；(c)中断程序 1 流程图；(d)中断程序 2 流程图

3)初始化程序是在程序的第一个扫描周期，通过执行子程序 SBR_0 来实现的，第一个扫描周期标志是 SM0.1＝1。当一个 PWM 循环结束，即当前脉宽为 0 s 时，将再一次初始化 PWM。

4)通用辅助继电器 M0.0 表明脉宽的增加或减少(初始化时设为增加)，当第一个方波脉冲输出时，使用 ATCH 指令，把中断程序 INT_1 赋给中断事件 0(I0.0 的上升沿)。

5)每个周期中断程序 1 将当前脉宽增加 0.5 s，然后使用 DTCH 指令分离中断程序 INT_1，使此中断再次被屏蔽。若在下次增加时，脉宽大于或等于周期，则将通用辅助继电器 M0.0

再次置 0。如此把中断程序 INT_2 赋予事件 0，并且脉宽也将每次递减 0.5 s。当脉宽减为 0 时，将再次执行初始化程序子程序 SBR_0。

(3)主程序 MAIN：主程序用来处理脉宽调制，调用子程序 SBR_0，根据脉宽的增/减与否，将中断程序 INT_1/INT_2 赋予事件 0，如图 7-50 所示。

(4)子程序 SBR_0：子程序用来初始化脉宽调制，如图 7-51 所示。

(5)中断程序 INT_1 和 INT_2：中断程序 1 用来实现脉宽从初值的 0.5 s 到每周期递增 0.5 s 直至达到设定最大值 4.5 s 时，PTO/PWM 指令的使用、中断事件的断开和中断服务程序 1 的结束，如图 7-52 所示。中断程序 2 用来实现脉宽从最大值 4.5 s 到每周期递减 0.5 s 直至最后为 0 时，PTO/PWM 指令的使用、中断事件的断开和中断服务程序 2 的结束，如图 7-53所示。

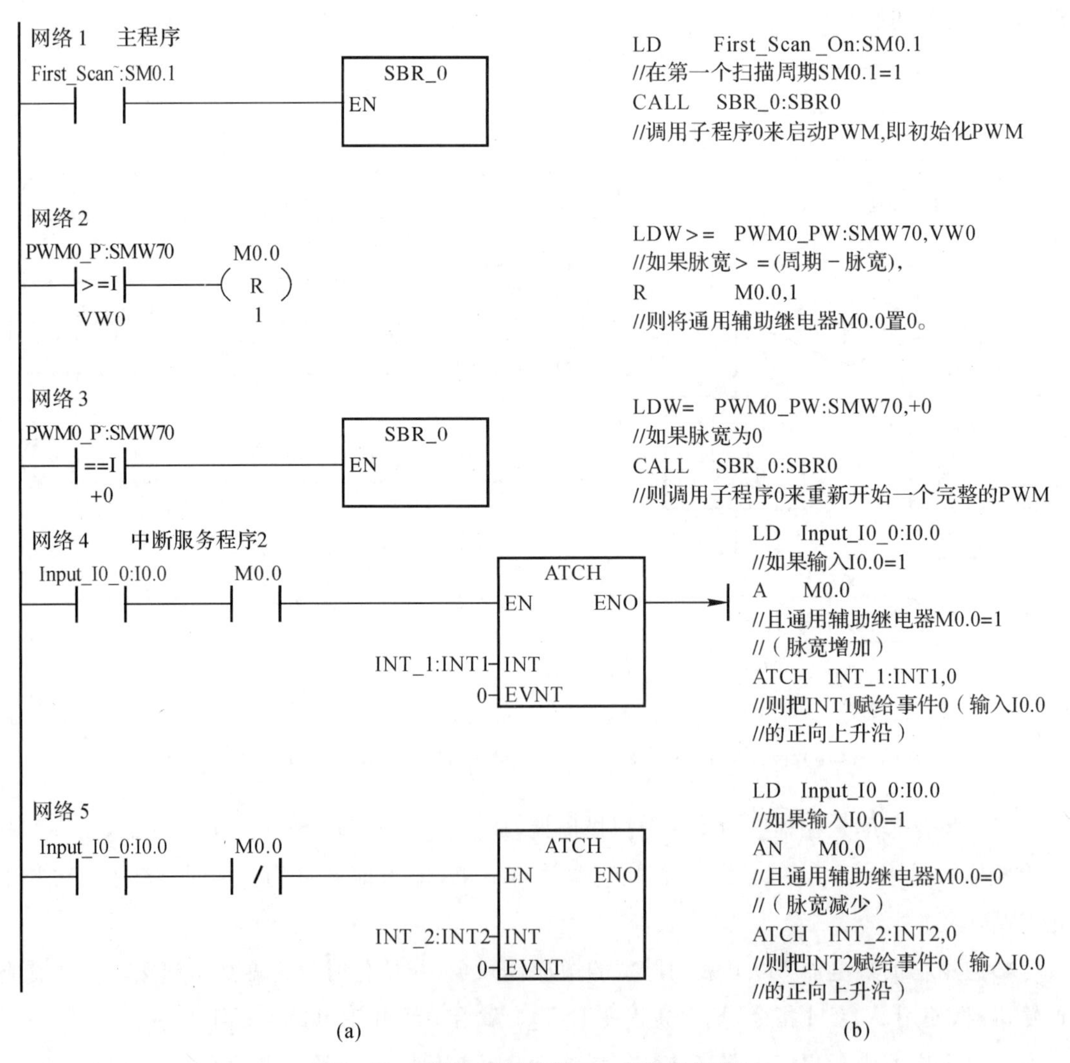

图 7-50 PWM 应用举例——主程序 MAIN

(a)梯形图；(b)语句表

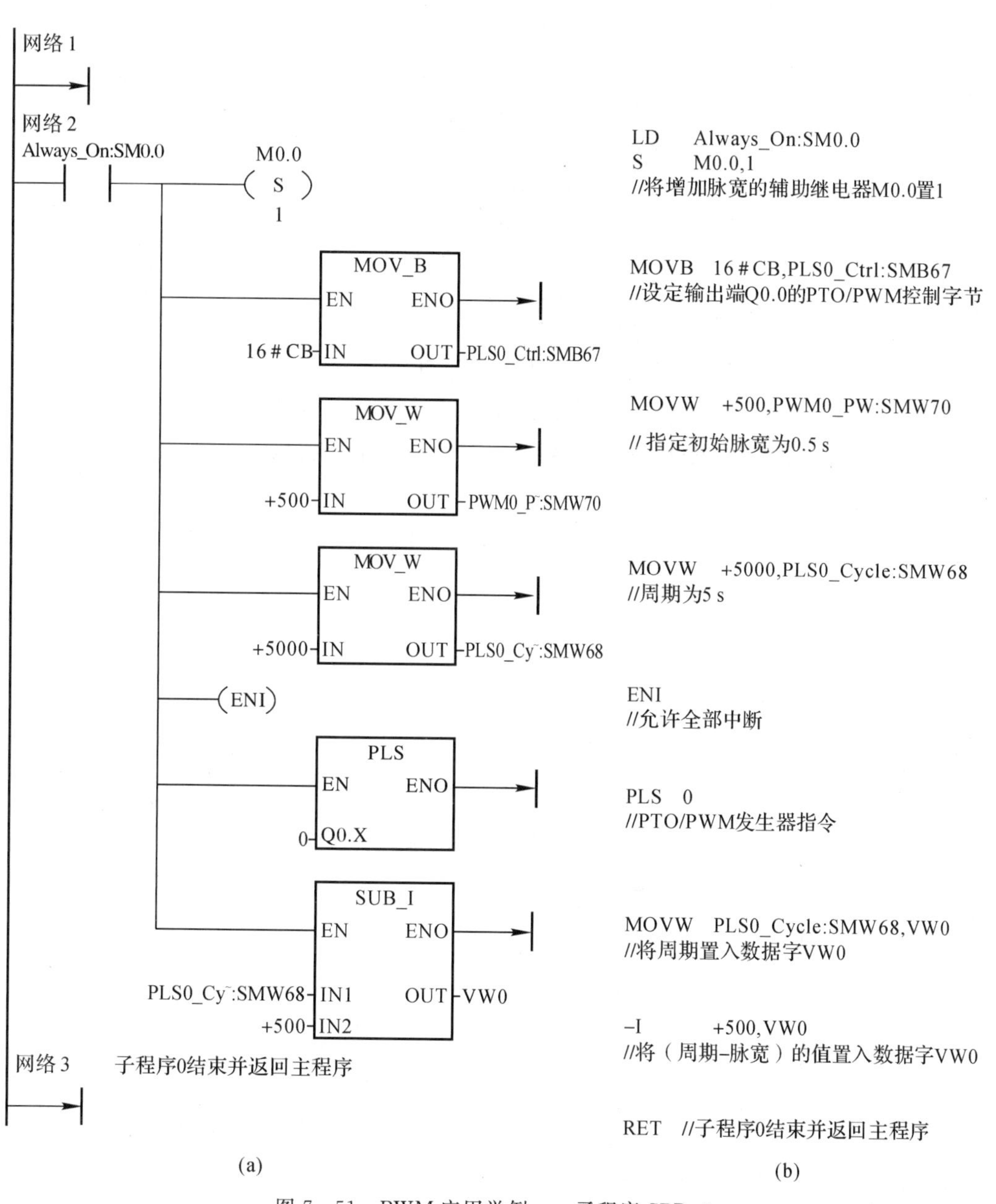

图 7－51　PWM 应用举例——子程序 SBR_0

(a)梯形图；（b)语句表

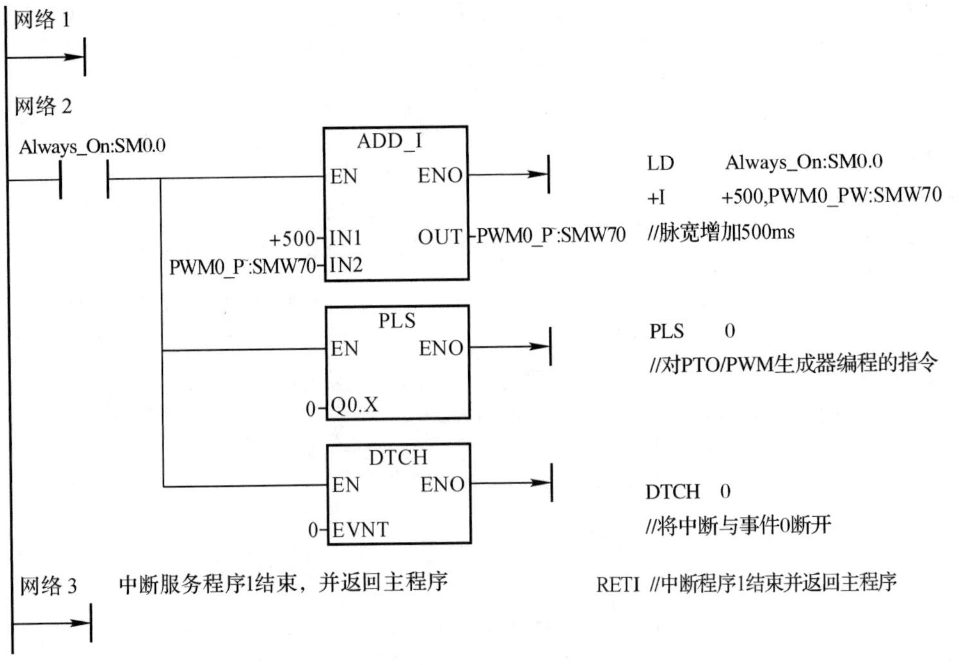

图 7-52 PWM 应用举例——中断程序 INT_1

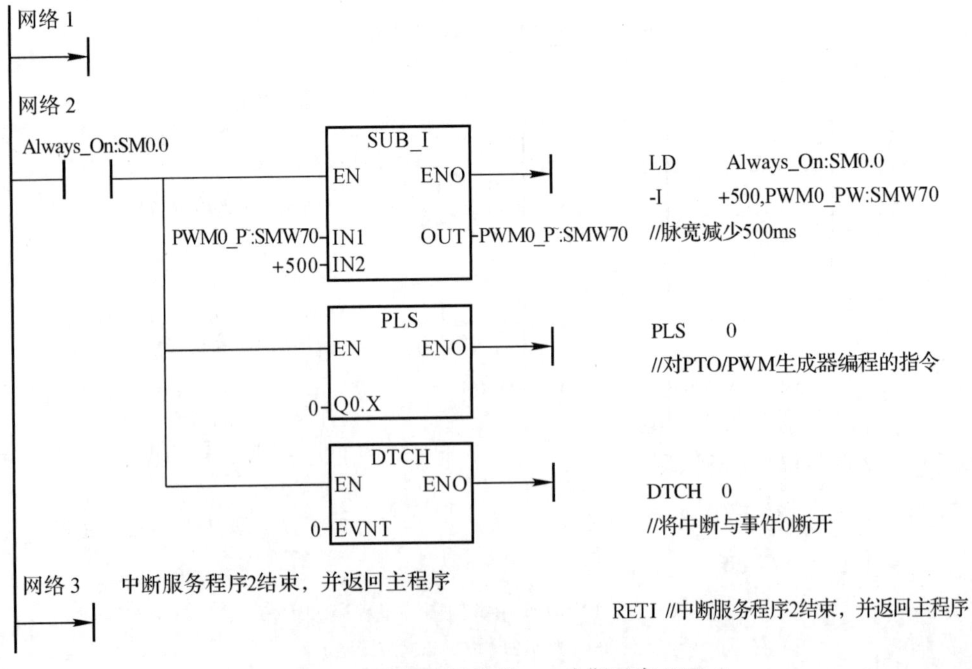

图 7-53 PWM 应用举例——中断程序 INT_2

本章小结

本章重点介绍了 S7 - 200 PLC 的常用功能指令及应用，具体有传送类指令、移位/循环指令、转换类指令、表功能指令、数学运算类指令、逻辑类运算指令、时钟指令、中断指令、高速计数器指令和高速脉冲输出指令等。

(1)传送类指令、移位/循环指令、转换类指令和表功能指令这四类数据处理类指令中，传送类指令使用最多，转换类指令次之，移位/循环指令仅用在一些特殊场合。

(2)数学运算类指令、逻辑运算类指令属于运算类指令，其中数学运算类指令中的加、减、乘、除指令在中断指令和 PID 指令中应用较多；递增、递减指令在长时间计时和大规模计数场合应用较多；数学功能指令可以实现常用的数学函数运算。

(3)时钟指令用于工程中控制系统的监控运行、记录以及和实时有关的实时时钟。

(4)中断指令用于实现复杂的控制任务，如通信处理、PID 控制等功能，使用该指令时，要注意中断的优先级、中断事件类型和事件号，结合高速指令和通信指令共同实现。

(5)高速计数器指令和高速脉冲输出指令。高数计数器和编码器配合使用，用来实现在自动控制中的精确定位和测量长度；高速脉冲输出指令用来驱动负载实现精确控制，如用来产生控制步进电机驱动器的脉冲；这 2 个指令结合产生的中断事件完成预定的操作，在众多领域中有重要应用价值。

思考题与练习题

1. 编写梯形图，实现将 VD10 开始的 10 个双字型数据送到 VD100 开始的存储区。

2. 用自然对数和自然指数指令，求 27 的 3 次方根运算。

3. 用数学功能指令求 $\cos 30°+\sin 30°\times(\tan 45°+\sqrt{2})$ 的值。

4. 用时钟指令记录和显示某台设备运行时间，具体要求为使用 LED 数码管显示分钟及秒。

5. 用中断指令实现定时中断 0 每隔 5 s QB0 自增 1。

6. 为了通过测频来测量电机的转速，使用单位时间内采集编码器脉冲的个数，再通过计算，得到电机转速。要求使用高速计数器指令，计数转速脉冲信号，用时基完成定时。

7. 用 PWM 指令实现从输出端 Q0.1 周期递增的脉冲。要求脉宽初始值为 100 ms，每周期递增 5 ms，周期固定为 10 s，当脉宽值达到 150 ms 时，脉宽又恢复至初始宽度，重复上述过程。

第 8 章　S7－200 PLC 模拟量功能与PID控制

本章重点：

（1）模拟量的比例换算；

（2）PID 控制回路指令。

相对于一套完整的过程控制系统来说，编程时，除了需要 PLC 的基本逻辑指令和控制功能指令，还需要模拟量运算及 PID 运算一起使用才能完成相应的控制功能，实现控制要求。具体来说，PLC 可以处理基本的开关量逻辑，还可以处理连续变化的模拟信号，使用 AD 转换或 DA 转换将模拟量与数字量高精度相互转换。在过程控制系统中应用广泛；也是驱动执行器，采集现场数据所必须的处理方式。而 PLC 集成的 PID 运算功能，可支持 8 个闭环回路的构建，实现闭环控制。

8.1　模拟量的基本概念

一个连续变化、有一定范围的物理信号称为模拟量信号。PLC 除了能够处理前面章节讲过的数字量信号外，还能对这种持续变化的物理信号进行处理，如温度、流量、压力和质量、电压、电流等模拟信号，通过加扩展模块来实现。常见的电量模块指的是能够处理电压、电流信号的模块；温度、质量等信号有专用的模拟量模块；特殊的非电量模拟信号则需要中间转换设备（如变送器），实现将非标准的模拟量信号转变成标准的电压或电流信号，从而输入给电量的模拟量模块。其分类如图 8－1 所示。

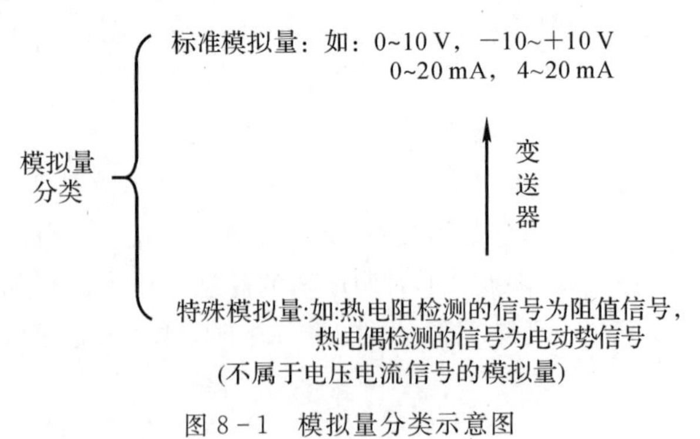

图 8－1　模拟量分类示意图

在工业现场，当需要将信号传送到 CPU 时，首先通过传感器采集所需要的外界信号并将其转换为电信号（若为特殊的非电量模拟信号，则需要通过变送器将其转换为标准的模拟量电压或电流信号），输入给电量的模拟量模块后，通过 ADC 转换为与模拟量比例相对应的数字量信号，并存放在缓冲器 AIW 中，CPU 读取模拟量输入模块缓存器中的数字量信号，然后传送到 CPU 指定的存储区中，执行用户程序。

CPU 控制现场设备时，首先 CPU 将指定的数字量信号传送到模拟量输出模块的缓存器 AQW 中，这些数字量信号在模拟量输出模块中通过 DAC 转换为与模拟量比例相对应的标准的模拟量电压或电流信号，然后驱动相应的模拟量执行器进行对应的动作，从而实现 PLC 的模拟量输出控制，处理流程如图 8－2 所示。

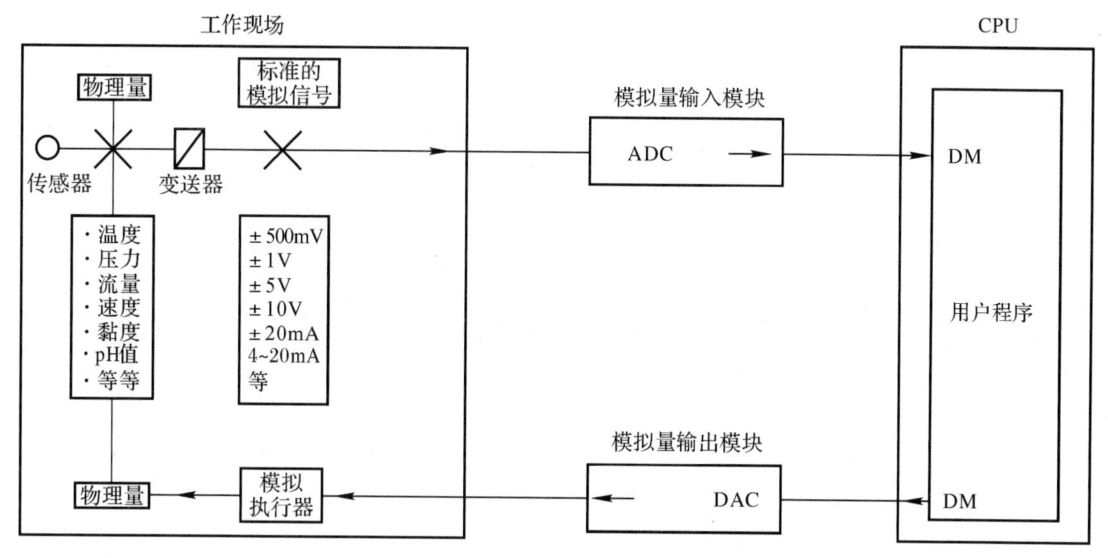

图 8－2　模拟量处理流程图

8.2　模拟量的比例换算与信号处理

8.2.1　模拟量的比例换算

考虑到模/数(A/D)和数/模(D/A)转换，S7－200 CPU 内部用数值表示外部的模拟量信号，模拟量与数字量之间具有一定的数学换算关系。在绝大多数智能仪器仪表、变送器应用中都会涉及 0～10 V 或 4～20 mA 的模拟信号。

例如：当外部输入是一个 0～10 V 的信号，经模块自身的 A/D 转换，转换成对应的数值范围 0～32 000，如果外部是一个 4～20 mA 的信号，则经模块的 A/D 转换，转换成对应的数值范围 6 400～32 000。

假设模拟量的标准电信号为 $A_0 \sim A_m$(如：4～20 mA)，A/D 转换后数值为 $D_0 \sim D_m$(如：6 400～32 000)。设模拟量的标准电信号是 A，A/D 转换后的相应数值为 D，通用换算公式如式(8－1)和式(8－2)所示，换算关系如图 8－3 所示。

(1) 模拟量到数字量转换公式：

$$D=(A-A_0)\frac{D_m-D_0}{A_m-A_0}+D_0 \tag{8-1}$$

(2) 数字量到模拟量转换公式：

$$A=(D-D_0)\frac{A_m-A_0}{D_m-D_0}+A_0 \tag{8-2}$$

式中：A 为换算结果；D 为换算对象；A_m 为换算结果高限；A_0 为换算结果低限；D_m 为换算对象高限；D_0 为换算对象低限。

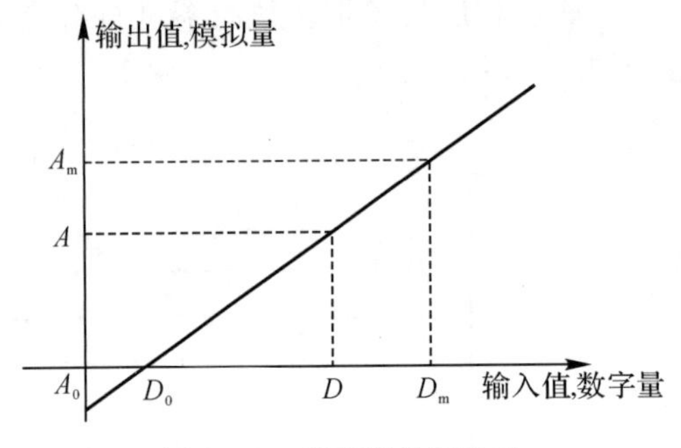

图 8-3　模拟量换算关系

例 8-1　以 S7-200 的 4～20 mA(A_0～A_m) 标准电信号为例，经 A/D 转换后，得到的数值范围是 6 400～32 000(D_0～D_m)，试分别计算：当输入信号为 12 mA 时，经 A/D 转换后存入模拟量输入寄存器 AIW 中的数值；当已知存入 AIW0 中数值为 12 000 时，对应输入端信号值。

解：由式(8-1)，得 AIW 中的数值 D 为

$$D=(A-A_0)\frac{D_m-D_0}{A_m-A_0}+D_0=(12-4)\times\frac{32\,000-6\,400}{20-4}+6\,400=19\,200 \tag{8-3}$$

由式(8-2)，得输入端信号值 A 为

$$A=(D-D_0)\frac{A_m-A_0}{D_m-D_0}+A_0=(12\,000-6\,400)\times\frac{20-4}{32\,000-6\,400}+4=7.5(\text{mA}) \tag{8-4}$$

8.2.2　模拟量输入信号的处理

例如：使用一个 EM231 模拟量输入模块对外部输入一个 0～10 V 的电压信号进行处理，其对应地址从 AIW0 开始编址，去读取 AIW0 的当前值会显示一个 0～32 000 之间的一个数值。

对于模拟量输入信号的常见处理方式是将 0～32 000 的信号转换成例如 0～100 之间的数值，转换的最终数值用于显示或比较的结果作为执行某个动作的条件，使用举例如图 8-4 所示。

8.2.3　模拟量输出信号的处理

例如：使用一个 EM232 模拟量输出模块输出一个 0～10 V 的可调电压信号，其对应地址是从 AQW0 开始编址。将一个 0～32 000 之间的数值写入到 AQW0 内，对应的模拟量模块将有一个 0～10 V 的信号输出，使用举例如图 8-5 所示。

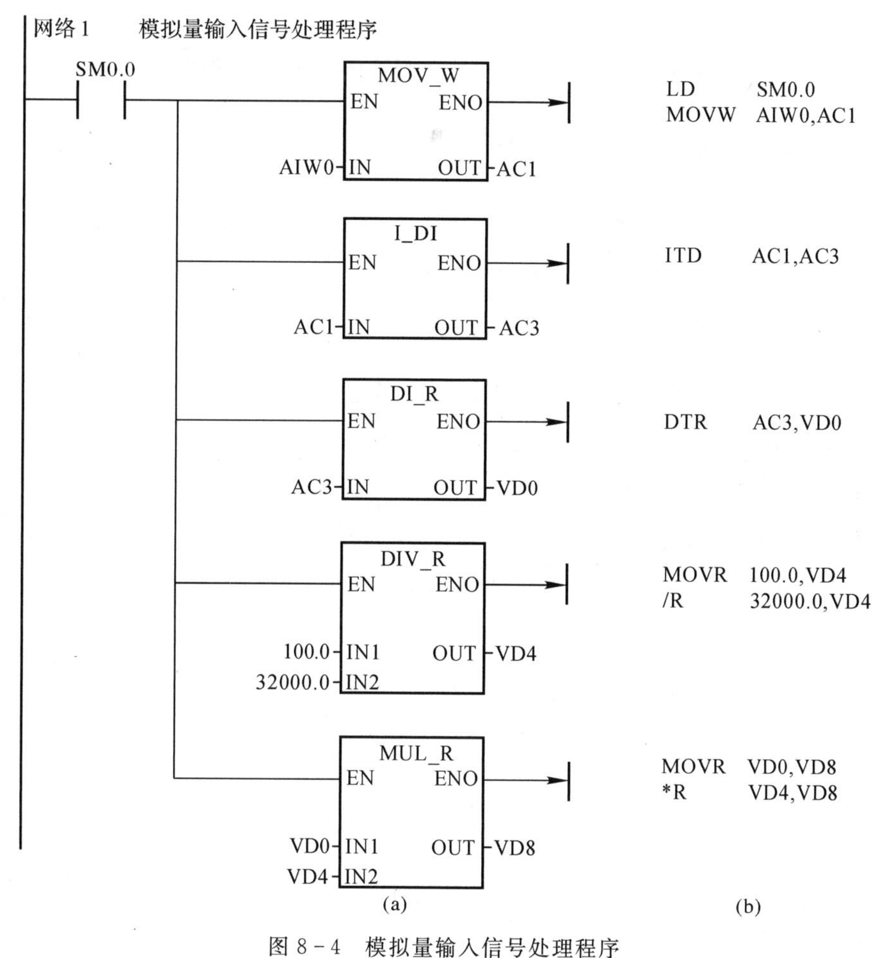

图 8 - 4　模拟量输入信号处理程序

(a)梯形图；(b)语句表

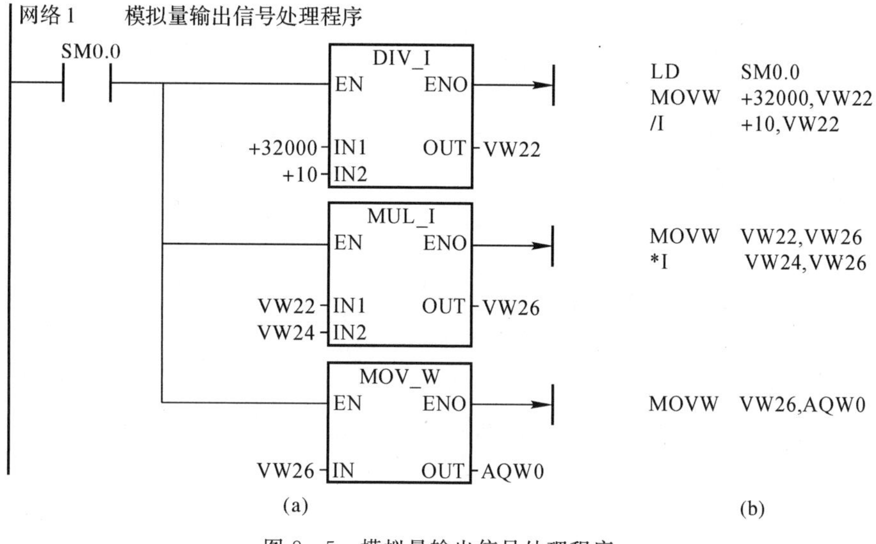

图 8 - 5　模拟量输出信号处理程序

(a)梯形图；(b)语句表

8.3 西门子 S7－200 模拟量编程

S7－200 PLC 的模拟量扩展模块，详见第 4 章 4.1.3 节内容，CPU 扩展能力及设计的电源计算详见第 4 章 4.2.2 节内容。

EM235 是 S7－200 最常用的模拟量扩展模块，它实现了 4 路模拟量输入和 1 路模拟量输出功能，常用技术参数见表 8－1。下面以 EM235 为例讲解模拟量模拟量编程，主要包括模拟量扩展模块接线图及模块设置、模拟量扩展模块的寻址、模拟量值和 A/D 转换值的转换和编程实例。

表 8－1 EM235 的常用技术参数

<table>
<tr><th colspan="2">模拟量输入特性</th></tr>
<tr><td>模拟量输入点数</td><td>4</td></tr>
<tr><td rowspan="3">输入范围</td><td>电压(单极性)0～10 V、0～5 V、0～1 V；0～500 mV、0～100 mV、0～50 mV</td></tr>
<tr><td>电压(双极性)±10 V、±5 V、±2.5 V、±1 V、±500 mV、
±250 mV、±100 mV、±50 mV、±25 mV</td></tr>
<tr><td>电流 0～20 mA</td></tr>
<tr><td>数据字格式</td><td>双极性：全量程范围－32 000～＋32 000；单极性：全量程范围 0～32 000</td></tr>
<tr><td>分辨率</td><td>12 位 A/D 转换器</td></tr>
<tr><th colspan="2">模拟量输出特性</th></tr>
<tr><td>模拟量输出点数</td><td>1</td></tr>
<tr><td>信号范围</td><td>电压输出：±10 V；电流输出：0～20 mA</td></tr>
<tr><td>数据字格式</td><td>电压：－32 000～＋32 000；电流：0～32 000</td></tr>
<tr><td>分辨率电流</td><td>电压：12 位；电流：11 位</td></tr>
</table>

8.3.1 EM235 模拟量扩展模块接线图

EM235 模拟量扩展模块接线图如图 8－6 所示。模块上共有 12 个端子，每 3 个端子为 1 组模拟量输入通道，共有 4 组，即 A(RA、A＋、A－)、B(RB、B＋、B－)、C(RC、C＋、C－)和 D(RD、D＋、D－)。模块上另外 3 个模拟量输出端子为 M0、V0 和 I0，电压输出大小为－10～10 V，电流输出大小为 0～20 mA。对于电压信号而言，只用了 2 个端子，外部电压的输入信号与相应回路的＋、－端子相连，如图 8－6 中的 A＋、A－；对于电流输入，使用 3 个端子，将 R 和＋端子短接后，外部的电流信号与相应回路的＋、－端子相连，如图 8－6 中的 C＋、C－。短接未用通道，如图 8－6 中的 B＋、B－。考虑到共模电压要小于 12 V 的要求，在使用二线制传感器时，需将信号电压和供电的 M 端使用共同参考点，使共模电压为信号电压。EM235 模拟量扩展模块下部左端 M 和 L＋两端接入 DC24 V 电源，右端分别是校准电压器和模拟量模块参数设置开关 DIP。

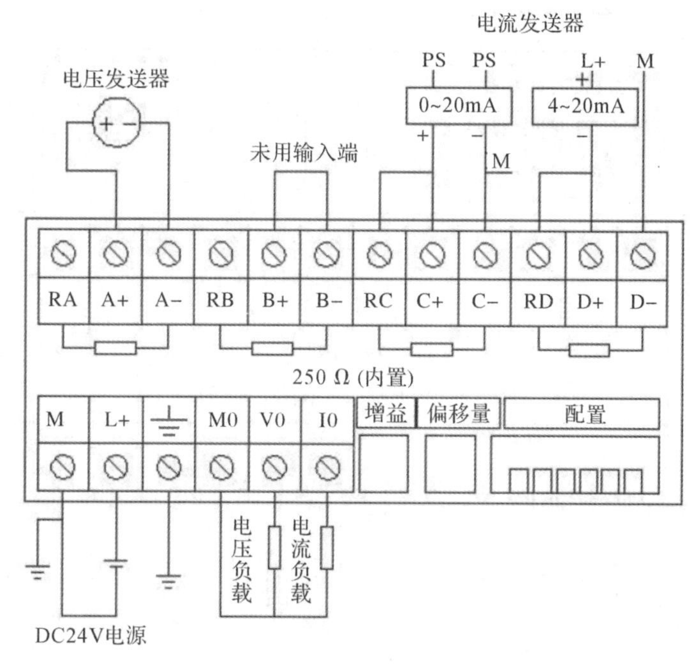

图 8－6　EM235 模拟量扩展模块接线图

8.3.2　EM235 模拟量扩展模块的 DIP 设置

在 EM235 模拟量扩展模块电源端子侧，装有模拟量模块参数设置开关 DIP，如图 8－7 所示。通过调整 EM235 的开关 DIP 1～6，即可选择模拟量模块的单/双极性、增益和衰减，EM235 的常用技术参数见表 8－2。

表 8－2　EM235 的常用技术参数

EM235 开关						单/双极性选择	增益选择	衰减选择
SW1	SW2	SW3	SW4	SW5	SW6			
					ON	单极性		
					OFF	双极性		
			OFF	OFF			X1	
			OFF	ON			X10	
			ON	OFF			X100	
			ON	ON			无效	
ON	OFF	OFF						0.8
OFF	ON	OFF						0.4
OFF	OFF	ON						0.2

DIP 开关 SW6 决定模拟量输入的单双极性，当 SW6 为 ON 时，模拟量输入为单极性输入；SW6 为 OFF 时，模拟量输入为双极性输入。SW4 和 SW5 决定输入模拟量的增益选择，而

SW1、SW2 和 SW3 共同决定了模拟量的衰减选择。

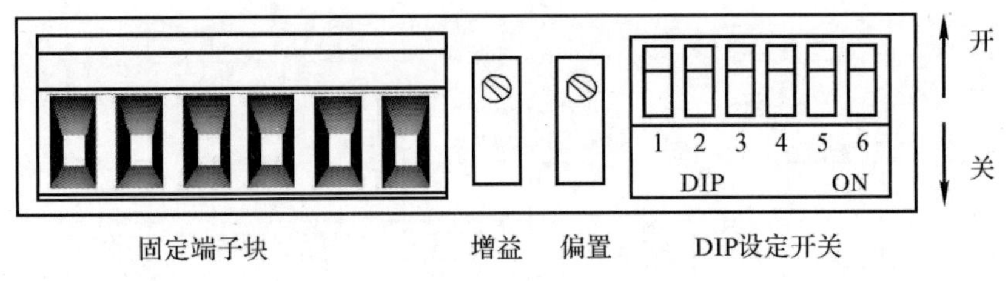

图 8-7 EM235 模拟量扩展模块 DIP 开关

根据表 8-2 共 6 个 DIP 开关的功能进行排列组合，所有的输入设置见表 8-3。

表 8-3 EM235 的 DIP 设置

单极性						满量程输入	分辨率
SW1	SW2	SW3	SW4	SW5	SW6		
ON	OFF	OFF	ON	OFF	ON	0～50 mV	12.5 μV
OFF	ON	OFF	ON	OFF	ON	0～100 mV	25 μV
ON	OFF	OFF	OFF	ON	ON	0～500 mV	125 μA
OFF	ON	OFF	OFF	ON	ON	0～1 V	250 μV
ON	OFF	OFF	OFF	OFF	ON	0～5 V	1.25 mV
ON	OFF	OFF	OFF	OFF	ON	0～20 mA	5 μA
OFF	ON	OFF	OFF	OFF	ON	0～10V	2.5 mV
双极性						满量程输入	分辨率
SW1	SW2	SW3	SW4	SW5	SW6		
ON	OFF	OFF	ON	OFF	OFF	±25 mV	12.5 μV
OFF	ON	OFF	ON	OFF	OFF	±50 mV	25 μV
OFF	OFF	ON	ON	OFF	OFF	±100 mV	50 μV
ON	OFF	OFF	OFF	ON	OFF	±250 mV	125 μV
OFF	ON	OFF	OFF	ON	OFF	±500 mV	250 μV
OFF	OFF	ON	OFF	ON	OFF	±1 V	500 μV
ON	OFF	OFF	OFF	OFF	OFF	±2.5 V	1.25 mV
OFF	ON	OFF	OFF	OFF	OFF	±5 V	2.5 mV
OFF	OFF	ON	OFF	OFF	OFF	±10 V	5 mV

6 个 DIP 开关决定了所有的输入设置。也就是说开关的设置应用于整个模块，开关设置也只有在重新上电后才能生效。

8.3.3 EM235 模拟量扩展模块的输入校准

模拟量输入模块出厂前已经进行了输入校准。若输入信号与模拟量量程一致，则无须校准；若 OFFSET(偏置)或 GAIN(增益)已被重新调整，则需要重新进行输入校准，步骤如下：

(1)切断模块电源,选择需要的输入范围;

(2)接通 CPU 和模块电源,使模块稳定 15 min;

(3)用一个变送器、一个电压源或一个电流源,将零值信号加到一个输入端;

(4)读取适当的输入通道在 CPU 中的测量值;

(5)调节 OFFSET(偏置)电位计,直到读数为零,或所需要的数字数据值;

(6)将一个满刻度值信号接到输入端子中的一个,读出送到 CPU 的值;

(7)调节 GAIN(增益)电位计,直到读数为 32 000 或所需要的数字数据值;

(8)必要时,重复偏置和增益校准过程。

8.3.4　EM235 模拟量扩展模块的输入/输出数据字格式

模拟量到数字量转换器(ADC)和数字量到模拟量转换器(DAC)都是 12 位读数为左端对齐。最高有效位是符号位,0 表示正值。如图 8-8 所示为 12 位数据值在 CPU 的模拟量输入字中的位置。

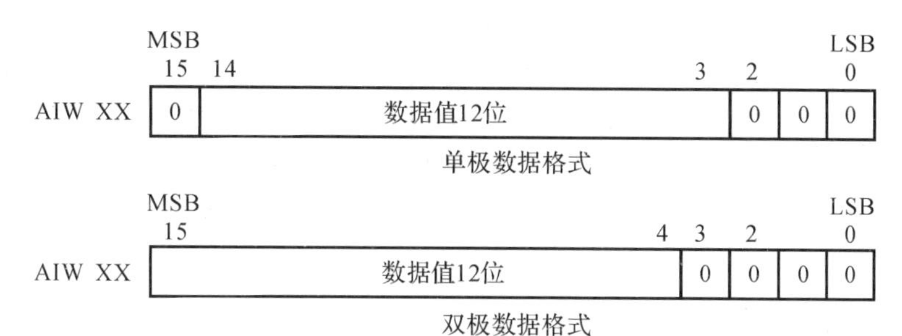

图 8-8　12 位数据值在 CPU 的模拟量输入字中的位置

在单极性格式中,3 个连续的 0 使得模拟量到数字量转换器(ADC)每变化 1 个单位,数据字则以 8 个单位变化。数值的 12 位存储在第 3～14 位区域,这 12 位数据的最大值为 $2^{15}-8=32\ 760$。EM231 和 EM235 模块输入信号经 A/D 转换后,单极性数据格式全量程范围为 0～32 000。差值 32 760－32 000＝760 用于 OFFSET(偏置)或 GAIN(增益),由系统完成。

在双极性格式中,4 个连续的 0 使得模拟量到数字量转换器每变化 1 个单位,数据字则以 16 为单位变化。数值的 12 位存储在第 4～15 位区域,双极性数据格式全量程范围为 －32 000～32 000。

如图 8-9 所示为 12 位数据值在 CPU 的模拟量输出字中的位置。

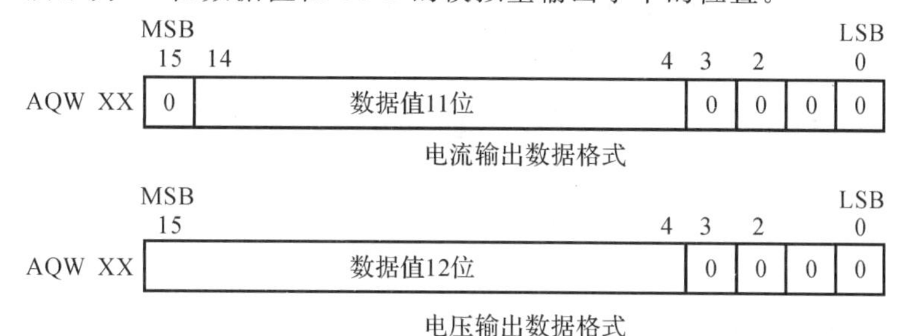

图 8-9　12 位数据值在 CPU 的模拟量输出字中的位置

8.3.5 EM235 模拟量扩展模块的编址

模拟量的数据格式为 1 个字长，因此地址必须从偶数字节开始。例如：AIW0、AIW2、AIW4……；AQW0、AQW2……每个模拟量扩展模块至少占 2 个通道，即使第 1 个模块只有 1 个输出 AQW0，第 2 个模块模拟量输出地址也应从 AQW4 开始寻址，以此类推。

例 8－1 组建一个小的实例系统演示模拟量编程。使用 CPU222，仅带一个模拟量扩展模块 EM235，该模块的第 1 个通道连接 1 块带 4～20 mA 变送输出的温度显示仪表，该仪表的量程设置为 0～100℃，即 0℃时输出 4 mA，100℃时输出 20 mA。温度显示仪表的铂电阻输入端接入一个 220 Ω 可调电位器，简单编程如图 8－10 所示。

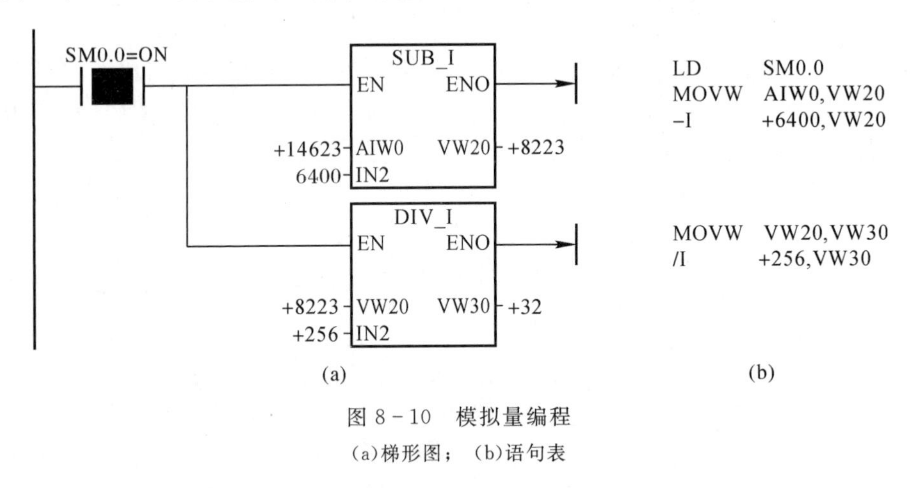

图 8－10 模拟量编程

(a)梯形图； (b)语句表

温度显示值＝(AIW0－6 400)/256，编译并运行程序，观察程序状态，VW30 即为显示的温度值。

8.4 模拟量编程综合案例

例 8－2 EM231 测量电流信号，温度传感器量程为－40～80℃，温度变送器的输出信号为 4～20 mA，当温度低于 10℃时 LED 灯 1 亮，当温度高于 40℃时 LED 灯 2 亮。编程并仿真，视频链接扫二维码  和  。

解：EM231 的输入量程为 0～20 mA，但温度变送器输出信号为 4～20 mA，则每 1 mA 电流对应温度比例为：T_{scale}＝［80℃－(－40℃)］/(20 mA－4 mA)＝7.5℃/mA，假设当前采集到的电流信号为 x，则对应的转换温度为

$$T= 7.5℃/\text{mA}\times(x-4\ \text{mA})+(-40℃)$$

(1)当前温度为 10℃时，则温度变送器的换算输出为

$$[10℃-(-40℃)]/(7.5℃/\text{mA})+4\ \text{mA}\approx 10.67\ \text{mA}$$

由式(8－1)得对应数字量为

$$D=(A-A_0)\frac{D_m-D_0}{A_m-A_0}+D_0=(10.67-4)\times\frac{32\ 000-6\ 400}{20-4}+6\ 400=17\ 072 \tag{8-5}$$

(2) 当前温度为 40℃ 时温度变送器输出为

$$[40℃-(-40℃)]/(7.5℃/\text{mA})+4\ \text{mA}\approx 14.67\ \text{mA}$$

则由式(8－1) 得对应数字量为

$$D=(A-A_0)\frac{D_m-D_0}{A_m-A_0}+D_0=(14.67-4)\times\frac{32\ 000-6\ 400}{20-4}+6\ 400=23\ 472 \tag{8-6}$$

(3)I/O 地址分配为：启动 I0.0、温度采集 AIW0；输出 LED 灯 1 Q0.0、LED 灯 2 Q0.1；分别将式(8－6)和式(8－5)中数据写入网络 2 和网络 3，程序如图 8－11 所示。

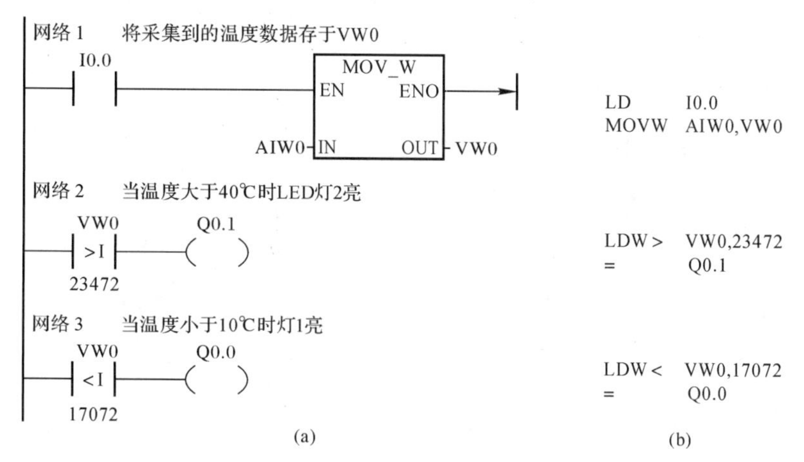

图 8－11　EM231 测量电流信号梯形图

(a)梯形图；(b)语句表

仿真操作流程步骤如下：

(1)首先在 V4.0 STEP 7 Micro WIN SP9 中，单击“文件”，选择“导出”生成.awl 仿真文件；

(2)启动 S7－200 仿真软件，输入密码“6596”，双击 CPU 选择 CPU226，双击扩展模块 0，弹出扩展模块对话框，选择 EM231，点击确认，硬件选型完成，如图 8－12 所示；

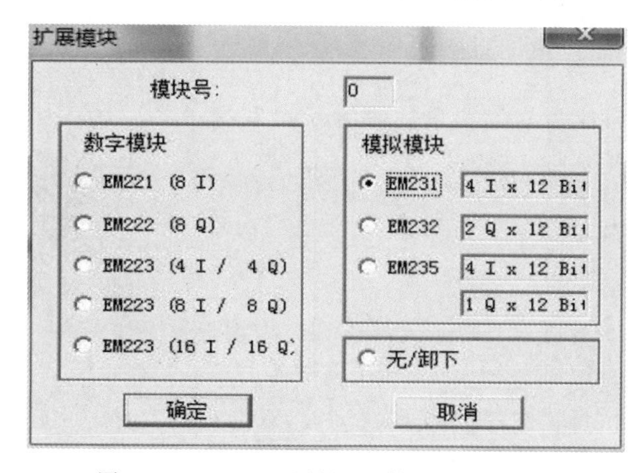

图 8－12　EM231 测量电流信号硬件选型图

(3)单击“Conf. Module”按钮,弹出 EM231 配置对话框,选择“0 to 20 mA”,单击确认按钮,如图 8-13 所示。

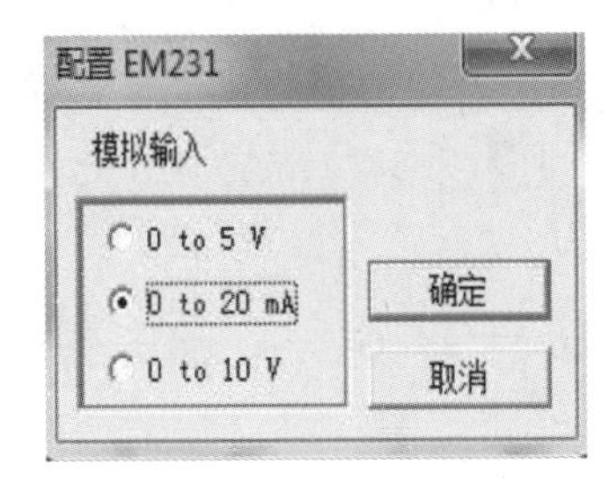

图 8-13 EM231 测量电流信号配置图

(4)在菜单栏点击 RUN 和 State Program 按钮,通过拖动 AI0 下方的滑动杆改变输入值的大小从而观察 Q0.0 和 Q0.1 的输出情况,图 8-14 中 VW0 中数据为 28 264,大于 23 472,则 Q0.1 得电,LED 灯 2 亮,实现控制要求。

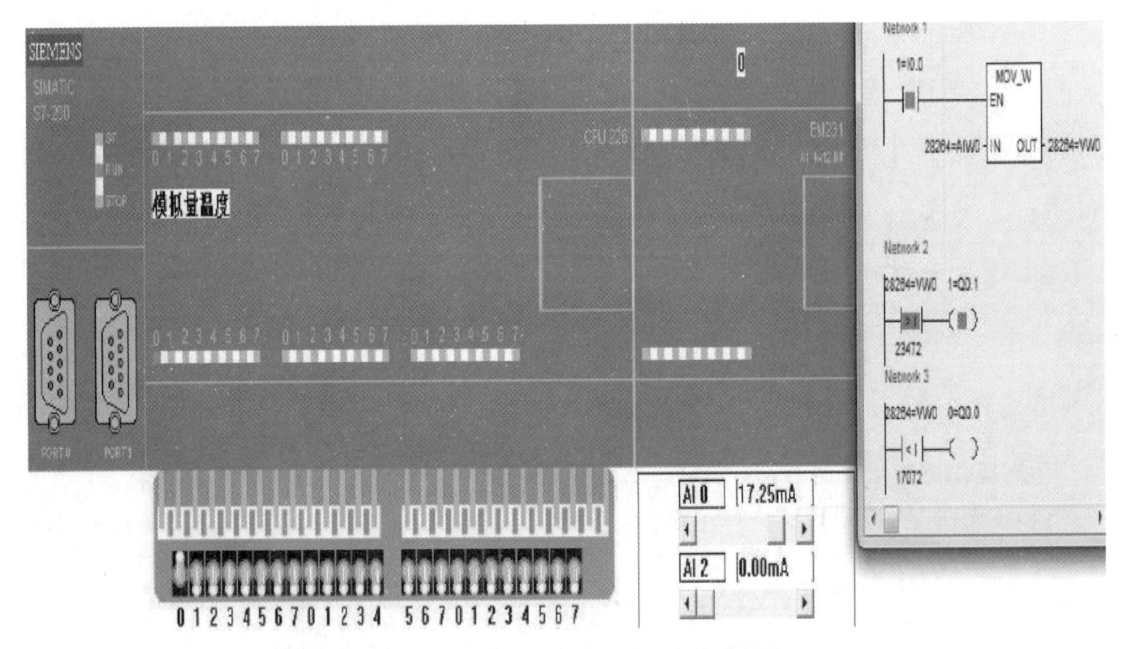

图 8-14 EM231 测量电流信号仿真效果图

例 8-3 EM232 数字量转模拟量。使用 EM232 输出 0～10 V 电压,要求每按下 1 次 I0.0按钮,输出电压变化 1 次,编程并仿真,视频链接扫二维码 。

解:(1)首先在 V4.0 STEP 7 Micro WIN SP9 中编写程序如图 8-15 所示。

(2)单击“文件”,选择“导出”生成.awl 仿真文件。

(3)启动 S7-200 仿真软件,输入密码“6596”,双击 CPU 选择 CPU226,双击扩展模块 0,弹出扩展模块对话框,选择 EM232,点击确认,硬件选型完成,如图 8-16 所示。

(4)单击“Conf. Module”按钮，弹出配置 EM232 对话框，选择“±10 V”，单击确认按钮，如图 8－17 所示。

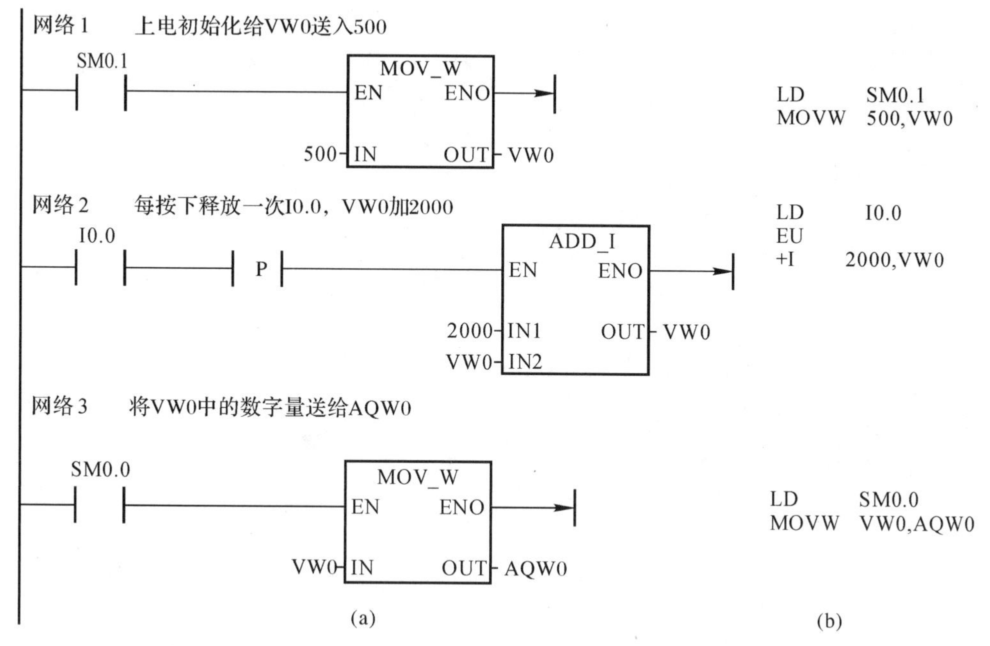

图 8－15　EM232 数字量转模拟量梯形图

(a)梯形图；(b)语句表

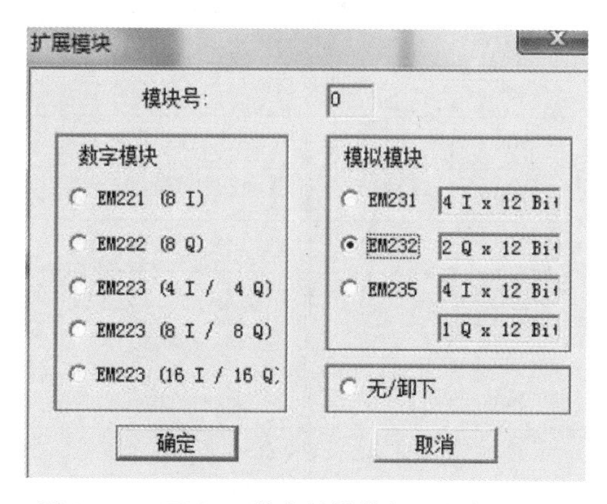

图 8－16　EM232 数字量转模拟量硬件选型图

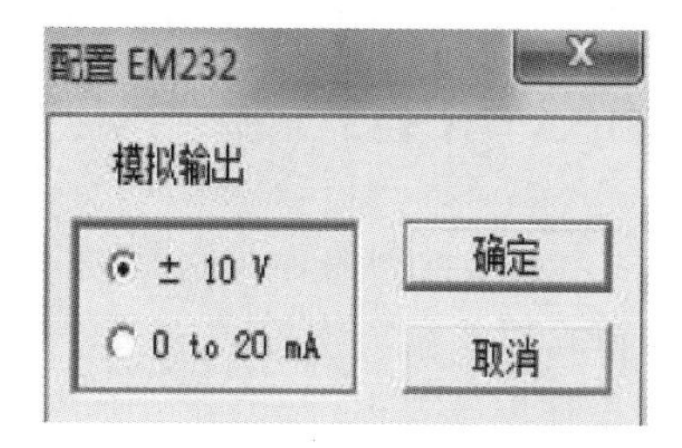

图 8－17　EM232 数模转化配置图

(5)在菜单栏点击 RUN 和 State Program 按钮,如图 8-18 所示。

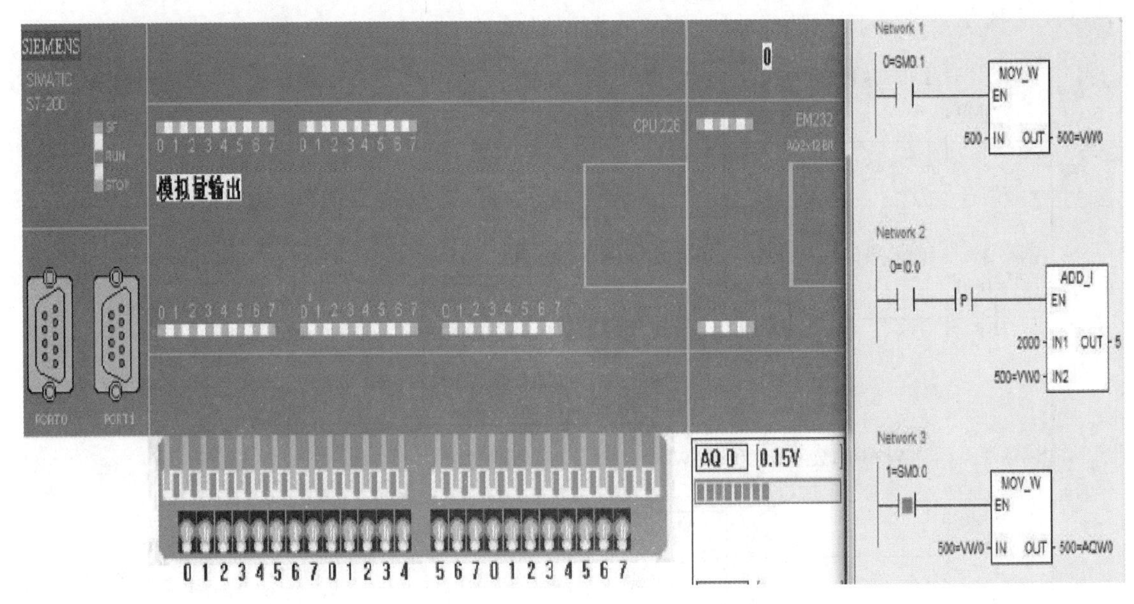

图 8-18　EM232 数字量转模拟量仿真效果图

每按下释放 1 次 I0.0 按钮则 AQW0 里的数据加 2 000,相应的电压也会发生变化,见表 8-4,实现控制要求。

表 8-4　按钮跳变次数与电压之间的关系表

I0.0 上升沿跳变次数/次	AQW0	电压/V	I0.0 上升沿跳变次数/次	AQW0	电压/V
0	500	0.15	9	18 500	5.64
1	2 500	0.76	10	20 500	6.25
2	4 500	1.37	11	22 500	6.86
3	6 500	1.98	12	24 500	7.47
4	8 500	2.59	13	26 500	8.08
5	10 500	3.2	14	28 500	8.69
6	12 500	3.81	15	30 500	9.31
7	14 500	4.42	16	32 500	9.92
8	16 500	5.03	17	34 500	−9.47

8.5 PID 控制

PID(Proportion-Integral-Derivative)控制器作为最早实用化的控制器已有 50 多年的历史,PID 控制器简单易懂,且无需精确的系统模型等先决条件,因而成为工业过程控制中应用最广泛的控制器之一。使用时可根据控制要求,对控制单元进行选择或组合运用,其中比例控制单元必不可少。

S7－200 PLC 可以进行 PID 控制，主机 CPU 最多可以支持 8 个 PID 控制回路(8 个 PID 指令功能块)。PID 是闭环控制系统的比例-积分-微分控制算法。PID 控制器根据设定值(给定值)与被控对象的实际值(反馈)的差值，按照 PID 算法计算出控制器的输出量，控制执行机构去影响被控对象的变化。

8.5.1　PID 控制各环节作用

PID 控制是负反馈闭环控制，能够抑制系统闭环内的各种因素所引起的扰动，使反馈跟随给定值的变化。根据具体项目的控制要求，在实际应用中可能用到其中一部分，比如常用的 PI(比例-积分)控制，这时没有微分控制部分。

1. 比例控制

根据比例反应系统的偏差，系统一旦出现偏差，比例控制可以减少误差。比例作用大，可以加快调节时间，减少稳态误差(当系统出现偏差，比例控制开始减小误差，比例作用越大，减少稳态误差的时间越短)；但是过大的比例，会使系统超调量增大，震荡加剧，动态性能变差，导致系统稳定性下降。当仅有比例控制时，系统输出存在稳态误差。

2. 积分控制

若一个自动控制系统在进入稳态后存在稳态误差，则称该控制系统为有差系统。积分控制使系统消除稳态误差，提高无差度。积分控制的大小与积分时间常数 T_I 成反比，T_I 越小，积分控制就越强；反之 T_I 大则积分控制弱。过强积分控制可使系统稳定性下降，动态响应变慢。积分控制常与另两种控制规律结合，组成 PI 控制器或 PID 控制器。

3. 微分控制

微分控制反映系统偏差信号的变化率，能预见偏差变化的趋势，具有超前的控制作用，可在偏差未形成前将其消除，因此，可以改善系统的动态性能。合适的微分时间 T_D 可以减少超调和调节时间。微分控制会放大噪声干扰，故过大的微分控制不利于系统抗干扰能力。微分控制不能单独使用，需要与另外两种控制规律结合，组成 PD 控制器或 PID 控制器。

8.5.2　PID 回路指令

PID 回路指令是利用回路表 TBL 中的输入信息和组态信息进行 PID 运算，指令见表 8－5。

表 8－5　PID 回路控制指令

指　令	LAD	STL	说　明
PID	PID（EN ENO，TBL，LOOP）	PID　TBL，LOOP	TBL：参数表起始地址 VB，数据类型为字节型；LOOP：回路号，常数(0～7)，数据类型为字节型

为保证 PID 运算以期望的采样频率工作，PID 指令必须用在定时发生的中断程序中，或用在主程序中被定时器控制，并以一定频率执行，采样时间需要通过回路表输入到 PID 运算中。PID 回路表见表 8－6。

8.5.3　PID 算法和算式的离散化

PID 控制器调节输出，保证偏差 e 为零，使系统达到稳定状态，*PID* 控制的原理如式(8－7)

所示。

$$
\text{输出} = \text{比例项} + \quad \text{积分项} \quad + \text{微分项}
$$

$$
M(t) = K_c e + K_c \int_0^t e\mathrm{d}t + M_{\text{initial}} + K_c \frac{\mathrm{d}e}{\mathrm{d}t} \tag{8-7}
$$

式中：$M(t)$ 为PID回路的输出，是时间的函数；K_c 为PID回路的增益；e 为PID回路的偏差给定值SP(The Value Of Set-Point)与过程变量PV(The Value Of Process Variable)之差；M_{initial} 为PID回路输出的初始值。

为了能让数字计算机处理式(8-7)，必须将算式离散化为周期采样偏差算式，才能用来计算输出值。最终离散化的公式如式(8-8)所示。

$$
M_n = K_c(SP_n - PV_n) + K_c \frac{T_S}{T_I}(SP_n - PV_n) + MX + K_c \frac{T_D}{T_S}(PV_{n-1} - PV_n) \tag{8-8}
$$

式(8-8)包含9个用来控制和监视PID运算的参数，在PID指令使用时构成回路表，回路表的首地址可以设为VD100或VD200等，格式见表8-6。

表8-6　PID回路表

序　号	参　数	地址偏移量	数据格式	参数类型	说　明
1	PV_n 过程变量	0	双字实数	输入	过程变量，0.0～1.0
2	SP_n 给定值	4	双字实数	输入	给定值，0.0～1.0
3	M_n 输出值	8	双字实数	输入/输出	输出值，0.0～1.0
4	K_c 增益	12	双字实数	输入	比例常数，正、负皆可
5	T_S 采样时间	16	双字实数	输入	单位为 *s*，正数
6	T_I 积分时间	20	双字实数	输入	单位为 *min*，正数
7	T_D 微分时间	24	双字实数	输入	单位为 *min*，正数
8	MX 积分项前值	28	双字实数	输入/输出	积分项前值，0.0～1.0
9	PV_{n-1} 过程变量前值	32	双字实数	输入/输出	最近一次 *PID* 运算的过程变量值

8.5.4　PID控制回路类型的选择

在实际控制系统中，只需要一种或两种回路的控制类型，如前面提到的比例控制回路或比例积分控制回路，通过设置常量参数，即可以选择需要的控制回路类型。应用最多的为PI调节器。

(1)关闭比例回路P，使用积分I或积分微分ID回路，设定 K_c 增益为0(计算时，系统会自动令 $K_c=1.0$)；

(2)关闭积分回路I，设定 T_I 增益为无穷大INF(因为有初值MX，故积分项不会为0)；

(3)关闭微分回路D，设定 T_D 增益为0。

8.5.5　PID控制回路输入的转换和标准化

每个PID回路有给定值(SP)与过程变量(PV)共两个输入量。以供水水箱的液位控制系统为例，给定值通常是一个固定值，如设定的液位；过程变量与 PID 回路输出有关，用来衡量输出对控制系统作用的大小，如水位检测计的检测输入。

在工业控制现场，给定值与过程变量大小、范围和工程单位会有所不同，故需要将它们做转换及标准化处理，也就是转换成标准的浮点型实数。

1. 将工程实际值由 16 位整数值转换成浮点型实数指令

```
ITD      AIW0,AC0      //将输入值转换为双整数
DTR      AC0,AC0       //将 32 位双整数转换为实数
```

2. 将浮点型实数转换成 0.0～1.0 的标准化实数指令

此转换步骤需要先使用式(8 - 9)：

$$R_{\mathrm{norm}}=\frac{R_{\mathrm{raw}}}{\mathrm{Span}}+\mathrm{Offset}=\begin{cases}\text{单极性 } R_{\mathrm{norm}}=\dfrac{R_{\mathrm{raw}}}{32\ 000_{\mathrm{Span}}}+0_{\mathrm{Offset}}\\ \text{双极性 } R_{\mathrm{norm}}=\dfrac{R_{\mathrm{raw}}}{64\ 000_{\mathrm{Span}}}+0.5_{\mathrm{Offset}}\end{cases} \tag{8-9}$$

式中：R_{norm} 为标准化的实数值（在 0.5 范围变化的双极性实数值和在 0.0～1.0 变化的单极性实数值两种）；R_{raw} 为未标准化的实数值；Span 为值域（双极性为 64 000，单极性为 32 000）；Offset 为偏移量（双极性为 0.5，单极性为 0）。

若实数值为双极性，则需要以下指令转换为 0.0～1.0 的标准化实数：

```
/R       64 000.0,AC0    //累加器中的标准化值
+R       0.5,AC0         //加上偏置，使其在 0.0～1.0 之间
MOVR     AC0,VD100       //标准化的值存入回路表
```

8.5.6 PID 控制回路输出值转换成按工程量标定的整数值

回路输出值一般是控制变量，若以供水水箱的液位控制系统为例，控制变量可以为进水管阀门的开度设置。在回路输出用于驱动工业现场的模拟量输出之前，回路输出值必须转换成一个 16 位的工程量标定的整数值，这个转换过程是标准化过程转换的逆过程。

将回路输出值转换成按工程量标定的实数值，如式(8 - 10)所示 ：

$$R_{\mathrm{scale}}=(M_n-\mathrm{Offset})\times\mathrm{Span}=\begin{cases}\text{单极性 } R_{\mathrm{scale}}=(M_n-0_{\mathrm{Offset}})\times 32\ 000_{\mathrm{Span}}\\ \text{双极性 } R_{\mathrm{scale}}=(M_n-0.5_{\mathrm{Offset}})\times 64\ 000_{\mathrm{Span}}\end{cases} \tag{8-10}$$

式中：R_{scale} 为回路输出的工程量标定实数值；M_n 为回路输出的标准化实数值；Span 为值域（双极性为 64 000，单极性为 32 000）；Offset 为偏移量（双极性为 0.5，单极性为 0），指令如下：

```
MOVR     VD108,AC0       //将回路输出值移入累加器
-R       0.5,AC0         //仅双极性有此句
*R       64000.0,AC0     //在累加器中得到标准化值
```

将回路输出的工程量标定值转换为 16 位整数指令：

```
ROUND    AC0,AC0         //将实数转换为 32 位整数
DTI      AC0,AC0         //将 32 位整数转换为 16 位整数
MOVW     AC0,AQW0        //将 16 位整数写入模拟量输出寄存器 AQW0
```

例 8 - 4　使用压力传感器对气压、液压等压力进行检测。要求控制器使用 S7 - 200 PLC，CPU226CN。压力传感器为高精度扩散硅式，量程为 0～100 MPa，输出 0～10 V 电压信号。

仿真视频链接扫二维码 。

解：(1)程序设计。本系统标准化采用单极性方案。在主程序中，添加启动按钮，用来启动和停止压力检测系统。AIW0 作为采集压力反馈信号通道，该信号为 16 位整数工程值，首先需要转化为实数，其次将实数格式的工程实际值转化为 0.0～1.0 范围的无量纲相对值。这个过程也称为标准化处理，转换公式见式(8－10)。

经过归一化(也称标准化)处理后得到 0.0～1.0 的标准化实数值，再乘以压力传感器的最大量程 100 MPa，最后得到的便是实际检测的压力值。程序如图 8－19 所示。

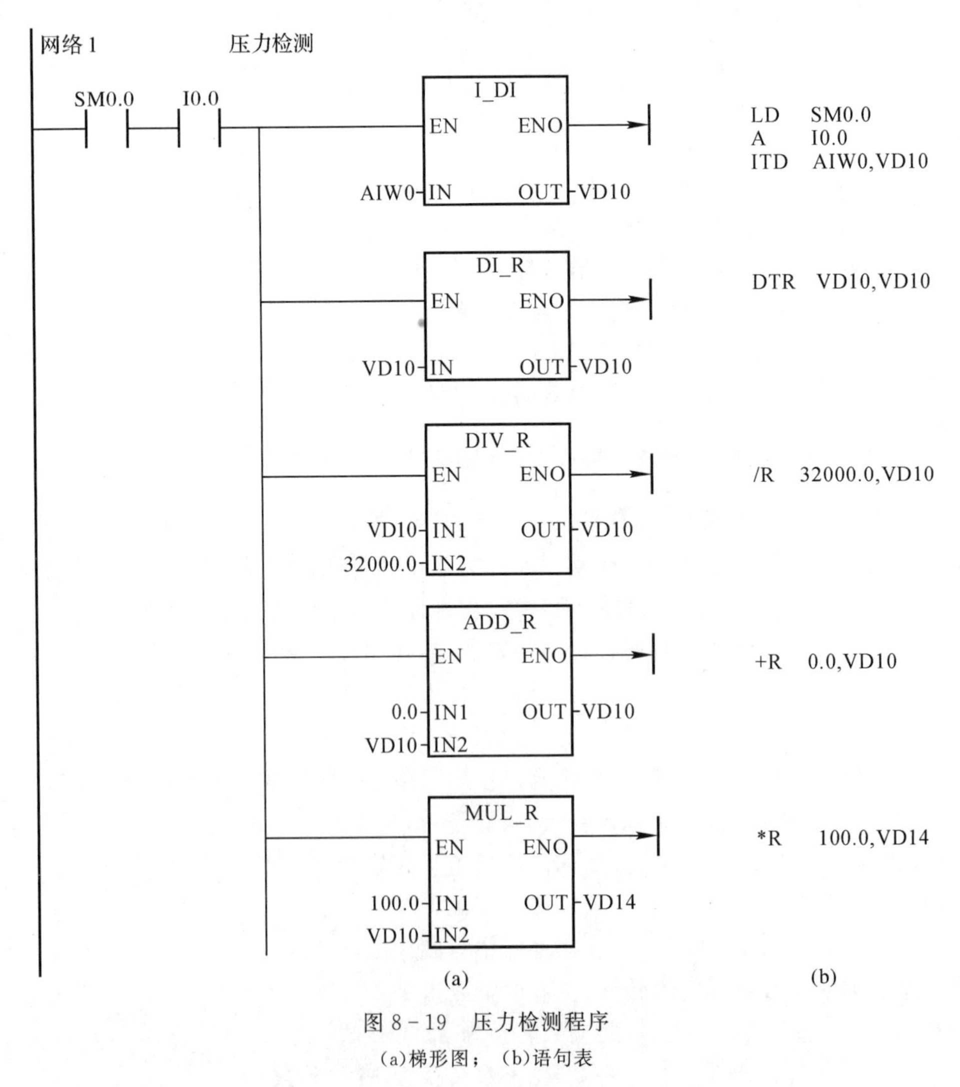

图 8－19 压力检测程序

(a)梯形图；(b)语句表

(2)仿真实现。当程序编写好且编译无误时，点击软件左上角的“文件”，选择导出。然后打开 S7－200 仿真软件，装载程序，程序装载完成后双击 PLC 选择 PLC 的型号，根据设计要求选择 CPU226，如图 8－20 所示。

如图 8－21 所示选择模拟量模块，分别为 EM231、EM232、EM235，在本次设计中未使用模拟量输出，故不用考虑 EM232。EM235 有 4 个模拟量输入通道、1 个输出通道，如果使用 EM235，将会剩余 3 个输入通道和 1 个输出通道，因此考虑到通道的分配合理，将选择 EM231 模拟量输入模块。

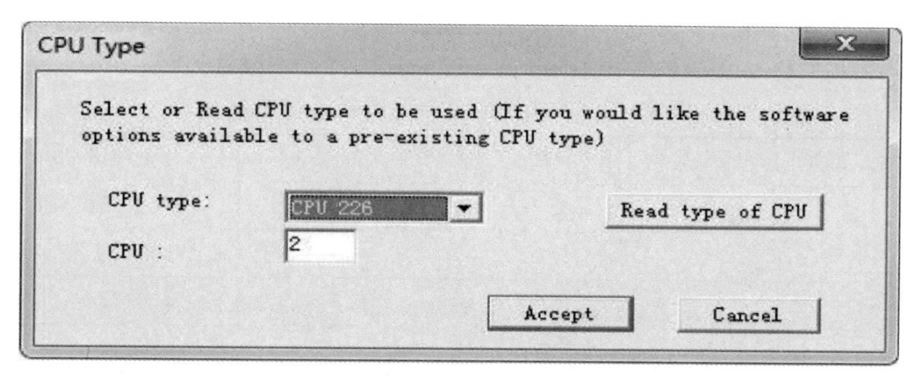

图 8－20　压力检测程序 CPU 选型

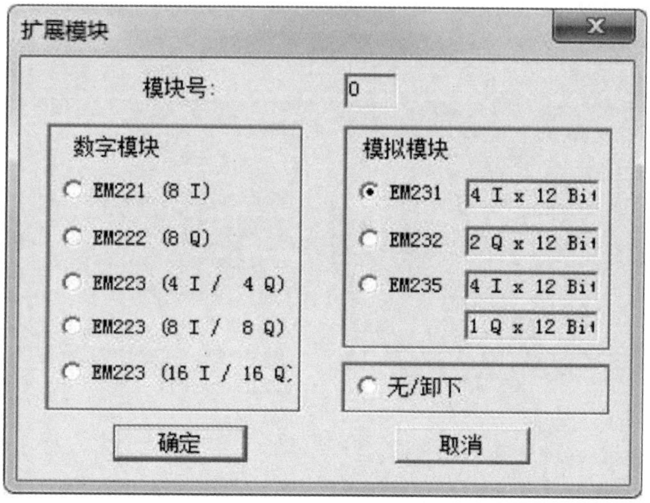

扩展模块
模块号:
0
数字模块
EM221 (8 I)
EM222 (8 Q)
EM223 (4 I / 4 Q)
EM223 (8 I / 8 Q)
EM223 (16 I / 16 Q)
模拟模块
EM231 4 I x 12 Bit
EM232 2 Q x 12 Bit
EM235 4 I x 12 Bit
1 Q x 12 Bit
无/卸下
确定
取消

图 8－21　压力检测程序扩展模块选型图

如图 8－22 所示，点击“Conf. Module”按钮，选择模拟量输入的信号类型，根据设计要求选择“0 to 10 V”。按下运行键，使模拟 PLC 进入 RUN 模式，再点击监控，使程序进入监控模式。

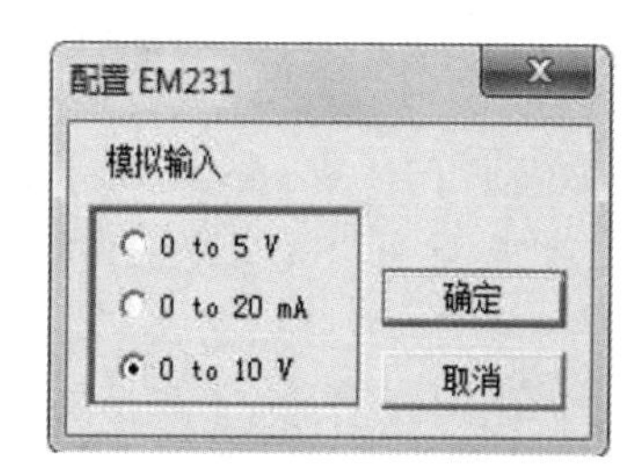

图 8－22　压力检测程序扩展模块配置 EM231

点击模拟 PLC 的 I0.0,将 AIW0 的模拟量输入值设置为 3.80 V,由于在梯形图 OB1 中 VD10 和 VD14 的默认值是 32 位双字型 ,数据显示不是很直观,所以打开状态表添加地址 VD10 和 VD14,再将数据格式改为浮点型。

通过观察内存表,可以直观地了解输出压力的大小。如表 8-7、图 8-23 和图 8-24 所示,当给定输入模拟量为 3.80 V 时,输出的压力值为 38.87 MPa;当给定输入模拟量为 10.0 V时,输出的压力值为 102.3 MPa。数据基本正常,达到实验目的。

表 8-7　输入模拟量与输出电压的关系

输入电压/V	压力/MPa	输入电压/V	压力/MPa
0.8	8.2	5.8	59.42
1.8	18.4	6.8	69.65
2.8	28.62	7.8	79.82
3.8	38.87	8.8	90.12
4.8	49.17	10	102.38

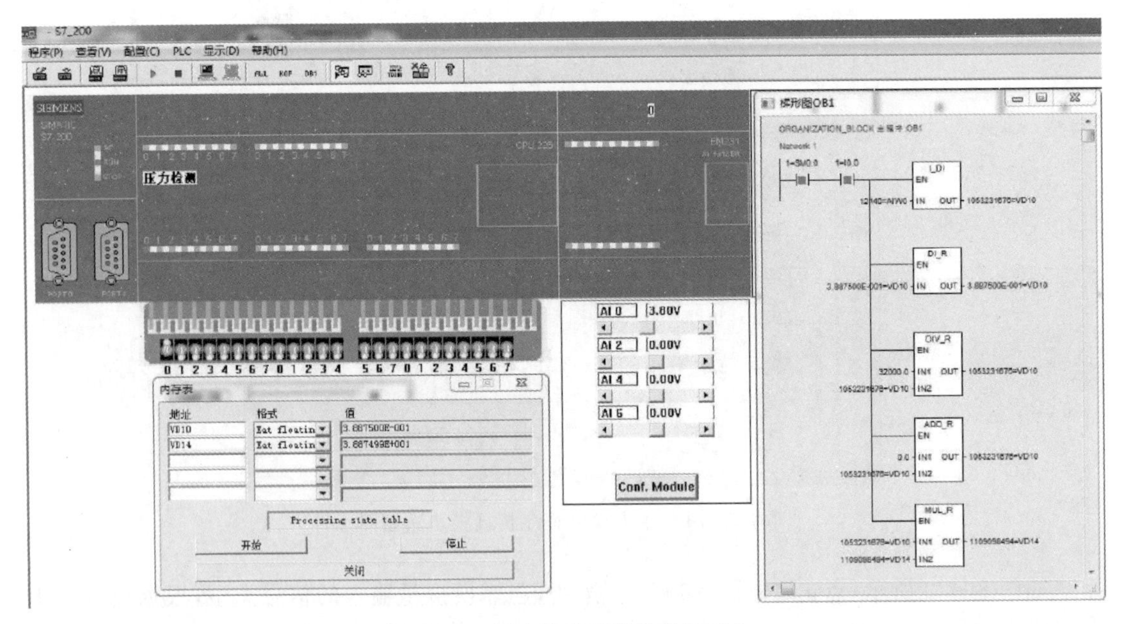

图 8-23　压力检测程序仿真界面 1

8.5.7　PID 指令向导使用步骤

STEP 7-Micro/WIN V4.0 提供了 PID Wizard(PID 指令向导),可以帮助用户方便地生成一个闭环控制过程的 PID 算法。此向导可以完成绝大多数 PID 运算的自动编程,用户只需要在主程序中调用 PID 向导生成的子程序,就可以完成 PID 控制任务。

PID 使用步骤共 8 步:①进入 PID 配置向导;②选择要配置的 PID 回路;③设置回路参数;④设置回路的输入/输出选项;⑤设置回路的报警选项;⑥为配置分配存储区;⑦指定子程

序和中断程序；⑧生成 PID 代码完成配置。

（1）在菜单栏中选择工具→指令向导，然后在弹出的指令向导窗口中选择 PID，然后点击“下一步”，如图 8－25 所示。

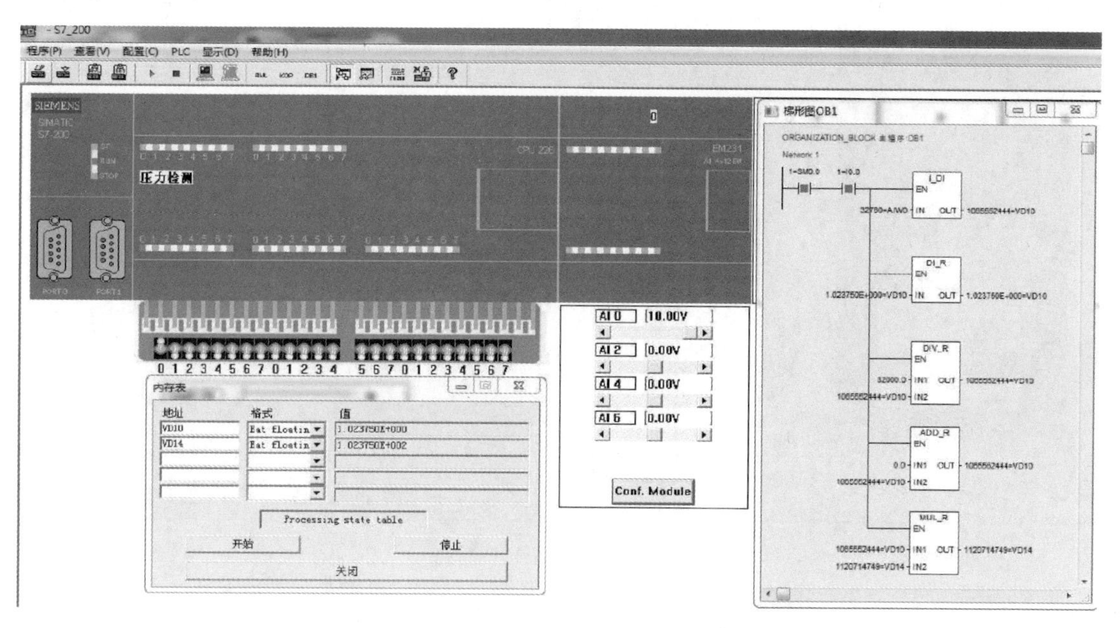

图 8－24　压力检测程序仿真界面 2

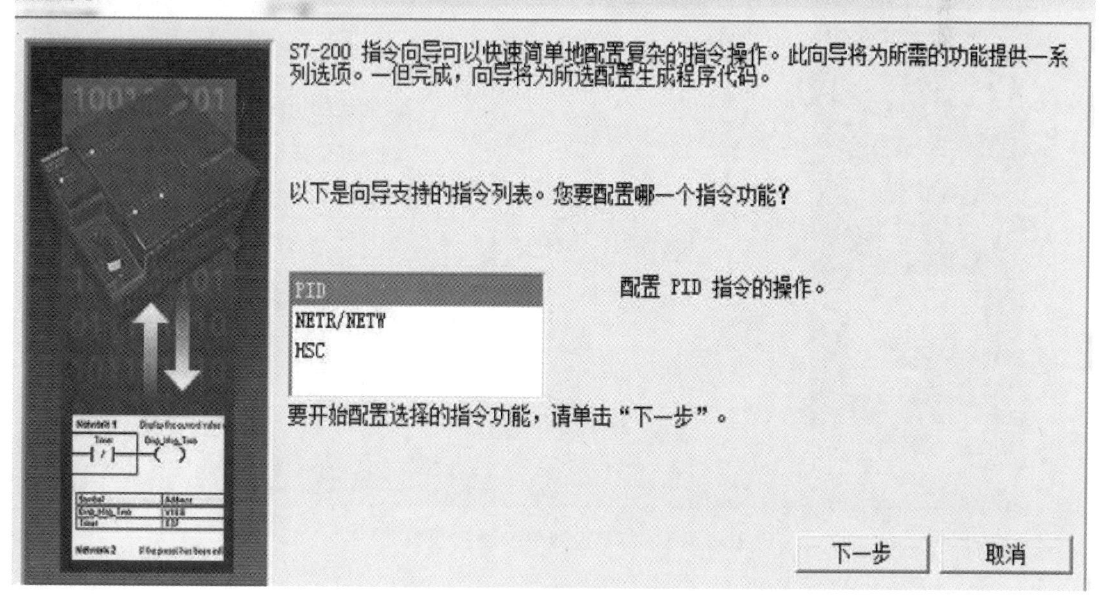

图 8－25　配置 PID 指令向导

（2）选择要配置的 PID 回路，然后点击“下一步”，如图 8－26 所示。

（3）定义回路给定值，设置回路参数，如图 8－27 所示。

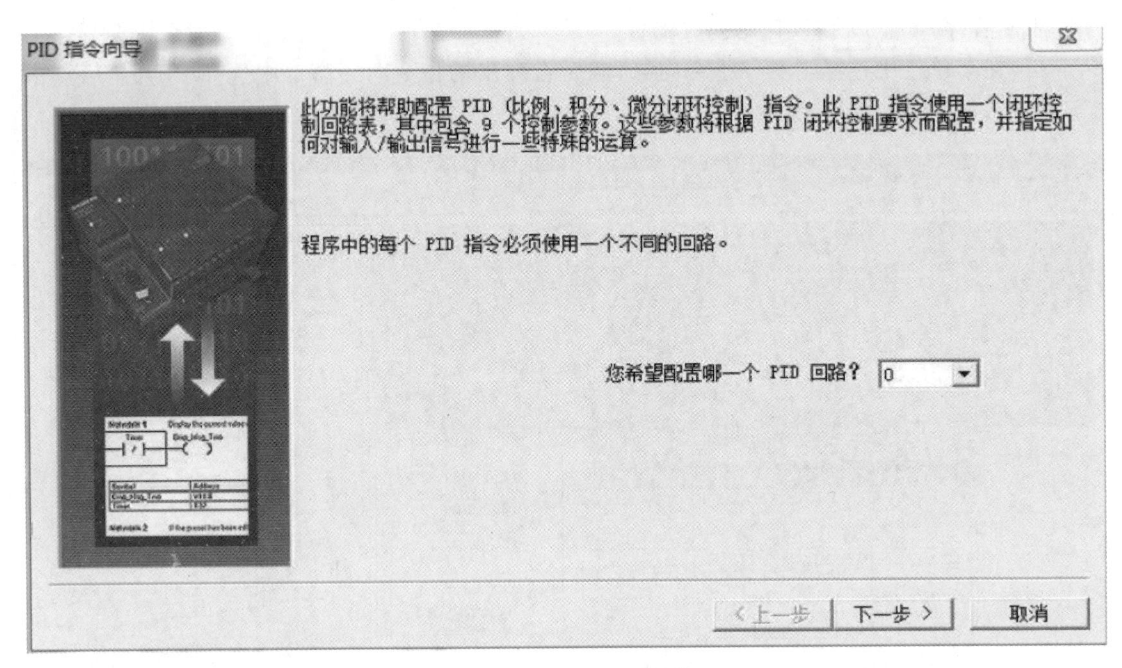

图 8-26　配置 PID 回路

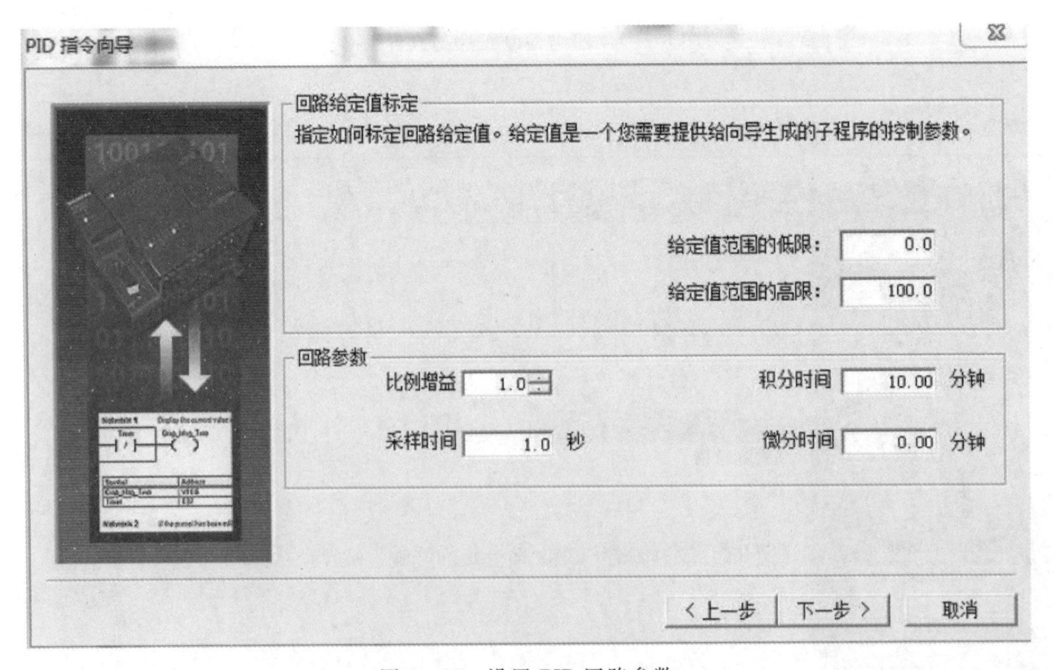

图 8-27　设置 PID 回路参数

定义回路给定值(SP)，即给定的范围：在低限和高限输入域中输入实数，缺省值为 0.0 和 100.0，表示给定值的取值范围占过程反馈量的百分比。这个范围是给定值的取值范围，它也可以是用实际的单位数值表示。

比例增益：即比例常数。

积分时间：如果不想要积分作用，可以把积分时间 T_I 设为无穷大 9 999.99。

微分时间：如果不想要微分回路，可把微分时间 T_D 设为 0。

采样时间：是 PID 控制回路对反馈采样和重新计算输出值的时间间隔。在向导完成后，若想要修改此数，则必须返回向导中修改，不可在程序中修改。

（4）回路输入/输出选项设置，如图 8－28 所示。

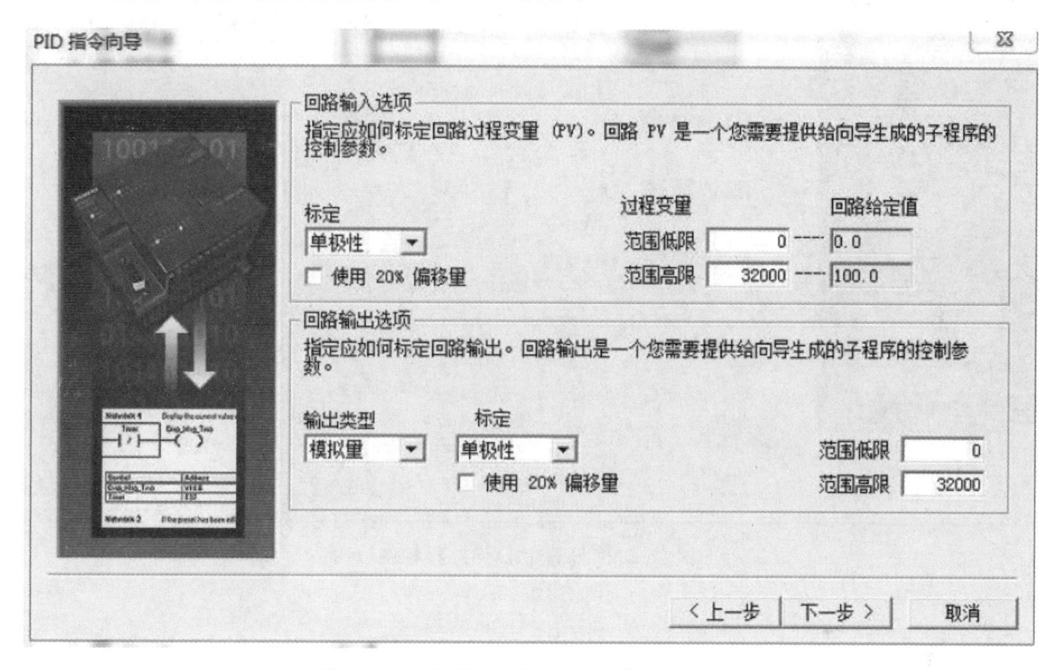

图 8－28　设置 PID 回路输入/输出选项图

单极性：即输入的信号为正，如 0～10 V 或 0～20 mA 等。

使用 20％偏移量：如果输入为 4～20 mA 则选择单极性，4 mA 是 0～20 mA 的 20％，所以选择 20％偏移，即 4 mA 对应 6 400，20 mA 对应 32 000。

输出类型：可以为数字量，也可为模拟量。数字量输出的是占空比可调的脉冲信号，模拟量是 0～32 000 的范围，若使用 20％的偏移量范围是 6 400～32 000。

（5）回路报警设置，如图 8－29 所示。

使能低限报警并设定过程值（PV）报警的低值，此值为过程值的百分数，缺省值为 0.10，即报警的低值为过程值的 10％，此值最低可设为 0.01，即满量程的 1％。使能高限报警并设定过程值（PV）报警的高值，此值为过程值的百分数，缺省值为 0.90，即报警的高值为过程值的 90％。此值最高设为 1.00，即满量程的 100％。使能过程值（PV）模拟量模块错误报警并设定模块于 CPU 连接时所处的模块位置。“0”就是第一个扩展模块的位置。

（6）分配存储区域，如图 8－30 所示。

PID 指令向导会自动分配地址，也可以选择起始地址，分配完地址之后，这个范围的地址不能再使用。

（7）子程序、中断程序命名以及是否选择手动控制，如图 8－31 所示。

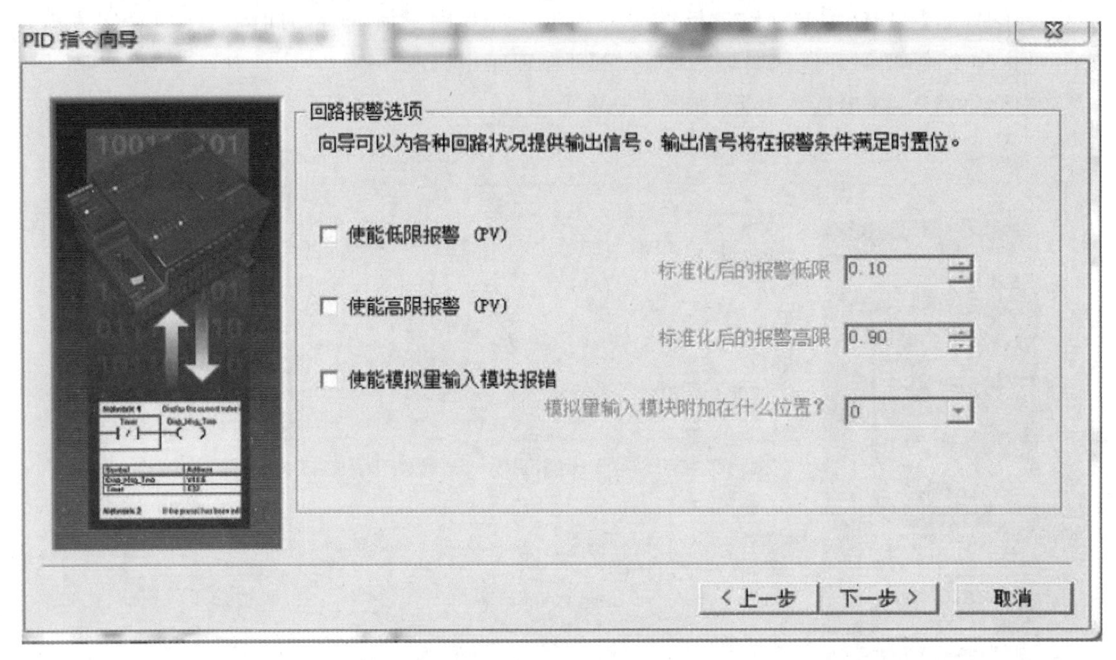

图 8-29　设置 PID 回路报警图

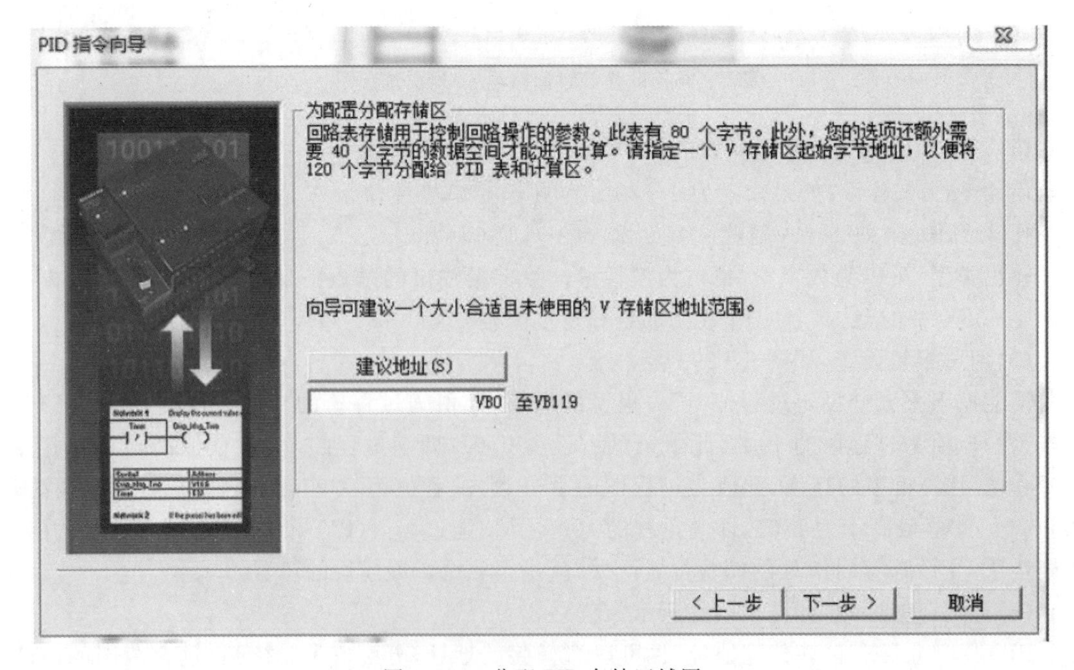

图 8-30　分配 PID 存储区域图

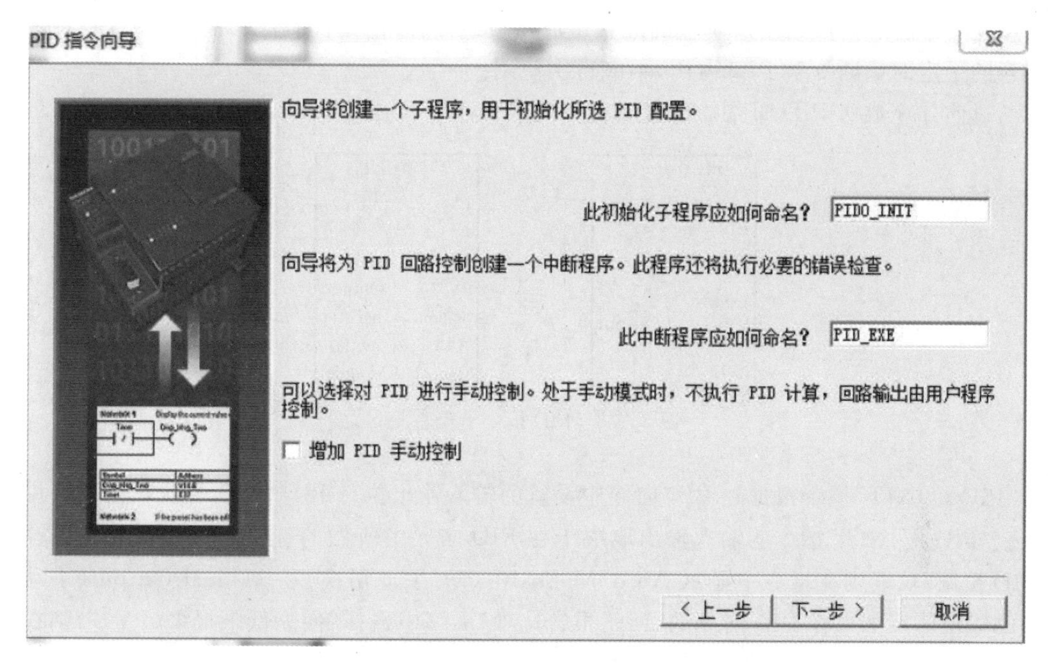

图 8－31　子程序、中断程序命名以及是否选择手动控制图

(8)PID 指令向导设置完成，如图 8－32 所示。

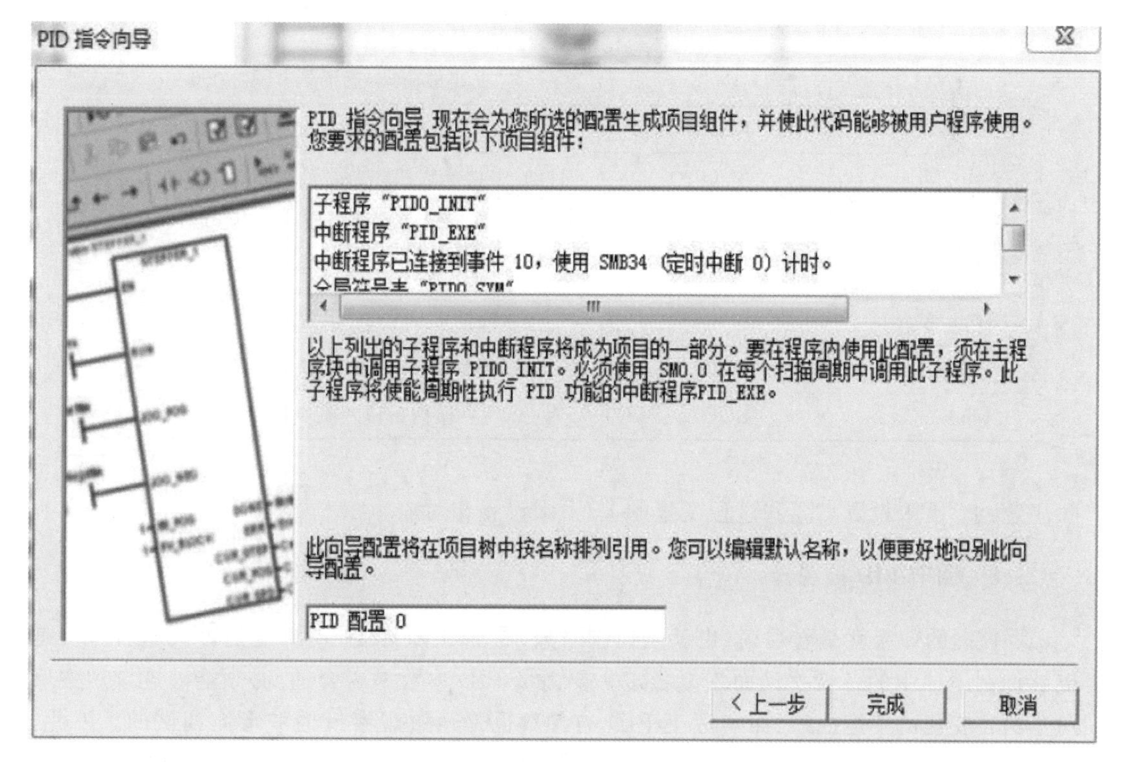

图 8－32　PID 指令向导设置完成图

PID 指令向导会根据用户所选的配置生成项目组件,并使此代码能够被用户程序使用,需要注意的是定时中断 0 被 PID 占用,不能再次使用。

通过向导完成对 PID 回路的设置后会生成子程序“PID x_INIT”,如图 8－33 所示。

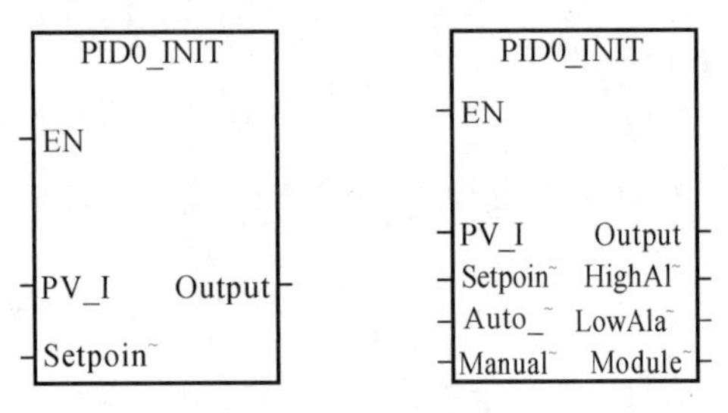

图 8－33　PID 指令子程序图

“PID x_INIT”指令根据在 PID 向导中设置的输入输出执行 PID 功能,每次扫描均调用该指令。“PID x_INIT”指令的输入输出取决于在 PID 向导中所做的选择。例如,如果选择“增加 PID 控制”功能则在指令中显示 Auto_Manual(自动/手动切换)和 Manual Output(手动模式下的输出值),如果在 PID 向导的“回路报警选项”屏幕中选择“使能低限报警(PV)”,则在指令中将显示 Low Alarm(低限报警)输出。

PID 中常用的输入输出见表 8－8。

表 8－8　I/O 地址分配表

输入/输出	数据类型	注　释
PV_I	INT	过程变量输入:范围从 0～32 000
Set point_R	REAL	给定输入:范围从 0.0～100.0
Auto_Manual	BOOL	自动/手动模式:0＝手动模式,1＝自动模式
Manual Output	REAL	手动模式时回路输出期望值:范围从 0.0～1.0
Output	INT	PID 输出:范围从 0～32 000
High Alarm	BOOL	过程变量(PV)＞ 报警高限(0.90)
Low Alarm	BOOL	过程变量(PV)＜ 报警低限(0.10)
Module Err	BOOL	模拟量输入模块报错

注意:上/下限设置点要和过程变量的上/下限设置相对应。

8.5.8　调节 PID 控制器

PID 控制的效果就是看反馈(也就是控制对象)是否跟随设定值,响应是否快速、稳定,是否能够抑制闭环中的各种扰动而恢复稳定。要衡量 PID 参数是否合适,必须能够连续观察反馈对于给定变化的响应曲线;而实际上 PID 的参数也是通过观察反馈波形而调试的。因此,没有能够观察反馈的连续变化波形曲线的有效手段,就谈不上调试 PID 参数。

观察反馈量的连续波形,可以使用带慢扫描记忆功能的示波器(如数字滤波器)、波形记录仪或者在 PC 机上做的趋势曲线监控画面等。

STEP 7 - Micro/WIN V4.0 编程软件主界面的中“工具”菜单下内置一个 PID 调节控制面板工具，具有图形化的给定、反馈、调节器输出波形显示，可以用于手动调试 PID 参数。

PID 参数的取值以及它们之间的配合，对 PID 控制是否稳定具有重要意义。这些参数主要有比例增益 K_c、积分时间 T_I、微分时间 T_D和采样时间 T_S。前三个参数已在 8.5.1 节讲过，此处不再复述。

对 PID 控制而言，计算机必须按照一定的时间间隔对反馈信号进行采样，才能进行 PID 控制的计算。采样时间 T_S就是对反馈进行采样的间隔。短于采样时间间隔的信号变化是测量不到的，但过长的采样间隔不能满足扰动变化比较快或者速度响应要求高的场合。编程时指定的 PID 控制器采样时间必须与实际的采样时间一致。S7 - 200 PLC 中的采样时间精度用定时中断来保证。

8.5.9　PID 调节常见问题

PID 控制器和向导在使用过程中，常会碰到一些问题，下面挑选 3 个比较典型的问题。

(1)对于某个具体的 PID 控制项目，是否可能事先得知比较合适的参数？有没有相关的经验数据？

虽然有理论上计算 PID 参数的方法，但由于闭环调节的影响因素很多而不能全部在数学上进行精确的描述，计算出的数值往往没有实际意义。所以，除了实际调试获得参数外，没有什么可用的经验参数值存在，甚至对于两套看似一样的系统，都可能通过实际调试得到完全不同的参数值。

(2)PID 控制不稳定怎么办？如何调试 PID？

闭环系统的调试，首先应当做开环测试。所谓开环，就是在 PID 调节器不投入工作的时候，观察反馈通道的信号是否稳定，输出通道是否动作正常。可以试着给出一些比较保守的 PID 参数，如比例增益 K_c不要太大，一般小于 1；积分时间 T_I不要太短，以免引起震荡。在这个基础上，可以直接投入运行，观察反馈值的波形变化。给出一个阶跃给定，观察系统的响应是最好的办法。如果反馈达到最大值后，历经多次震荡才能稳定或者根本不稳定，应该考虑是否比例增益 K_c过大、积分时间 T_I过短；如果反馈迟迟不能跟随给定，上升速度很慢，应该考虑是否比例增益 K_c过小、积分时间 T_I过长等。总之，PID 参数的调试是一个综合的、互相影响的过程，实际调试过程中的多次尝试是非常重要的，也是必须的。

(3)没有采用积分控制时，为何反馈达不到给定值？

因为积分控制的作用在于消除纯比例调节系统固有的“静差”。没有积分控制的比例控制系统中，没有偏差就没有输出量，没有输出就不能维持反馈值与给定值相等，因此永远做不到无偏差。

本 章 小 结

本章重点介绍了 S7 - 200 PLC 的模拟量功能与 PID 控制指令及应用。具体有使用模拟量输入模块 EM231 分别测量电流信号和压力信号；使用模拟量输出模块 EM232 进行数字量信号转模拟量信号；这些应用都已仿真或实验实现。对于如何使用 PID 回路指令向导、调节 PID 控制器方法及常见问题注意事项等内容，都有文字详细描述。工业设计领域的一个重要分支是过程控制，其特点是模拟量参数较多且控制要求精度高，PID 回路指令专为过程控制设计，在使用时，需要理解工业过程控制对模拟量处理的实质。

思考题与练习题

1. 在过程控制系统中，PLC 对模拟量输入/输出处理的实质是什么？

2. 简述 PID 控制器中各项的主要作用。

3. 某一过程控制系统，其中一个单极性模拟量输入参数从 AIW0 采集到 PLC 中，通过 PID 指令计算出控制结果，然后从 AQW0 中输出到控制对象。已知 PID 回路表首地址为 VD100。设计程序完成以下控制要求：

(1)每 100 ms 中断一次，执行中断程序；

(2)在中断程序中完成对 AIW0 的采集、转化和标准化处理，完成回路控制输出值 AQW0 的转换到工程量标定的整数值，最后输出。

第9章　PLC的通信

随着计算机网络技术的发展,现代企业的自动化程度越来越高。在大型控制系统中,由于控制任务复杂,点数过多,各任务间的数字量、模拟量相互交叉,所以出现了仅靠增强单机的控制功能及点数已难以胜任的现象。因此PLC生产厂家为了适应复杂生产的需要,也为了便于对PLC进行监控,均开发了各自的PLC通信技术及PLC通信网络。

本章重点:

(1)通信的基础知识;

(2)S7-200 PLC的各种通信协议;

(3)S7-200 PLC的各种通信应用。

9.1　概　　述

PLC的通信就是指PLC与计算机之间、PLC与PLC之间、PLC与其他智能设备之间的数据通信。PLC的联网就是为了提高系统的控制功能和范围,将分布在不同位置的PLC之间、PLC与计算机、PLC与智能设备通过传送介质连接起来,实现通信,以构成功能更强大的控制系统。两个PLC之间或一个PLC和一台计算机建立连接,一般叫作链接(Link),而不称为联网。

现场控制的PLC网络系统,极大地提高了PLC的控制范围和规模,实现了多个设备之间的数据共享和协调控制,提高了控制系统的可靠性和灵活性,增加了系统监控和科学管理水平,便于用户程序的开发和应用。

21世纪的今天,信息网络已成为人类社会步入知识经济时代的标志。而PLC之间及其与计算机之间的通信网络已成为全集成自动化系统(Totally Integrated Automation,TIA)的特征。

9.1.1　通信方式

1.并行数据传送和串行数据传送

(1)并行数据传送。并行数据传送时所有数据位是同时进行的,以字或字节为单位传送。并行传输速度快,但通信线路多、成本高,适合近距离数据高速传送。PLC通信系统中,并行通信方式一般发生在内部各元件之间、主机与扩展模块或近距离智能模板的处理器之间。

(2)串行数据传送。串行数据传送时所有数据是按位(bit)进行的。串行通信仅需要一对数据线就可以实现,在长距离数据传送中较为合适。PLC网络传送数据的方式绝大多数为串行方式,而计算机或PLC内部数据处理、存储都是并行的。若要串行发送、接收数据,则要进行相应的串行、并行数据转换,即在数据发送前,要把并行数据先转换成串行数据;而在数据接收后,要把串行数据转换成并行数据后再处理。

2. 异步方式与同步方式

串行通信数据的传送是一位一位分时进行的。根据串行通信数据传输方式的不同可以分为异步方式和同步方式。

(1)异步方式。又称起止方式。它在发送字符时，要先发送起始位，然后才是字符本身，最后是停止位。字符之后还可以加入奇偶校验位。如图 9-1 所示。

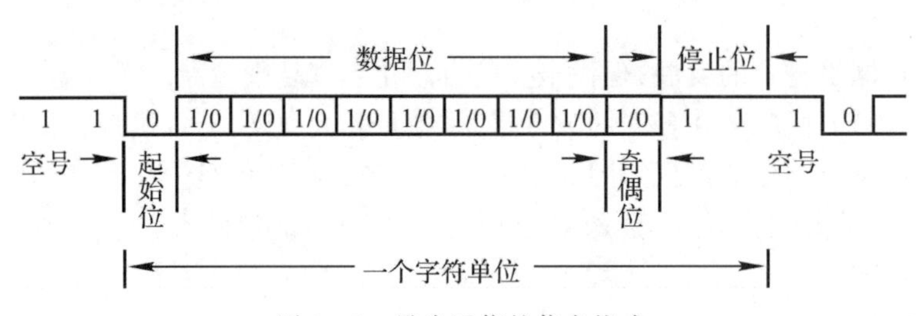

图 9-1 异步通信的信息格式

异步传送较为简单，但要增加传送位，会影响传输速率。异步传送是靠起始位和波特率来保持同步的。

(2)同步方式。同步方式要在传送数据的同时，也传递时钟同步信号，并始终按照给定的时刻采集数据。同步方式传递数据虽提高了数据的传输速率，但对通信系统要求较高。PLC 网络多采用异步方式传送数据。

3. 单工、双工与半双工

(1)单工(Simplex Communication)。指数据只能实现单向传送的通信方式，只能沿单一方向发送或接收数据。如图 9-2 所示。

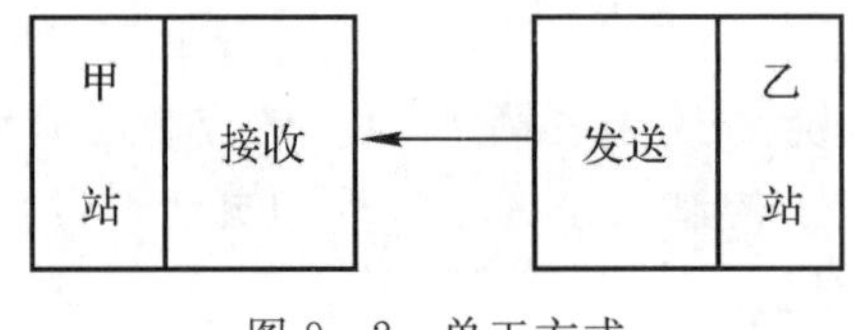

图 9-2 单工方式

(2)交换全双工(Full Duplex)。也称双工，指数据可以进行双向数据传送，同一时刻既能发送数据，也能接收数据。通常需要两对双绞线连接，通信线路成本高。例如，RS-422、RS-232C 就是“全双工”通信方式。如图 9-3 所示。

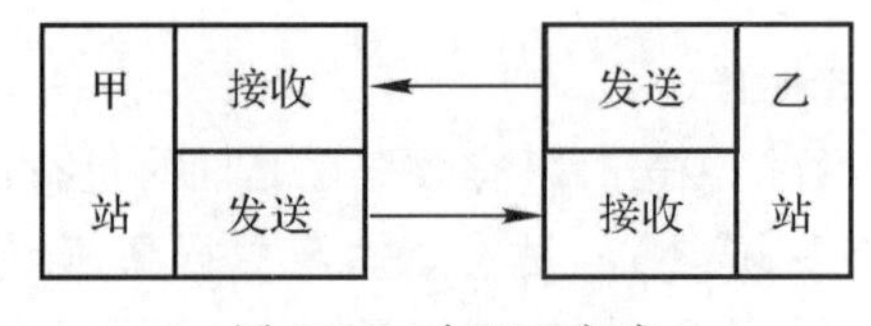

图 9-3 全双工方式

(3)半双工(Half Duplex)。数据可以进行双向数据传送，同一时刻只能发送数据或者接收数据。通常需要一对双绞线连接，与全双工相比，通信线路成本低。例如，RS-485 只用一对双绞线时就是“半双工”通信方式。如图 9-4 所示。

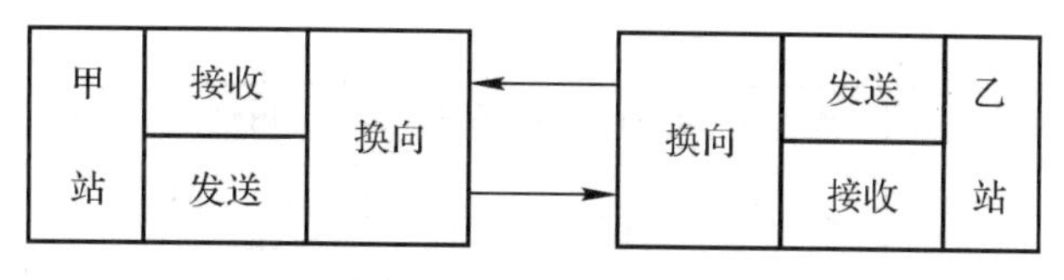

图 9-4　半双工方式

9.1.2　RS-485 标准串行接口

1. RS-485 接口

RS-485 接口是在 RS-422 基础上发展起来的一种 EIA 标准串行接口，采用"平衡差分驱动"方式。RS-485 接口满足 RS-422 的全部技术规范，可用于 RS-422 通信。RS-485 接口通常采用 9 针连接器。S7-200 CPU 上的 RS-485 接口的引脚功能见表 9-1。

表 9-1　RS-485 接口的引脚功能

PLC 通信口引脚号	名　称	功　能
1	SG 或 GND	机壳接地
2	+24 V 返回	逻辑地
3	RXD+或 TXD+	RS-485 的 B，数据发送/接受+端
4	请求—发送	RTS(TTL)
5	+5 V 返回	逻辑地
6	+5 V	+5 V，100 Ω 串联电阻
7	+24 V	+24 V
8	RXD—或 TXD—	RS-485 的 A，数据发送/接受—端
9	不适用	10 位协议选择(输入)

2. 西门子的 PLC 连线

西门子 PLC 的 PPI 通信、MPI 通信和 PROFIBUS-DP 现场总线通信的物理层都是 RS-485通信，而且采用的都是相同的通信线缆和专用网络接头。西门子提供两种网络接头，即标准网络接头和编程端口接头，可方便地将多台设备与网络连接，编程端口允许用户将编程站或 HMI 设备与网络连接，而不会干扰任何现有网络连接。编程端口接头通过编程端口传送所有来自 S7-200 CPU 的信号(包括电源针脚)，这对于连接由 S7-200 CPU(例如 SIMATIC 文本显示)供电的设备尤其有用。标准网络接头的编程端口接头均有两套终端螺钉，用于连接输入和输出网络电缆。这两种接头还配有开关，可选择网络偏流和终端。

9.1.3　通信网络结构

1. 开放系统互连模型 OSI

1984 年，国际标准化组织(ISO)提出了一套通用的计算机网络通信标准——开放系统互连模型(Open System Interconnection，OSI)，作为通信网络国际标准化的参考模型，实现不同厂家生产的智能设备之间的通信。如图 9-5 所示。

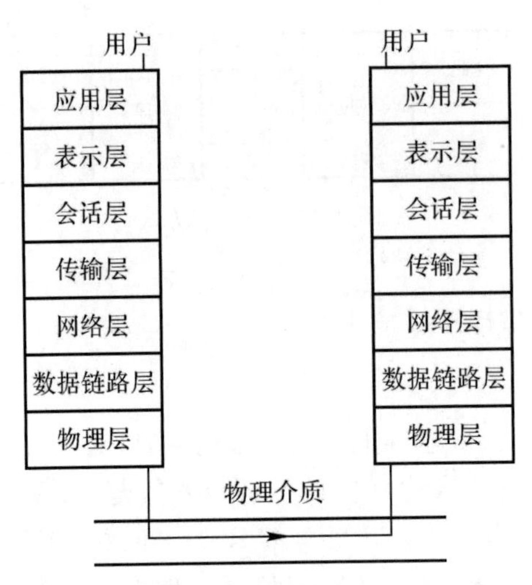

图 9－5　开放系统互联模型

OSI 的网络结构有 7 个层次，上 3 层通常称为应用层，用来处理用户接口、数据格式和应用程序的访问；下 4 层负责定义数据的物理传输介质和网络设备。其模型具体功能见表9－2。

表 9－2　开放系统互联模型网络结构功能

网络结构	功　能	数据单位
物理层	定义了传输介质、连接器和信号发生器的类型，规定了物理连接的电气、机械特性，如电压、传输速率、传输距离等特性。建立、维护、断开物理连接。典型的物理层设备有集线器(HUB)和中继器等	比特(bit)
数据链路层	确定传输站点物理地址以及将消息传送到协议栈，提供顺序控制和数据流向控制。建立逻辑连接、进行硬件地址寻址、差错校验等功能(由底层网络定义协议)。典型的数据链路层设备有交换机和网桥等	帧(frame)
网络层	进行逻辑地址寻址，实现不同网络之间的路径选择。协议为 ICMO IGMP IP(IPV4 IPV6)、ARP、RAR。典型的网络层设备是路由器	分组或包(packet)
传输层	定义传输数据的协议端口号，以及流控和差错校验。协议为 TCP、UDP。网关是互联网设备中最复杂的，它是传输层及以上层的设备	数据报(datagram) 或 段(segment)
会话层	建立、管理、终止会话	消息(message)
表示层	数据的表示、安全、压缩	消息(message)
应用层	网络服务与最终用户的一个接口。协议有 HTP、FTP、TFTP、SMTP、SNMP、DNS	消息(message)

2. 工业通信网络

企业网是对工业企业计算机与控制网络的统称。企业网从结构上可以分为信息网络和控制间络两个层次，企业网的结构如图 9－6 所示。

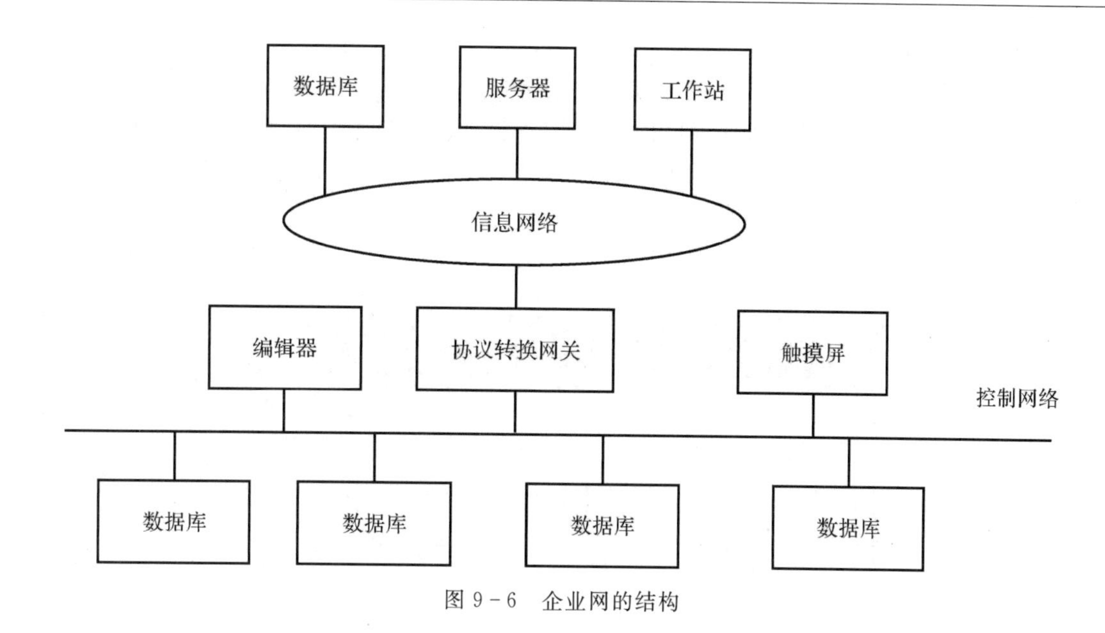

图 9-6　企业网的结构

信息网络是指用于企业内部的信息通信与管理的局域网。信息网络目前的主要应用是办公自动化。信息网络是接入互联网的，并且很多应用也是基于互联网技术的。

控制网络是指工业企业生产现场的通信网络。控制网络既可以是现场总线，也可以是工业以太网。控制网络主要实现现场设备之间、现场设备与控制器之间、现场设备与监控设备之间的通信。

网络化控制的功能模型是从功能的角度对基于网络的自动控制系统进行分层，简称网络控制模型。网络控制模型分为现场设备层、监控层和管理层，其功能见表 9-3。

表 9-3　网络控制模型功能

网络控制模型	功　能
管理层	为企业提供生产、管理和经营数据，通过数据化的方式优化企业资源，提高企业的管理水平。这个层中，IT 技术得到了广泛的应用，如 Internet 和 Intranet
监控层	介于管理层和现场层之间。其主要功能是解决车间内各需要协调工作的不同工艺段之间的通信。监控层要求能传递大量的信息数据和少量的控制信息，而且要求具备较强的实时性。这个层主要使用工业以太网
现场设备层	现场设备层处于工业网络的最底层，直接连接现场的各种设备，包括 IO 设备、变频与驱动、传感器和变送器等，由于连接的设备千差万别，所以所使用的通信方式也比较复杂。又由于现场级通信网络直接连接现场设备，所以对网络的实时性和确定性有很高的要求

9.1.4　S7-200 PLC 通信

S7-200 PLC 集成 1～2 个 RS-485 通信口，集成的通信口可以实现 PPI、MPI 和自由口通信，在自由口方面，西门子已经为客户开发 Modbus RTU 主站和从站通信指令库、USS 通信指令库。S7-200 后的第一个扩展模块是 CP243-2，是 ASI 主站通信模块，使用两个槽位资源，支持的协议版本是2.1版本。第二个扩展模块是EM277，是标准的PROFIBUS DP从站通信模块，EM277后面的EM241模块是一个模拟的电话调制解调器模块。最后两个模块CP243－1、CP243－1IT是以太网通信扩展模块，支持西门子内部的S7协议，目前已经有新一代的CP243－1模块来代替之前的两个模块。CP243－1的IT功能主要包括Email、HTML和FTP三种。S7－200 PLC通信如图9－7所示。

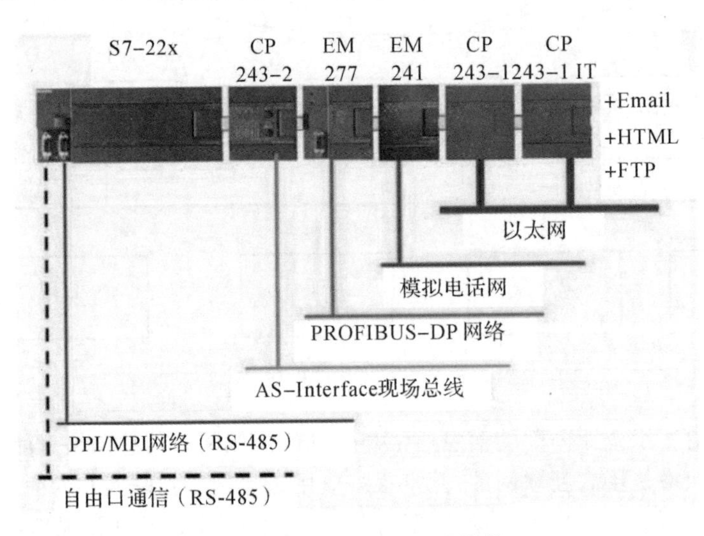

图9－7　S7－200 PLC通信

9.2　PPI通信及应用

9.2.1　PPI通信协议

PPI协议(Point to Point Interface,PPI)原为点对点通信，是一个主站-从站协议，主站设备将通信请求发送至从站设备，然后从站设备进行响应，从站器件不发信息，只是等待主站的要求并对要求做出响应。随着产品的发展，目前也支持多主站网络。PPI通信网络如图9－8所示。

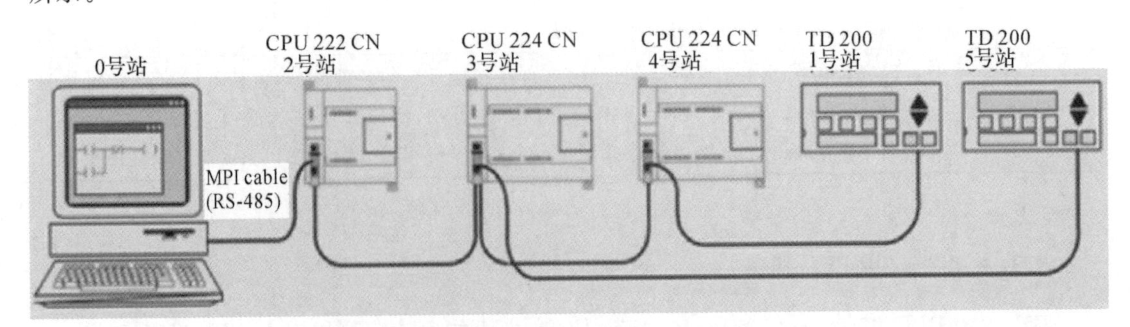

图9－8　PPI通信网络

PPI通信协议是西门子专为S7－200 PLC开发的一个通信协议。基于开放互联OSI 7层模型的通信结构，该通信协议通过令牌环实现网络通信，可通过普通的两芯屏蔽双绞电缆进行联网。PPI 使用 1 位起始位、1 位停止位、8 位数据位和偶校验。PPI 协议使用 S7－200 PLC 集成的 RS－485 通信口，可以实现编程通信、S7－200PLC 之间的通信以及和人机界面之间的通信。S7－200 PLC 集成的通信口有一个 PG 连接资源和三个 OP 连接资源，支持的波特率有 9.6 kb/s、19.2 kb/s 和 187.5 kb/s，支持多主站，最远的通信距离为 50 m(不用中继器时)，一个网段内最多有 32 个节点，可以使用中继器进行网段隔离以及通信距离的扩展。通过中继器扩展网络时，最多可有 9 个中继器。网络可包含 127 个节点和 32 个主站，网络总长为 9 600 m。如图 9－9 所示。

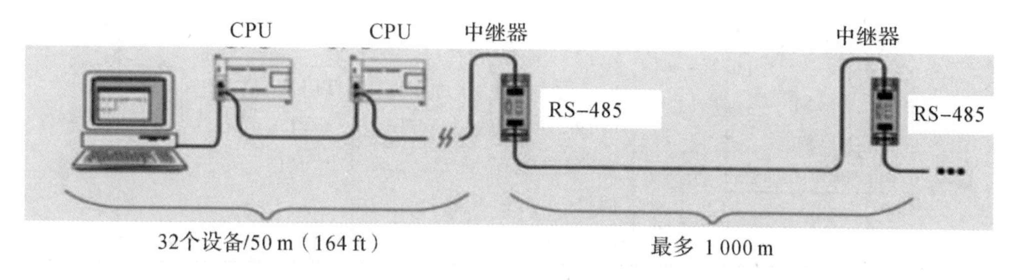

图 9－9　带有中继器的网络

当 S7－200 作 PPI 主站时，在用户程序中可以使用网络读写指令来读写另外一个 S7－200。主站的 S7－200 仍然可以作为从站响应其他主站的请求。S7－200 在程序中定义通信口时，使用特殊存储器字节 SMB30(端口 0)、SMB130(端口 1)中的 0 位和 1 位进行 PPI 选择。

SMB30 格式、SMBl30 格式如下：

7							0
P	P	D	B	B	B	M	M

MM 位：协议选择位。00 表示点到点接口 PPI 协议从站模式；01 表示自由口协议；10 表示点到点接口 PPI 协议主站模式；11 表示保留(默认设置为 PPI 从站模式)。

PPI 高级协议允许网络设备建立设备之间的逻辑连接。对于 PPI 高级协议，每个设备的连接个数是有限制的。所有的 S7－200 CPU 都支持 PPI 和 PPI 高级协议，而 EM277 模块仅仅支持 PPI 高级协议。S7－200 支持的连接个数见表 9－4。

表 9－4　S7－200 中 PPI 接口相关参数

模　块	波特率	连接数
S7－200 PLC 通信口 0/1	9.6 kb/s、19.2 kb/s 或 187.5 kb/s	4
EM277	9.6 kb/s～12 Mb/s	6(每个模块)

9.2.2　PPI 在 S7－200 中的相关指令

S7－200 CPU 之间的 PPI 网络通信只需要两条简单的指令——网络读和网络写指令。网络读指令和网络写指令功能见表 9－5。TBL 参数参照表见表 9－6，TBL 参数错误代码表见表9-7,特殊存储器具体内容见表9-9。

表9-5　网络读指令和网络写指令

指令名称	指　令	功　能	操作数	数据类型
网络读	NETR（EN、ENO、TBL、PORT） NETR　TBL，PORT	当使能输入EN有效时，通过指定的端口(PORT)根据表格(TBL)定义向远程设备写入数据	TBL：VB、MB、*VD、*LD、*AC；PORT:0或1	字节
网络写	NETW（EN、ENO、TBL、PORT） NETW　TBL，PORT	当使能输入EN有效时，通过指定的端口(PORT)根据表格(TBL)定义向远程设备写入数据	TBL：VB、MB、*VD、*LD、*AC；PORT:0或1	字节

表9-6　网络读和网络写指令的TBL参数参照表

字节偏移地址	字节名称	描　述
0	状态字节	7 … 0：D | A | E | 0 | E1 | E2 | E3 | E4 D:操作完成位。D=0:未完成;D=1:完成 A:操作排队有效位。A=0:无效;A=1:有效 E:错误标志位。E=0:无错误;E=1:有错误 E1、E2、E3、E4为错误编码。如果执行指令后,E=1,则E1、E2、E3、E4返回一个错误编码,编码及说明见表9-7
1	远程设备地址	被访问的PLC从站地址
2	远程设备的数据指针	被访问数据的间接指针 指针可以指向I、Q、M和V数据区
3		
4		
5		
6	数据长度	远程站点上被访问数据的字节数
7	数据字节0	收或发送数据区:对NETR,执行NETR后,从远程站点读到的数据存放在这个数据区中;对NETW,执行NETW前,要发送到远程站点的数据存放在这个数据区
8	数据字节1	
…	……	
22	数据字节15	

表 9－7　TBL 参数错误代码表

E1E2E3E4	错误码	含　义
0000	0	无错误
0001	1	时间溢出错误:远程站无响应
0010	2	接收错误:校验错误,或检查时出错
0011	3	离线错误:站号重复或硬件损坏
0100	4	队列溢出出错:激活超过 8 个 NETR/NETW 框
0101	5	违反协议:没有在 SMB30 中使能 PPI,却要执行 NETR/NETW 指令
0110	6	非法参数:NETR/NETW 的表中含有非法的或无效的值
0111	7	没有资源:远程站忙
1000	8	Layer7 错误:应用协议冲突
1001	9	信息错误:错误的数据地址或数据长度不正确
1010～1111	A～F	未用,为将来的使用保留

9.2.3　PPI 在 S7－200 PLC 的应用

两台 S7－200 PLC 的 PPI 通信,要求编程实现 2 号主站的 IB0 控制 4 号从站的 QB0,4 号从站的 IB0 控制 2 号主站的 QB0。

(1)思路分析:在主站 PLC 上设置地址为 2,在从站 PLC 上设置地址为 4。在主站上用 NETW 指令把数据 IB0 传送到 4 号从站的 QB0 中,再用 NETR 指令把 4 号从站的数据 IB0 读入到主站的 QB0 中。

(2)硬件连接:如图 9－10 所示。

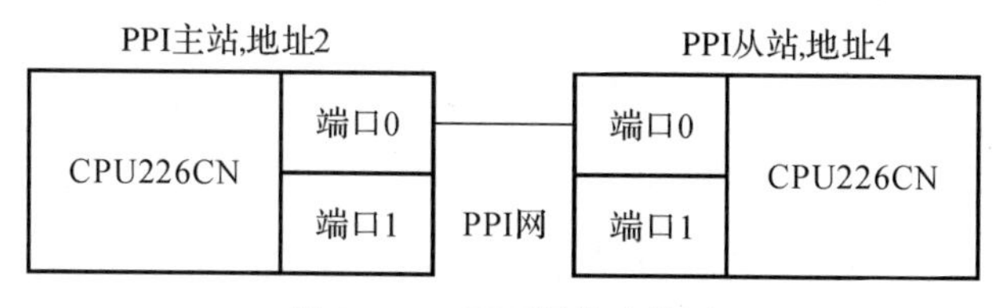

图 9－10　PPI 硬件连接图

(3)设置地址:点击指令树中的"通信"下的"通信端口",打开"通信端口对话框",点击 PLC 地址进行设置,如图 9－11 所示。

(4)程序编辑。

1)方法一(网络读/写指令)。

主站程序和从站程序如图 9－12 和图 9－13 所示。

2)方法二(指令向导),如图 9－14 所示。

A. 使用向导配置,生成网络读/写子程序。

B. 编写程序,如图 9－15 所示。向导生成的网络读/写指令子程序在指令树的"调用子程序”中进行调用。实验演示链接扫二维码。

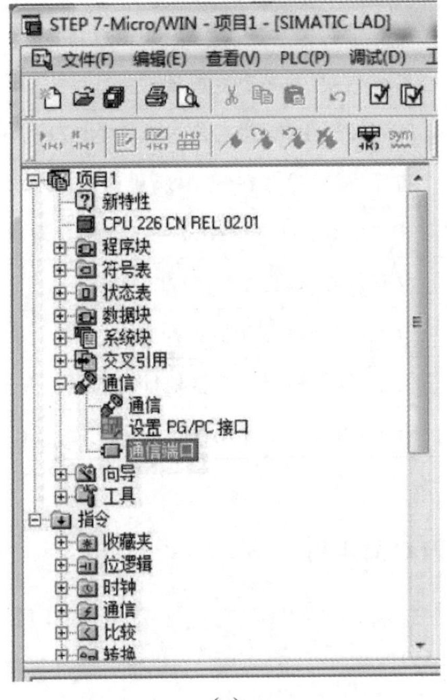

(a)

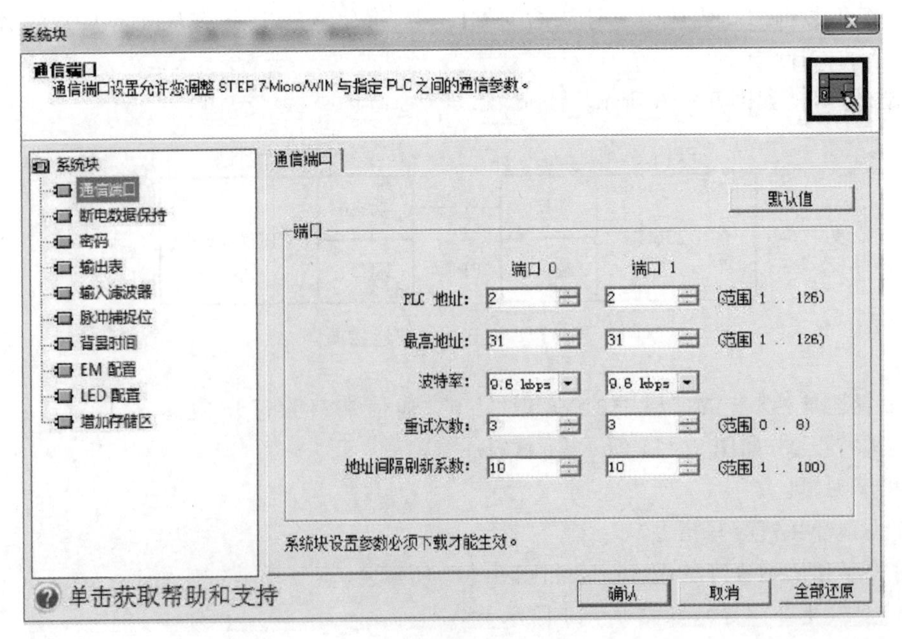

(b)

图 9－11　设置地址框图

(a)指令树；(b)通信端口图

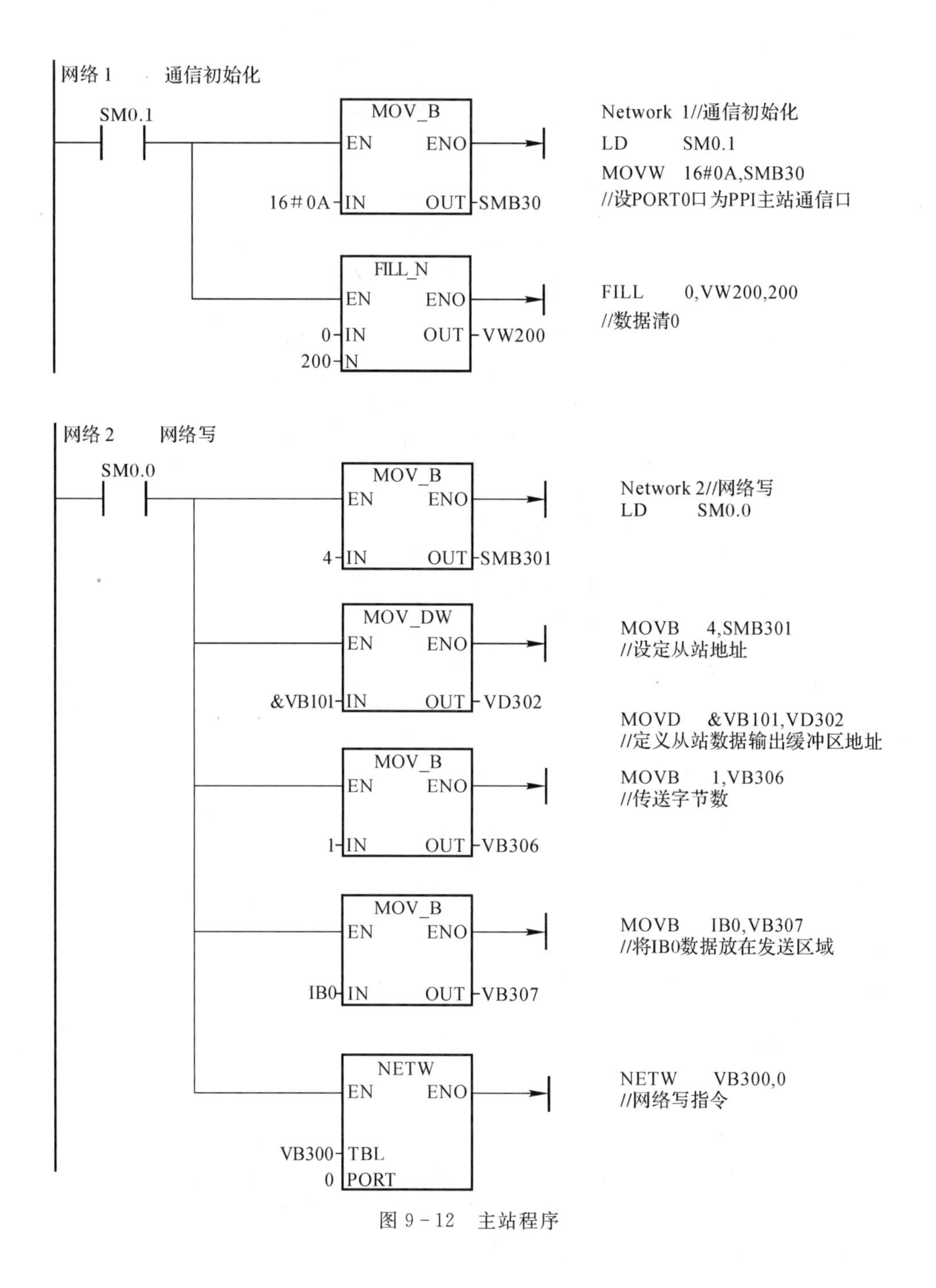
网络 1　通信初始化
SM0.1
MOV_B
EN ENO
16#0A IN OUT SMB30
FILL_N
EN ENO
0 IN OUT VW200
200 N
Network 1//通信初始化
LD SM0.1
MOVW 16#0A,SMB30
//设PORT0口为PPI主站通信口
FILL 0,VW200,200
//数据清0
网络 2　网络写
SM0.0
MOV_B
EN ENO
4 IN OUT SMB301
MOV_DW
EN ENO
&VB101 IN OUT VD302
MOV_B
EN ENO
1 IN OUT VB306
MOV_B
EN ENO
IB0 IN OUT VB307
NETW
EN ENO
VB300 TBL
0 PORT
Network 2//网络写
LD SM0.0
MOVB 4,SMB301
//设定从站地址
MOVD &VB101,VD302
//定义从站数据输出缓冲区地址
MOVB 1,VB306
//传送字节数
MOVB IB0,VB307
//将IB0数据放在发送区域
NETW VB300,0
//网络写指令

图 9-12　主站程序

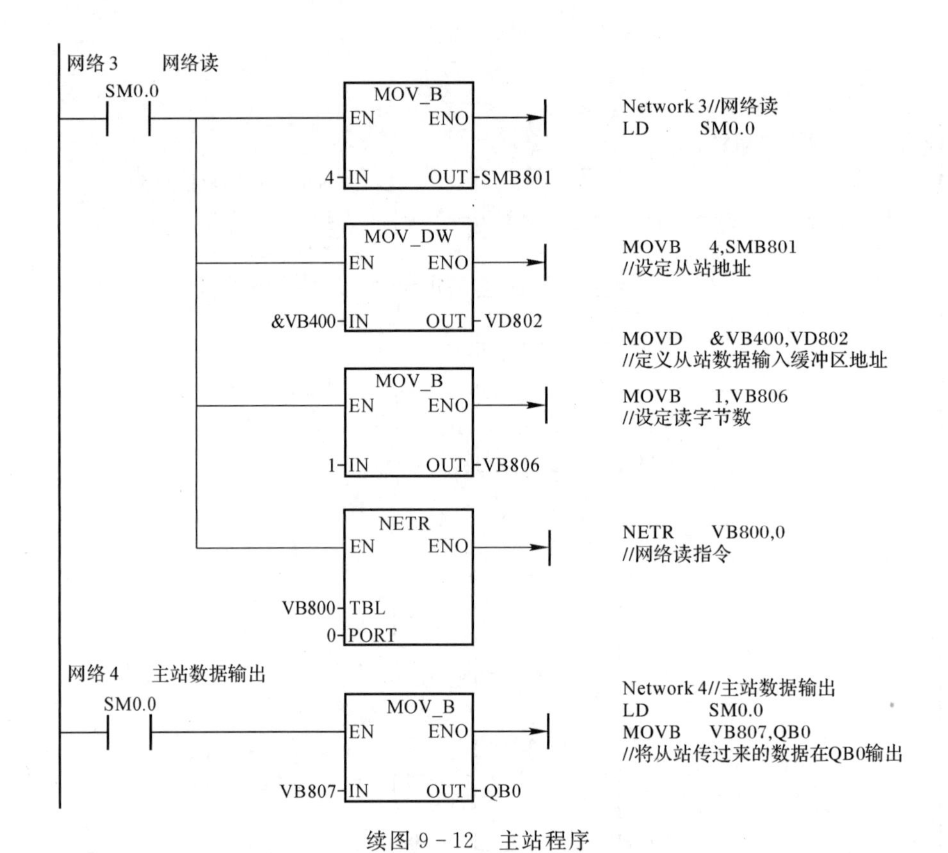

续图 9-12 主站程序

网络 1 通信初始化

SM0.1

MOV_B
EN ENO
16#08 IN OUT SMB30

FILL_N
EN ENO
0 IN OUT VW200
200 N

Network 1//通信初始化
LD SM0.1
MOVB 16#08,SMB30
//设PORT0口为PPI从站通信口
FILL 0,VW200,200
//数据清0

网络 2 网络写指令中的数据指针在QB0输出

SM0.0

MOV_B
EN ENO
VB101 IN OUT QB0

Network 2//网络写指令中的数据指针在QB0输出
LD SM0.0
MOVB VB101,QB0

网络 2 将要传到主站的数据放在VB400中

SM0.0

MOV_B
EN ENO
IB0 IN OUT VB400

Network 3//将要传到主站的数据放在VB400中
LD SM0.0
MOVB IB0,VB400

图 9-13 从站程序

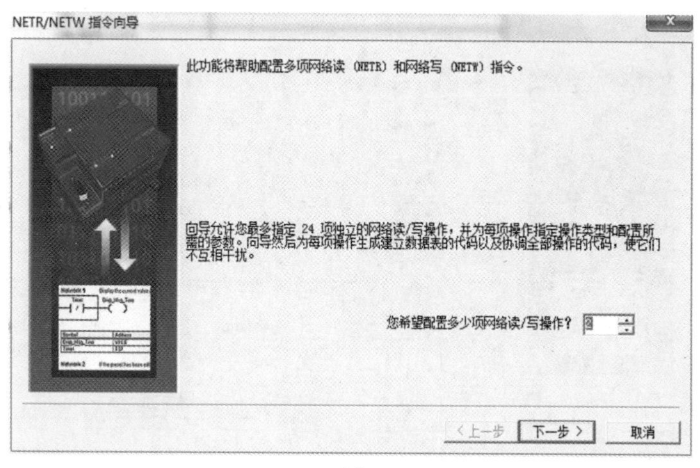

(a)

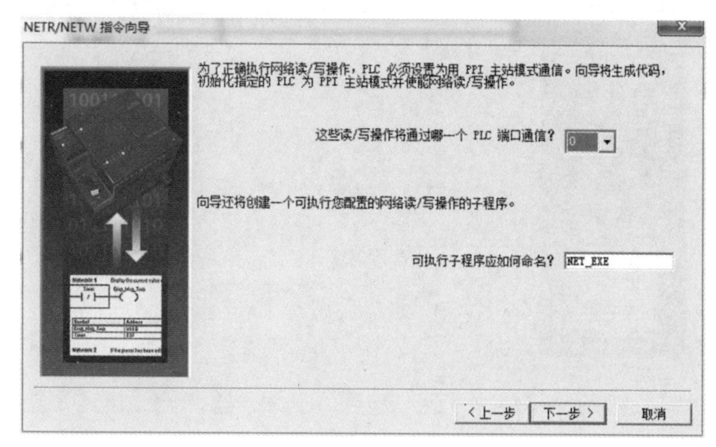

(b)

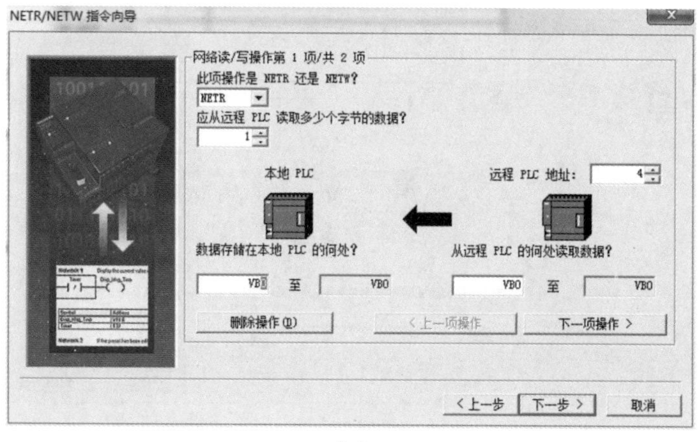

(c)

图 9-14　网络读/写指令向导框图

(a)网络读/写指令向导框图 1；(b)网络读/写指令向导框图 2；(c)网络读/写指令向导框图 3

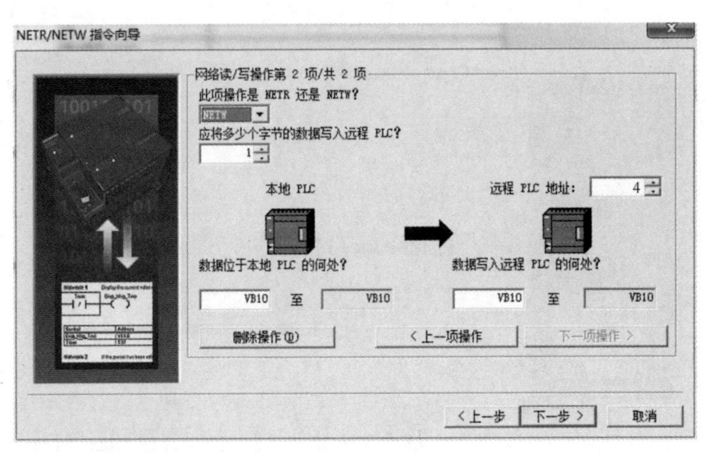

(d)

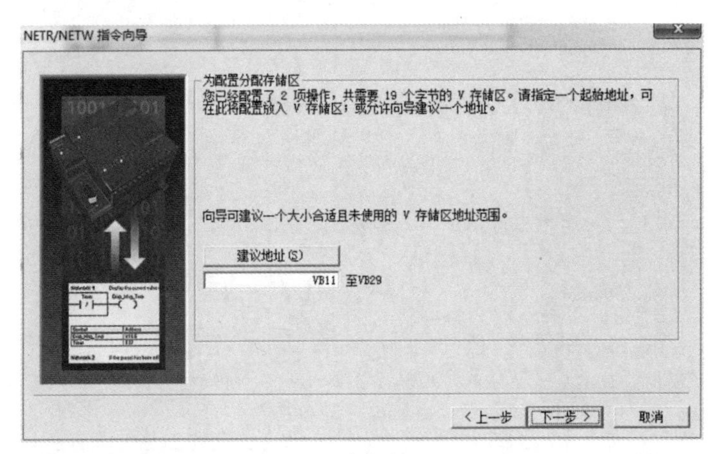

(e)

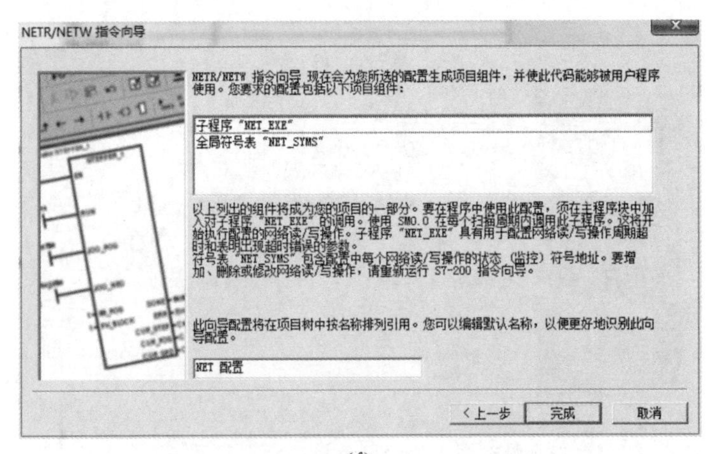

(f)

续图 9-14 网络读/写指令向导框图

(d)网络读/写指令向导框图 4；(e)网络读/写指令向导框图 5；(f)网络读/写指令向导框图 6

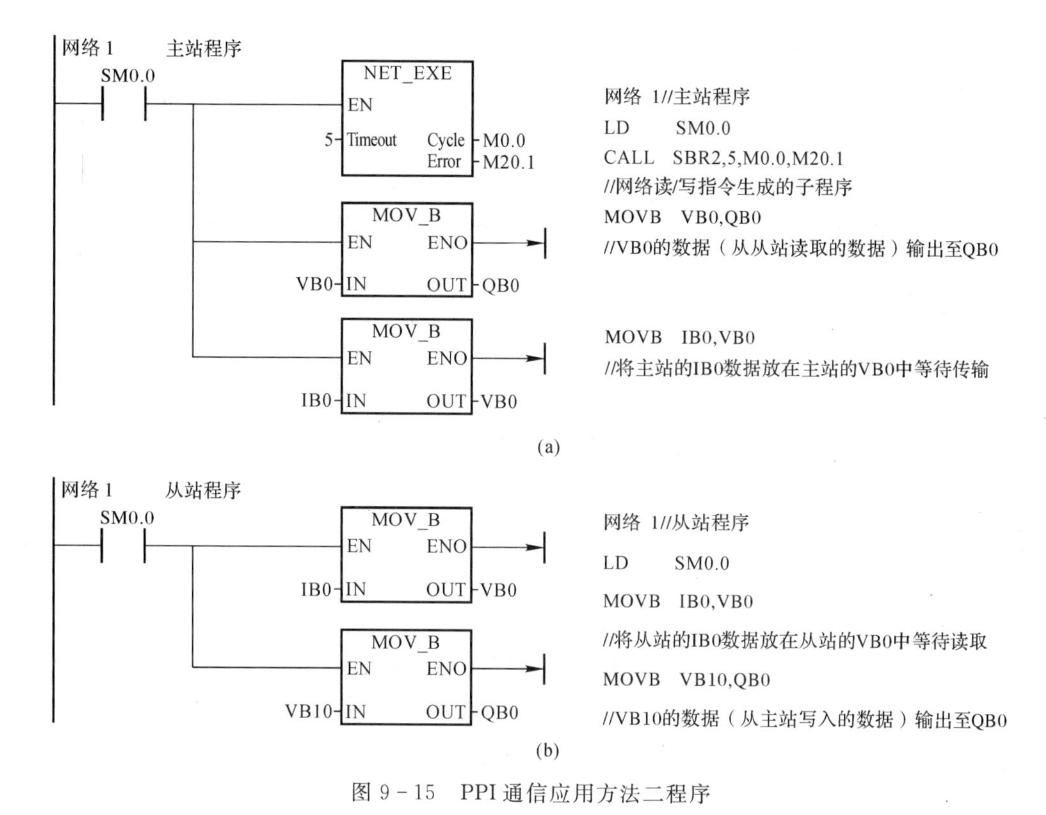

图 9－15 PPI 通信应用方法二程序

(a)主站程序；(b)从站程序

9.3 MPI 通信

多点接口(Multi－Point Interface,MPI)网络可用于单元层,是西门子公司开发的用于PLC之间通信的保密协议。MPI 通信是当通信速率要求不高、通信数据量不大时,可以采用的一种简单、经济的通信方式。如图 9－16 所示。

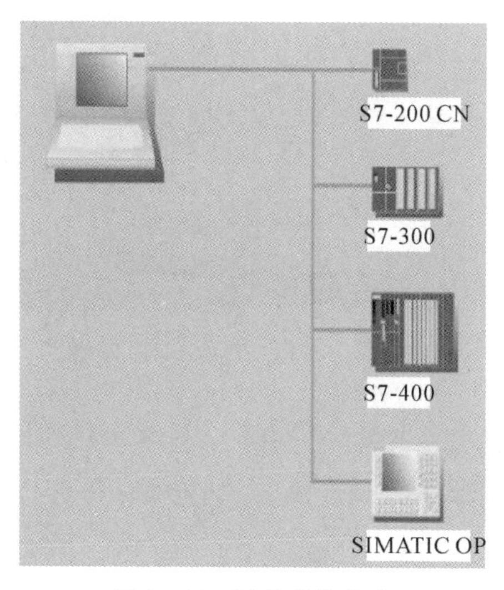

图 9－16 MPI 通信方式

MPI 通信的主要优点是 CPU 可以同时与多种设备建立通信联系。即编程器、HMI 设备和其他 PLC 可以连接在一起并同时运行。编程器通过 MPI 接口生成的网络还可以访问所连接硬件站上的所有智能模块。可同时连接的其他通信对象的数目取决于 CPU 的型号。例如,CPU314 的最大连接数为 4,CPU416 的最大连接数为 64。

S7－200 PLC 集成的 RS－485 接口可以作为 MPI 的从站,通过 MPI 通信可以实现 S7－200 PLC 的编程通信,S7－200 与 S7－300/400 集成 MPI 口之间的通信,与 HMI 人机设备之间的通信。作 MPI 通信时,S7－200 PLC 支持的波特率为 19.2 kbps 和 187.5 kbps,另外 MPI 通信设备不能与作为 PPI 主站的 S7－200 PLC 进行数据交换。最大连接距离为 50 m(2 个相邻节点之间),有两个中继器时为 1 100 m,采用光纤和星形耦合器时为 23.8 km。

S7－200 与 S7－300 之间采用 MPI 通信时,S7－200 PLC 不需要编写任何与通信有关的程序,只需要将要交换的数据整理到各连续的 V 存储区当中即可。而在 S7－300 PLC 中需要在程序中调用系统功能 XGET(SFC67)和 XPUT(SFC68),在 S7－300 PLC 中 S7－200 的 V 存储区被看作是 DB1。

9.4 PROFIBUS 通信

S7－200 PLC 通过 EM277 PROFIBUS－DP 模块可以与 PROFIBUS 现场总线进行连接,进而实现设备间的网络通信。如图 9－17 所示。

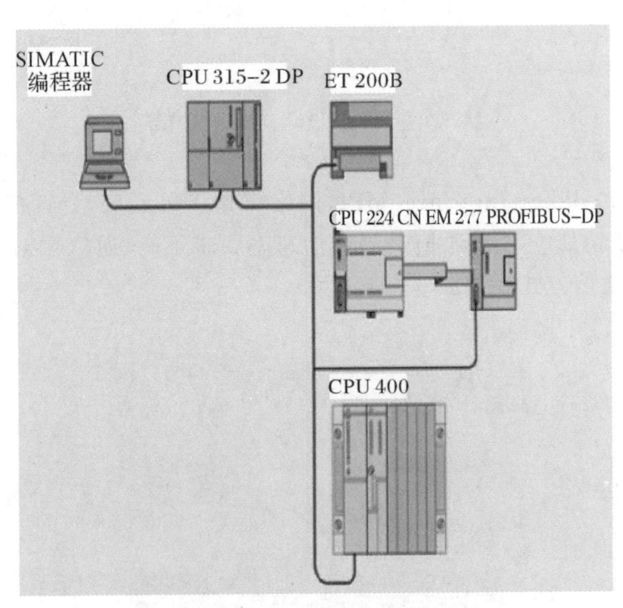

图 9－17 PROFIBUS－DP 网络

PROFIBUS 协议设计用于分布式 I/O 设备(远程 I/O)的高速通信。在 S7－200 中,CPU222、CPU224 和 CPU226 都可以通过 EM277 PROFIBUS－DP 扩展模块支持 PROFIBUS－DP 网络协议。

PROFIBUS 网络通常有一个主站和若干从站。主站初始化网络时核对网络上的从站设备和配置中的是否匹配。当 DP(Distributed Peripheral)主站成功组态一个从站时,它就拥有该从站,如果网络中有第二个主站,它只能很有限地访问第一个主站的从站。

9.5　自由端口通信及应用

SIMATIC S7－200 PLC 有广泛的应用领域,根据不同的应用要求,PLC 有不同程度的通信功能,特别是 S7－200 的通信接口 Port 0 具有的自由口通信模式(Free Port Communication Mode),为其灵活的组网通信提供了有力支持。

S7－200 PLC 的串行通信可以由用户程序来控制,这种由用户程序控制的通信方式称为自由端口通信模式。自由口通信模式为 S7－200/300 PLC 的特殊通信模式。在这种模式下,用户可以自定义通信协议(在用户程序中选择通信协议,设定波特率、校验方式、字符的有效数据位),通过建立通信中断事件,使用通信指令,控制 PLC 的串行通信口与其他具有 RS－232 串行接口的设备进行通信,如打印机、条形码阅读器、变频器和调制解调器等;也可用于两个 CPU 间简单的数据交换,例如 ASCII 码字符,用户可通过编程来编制通信协议。

S7－200 自由口通信主要包括如下几项:

(1)Modbus 通信:S7－200 PLC 与支持 Modbus RTU 协议的第三方设备通信,如 RTU Master－Protocol(RTU 主站协议)、RTU Slave－Protocol(RTU 从站协议);

(2)USS 通信:S7－200 PLC 与 SIEMENS 驱动设备的通信(如 MM440 等);

(3)自由口通信:S7－200 PLC 与自由协议的第三方设备间的通信。

Modbus 通信和 USS 通信是自由口通信的特例。Modbus 通信及使用将在 9.6 节中讲述,USS 通信及应用将在第 10 章中讲述。自由口通信硬件参数见表 9－8。

表 9－8　自由口通信硬件参数

协议类型	端口位置	接口类型	传输介质	通信率
Modbus	S7－200 做主站:Port0/1 S7－200 做从站:Port0	DB－9 针	RS－485	1 200 b/s～115.2 kb/s
	EM241	RJ11	模拟电话	33.6 kb/s
USS	Pot0/1	DB－9 针	RS－485	1 200 b/s～115.2 kb/s
自由口	Pot0/1	DB－9 针	RS－485	1 200 b/s～115.2 kb/s

自由口模式通信是指用户程序在自定义的协议下,通过端口 0 控制 PLC 主机与其他带编程口的智能设备进行通信。

在 S7－200 PLC 中,只有当主机处于 RUN 工作方式时(此时特殊寄存器 SM7.0 为 1),才允许自由口通信模式,此时用户可以用接收中断、发送中断和相关的通信指令来编写程序控制通信口的运行。如果选择了自由口通信模式,S7－200 PLC 便失去了与标准通信装置进行正常通信的功能。当主机处于 STOP 方式时,自由口通信被禁止,通信口自动切换到正常的 PPI 协议运行。

9.5.1 自由端口通信相关寄存器及指令

1. 自由端口的初始化

用特殊功能寄存器中的 SMB30 和 SMB130 的各个位设置自由口模式，并配置自由口的通信参数，如通信协议、波特率、奇偶校验和有效数据位等。

SMB30 控制和设置通信端口 0，如果 S7－200 PLC 主机上有通信端口 1，则用 SMB130 来进行控制和设置。SMB30 和 SMB130 的对应数据位功能相同，每位的含义见表 9－9。

表 9－9 通信用特殊存储器位 SMB30 和 SMB130 的具体内容

端口 0	端口 1	内　容
SMB30 格式	SMB130 格式	7　0 p p d b b b m m 自由端口模式控制字
SM30.7 SM30.6	SMl30.7 SM130.6	pp:奇偶校验选择 00:无奇偶校验;01:偶校验; 10:无奇偶校验;11:奇校验
SM30.5	SMl30.5	d: 每个字符的数据位 d= 0:每个字符 8 位有效数据; d=1:每个字符 7 位有效数据
SM30.4 SM30.3 SM30.2	SMl30.4 SM130.3 SM130.2	bbb:波特率 000:38 400 波特; 001:19 200 波特; 010:9 600 波特; 011:4 800 波特;100:2 400 波特; 101:1 200 波特; 110:600 波特;111:300 波特
SM30.0 SM30.1	SMl30.0 SM130.1	mm:协议选择 00:点对点接口协议(PPI 从机模式);01:自由端口协议; 10:PPI/主机模式;11:保留(默认为 PPI/从机模式)

2. 特殊标志位及中断事件

(1)特殊标志位。SM4.5 和 SM4.6 分别表示口 0 和口 1 处于发送空闲状态。

(2)中断事件。

1)字符接收中断:中断事件 8(端口 0)和 25(端口 1);

2)发送完成中断:中断事件 9(端口 0)和 26(端口 1);

3)接收完成中断:中断事件 23(端口 0)和 24(端口 1)。

3. 特殊存储器字节

接收信息时用到一系列特殊功能存储器。端口 0 用 SMB86 和 SMB94;端口 1 用 SMB186 和 SMB194。通过对接收控制字节各个位的设置，可以实现多种形式的自由口接收通信。见表 9－10。

表 9－10　通信用特殊存储器字节 SMB86(SMB186)～SMB94(SMB194)的含义

<table>
<tr><th>端口 0</th><th>端口 1</th><th>字节含义</th></tr>
<tr><td rowspan="2">SMB86</td><td rowspan="2">SMB186</td><td>接受信息状态字节
<table><tr><td>7</td><td></td><td></td><td></td><td></td><td></td><td></td><td>0</td></tr><tr><td>N</td><td>R</td><td>E</td><td>0</td><td>0</td><td>T</td><td>C</td><td>P</td></tr></table></td></tr>
<tr><td>N=1:用户的禁止命令,使接收信息停止;R=1:因输入参数错误或缺少起始条件引起的接收信息结束;E=1:接收到结束字符;
T=1:因超时引起的接收信息停止;C=1:因字符数超长引起的接收信息停止;
P=1:因奇偶校验错误引起的接收信息停止</td></tr>
<tr><td rowspan="2">SMB87</td><td rowspan="2">SMB187</td><td>接受信息控制字节
<table><tr><td>7</td><td></td><td></td><td></td><td></td><td></td><td></td><td>0</td></tr><tr><td>EN</td><td>SC</td><td>EC</td><td>IL</td><td>C/M</td><td>TMR</td><td>BK</td><td>0</td></tr></table></td></tr>
<tr><td>EN= 0:禁止接收信息的功能,EN=1:允许接收信息的功能,每当执行 RCV 指令时,检查允许接收信息位;
SC:是否用 SMB88 或 SMB188 的值检测起始信息,0=忽略,1=使用;
EC:是否用 SMB89 或 SMB189 的值检测结束信息,0=忽略,1=使用;
IL:是否用 SMW90 或 SMW190 的值检测空闲状态,0=忽略,1=使用;
C/M:定时器定时性质,0=内部字符定时器,1=信息定时器;
TMR:是否使用 SMW92 或 SMW192 的值终止接收,0=忽略,1=使用;
BK:是否使用中断条件来检测起始信息,0=忽略,1=使用</td></tr>
<tr><td>SMB88</td><td>SMB188</td><td>信息的开始字符</td></tr>
<tr><td>SMB89</td><td>SMB189</td><td>信息的结束字符</td></tr>
<tr><td>SMB90
SMB91</td><td>SMB190
SMB191</td><td>空闲线时间段。按毫秒设定。空闲线时间溢出后接收的第一个字符是新信息的开始字符。SMB90(或 SMB190)是最高有效字节,而 SMB91(或 SMB191)是最低有效字节</td></tr>
<tr><td>SMB92
SMB93</td><td>SMB192
SMB193</td><td>字符间/信息间定时器超时。按毫秒设定。如果超过这个时间段,则终止接收信息。SMB92(或 SMB192)是最高有效字节,而 SMB93(或 SMB193)是最低有效字节</td></tr>
<tr><td>SMB94</td><td>SMB194</td><td>要接收的最大字符数(1～255 字节)。
注:不论何情况,这个范围必须设置到所希望的最大缓冲区大小</td></tr>
</table>

4. 自由端口通信相关指令

自由口发送接收指令功能见表 9－11。

表 9－11　发送指令和接受指令

指令名称	表　示	功　能
发送指令 XMT	XMT（EN、ENO、TBL、PORT） XMT　TABLE,PORT	发送指令 XMT，输入使能端有效时，激活发送的数据缓冲区（TABLE）中的数据。通过通信端口 PORT 将缓冲区的数据发送出去
接受指令 RCV	RCV（EN、ENO、TBL、PORT） RCV　TABLE,PORT	接收指令 RCV，输入使能端有效时，激活初始化或结束接受信息服务。通过指定端口（PORT）接受从远程设备上传来的数据，并放到缓冲区（TABLE）

（1）XMT、RCV 指令只有 CPU 处于 RUN 模式时，才允许进行自由端口通信。

（2）TBL：指定接收/发送数据缓冲区的首地址。可寻址的寄存器地址为 VB、IB、QB、MB、SMB、* VD、* AC、SB；PORT 指定通信端口，可取 0 或 1。

（3）TBL 数据缓冲区中的第一个字节用于设定要发送/接收的字节数，从第二个数据开始是要发送/接收的内容。缓冲区的大小在 255 个字符以内。

XMT 发送、RCV 接收指令的缓冲区格式见表 9－12。

表 9－12　XMT/RCV 发送指令的缓冲区格式

T+0	发送/接收字节个数
T+1	起始字符（如果有）
T+2	数据字节
T+3	数据字节
…	…
T+255	结束字节（如果有）

(4)XMT 指令可以发送一个或多个字符,最多有 255 个字符缓冲区。通过向 SMB30(端口 0)或 SMB130(端口 1)的协议选择区置 01,选择允许自由端口模式。当 CPU 处于自由端口模式时,不能与可编程设备通信;当 CPU 处于 STOP 模式时,自由端口模式被禁止,通信端口恢复正常 PPI 模式,此时可以与可编程设备通信。

(5)RCV 指令可以接收一个或多个字符,最多有 255 个字符。在接收任务完成后产生中断事件 23(对端口 0)或中断事件 24(对端口 1)。如果有一个中断服务程序连接到接收完事件上,则可实现对应的操作。

9.5.2　发送/接收指令编程举例

例 9-1　当输入信号 I0.0 接通并发送空闲状态时,将数据缓冲区 VB200 中的数据信息发送到打印机或显示器。

编程要点是首先利用首次扫描脉冲,进行自由端口通信协议的设置,即初始化自由端口;然后在发送空闲时执行发送命令。对应的梯形图程序如图 9-18 所示。

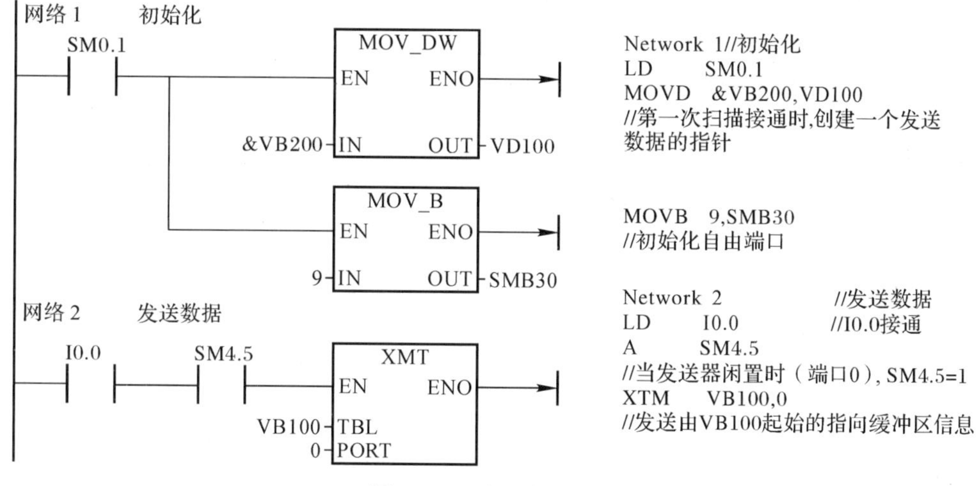

图 9-18　发送数据程序

例 9-2　两个 PLC 之间的自由口通信。已知有两台 S7-224 型号 PLC 甲和乙。要求甲机和乙机采用可编程通信模式进行数据交换。乙机的 IB0 控制甲机的 QB0。对发送和接收的时间配合关系无特殊要求。实验演示链接扫二维码 。

(1)编程要领。设乙机发送数据缓冲区首地址为 VB200,当方式开关由 RUN 位置转向 TERM 位置时,建立自由端口通信协议,将 IB0 的数据送至数据缓冲区,执行 XMT 指令发送数据;甲机通过 SMB2 接收乙机发送过来的数据,当方式开关由 RUN 位置转向 TERM 位置时,建立自由端口通信协议,将接收字符中断事件 8 连接到中断子程序 0,在中断服务程序中从 SMB2 读取乙机数据,然后送至 QB0。

(2)控制程序。乙机的发送程序如图9-19所示,甲机的接收程序如图9-20所示。

(3)程序说明。

1)发送程序。由于指令XMT的格式要求,所以其PORT端除支持直接寻址方式外,还可以支持间接寻址。考虑到该程序对发送数据所存放地址的灵活性,故选用指针方式的间接寻址。指针的内容放在VD300中。将SMB30设置为09H,其含义是:自由端口通信模式,每字符8位,无奇偶校验,波特率为9 600 b/s等特性。一直将IB0的内容送往发送缓冲区VB201中,这样可保证乙机的IB0对甲机的QB0的控制作用一直有效。

2)接收程序。同发送程序,先进行通信方式的设定,在主程序中将接收中断(事件号8)与中断子程序0相连接,之后全局开中断。在中断服务程序中读取接收缓冲区寄存器SMB2的内容送至QB0。

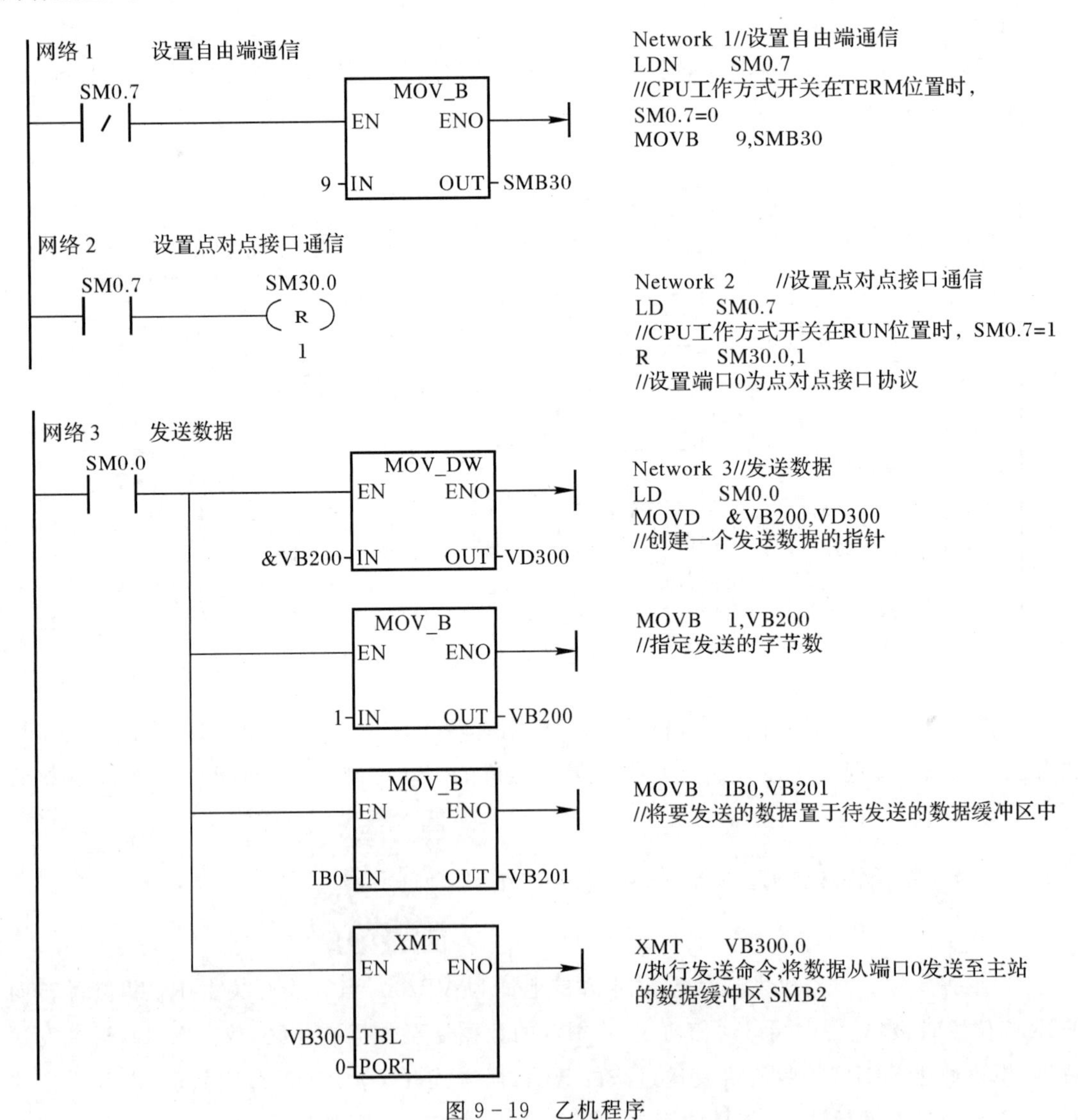

图9-19 乙机程序

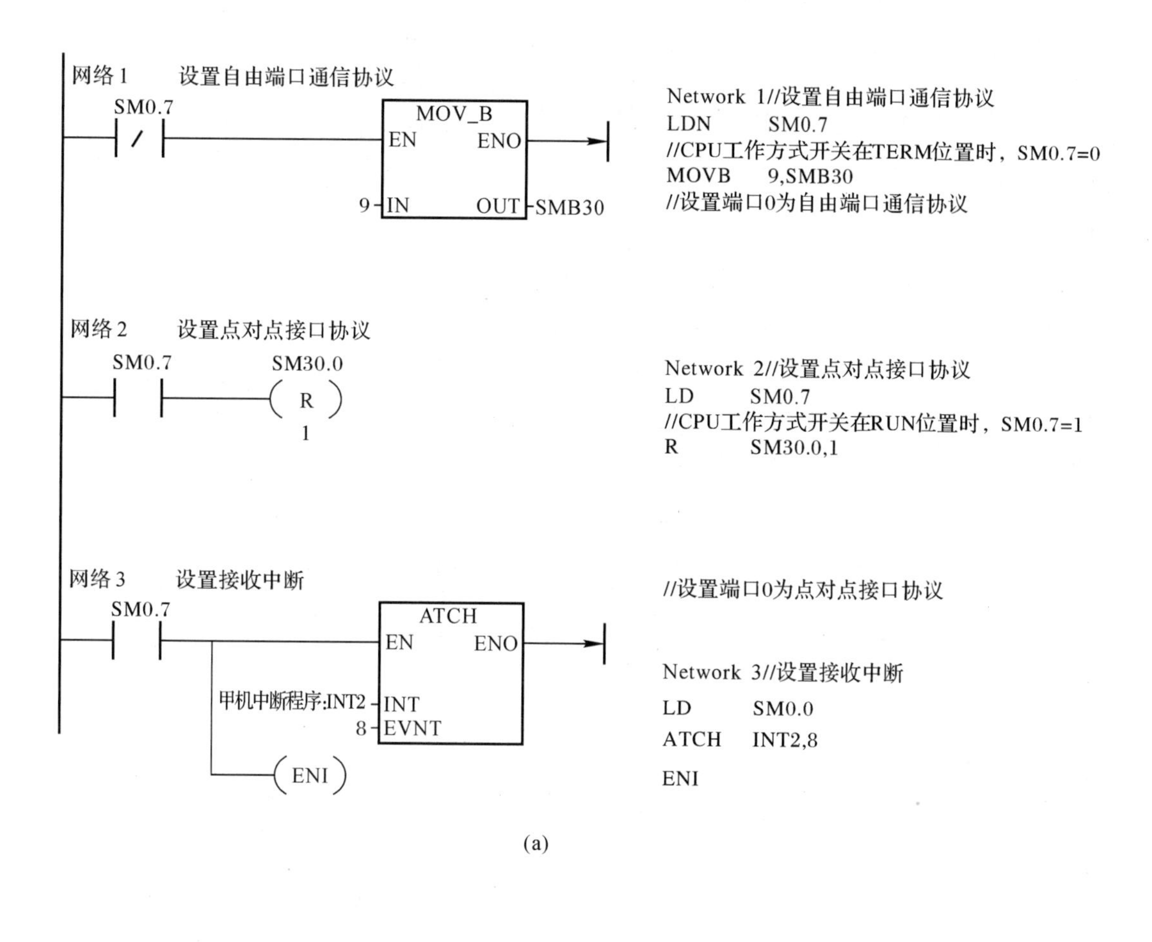

(a)

(b)

图 9－20　甲机程序

(a)甲机主程序；（b)甲机中断程序

例 9－3　用本地 CPU224 的输入信号 I0.0 上升沿控制接收来自远程 CPU224 的 20 个字符，接收完成后，又将信息发送回远程 PLC；当发送任务完成后用本地 CPU224 的输出信号 Q0.1 来提示。

设置通信参数 SMB30＝9，即无奇偶校验、有效数据位 8 位、波特率 9 600 b/s、自由端口通信模式；不设超时时间，接收和发送使用同一个数据缓冲区，首地址为 VB200。程序如图 9－21所示。

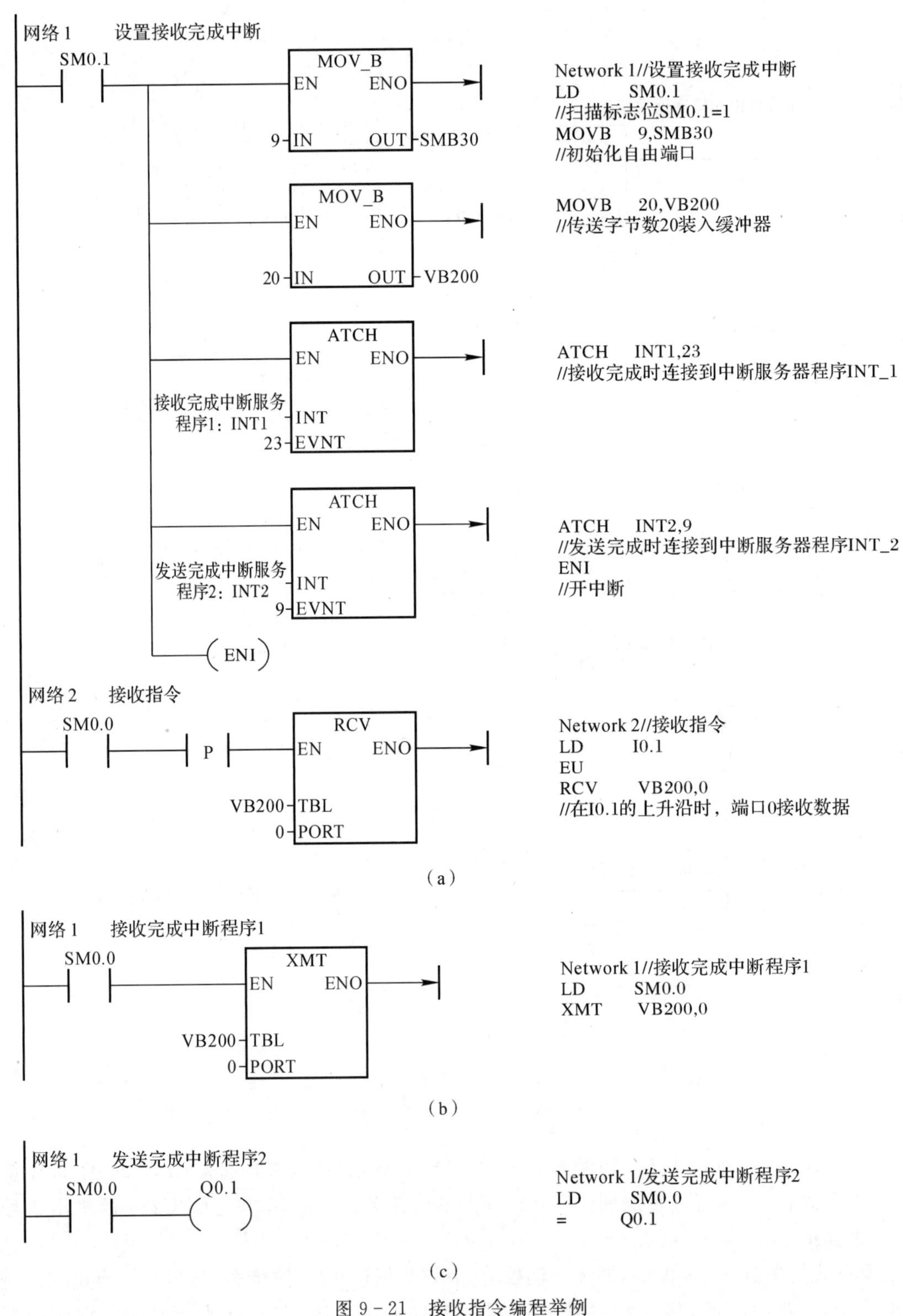

图 9－21　接收指令编程举例

(a)接收指令编程主程序；(b)接收完成中断服务程序 1；(c)发送完成中断服务程序 2

9.6　Modbus 通信及应用

9.6.1　Modbus 概述

Modbus 通信协议是 Modicon 公司提出的一种报文传输协议，广泛用于工业控制领域，并已经成为一种通用的行业标准。Modbus 通信协议有 ASCII 和 RTU 两种报文传输模式。在使用 Modbus 的网络中所有的站必须采用相同的传输模式和串口参数。目前，西门子公司专门针对西门子 PLC Modbus RTU 通信开发了指令库，极大简化了 Modbus RTU 通信的开发，以便快速实现相关应用。

Modbus 通信指令库包括主站协议指令和从站协议指令。使用 Modbus 协议的要求如下。

(1)初始化 Modbus 从属协议，为 Modbus 从属协议通信指定端口 0。当端口 0 用于 Modbus 从属协议通信时，就无法用于任何其他用途，包括与 STEP7 － Micro/WIN 通信。MBUS_INT 指令控制将端口 0 指定给 Modbus 从属协议 PPI。

(2)Modbus 从属协议指令影响与端口 0 中自由端口通信相关的所有 SM 位置。

(3)Modbus 从属协议指令使用 3 个子例行程序和 2 个中断例行程序。

(4)Modbus 从属协议指令要求 2 个 Modbus 从属指令支持例行程序有 1857 个字节的程序空间。

(5)Modbus 从属协议指令的变量要求 779 个字节的 V 内存程序块。该程序块的起始地址由用户指定，专门保留用于 Modbus 变量。

1. Modbus 主站协议指令

西门子 Modbus 主站协议指令库包括两条主站协议指令：MBUS_CTRL 和 MBUS_MSG 指令。

(1)MBUS_CTRL 指令。MBUS_CIRL 指令用于主站通信初始化，如图 9 - 22 所示。此指令主要对 S7 - 200 PLC 端口 PORT0 使用。在每次扫描且 EN 使能有效时调用此指令，在正确执行完毕，立即设定“完成”位后，才能继续执行下一条指令。一般使用 SM0.0 调用 MBUS_CIRL 指令完成主站的初始化，并启动其功能控制。

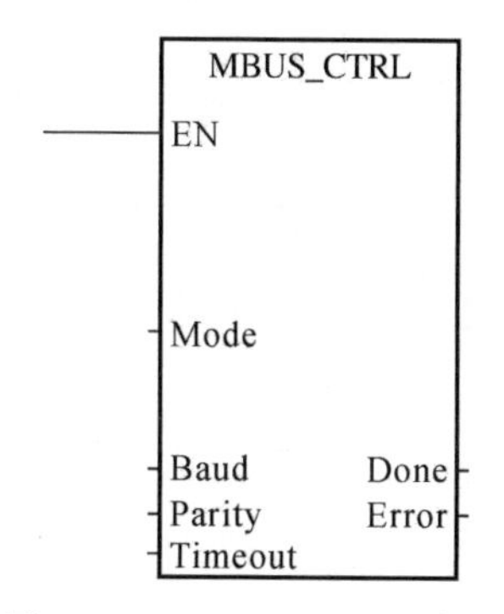

图 9 - 22　MBUS_CTRL 指令

1)EN:使能位。必须保证每一扫描周期都被使能(使用 SM0.0)。

2)Mode:模式参数。输入数值来选择通信协议:为 1 时,使能 Modbus 协议功能;为 0 时,恢复为系统 PPI 协议并禁止用 Modbus 协议。

3)Baud:波特率参数。支持的通信波特率为 1 200、2 400、4 800、9 600、19 200、3 840、57 600、115 200。

4)Parity:奇偶校验参数。奇偶校验参数设置必须与从站的奇偶校验相匹配,校验方式选择:0=无校验,1=奇校验,2=偶校验。

5)Timeout:超时参数。主站等待从站响应的时间,以 ms 为单位,典型的设置值为 1 000 ms(1 s),允许设置的范围为 1～32 767。注意,这个值必须设置足够大以保证从站有时间响应。

6)Done:完成标志位。MBUS_CTRL 指令初始化完成后,此位会自动置 1,否则为 0。可以用该位启动 MBUS_MSG 读写操作。

7)Error:错误代码。初始化错误代码(只有在 Done 位为 1 时有效):0=无错误,1=校验选择非法,2=波特率选择非法,3=模式选择非法。

MBUS_CTRL 指令参数支持的操作数和数据类型见表 9-13。

表 9-13　MBUS_CTRL 指令参数支持的操作数和数据类型表

输入/输出	操作数	数据类型
Mode	I、Q、M、S、SM、T、C、V、L	布尔
Baud	VD、ID、QD、MD、SD、SMD、LD、AC、Constant、* VD、* AC、* LD	双字
Parity	VB、IB、QB、MB、SB、SMB、LB、AC、Constant、* VD、* AC、* LD	字节
Timeout	VW、IW、QW、MW、SW、SMW、LW、AC、Constant、* VD、* AC、* LD	字
Done	L、Q、M、S、SM、T、C、V、L	布尔
Error	VB、IB、QB、MB、SB、SMB、LB、AC * 、VD * 、AC * 、LD	字节

(2)MBUS_MSG 指令。MBUS_MSG 指令用于启动 Modbus 从站的请求并处理应答。当 EN 输入参数和 First(首次)输入参数都为 1 时,MBUS_MSG 指令启动对 Modbus 从站的请求。在发送请求等待应答并处理应答时通常需要多次扫描,因此 EN 输入必须打开以启用请求的发送,并应该保持打开直到"Done"完成位被置位。MBUS_MSG 指令的具体参数含义如图 9-23 所示。

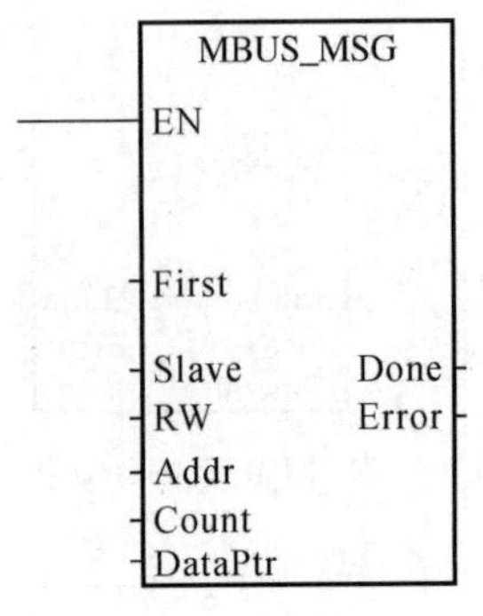

图 9-23　MBUS_MSG 指令

1)EN:使能位。同一时刻只能有一个读写功能(MBUS_MSG)使能。注意:建议每一个读写功能(MBUS_MSG)都用上一个 MBUS_MSG 指令的 Done 完成位来激活,以保证所有读写指令循环进行。

2)First:首次参数。读写请求位,应在每一个新的读写请求时才打开一次扫描。参数输入必须用脉冲触发。

3)Slave:从站地址参数。从站地址参数是 Modbus 从站的地址,可选择的范围是 1～247。

4)RW:读写参数。读写参数指定是否要读取或写入该消息。参数允许使用两个值:0=读,1=写。

5)Addr:地址参数。地址参数是起始的 Modbus 的地址,允许读写的数据地址及类型如下:

A. 00001～09999 为开关量输出(线圈);

B. 10001～19999 为开关量输入(触点);

C. 30001～39999 为模拟量输入(输入寄存器);

D. 40001～49999 为保持寄存器。

注意:

A. 开关量输出和保持寄存器支持读和写功能;

B. 开关量输入和模拟量输入只支持读功能;

C. 000001～000128 是映射至 Q0.0～Q15.7 的开关量输出;

D. 010001～010128 是映射至 10.0～157 的开关量输入;

E. 030001～030032 是映射至 AIW0～AIW62 的模拟输入寄存器;

F. 040001～04xxxx 是映射至 V 内存的保持寄存器。

6)Count:计数参数。在该请求中读取或写入数据的个数,计数的数值是位数或字数。注意:Modbus 主站可读/写的最大数据量为 120 个字(是指每一个 MBUS_MSG 指令)。

7)DataPtr:数据指针参数。只针对 S7-200 的 V 存储器中与读取或写入请求相关的数据的间接地址指针。如果是读指令,读回的数据放到这个数据区中;如果是写指令,要写出的数据放到这个数据区中。

8)Done:完成参数位。读写功能完成位。

9)Error:错误代码。只有在 Done 位为 1 时,错误代码才有效。错误代码含义如下:

A. 0=无错误;

B. 1=响应校验错误;

C. 2=未用;

D. 3=接收超时(从站无响应);

E. 4=请求参数错误(slave address,Modbus address,count,RW);

F. 5=Modbus/自由口未使能;

G. 6=Modbus 正在忙于其他请求;

H. 7=响应错误(响应不是请求的操作);

I. 8=响应 CRC 校验和错误;

J. 101=从站不支持请求的功能;

K. 102=从站不支持数据地址;

L. 103＝从站不支持此种数据类型；

M. 104＝从站设备故障；

N. 105＝从站接收了信息，但是响应被延迟；

O. 106＝从站忙，拒绝了该信息；

P. 107＝从站拒绝了信息；

Q. 108＝从站存储器奇偶错误。

MBUS_MSG 指令支持的操作数和数据类型见表 9－14。

表 9－14　MBUS_MSG 指令支持的操作数和数据类型

输入/输出	操作数	数据类型
First	I、Q、M、S、SM、T、C、V、L(触发脉冲信号)	布尔
Addr	VD、ID、QD、MD、SD、SMD、LD、AC、Constant、* VD、* AC、* LD	双字
Slave	VB、IB、QB、MB、SB、SMB、LB、AC、Constant、* VD、* AC、* LD	字节
RW	VB、IB、QB、MB、SB、SMB、LB、AC、Constant、* VD、* AC、* LD	字节
Count	VW、IW、QW、MW、SW、SMW、LW、AC、Constant、* VD、* AC、* LD	整数
Dataptr	&VB	双字
Done	I、Q、M、S、SM、T、C、V、L	布尔
Error	VB、IB、QB、MB、SB、SMB、LB、AC * 、VD * 、AC * 、LD	字节

2. Modbus 从站协议指令

西门子 Modbus 从站协议指令库包括两条指令：MBUS_INIT 指令和 MBUS_SLAVE 指令。

(1)MBUS_INIT 指令。MBUS_INIT 指令用于启用和初始化或禁止 Modbus 从站通信，如图 9－24 所示。在使用 MBUS_SLAVE 指令之前，必须正确执行 MBUS_INIT 指令，指令完成后立即设定“Done”完成位，才能继续执行下一条指令。在每次扫描且 EN 输入打开时执行该指令。

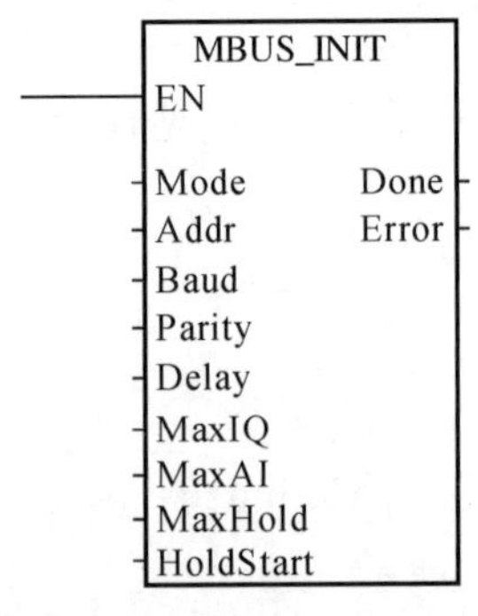

图 9－24　MBUS_INIT 指令

1)EN：使能输入位。应当在每次通信状态改变时执行 MBUS_INT 指令。因此，EN 输入应当通过一个边缘脉冲打开，或者仅在首次扫描时执行。

2)Mode：模式参数。输入参数数值选择通信协议：输入数值 1，将端口 0 指定给 Modbus

协议并启用协议；输入数值 0，将端口 0 指定给 PPI，并禁用 Modbus 协议。

3）Baud：波特率参数。波特率可选择 1 200、2 400、4 800、9 600、19 200、38 400、57 600 或 115 200。

4）Addr：地址参数。输入 Modbu 从站地是参数，设置范围为 1～247 之间（包括 1 和 247）的数值。

5）Parity：奇偶校验参数。被设为与 Modbus 主设备奇偶校验相匹配，可设置的数值：0＝无奇偶校验，2＝偶数奇偶校验。

6）Delay：延迟参数。通过将指定的毫秒数增加至标准 Modbus 信息超时的方法延长标准 Modbus 信息结束超时条件。该参数的典型数值为 0。如果使用带有纠错功能的调制解调器，将延迟设为 50～100 ms 的数值；如果使用扩展频谱无线电，将延迟设为 10～100 ms 的数值。“延迟”数值可以是 0～32 767 ms。

7）MaxIQ：最大 I/Q 位参数。将 Modbus 地址 00xxxx 和 01xxxx 使用的 1 和 Q 点数设为 0～128 之间的数值。数值 0 禁用所有向输入和输出的读取。建议 MaxIQ 数值是 128，该数值可在 S7－200 中存取所有的 I 和 Q 点。

8）MaxAI：最大 AI 参数。将 Modbus 地址 03xxx 使用的字输入（AI）寄存器数目设为 0～32 之间的数值。数值 0 禁用模拟输入的读数。建议使用 MaxAI 数值如下，这些数值可允许存取所有的 S7－200 PLC 模拟输入：0 用于 CPU221，16 用于 CPU222，32 用于 CPU224、226 和 226XM。

9）MaxHold：参数设定供 Modbus 地址 04xxx 使用的 V 内存中的字保持寄存器数目。例如，为了允许主设备存取 2 000 个字节的 V 内存，将“MaxHold”设为 1 000 个字的数值（保持寄存器）。

10）HoldStart：参数是 V 存储区的保持寄存器的起始地址，该数值一般被设为 VB0，因此参数 HoldStart 设为 &VB0（VB0 的地址）。也可以将其他 V 区地址指定为保持寄存器的起始地址，以便使 VB0 可以在项目中用作其他目的。Modbus 主站可以访问起始地址为 HoldStart，字数为 MaxHold 的 V 存储区。

11）Done：初始化完成标志位，成功初始化后置 1。

12）Error：初始化错误代码。

MBUS_INIT 指令参数支持的操作数和数据类型见表 9－15。

表 9－15　MBUS_INIT 指令参数支持的操作数和数据类型

输入/输出	操作数	数据类型
模式、地址、奇偶校验	VB、IB、QB、MB、SB、SMB、LB、AC、Constant、* VD、* AC、* LD	布尔
波特率、Holdstart	VD、ID、QD、MD、SD、SMD、LD、AC、Constant、* VD、* AC、* LD	双字
延时、MaxIQ、MaxAI、MaxHold	VW、IW、QW、MW、SW、SMW、LW、AC、Constant、* VD、* AC、* LD	字节
Done	I、Q、M、S、SM、T、C、V、L	布尔
Error	VB、IB、QB、MB、SB、SMB、LB、AC *、VD *、AC *、LD	字节

(2)MBUS_SLAVE 指令。MBUS_SLAVE 指令用于为 Modbus 主设备发出的请求服务，并且必须在每次扫描时执行，以便允许该指令检查和回答 Modbus。在每次扫描且 EN 输入开启时执行该指令。MBUS_SLAVE 指令无输入参数，如图 9-25 所示。

当 MBUS_SLAVE 指令对 Modbus 请求做出应答时，“完成”输出打开。如果没有需要服务的请求，“完成”输出关闭。“错误”输出包含执行该指令的结果，该输出只有在“完成”打开时才有效。如果“完成”关闭，错误参数不会改变。

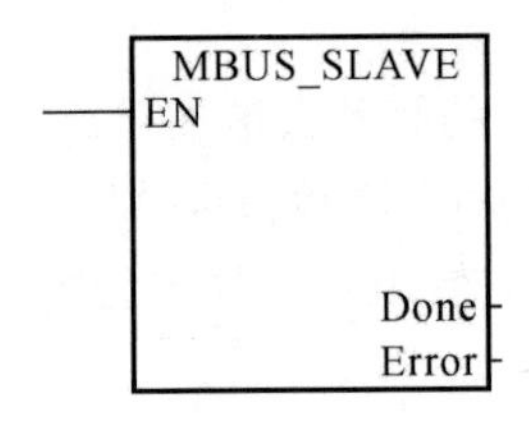

图 9-25　MBUS_SLAVE 指令

MBUS_SLAVE 指令参数支持的操作数和数据类型见表 9-16。

表 9-16　MBUS_SLAVE 指令参数支持的操作数和数据类型

输入/输出	操作数	数据类型
Done	I、Q、M、S、SM、T、C、V、L	布尔
Error	VB、IB、QB、MB、SB、SMB、LB、AC＊、VD＊、AC＊、LD	字节

9.6.2　Modbus 应用

两台 S7-200 PLC 通过 Modbus 进行通信，一台为主站(地址为 1)，一台为从站(地址为 2)。当主站 I0.2 为 ON 时，通过 Modbus 方式读取从站的 I0.0～I0.7 的数值。主从站通过 S7-200 的串口编程电缆进行连接。

1. Modbus 主站组态

(1)分配库存储区。打开编程软件选择“文件”/“库存储区”，出现如图 9-26 所示的界面，单击“建议地址”按钮系统自动分配存储区的地址。

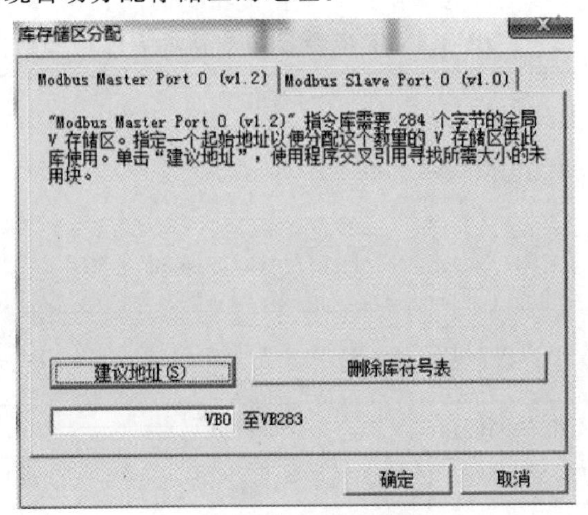

图 9-26　分配库存储区

(2)主站编程。Modbus 主站指令编程如图 9－27 所示。

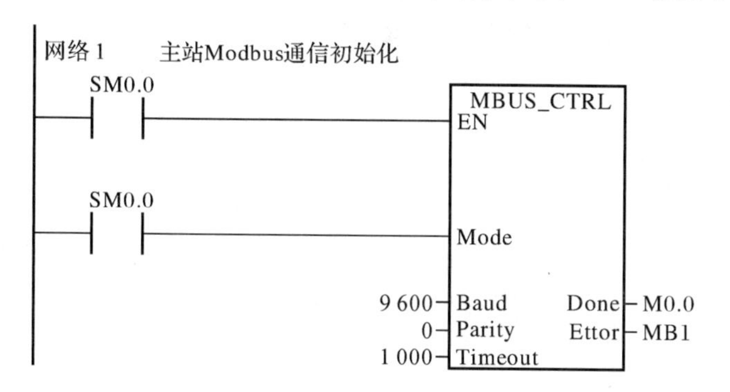

图 9－27　Modbus 主站程序

2. Modbus 从站组态

(1)分配库存储区。

(2)从站编程。Modbus 从站指令编程如图 9－28 所示。

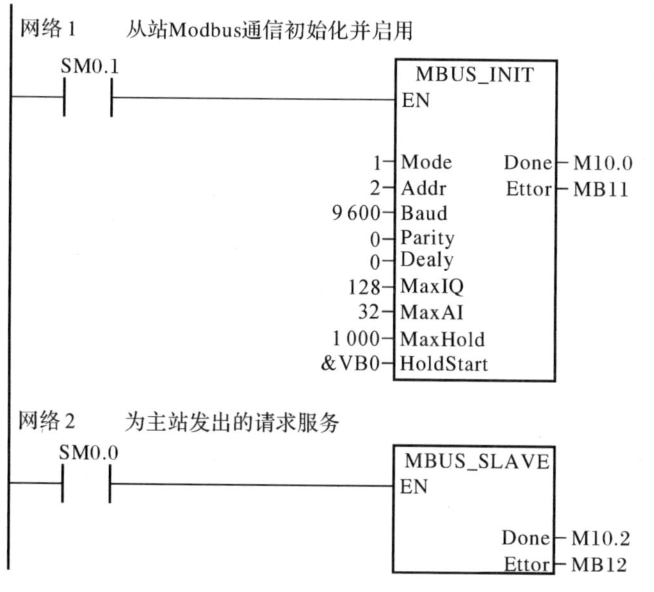

图 9－28　Modbus 从站程序

9.7 以太网通信及应用

9.7.1 以太网基础

工业以太网是基于国际标准 IEEE 802.3(Ethernet)的强大的区域和单元级设备联网的国际标准。在开放式 SIMATIC NET 通信系统中,工业以太网可以用作协调级和单元级网络。在技术上,工业以太网是一种基于屏蔽同轴电缆、双绞电缆而建立的电气网络,或是一种基于光纤电缆的光网络。

工业以太网模块 CP243-1 是一种通信处理器,SIMATIC PLC 通过以太网扩展模块 CP243-1 或者互联网扩展模块 CP243-1 来支持 TCP/IP 以太网通信,可以使用 STEP7-Micro/WIN 通过以太网对其 S7-200 进行远程组态、编程和诊断。要实现工业以太网与 S7-200 PLC 通信,必须使用 CP243-1(或 CP243-1IT)以太网模块,PC 上也要安装以太网网卡。CP243-1 可以与各种不同类型的 S7-200 CPU(222、224、226 和 226XM)相连接。但是每个 S7-200 CPU 只能连接一个 CP243-1,如果连接多个 CP243-1,将不能保证 S7-200 系统的正常运行。

工业以太网模块 CP243-1 技术规范见表 9-17。

表 9-17　CP243-1 技术规范

型　号	6GK7 243-1EX00-0XE0
模块结构	S7-200 扩展模板
传输速率/(Mb·s^{-1})	10、100
闪存大小/MB	1
SDRAM 存储大小/MB	8
接口连接到工业以太网(10 Mb/s/100 Mb/s)	8 针 RJ45 插座
组态软件	STEP 7-Micro/WIN(V3.2SP1 和以上)
尺寸($W\times H\times D$)	71.2 mm×80 mm×62 mm
质量/g	约 150
外部供电电压	DC24 V(-15%~+20%,DC20.4~28.8 V)
功率消耗/W	1.75
电流消耗	从 S7-200 总线供电:55 mA,外部 DC24 V 供电:60 mA
模块最大连接数量	最多 8 个 S7 连接(XPUT/XGET 和 READ/WRITE)+1 个 STEP 7-Micro/WIN连接
允许环境条件:工作温度,运输/贮存温度,相对湿度,最安装高度	水平安装,0~+55℃, 垂直安装,0~+45℃; -40~+70℃; 95%;+25℃时,海拔 2 000 m 以下,海拔越高,冷却越没有效果,需要降低最大工作温度

续表

型　号	6GK7 243－1EX00－0XE0
保护等级	IP20
以太网标准	IEEE802.3
标准	CE 标记；UL 508 或 cULus；CSA C22.2，Number142 或 cULus；FM 3611；EN 50081－2/EN 61000－6－4；EN 60529；EN61000－6－2；EN 61131－2
启动时间或复位后的重新启动时间/s	约 10
用户数据数量	作为客户机，对于 XPUT/XGET，212 个字节；作为服务器，对于 XGET 或 READ，222 个字节；对于 XPUT 或 WRITE，212 个字节

下面对工业以太网模块 CP243－1 的功能进行介绍。

(1)可通过 RJ45 进行以太网访问。

(2)通过 S7－200 总线，即可与 S7－200 系统简单连接，可以实现一种灵活的分布式自动化架构。

(3)通过工业以太网和 STEP7－Micro/WIN，实现 S7－200 系统的远程编程、组态和诊断。最多可以组态 8 个连接。

(4)对于连接控制(保持活动状态)，可以为主动和被动伙伴的所有的 TCP 传输连接组态。可提供与 OPC 的连接。

(5)CP243－1 允许 S7－200 编程软件 STEP 7－Mcro/WIN 通过工业以太网访问S7－200。

(6)无须重复进行编程/组态，即可更换模板(即插即用)。

(7)S7 通信服务，“XPUT/XGET”既可作为客户机，也可作为服务器，“READ/WRITE”作为服务器。

通过预设 MAC 地址(48 位数值)，进行地址分配(在出厂时已对每个 CP243－1 进行了 MAC 地址分配。MAC 地址打印在附于上盖下面的标签上。使用 BOOTP 协议，通过预设的 MAC 地址，可以将 IP 地址分配给 CP243－1 通信处理器)。

9.7.2　S7－200 PLC 的以太网应用

两台 S7－200 PLC 通过 CP243－1 扩展模块实现以太网的连接，一台 S7－200 作为服务器，另一台 S7－200 PLC 作为客户端，客户端的 I0.0 控制服务器的 Q0.0。

1. 硬件连接

以太网的硬件连接如图 9－29 所示。

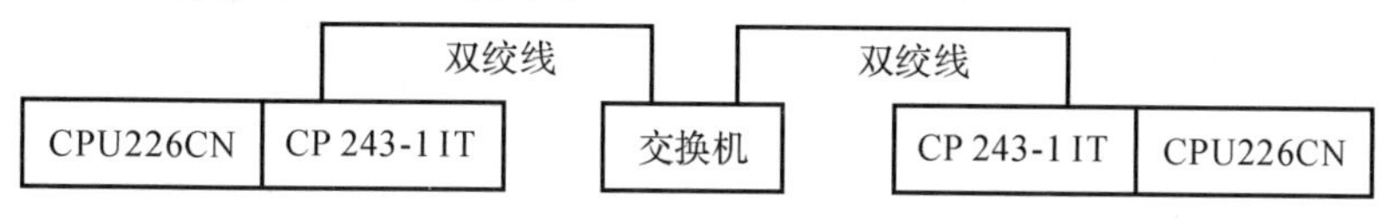

图 9－29　硬件连接图

2. 向导配置

S7－200 PLC 作为服务 Server 端时，只响应客户 Client 端的数据请求，不需要编程，只要组态 CP243－1 就可以了。

(1) 选择"工具"菜单下的"以太网向导"，如图 9－30 所示。

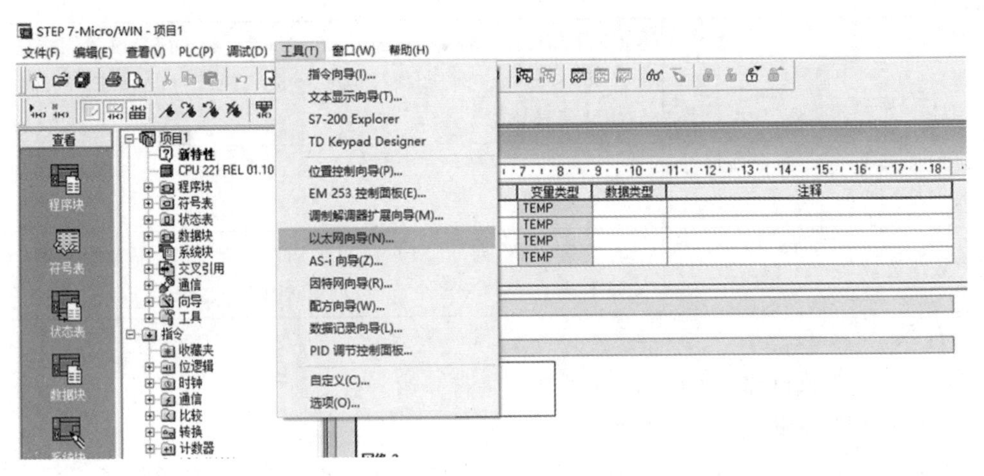

图 9－30　以太网向导配置图 1

(2)打开"以太网向导"，简单介绍 CP243－1 及以太网的有关信息，点击"下一步"，如图 9－31所示。

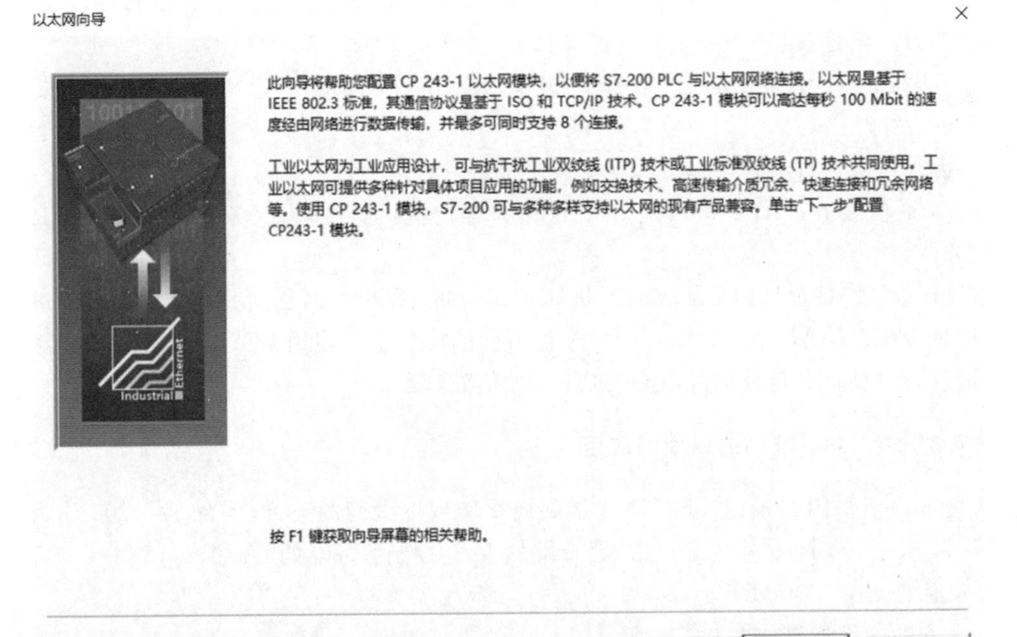

图 9－31　以太网向导配置图 2

(3)设置 CP243－1 模块的位置，如不能确定，可以点击"读取模块"，由软件自动探测模块的位置，点击“下一步”，如图 9－32 所示。

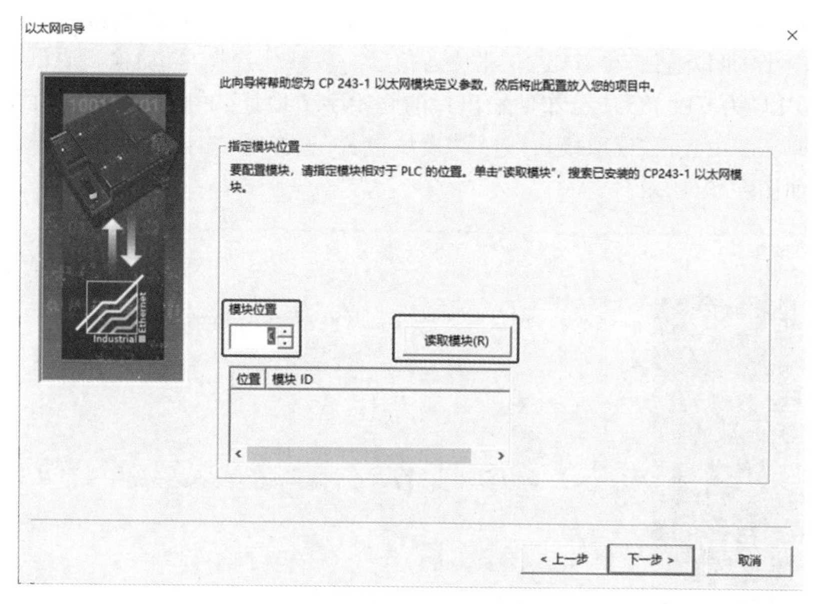

图 9－32　以太网向导配置图 3

(4)设定 CP243－1 模块的 IP 地址和子网掩码，并指定模块连接的类型(本例选为自动检测通讯)，点击“下一步”，如图 9－33 所示。

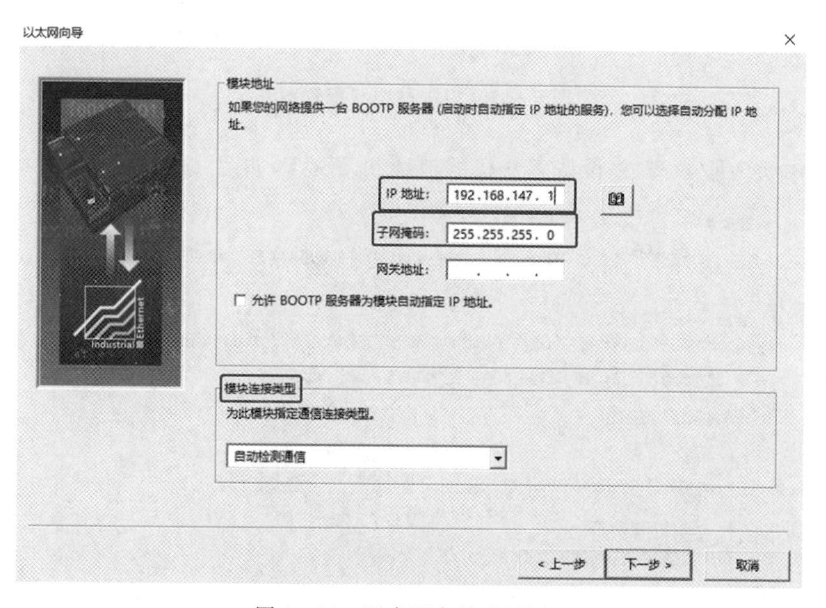

图 9－33　以太网向导配置图 4

1)以手动方式在“IP 地址”域中输入模块 IP 地址，或单击“IP 地址浏览器”图标从列表中选择一个模块 IP 地址。以手动方式输入“子网掩码”和“网关地址”。

2)若选择“允许 BOOTP 服务器为模块自动指定 IP 地址”复选框，允许以太网模块在启动时从 BOOTP 服务器(根据 MAC 地址)获取 IP 地址、网关地址和子网掩模。如果选择该选项，则 IP 地址、子网掩模和网关地址方框无法使用。

3)模块指定通信连接类型：自动检测通讯(默认值)，全双工 100 兆位通信，半双工 100 兆位通信，全双工 10 兆位通信，半双工 10 兆位通信。一般默认选择“自动检测通讯”即可。

(5)确定 PLC 为 CP243－1 分布的输出口的起始字节地址(一般使用缺省值即可)和连接数据数，在图 9－32 中点击“读取模块”进行“模块位置”选择时，输出内存地址会自动显示，点击“下一步”，如图9－34所示。

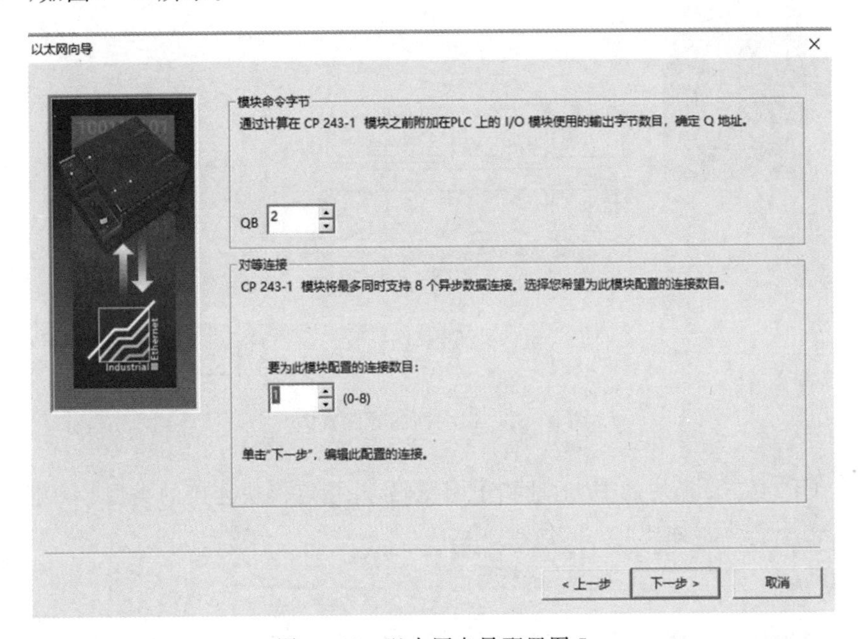

图 9－34　以太网向导配置图 5

(6)设置本机为服务器，并设置客户机的地址和 TSAP，如图 9－35 所示。

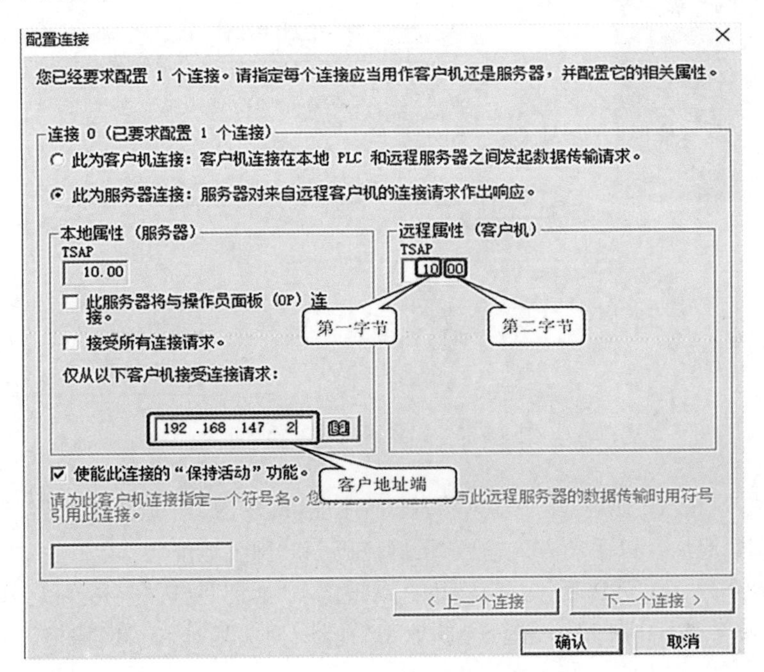

图 9－35　以太网向导配置图 6

连接远程对象是 S7－200 PLC,“TSAP”的第一个字节是 0x10＋连接数目。TSAP 的第二个字节是模块位置。

选择“此服务器将与操作面板(OP)连接”复选框,选择指定一台与 SIMATIC 操作面板(OP)连接的服务器。如果选择该选项,TSAP 的起始字节则更改为“02”。每项配置仅限将一个服务器连接配置为 OP 连接。

选择“接受所有连接请求”复选框,选择允许服务器接受来自任何客户机的连接,或输入具体的模块 IP 地址,选择指定某一特定客户机可与服务器连接。使用“IP 地址浏览器”图标,浏览至某一特定模块 IP 地址。

“保持活动”功能是 CP243－1 以设定的时间间隔来探测通信的状态,此时间的设定在下步设定。

(7)CRC(循环冗余检查)保护与保持现用间隔,如图 9－36 所示。

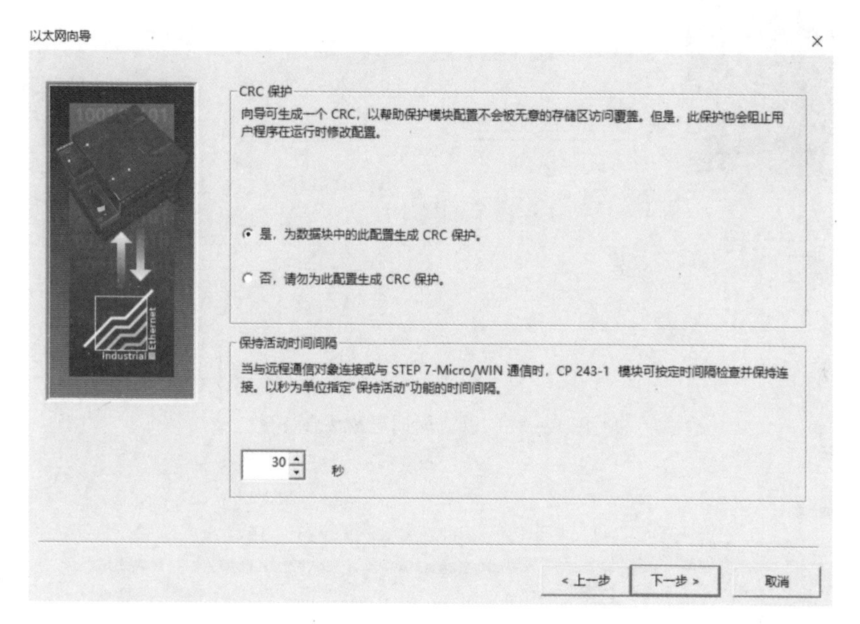

图 9－36　以太网向导配置图 7

CRC(循环冗余检查)保护选项允许您指定以太网模块检查偶然发生的配置损坏。向导为 V 内存中配置的两个数据块部分生成 CRC 值。当模块读取配置时,则重新计算该值。如果数字不匹配,配置损坏,模块不会使用该配置。如果选择“CRC 保护”选项,向导则不会生成“以太网重新配置”(ETHx_CFG)指令,程序则无法在运行时修改配置。

“保持活动间隔”是上步中的探测通信状态的时间间隔(以秒为单位,从 1～32 767)。

(8)选定 CP243－1 组态信息的存放地址,此地址区在用户程序中不可再用,如图 9－37所示。

(9)S7－200 PLC 服务器端的以太网通信组态完毕,如图 9－38 所示,给出了组态后的信息。点击“完成”保存组态信息。

S7－200 PLC 作客户(Client)端时,组态步骤前 5 步同 S7－200 PLC 作服务(Server)端,注意在第 4 步中客户端的地址要设为 192.168.147.2。

(1)～(5)步同 Server 端时的步骤。

(6)选择本机为客户机,并设定服务器的地址和 TSAP。客户机需要组态发送或接收服务器的数据,点击"数据传输"按钮,如图 9-39 所示。

(7)在弹出的画面中点击"新传输"按钮,如图 9-40 所示。

(8)选择客户机是接收还是发送数据到服务器及接收和发送的数据区,如有多个数据传输(最多 32 个,0~31),可按"新传输"按钮定义新的数据传输,如图 9-41 所示。

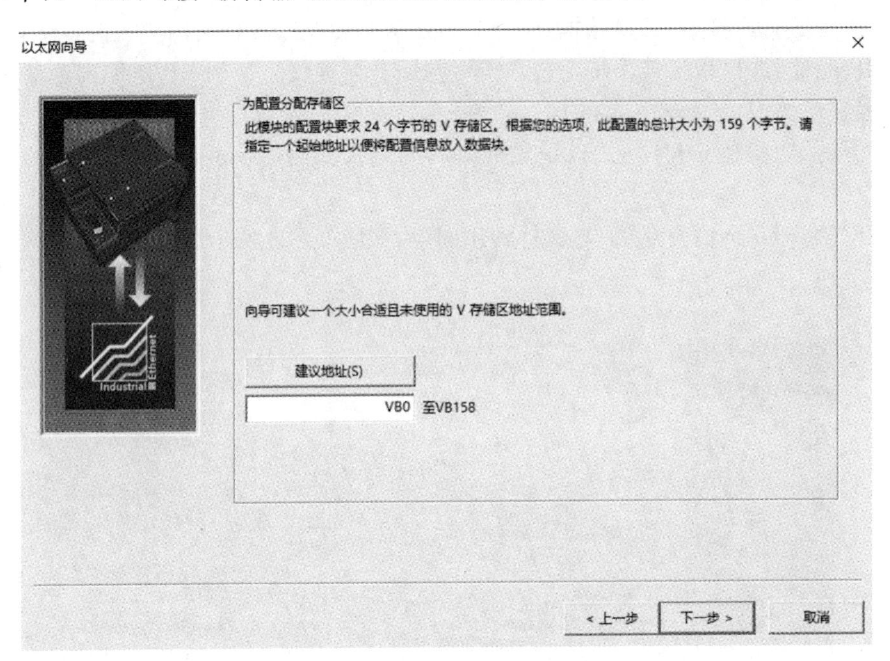

图 9-37 以太网向导配置图 8

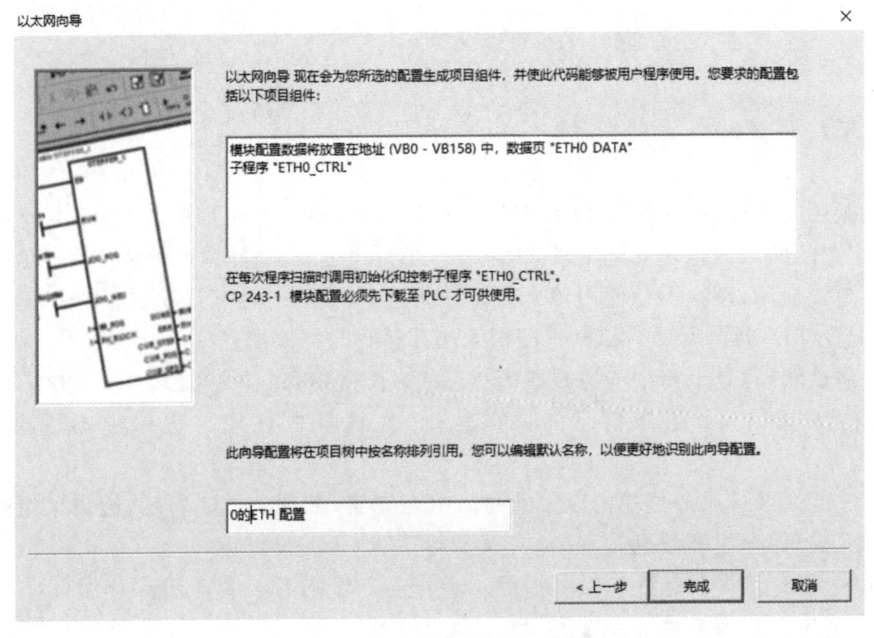

图 9-38 以太网向导配置图 9

配置连接
您已经要求配置 1 个连接。请指定每个连接应当用作客户机还是服务器，并配置它的相关属性。
连接 0（已要求配置 1 个连接）
此为客户机连接：客户机连接在本地 PLC 和远程服务器之间发起数据传输请求。
此为服务器连接：服务器对来自远程客户机的连接请求作出响应。
本地属性
TSAP
10.00
远程属性（服务器）
TSAP
10.00
输入服务器的地址
选定本机为客户机
您可以通过此连接在本地客户机和远程服务器之间定义最多 32 个数据传输。
为此连接指定服务器的 IP 地址
数据传输...
192 .168 .147 . 1
使能此连接的“保持活动”功能。
请为此客户机连接指定一个符号名。您的程序可以在启动与此远程服务器的数据传输时用符号引用此连接。
Connection0_0
＜上一个连接
下一个连接＞
确认
取消

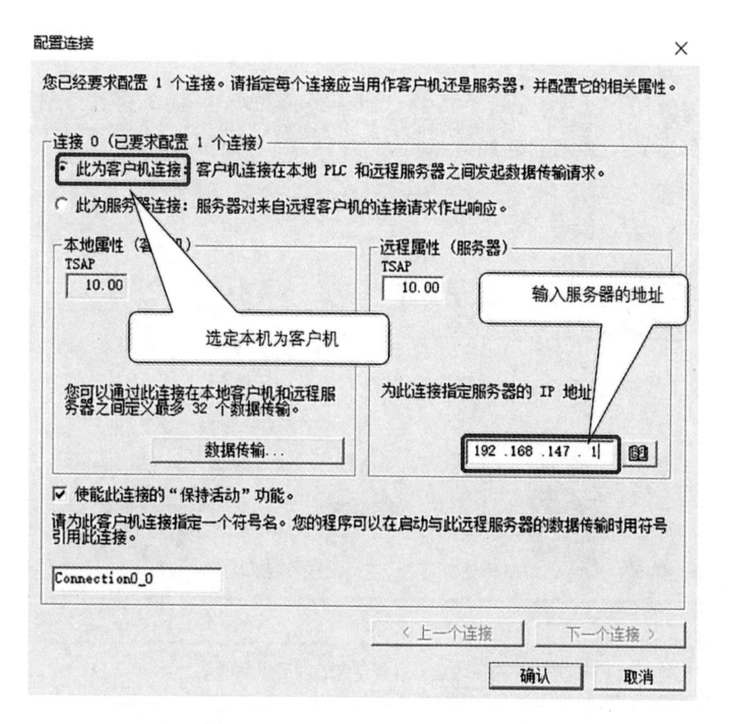

图 9-39　以太网向导配置图 10

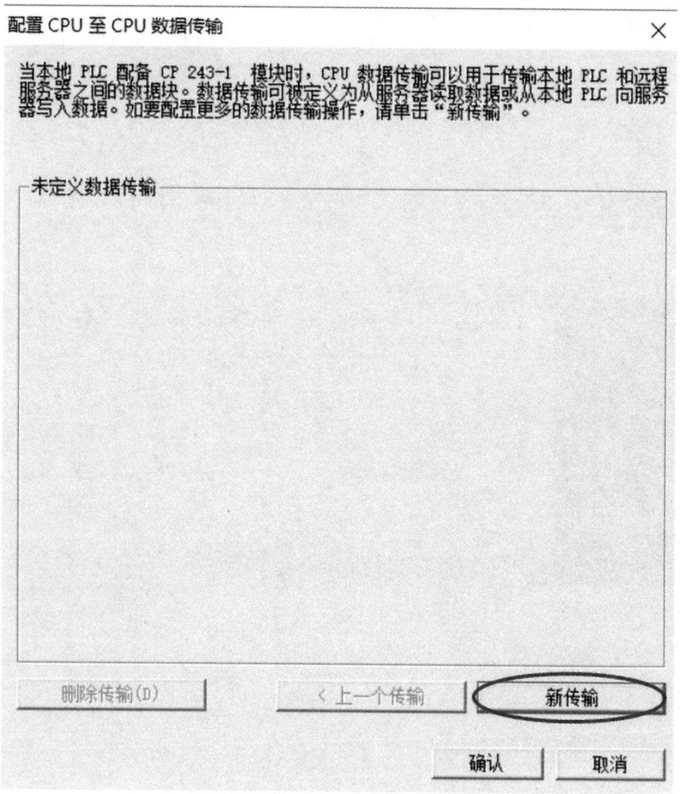

配置 CPU 至 CPU 数据传输
当本地 PLC 配备 CP 243-1 模块时，CPU 数据传输可以用于传输本地 PLC 和远程服务器之间的数据块。数据传输可被定义为从服务器读取数据或从本地 PLC 向服务器写入数据。如要配置更多的数据传输操作，请单击“新传输”。
未定义数据传输
删除传输(D)
＜上一个传输
新传输
确认
取消

图 9-40　以太网向导配置图 11

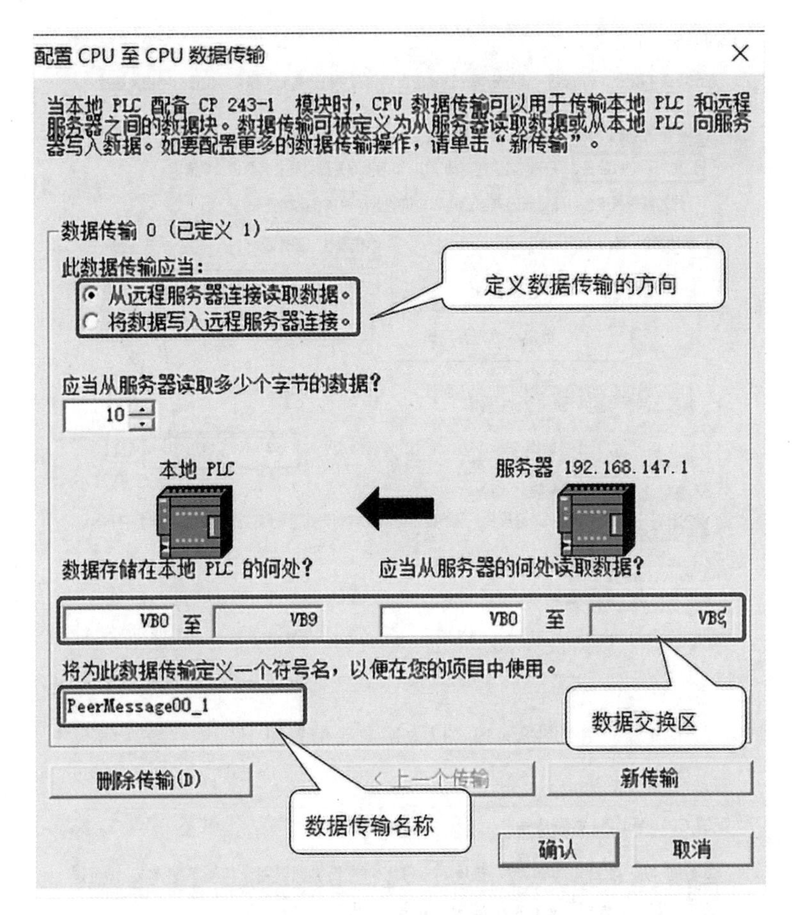

图 9-41　以太网向导配置图 12

(9)选择是否有“CRC 保护”及输入“保持活动间隔”时间，如图 9-42 所示。

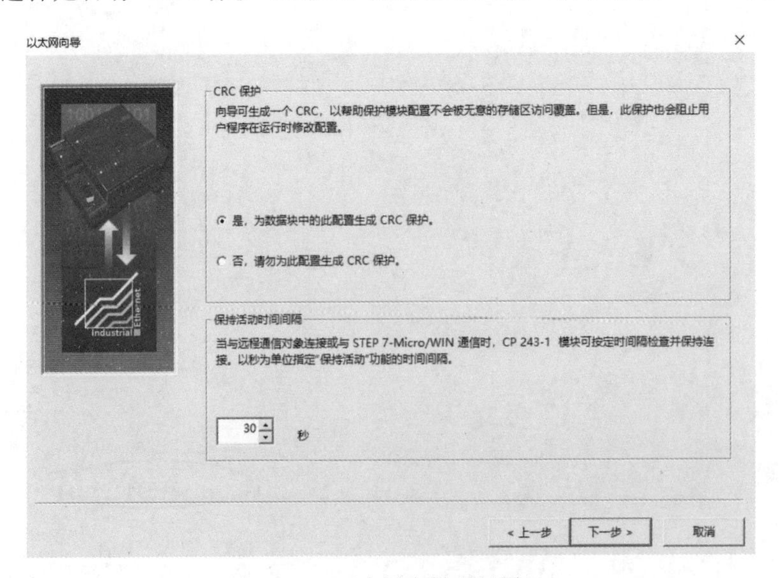

图 9-42　以太网向导配置图 13

(10)选择 CP243－1 组态信息的存放地址，如图 9－43 所示。

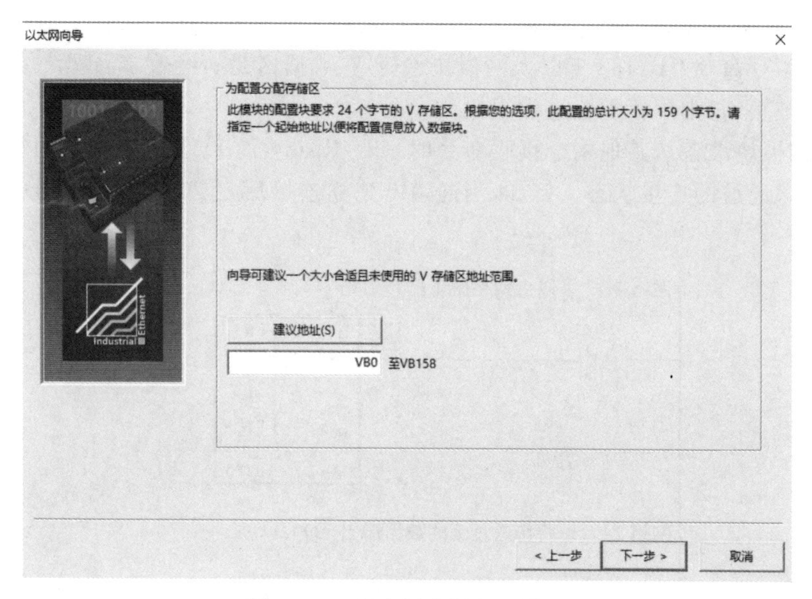

图 9－43　以太网向导配置图 14

(11)CP243－1 Client 端的组态完成，结果如图 9－44 所示。其中：ETH0_CTRL 为初始化和控制子程序，ETCH0_XFR 为数据发送和接收子程序。

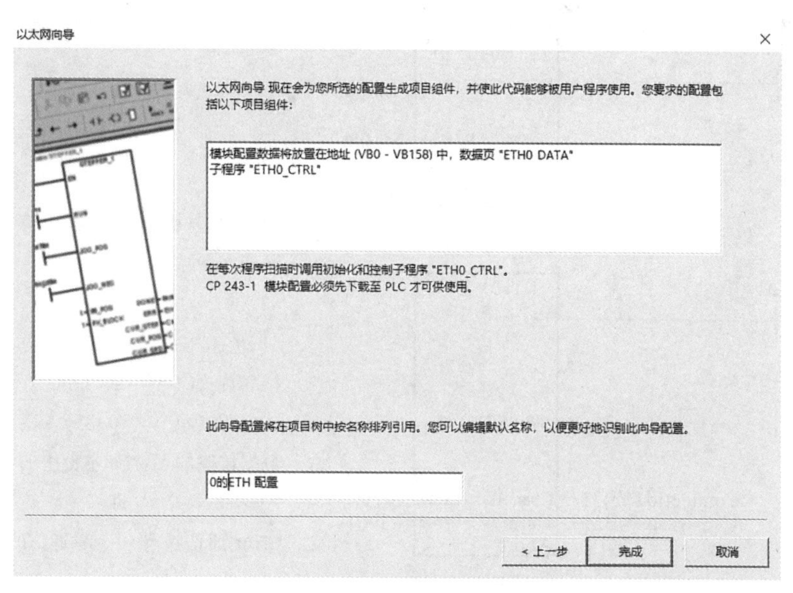

图 9－44　以太网向导配置图 15

(12)服务器端和客户端组态完毕后，分别把组态信息下载到 PLC 中，客户端即可以利用子程序 ETH0_XFR 来向服务器发送数据或从服务器接收数据。

3. 程序编写

程序如图 9－45 和图 9－46 所示。

参数说明:ETH0_CTRL 为初始化和控制子程序,在开始时执行以太网模块检查。应当在每次扫描开始调用该子程序,且每个模块仅限使用一次该子程序。每次 CPU 更改为 RUN(运行)时,该指令命令 CP243-1 以太网模块检查 V 数据区是否存在新配置。如果配置不同或 CRC 保护被禁用,则用新配置重设模块。

当以太网模块准备从其他指令接收命令时,CP_Ready 置 1。Ch_Ready 的每一位对应一个指定,显示该通道的连接状态。例如,当通道 0 建立连接后,位 0 置 1。Error(错误)包含模块通信状态。

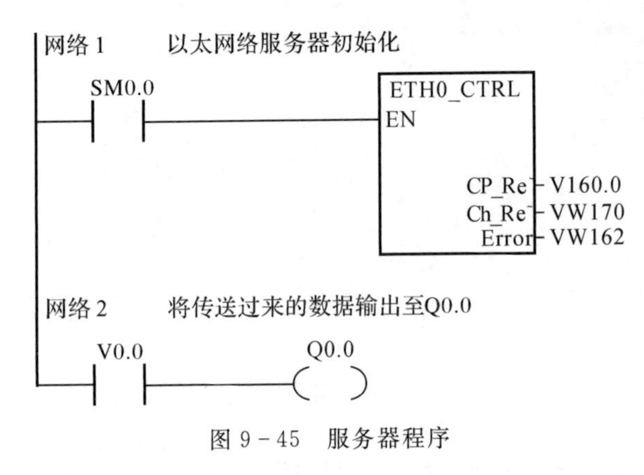

图 9-45　服务器程序

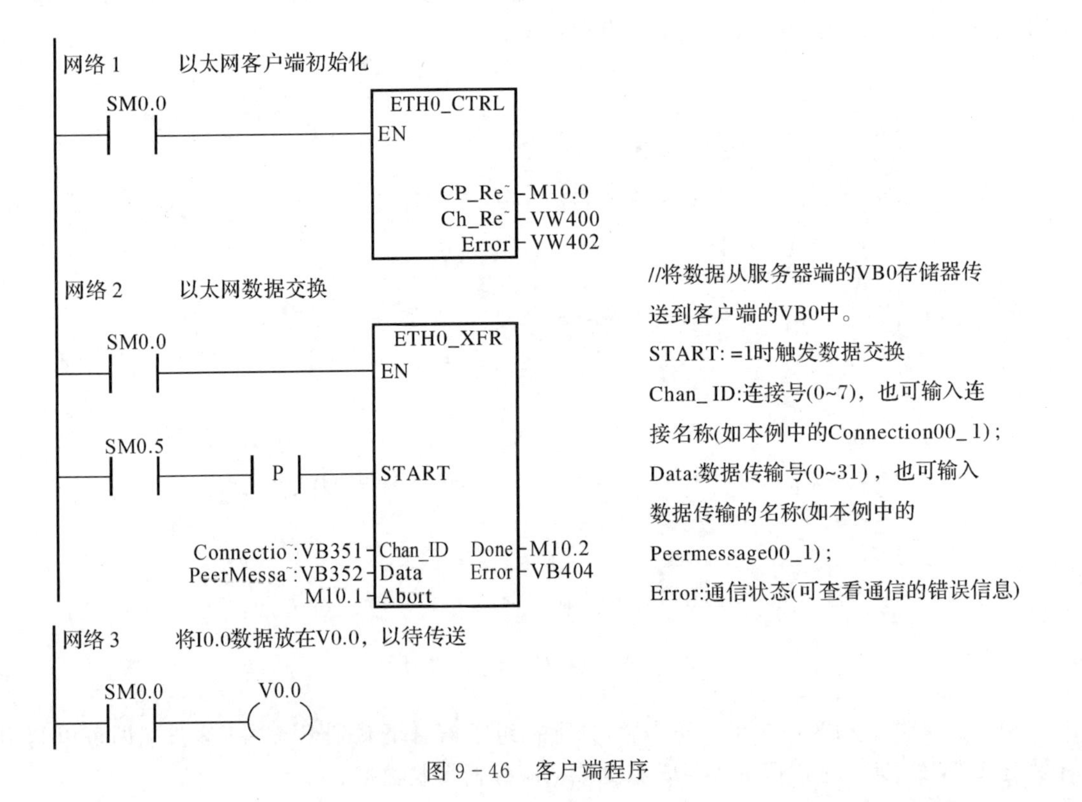

图 9-46　客户端程序

本章小结

本章讲述了通信网络的基础知识、S7－200 PLC的通信功能以及使用各种通信网络和通信协议，实现S7－200 PLC与计算机、S7－200 PLC、其他设备通信的编程及其方法。

(1)通信网络的基础知识和S7－200 PLC的各种通信功能。

(2)S7－200 PLC的PPI通信协议、指令、编程应用。

(3)S7－200 PLC的MPI、PROFIBUS通信协议。

(4)S7－200 PLC的自由端口通信协议、指令、编程应用。

(5)S7－200 PLC的Modbus通信协议、指令、编程应用。

(6)S7－200 PLC的以太网通信协议、向导、编程应用。

思考题与练习题

1.网络中继器有什么作用？

2.S7－200 PLC的网络连接形式有哪些类型？每种类型有何特点？

3.何谓自由端口协议？如何设置它的寄存器格式？

4.用NETR、NETW指令向导组态两个CPU模块之间的数据通信，要求将4号站的VB0～VB7发送给5号站的VB0～VB7，将5号站的VB10～VB17发送给4号站的VB10～VB17。

5.有三台CPU 226CN的PLC，一台为主站，其余两台为从站，在主站上发出一个起停信号，对从站上控制的电动机进行起停，从站将电动机的起停状态反馈到主站，请用指令向导生成子程序，并编写程序。

第 10 章 PLC 与变频调速控制系统

本章重点：

(1)电机特性及变频调速的基本原理；

(2)变频器控制电机策略；

(3)PLC 控制变频器的应用。

变频器是用于三相鼠笼异步电动机速度控制的一种自动化装置，主要由三相工频电源变换成直流的整流器和将直流变成电压可变的逆变器组成。如今的工业生产领域，无论是自动化生产线还是自动化设备，PLC、变频器、电机及负载设备组成的变频控制系统的使用越来越普遍，掌握相关的原理与技术成为未来工程师的必备技能。本章的核心内容主要以西门子 SINAMICS V20 变频器为例，介绍变频器的相关知识，同时以案例形式阐述 PLC 在典型变频调速系统中的应用。

10.1 变频调速基础知识

10.1.1 异步电机基础知识

1888 年美国发明家特斯拉根据电磁感应原理发明了交流电动机。交流电动机分为同步电机和异步电机或感应电机。在允许范围内，在交流电的频率不变时，同步电机其转速不会随负载变化而改变；而异步电机的转速随负载增加而降低。因交流电动机通常由三相交流电源供电，与直流电机相比，既无须整流，更无电火花生成，加之其所具有的运行可靠、价格低廉和维护方便等优点，面世一个多世纪来，已经被广泛地应用于机床、起重机、锻压机、传送带、通风机及水泵等场合。

三相鼠笼异步电动机通常由定子、转子、端盖、风扇和机座等组成，如图10－1所示。电机定子绕组在空间位置上相互夹角为 120°，与电源相互对应的电流通入三相对称绕组时，会在气隙中形成一个与电流相序方向相同数位的旋转磁场。三相交流供电电流变化一个周期时，合成磁场在空间旋转一周。合成磁场会随着定子绕组电流周期性变化而变化。电机的极数就是电动机的磁极数，旋转磁场的极数和三相定子绕组的安排有关。

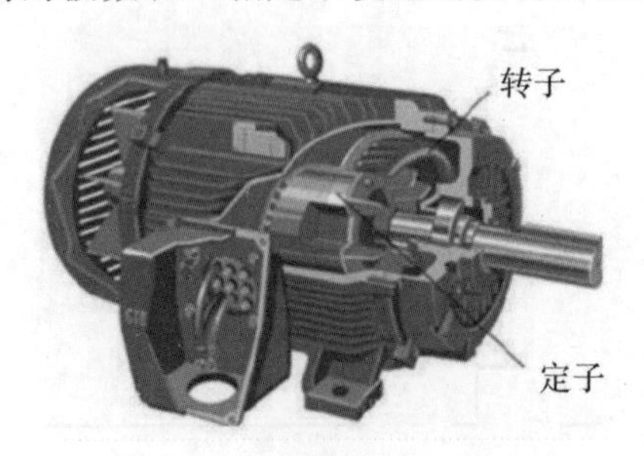

图 10－1 三相鼠笼异步电动机结构图

同步电动机旋转磁场的转速 n_0 与电动机磁极对数 p 的关系如式(10－1) 所示：

$$n_0 = \frac{60f_1}{p} \tag{10-1}$$

式中：n_0 为电机转速，单位为 r/min；p 为电机磁极对数；f_1 为电网交流电的频率，单位为 Hz。

显然，当交流电频率 $f_1 = 50$ Hz 时，电机的极对数 p 不相同，对应的旋转磁场转速 n_0 也不相同。尽管电动机转子转动方向与磁场旋转的方向相同，但转子的转速 n 不可能达到与旋转磁场的转速 n_0 相等，否则转子与旋转磁场之间就没有相对运动，在异步电动机中转子的转速 n 与旋转磁场的转速 n_0 的关系如式(10－2) 所示：

$$s = \frac{n_0 - n}{n_0} = \frac{\Delta n}{n_0} \tag{10-2}$$

进而可以得到转子的转速为

$$n = (1-s)\,n_0 = \frac{60f_1}{p}(1-s) \tag{10-3}$$

式中：s 为电机滑差系数；n 为转子的转速，单位为 r/min；Δn 为转子和旋转磁场的转速差，单位为 r/min。

交流电机的控制包括速度和位置两方面。通过改变电机转速，实现控制机械运动速度；通过位置控制，确保电机在指定位置停止，实现机械定位。控制速度的系统称为传动系统；控制位置的系统称为伺服系统。由式(10－3) 可知，交流电机的速度控制方案无外乎三种，即改变频率的调速称为变频调速；改变磁极对数的调速称为变极调速；改变转差的调速称为变转差调速。

10.1.2 电机转矩及机械特性

1. 电磁转矩

异步电动机的转矩 T 是由旋转磁场的每极磁通与转子绕组中的电流 I_2 相互作用而产生的。电磁转矩 T 的大小与转子绕组中的电流 I_2 及旋转磁场的强弱有关。经过理论证明，它们的关系如式(10－4) 所示：

$$T = K_T \Phi I_2 \cos\varphi_2 \tag{10-4}$$

式中：T 为电磁转矩，单位为 N·m；K_T 为与电机结构有关的常数；Φ 为旋转磁场每个极的磁通量，单位为 Wb；I_2 为转子绕组电流的有效值，单位为 A；φ_2 为转子电流滞后于转子电势的相位角，单位为(°)。

2. 电磁特性

由电机学相关理论知，电机感应电势 E_1 与磁通 Φ_m、频率 f_1 和绕组匝数 N_1 成正比。这种关系如式(10－5) 所示：

$$E_1 = 4.44K_1N_1f_1\Phi_m = V_1 + \Delta V \tag{10-5}$$

式中：E_1 为感应电动势，单位为 V；f_1 为供电电源频率，单位为 Hz；K_1 为绕组系数；Φ_m 为电机的磁通，单位为 Wb。

由公式中可知：$E_1 \propto f_1\Phi_m$，将 ΔV 忽略，则 $V_1 \approx E_1 \propto f_1\Phi_m$。

在使用异步电动机工作的场合均对转矩要求恒定，这就意味着，在设计电动机时主磁通 Φ_m 值基本不变。也就是说，使电动机提供恒定转矩工作的条件就是 $V_1/f_1 =$ 常数。

若 f_1 下降，V_1 不变，则 Φ_m 上升进入磁化曲线的饱和区，电动机工作电流会大幅度增加；若 f_1 上升，V_1 不变，则 Φ_m 下降，将使工作电流下降从而造成电动机输出转矩不足。

3. 机械特性

三相异步电动机的机械特性表达式为

$$T_e = \frac{3pV_1^2 r_1/s}{2\pi f_1[(r_1 + r'_2/s)^2 + (x_1 + x'_2)^2]} \tag{10-6}$$

式中：T_e为电机额定转矩，单位为 N·m；p 为极对数；V_1 为相电压有效值，单位为 V；r_1 为定子每相绕组内阻，单位为 Ω；s 为滑差率；f_1 为电源频率，单位为 Hz；x_1 为每相漏阻抗，单位为 Ω；r'_2 为折算到定子侧的每相电阻，单位为 Ω；x'_2 为折算到定子侧的漏电阻，单位为 Ω。

根据机械特性，当电机外部电源电压 V_1 和频率 f_1 不变时，由电机本身固有参数决定的 $n=f(T)$ 曲线称之为电机的自然机械特性。此时，电机的转矩 T 仅与滑差率 s 有关，如图10-2所示。

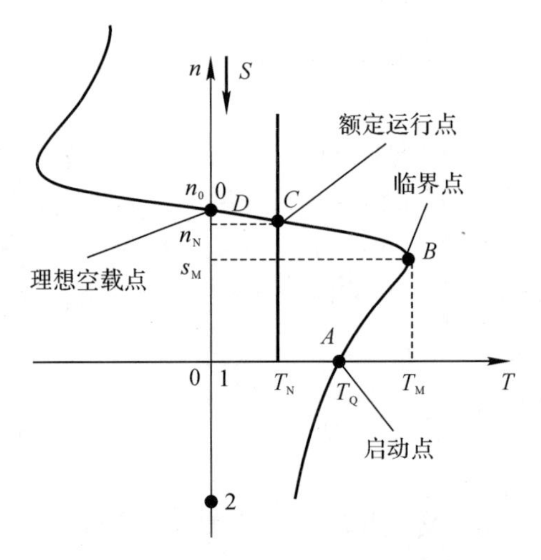

图 10-2　交流电动机的机械特性

从图 10-2 可以看出，电机机械特性中有 4 个关键点，分别是空载点(同步点)D、额定运行点 C、临界点 B 和启动点 A；4 个关键点对应的电机特征参数的变化汇总见表 10-1。

表 10-1　电机机械特性特征点参数表

特征点	同步点 D	额定运行点 C	临界点 B	启动点 A
电机速度 n	n_0	n_N		0
转差率 s	0	s_M	临界转差率 S_M	1
转矩 T	0	T_N	最大转矩 T_M	启动转矩 T_Q

(1) 额定转矩 T_N。额定转矩 T_N 是异步电动机带额定负载时，转轴上的输出转矩。

$$T_N = 9\ 550\ \frac{P_2}{n} \tag{10-7}$$

式中：P_2 为电动机轴上输出的机械功率，单位为 W；n 为电机转速度，单位为 r/min；T_N 为转轴额定转矩，单位为 N·m。

当忽略电动机本身机械摩擦转矩 T_0 时，阻转矩近似为负载转矩 T_L，电动机作等速旋转时，电磁转矩 T 必与阻转矩 T_L 相等，即 $T=T_L$。额定负载时，则有 $T_N=T_L$。

(2) 最大转矩 T_M。最大转矩 T_M 又称为临界转矩，是电动机可能产生的最大电磁转矩。它反映了电动机的过载能力。最大转矩的转差率为 S_M，又称临界转差率，如图 10－2 所示。

最大转矩 T_M 与额定转矩 T_N 之比称为电动机的过载系数 λ，即

$$\lambda=\frac{T_M}{T_N} \tag{10-8}$$

一般三相异步电机的过载系数在 1.8～2.2 之间。在选用电动机时，必须考虑可能出现的最大负载转矩，而后根据所选电动机的过载系数算出电动机的最大转矩，它必须大于最大负载转矩。否则，就需要重选电动机。

(3) 启动转矩 T_Q。T_Q 为电动机启动初始瞬间的转矩，即 $n=0$，$s=1$ 时的转矩。为确保电动机能够带额定负载起动，必须满足：$T_Q>T_N$，一般的三相异步电动机有 $T_Q/T_N=1$～2.2。

10.1.3　变频调速原理

如前所述，异步电动机的机械特性既与电动机的参数有关，也与外加电源电压 V_1 和电源频率 f_1 有关。如果将关系式中定子电压 V、电源频率 f、电子电路串入电阻或电抗转子电路串入电阻和改变磁极对数等参数进行改变，将会产生新的机械特性，即人为机械特性，这就是异步电动机调速的机理所在。其中，如能连续改变异步电动机的电源频率 f，就能平滑改变其转速，实现无级调速，这就是变频调速的基本原理。

1. 恒转矩调速

交流电机在调节转速时，如果相对于转速变化，负载的阻转矩保持不变的调速即为恒转矩调速。此时，负载的轻重决定了转矩大小，而与转速无关。例如带式输送机负载阻转矩基本不变，转矩值等于皮带与滚筒间的摩擦阻力和皮带轮半径的乘积，与速度快慢无关，具有恒转矩的特点。同时，负载功率与转速成正比。

2. 恒功率调速

交流电机在调节转速时，负载转矩大小与转速成反比，而其功率基本维持不变的调速即为恒功率调速。这种控制在诸多需要对张力进行自动控制的设备中较为常见。如薄膜在卷取过程中，为了确保卷曲过程中被卷物的张力保持恒定，一般通过调整线速度 v 保持恒定的方法。此时，在不同的转速下，负载的功率基本恒定。负载功率与转速无关。同时，负载阻转矩的大小与转速成反比。

3. 变转矩调速

交流电机在调节转速时，负载转矩与转速的二次方成正比例变化的调速即为二次方律转矩调速。在风扇、风机、泵、螺旋桨等机械的速度控制中，低速时由于流体的流速低，所以负载转矩很小，随着电动机转速的增加，流速增快，负载转矩和功率也越来越大。同时，负载功率大小与转速三次方成正比例变化。

10.1.4　变频器及其构成

变频器是把电网电源(50 Hz 或 60 Hz)变换成各种频率的交流电源，以实现电机的变速运行的设备。如图 10－3 所示，其中控制电路完成对主电路的控制，整流电路将交流电变换成

直流电，中间直流电路对整流电路的输出进行平滑滤波，逆变电路将直流电再逆变成交流电。对于如矢量控制变频器这种需要大量运算的变频器来说，有时还需要一个进行转矩计算的CPU以及一些相应的电路。

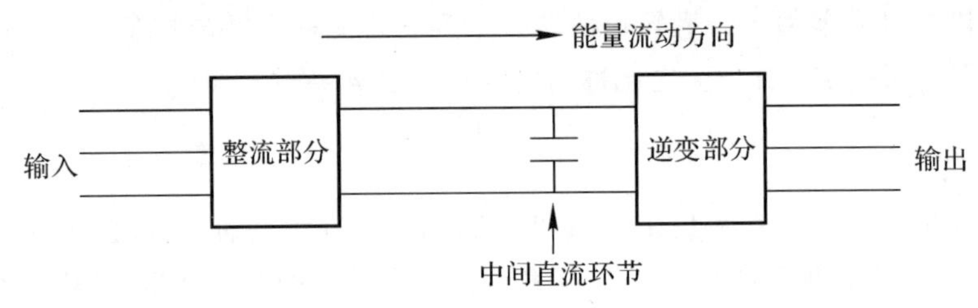

图 10-3　交-直-交变频器构成框图

1. 整流部分

它与单相或三相交流电源相连接，产生脉动的直流电压。

2. 中间直流环节

这部分有以下三种作用：

(1)使脉动的直流电压变得稳定或平滑，供逆变器使用；

(2)通过开关电源为各个控制线路供电；

(3)可以配置滤波或制动装置以提高变频器性能。

3. 逆变部分

将固定的直流电压变换成可变电压和频率的交流电压。

4. 控制电路

它将信号传送给整流器、中间电路和逆变器，同时它也接收来自这些部分的信号，如图10-4所示。其主要组成部分是输出驱动电路、操作控制电路。主要功能如下：

(1)利用信号来开关逆变器的半导体器件；

(2)提供操作变频器的各种控制信号；

(3)监视变频器的工作状态，提供保护功能。

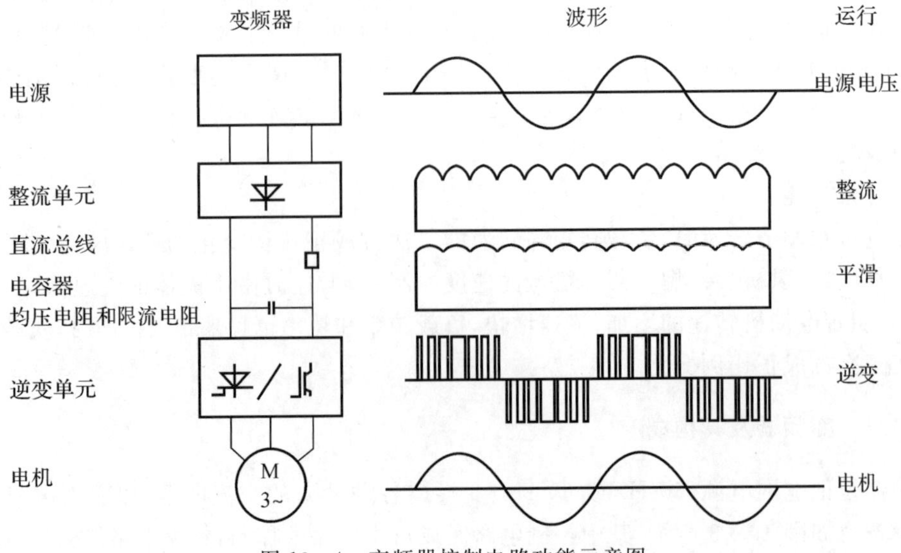

图 10-4　变频器控制电路功能示意图

10.1.5　变频器及外围接线

在变频器的输入侧接入断路器、接触器、进线电抗器及滤波器等电气元件，在输出侧接输出电抗器与电机连接，基本实现了典型变频系统的主回路布线，如图10-5所示。但要控制三相异步电机速度，需要对变频器的控制端子与其他控制器如PLC进行连线，并对端子功能和运行条件进行必要的参数化设置。以SINAMICS V20为例，这些外部控制端子主要包括两类，分别是输入和输出信号端子。输入信号端子可以接收有源或无源的数字信号(开关量)和模拟量信号(0～10 V或4～20 mA)。输入信号的功能可以经过参数化设定与使用环境适应，完成启动、停止及速度变化。输出信号端子可以提供数字量输出信号如继电器开关和晶体管开关信号，用于控制或报警，也可以提供模拟量信号用于仪表显示。

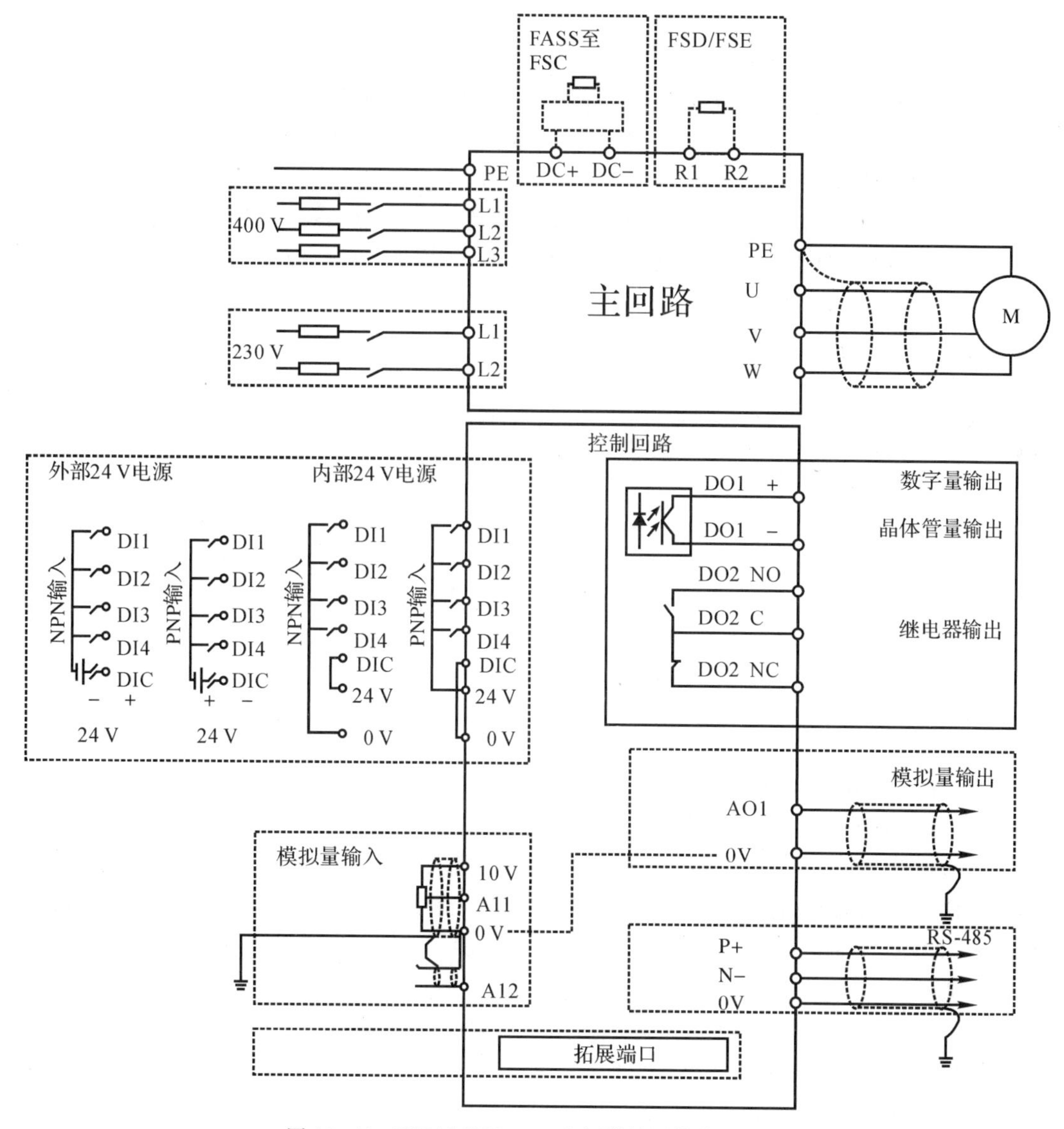

图10-5　SINAMICS V20变频器外围接线原理图

值得一提的是，变频器的主回路接线端子结构上通常在一起，往往会因疏忽大意将动力输入与输出线反接，根据变频器自身结构特点，只要有启动命令输入，变频器就会烧毁。反之，如无启动命令执行，变频器就不会有输出，即使变频器已经上电，也不会造成损坏，此时应及时更改接线。

10.2 变频器控制电机策略

在变速传动系统中变频器对电机的控制方式主要有恒定电压/频率比控制、磁通矢量控制和直接转矩控制等几种模式。

10.2.1 变频器控制电机的模式

1. 标量控制(Scalar Control)V/f 模式

(1) V/f 控制又称为恒压频比控制。变频器运转时频率可调整范围内输出电压和输出频率之比为定值。一般情况下，感应电机接入电源 380 V/50 Hz 时产生最大磁通。若超过此磁通量运转，很多场合励磁电流增加，使得电机过热而不能运转。因此只有保持磁通恒定，才能使电机输出比较大的转矩，如图 10－6 所示，相关的关键参数包括最高频率、基底频率和转矩类型等。为了不超过最大磁通量，变频器控制频率必须 $V/f=C$，为了将 V/f 保持一定，频率越大，电压也越大，两者成正比。

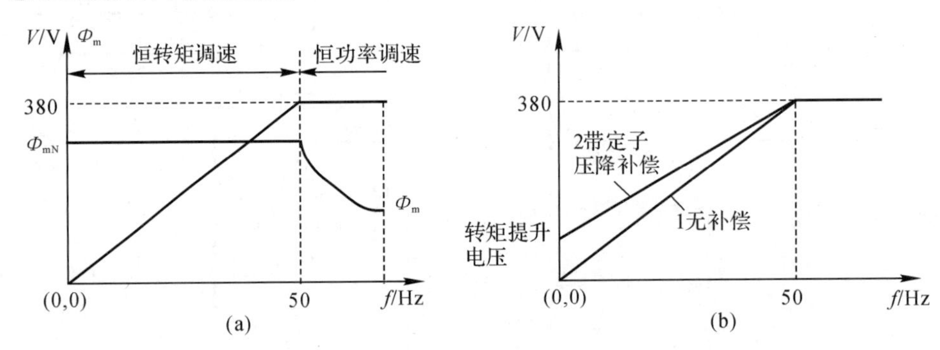

图 10－6 异步电机标量控制 V/f 模式

(a)变压变频调速的控制特性；(b)带电压补偿的恒压频比控制特性

当变频器驱动的电机额定工作电压为 380 V，额定频率为 50 Hz 时，变频器在基底频率 50 Hz 以下能保持恒转矩调速；变频器在基底频率以上保持恒功率调速[见图 10－6(a)]。显然，当频率下降到低水平时，由于电阻、漏电抗的影响不容忽略，若仍保持 V/f 为常数，则磁通将减小，进而减小了电机的输出转矩。为此，在低频阶段需要对电压进行适当补偿以提升转矩。这种方法称为转矩补偿，也叫转矩提升[见图 10－6(b)]。变频器提供了线性 V/f 控制、二次方 V/f 控制、多点 V/f 控制及带 FCC 的 V/f 控制，供用户根据不同机械的具体情况进行选择。V/f 控制方式如再配合变频器的转差补偿等功能，可以基本上使异步电动机在低频时的机械特性和直流电动机不相上下了。

2. 矢量控制(Vector Control)模式

矢量控制模式是通过测量和控制异步电动机定子电流矢量，根据磁场定向原理分别对异步电动机的励磁电流和转矩电流进行控制，从而达到控制异步电动机转矩的目的。一般的技术路径是将异步电动机的定子电流矢量分解为产生磁场的电流分量（励磁电流）和产生转矩的电流分量（转矩电流）分别控制，并同时控制两分量间的幅值和相位，即控制定子电流矢量，因此这种控制方式称为矢量控制方式。

矢量控制方式分为基于转差频率控制的矢量控制方式、无速度传感器的矢量控制方式和有速度传感器的矢量控制方式等多种模式。其中，无速度传感器的矢量控制方式是基于磁场定向控制理论发展而来的。实现精确的磁场定向矢量控制需要在异步电动机内安装磁通检测装置，要在异步电动机内安装磁通检测装置是很困难的，但人们发现，即使不在异步电动机中直接安装磁通检测装置，也可以在通用变频器内部得到与磁通相应的量，并由此得到了所谓的无速度传感器的矢量控制方式。它的基本控制思想是根据输入的电动机的铭牌参数，按照转矩计算公式分别对作为基本控制量的励磁电流（或者磁通）和转矩电流进行检测，并通过控制电动机定子绕组上的电压和频率使励磁电流（或者磁通）和转矩电流的指令值和检测值达到一致，并输出转矩，从而实现矢量控制。

采用矢量控制方式的变频器不仅可在调速范围上与直流电动机相匹配，而且可以控制异步电动机产生的转矩。由于矢量控制方式所依据的是准确的被控异步电动机的参数，所以有的通用变频器在使用时需要准确地输入异步电动机的参数，有的通用变频器需要使用速度传感器和编码器，并需使用厂商指定的变频器专用电动机进行控制，否则难以达到理想的控制效果。

3. 直接转矩控制（DTC Control）模式

直接转矩控制又称为“直接自控制”，其控制的核心思想是以转矩为中心来进行磁链、转矩的综合控制。直接转矩控制简单地通过检测电机定子电压和电流，借助瞬时空间矢量理论计算电机的磁链和转矩，并根据与给定值比较所得差值，实现磁链和转矩的直接控制。

直接转矩控制系统（简称 DTC）是在 20 世纪 80 年代中期继矢量控制技术之后，发展起来的一种高性能异步电动机变频调速系统。1997 年美国学者在 IEEE 杂志上首先提出直接转矩控制理论，1985 年由德国鲁尔大学教授和日本分别取得了直接转矩控制在应用上的成功，接着在 1987 年又把直接转矩控制推广到弱磁调速范围。直接转矩控制理论不同于与矢量控制理论采用解耦的方式，在算法上也不进行旋转坐标变换。直接转矩控制具有鲁棒性强转矩、动态响应速度快和控制结构简单等优点，它在很大程度上解决了矢量控制中结构复杂、计算量大和对参数变化敏感的问题。直接转矩控制技术的主要问题是低速时转矩脉动大，其低速性能还是不能达到质量控制的水平。

10.2.2　变频器的启停控制

变频器的启动、停止及速度改变是其运行的基本条件。以 SINAMICS V20 变频器为例，通过变频器控制面板、外接 BOP 面板本地控制电机的启停和转向。更多地使用外部端子控制（见图 10－5）实现变频器的远程操作控制。外接 BOP 通过选件 BOP 接口模块连接到变频器。

1. 常用的启停控制方式

(1)操作面板控制。一般地，变频器操作面板上均有启动和停止的按键，以 SINAMICS V20 为例，在 BOP 面板上可直接用“1”运行键和“0”停止键，实现变频器对电机的启动、停止控制，如图 10－7 所示。启停状态通过液晶屏窗口上方显示对应图标及状态 LED 显示。SINAMICS V20 只有一个 LED 状态指示灯，可显示橙色、绿色或红色，通过信号灯状态组合代表运行、报警和参数修改等 5 种状态。在面板上可以对自动、手动和点动方式进行选择的同时，还可以对电机转向进行选择。这种方式通常在调试、维修或者条件简单的现场控制场合下使用。此外，变频器通常为了满足远程操作的便利性，配置了外接的 MOP 面板与 MOP 接口模块作为选项，简化了变频控制系统的集成。SINAMICS V20 提供了电机数据、连接宏选择、应用宏选择和常用参数选择 4 个子菜单组，同时配置了相应的外围电气原理图，方便工程技术人员可以快捷地进行控制。其中，连接宏提供了 12 种常见的与工程应用场景匹配的参数组，当这些参数组不能满足个性化设计的需要时，可通过 BOP 面板对出厂参数进行格式化，有关操作见后续章节阐述。

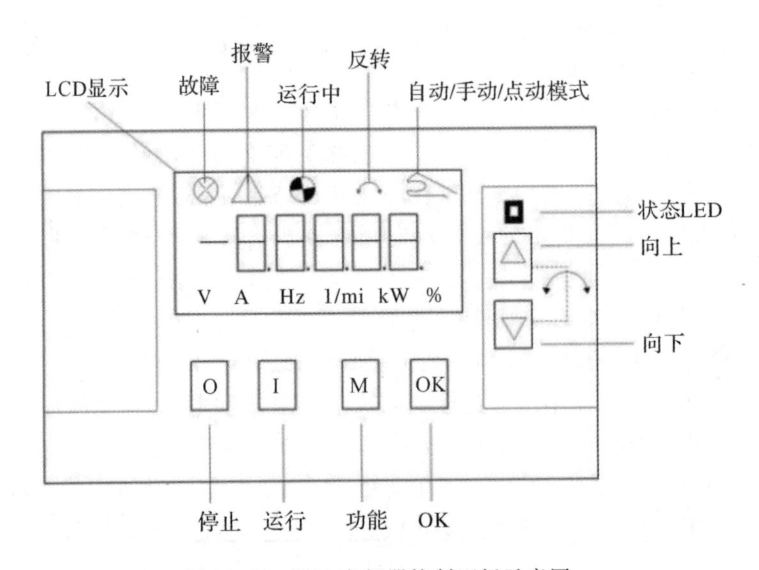

图 10－7　V20 变频器控制面板示意图

(2)外部端子控制。通过选择变频器控制板端子台上的数字开关量端子，实现与外部使能开关或继电器触点的连接，变频器同样可以实现对电机的本地或者远程启动和停止控制。以 SINAMICS V20 变频器为例，参照图 10－5，通过选择 DI1、DI2、DI3、DI4 和 DIC(数字量公共端子)、24 V 或 0 V 之间接入控制器件，形成外围电气控制电路的同时，通过控制面板对相应的命令数据组(CDS)参数对端子功能进行必要的定义和调整。端子经过赋值后，可完成正转、反转和停止等功能。

2. 变频器的软启动与软停车

变频器在驱动电机启动时，由于频率和电压按恒定的比值进行变化，所以降低了电机的启动频率，使得电机启动变得平缓。这种启动特性最常见的应用就是电梯中变频器的使用。软启动与软停车可以将转速差限制在一定的范围，在启动电流被限制的同时，动态转矩变化也非常很小，启动过程变得平稳舒适。与软启动与软停车相关的主要参数就是加速时间 t_{acc}、减速时间 t_{dec} 与最大频率 f_{max}。通过斜坡函数发生器能够改变加减速时间的变化，进而限制设定值改变的速度，从而可以使电机更为平滑地加速和减速，一定程度上起到了保护所驱动机器的机械部件的作用。

如图 10－8 所示，加速时间 t_{acc} 是变频器按照直线斜率和不使用圆弧功能时使电机从静止到电机最大频率加速过程所需的时间，减速时间 t_{dec} 是电机从最大频率 f_{max} 减速至停车状态所需的时间。SINAMICS V20 变频器的加速时间和减速时间是通过独立设置斜坡上升时间参数(P1120)和斜坡下降时间参数(P1121)实现的。值得一提的是，这两个时间参数设定的参照点是电机停止和最大频率 f_{max}(参数 P1082)。

SINAMICS V20 变频器通过结合最小频率 f_{min}(参数 P1080)设置可以实现电机软停车，即预设的减速时间(由 P1120 设定)和减速方式停车(由 P1121 设定)。变频器接到停机命令后，按照减速时间逐步减少输出频率，频率降为零后停机。该方式适用于大部分惯量不大的负载停机场合。

一般来说，如果加速时间设置过短或者变频器容量选型过小，遇到电机负载惯量比较大的设备的场合，可能会导致变频器的输出频率(速度)和电机的实际运行频率(速度)相差过大，容易产生过流报警。因此随着变频器容量增大，其出厂默认的加速时间值也会越大。当电机负载惯量较大或预设的减速时间过短时，变频器减速停车过程中，输出的频率下降变化过快，导致电机转子的实际转速大于电机旋转磁场的转速，此时电机处于发电状态，通过变频器主回路的 IGBT 反并联二极管回馈到直流母线，导致直流母线侧的滤波电容电压快速爬升，在无制动单元或者回馈单元时，容易产生过电压报警。如果工况要求按减速时间降速，则需要增加制动单元的办法实现快速停车，相关内容会在后续的章节说明。

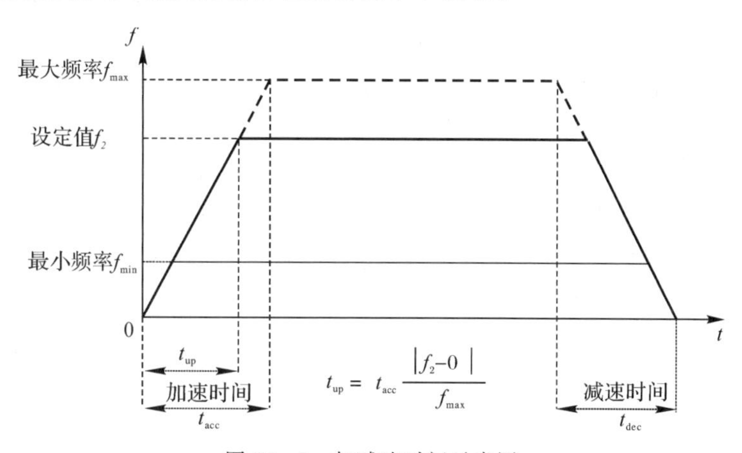

图 10－8　加减速时间示意图

综上所述，变频器的软启动过程是通过同时改变电机工作电压与频率的方式来控制交流电机启动，这与电子软启动器通过控制可控硅(或其他电力电子元件)导通角来控制输出电压由 0 V 慢慢升到额定电压的启动方式截然不同，因为软启动器的输出频率固定为电源频率，频率不可调，也就是说不可调节电机速度。

3. 自由停车控制

自由停车控制是将电机与变频器之间切断驱动信号的一种停车方式。变频器收到自由停车指令后会立即封锁变频器脉冲输出，让电机按惯性在其阻尼力矩的作用下停车。显然，自由停车控制与软停车按照变频器预设减速时间停车不同，在电机从一定频率到停止过程中，变频器对停车过程都处于不能控制的状态。自由停车的命令源可以是数字量输入端子或 BOP

面板。

自由停车控制经常用于一台变频器拖动多台电机进行软投切的场合，也会用于设备需要急停保护的情况。以恒压供水控制系统为例，在这类系统中需要根据工艺需要，不同水泵与变频器输出连接或与商用电源软切软投。由于切换过程中不能在变频器有输出时断开电机的连接线，因为断开电感性负载时，其会产生反电动势高压，对变频器有冲击。所以，可行的方案是将变频器自由停车，变频器立即停止输出，再进行切换到静止的电机上；当然，变频器有输出时更不能接上电机，无论电机是运动或静止的。自由停车控制情形下，变频器封锁了输出，拖动系统处于自由停车，确保拖动系统不产生故障。SINAMICS V20 变频器在 OFF2 低电平有效时，会立即取消变频器脉冲，如图 10－9 所示。同时选择多个 OFF 命令时，其优先级顺序是 OFF2(最高级)—OFF3 —OFF1。

通过设置 BICO 参数 P0844(BI:1. OFF2)和 P0845(BI:2. OFF2)可定义对 OFF2 命令。OFF2 命令源为 BOP 面板。即使定义了其他命令源(例如:以端子为命令源 → P0700 ＝ 2，并且使用数字量输入 2 选择 OFF2 → P0702 ＝ 3)，该命令源仍然有效。在惯性停车时应注意不应在电动机未真正停止时就启动，如要启动应先制动，待电动机停稳后再启动。这是因为启动瞬间电动机转速(频率)与变频器输出频率差距太大，会使变频器电流过大而损坏变频器的功率器件。

4.电机直流制动

电机制动指给电动机一个与转动方向相反的转矩，促使它在断开电源后很快地减速或停转。常用的制动方法有直流制动、回馈制动和反接制动。

直流制动又称能耗制动，制动目的是使电动机快速停车，可用于变频调速系统。电动机脱离三相电源的同时，给定子绕组接入直流电源，使直流电流通入定子绕组。于是在电动机中便产生方向恒定的磁场，使转子受到与转子转动方向相反的力作用，产生制动转矩，实现制动。能耗制动需要有内置制动单元或者外接能耗制动模块来控制外接制动电阻，如图 10－10 所示。变频器或外接能耗制动模块基于直流母线电压控制能耗制动。

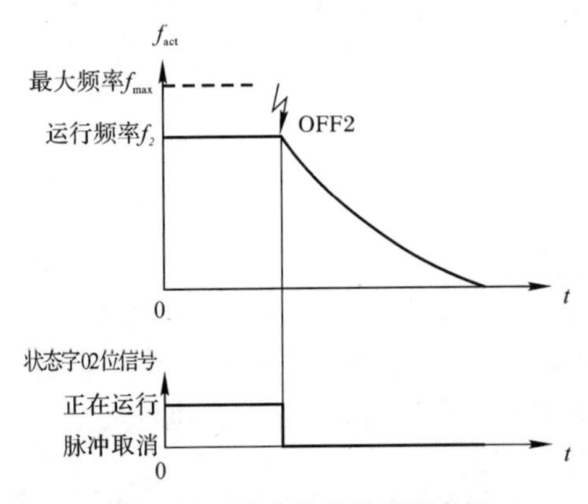

图 10－9　自由停车模式示意图

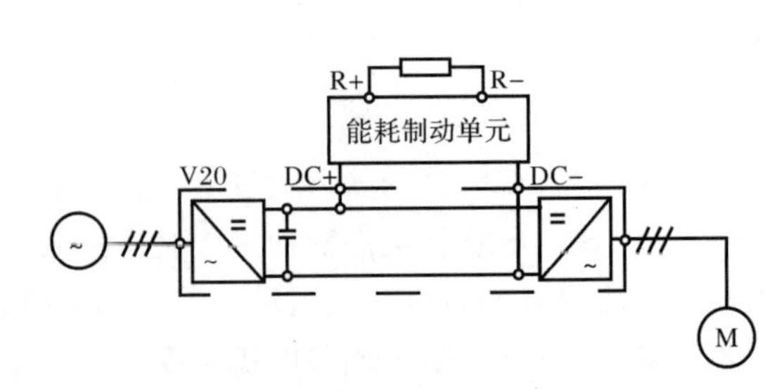

图 10－10　能耗制动电阻接线示意图

SINAMICS V20 变频器在减速过程中的制动涉及两种方式:OFF1 和 OFF3 模式。OFF1 命令与 ON 命令是紧密联系的。当撤消 ON 命令时，即直接激活 OFF1。通过 OFF1 方式制动时，变频器使用 P1121 中定义的斜坡下降时间，如图 10－11 所示。如果输出频率降至

P2167 参数值以下并且 P2168 中的时间已结束，变频器脉冲即取消。

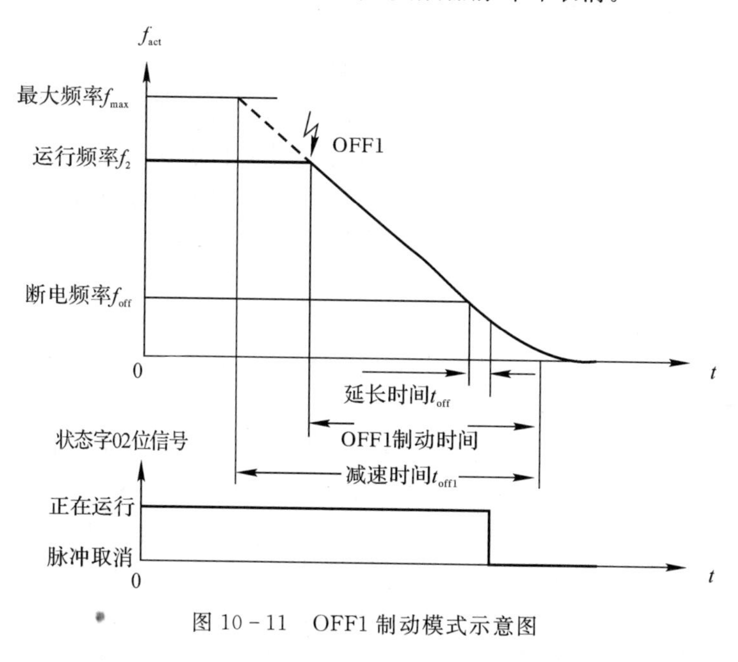

图 10－11　OFF1 制动模式示意图

OFF3 是另一种减速中的制动模式，首先按设置的减速时间减速，然后转为直流制动，直至停车。OFF3 的制动特性与 OFF1 相同，唯一的区别在于 OFF3 使用其特有的斜坡下降时间 P1135，如图 10－12 所示。如果输出频率降至 P2167 参数值以下并且 P2168 中的时间已结束，则如 OFF1 命令一样取消变频器脉冲。

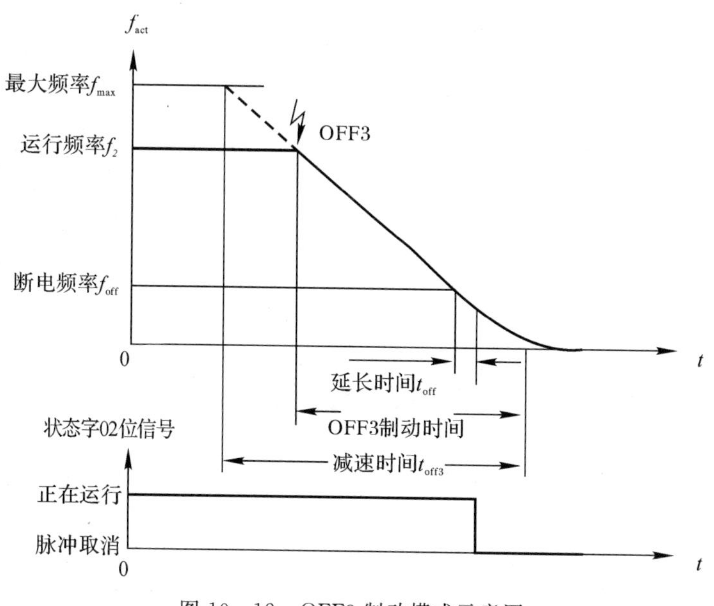

图 10－12　OFF3 制动模式示意图

OFF3 是低电平有效，通过设置 BICO 参数 P0848(BI:1. OFF3)和 P0849(BI:2. OFF3)可以使用多种 OFF3 命令源。

10.2.3 变频器速度控制

如前所述，变频器通过多种方式可以控制电机的启停，但电机的转速变化需要选择合适的控制源或频率源。通过操作面板给定固定或变化的频率源信号是最直接的方式，在一些控制要求不复杂的场合中使用简单、可靠。但很多场合需要通过通信接口或外接频率给定信号来调节频率。所谓外接频率给定是指变频器通过信号输入端从外部得到频率的给定信号。根据信号属性可以分为数字量给定频率信号源或模拟量给定频率信号源。

(1)数字量给定。频率信号源的给定信号为数字量，这种给定方式的频率精度很高，可达到给定频率的0.01%以内。比较简单的频率给定方式有以下几种。

1)面板给定。通过面板上的“升键”和“降键”给定。变频器频率增加调节用▲键，频率下降调节用▼键来设置频率的数值。

2)通信接口给定。由RS-485的USS/MODBUS通信方式，方便与上位机(如PLC、单片机、PC等)的通信，上位机可将设置的频率数值传送给变频器。

3)固定频率给定。通过面板设置相关固定频率的参数后，通过变频器的数字量输入端子选择使用该频率，或者通过数字量端子组合使用不同的固定频率。

(2)模拟量给定。频率信号源的给定信号为模拟量，主要有电压偏号、电流信号。当进行模拟量给定时，变频器输出的精度略低，约在最大频率的±0.2%以内。常见的给定方法有以下几种。

1)电位器给定。利用电位器的连接提供给定信号，该信号为电压信号。例如西门子V20变频器端子1和2为用户提供10 V直流电压，端子3为给定电压信号的输入端(采用模拟电压信号输入方式输入给定频率时，为了提高变频调速的控制精度，必须配备一个高精度的直流电源)。

2)直接电压(或电流)给定。由外部仪器设备直接向变频器的给定端输出电压或电流信号。需注意的是，当信号源与变频器距离较远时，应采用电流信号给定，以消除因线路压降引起的误差，通常取4～20 mA，以利于区别零信号和无信号(零信号：信号线路正常，信号值为零；无信号：信号线路因断路或未工作而没有信号)。在西门子V20变频器接线端子中有两路模拟量输入：AIN1(0～10 V，0～20 mA和−10～10 V)和AIN2 (0～10 V，0～20 mA)。

除了以上的频率给定方式外，不同品牌的变频器还提供了丰富的频率源选择项。SINAMICS V20变频器提供了多达35种的频率源组合，可以适用于复杂工况。

10.3 PLC控制变频器的应用

10.3.1 PLC与变频器的连接

PLC与变频器一般有三种连接方法。

1. 利用PLC的模拟量输出模块控制变频器

将PLC的模拟量输出作为变频器的模拟量输入信号。通常模拟量输出模块输出0～5 V电压信号或4～20 mA电流信号，用于控制变频器的输出频率，如图10-13所示。这种控制方式接线简单，但需要选择与变频器输入阻抗匹配的PLC模拟量输出模块，且PLC的模拟量输出模块价格较为昂贵,此外必要时还需采取分压措施使变频器适应 PLC 的模拟量输出模块电压信号范围,在连接时注意将布线分开,保证主电路一侧的噪声不传至控制电路。

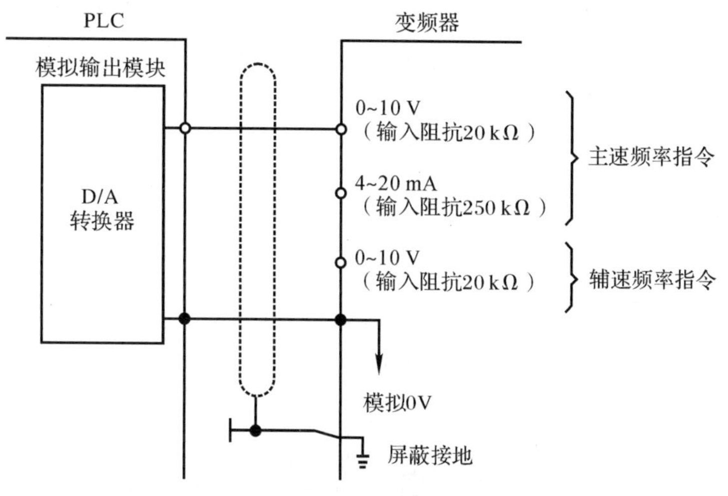

图 10－13　PLC 模拟量输出与变频器的连接

2. 利用 PLC 的开关量输出控制变频器

PLC 的开关量输出一般可以与变频器的开关量输入端直接相连,如图 10－14 所示。这种控制方式的接线简单,抗干扰能力强。利用 PLC 的开关量输出可以控制变频器的启动/停止、正/反转、点动、转速和加减时间等,能实现较为复杂的控制要求,但只能有级调速。

使用继电器触点进行连接时,有时存在因接触不良而误操作的现象;使用晶体管进行连接时,则需要考虑晶体管自身的电压、电流容量等因素,保证系统的可靠性。另外,在设计变频器的输入信号电路时还应该注意到输入信号电路连接不当,有时也会造成变频器的误动作。例如,当输入信号电路采用继电器等感性负载,继电器开闭时,产生的浪涌电流带来的噪声有可能引起变频器的误动作,应尽量避免。

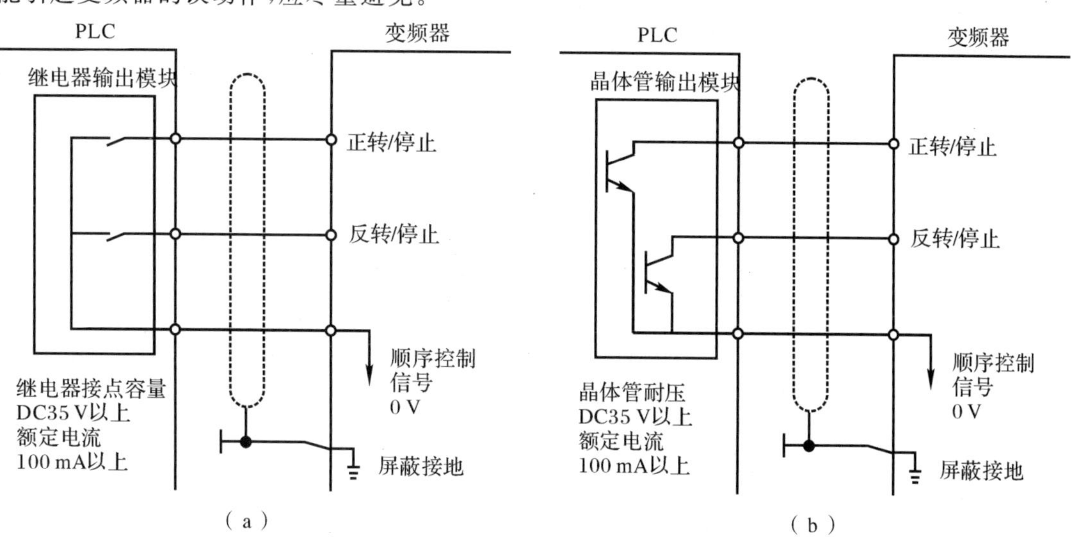

图 10－14　PLC 开关输出量与变频器的连接

(a)PLC 的继电器触点与变频器的连接；(b) PLC 的晶体管与变频器的连接

3. PLC与485通信接口的连接

变频器一般情况下都配置485串行接口，采用双线连接，其设计标准适用于工业环境的应用对象。单一的485链路最多可以连接30台变频器，而且根据各变频器的地址或采用广播信息，都可以找到需要通信的变频器。链路中需要有一个主控制器(主站)，而各个变频器则是从属的控制对象(从站)。下面以西门子PLC 226CN与SINAMICS V20变频器进行485通信连接为例，介绍信号线连接与相关参数的设置。

(1)通信物理连接。使用通信电缆将226CN的Port 0端口与SINAMICS V20变频器的RS-485接口相连(注意端口连接规则：V20的P+对3、N-对8)，如图10-15所示。

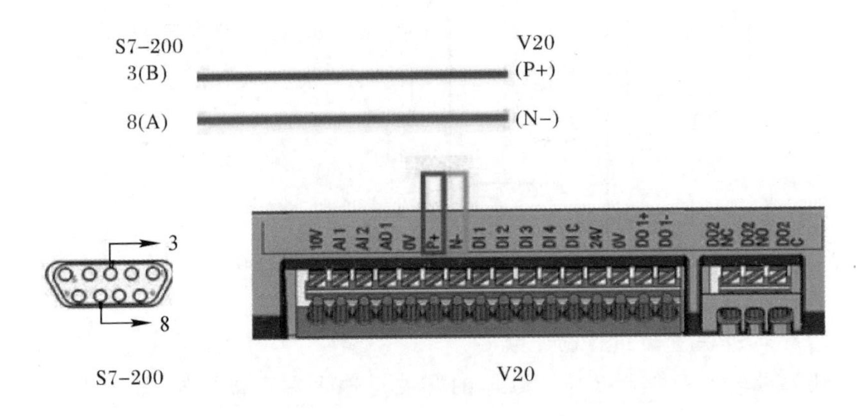

图10-15 变频器与PLC通信物理连接

(2)设置通信接口。在STEP 7-Micro/Win环境下，点选左侧“设置PG/PC接口”界面，在跳出的视窗中在Access Path路径中选择使用PC/PPI电缆。

(3)建立PC和PLC之间的连接。通过西门子官网下载STEP 7 Micro/Win V4.0 SP6软件和标准库指令。安装STEP 7 Micro/Win V4.0 SP6软件和USS协议V2.3，确认USS库文件已经安装。在STEP 7-Micro/Win环境下，点选左侧“通信”设置，在跳出的视窗中选择远程项，“双击刷新”搜索到PLC类型后，点击“确认”。

(4)变频器参数设置。V20可以通过选择连接宏Cn010实现USS控制，也可以通过直接更改变频器参数的方法来实现。参数设置见表10-2。

表10-2 USS控制相关参数设置表

参数设置	功能描述	Cn010	参数设置	功能描述	Cn010
[P0700]=5	选择RS-485为命令源	5	[P1000]=5	选择RS-485为速度源	5
[P2023]=1	RS-485选择USS协议	1	[P2010]=6	USS波特率为9 600 b/s	8
[P2011]=3	变频器的USS地址为3	1	[P2012]=2	USS PZD部分的字数	2
[P2013]=127	USS PKW部分字数可变	127	[P2014]=0	USS报文间断时间	500

(5)使用USS协议的初始化。如图10-16所示为初始化S7-200的PORT0端口。

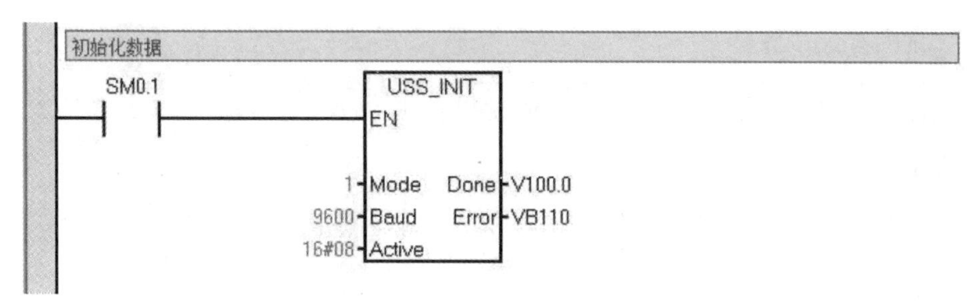

图 10-16　初始化 PORT0 端口

下面对图中端子功能进行说明。

1)EN 使能：每次改变通信状态都应该执行一次初始化指令。因此 EN 信号应该通过边沿检测元件脉冲激活。

2)Mode：用这个 USS 输入值选择通信协议。

A. 1：为端口 0 指定 USS 协议，并启用该协议。

B. 0：为端口 0 指定 PPI 协议，并禁止 USS 协议。

3)Baud：波特率：9 600，19 200，…，115 200。

4)Done：当 USS_INIT 指令执行完成后，Done=1。

5)Error：指令执行的结果，如果有错误，显示错误代码。

6)Active：激活驱动地址，举例如图 10-17 所示。

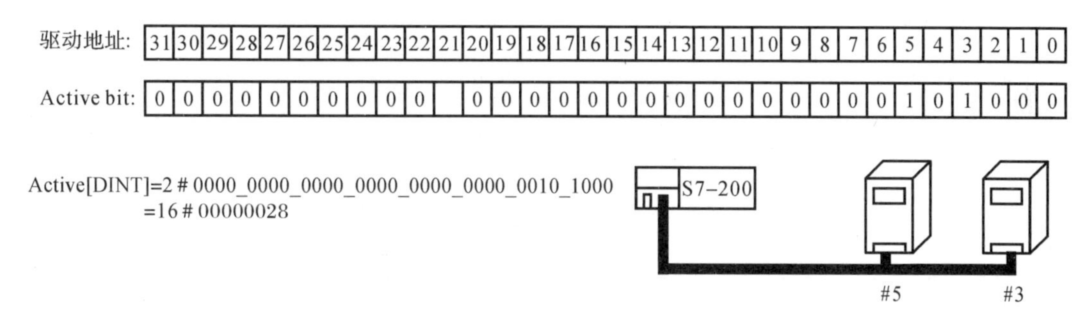

图 10-17　驱动地址分配

(6)控制 V20 变频器。使用 USS_CTRL 模块来控制 USS 地址为 3 的变频器，为了运行变频器需要按照表 10-2 设置参数，如图 10-18 所示，USS 控制状态见表 10-3。

表 10-3　USS 控制状态表

序　号	地　址	格　式	当前值	新　值	序　号	地　址	格　式	当前值	新　值
1	V100.0	位	2#1		2	VB110	无符号	0	
3	V200.0	位	2#1 启动/停止		4	V200.1	位	2#0	
5	V200.2	位	2#0		6	V200.3	位	2#0	
7	V200.4	位	2#0		8	VD202	浮点数	50.0 设定速度	
9	VW212	十六进制	16#0037 状态字		10	VD220	浮点数	50.213 62 实际速度	

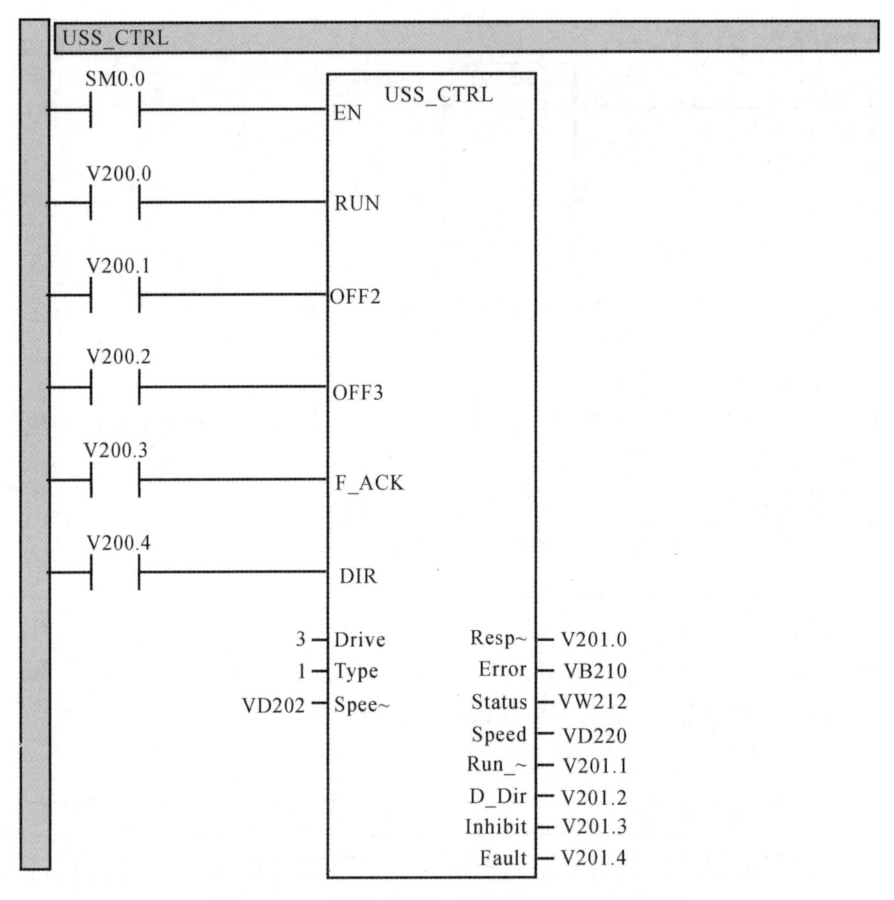

图 10－18　USS_CTRL 模块控制变频器示意图

USS_CTRL 功能块的各自介绍见表 10－4。

表 10－4　USS_CTRL 功能块汇总表

功能块	内　容	功能块	内　容
EN	通常情况总是激活	Resp_R	轮询 V20，扫描时＝1，并更新下面值
RUN	指示驱动为启用(1)，或禁止(0)	Error	错误字节，USS 指令执行错误
OFF2	允许 V20 自由停车	Drive	V20 地址 0～31
OFF3	允许 V20 快速停止	Run_EN	V20 运行状态(1：运行；0：停止)
F_ACK	V20 故障复位	D_DIR	V20 转动方向(0：逆时针；1：顺时针)
DIR	V20 转动方向(0：逆时针；1：顺时针)	Status	V20 返回状态值。Speed：V20 速度(－200.0%～～200.0%)
Fault	指示故障状态。根据故障表确认故障排除后，置位 F_ACK 使 Fault 清零	Inhibit	V20 禁止位状态。(0：启用；1：禁止)。要清除禁止位，必须将 Fault 清零，RUN，OFF2，OFF3 输入要清零

续表

功能块	内　容	功能块	内　容
Speed	速度给定值，以全速的比例给出（-200.0%～200.0%，负值时，V20 反向）	Inhibit	V20 禁止位状态。(0:启用;1:禁止)。要清除禁止位，必须将 Fault 清零，RUN，OFF2，OFF3 输入要清零

10.3.2　变频器正反转的 PLC 控制

通过 CPU 226CN 联机控制变频器 SINAMICS V20，驱动电机按照固定预设的速度进行正反转。具体控制思路是按钮 SF1 按下后，电机从静止开始正转运行，5 s 后频率固定在 50 Hz；按钮 SF2 按下后，延时 10 s，电机从静止开始反转运行，5 s 后频率固定在 50 Hz；停止按钮 SF3 按下后，电机开始减速，5 s 后运行停止。为了实现以上控制需求，给出如下的操作思路。

1. 变频器控制端子接线

与其他变频器类似，SINAMICS V20 提供了多达 19 个可以自行定义功能的 I/O 端口，包含数字开关量、模拟量信号输入与输出一体化的外部接线端排。本例程采用其中的 DI1、DI2、DI3、DIC、24 V 和 0 V 作为控制信号输入的相关端子，如图 10-19 所示。

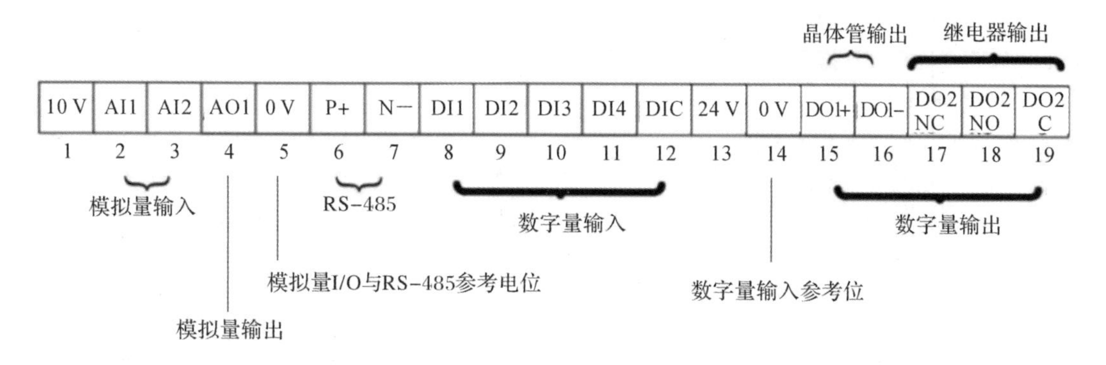

图 10-19　变频器控制端子布置图

2. 系统电路接线

PLC 与变频器 SINAMICS V20 的连接电路如图 10-20 所示。

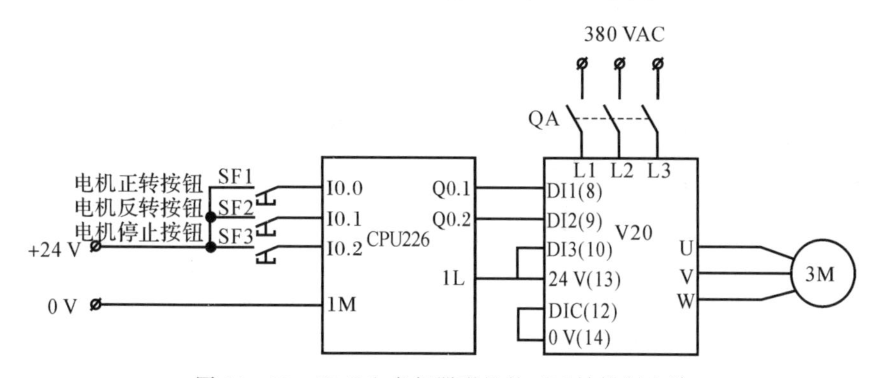

图 10-20　PLC 和变频器联机的正反转控制电路

3. PLC 输入/输出地址分配

根据控制要求确定 I/O 地址，PLC 输入/输出分配见表 10－5。

表 10－5　PLC 输入/输出分配表

输　入			输　出		
地　址	电路符号	功能描述	地　址	变频器端子	功能描述
I0.0	SF1	正转启动按钮	Q0.1	DI1	电机正转
I0.1	SF2	反转启动按钮	Q0.2	DI2	电机反转
I0.2	SF3	电机停止按钮			

4. PLC 程序设计

在 STEP 7－Micro/WIN 编程软件中进行控制程序设计，PLC 参考程序如图 10－21 所示，用一根 PC/PPI 编程电缆将程序下载到可编程控制器 CPU 226 中。

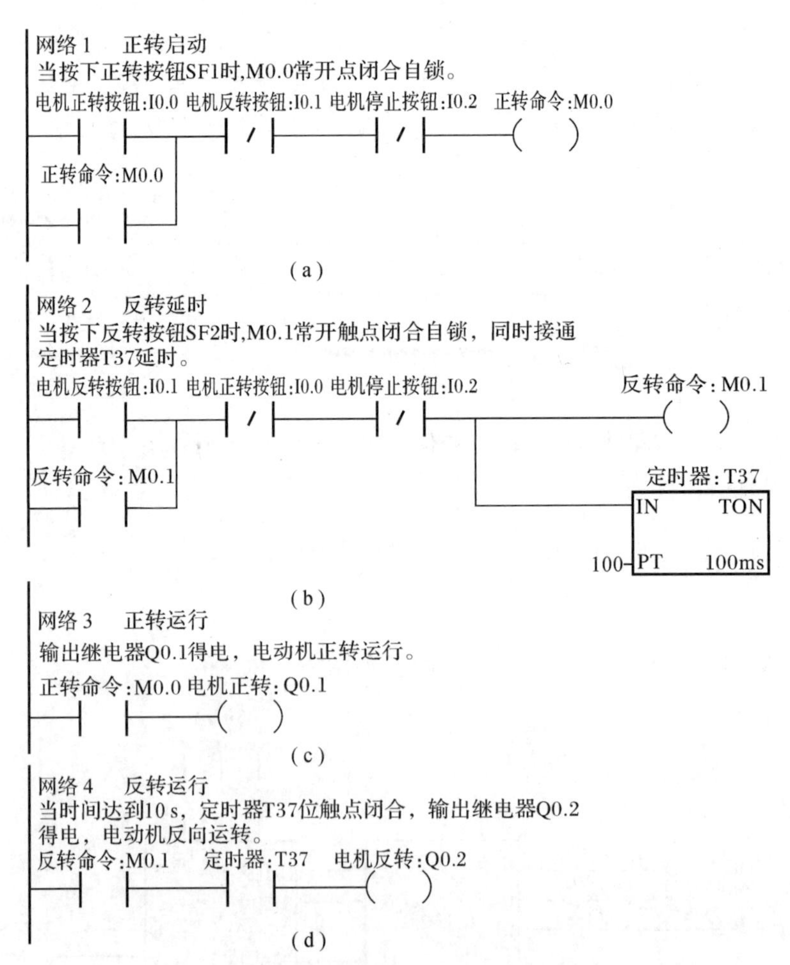

图 10－21　正反转 PLC 控制梯形图程序

(a)正转启动；(b)反转启动；(c)正转运行；(d)反转运行

5.变频器参数设置

接通断路器 QA,变频器在通电状态下,对变频器进行出厂复位,即设置[P0003]=1,[P0010]= 30,[P0970]=21 之后,重新对 V20 进行快速调试操作并更改连接宏。连接宏 Cn010 和 Cn011 中所涉及的通信参数 P2010、P2011、P2021 及 P2023 无法通过出厂复位来自动复位。如有必要,可以手动复位这些参数。

在更改连接宏 Cn010 和 Cn011 中的参数 P2023 后,须对变频器重新上电。在此过程中,请在变频器断电后等待数秒,确保 LED 灯熄灭或显示屏空白后方可再次接通电源。

最后设置电机数据组如下:[P0100]=电源频率;[P0304]=电机额定电压;[P0305]=电机额定电流;[P0307]=电机额定功率;[P0308]=电机额定功率因数;[P0310]=电机额定频率;[P0311]=电机额定转速。以上三步完成后,对相关启动及运行参数进行设置(见表 10-6)。

表 10-6　变频器启动及运行参数设置

参数设置	功能描述	参数设置	功能描述
[P0003]=3	设用户访问级为专家级	[P0004]=7	命令和数字 I/O
[P0700]=2	选择命令源为端子启停	[P0701]=1	输入端 DI1 接通正转,断开停止
[P0702]=2	输入端 DI2 接通反转,断开停止	[P0703]=15	端子 DI3 定义固定频率选择器位 0
[P0704]=0	端子 DI4 禁止数字量输入	[P1000]=3	频率设定源选择为固定频率
[P1001]=50	固定频率 1 设定为 50 Hz	[P1010]=0	就绪
[P1016]=1	固定频率的方式为直接选择	[P1032]=0	允许电机反转
[P1120]=5	斜坡上升时间设定为 5 s	[P1121]=5	斜坡下降时间设定为 5 s
[P0100]=50	电源频率	[P0304]=380	电机额定电压
[P0305]=1.5	电机额定电流	[P0307]=0.55	电机额定功率
[P0308]=0.73	电机额定功率因数	[P0309]=73.5	电机额定功率因数
[P0310]=50	电机额定频率	[P0311]=1400	电机额定转速

6.操作调试

(1)电动机正转运行。当按下正转按钮 SF1 时,CPU 226CN(DC/AC/Relay)输入继电器 I0.0 得电,辅助继电器 M0.0 得电,M0.0 常开点闭合自锁,输出继电器 Q0.1 得电,变频器 V20 的数字输入端口 DI1 为“ON”状态。电动机按 P1120 所设置的 5 s 斜坡上升时间正向启动,经过 5 s 后,电动机正转运行在由 P1040 所设置的 50 Hz 频率对应的转速上。

(2)电动机反转延时运行。当按下反转按钮 SF2 时,CPU 226 型 PLC 输入继电器 I0.1 得电,其常开触点闭合,位辅助继电器 M0.1 得电,M0.1 常开触点闭合自锁,同时接通定时器 T37 延时。当时间达到 10 s 时,定时器 T37 位触点闭合,输出继电器 Q0.2 得电,变频器 V20 的数字输入端口 DI3 为“ON”状态。电动机在发出反转信号延时 10 s 后,按 P1121 所设置的 5 s斜坡上升时间反向启动,经 5 s 后,电动机反向运转在由 P1040 所设置的 50 Hz 频率对应的转速上。

为了保证运行安全,在 PLC 程序设计时,利用辅助继电器 M0.0 和 M0.1 的常闭触点实现互锁。

(3)电动机停止。无论电动机当前处于正转或反转状态,当按下停止按钮 SF3 后,输入继电器 I0.2 得电,其常闭触点断开,使辅助继电器 M0.0(或 M0.1)线圈失电,其常开触点断开取消自锁,同时输出继电器线圈 Q0.1(或 Q0.2)线圈失电,电动机按 P1121 所设置的 5 s 斜坡下降时间正向(或反向)停车,经 5 s 后电动机运行停止。

10.3.3 变频器多段速运行的 PLC 控制

出于工艺上的要求,很多生产机械在不同的阶段需要在不同的转速下运行。为了方便这种负载,大多数变频器均提供了多段速控制功能,其转速挡的切换是通过外接开关器件改变其输入端的状态组合来实现的。下面就通过具体的应用来学习用 PLC 的开关量直接对变频器实现多段速调速的方法。

本例使用 CPU 226CN 控制 V20 变频器,实现电机的多段速频率运转控制。要求按下按钮 SF1,电动机启动并运行在第一段,频率为 25 Hz;延时 18 s 后电动机反向运行在第二段,频率为-15 Hz;再延时 20 s 后电动机正向运行在第三段,频率为 10 Hz。当按下停止按钮 SF2,电动机停止运行。演示链接扫二维码 。

具体的操作方法如下。

1. 系统电路连接

PLC 与变频器联机三段速控制接线原理图如图 10-22 所示。

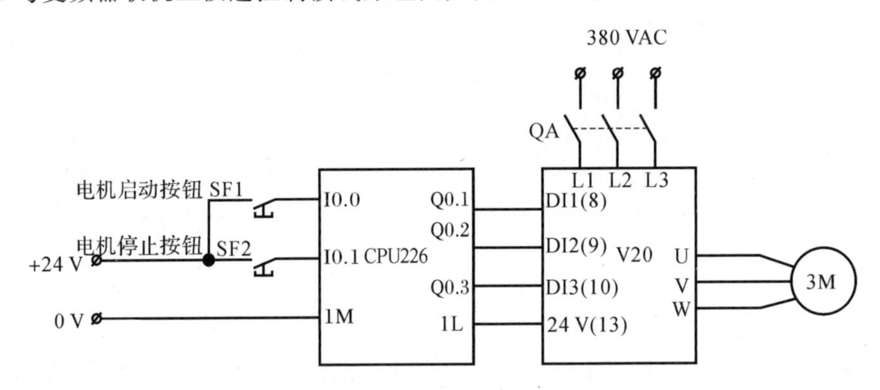

图 10-22 变频器的三段速 PLC 控制接线原理图

2. PLC 输入/输出地址分配

变频器 SINAMICS V20 数字输入 DI1、DI2 端口通过 P0701、P0702 参数设为三段固定频率控制端,每一段的频率可分别由 P1001、P1002 和 P1003 参数设置。变频器数字输入 DI3 端口设为电动机运行、停止控制端,可由 P0703 参数设置。PLC 输入/输出地址分配见表 10-7。

表 10－7　PLC 输入/输出分配表

输　入			输　出		
地　址	电路符号	功能描述	地　址	变频器端子	功能描述
I0.1	SF1	启动按钮	Q0.1	DI1	固定频率选择位
I0.2	SF2	停止按钮	Q0.2	DI2	固定频率选择位
			Q0.3	DI3	启停按钮

3. PLC 程序设计

三段速程序设计的执行要求确定如下。

(1)电机启动控制。变频器 SINAMICS V20 通过数字量输入端子 DI3 的 ON/OFF 功能实现制电机启停控制。按下启动按钮 SF1，CPU 226CN 输入端 I0.1 得电，输出继电器 Q0.3 置位，Q0.3 输出至变频器 V20 的数字输入端口 DI3，运转命令有效为“ON”，变频器控制电机启动。同时，CPU 226CN 定时器 T37 得电计时。

(2)电机以第一段速度运行。利用变频器 SINAMICS V20 数字量输入端的固定速度选择位功能，通过组合 DI1 和 DI2 实现多段速控制。若 DI1 输入信号有效，而 DI2 输入信号无效，则变频器按照预设的固定频率 1 为速度指令驱动电机运行；若 DI2 输入信号有效，而 DI1 输入信号无效，则变频器按照预设的固定频率 2 为速度指令驱动电机运行；当 DI1 和 DI2 输入信号均有效时，则变频器按照两个预设固定频率之和作为速度指令驱动电机运行。按下启动按钮 SF1 后，Q0.1 输出也同时置位，变频器 SINAMICS V20 数字输入端口 DI1 固定频率速度指令信号有效，电机以第一段速度，即[P1001]＝25 Hz 正向运行。

(3)电机以第二段速度运行。CPU 226CN 定时器 T37 得电计时到 18 s 后，T37 常开触点闭合，输出继电器 Q0.2 置位、Q0.1 复位，同时定时器 T38 得电后计时。因为 Q0.3 一直保持置位，所以变频器 SINAMICS V20 数字量输入端子 DI3 运转信号保持有效为“ON”。若 CPU 226CN 输出继电器 Q0.2 置位，则 SINAMICS V20 的数字输入端 DI2 固定频率指令信号有效，电机以第二段速度，即[P1002]＝－15 Hz 为速度指令运转，此处频率设定值为负值，因此电机反向运行。

(4)电机以第三段速度运行。设定 CPU 226CN 输出继电器 Q0.2 置位后定时器 T38 计时到 20 s，T38 常开触点闭合，输出继电器 Q0.1 再次置位输出。此时，变频器 SINAMICS V20 的数字输入端子 DI1、DI2 和 DI3 均为“ON”状态，变频器以固定频率 1 与固定频率 2 的和，即第三段速度 10 Hz 驱动电机运转。

(5)电机停止运行。按下停止按钮 SF2，CPU 226CN 输入继电器 I0.2 得电，其输出继电器 Q0.1、Q0.2 和 Q0.3 复位，此时变频器 V20 的数字输入端口 DI1、DI2 和 DI3 均为“OFF”状态，电机停止运转。

PLC 运行参考程序如图 10－23 所示。

4. 变频器参数设置

变频器出厂复位及电机参数设置参考前一节内容，操作可参阅西门子 V20 手册，具体步骤省略，主要参数设置见表 10－8。

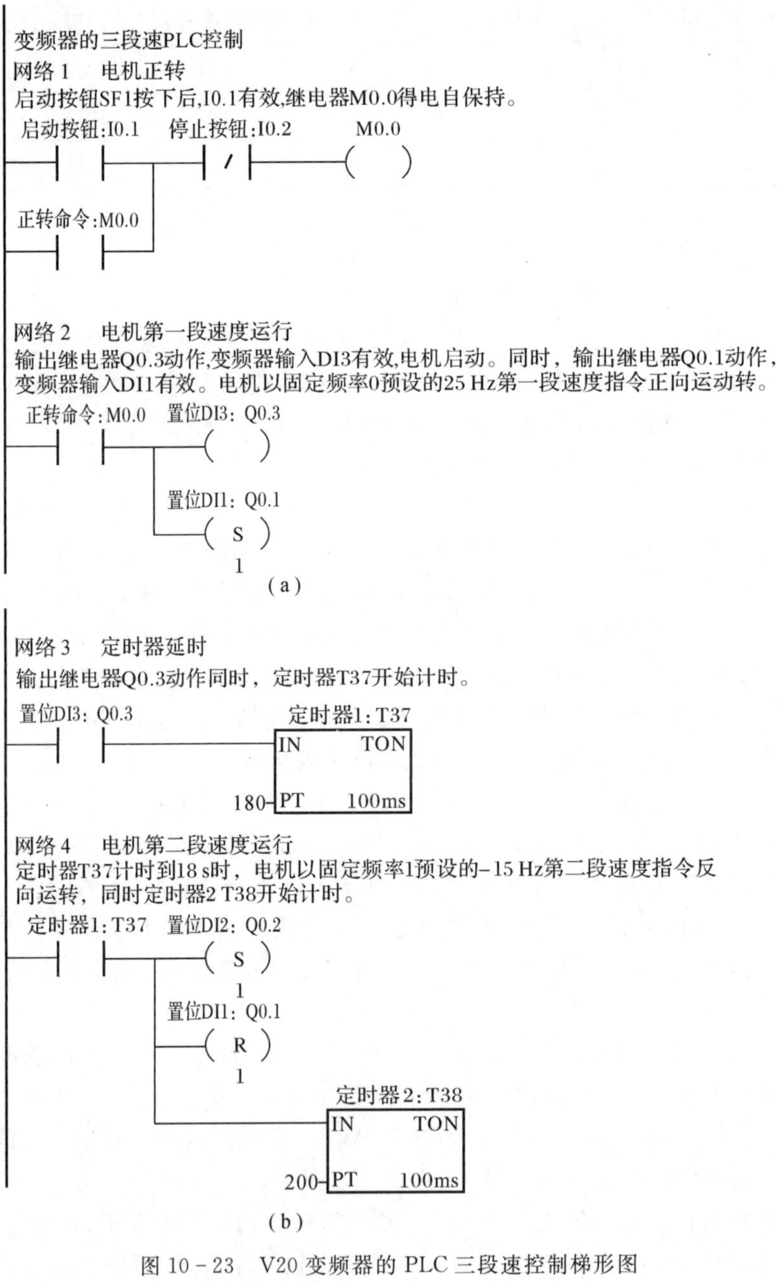

变频器的三段速PLC控制

网络 1　电机正转

启动按钮SF1按下后,I0.1有效,继电器M0.0得电自保持。

启动按钮:I0.1　停止按钮:I0.2　M0.0

正转命令:M0.0

网络 2　电机第一段速度运行

输出继电器Q0.3动作,变频器输入DI3有效,电机启动。同时，输出继电器Q0.1动作，变频器输入DI1有效。电机以固定频率0预设的25 Hz第一段速度指令正向运动转。

正转命令:M0.0　置位DI3: Q0.3

置位DI1: Q0.1

S

1

(a)

网络 3　定时器延时

输出继电器Q0.3动作同时，定时器T37开始计时。

置位DI3: Q0.3　定时器1:T37

IN　TON

180-PT　100ms

网络 4　电机第二段速度运行

定时器T37计时到18 s时，电机以固定频率1预设的-15 Hz第二段速度指令反向运转，同时定时器2 T38开始计时。

定时器1:T37　置位DI2: Q0.2

S

1

置位DI1: Q0.1

R

1

定时器2:T38

IN　TON

200-PT　100ms

(b)

图 10-23　V20 变频器的 PLC 三段速控制梯形图

(a)第一段速度运行；(b)第二段速度运行

网络 5　电机第三段速度运行

定时器T38计时时间到，Q0.1、Q0.2置位，电机按照固定速度0+固定速度1之和亦即第三段速度运转。

定时器2：T38　置位DI2：Q0.2

(S)
1

置位DI1：Q0.1

(S)
1

网络 6　电机停止运转

停止按钮SF2按下，Q0.1、Q0.2和Q0.3置位，电机停转。

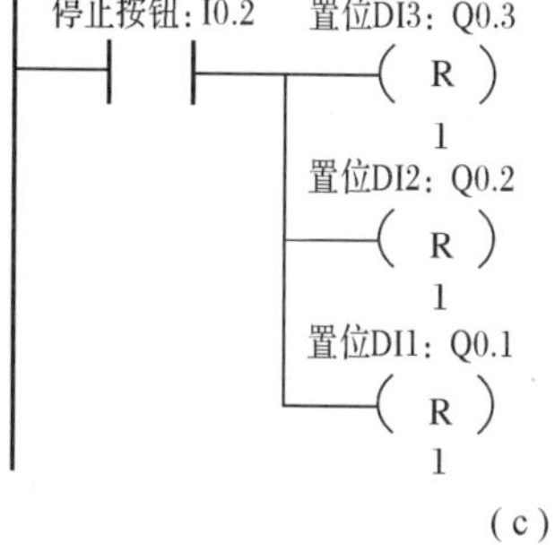

(c)

续图 10－23　V20 变频器的 PLC 三段速控制梯形图

(c)第三段速度运行

表 10－8　变频器参数设置值

参数设置	功能描述	参数设置	功能描述
[P0003]=3	设用户访问级为专家级	[P0004]=7	参数过滤为命令和数字 I/O
[P0700]=2	选择命令源为端子启停	[P0701]=15	DI1 定义为固定频率选择器位 0
[P0702]=16	DI2 定义为固定频率选择器位 1	[P0703]=1	DI3 接通正转，断开停止
[P0704]=0	端子 DI4 禁止数字量输入	[P1000]=3	频率设定源选择为固定频率
[P1001]=25	设定固定频率 1 为 25 Hz	[P1002]=－15	设定固定频率 2 为－15 Hz
[P1016] = 1	选择固定频率的方式为直接选择	[P1032]=0	允许电机反转

10.3.4　变频器的 PLC 模拟量控制

为满足温度、速度和流量等工艺变量的控制要求，常常要对这些物理量进行控制，PLC 模拟量控制模块的使用也日益广泛。通常情况下，变频器的速度调节可采用键盘调节或电位器调节等方式。但是，当速度要求根据工艺而变化时，仅利用上述两种方式不能满足生产控制要求，而利用 PLC 灵活编程及控制的功能，实现速度因工艺而变化，可以较容易地满足生产的要求。演示链接扫二维码 。

1. 设备资源配置

常用西门子EM235模拟量扩展模块相关内容详见第8章8.3.2节，此处用到图8-6、图8-7和表8-2。

2. 系统电路连接

(1)模块选型和PLC输入/输出地址分配。系统选用CPU 226和模拟量扩展模块EM235，I/O地址分配见表10-9。

表10-9　PLC　I/O分配表

输入			输出		
地　址	电路符号	功能描述	地　址	电路符号	功能描述
I0.0	SF1	正转按钮	Q0.0	DI1	正转启停
I0.1	SF2	停止按钮	Q0.1	DI2	反转启停
I0.2	SF3	反转按钮			
AIW0	EM235	模拟量输入通道1	AQW0	AIN1	模拟量0～10 V

(2)变频器的PLC模拟量控制接线。S7-200 CPU226和EM235模拟量扩展模块及变频器联机控制接线原理图如图10-24所示。

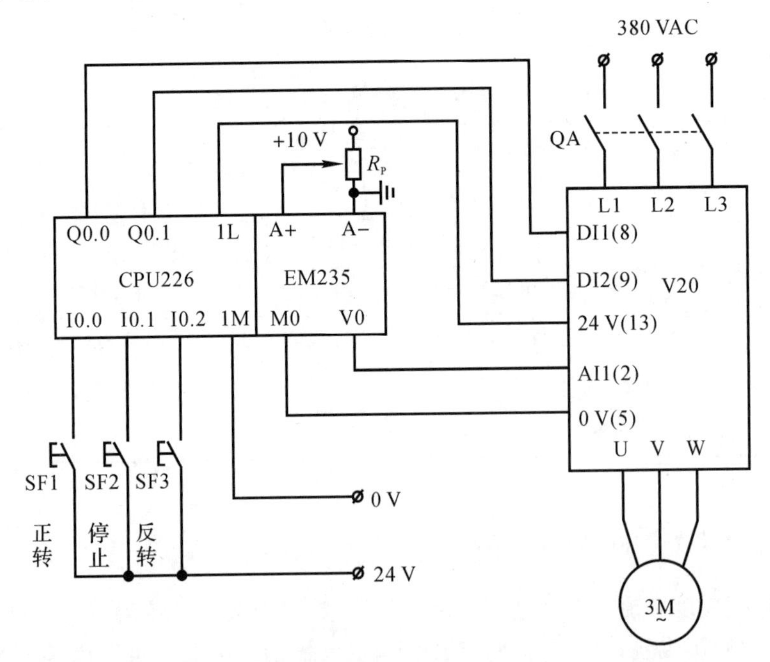

图10-24　V20变频器的PLC模拟量控制接线原理图

3. PLC程序设计

(1)电动机正转运行及速度调节。按下正转按钮SF1，输入继电器I0.0得电，输出继电器Q0.0得电并自保，变频器端口8为“ON”，电动机正转，调节电位器R_P，则可改变变频器的频率设定值，从而调节正转速度的大小。按下停车按钮SF2后，I0.1得电，Q0.0失电，电动机停止转动。

(2)电动机反向运行及速度调节。按下反转按钮 SF3，输入继电器 I0.2 得电，输出继电器 Q0.1 得电并自保，变频器端口 9 为“ON”，电动机反转，调节电位器 R_P，则可改变变频器的频率设定值，从而调节反转速度的高低。按下停车按钮 SF2 后，输入继电器 10.1 得电，输出继电器 Q0.1 失电，电动机停止转动。

(3)互锁控制。正转和反转之间在梯形图程序上设计有互锁控制。控制程序如图 10 - 25 所示。

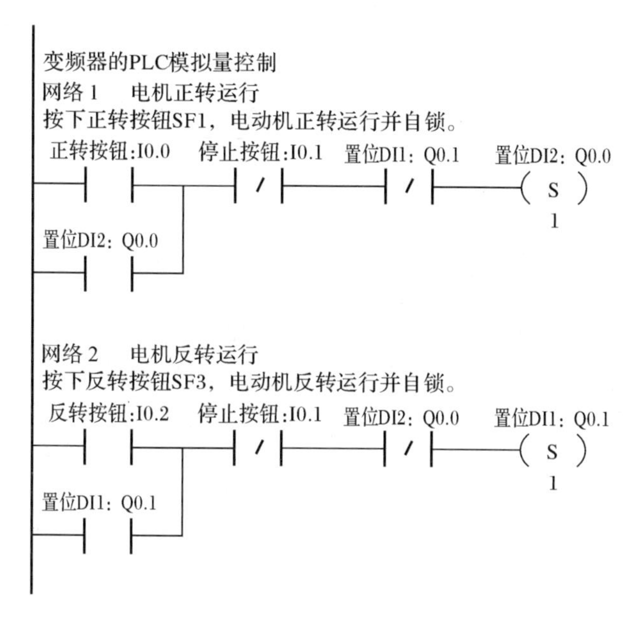

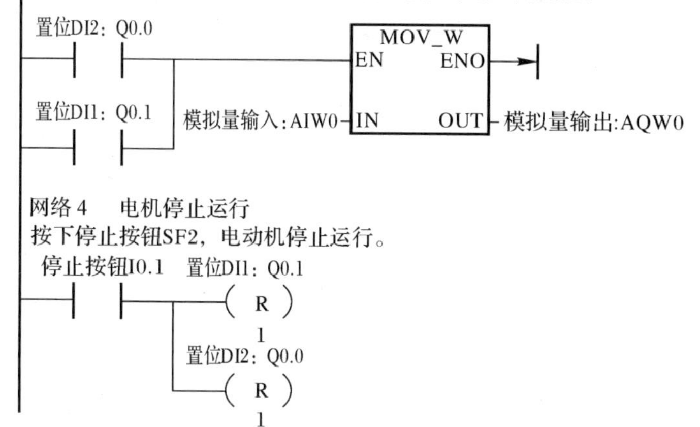

图 10 - 25　变频器的 PLC 模拟量控制梯形图

4. 变频器参数设置

使用基本操作面板对变频器进行参数设置。首先按下 M 键对 V20 变频器进行出厂复位，即设置[P0003]=1，[P0100]=30，[P0970]=21。完成复位后，变频器处于准备状态，然后设置变频器控制端口操作控制参数,见表 10 - 10。

表 10 - 10　控制端口开关操作控制参数

参数设置	功能描述	参数设置	功能描述
[P0003]=3	设用户访问级为专家级	[P0004]=7	命令和数字 I/O
[P0700]=2	选择命令源为端子启停	[P0701]=1	输入端 DI1 接通正转,断开停止
[P0702]=2	输入端 DI2 接通反转,断开停止	[P0703]=0	端子 DI3 禁止数字量输入
[P0704]=0	端子 DI4 禁止数字量输入	[P1000]=2	选择为 AI1 模拟输入频率设定源
[P0004]=10	设定值通道和斜坡函数发生器	[P1032]=0	允许电机反转
[P1080]=0	设定电机运行最低频率(Hz)	[P1082]= 50	设定电机运行最高频率(Hz)

本章小结

本章介绍了变频器工作原理、电机控制策略及典型 PLC 控制变频器应用等。

(1)变频器的工作原理及控制策略。主要从异步电机电气与机械特性出发,讲述了变频调速的原理及变频器构成、电气连接与控制。

(2)PLC 控制变频器的应用。主要对电机正反转启停、多段速控制和模拟信号控制速度从设备资源配置、系统电路连接、输入/输出地址分配、PLC 程序设计、变频器参数设置和系统调试等方面进行了叙述。

学习这些知识时,应联系工程实践,结合实物,通过实践或实习等手段,加深对本章内容的理解。并抓住各自的特点及共性,以便合理使用及正确选择变频器,为将来从事工程实践打下良好的基础。

思考题与练习题

1. 简述变频器的工作原理和内部组成。
2. 简述变频器的控制策略和常用变频器的分类。
3. 简述在电动机速度控制中,变频调速与其他调速方式的不同之处。

第 11 章　S7－200 PLC 控制系统设计实例

本章重点：

(1)PLC 控制系统的设计方法；

(2)开关量控制实例；

(3)模拟量控制实例；

(4)PID 控制实例。

PLC 的基本逻辑指令、功能控制指令、模拟量运算和 PID 运算、应用分别在前几章已详细讲述，本章将结合前几章内容，详细讲述 PLC 分别在开关量和模拟量控制系统的应用实例。

11.1　PLC 控制系统设计与选型

在工业控制领域的现代化的工业生产设备中，有大量的数字量及模拟量的控制装置，如电机的启停，电磁阀的开闭，产品的计数，温度、压力、流量的设定与控制等，都可以通过 PLC 解决，本节简要叙述 PLC 控制系统设计的步骤、PLC 的选型方法、PLC 的输入回路设计和输出回路设计等内容。

11.1.1　PLC 控制系统设计与调试的主要步骤

1. 深入了解和分析被控对象的工艺条件和控制要求

(1)被控对象就是所要控制的机械、电气设备、生产线或生产过程等。

(2)控制要求主要指控制的基本方式、应完成的动作、自动工作循环的组成、必要的保护和联锁等。对较复杂的控制系统，还可将控制任务分成几个独立部分，这样可化繁为简，有利于编程和调试。

2. 确定 I/O 设备

根据被控对象的功能要求，确定系统所需的输入、输出设备。常用的输入设备有按钮、选择开关、行程开关、传感器和编码器等，常用的输出设备有继电器、接触器、指示灯及由输出设备驱动的负载，如电磁阀和电动机等。

3. 选择合适的 PLC 类型

统计控制系统所需的输入信号和输出信号的点数，按实际控制设备所需的 I/O 总点数的 10%～20% 留出余量(留作系统改造)，选择合适的 PLC 类型，包括机型、I/O 模块、特殊功能模块和电源模块等。

4. 分配 I/O 点

分配 PLC 的 I/O 点数，编制出 I/O 分配表，画出 I/O 端子接线图，然后进行 PLC 程序设计，同时可进行控制柜或操作台的设计和现场施工。

5. 编写梯形图程序

根据电气设计的实践经验，熟悉控制要求，在工作功能图表或状态流程图等基础上，设计出梯形图即编程。此步骤是整个应用系统设计的核心工作，也是比较困难的一步，需要耐心。

6. 进行软件测试

将程序下载到 PLC 后，应先进行测试工作，避免在程序设计过程中的疏漏。因此在将 PLC 连接到现场设备之前，需进行软件测试，以排除程序中的错误，同时也为整体调试打好基础，缩短整体调试的周期。

7. 应用系统整体调试

在 PLC 软硬件设计、控制柜及现场施工完成后，就可以进行整个系统的联机调试，如果控制系统是由几部分组成，则应先作局部调试，然后再进行整体调试；如果控制程序的步序较多，则可先进行分段调试，然后再连接起来总调。调试中发现的问题，要逐一排除，直至调试成功。

8. 编制技术文件

系统技术文件包括说明书、电气原理图、电器布置图、电气元件明细表和 PLC 梯形图等。

PLC 控制系统的设计步骤如图 11－1 所示。

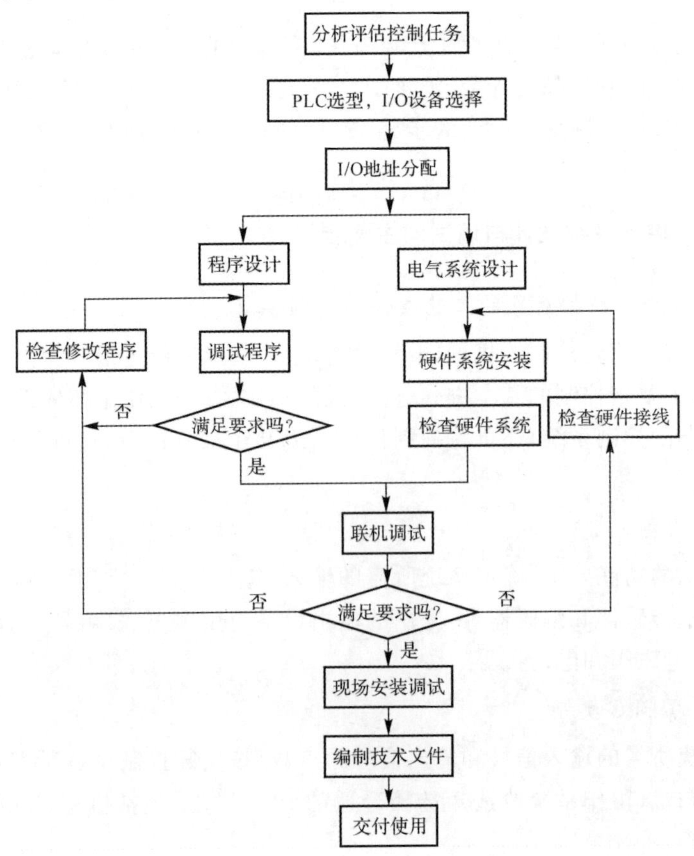

图 11－1　PLC 控制系统设计步骤

11.1.2　PLC 输入回路设计

PLC 的输入回路设计通常从电源回路、PLC 本机 DC 24 V 电源的使用、外部 DC 24 V 电源的使用和输入的灵敏度等四方面考虑。

1. 电源回路

PLC 供电电源一般为 AC 85～240 V（也有 DC 24 V），适应电源范围较宽，但为了抗干扰，应加装电源净化元件（如电源滤波器、1∶1 隔离变压器等）。

2. PLC 本机 DC 24 V 电源的使用

各公司 PLC 产品上一般都有 DC 24 V 电源，但该电源容量小，为几十毫安至几百毫安，用其带负载时要注意容量，同时作好防短路措施（因为该电源的过载或短路都将影响 PLC 的运行）。

3. 外部 DC 24 V 电源的使用

若输入回路有 DC 24 V 供电的接近开关、光电开关等，而 PLC 本机的 DC 24 V 电源容量不够时，要从外部提供 DC 24 V 电源，但该电源的"－"端不可与 PLC 的 DC 24 V 的"－"端以及"COM"端相连，否则会影响 PLC 的运行。

4. 输入的灵敏度

各厂家对 PLC 的输入端电压和电流都有规定，如当输入回路串有二极管或电阻（不能完全启动），或者有并联电阻或有漏电流（不能完全切断）时，就会有误动作，造成灵敏度下降，对此应采取措施。当输入器件的输入电流大于 PLC 的最大输入电流时，也会引起误动作，应采用弱电流的输入器件，并且选用输入为共漏型输入的 PLC。

11.1.3　PLC 输出回路设计

PLC 的输出回路设计通常从输出方式、抗干扰与外部互锁、"COM"点的选择和 PLC 外部驱动电路等四方面考虑。

1. 输出方式

PLC 的输出方式有继电器输出、晶体管输出和晶闸管输出三种，其中晶闸管输出方式很少使用，具体详见第 4 章 4.1.2 节内容。

2. 抗干扰与外部互锁

当 PLC 输出带感性负载，负载断电时会对 PLC 的输出造成浪涌电流冲击，为此，对直流感性负载应在其旁边并接续流二极管，对交流感性负载应并接浪涌吸收电路，可有效保护 PLC。当两个物理量的输出在 PLC 内部已进行软件互锁后，在 PLC 的外部也应进行互锁，以加强系统的可靠性。

3. "COM"点的选择

不同的 PLC 产品，其"COM"点的数量也不同，若负载的种类多且电流大，采用 1 个"COM"点带 1～2 个输出点，加 2 A 熔丝；若负载数量多而种类少，采用 1 个"COM"点带 4～8 个输出点，加 5～10 A 熔丝。

4. PLC 外部驱动电路

对于 PLC 输出不能直接带动负载的情况，必须在外部采用驱动电路：可以用三极管驱动，也可以用固态继电器或晶闸管电路驱动，同时应采用保护电路和浪涌吸收电路，且每路有显示二极管(LED)指示。印制板应作成插拔式，易于维修。

11.2 基于 PLC 的多功能全自动洗衣机控制系统设计

多功能全自动洗衣机的洗衣桶(外桶)和脱水桶(内桶)同轴安装，内桶旋转作为脱水使用。内桶多孔，与外桶水流相通，洗衣机的进水和排水分别由进水电磁阀和排水电磁阀来执行。进水时通过控制系统将进水电磁阀打开，水经进水管注入外桶。排水时，通过控制系统将排水电磁阀打开，水由外桶排到洗衣机外。洗涤过程的正转、反转由洗涤电动机的驱动机驱动波盘的正、反转来实现，此时脱水桶不旋转。脱水时，控制系统将离合器合上，由洗涤电动机带动内桶正转进行甩干。高、低水位控制开关分别用来检测高、低水位。启动按钮用来启动洗衣机工作，停止按钮用来实现手动停止进水、排水、脱水及报警。排水按钮用来实现手动排水。其组态界面如图 11－2 所示。

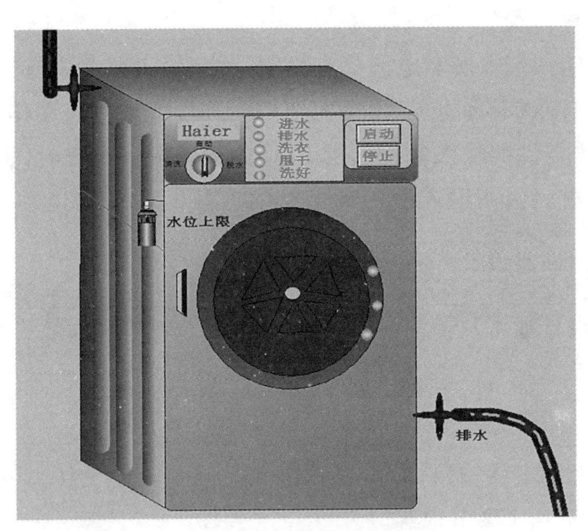

图 11－2　多功能全自动洗衣机组态界面

11.2.1 多功能全自动洗衣机控制要求

洗衣机自动控制流程如图 11－3 所示，启动后开始注入清水→水到位→停水→洗涤正转(5 s)→洗涤反转(5 s)→洗涤完成(3 次)→排水(5 s)→脱水(5 s)→进水(进水同时洗衣机低速运行)→水到位→停水→洗涤正转(5 s)→洗涤反转(5 s)→洗涤完成(3 次)→排水(5 s)→脱水(5 s)→进水(进水同时洗衣机低速运行)→水到位→停水→洗涤正转(5 s)→洗涤反转(5 s)→洗涤完成(3 次)→排水(5 s)→脱水(5 s)→停止→清洗完成指示(3 s)。

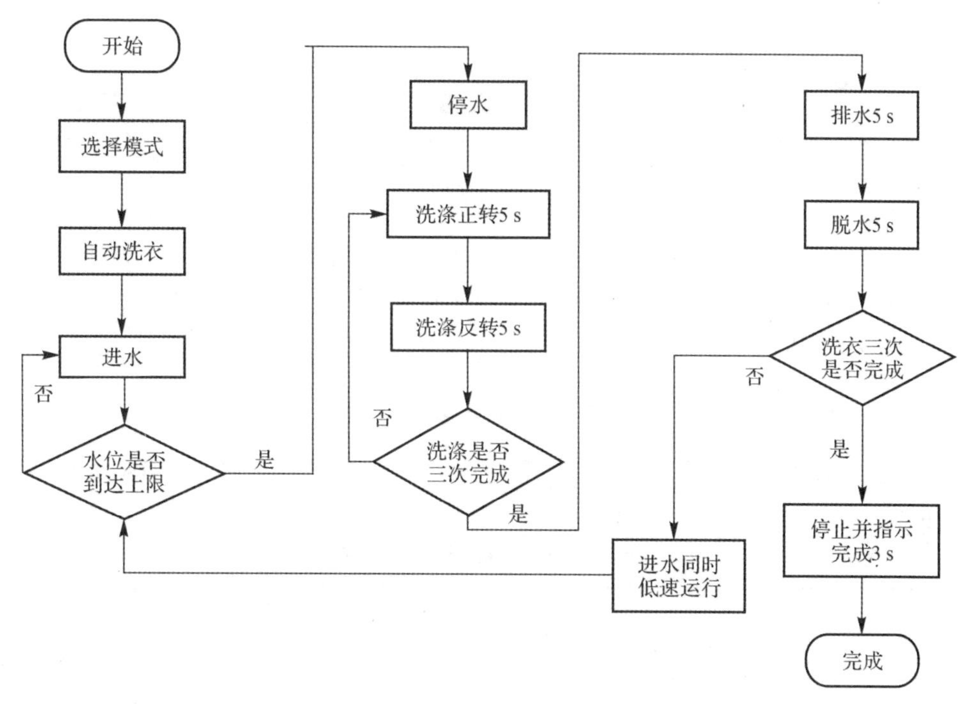

图 11 - 3　多功能全自动洗衣机控制流程图

11.2.2　多功能全自动洗衣机电控系统分析

本设计是以 PLC 为控制器，外加按钮和接触器来模拟洗衣机控制系统工作过程的实验实现。元器件清单见表 11 - 1，SF1 和 SF2 按钮用来控制系统的启动和停止；BG1 开关用来模拟液位传感器，当液位达到上限位时，手动按下开关，停止加水；SF3 和 SF4 按钮用来控制手动模式下的洗涤和脱水，当这两个按钮未被按下时，系统默认为自动模式；QA1 和 QA2 接触器用来控制电机的正反转，模拟实现洗衣机的正转和反转。

表 11 - 1　元器件清单

序　号	名　称	符　号	功　能
1	启动按钮（绿）	SF1	启动按钮，选择好模式后按下
2	停止按钮（红）	SF2	停止按钮，运行时按下按钮将停止所有工作
3	水位上限开关（黄）	BG1	水位上限，模拟水位状态，按下表示水位到达上限位
4	手动洗涤按钮	SF3	将模式选择为手动洗涤
5	手动脱水按钮	SF4	将模式选择为手动脱水
6	正转接触器	QA1	电动机正转时吸合
7	反转接触器	QA2	电动机反转时吸合
8	洗涤 Y 形接触器	QA3	吸合时将电机绕组接为 Y 形
9	脱水△形接触器	QA4	吸合时将电机绕组接为△形
10	进水阀	MB1	模拟进水阀，洗衣机进水时吸合

续 表

序 号	名 称	符 号	功 能
11	排水阀	MB2	模拟排水阀，洗衣机排水和脱水时吸合
12	报警	KF	模拟手动脱水完成报警

考虑到当洗衣机脱水时，电动机的运行速度要远大于正常洗涤速度，本次设计选用电动机为三相笼型异步电动机，在洗涤的时候将电动机定子绕组接为 Y 形，脱水的时候电动机定子绕组接为△形，实现降压启动。

11.2.3 多功能全自动洗衣机控制系统 I/O 设计

根据控制要求对系统进行 I/O 地址分配，选用 S7 - 200 CPU226 继电器输出型 PLC，I/O 地址分配见表 11 - 2。

表 11 - 2 I/O 地址分配表

序 号	输 入	地 址	输 出	地 址
1	启动按钮(绿)SF1	I0.0	正转接触器 QA1	Q0.0
2	停止按钮(红)SF2	I0.1	反转接触器 QA2	Q0.1
3	水位上限开关(黄)BG1	I0.2	洗涤 Y 形接触器 QA3	Q0.2
4	手动洗涤按钮 SF3	I0.3	脱水△形接触器 QA4	Q0.3
5	手动脱水按钮 SF4	I0.4	进水阀 MB1	Q0.4
6			排水阀 MB2	Q0.5
7			报警 KF	Q0.6

主回路电气原理图及 PLC 端子接线图如图 11 - 4 所示。

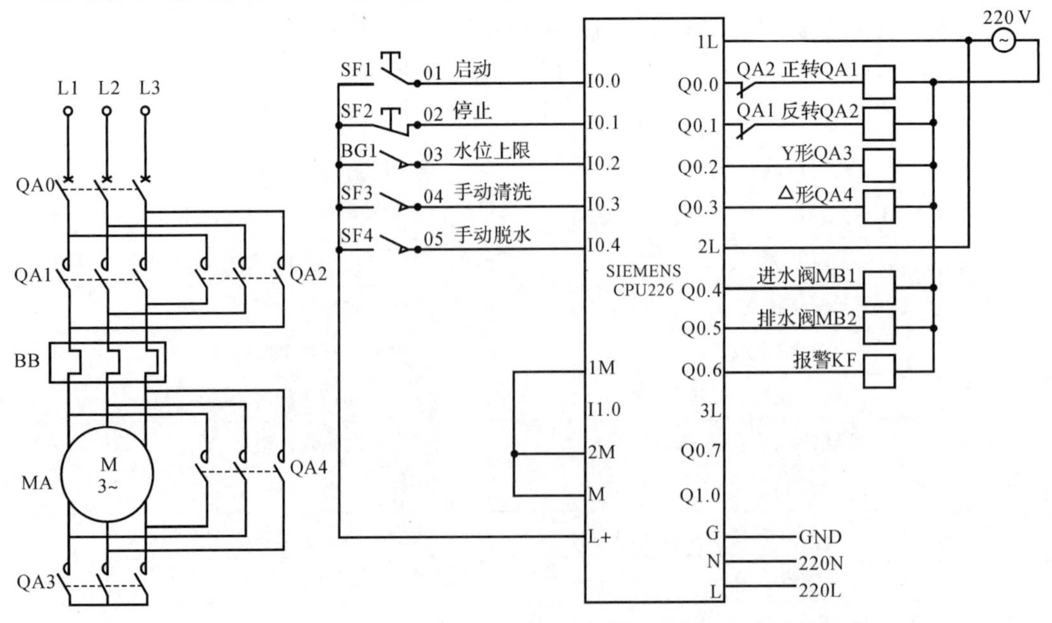

图 11 - 4 全自动洗衣机电控系统主电路接线图及 PLC 端子接线图

11.2.4　多功能全自动洗衣机控制系统程序设计

全自动洗衣机控制程序由一个主程序、一个清洗子程和一个手动脱水子程序组成，清洗子程序可以根据功能的选择执行自动清洗与手动清洗，调用手动脱水子程序时不会调用清洗子程序，如图 11－5～图 11－7 所示。

1. 主程序

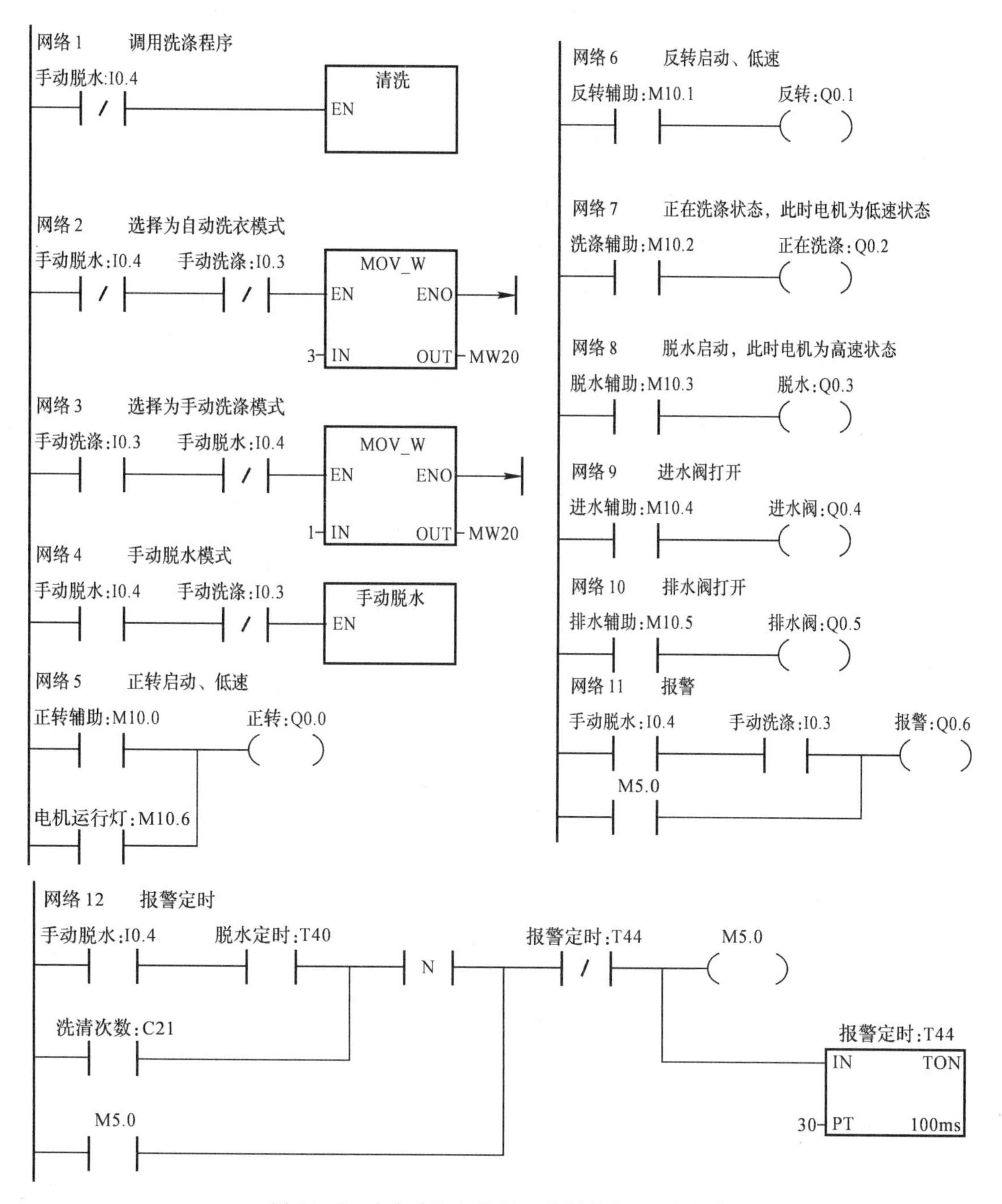

图 11－5　全自动洗衣机 PLC 控制程序——主程序

2. 清洗子程序

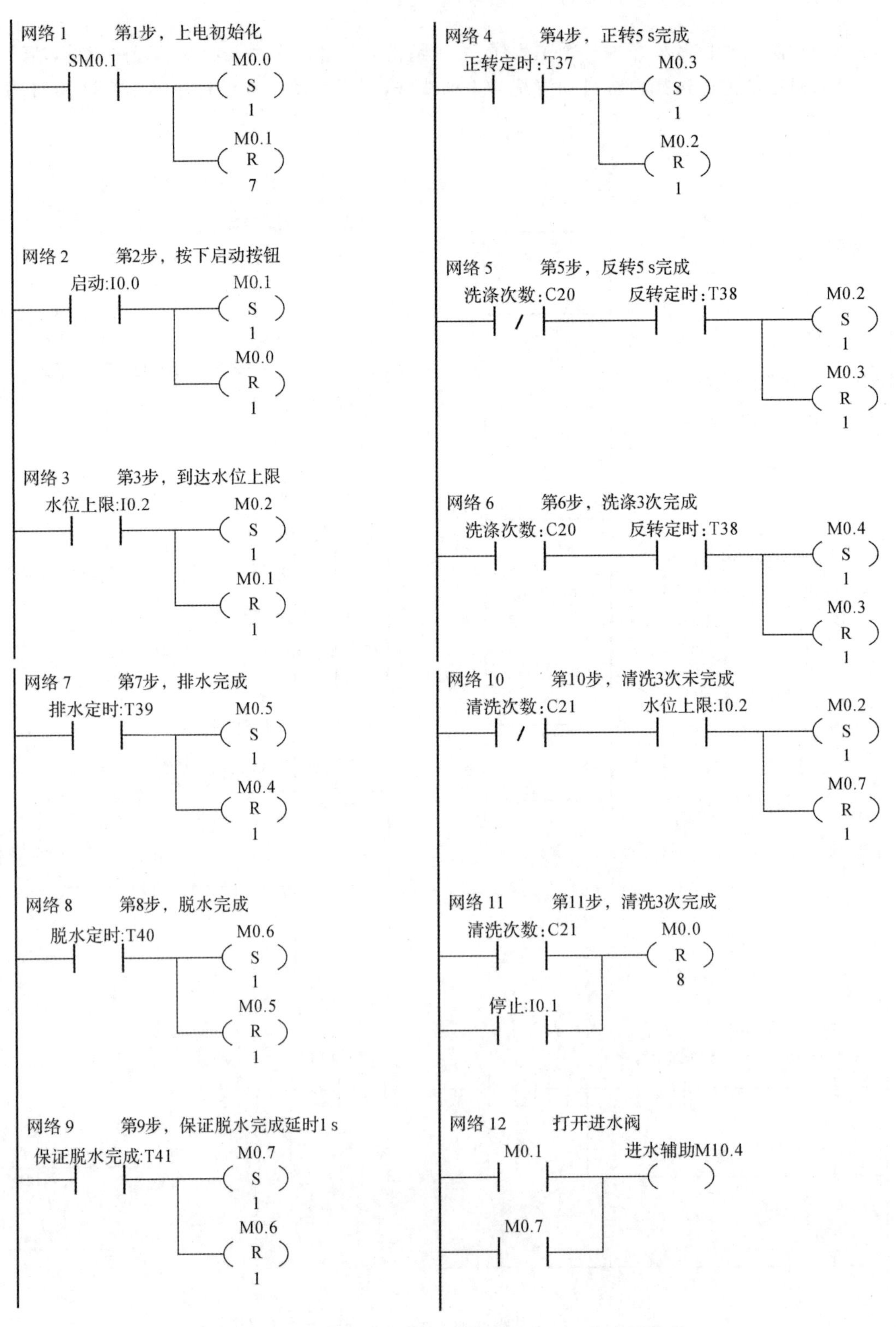

图 11－6 全自动洗衣机 PLC 控制程序——清洗子程序

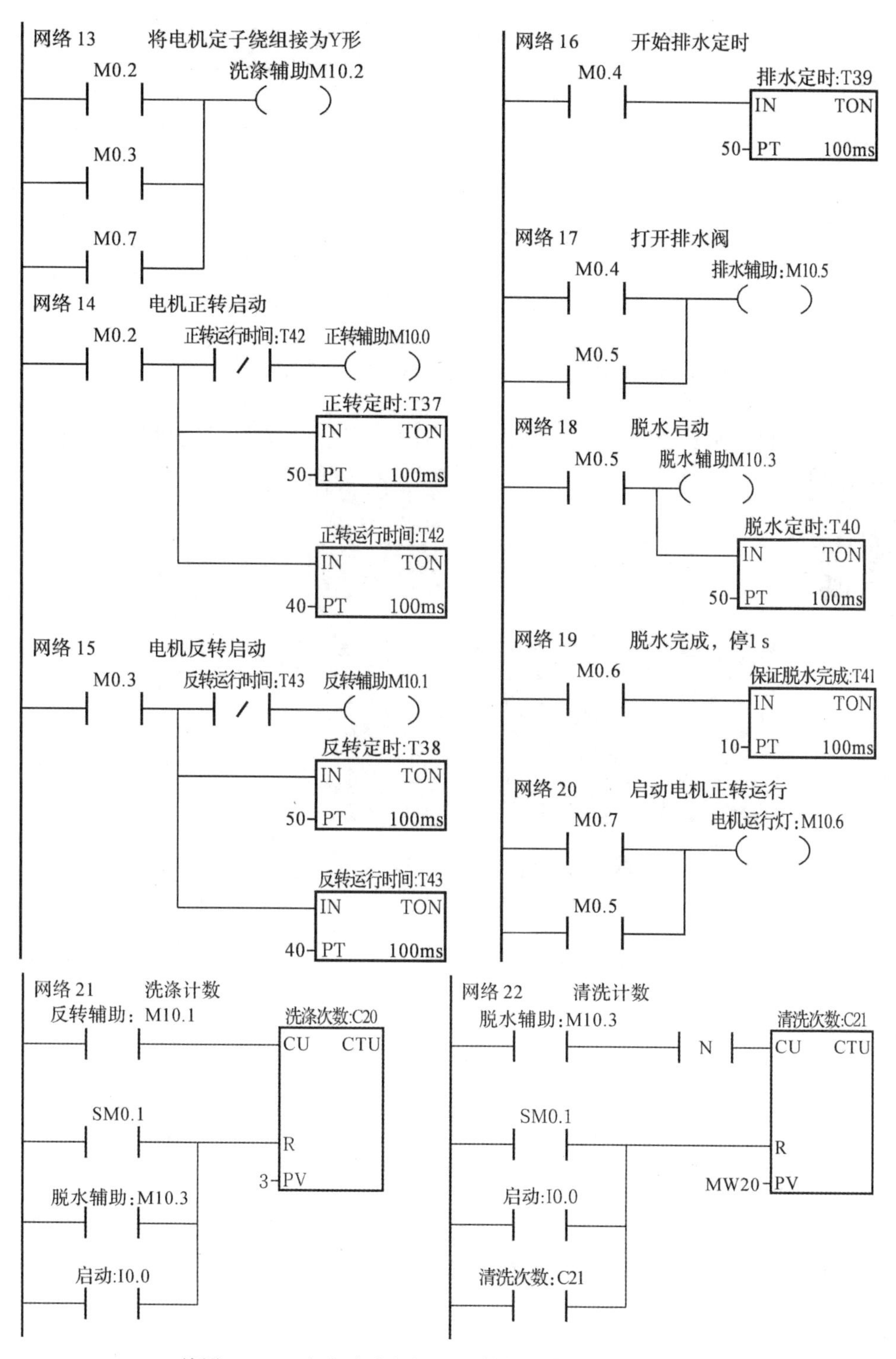

续图 11－6　全自动洗衣机 PLC 控制程序——清洗子程序

3. 手动脱水子程序

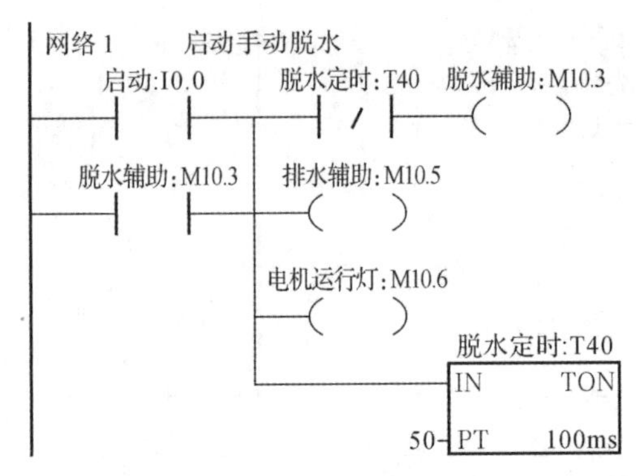

图 11－7　全自动洗衣机 PLC 控制程序——手动脱水子程序

全自动洗衣机控制系统 PLC 运行仿真效果图如图 11－8 所示，仿真视频链接扫二维码 ，MCGS 仿真实现链接扫二维码 。

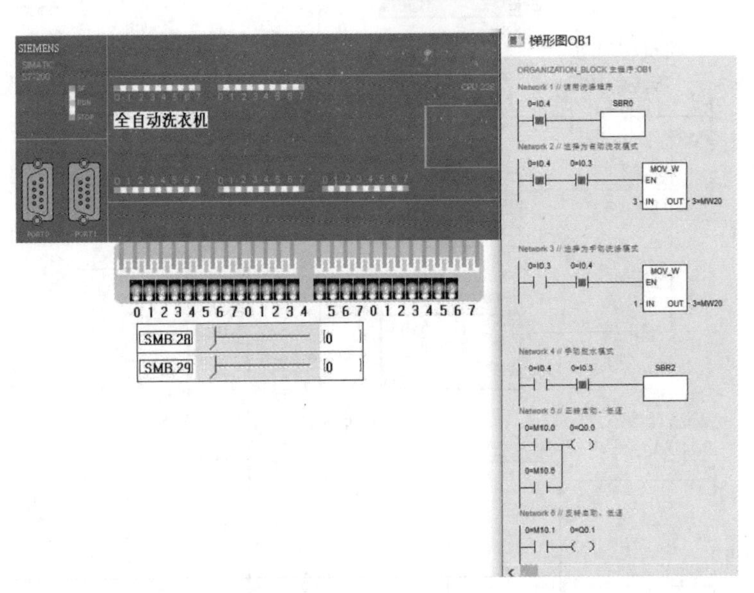

图 11－8　全自动洗衣机控制系统 PLC 仿真效果图

11.3　基于 PLC 的 X62W 卧式万能铣床控制系统设计

11.3.1　X62W 卧式万能铣床控制系统 I/O 地址分配

根据第 2 章 2.6.3 节 X62W 卧式万能铣床电气控制线路分析，结合其控制要求对电气控制系统进行 PLC 设计，主要对控制回路 110 V 进行设计，其他保持不变；选用 S7－200

CPU226继电器输出型PLC，I/O地址分配见表11-3。

表11-3　I/O地址分配表

序号	输入			输出		
	名称	符号	地址	名称	符号	地址
1	主轴正向启动按钮	SF6/SF7	I0.0	主轴启动接触器	QA1	Q0.0
2	主轴反向制动按钮	SF8/SF9	I0.1	反接制动接触器	QA2	Q0.1
3	工作台快速进给按钮	SF10/SF11	I0.2	右、前下(圆工作台)接触器	QA3	Q0.2
4	长方形工作台选择	SF1-1	I0.3	左、后上接触器	QA4	Q0.3
5	圆工作台选择	SF1-3	I0.4	工作台快速进给电磁铁离合器	MB1	Q0.4
6	主轴变速冲动	BG5	I0.5			
7	工作台进给变速冲动	BG6	I0.6			
8	速度继电器	BS	I0.7			
9	十字手柄右	BG1	I1.0			
10	十字手柄左	BG2	I1.1			
11	十字手柄前(下)	BG3	I1.2			
12	十字手柄后(上)	BG4	I1.3			

11.3.2　X62W卧式万能铣床电气控制系线路PLC端子接线图

X62W卧式万能铣床电气控制线路PLC端子接线图如图11-9所示。

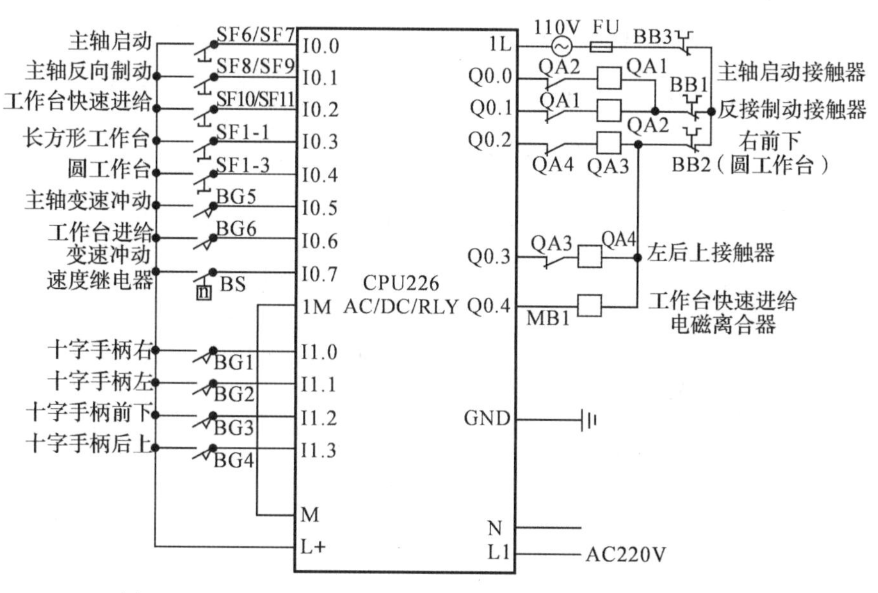

图11-9　X62W卧式万能铣床电气控制线路PLC端子接线图

11.3.3 X62W 卧式万能铣床电气控制系统程序设计

X62W 卧式万能铣床控制系统程序在主程序中设计完成，如图 11－10 所示。

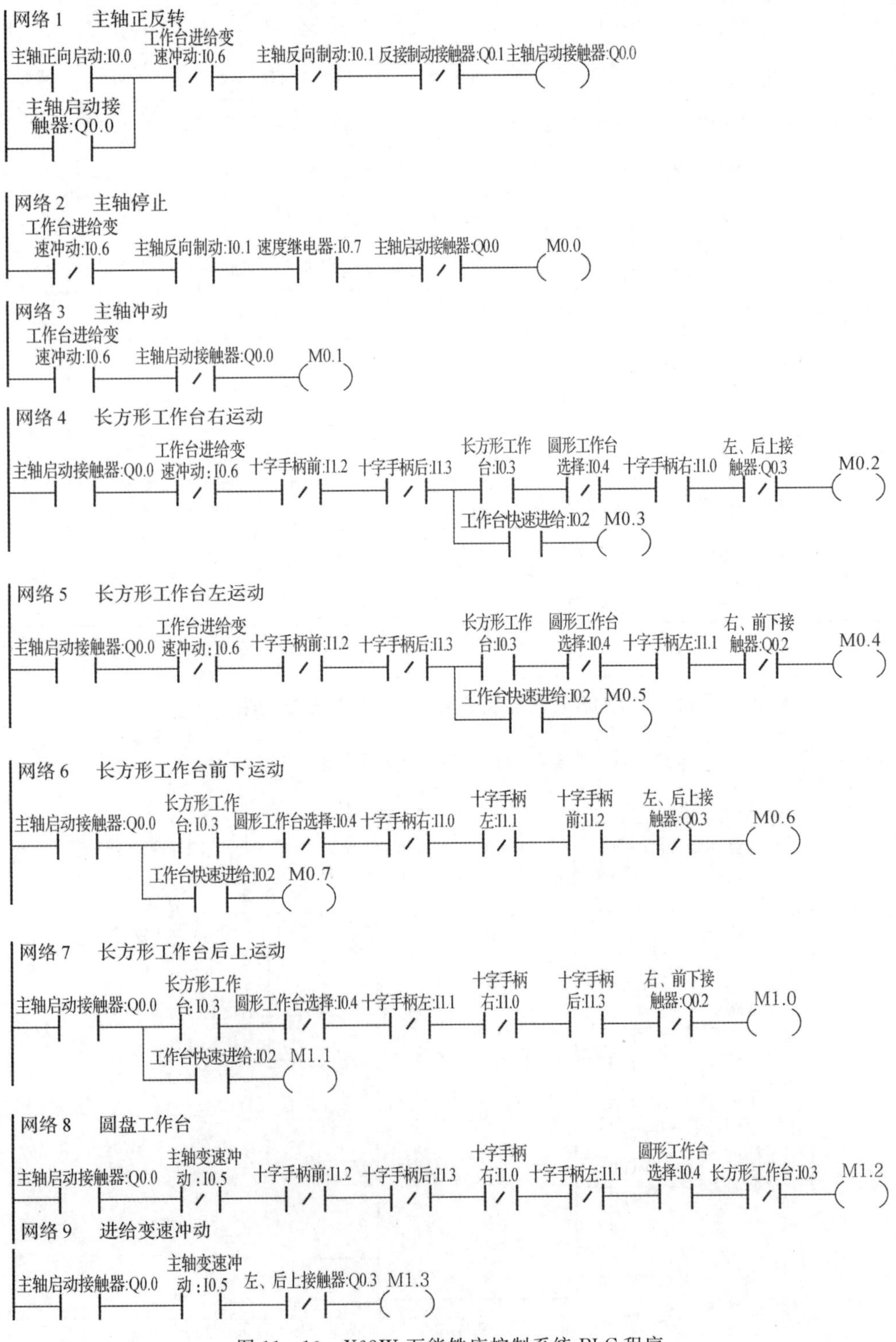

图 11－10 X62W 万能铣床控制系统 PLC 程序

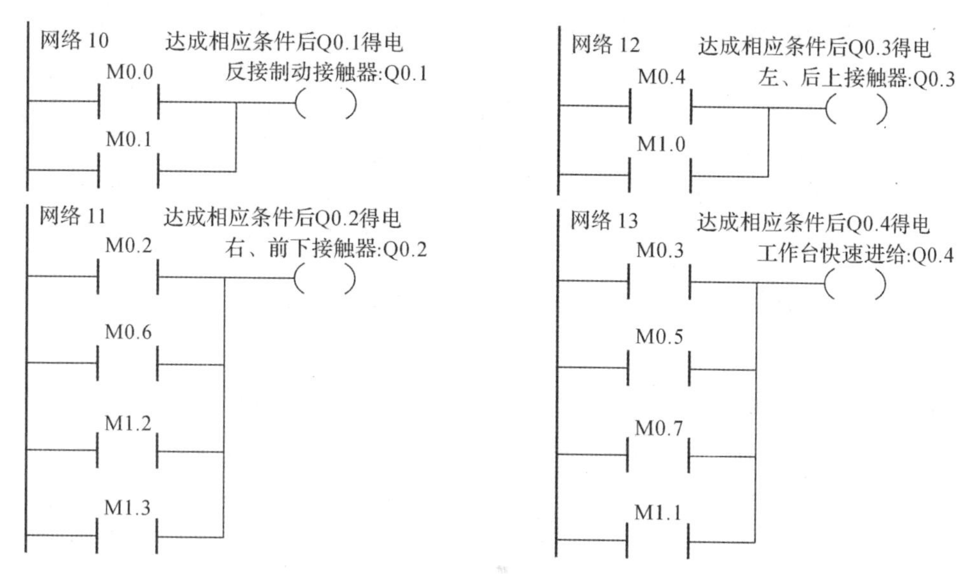

续图 11－10　X62W 万能铣床控制系统 PLC 程序

X62W 卧式万能铣床电气控制系统 PLC 运行仿真效果图如图 11－11 所示，仿真视频和实验操作链接扫二维码  。

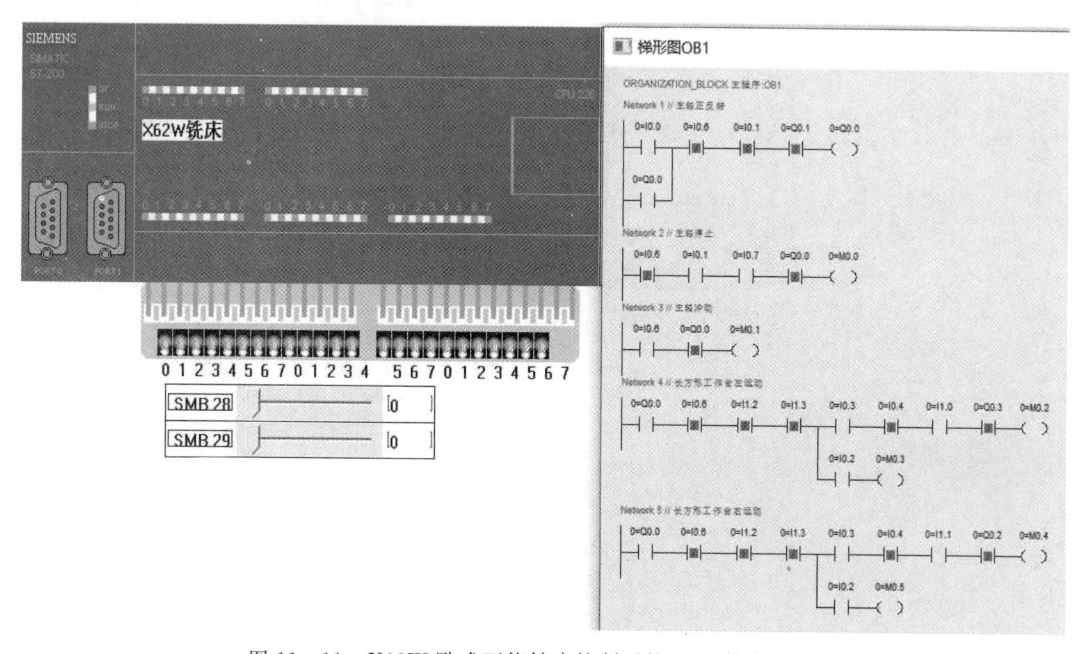

图 11－11　X62W 卧式万能铣床控制系统 PLC 仿真效果图

11.4 DU 组合机床单机液压回转台控制系统的 PLC 改造

西安某机械厂一金工车间 DU 组合机床使用多年，其电气控制线路采用传统的继电器和接触器的硬接线逻辑控制线路。该控制线路设备老化，接线复杂，体积大，可靠性差。该机床液压回转工作台的电气控制线路故障率高，需经常维护，严重影响生产，为解决上述问题，采用西门子公司的 S7－200 系列 PLC 对其电气控制线路进行改造。

11.4.1 组合机床液压回转工作台电气控制线路要求

组合机床液压回转工作台主回路中，共有 3 台电动机，其中 MA1 为液压泵电动机，MA2、MA3 分别为左、右动力头电动机，左、右动力头可进行单循环和自动循环的控制。组合机床的工作流程如图 11－12 所示，液压回路图如图 11－13 所示。

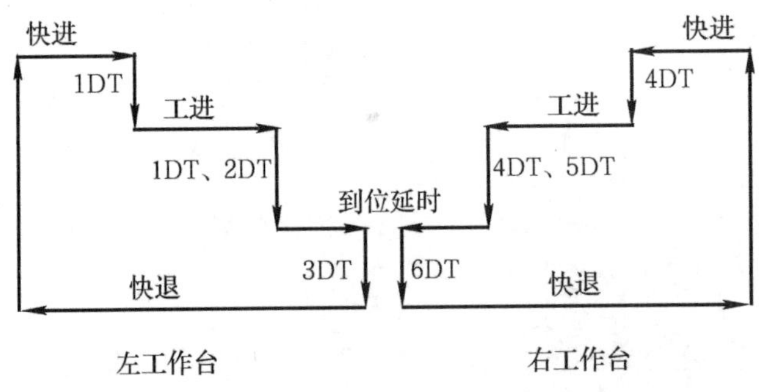

图 11－12　组合机床的工作流程图

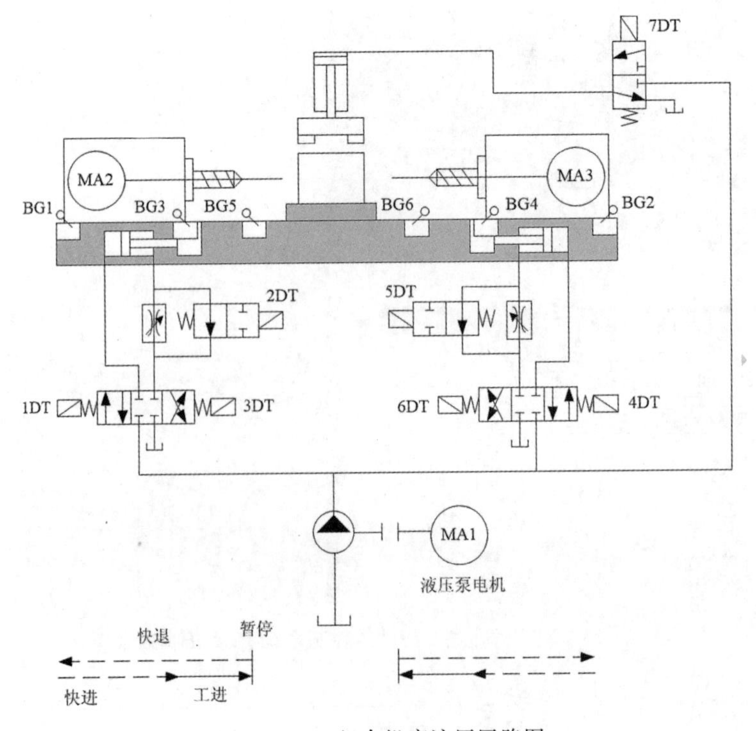

图 11－13　组合机床液压回路图

机床上电后，启动液压系统，延时 3 s 保证系统压力正常。按下启动按钮 SF1，二位二通电磁阀 7DT 得电，夹紧工件，延时 2 s(确保工件夹紧可靠)，左、右动力头电动机启动运转。三位四通电磁阀 1DT、4DT 得电，实现左、右工作台快速进给，当工作台进给到位，分别压下限位开关 BG3、BG4，三位四通电磁阀 2DT、5DT 得电，左、右工作台改为工作进给，左、右刀头开始加工工件；工件加工完毕，左、右刀头进给到位，分别压下限位开关 BG5、BG6，延时 2 s 后，三位四通电磁阀 3DT、6DT 得电，左、右动力头快退，快退到原位，分别压下限位开关 BG1、BG2。左、右动力头电动机停止运转，松开工件，人工取料，结束整个自动循环。人工上料开始第 2 个循环。液压回转工作台电磁铁工作状态见表 11－4。

表 11－4　液压回转工作台电磁铁工作状态表

工步	1DT	2DT	3DT	4DT	5DT	6DT	7DT
原位	－	－	－	－	－	－	－
夹紧	－	－	－	－	－	－	＋
快进	＋	－	－	＋	－	－	＋
工进	＋	＋	－	＋	＋	－	＋
死挡铁停留	＋	＋	－	＋	＋	－	＋
快退	－	－	＋	－	－	＋	＋
松开	－	－	－	－	－	－	－

11.4.2　组合机床液压回转工作台电气线路的改进措施

1. PLC 选型和 I/O 地址分配

原 DU 型组合机床单机液压回转台的电气控制线路中，其主回路保持不变，对控制回路进行改造。其中动力头的启动/停止按钮、限位开关等为开关量的 PLC 输入控制信号；接触器线圈、电磁阀线圈等为开关量的 PLC 输出控制信号。为了节省 PLC 的 I/O 点数，将紧急与停止按钮 SF2 与 BB1、BB2 和 BB3 串接在 PLC 的输入端，经统计得出，共有 8 点输入，9 点输出。采用 S7－200 CPU226 继电器输出型 PLC。I/O 地址分配见表 11－5。

表 11－5　I/O 地址分配表

序 号	输　入		输　出	
	名　称	地　址	名　称	地　址
1	系统启动按钮 SF1	I0.1	左动力头进给电磁阀 1DT	Q0.0
2	系统紧急与停止按钮 SF2	I0.2	左动力头工进电磁阀 2DT	Q0.1
3	左回转台返回左限位开关 BG1	I0.3	左动力头快退电磁阀 3DT	Q0.2
4	右回转台返回右限位开关 BG2	I0.4	右动力头进给电磁阀 4DT	Q0.3
5	左回转台工进右限位开关 BG3	I0.5	右动力头工进电磁阀 5DT	Q0.4

续 表

序 号	输 入		输 出	
	名 称	地 址	名 称	地 址
6	右回转台工进左限位开关 BG4	I0.6	右动力头快退电磁阀 6DT	Q0.5
7	左动力头进给到位左限位开关 BG5	I0.7	夹紧工件电磁阀 7DT	Q0.6
8	右动力头进给到位右限位开关 BG6	I1.0	液压泵电机 MA1	Q0.7
9			左、右动力头电机 MA2/ MA3	Q1.0

2. 组合机床的主回路图及 PLC 端子接线图

组合机床的主回路图如图 11 - 14 所示。

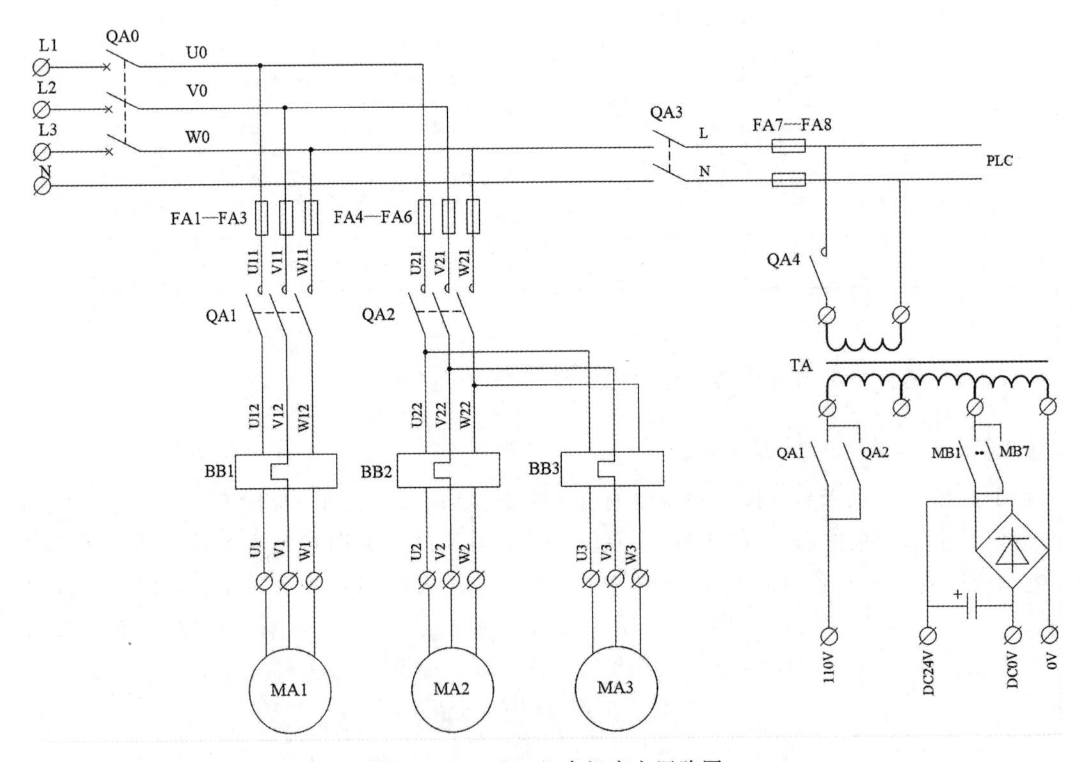

图 11 - 14 DU 组合机床主回路图

组合机床的 PLC 端子接线图如图 11 - 15 所示。

3. 组合机床的程序设计

根据组合机床的控制要求,结合 PLC 的 I/O 地址分配表 11 - 5,编制梯形图(见图 11 - 16),其中网络 1 为液压泵控制单元,网络 2、3 为自动循环和手动循环控制单元,网络 4 为工件夹紧和动力头启动单元,网络 5 为动力头快进和工进单元,网络 6 为动力头快退、松开工件和动力头停止单元。

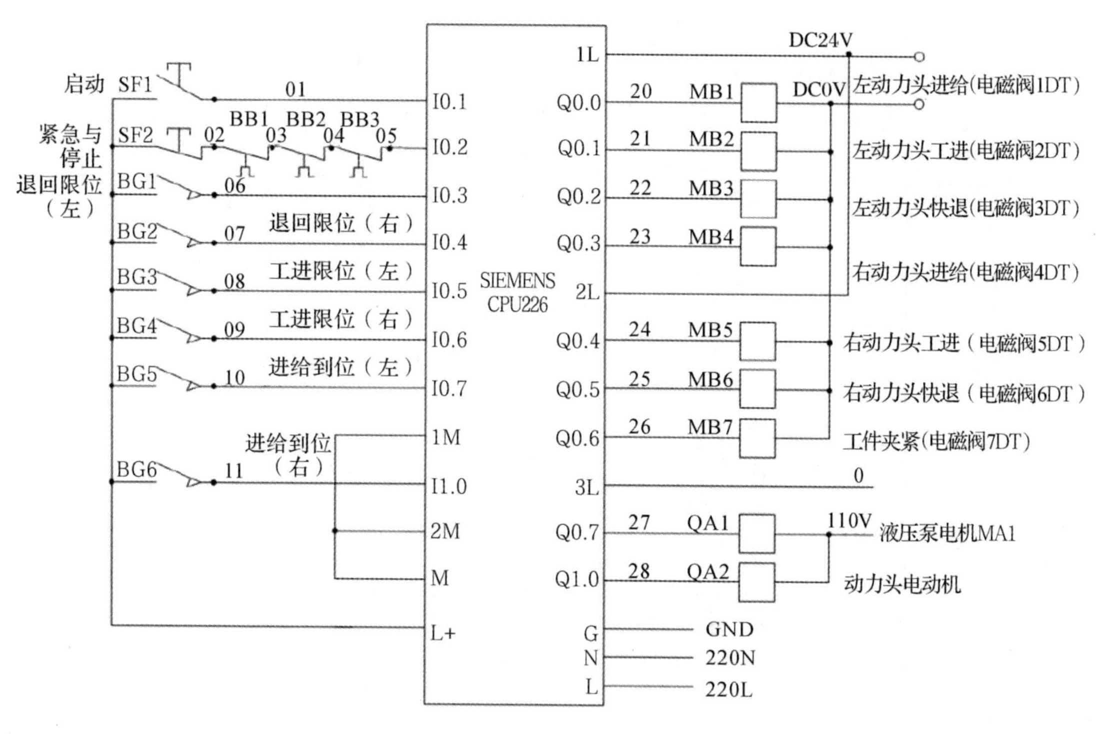

图 11 - 15　DU 组合机床 PLC 端子接线图

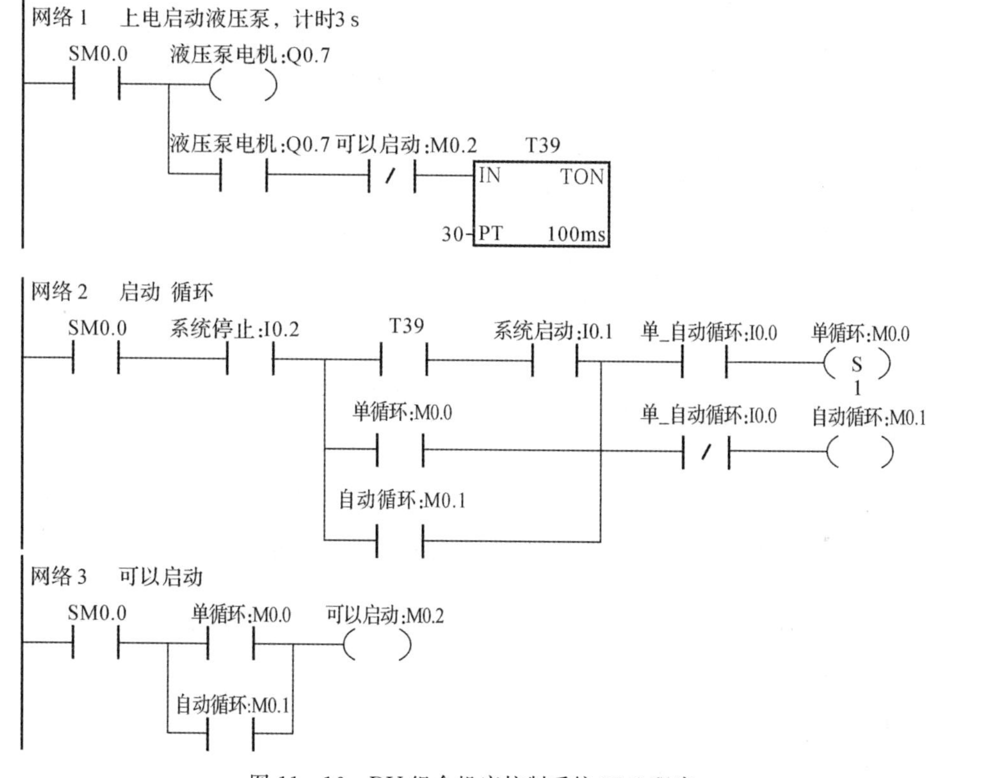

图 11 - 16　DU 组合机床控制系统 PLC 程序

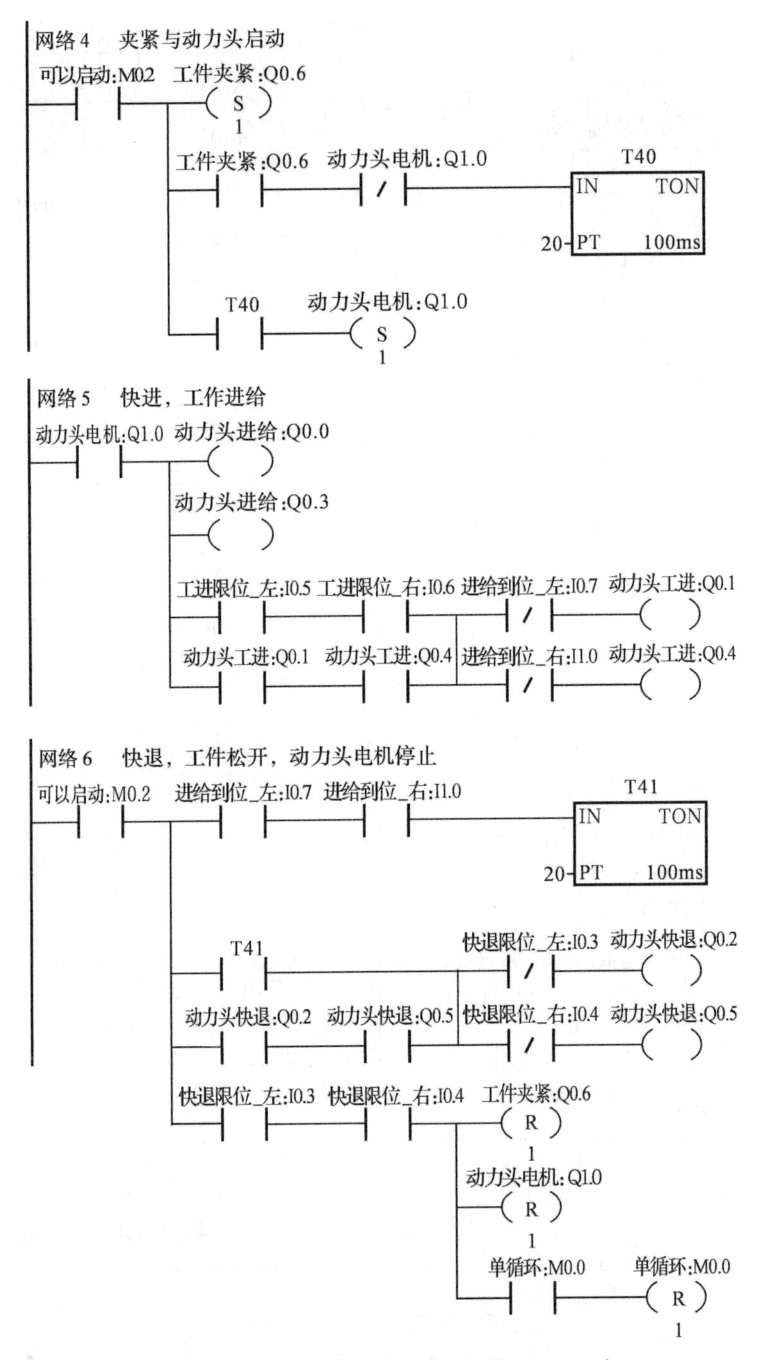

续图 11-16　DU 组合机床控制系统 PLC 程序

DU 组合机床电气控制系统 PLC 运行仿真效果如图 11-17 所示，仿真视频链接扫二维码

。

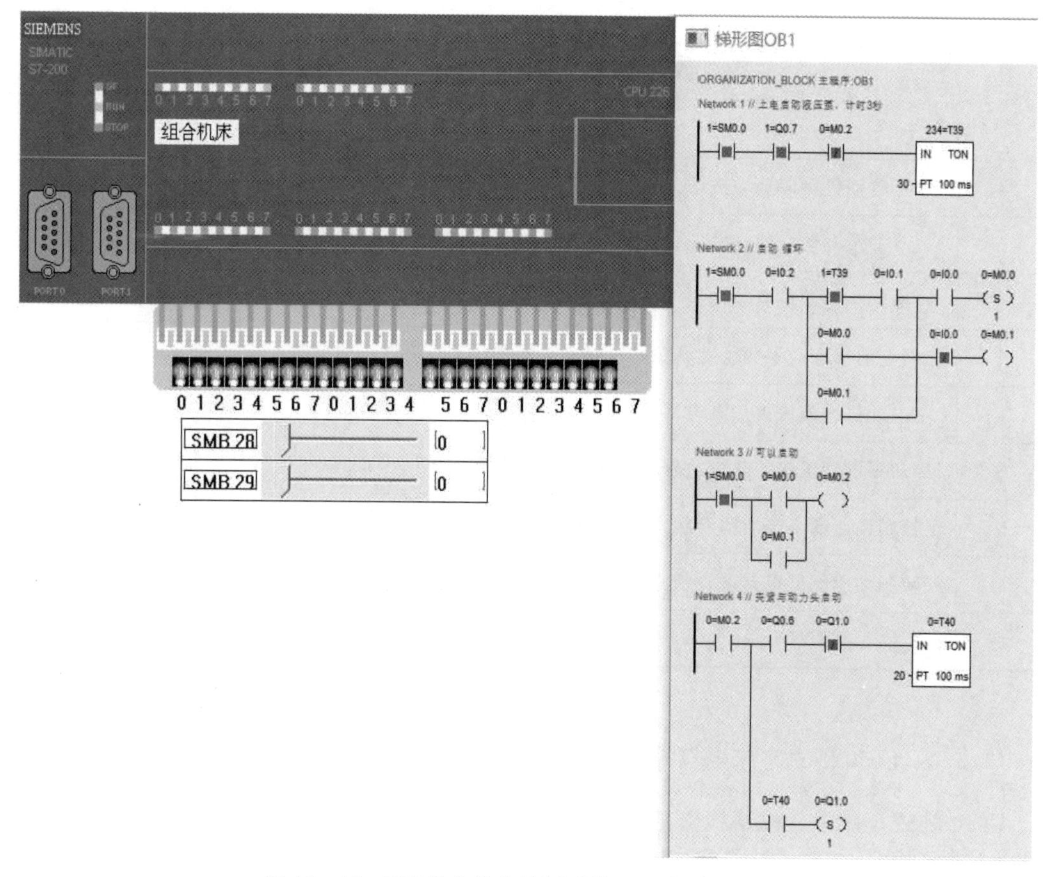

图 11－17　DU 组合机床控制系统 PLC 仿真效果图

11.5　C650 卧式车床电气控制系统的 PLC 设计

第 2 章 2.6.2 节详细描述了 C650 卧式车床电气控制线路，此处对该电控系统控制回路进行 PLC 设计，选用 S7－200 CPU226 继电器输出型 PLC。

11.5.1　C650 卧式车床电气控制系统 I/O 地址分配

此处照明开关使用普通按钮开关代替，PLC 的 I/O 分配表见表 11－6。

表 11－6　I/O 地址分配表

序 号	输 入			输 出		
	功 能	元 件	地 址	功 能	元 件	地 址
1	总停按钮	SF1	I0.0	主电动机正转接触器	QA1	Q0.0
2	主电动机正向点动按钮	SF2	I0.1	主电动机反转接触器	QA2	Q0.1
3	主电动机正向启动按钮	SF3	I0.2	短接限流电阻接触器	QA3	Q0.2

续表

序号	输入			输出		
	功能	元件	地址	功能	元件	地址
4	主电动机反向启动按钮	SF4	I0.3	冷却泵电动机接触器	QA4	Q0.3
5	冷却泵电动机停止按钮	SF5	I0.4	快移电动机接触器	QA5	Q0.4
6	冷却泵电动机启动按钮	SF6	I0.5	电流表 A 短接接触器	QA6	Q0.5
7	快移电动机点动手柄位置开关	BG1	I0.6	照明灯	EA	Q0.6
8	主电动机过载保护热继电器	BB1	I0.7			
9	冷却泵电动机保护热继电器	BB2	I1.0			
10	正转制动速度继电器动合触点	BS2	I1.1			
11	反转制动速度继电器动合触点	BS1	I1.2			
12	照明灯开关	SF0	I1.3			

11.5.2 C650 卧式车床电气控制线路 PLC 端子接线图

C650 卧式车床电气控制线路的 PLC 端子接线图如图 11－18 所示。

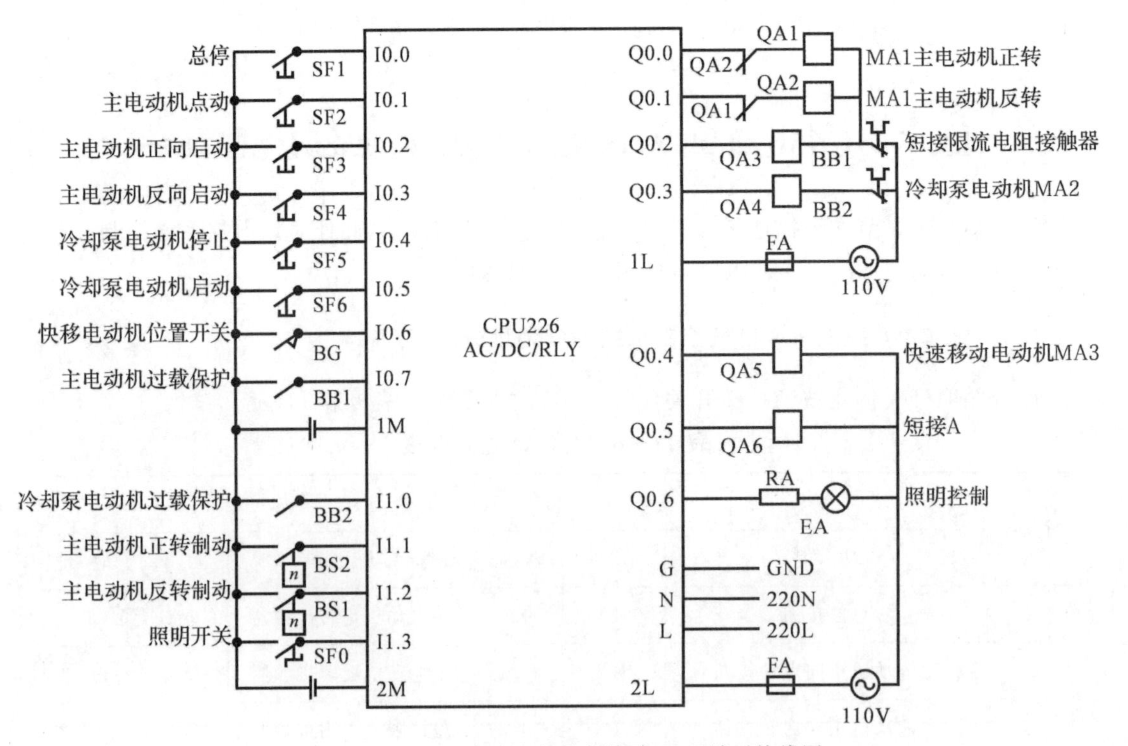

图 11－18　C650 车床电气控制线路 PLC 端子接线图

11.5.3　C650 卧式车床电气控制线路梯形图设计

C650 卧式车床电气控制线路 PLC 梯形图设计如图 11－19 所示。

网络 1 为短接限流电阻 R 控制，当按下正向启动按钮 SF3 或反向启动按钮 SF4 时，I0.2 或 I0.3 动合触点闭合，输出线圈 Q0.2 有效，为主电动机 MA1 的正反转启动控制做好准备。

网络 2 为主电动机 MA1 正转启动控制。

网络 3 为主电动机 MA1 反转启动控制。

网络 4 为主电动机 MA1 正向运行控制，若网络 2 有效，或按下点动按钮 SF2，或 MA1 电机正转制动 BS2 触点闭合进行制动停车准备时，电动机 MA1 正转。

网络 5 为主电动机 MA1 反向运行控制，若网络 3 有效，或 MA1 电动机反转制动 BS1 触点闭合进行制动停车准备时，电动机 MA1 反转。

网络 6 为主电机 MA1 正转运行时，按下停止按钮 SF1 所进行的反接制动停车控制。

网络 7 为主电机 MA1 反转运行时，按下停止按钮 SF1 所进行的正接制动停车控制。

网络 8 为冷却泵电动机 MA2 控制，当按下冷却泵电动机 MA2 启动按钮 SF6 时，动合触点 I0.5 闭合，输出线圈 Q0.3 有效，电动机 MA2 启动；当按下冷却泵电动机 MA2 停止按钮 SF5 时，电动机 MA2 停止。

网络 9 为快速移动电动机 MA3 控制，当刀架手柄压动位置开关 BG1 时，MA3 电动机启动运行，经传动系统驱动溜板带动刀架快速移动。

网络 10 为电流表 A 短接控制，MA1 电动机在正转或反转启动时，先短接电流表 A，T37 延时片刻后才将电流表接入电路中。

网络 11 为 EA 照明控制，照明开关 SFO 按下时，EA 亮，照明开关 SF0 松开时，EA 熄灭。

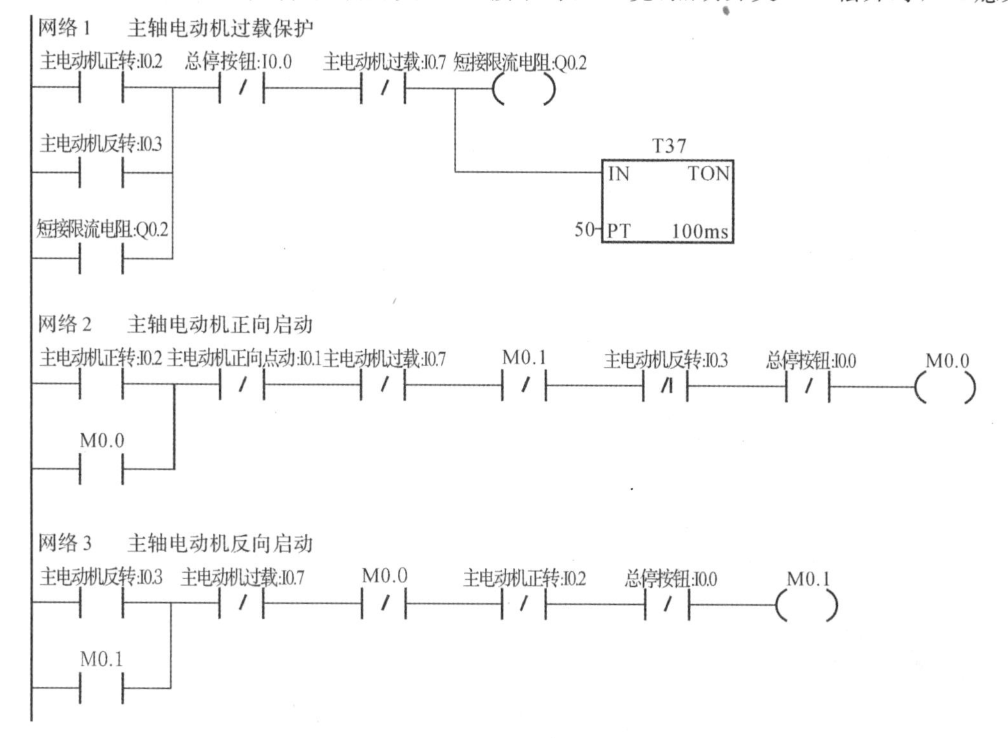

图 11－19　C650 车床电气控制线路 PLC 梯形图

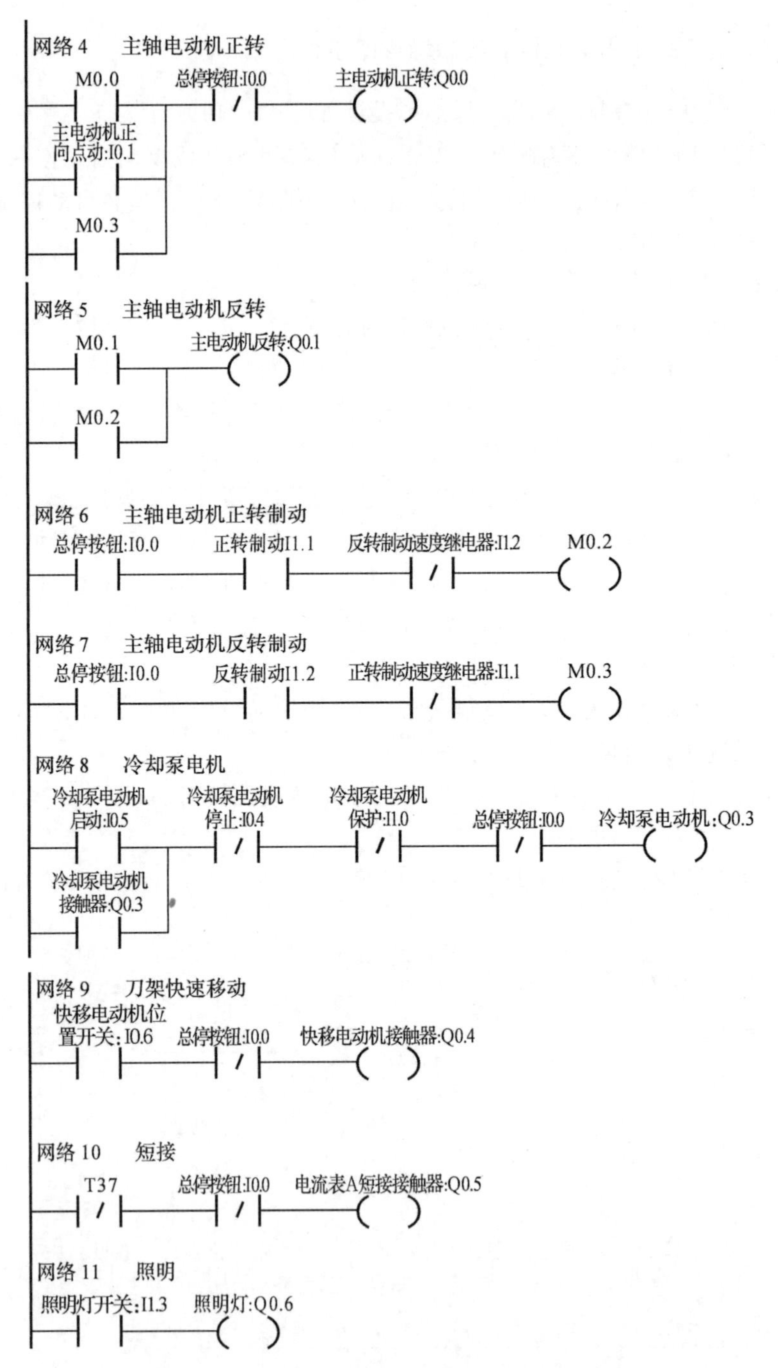

续图 11－19 C650 车床电气控制线路 PLC 梯形图

C650 卧式组合车床电气控制系统 PLC 运行仿真效果如图 11－20 所示，实验视频链接扫二维码  。

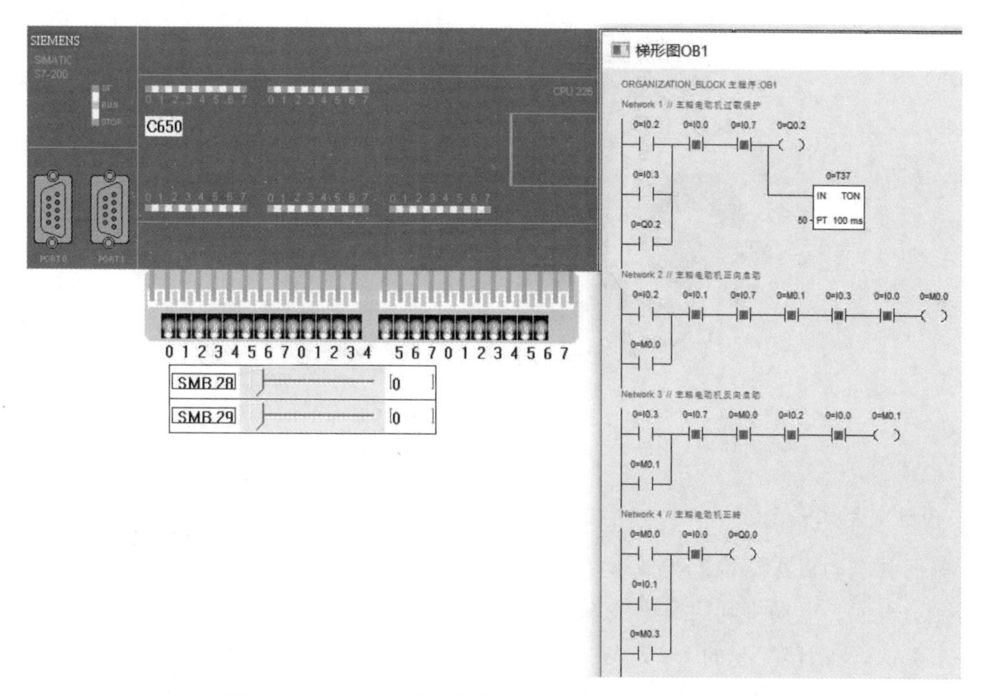

图 11 - 20　C650 卧式车床控制系统 PLC 仿真效果图

11.6　基于 PLC 的伺服电动机控制系统设计

控制要求：按下启动按钮 SF1，正转按钮 SF2 后，伺服电动机以某一速度正向运转，按下 SF3 按钮，伺服电动机则以某一速度反向运转，按下 SF4 伺服电动机停止转动。

伺服控制系统的实物有台达交流伺服电动机（型号 ASDA - B2）、伺服驱动器（型号 ASDA - B2 - 0121 - B）、西门子 S7 - 200 CPU226 PLC，以及模拟量输出模块 EM232、RS - 485 转换接头、伺服电动机供电线、伺服编码器信号回馈线各 1 个，单相变压器 3 个等。

控制原理：伺服电动机的控制方式选用速度控制模式，实现以计算机为上位机、PLC 模拟量输出模块为输出单元、伺服驱动器为控制单元、伺服电动机为响应单元，对伺服电动机进行速度控制。

11.6.1　元器件简介

1. 伺服电动机

伺服电动机（Servo Motor）又称执行电动机，其功能是将输入的电压控制信号转换为轴上输出的角位移和角速度，驱动控制对象。在自动控制系统中，用作执行元件，分为直流和交流伺服电动机两大类，其主要特点是，当信号电压为零时无自转现象，转速随着转矩的增加而匀速下降。

控制系统中的本伺服电动机选用台达 ASDA - B2 的交流带定位装置伺服电机，如图 11 - 21 所示。

图 11－21　ASDA－B2 伺服电机

2. 伺服电机工作原理

交流伺服电动机在结构上类似于单相异步电动机，主要由一个用以产生磁场的电磁铁绕组（或转子）组成。电动机利用通电线圈在磁场中受力转动的现象而制成。伺服电动机内部的转子是永磁铁，驱动器控制的 U/V/W 三相电形成电磁场，转子在此磁场的作用下转动，同时电动机自带的编码器反馈信号给驱动器，驱动器根据反馈值与目标值进行比较，调整转子转动的角度，形成闭环控制以达到精确控制伺服电动机旋转的位置、速度等目的。伺服电动机的精度取决于编码器的精度（线数）。

伺服电动机编码器是安装在伺服电动机上用来测量磁极位置和伺服电动机转角及转速的一种传感器，它与伺服电动机一体，共同组成伺服系统。它的作用是将伺服电动机转子速度、转子位置和机械位置发送给伺服驱动器，驱动器根据伺服编码器反馈回来的信息判断电机的运动情况是否与需求一致，假如有偏差，伺服驱动器就会调整相应的参数以防止出现差错，调整的参数一般为输出电源的频率和电流的大小。

3. 伺服驱动器

伺服电动机驱动器是伺服电动机运动信号的发出者，工作的主要目的是根据控制器发出的指令进行修正，使电动机工作稳定不会出现偏差，并且作为反馈信号的接受元件，兼顾着数据的处理、信息的反馈和状态的显示，实物如图 11－22 所示。

通过对伺服驱动器的控制操作，利用伺服驱动器转换为对应的三相电输出进行控制。伺服驱动器的控制操作方式有位置式、速度式和转矩式三种。位置式使用脉冲输入方式进行控制，其中又分为 AB 相脉冲、正反脉冲和脉冲＋方向控制；速度式和转矩式操作方式一般使用模拟量输入进行控制。此处选用速度式控制模式。

4. 变压器

根据伺服驱动器要求，需要给伺服电动机提供 220 V 电压。变压器由空气芯、卷铁芯、线圈、绝缘保护层以及屏蔽物组成。此处选用小型家用变压器，将 380 V/50 Hz 动力用电变为 220 V/50 Hz 照明用电。共使用三台变压器，一次侧为△形接法（在原边消除三次谐波），二次侧为 Y 形接法，选用 BK－控制变压器，容量为 150 V · A，频率为 50 Hz/60 Hz，绝缘等级为

B,如图 11 - 23 所示。

图 11 - 22　伺服驱动器

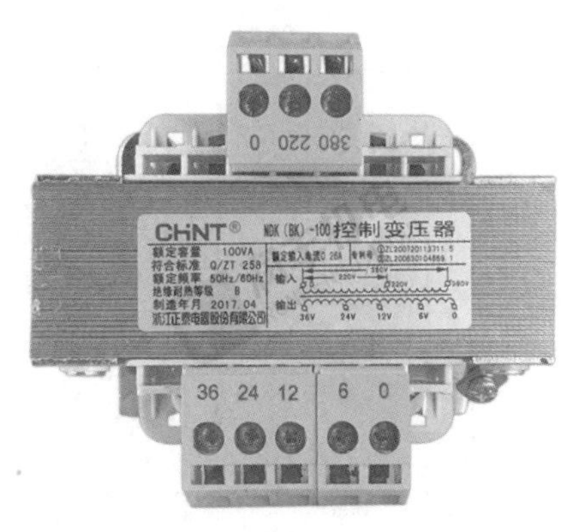

图 11 - 23　BK -控制变压器

5. EM232 模拟量输出模块

根据伺服控制器说明可知,速度控制模式为伺服驱动器接受电压型模拟量输入信号,通过模拟量输入的字节大小来控制伺服电机转速,如输入的字节大小在－32 000～＋32 000,对应模拟量输出模块输出区间大小为－10～＋10 V,对应的伺服电机速度为－5 000～＋5 000 r/min。PLC 接收已设定好的伺服电动机初始转动速度,经过数据整定后送至 EM232 模拟量输出模块,然后再传送到伺服驱动器,伺服驱动器根据模拟量输入信号的大小,使伺服电机输出对应的转速。此处选用 EM232 模拟量输出模块,如图 11 - 24 所示。

图 11 - 24　EM232CN 模拟量扩展模块

11.6.2　I/O 分配表及端子接线图

伺服控制系统共有 4 点数字量输入、1 点模拟量输出,实验室现有 PLC 为 CPU226 继电器输出型,选用后,I/O 分配表见表 11 - 7,伺服控制系统端子接线图如图 11 - 25 所示。

表 11 - 7　PLC 的 I/O 地址分配

输　入		输　出	
功　能	地　址	功　能	PLC 地址
伺服电机启动按钮 SF1	I0.0	模拟量输出信号	AQWO
伺服电机正转信号 SF2	I0.1	启动指示灯	Q0.0
伺服电机反转信号 SF3	I0.2		
伺服电机停止信号 SF4	I0.3		

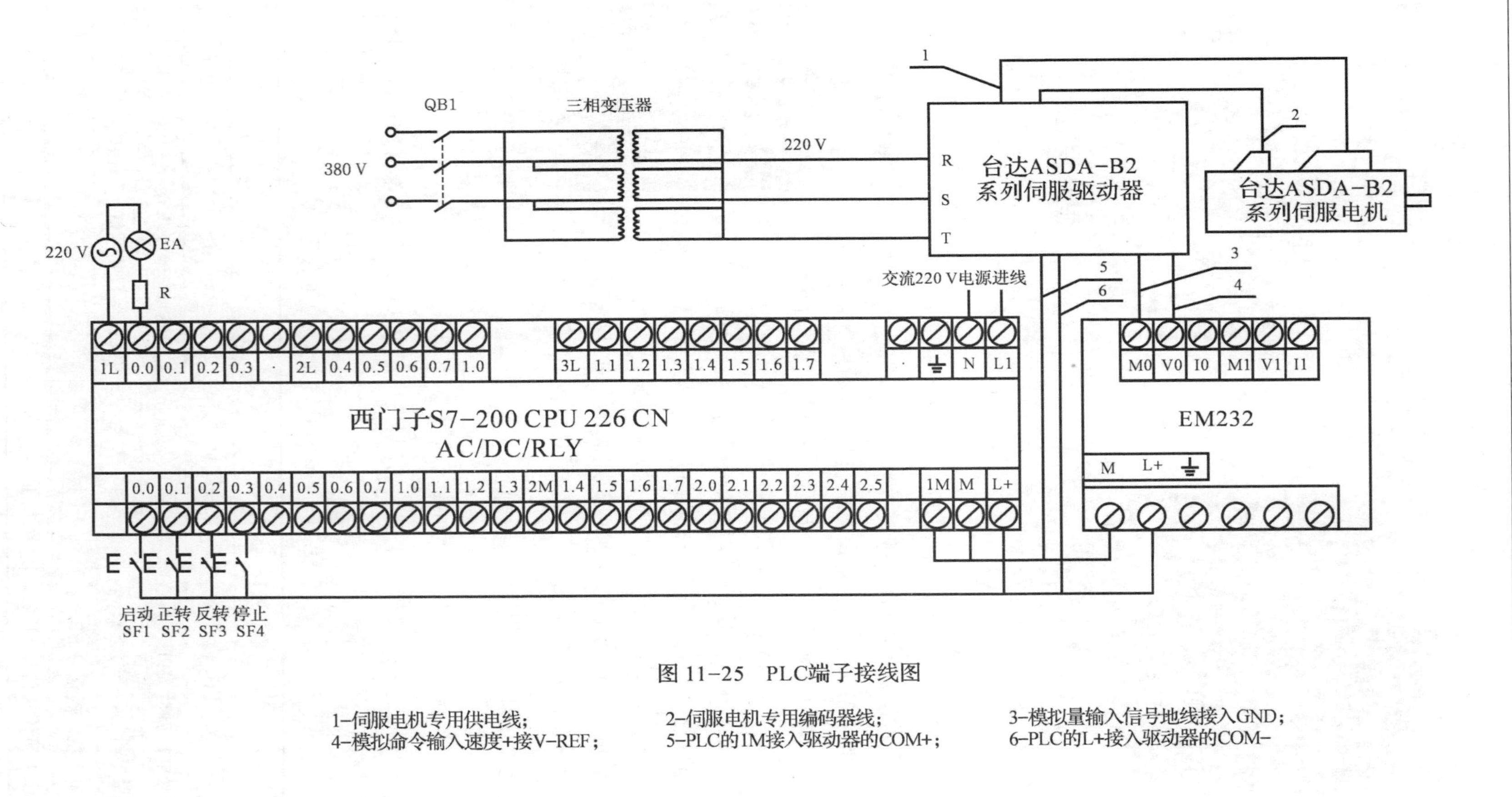

图 11-25　PLC端子接线图

1–伺服电机专用供电线；2–伺服电机专用编码器线；3–模拟量输入信号地线接入GND；
4–模拟命令输入速度+接V-REF；5–PLC的1M接入驱动器的COM+；6–PLC的L+接入驱动器的COM–

11.6.3　PLC 程序

梯形图如图 11－26 所示。

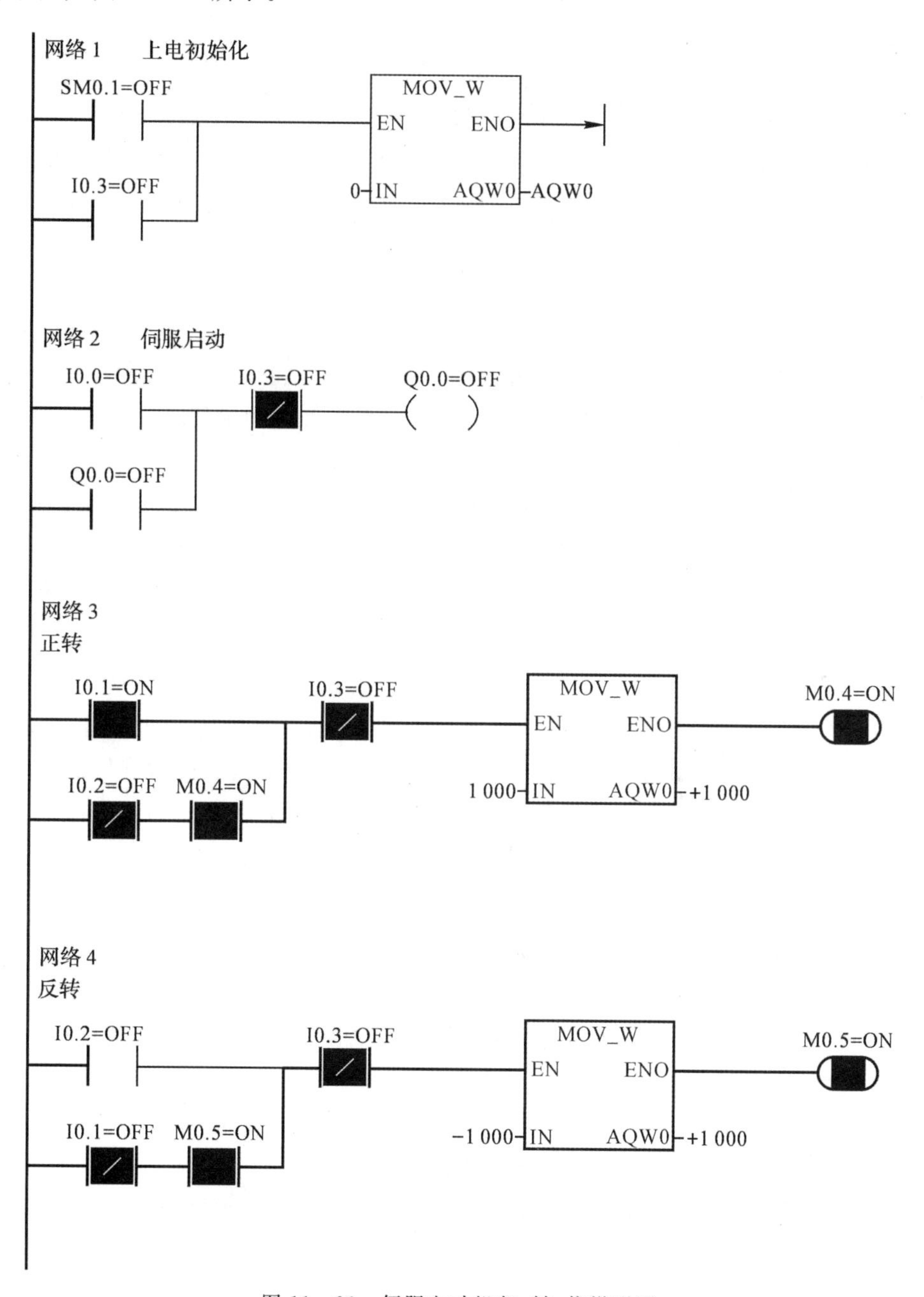

图 11－26　伺服电动机起、转、停梯形图

11.7 基于PLC的液位控制系统设计

11.7.1 控制系统要求

某水塔为居民供水，为保证水压不变，需保持液位为满液位的75%。因此需要用水泵供水，水泵由变频调速器驱动，液位通过漂浮在水面上的液位计检测。供水系统的起始工作状态为手动控制，当液位达到满液位的75%时，无扰动切换至PID控制变频调速器，从而控制水泵的转速及水压。

控制需求分析如下。

(1)由于需保持液位为满液位的75%，所以可知调节量为液位，给定量为满液位的75%。由于由水泵供水保持液位，所以控制量应为供水水泵的转速。

(2)液位的变化范围是满液位的0%～100%，水泵的转速是额定转速的0%～100%，因此液位跟水泵转速均为单极性信号。

(3)由于水塔里的水会随着居民的使用情况而减少，所以应选择PI控制。本例选择$K_c=0.25$，$T_S=0.1$ s，$T_I=30$ s。PID参数控制表存放在VB100开始的36个字节中。

11.7.2 控制系统主要电气元器件选型

1. 液位传感器

液位传感器是一种测量液位的压力传感器。其中静压投入式液位变送器(液位计)是基于所测液体静压与该液体的高度成比例的原理，采用国外先进的隔离型扩散硅敏感元件或陶瓷电容压力敏感传感器，将静压转换为电信号，再经过温度补偿和线性修正，转化成标准电信号(一般为4～20 mA/0～10 VDC)。在本次设计中选用此类型输出0～10 V电信号的液位传感器，如图11-27所示。

2. 变频器

变频器是应用变频技术与微电子技术，通过改变电动机工作电源频率方式来控制交流电动机的电力控制设备。较为常用的是西门子MM440变频器，如图11-28所示，将变频器设置为模拟量控制模式，其参数设定如下：

(1)将P1000设定为2，选择模拟量输入1口为控制信号；

(2)将P0700设定为2，选择端子排I/O口启用；

(3)将P0701设定为1，让数字输入口5为使能口，其为ON时变频器开始工作；

(4)将P0756设定为0，选择模拟量输入口接受单极性的电压信号；

(5)将P0757～P0761分别设定为0、0、100、10、0，设置输入的电压为0～10 V时变频器对应的频率为0～50 Hz；

(6)将P1080与P1082设定为0和50，可防止变频器输出的频率大于50 Hz；

(7)将P0305设定为0.3，使变频器输出最大电流为0.3 A。

图 11 - 27　液位传感器实物图

图 11 - 28　变频器实物图

11.7.3　PID 程序设计

程序的编写所使用的编程软件为西门子公司的 STEP7_Micro WIN。PID 程序设计有两种方法，其一为通过 PID 指令向导来完成，其二为使用 PID 功能块来进行程序设计。

1. 通过指令向导实现

仿真演示链接扫二维码  。打开 STEP 7_Micro WIN 软件，点击工具选择指令向导，得到如图 11 - 29 所示界面，在选项框中点击 PID，便进入了 PID 指令向导。在 S7 - 200 PLC 程序中最多只能有 8 条 PID 指令，在这里只有一个闭环系统，因此添加一个 PID 回路便可，如图 11 - 30 所示。

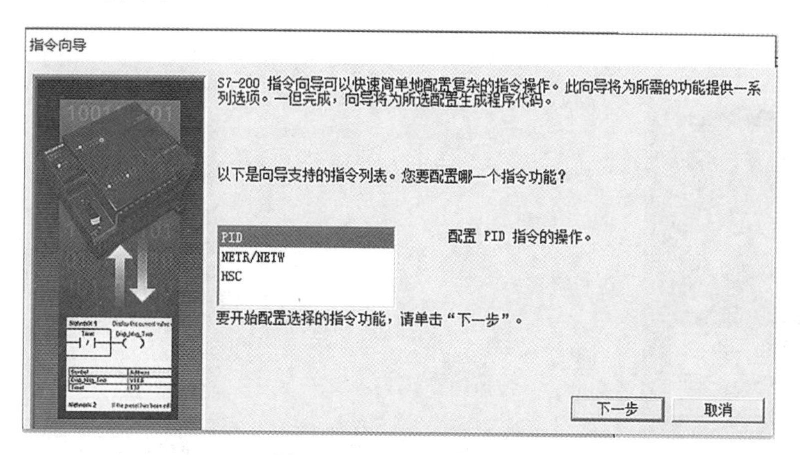

图 11 - 29　PID 配置图 1

根据要求，选择比例系数 $K_c=0.25$，采样时间 $T_S=0.1$ s，积分时间 $T_I=30$ s。在 PID 指令向导中将其设置为初始化参数。给定值范围的低限为 0.0，给定值范围的高限为 100.0，如图 11 - 31 所示。$K_c=0.25$，$T_S=0.1$ s，$T_I=30$ s。

由于液位计的输入电信号一般为正数(4～20 mA/0～10 VDC)，所以在回路输入选项的标定框中选择“单极性”，量程的默认范围为 0～32 000，将过程变量和回路输出的范围都设置为 0～32 000，如图 11－32 所示。

在回路报警选项中，勾选以上的三个选项将使程序具有报警功能，在本次设计中可以不必勾选，如图 11－33 所示。

软件自动分配地址用于存储控制回路操作的参数，在这里可以自己设定首地址，本次设计中将首地址改为 VB100，如图 11－34 所示。

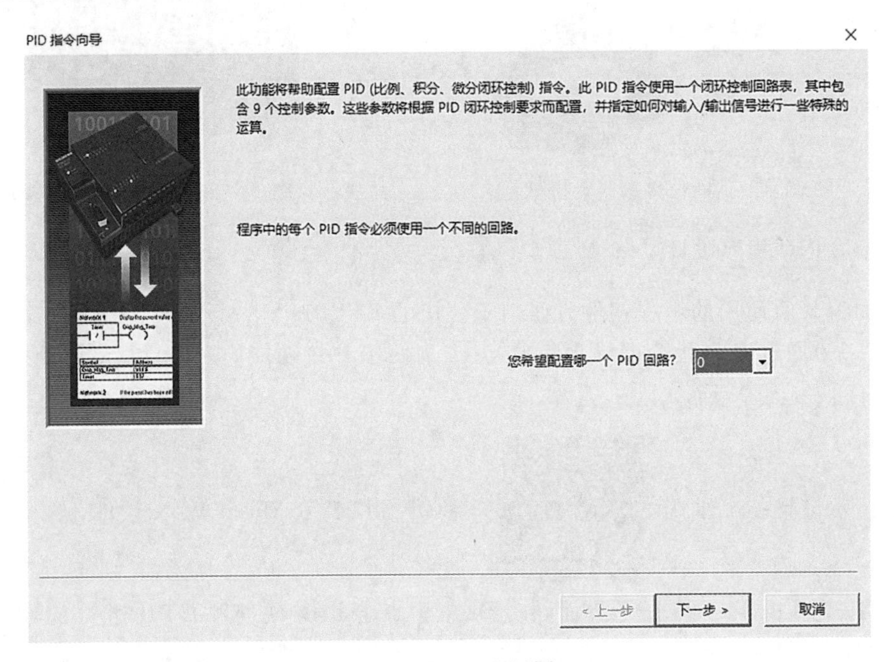

图 11－30　PID 配置图 2

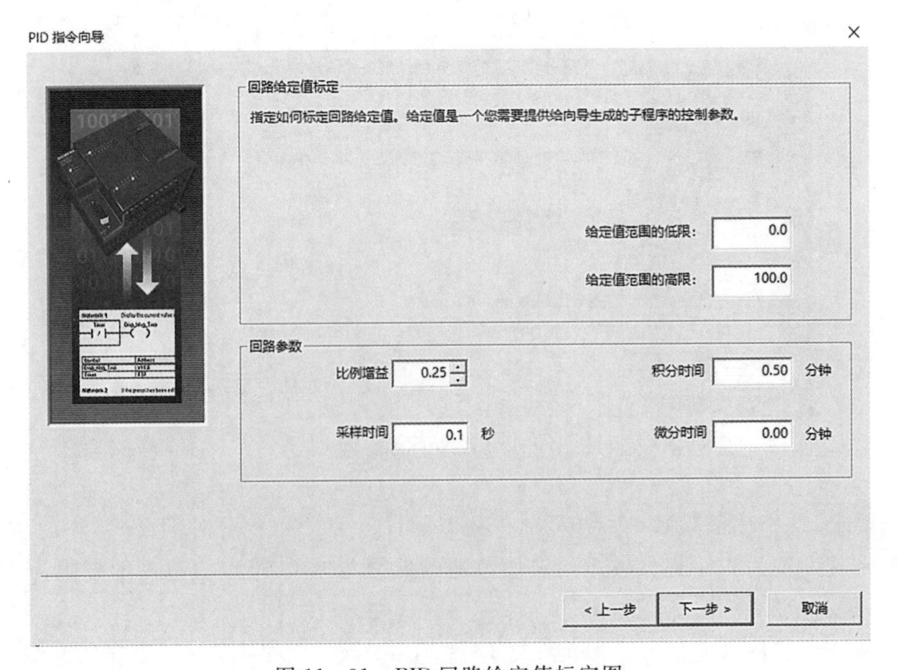

图 11－31　PID 回路给定值标定图

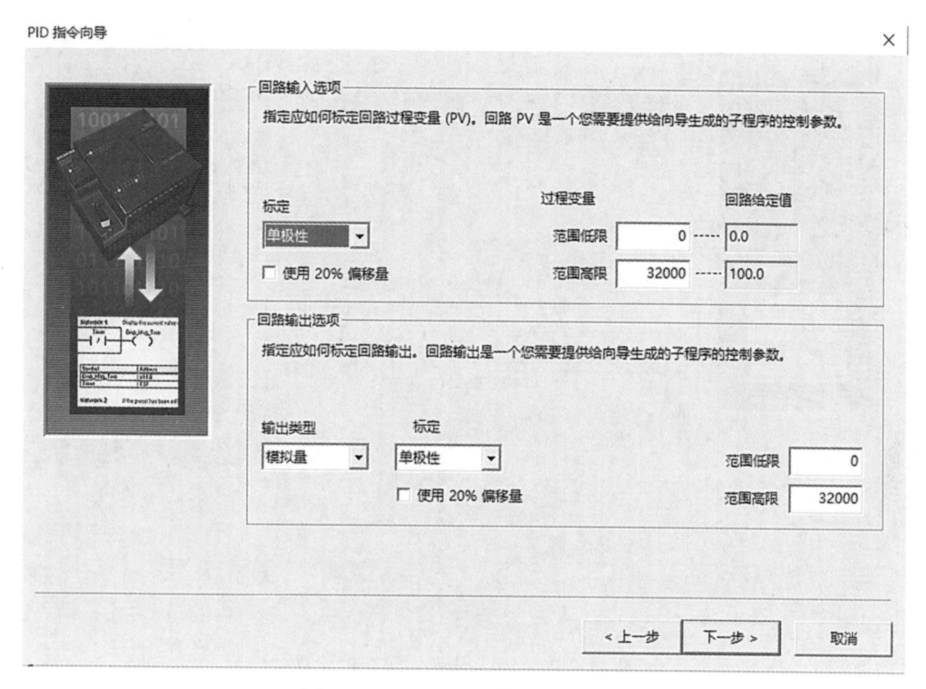

图 11－32　PID 回路输入选项图

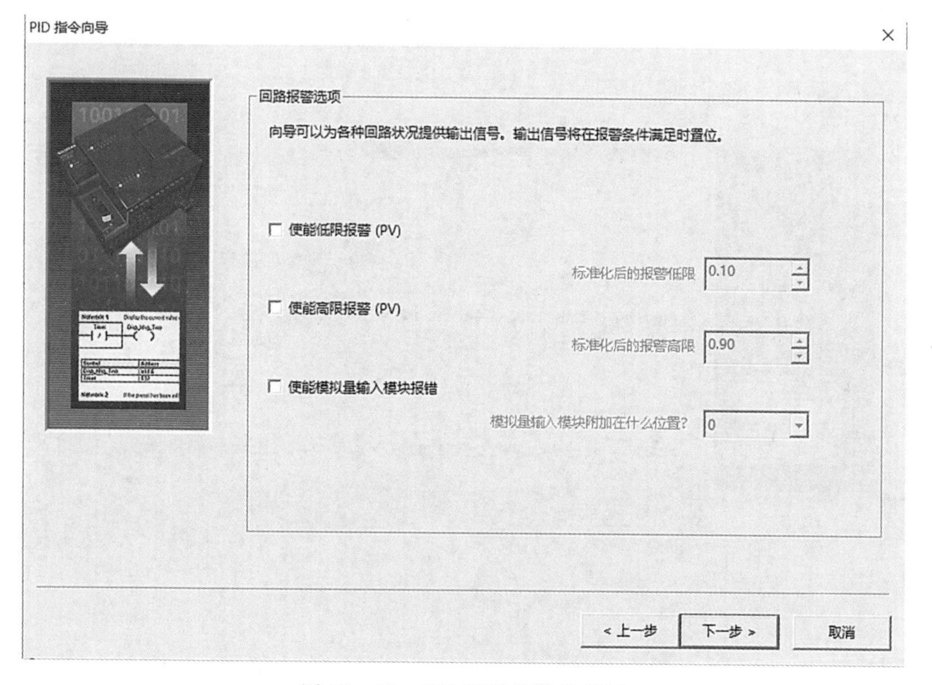

图 11－33　PID 回路报警选项图

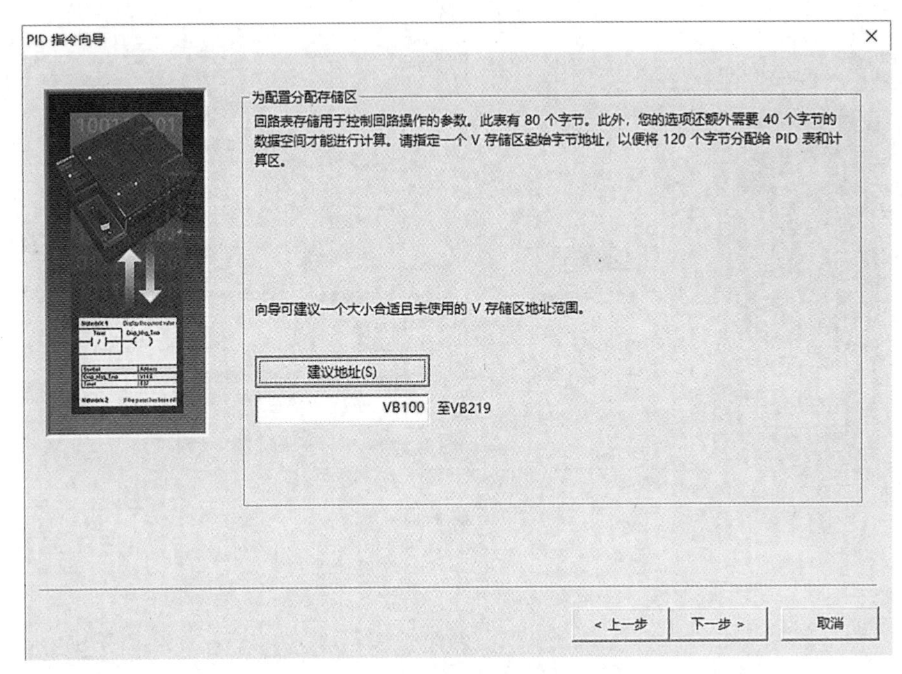

图 11－34　PID 回路分配存贮区图

选中增加 PID 手动控制，将会使 PID0_INIT 指令带有手动控制功能，如图 11－35 和图 11－36所示，向导生成全局符号表“PID0_SYM”(见图 11－37)，向导自动分配变量存储地址如图 11－38 所示。

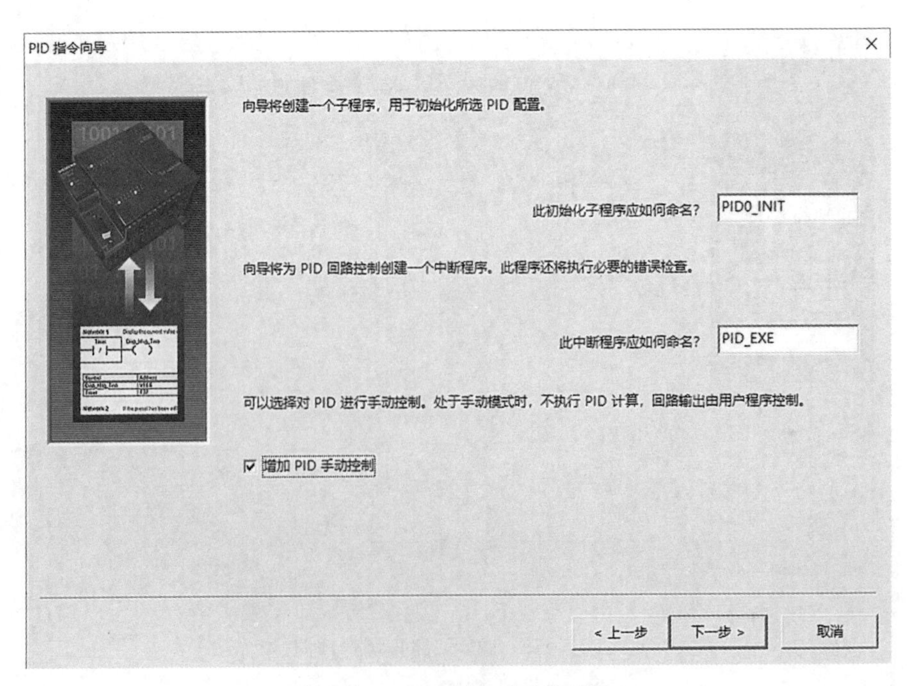

图 11－35　PID 回路手动选项图 1

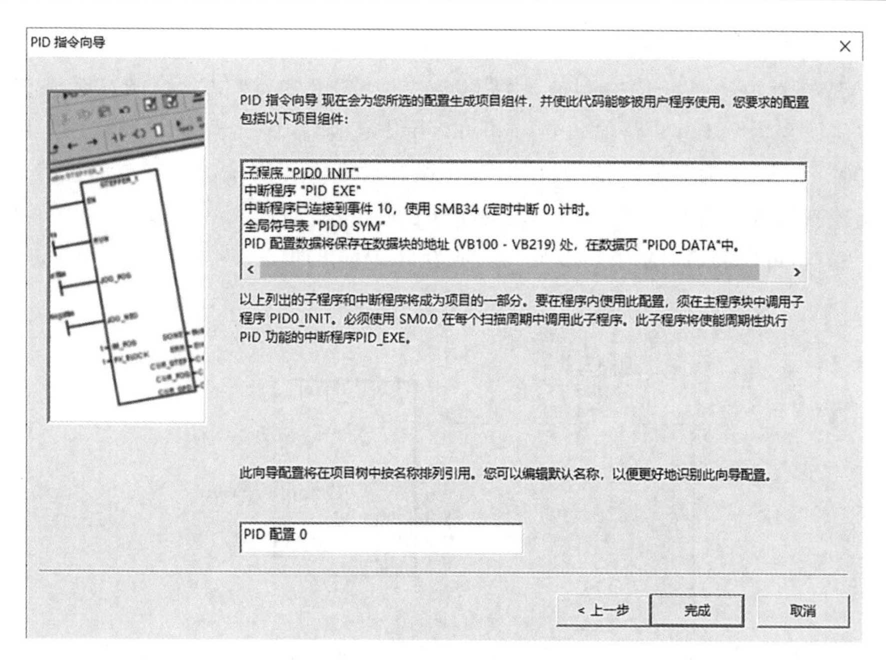

图 11－36 PID 回路手动选项图 2

项目1：新特性；CPU 221 REL 01.10；程序块；符号表（用户定义1、POU 符号、向导：PID0_SYM）；状态表；数据块；系统块；交叉引用；通信；向导；工具；指令

符号表

	符号	地址	注释
1	PID0_Mode	V182.0	
2	PID0_WS	VB182	
3	PID0_D_Counter	VW180	
4	PID0_D_Time	VD124	微分时间
5	PID0_I_Time	VD120	积分时间
6	PID0_SampleTime	VD116	采样时间（要修改请重新运行 PID 向导）
7	PID0_Gain	VD112	回路增益
8	PID0_Output	VD108	标准化的回路输出计算值
9	PID0_SP	VD104	标准化的过程给定值
10	PID0_PV	VD100	标准化的过程变量
11	PID0_Table	VB100	PID 0的回路表起始地址

图 11－37 PID 向导生成全局符号表“PID0_SYM”图

（使用 PID 向导自动生成全局符号表中参数不带下标“n”）

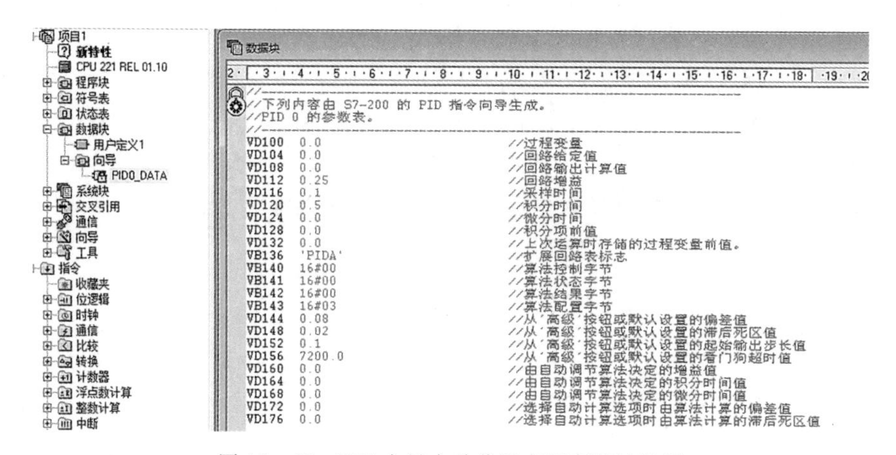

图 11－38 PID 向导自动分配变量存储地址图

通过 PID 指令向导可以生成一个 PID0_INIT 指令，通过这个指令可以完成转速的手动和自动控制，AIW0 存放的是液位检测值，由题目控制要求可知，液位要控制在满液位的 75%，所以将设定值设置为 75(由回路输入选项可知，当设定值为 0～100 的时候，过程变量对应的是 0～32 000)，当 I0.0 为 1 的时候为自动控制，通过设定值和液位计的检测值进行 PID 计算，AQW0 输出控制信号。当 I0.0 为 0 的时候为手动控制，将手动输入值设置为 0.5(手动输入值的范围是 0.0～1.0，可以按照需求自行改变)，对应着 AQW0 的值为 16 000，如图 11 - 39 所示。

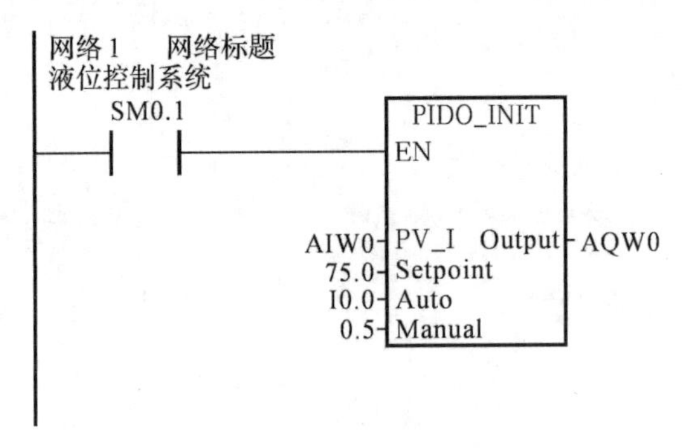

图 11 - 39　PID0_INIT 指令图

PID0_INIT 包含以下几项：

(1)PV_I：反馈值；

(2)Setpoint：设定值；

(3)Auto：手动/自动切换按钮；

(4)Manual：手动输入值；

(5)Output：输出值。

通过 PID 指令向导可以得到 PID0_INIT 这个指令，可以自动实现设定值，反馈值的归一标准化处理和输出值的工程量转化，能够完成 PID 的运算和手动/自动控制的切换，也可以使用"工具"中的 PID 调节控制面板功能，如图 11 - 40 和图 11 - 41 所示，便是通过 PID 调节控制面板来得到过程量、给定值和输出值的实时曲线。

如图 11 - 40 所示，在手动调节的时候，系统变为开环。过程量和给定值不起作用。它只和手动输入有关，手动输入直接作用于输出，当给定输出为 0.5 时，AQW0 输出 16 000。

如图 11 - 41 所示，在自动调节的时候，系统变为闭环，将过程量设置为 10 000，给定值大于过程量，输出值逐渐增大；将过程量设置为 24 000，给定值等于过程量，输出值稳定在某一值；将过程量设置为 30 000，给定值小于过程量，输出值逐渐减小。

通过 PID 指令向导可以使开发效率提高，程序结构更加简单，程序编写的工作量减小，因此对于 PLC 项目的开发具有很好的实用价值。

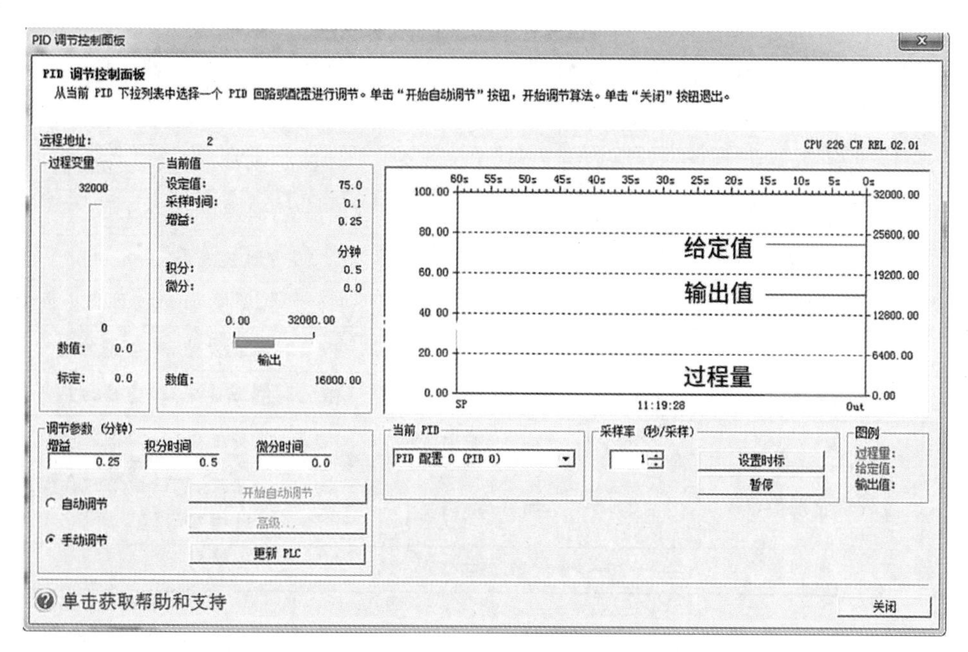

图 11－40　PID 调节控制面板手动调节图

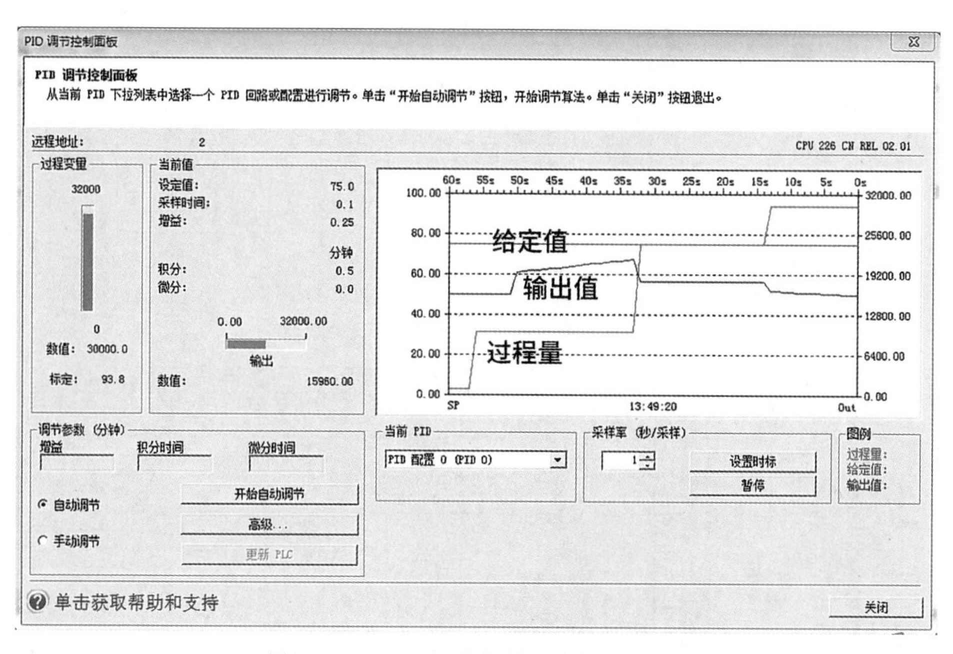

图 11－41　PID 调节控制面板自动调节图

2．通过 PID 指令的指令块实现

PID 指令也可以通过 PID 指令功能块来实现 PID 控制，PID 指令块通过 PID 回路表来交换数据，回路表是在 V 数据存储区中开辟的，长度为 80 个字节，其中最基本的是过程变量、设定值、输出、增益、采样时间、积分时间、微分时间、偏差和过程变量前值，见表 11－8。

表 11-8 PID 回路表

偏移量	域	格 式	类 型	描 述
0	过程变量(PV_n)	REAL	输入	过程变量,必须在 0.0~1.0 之间
4	设定值(SP_n)	REAL	输入	设定值,必须在 0.0~1.0 之间
8	输出(M_n)	REAL	输入/输出	输出值,必须在 0.0~1.0 之间
12	增益(K_c)	REAL	输入	增益是比例常数,可正可负
16	采样时间(T_S)	REAL	输入	采样时间,单位为秒,必须是正数
20	积分时间或复位(T_I)	REAL	输入	积分时间或复位,单位是分钟
24	微分时间或速率(T_D)	REAL	输入	微分时间或速率,单位是分钟
28	偏差(MX)	REAL	输入/输出	偏差,必须在 0.0~1.0 之间
32	过程变量前值(PV_{n-1})	REAL	输入/输出	包含最后一次执行 PID 指令时存储的过程变量值
36~79 保留给自整定变量				

根据 PID 回路表,在数据块中定义参数,并初始化,如图 11-42 和图 11-43 所示。

图 11-42 定义 PID 参数

	符号	地址	注释
1	PID0_PV	VD100	过程变量
2	PID0_SP	VD104	设定值
3	PID0_OUT	VD108	输出
4	PID0_P	VD112	增益
5	PID0_TS	VD116	采样时间(单位:秒)
6	PID0_I	VD120	积分时间(单位:分钟)
7	PID0_D	VD124	微分时间(单位:分钟)
8	手动自动按钮	I0.0	
9	启动按钮	I0.1	
10	紧急停止按钮	I0.2	
11	系统运行指示灯	Q0.0	
12	液位检测值	VD40	液位检测值
13	总输出	VD48	总输出
14	手动给定值	VD52	手动给的值
15	设定值	VD44	

图 11-43 用户自定义变量

3. PID 指令主程序

PID 指令主程序的主要功能是调用子程序、实现自动和手动无扰动切换和紧急停止,如图

11－44 所示。

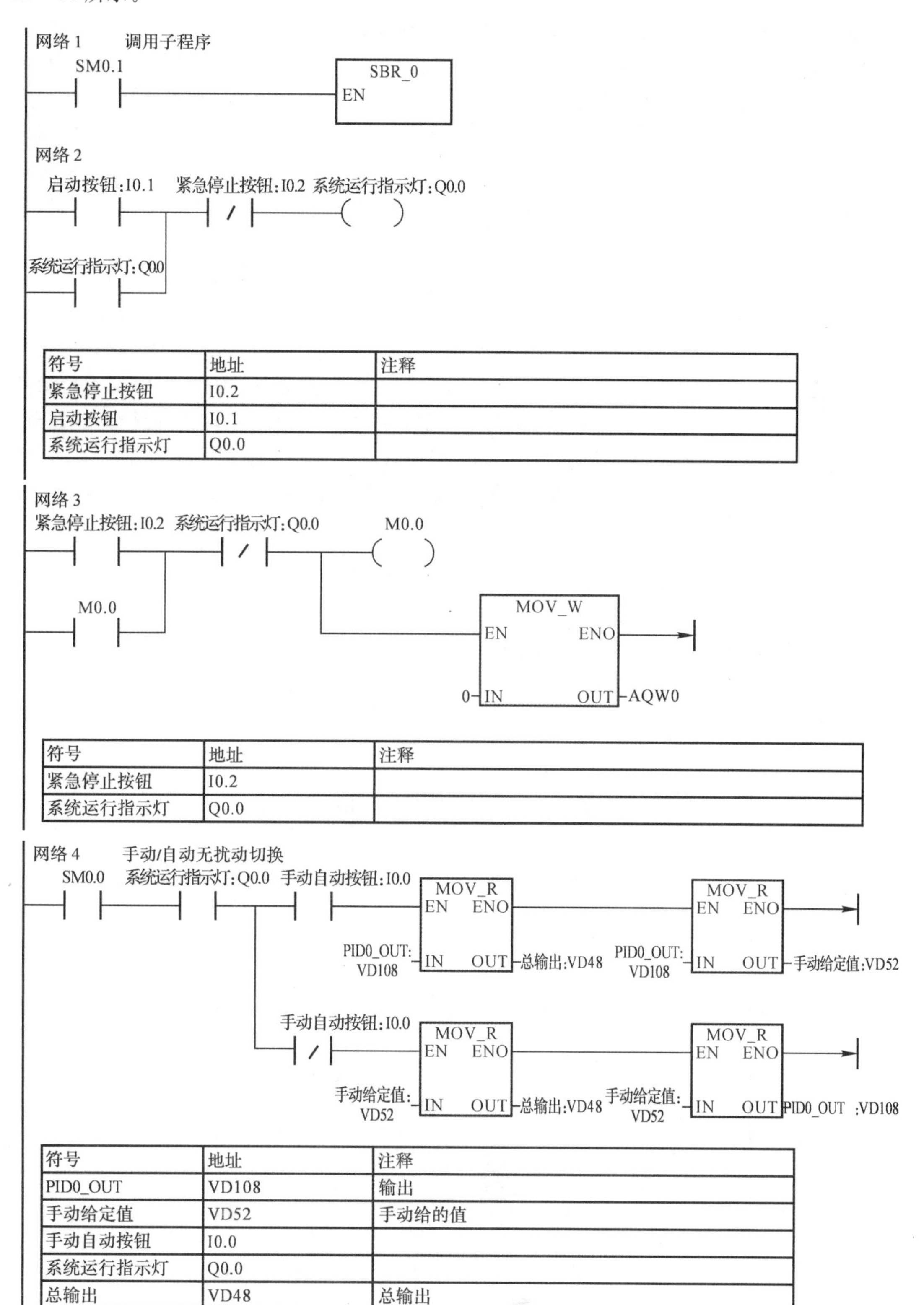

符号	地址	注释
紧急停止按钮	I0.2	
启动按钮	I0.1	
系统运行指示灯	Q0.0	

符号	地址	注释
紧急停止按钮	I0.2	
系统运行指示灯	Q0.0	

符号	地址	注释
PID0_OUT	VD108	输出
手动给定值	VD52	手动给的值
手动自动按钮	I0.0	
系统运行指示灯	Q0.0	
总输出	VD48	总输出

图 11－44　PID 指令主程序

网络 1:用来调用子程序,和子程序建立联系,上电初始化一次。

网络 2:按下启动按钮,系统运行灯点亮,表明系统正在运行。

网络 3:当遇到紧急情况,需要立即停止水泵的工作,这时按下紧急停止按钮,系统运行灯熄灭,整个 PID 系统停止工作,模拟量输出扩展模块输出为 0,变频器控制电机转速为 0。

网络 4:手动/自动控制的无扰动转化,这段程序的作用是:手动控制可以直接将手动输入值给输出,在手动控制过程中反馈断开,系统变为开环。当不需要精确的控制,或者系统需要迅速达到某个值的时候,可以使用手动控制。自动控制则是通过反馈信号进行 PID 控制,控制精度高。

根据设计要求,需要将水位控制在满液位的 75%,在系统启动的时候如果使用自动控制,通过 PID 会使控制信号从 0 开始增加,比较浪费时间。因此刚开始可以通过手动控制直接控制输出,这个值可以手动给定。按下启动按钮,设置手动给定值(VD52 可读可写,在状态表中可以根据需求自行设定,它的大小为 0.0~1.0),设定值的大小决定水泵的转速,在刚启动的时候尽量设置大一点,当水位接近满液位的 75%的时候,按下自动按钮,系统进行 PID 调节。当手动调节的时候将手动输入值给 PID 输出值,当自动调节的时候将 PID 输出值给手动输出值的作用是:防止转速产生较大的落差,手动/自动无扰动切换。

4. PID 指令子程序

PID 指令子程序的主要功能是定义 PID 参数并连接中断,如图 11-45 所示。

网络 1:是对 PID0_TS(采样时间)、PID0_P(比例系数)、PID0_I(积分时间)和 PID0_D(微分时间)进行设定,它们的值按照设计要求给定。

网络 2:设定中断时间为 50 ms,ATCH 指令是用来连接中断程序的。

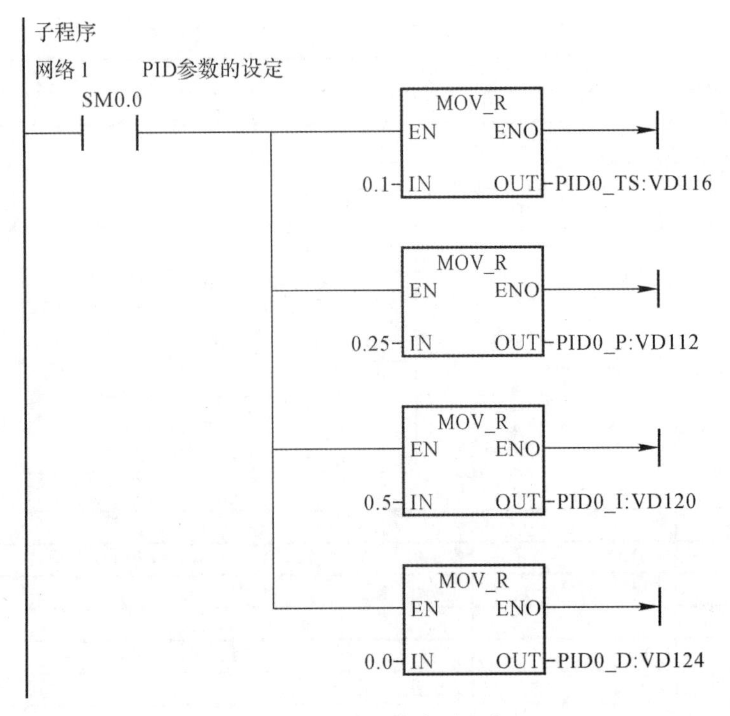

图 11-45　PID 指令子程序

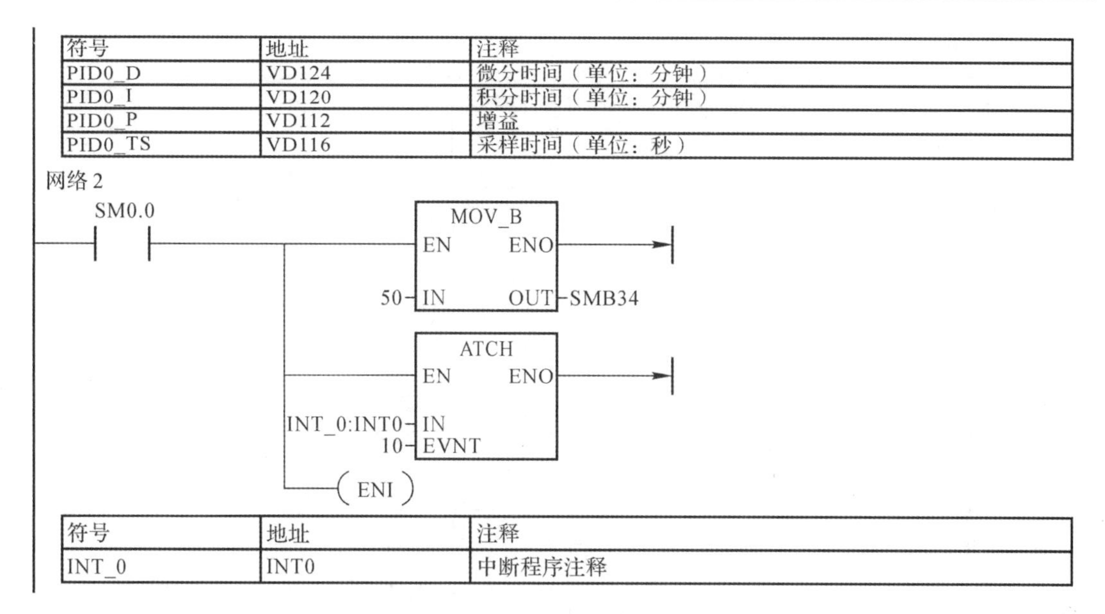

续图 11－45　PID 指令子程序

5. PID 指令中断程序

中断程序在 PID 程序设计中是非常重要的一个环节，中断的作用主要是采集和更新数据，因此在本次设计中，输入值的采集、设定值的给定、PID 运算和控制量输出等都是在中断程序中实现的。

通过 AIW0 和 AIW2 通道采集的过程变量换算方法参看第 8 章 8.2.1 节内容。此处标准化采用单极性方案，程序如图 11－46 所示。

网络 1：液位计采集的电信号（一般为 4～20 mA/0～10 VDC，在这里选择 0～10 VDC）进行归一化处理。AIW0 存放的是液位实际测量值，在送入 PID 模块中进行之前需要进行标准值的转化，首先将实际工程量（整数）转化为双整数，再将双整数转化为实数，再将其除以量程（32 000），加上偏移量（0），最后将地址中的值给 PID0_PV。

网络 2：对设定值进行归一化处理。根据设计要求，需要将水位控制在满液位的 75%，因此如果使用 0～10 V 的模拟量信号，需要将模拟量输入信号控制在 7.5 V 左右，AIW2 是设定值的通道，当输入信号为 7.5 V 的时候，AIW2 中的数值为 24 000。归一化处理的过程和网络 1 相同，最后将地址中的数值给 PID0_SP。

网络 3：将 PID 的输出通过归一化处理的逆运算得到按工程量标定的实数值，换算方法参看第 8 章 8.2.1 节内容。换算后将值送入模拟量输出通道 AQW0，经过模拟量输出扩展模块转化为电信号。

需要注意的是从实数转化为双整数，需要使用 ROUND 指令，将值四舍五入，从而去掉小数部分。

6. 硬件实现

通过程序经过模拟量输出扩展模块的 AQW0 通道，得到 0～10 V 的模拟量信号，将该信号控制变频器的频率，通过频率的改变来控制电机的转速。

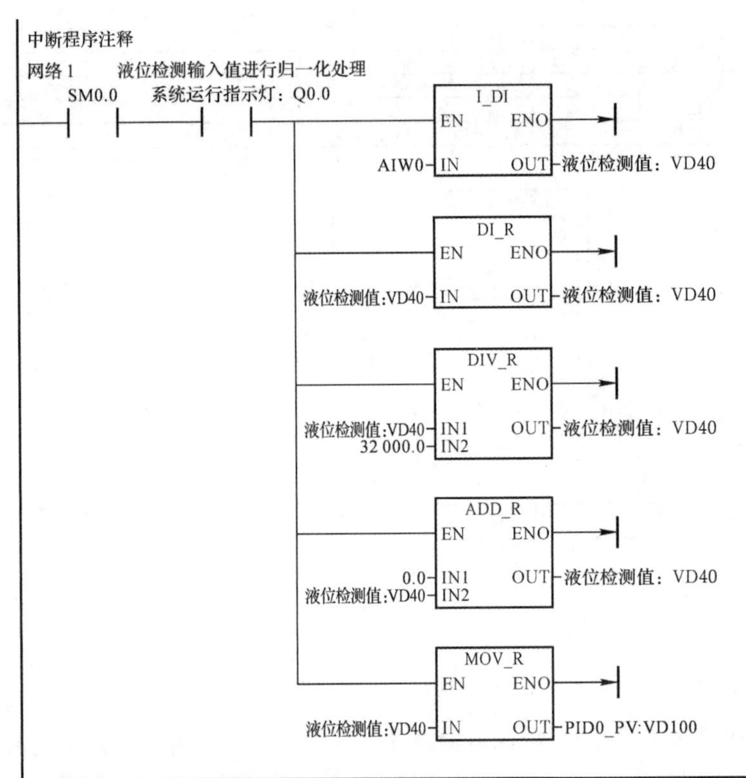

符号	地址	注释
PID0_PV	VD100	过程变量
系统运行指示灯	Q0.0	
液位检测值	VD40	液位检测值

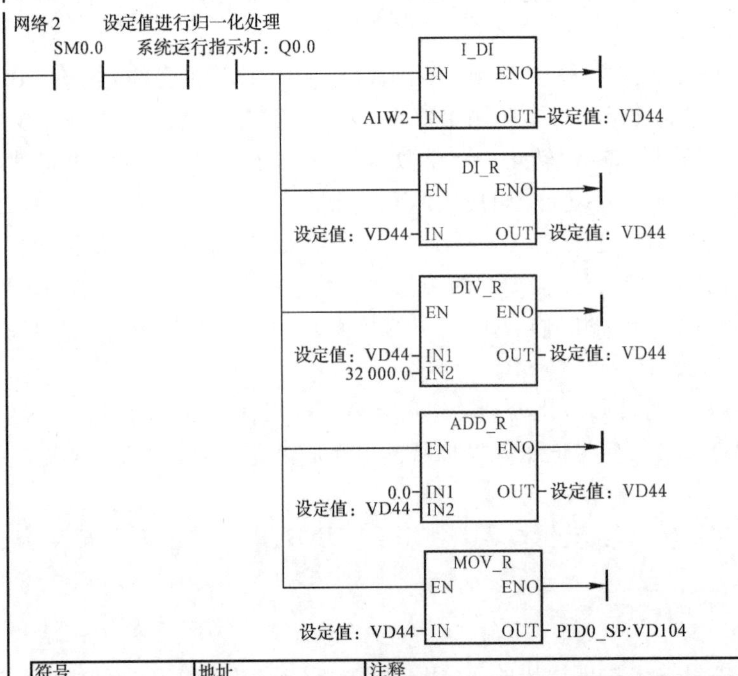

符号	地址	注释
PID0_SP	VD104	设定值
设定值	VD44	
系统运行指示灯	Q0.0	

图 11－46　PID 指令中断程序

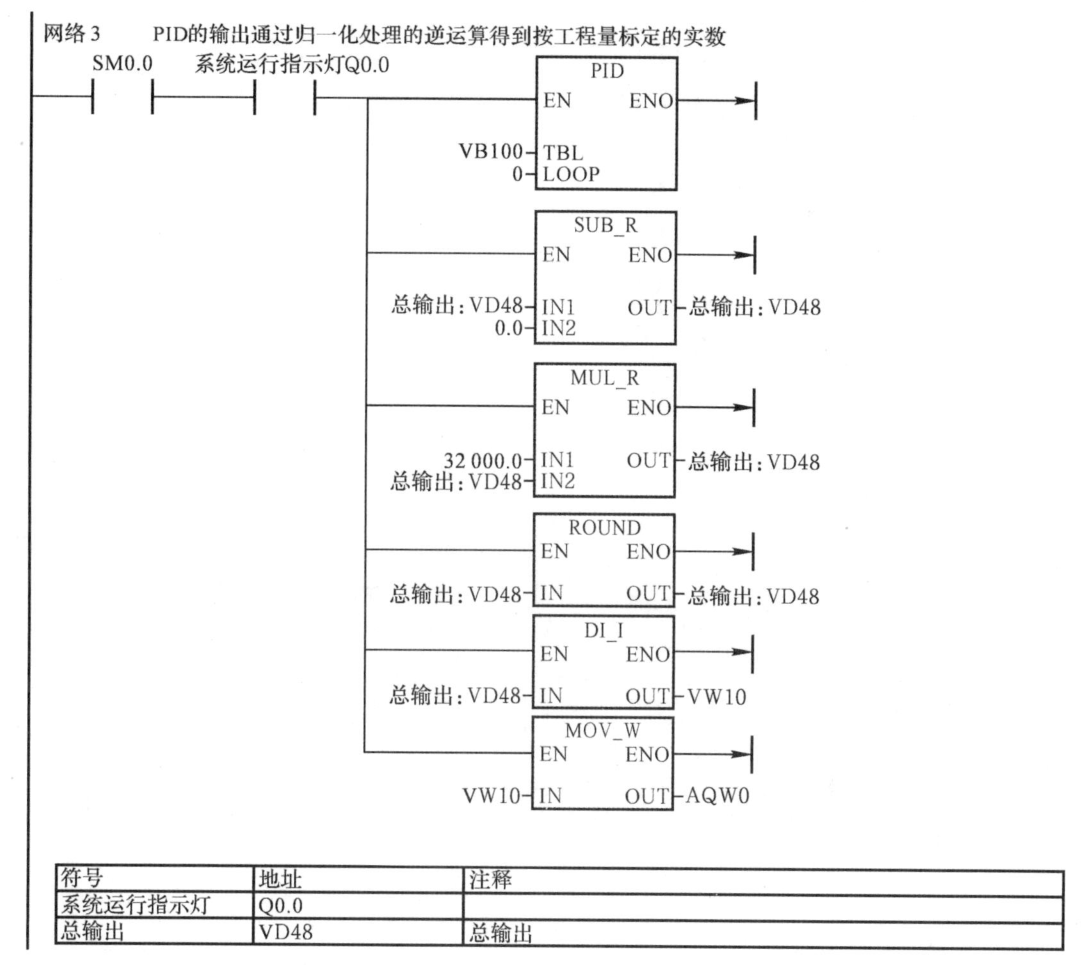

续图 11 - 46　PID 指令中断程序

把 AQW0 正输出口 V0 接变频器模拟量正输入的 3 口，AQW0 负输出口 M0 接变频器模拟量负输入的 4 口，变频器 9 口输出的 24 V 接到 5 口给变频器使能，U、V、W 接水泵。

硬件实现示意图如图 11 - 47 所示，仿真链接视频扫二维码  。

7. 基于 PLC 的高炉槽下液化站控制系统设计

实验演示链接扫二维码  。

8. 基于 PLC 的公交自动报站仪及显示系统设计与实现

实验演示链接扫二维码  。

9. 基于神经网络的 PID 单闭环温度控制系统设计与实现

实验演示链接扫二维码  。

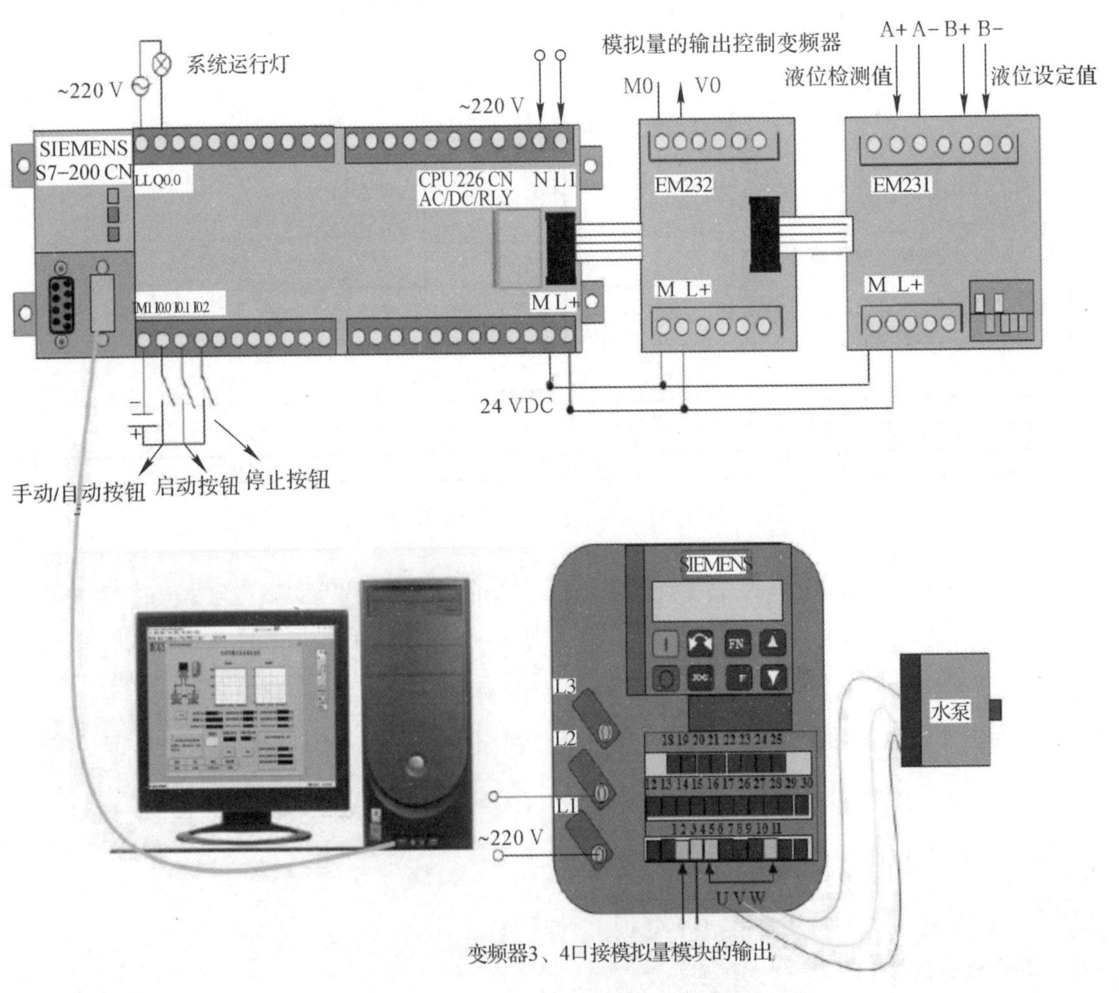

图 11-47 液位控制系统硬件连接示意图

11.8　基于 PLC 的单部四层客梯控制系统设计

11.8.1　单部四层客梯简介

单部四层电梯电气控制系统采用 PLC 和变频器 VVVF 控制，具有自动平层、自动开关门、顺向响应轿内外呼梯信号、直驶和电梯安全运行保护等功能，以及电梯停用、急停、检修、慢上、慢下、照明和风扇等特殊功能。变频器选用日本东芝 VFNC1S－2004P－W，作为 220 V 交流曳引电动机的调速装置。系统逻辑控制则由 1 个西门子 PLC S7－200 CPU226 继电器输出型 PLC 和 1 个 EM232 模拟量输出模块组成。

11.8.2　单部四层客梯的结构

单部四层升降式客梯结构包括电梯机房、井道、轿厢和门等部分，如图 11－48 所示。

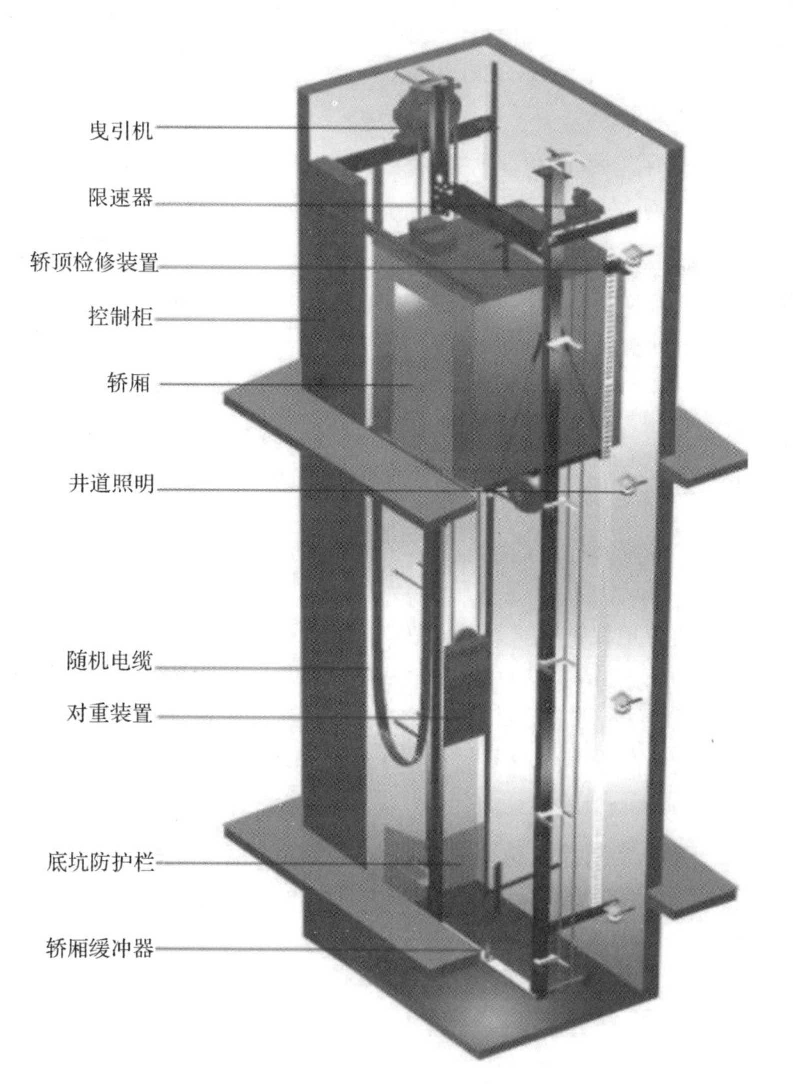

图 11－48　电梯侧面整机结构图

电梯机房里主要有曳引机(驱动电动机、制动器、减速箱、曳引轮、导向轮)、限速器和控制柜等部件;电梯井道里主要有轿厢、导轨、对重装置、缓冲器、限位开关、计数复位感应器和随机电缆等部件;轿厢上主要有操纵面板、轿内指层灯、自动门机、轿门、安全钳、导靴、照明和风扇等部件;电梯层门口主要有层门、门锁、层楼指示和召唤盒等部件。

11.8.3 单部四层客梯控制原理

1. 概述

四层单步电梯由乘客自己操作运行,电梯在每层分别设有一个向上或向下召唤按钮。轿厢操纵盒安装在电梯底座外部,设有与层站数相等的相应指令按钮。当进入轿厢的乘客按下指令按钮时,指令信号被登记,当等待在厅门外的乘客按下召唤按钮时,召唤信号被登记。电梯在向上运行的过程中按登记的指令信号和向上召唤信号逐一予以停靠,直至信号登记的最高层站,然后又反向向下运行,顺次响应向下指令及向下召唤信号予以停靠。每次停靠时,电梯自动进行减速、平层、开门。当乘客进出轿厢完毕后,又自行关门启动,直至完成最后一项工作。如有信号再出现,则电梯根据信号位置选择方向自行启动运行,若无工作指令,则轿厢停留在最后停靠的层楼。主程序流程图如图 11－49 所示。

2. 自动/手动工作状态的选择

在轿厢操纵盒上设有一个自动手动开关。当开关打到自动位置时,电梯将根据指令信号自动运行。当开关置于手动位置时,则电梯由专人操作运行或检修。

3. 自动开关门

(1)自动开门。当电梯慢速平层时,经过平层延迟后门机动作,自动开门,当门开到位时,门开到位开关动作,电动机停止。

(2)自动关门。电梯停靠楼层开门后,经过约 2 s 延时,门电动机向关门方向运转。当门关到位时,门关到位开关动作,门电动机停。

(3)提早关门。在一般情况下,电梯停靠站开门后约 2 s 后又自动关门。但当乘客按下关门按钮时电梯就立即关门。

(4)“开门”按钮。如电梯在关门时或闭合而未启动前需要再开启,则可按下开门按钮,重新开启门。

(5)安全触板和门力矩保护装置。当门在关闭过程中,如触及乘客或障碍物时,则门安全触板开关动作,门电动机反转,重新打开门。在关门或开门过程中,若门出现故障或其他原因而使门电动机转动力矩增大到一定限度时,力矩开关起作用,使门电动机停止运转。

(6)本层厅外开门。当轿厢停在某层且门关闭时,按下该层召唤按钮,则门将被打开。

4. 电梯的启动、加速和满速运行

电梯的启动由 PLC、变频器及电磁制动器共同控制。首先 PLC 根据指令信号确定上升(Q3.0 口输出)或下降(Q3.1 口输出)指令,然后将上升或下降及速度控制指令传递给变频器相应的正转(FDW)或反转(REV)及预置速度(S1、S2),并将开闸指令传递给电磁制动器使制动器抱闸松开。变频器经过内部设定预置速度控制电梯的启动、加速及满速运行。

5. 电梯楼层的定位

电梯楼层的定位由 PLC 的高速计数端口采集与曳引轮相连的旋转编码器的脉冲信号及

轿厢所在位置决定。也就是当轿厢运行到某楼层的层门槛处时，记下此时旋转编码器的脉冲数，作为此楼层的定位脉冲数。

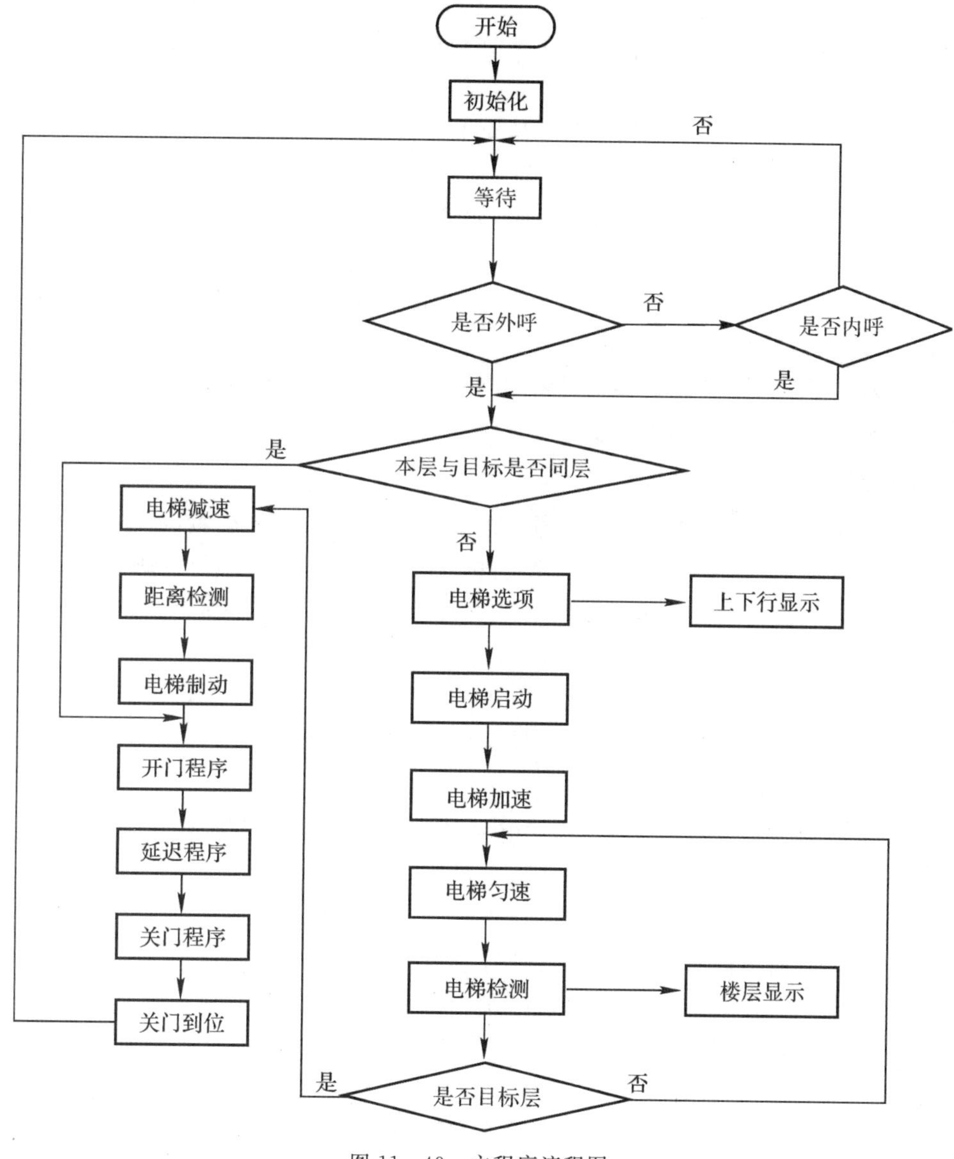

图 11－49　主程序流程图

6．电梯的停站、减速和平层

当电梯达到要停靠的层站时（设电梯向上运行），由 PLC 经过判断此楼层符合，则当旋转编码器的计数脉冲数处于此层的减速脉冲区域时，PLC 慢速信号输出至变频器 S1，则变频器按减速到慢行速度，轿厢继续上升，编码器脉冲数继续增加至此层的平层段，经过平层延时调整（使电梯准确对准平层），曳引电动机停止，制动器抱闸，平层延迟完毕，轿厢停止运行。

7．电梯停站信号的发生以及信号的登记和消除

（1）指令信号停站。无论电梯上行或下行时，按下轿厢内指令按钮，则指令信号被登记，并

储存了停层信号。当停站后，此指令信号消除。

(2)顺向召唤停站。在电梯运行中，顺向按下楼层的召唤按钮，信号被登记并储存停层信号，而逆向按下的召唤按钮则不被登记，同时也不储存其停层信号。

1)顺向向上召唤停站。如：当轿厢从 2 楼向上运行时，若 3 楼有召唤信号，则当轿厢到达 3 楼时，电梯平层停站。同时此召唤信号消除。

2)顺向向下召唤停站。如：当轿厢从 3 楼向下运行时，若 2 楼有召唤信号，则当轿厢到达 2 楼时，电梯平层停站。同时此召唤信号消除。

(3)最高层向下召唤停站。当轿厢上行时，如最高层信号是 4 楼向下召唤。当轿厢到达 4 楼时停站，召唤信号消除。

(4)最底层向上召唤停站。当轿厢下行时，如最底层信号是 1 楼向上召唤。当轿厢到达 1 楼时停站，召唤信号消除。

(5)电梯直驶状态下的停层。当电梯轿厢满载时，按下直驶开关，则电梯只响应轿厢内指令信号按钮停层，不响应楼层召唤信号。

8. 电梯行驶方向的保持和改变

(1)召唤记忆灯。由 PLC 根据召唤信号或指令信号与轿厢的相对位置，经过逻辑判断决定。如：轿厢在 3 楼，若 2 楼有召唤指令，则电梯将下行；反之，若 4 楼召唤，则电梯将上行。

(2)运行方向的保持。当电梯上行时，指令信号、向上召唤信号和最高层向下召唤信号首先逐一地被执行。当电梯执行这个方向的最后一个指令而停靠时，这时如有乘客进入轿厢，则其指令信号可优先决定电梯的运行方向。当电梯门关闭后如无向上指令出现，但下方有召唤信号时，则电梯反向下行，逐一应答被登记的向下召唤指令信号。

9. 音响信号及指示灯

(1)召唤记忆灯。当召唤按钮按下后，其信号被登记，同时其记忆灯被接通点亮，当其信号指令被执行后，记忆灯熄灭。

(2)门外指层灯和轿厢内指层灯。电梯厅门外和轿厢操纵盒上设有方向箭头指示灯及指层灯，表示电梯的运行方向和轿厢所在的楼层。

(3)到站钟铃。当轿厢到达适合楼层时，到站钟铃提示到站平层。

(4)数码显示控制原理。由于给定的数码管输出数量为 7 个，所以为了节省 PLC 接线端子，此处选用适合 PLC 驱动的 24 V(8421BCD 数码管)作为楼层显示，具体见表 11－9。

表 11－9　单部四层客梯七段码表数据表

数据输入	LED 显示	数据输入	LED 显示
8 4 2 1		8 4 2 1	
0 0 0 0	0	0 1 0 1	5
0 0 0 1	1	0 1 1 0	6
0 0 1 0	2	0 1 1 1	7
0 0 1 1	3	1 0 0 0	8
0 1 0 0	4	1 0 0 1	9

8421BCD 数码管工作原理显示图如图 11 - 50 所示，此处将四位输入分别接入 PLC 输出端口 Q2.0、Q2.1 和 Q2.2(由于数码管只用显示 0～4，所以只接三个端口即可)。当电梯的定位感应器定位轿厢位置在一楼时 M0.1=1，通过 PLC 内部程序使 Q2.0=1，即数码管显示数字为 1，即 b、c 段亮，表示轿厢所处位置在 1 楼。当电梯的定位感应器定位轿厢位置在二楼时 M0.2=1，通过 PLC 内部程序使 Q2.1=1，即数码管显示数字为 2，即 a、b、d、e、g 段亮，表示轿厢所处位置在 2 楼，以此类推，电梯位置信号 M0.1～M0.4 可以通过数码管显示 1～4 层电梯的层数。

10. 电梯的安全保护

电梯的安全保护有超速安全保护(涉及限速器、限速开关、电磁制动器等)，轿厢、对重用弹簧缓冲装置(涉及缓冲器等)，门安全触板保护装置(涉及装在轿厢门上微动开关)，门机力矩安全保护装置(涉及与之相连的行程开关)，厅门自动闭合装置(涉及轿门电气联锁触头等)和终端极限开关安全保护(涉及电梯井道顶部及底部的终端极限开关等)共 6 种保护。

11. 电梯轿厢内照明及排风

轿厢的侧壁上装有照明灯和排风扇，其对应控制开关在轿厢操纵盒上，其电路独立，不受 PLC 控制。

12. 电梯的紧急停车

轿厢内操纵盒上设有急停开关，当电梯发生意外情况时，按下急停开关，电梯紧急制动，停止运行。

13. 电梯初始化

在电梯运行前，为了让程序识别出电梯轿厢的位置及电梯的工作状态，需要进行电梯初始化操作。此处选择初始化楼层为一楼，初始化方向为向下方向，如图 11 - 51 所示。

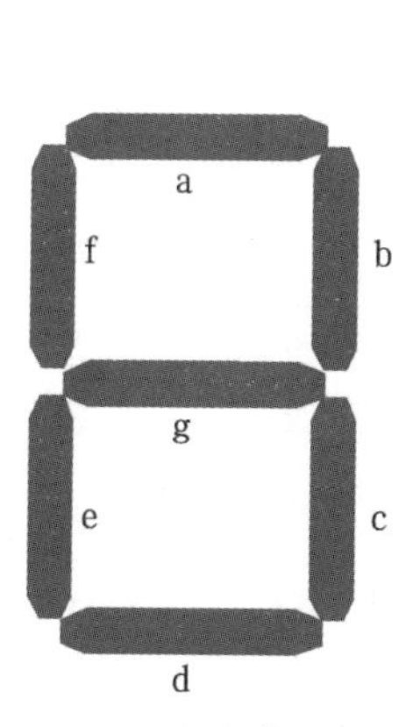

图 11 - 50　七段数码管显示

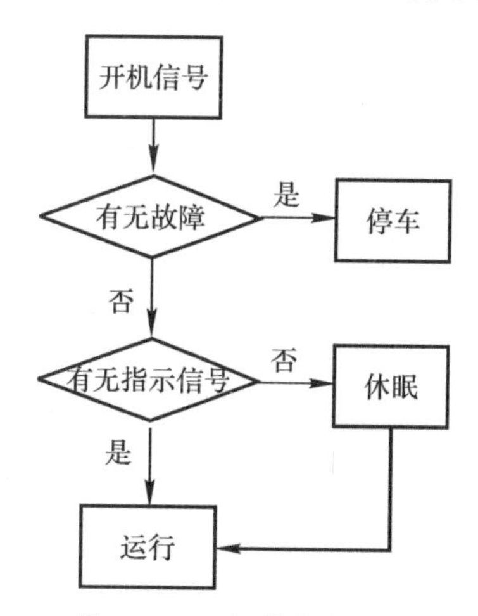

图 11 - 51　初始化流程图

14. 电梯信号处理原则

根据最早登记的信号(指令信号、呼梯信号)决定电梯的上行或下行，关门未到位禁止运行，满足首个信号确定方向后，电梯运行过程中同向信号先执行，反向信号后执行(暂时记忆)，一个方向执行结束后才换向执行反向信号。即电梯在上行时，优先服务上行信号；电梯在下行时，优先服务下行信号。

同向截车,如 1 楼至 4 楼中间遇到既有 3 楼上行的呼梯信号,也有 2 楼下行的信号,则 2 楼的下行信号先记忆。顺序是 1 楼→3 楼→4 楼→2 楼→1 楼。如图 11－52 所示。

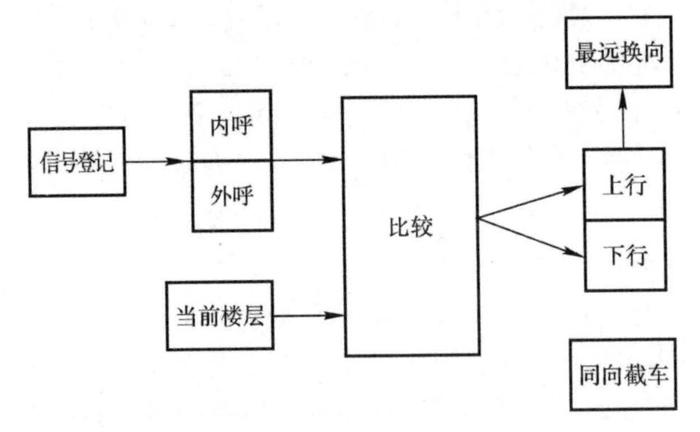

图 11－52　信号处理原则框图

15. 开关门逻辑控制

开、关门控制,到达某一层响应了该层的信号要求,则开门到位 3 s 后关门,关门指示灯闪烁,当长按开门按钮则开门等待(轿门自动打开),或遇到红外光幕信号未响应、超重感应器动作则开门等待。

自动状态下,在保持开门状态时,可以按关门按钮使门立即响应关门动作。电梯停在门区时,可以在轿厢中按开门按钮使电梯已经关闭或尚未关闭的门重新打开。

开门等待信号关闭 3 s 后关门电梯未启动且门已关上或正在关闭时,如果本层召唤按钮被按下,则电梯门打开。如果按住按钮不放,门保持打开。开、关门逻辑流程图如图 11－53 所示。

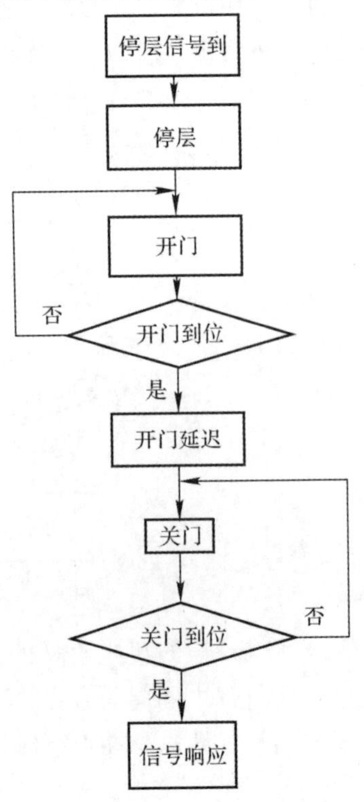

图 11－53　开、关门逻辑流程图

11.8.4　单部四层客梯控制系统 I/O 设计与端子接线

电梯的 PLC 采用西门子公司的 S7-200 系列 CPU226 继电器输出型(24 点输入,16 点输出)PLC。I/O 地址分配见表 11-10。

表 11-10　单部四层客梯 I/O 地址分配表

输　入		输　出		中间继电器	
元器件名称	地　址	元器件名称	地　址	元器件名称	地　址
定位感应器 BG1	I0.2	一楼外呼梯指示上呼灯 PG1	Q0.0	电动机静止	M0.0
开门按钮 SF1	I0.3	二楼外呼梯指示上呼灯 PG2	Q0.1	电梯在一楼	M0.1
关门按钮 SF2	I0.4	二楼外呼梯指示下呼灯 PG3	Q0.2	电梯在二楼	M0.2
一楼上外呼按钮 SF3	I0.5	三楼外呼梯指示上呼灯 PG4	Q0.3	电梯在三楼	M0.3
二楼上外呼按钮 SF4	I0.6	三楼外呼梯指示下呼灯 PG5	Q0.4	电梯在四楼	M0.4
二楼下外呼按钮 SF5	I0.7	四楼外呼梯指示下呼灯 PG6	Q0.5	开门辅助继电器	M1.1
三楼上外呼按钮 SF6	I1.0	报警铃响 PB1	Q0.6	关门辅助继电器	M1.2
三楼下外呼按钮 SF7	I1.1	开门指示 PG7	Q0.7	外呼选向条件	M1.3
四楼下外呼按钮 SF8	I1.2	开门继电器 QA1	Q1.0	门锁信号	M1.4
慢上按钮 SF9	I1.4	关门继电器 QA2	Q1.1	停止辅助继电器	M1.5
慢下按钮 SF10	I1.5	上行指示(外呼)PG8	Q1.2	初始化中间继电器	M1.7
一楼内呼按钮 SF11	I1.7	下行指示(外呼)PG9	Q1.3	上行辅助继电器	M2.0
二楼内呼按钮 SF12	I2.0	一楼内呼按扭显示灯 PG10	Q1.4	下行辅助继电器	M2.1
三楼内呼按钮 SF13	I2.1	二楼内呼按扭显示灯 PG11	Q1.5	下呼上行辅助继电器	M2.2
四楼内呼按钮 SF14	I2.2	三楼内呼按扭显示灯 PG12	Q1.6	上呼下行辅助继电器	M2.3
开门到位 BG2	I2.3	四楼内呼按扭显示灯 PG13	Q1.7	二楼上行反向信号	M2.4
关门到位 BG3	I2.4	一楼和三楼指示灯 PG14	Q2.0	三楼上行反向信号	M2.5
报警按钮 SF15	I3.0	二楼和三楼指示灯 PG15	Q2.1	四楼上限位反向信号	M2.6
初始化按钮 SF16	I3.2	四楼指示灯 PG16	Q2.2	二楼下行反向信号	M2.7
		电机启动 QA3	Q2.5	三楼下行反向信号	M3.0
		上行接触器 QA4	Q3.0	四楼下行反向信号	M3.1
		下行接触器 QA5	Q3.1	慢上辅助继电器	M3.2
		抱闸 MB1	Q3.4	慢下辅助继电器	M3.3

单步四层客梯 PLC 端子接线图如图 11-54 所示。

说明:图 11 - 54 为实物接线图,因图幅限制,个别未用位未画出。

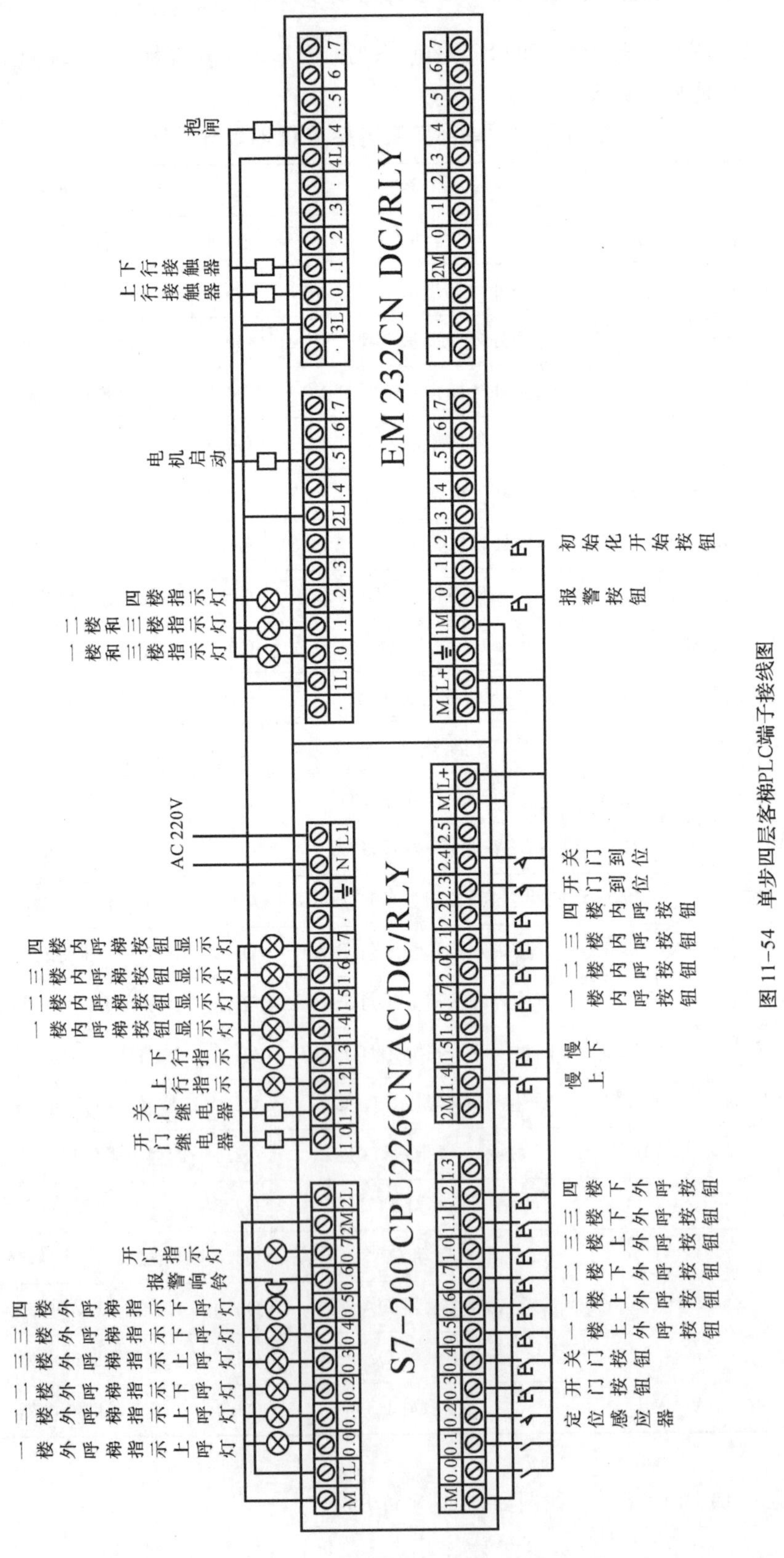

图 11-54 单步四层客梯PLC端子接线图

11.8.5　单部四层客梯控制系统程序设计

单部四层客梯控制程序由主程序 MAIN、子程序 SBR_0、高速计数器中断程序 HSC_INIT 和速度编码器计数子程序 COUNT_EQ 共四部分组成。其中主程序 MAIN 主要进行子程序调用、完成电梯初始化功能，用来确定电梯重新正常工作；然后接受各层发布的上行或下行信号，通过 PLC 控制电梯动作，进行信号响应，完成加速、停靠、减速、平层、开门和关门等动作，如有信号再出现，则电梯根据信号位置选择方向自行启动运行。若无工作指令，则轿厢停留在最后停靠的层楼。子程序 SBR_0 实现上电初始化调用子程序。高速计数器中断程序 HSC_INIT 实现高速计数器参数设置并开中断。速度编码器计数子程序 COUNT_EQ 实现速度编码器参数设置。

(1)主程序 MAIN 如下所示。

```
网络 1      高速计数器
LD          SM0.1
CALL        SBR_0:SBR0

网络 2      初始化开始
LD          I3.2        //初始化开始按钮
S           M1.7,1      //初始化中间继电器

网络 3      初始化结束
LD          I0.2        //定位感应器
R           M1.7,1      //初始化中间继电器

网络 4      初始化楼层
LD          I3.2        //初始化开始按钮
MOVW        1,C1

网络 5      楼层计数
LDD>=       HC0,4500
AD<=        HC0,4700
LDD>=       HC0,12560
AD<=        HC0,12760
OLD
LDD>=       HC0,20500
AD<=        HC0,20700
OLD
A           Q3.0        //上行接触器
AN          M1.7        //初始化中间继电器
EU
LDD>=       HC0,4500
AD<=        HC0,4700
LDD>=       HC0,12560
AD<=        HC0,12760
OLD
LDD>=       HC0,20500
AD<=        HC0,20700
OLD
A           Q3.1        //下行接触器
AN          M1.7        //初始化中间继电器
EU
LD          M4.0
CTUD        C1,5

网络 6      一楼和三楼楼层指示
LDW=        C1,1
OW=         C1,3
=           Q2.0        //一楼和三楼指示灯

网络 7      二楼和三楼楼层指示
LDW=        C1,2
OW=         C1,3
=           Q2.1        //二楼和三楼指示灯

网络 8      四楼楼层指示
LDW=        C1,4
=           Q2.2        //四楼指示灯

网络 9      电梯位置在一楼
LDD=        HC0,0
OW=         C1,1
S           M0.1,1      //电梯在一楼
R           M0.2,3      //电梯在二楼
```

```
网络 10    电梯位置在二楼
LDD=       HC0,4600
OW=        C1,2
R          M0.1,1 //电梯在一楼
S          M0.2,1 //电梯在二楼
R          M0.3,2 //电梯在三楼

网络 11    电梯位置在三楼
LDD=       HC0,12660
OW=        C1,3
R          M0.1,2 //电梯在一楼
S          M0.3,1 //电梯在三楼
R          M0.4,1 //电梯在四楼

网络 12    电梯位置在四楼
LDD=       HC0,20600
OW=        C1,4
R          M0.1,3 //电梯在一楼
S          M0.4,1 //电梯在四楼

网络 13    判断电梯状态
LDN        Q3.0    //上行继电器
AN         Q3.1    //下行继电器
=          M0.0    //电动机静止

网络 14
LD         SM0.0
AW=        C1,3
A          I3.2
=          M15.0

网络 15    一楼外呼梯指示上呼灯
LD         I0.5    //一楼上外呼按钮
AN         M0.1    //电梯在一楼
LD         M0.1    //电梯在一楼
A          M1.2    //关门辅助继电器
O          I3.2    //初始化开始按钮
NOT
A          Q0.0    //一楼外呼梯指示上呼灯
OLD
=          Q0.0    //一楼外呼梯指示上呼灯

网络 16    二楼外呼梯指示上呼灯
LD         I0.6    //二楼上外呼按钮
AN         M0.2    //电梯在二楼
LD         M0.2    //电梯在二楼
A          M0.0    //电动机静止
AN         Q1.3    //下行指示(外呼)
AN         Q3.0    //上行接触器
A          M1.2    //关门辅助继电器
O          I3.2    //初始化开始按钮
NOT
A          Q0.1    //二楼外呼梯指示上呼灯
OLD
=          Q0.1    //二楼外呼梯指示上呼灯

网络 17    二楼外呼梯指示下呼灯
LD         I0.7    //二楼下外呼按钮
AN         M0.2    //电梯在二楼
LD         M0.2    //电梯在二楼
A          M0.0    //电动机静止
AN         Q1.2    //上行指示(外呼)
AN         Q3.1    //下行接触器
A          M1.2    //关门辅助继电器
O          I3.2    //初始化开始按钮
NOT
A          Q0.2    //二楼外呼梯指示下呼灯
OLD
=          Q0.2    //二楼外呼梯指示下呼灯

网络 18    三楼外呼梯指示上呼灯
LD         I1.0    //三楼上外呼按钮
AN         M0.3    //电梯在三楼
LD         M0.3    //电梯在三楼
A          M0.0    //电动机静止
AN         Q1.3    //下行指示(外呼)
AN         Q3.0    //上行接触器
A          M1.2    //关门辅助继电器
O          I3.2    //初始化开始按钮
NOT
A          Q0.3    //三楼外呼梯指示上呼灯
OLD
=          Q0.3    //三楼外呼梯指示上呼灯

网络 19    三楼外呼梯指示下呼灯
LD         I1.1    //三楼下外呼按钮
AN         M0.3    //电梯在三楼
```

```
LD      M0.3    //电梯在三楼
A       M0.0    //电动机静止
AN      Q1.2    //上行指示(外呼)
AN      Q3.1    //下行接触器
A       M1.2    //关门辅助继电器
O       I3.2    //初始化开始按钮
NOT
A       Q0.4    //三楼外呼梯指示下呼灯
OLD
=       Q0.4    //三楼外呼梯指示下呼灯
网络 20         四楼外呼梯指示下呼灯
LD      I1.2    //四楼下外呼按钮
AN      M0.4    //电梯在四楼
LD      M0.4    //电梯在四楼
AN      Q3.1    //下行接触器
A       M1.2    //关门辅助继电器
O       I3.2    //初始化开始按钮
NOT
A       Q0.5    //四楼外呼梯指示下呼灯
OLD
=       0.5     //四楼外呼梯指示下呼灯
网络 21         一楼内呼按扭显示灯
LD      I1.7    //一楼内呼按钮
AN      M0.1    //电梯在一楼
LD      M0.1    //电梯在一楼
A       M0.0    //电动机静止
A       M1.2    //关门辅助继电器
O       I3.2    //初始化开始按钮
NOT
A       Q1.4    //一楼内呼按扭显示灯
OLD
=       Q1.4    //一楼内呼按扭显示灯
网络 22         二楼内呼按扭显示灯
LD      I2.0    //二楼内呼按钮
AN      M0.2    //电梯在二楼
LD      M0.2    //电梯在二楼
A       M0.0    //电动机静止
A       M1.2    //关门辅助继电器
O       I3.2    //初始化开始按钮
NOT
A       Q1.5    //二楼内呼按扭显示灯
OLD
=       Q1.5    //二楼内呼按扭显示灯
网络 23         三楼内呼按扭显示灯
LD      I2.1    //三楼内呼按钮
AN      M0.3    //电梯在三楼
LD      M0.3    //电梯在三楼
A       M0.0    //电动机静止
A       M1.2    //关门辅助继电器
O       I3.2    //初始化开始按钮
NOT
A       Q1.6    //三楼内呼按扭显示灯
OLD
=       Q1.6    //三楼内呼按扭显示灯
网络 24         四楼内呼按扭显示灯
LD      I2.2    //四楼内呼按钮
AN      M0.4    //电梯在四楼
LD      M0.4    //电梯在四楼
A       M0.0    //电动机静止
A       M1.2    //关门辅助继电器
O       I3.2    //初始化开始按钮
NOT
A       Q1.7    //四楼内呼按扭显示灯
OLD
=       Q1.7    //四楼内呼按扭显示灯
网络 25         电梯下呼叫按钮使电梯上行
LDN     Q0.0    //一楼外呼梯指示上呼灯
AN      Q0.1    //二楼外呼梯指示上呼灯
AN      Q0.3    //三楼外呼梯指示上呼灯
LD      I0.7    //二楼下外呼按钮
O       Q0.2    //二楼外呼梯指示下呼灯
O       I1.1    //三楼下外呼按钮
O       Q0.4    //三楼外呼梯指示下呼灯
O       I1.2    //四楼下外呼按钮
O       Q0.5    //四楼外呼梯指示下呼灯
ALD
A       M2.0    //上行辅助继电器
LD      M2.2    //下呼上行辅助继电器
AN      Q1.1    //关门继电器
OLD
=       M2.2    //下呼上行辅助继电器
网络 26         上行反向信号
LD      M2.2    //下呼上行辅助继电器
LPS
```

```
A       M0.2    //电梯在二楼
A       M1.5    //停止辅助继电器
=       M2.4    //二楼上行反向信号
LRD
A       M0.3    //电梯在三楼
A       M1.5    //停止辅助继电器
=       M2.5    //三楼上行反向信号
LPP
A       M0.4    //电梯在四楼
A       M1.5    //停止辅助继电器
=       M2.6    //四楼上限位反向信号
网络 27         电梯上呼叫按钮使电梯下行
LDN     Q0.2    //二楼外呼梯指示下呼灯
AN      Q0.4    //三楼外呼梯指示下呼灯
AN      Q0.5    //四楼外呼梯指示下呼灯
LD      I0.5    //一楼上外呼按钮
O       Q0.0    //一楼外呼梯指示上呼灯
O       I0.6    //二楼上外呼按钮
O       Q0.1    //二楼外呼梯指示上呼灯
O       I1.0    //三楼上外呼按钮
O       Q0.3    //三楼外呼梯指示上呼灯
ALD
A       M2.1    //下行辅助继电器
LD      M2.3    //上呼下行辅助继电器
AN      Q1.1    //关门继电器
OLD
=       M2.3    //上呼下行辅助继电器
网络 28         下行反向信号
LD      M2.3    //上呼下行辅助继电器
LPS
A       M0.1    //电梯在一楼
A       M1.5    //停止辅助继电器
=       M2.7    //二楼下行反向信号
LRD
A       M0.2    //电梯在二楼
A       M1.5    //停止辅助继电器
=       M3.0    //三楼下行反向信号
LPP
A       M0.3    //电梯在三楼
A       M1.5    //停止辅助继电器
=       M3.1    //四楼下行反向信号
网络 29         外呼选向条件
LD      Q1.2    //上行指示(外呼)
O       Q1.3    //下行指示(外呼)
O       M1.4    //门锁信号
=       M1.3    //外呼选向条件
网络 30         电梯上行辅助继电器
LD      Q1.5    //二楼内呼按扭显示灯
LD      Q0.1    //二楼外呼梯指示上呼灯
A       M1.4    //门锁信号
OLD
LD      Q0.2    //二楼外呼梯指示下呼灯
A       M1.4    //门锁信号
OLD
AN      M0.2    //电梯在二楼
LD      Q1.6    //三楼内呼按扭显示灯
LD      Q0.3    //三楼外呼梯指示上呼灯
A       M1.4    //门锁信号
OLD
LD      Q0.4    //三楼外呼梯指示下呼灯
A       M1.4    //门锁信号
OLD
OLD
AN      M0.3    //电梯在三楼
LD      Q1.7    //四楼内呼按扭显示灯
LD      Q0.5    //四楼外呼梯指示下呼灯
A       M1.4    //门锁信号
OLD
OLD
AN      M0.4    //电梯在四楼
AN      I3.2    //初始化开始按钮
AN      Q1.3    //下行指示(外呼)
=       M2.0    //上行辅助继电器
网络 31         电梯下行辅助继电器
LD      Q1.6    //三楼内呼按扭显示灯
LD      Q0.4    //三楼外呼梯指示下呼灯
A       M1.4    //门锁信号
OLD
LD      Q0.3    //三楼外呼梯指示上呼灯
A       M1.4    //门锁信号
OLD
AN      M0.3    //电梯在三楼
LD      Q1.5    //二楼内呼按扭显示灯
```

```
LD        Q0.2      //二楼外呼梯指示下呼灯
A         M1.4      //门锁信号
OLD
LD        Q0.1      //二楼外呼梯指示上呼灯
A         M1.4      //门锁信号
OLD
OLD
AN        M0.2      //电梯在二楼
LD        Q1.4      //一楼内呼按扭显示灯
LD        Q0.0      //一楼外呼梯指示上呼灯
A         M1.4      //门锁信号
OLD
OLD
AN        M0.1      //电梯在一楼
AN        Q1.2      //上行指示(外呼)
AN        13.2      //初始化开始按钮
O         M1.7      //初始化中间继电器
=         M2.1      //下行辅助继电器
网络 32     上行指示延时
LD        M2.0      //上行辅助继电器
TOF       T42,1
网络 33     上行指示
LD        T42
LD        Q1.2      //上行指示(外呼)
LD        10.5      //一楼上外呼按钮
O         Q0.0      //一楼外呼梯指示上呼灯
A         M0.0      //电动机静止
A         M0.1      //电梯在一楼
OLD
LD        I0.6      //二楼上外呼按钮
O         Q0.1      //二楼外呼梯指示上呼灯
A         M0.0      //电动机静止
A         M0.2      //电梯在二楼
OLD
LD        I1.0      //三楼上外呼按钮
O         Q0.3      //二楼外呼梯指示上呼灯
A         M0.0      //电动机静止
A         M0.3      //电梯在三楼
OLD
AN        M2.4      //二楼上行反向信号
AN        M2.5      //三楼上行反向信号
AN        M2.6      //四楼上限位反向信号
AN        M1.2      //关门辅助继电器
OLD
AN        I3.2      //初始化开始按钮
AN        Q1.3      //下行指示(外呼)
=         Q1.2      //上行指示(外呼)
网络 34     下行指示延时
LD        M2.1      //下行辅助继电器
TOF       T43,1
网络 35     下行指示
LD        T43
LD        Q1.3      ///下行指示(外呼)
AN        M1.7      //初始化中间继电器
LD        I0.7      //二楼下外呼按钮
O         Q0.2      //二楼外呼梯指示下呼灯
A         M0.0      //电动机静止
A         M0.2      //电梯在二楼
OLD
LD        I1.1      //三楼下外呼按钮
O         Q0.4      //三楼外呼梯指示下呼灯
A         M0.0      //电动机静止
A         M0.3      //电梯在三楼
OLD
LD        I1.2      //四楼下外呼按钮
O         Q0.5      //四楼外呼梯指示下呼灯
A         M0.0      //电动机静止
A         M0.4      //电梯在四楼
OLD
AN        M2.7      //二楼下行反向信号
AN        M3.0      //三楼下行反向信号
AN        M3.1      //四楼下行反向信号
AN        M1.2      //关门辅助继电器
OLD
AN        I3.2      //初始化开始按钮
AN        Q1.2      //上行指示(外呼)
=         Q1.3      //下行指示(外呼)
网络 36     慢上辅助
LD        I1.4      //慢上
ED
=         M3.2      //慢上辅助继电器
网络 37     慢下辅助
LD        I1.5      //慢下
ED
```

```
=         M3.3     //慢下辅助继电器
网络 38   电梯上行
LD        M2.0     //上行辅助继电器
O         Q3.0     //上行接触器
A         M1.4     //门锁信号
A         Q3.4     //抱闸
AN        Q1.3     //下行指示(外呼)
AN        M3.2     //慢上辅助继电器
O         I1.4     //慢上
=         Q3.0     //上行接触器
网络 39   电梯下行
LD        M2.1     //下行辅助继电器
O         Q3.1     //下行接触器
A         M1.4     //门锁信号
A         Q3.4     //抱闸
AN        Q1.2     //上行指示(外呼)
AN        M3.3     //慢下辅助继电器
O         I1.5     //慢下
=         Q3.1     //下行接触器
网络 40   电动机启动
LD        Q3.0     //上行接触器
O         Q3.1     //下行接触器
O         I1.4     //慢上
O         I1.5     //慢下
=         Q2.5     //电机启动
网络 41   电梯停止辅助继电器
LD        Q1.4     //一楼内呼按扭显示灯
O         Q0.0     //一楼外呼梯指示上呼灯
A         M0.1     //电梯在一楼
A         I0.2     //定位感应器
LD        Q1.5     //二楼内呼按扭显示灯
LD        Q0.1     //二楼外呼梯指示上呼灯
AN        M2.1     //下行辅助继电器
OLD
LD        Q0.2     //二楼外呼梯指示下呼灯
AN        M2.0     //上行辅助继电器
OLD
AD>=      HC0,7680
AD<=      HC0,7720
A         M0.2     //电梯在二楼
OLD
LD        Q1.6     //三楼内呼按扭显示灯
LD        Q0.3     //三楼外呼梯指示上呼灯
AN        M2.1     //下行辅助继电器
OLD
LD        Q0.4     //三楼外呼梯指示下呼灯
AN        M2.0     //上行辅助继电器
OLD
AD>=      HC0, 15580
AD<=      HC0,15620
A         M0.3     //电梯在三楼
OLD
LD        Q1.7     //四楼内呼按扭显示灯
O         Q0.5     //四楼外呼梯指示下呼灯
A         M0.4     //电梯在四楼
AD>=      HC0, 23470
AD<=      HC0, 23510
OLD
LD        M1.7     //初始化中间继电器
ED
A         I0.2     //定位感应器
OLD
EU
S         M1.5,1   //停止辅助继电器
网络 42   复位停止辅助继电器的延时
LD        M1.5     //停止辅助继电器
TON       T41,10
网络 43   复位停止辅助继电器
LD        T41
R         M1.5,1   //停止辅助继电器
网络 44   抱闸
LDN       M1.5     //停止辅助继电器
=         Q3.4     //抱闸
网络 45   开门辅助继电器延时
LD        M1.5     //停止辅助继电器
TOF       T44,10
网络 46   开门指示
LD        I0.5     //一楼上外呼按钮
A         M0.1     //电梯在一楼
LD        I0.6     //二楼上外呼按钮
AN        Q1.3     //下行指示(外呼)
LD        I0.7     //二楼下外呼按钮
AN        Q1.2     //上行指示(外呼)
OLD
```

```
A       M0.2    //电梯在二楼
OLD
LD      I1.0    三楼上外呼按钮
AN      Q1.3    //下行指示(外呼)
LD      I1.1    //三楼下外呼按钮
AN      Q1.2    //上行指示(外呼)
OLD
A       M0.3    //电梯在三楼
OLD
LD      I1.2    //四楼下外呼按钮
A       M0.4    //电梯在四楼
O       I0.3    //开门按钮
O       M1.1    //开门辅助继电器
O       T44
OLD
A       M0.0    //电动机静止
AN      I0.4    //关门按钮
AN      I2.3    //开门到位
=       M1.1    //开门辅助继电器
=       Q0.7    //开门指示
网络47     电梯开门
LD      M1.1    //开门辅助继电器
=       Q1.0    //开门继电器
网络48     电梯关门
LD      M1.2    //关门辅助继电器
=       Q1.1    //关门继电器
网络49     开门到位延时
LD      I2.3    //开门到位
TON     T39,+30
网络50     关门辅助继电器
LD      M1.2    //关门辅助继电器
O       I0.4    //关门按钮
O       T39
O       I3.2    //初始化开始按钮
A       M0.0    //电动机静止
AN      M1.1    //开门辅助继电器
AN      I2.4    //关门到位
AN      I2.7
=       M1.2    //关门辅助继电器
网络51     门锁信号置位
LD      I2.4    //关门到位
S       M1.4,1  //门锁信号
网络52     门锁信号复位
LD      M1.1    //开门辅助继电器
R       M1.4,1  //门锁信号
网络53     报警
LD      I3.0    //报警按钮
=       Q0.6    //报警铃响
```

网络1:调用子程序。

网络2:当进行电梯演示时,需要进行电梯初始化,按下初始化按钮SF16(I3.2)初始化中间继电器M1.7被置位,开始初始化。

网络3:当电梯向下初始化后,碰到定位感应器I0.2后,初始化中间继电器M1.7被复位,初始化完成,电梯此刻处于待机状态。

网络4:初始化楼层选层,此处选择1楼。

网路5:楼层计数,通过距离判断将信号传递给加减计数器C1来确定电梯轿厢此刻的位置,并将信号传递给网络6、7、8,通过输出端口Q2.0、Q2.1、Q2.2来进行楼层显示。

网络9:通过HC0信号判断轿厢位置在一楼,将电梯在一楼M0.1辅助继电器置位,将电梯在二楼、三楼、四楼的中间继电器复位。网络10、11、12的工作原理与网络9相同。

网络13:当上、下行接触器Q3.0和Q3.1无触发信号时电梯处于静止状态。

网络14:若电梯在三楼,则初始化。

网络15:当一楼上外呼按钮I0.5动作并且此时电梯不在一楼时,一楼外呼梯指示上呼灯Q0.0置位;当电梯在一楼、关门辅助继电器M1.2(或初始化开始按钮I3.2)动作时,一楼外呼梯指示上呼灯Q0.0复位。网络16、18为二楼与三楼的外呼梯指示上呼灯,其工作原理与网络15相同。

网络17:当二楼下外呼按钮I0.7动作并且电梯不在二楼时,二楼外呼梯指示下呼灯Q0.2置位;当电梯在二楼、电动机静止、无下行指示、上行接触器不动作和关门辅助继电器(或初始化开始按钮I3.2)动作时,二楼外呼梯指示下呼灯Q0.2复位。网络19、20为三楼和四楼的外呼梯指示下呼灯,其工作原理与网络17相同。

网络21:当一楼内呼按钮I1.7动作并且电梯不在一楼时,一楼内呼按钮显示灯Q1.4置位;当电梯在一楼、电动机静止、关门辅助继电器(初始化开始按钮I3.2)动作时,一楼内呼按钮显示灯Q1.4复位。网络22、23、24为二楼、三楼、四楼内呼按钮显示灯,其工作原理与网络21相同。

网络25:当一楼外呼梯指示上呼灯Q0.0、二楼外呼梯指示上呼灯Q0.1、三楼外呼梯指示上呼灯Q0.3无动作,二楼下外呼按钮I0.7(三楼下外呼按钮I1.1、四楼下外呼按钮I1.2、二楼外呼梯指示下呼灯Q0.2、三楼外呼梯指示下呼灯Q0.4、四楼外呼梯指示下呼灯Q0.5)动作,并且上行辅助继电器M2.0动作或下呼上行辅助继电器M2.2动作且关门继电器Q1.1无动作则下呼上行辅助继电器M2.2动作。网络27的工作原理与网络25相同。

网络26:当下呼上行辅助继电器M2.2、电梯在二楼M0.2、停止辅助继电器M1.5动作时,则二楼上行反向信号M2.4动作。三楼上行反向信号M2.5、四楼上限位反向信号与二楼上行反向信号M2.4的控制原理相同。网络28的工作原理与网络26相同。

网络29:当上行指示外呼Q1.2(下行指示外呼Q1.3、门锁信号MI.4)动作时,则外呼选向条件M1.3动作。

网络30:电梯上行辅助继电器的工作原理,以三楼为例,当三楼内呼按钮显示灯Q1.6(三楼外呼梯指示上呼灯Q0.3、门锁信号M1.4或三楼外呼梯指示下呼灯Q0.4)动作,且电梯在三楼M0.3、电梯在四楼M0.4、初始化开始按钮I3.2、下行指示Q1.3无动作时,则上行辅助继电器M2.0动作。网络31的工作原理与网络30相同。

网络32:上行指示延时,当上行辅助继电器M2.0动作时则进行0.1 s延时。网络34为下行指示延时,其工作原理与网络32原理相同。

网络33:上行指示(外呼),以三楼为例,当三楼上外呼按钮I1.0(三楼外呼梯指示上呼灯Q0.3)、电动机静止M0.0、电梯在三楼M0.3动作,且二楼上行反向信号M2.4、三楼上行反向信号M2.5、四楼上行反向信号M2.6、关门辅助继电器M1.2、初始化开始按钮I3.2、下行指示(外呼)Q1.3无动作时,则上行指示(外呼)Q1.2动作。网络35的工作原理与网络33相同。

网络36:慢上辅助,当慢上按钮I1.4的下降沿动作时,则慢上辅助继电器M3.2动作。网络37为慢下辅助,其工作原理与网络36相同。

网络38:当上行辅助继电器M2.0(上行继电器Q3.0)、门锁信号M1.4、抱闸Q3.4动作,且下行指示(外呼)Q1.3、慢上辅助继电器M3.2无动作时;或当慢上按钮I1.4动作时,则上行接触器Q3.0动作。网络39的工作原理与网络38相同。

网络40:当上行接触器Q3.0和下行接触器Q3.1、慢上按钮I1.4、、慢下按钮I1.5动作时,则电气启动继电器Q2.5动作。

网络41:此网络为电梯停止辅助继电器,此处以三楼为例。当三楼内呼按钮显示灯Q1.6(三楼外呼梯指示上呼灯Q0.3动作且下行辅助继电器M2.1无动作、三楼外呼梯指示下呼灯Q0.4动作且上行辅助继电器M2.0无动作)、电梯在三楼下降沿动作时,则停止辅助继电器

M1.5 置位。

网络 42：复位停止辅助继电器延时，当停止辅助继电器 M1.5 动作时，通电延时定时器 T41 开始计时 1 s。

网络 43：复位停止辅助继电器，当 T41 计时时间到导致停止辅助继电器 M1.5 复位。

网络 44：抱闸，当停止辅助继电器 M1.5 无动作时，则抱闸继电器 Q3.4 动作。

网络 45：开门辅助继电器的延时，当停止辅助继电器 M1.5 断电时，则断电延时定时器 T44 开始计时 1 s。

网络 46：开门辅助继电器，此处以三楼为例。当三楼上外呼按钮 I1.0 动作且下行指示(外呼)Q1.3 无动作(三楼下外呼按钮 I1.1 动作且上行指示外呼 Q1.2 无动作)、电梯在三楼 M0.3、电动机静止 M0.0 动作且关门按钮 I0.4、开门到位 I2.3 无动作时，则开门辅助继电器 M1.1 和开门指示 Q0.7 同时动作。

网络 47：电梯开门，当开门辅助继电器 M1.1 动作时，则开门继电器 Q1.0 动作。网络 48 为电梯关门，其工作原理与网络 47 相同。

网络 49：开门到位延时，当开门到位 I2.3 动作时，则通电延时定时器 T39 开始计时 3 s。

网络 50：当关门辅助继电器 M1.2(关门按钮 I0.4、开门到位延时定时器 T39、初始化开始按钮 I3.2)、电动机静止 M0.0 动作且开门辅助继电器 M1.1、开门到位 I2.4 无动作时，则关门辅助继电器 M1.2 动作。

网络 51：门锁信号置位，当关门到位 I2.4 动作时，则将门锁信号 M1.4 置位。

网络 52：门锁信号复位，当开门辅助继电器 M1.1 动作时，则将门锁信号 M1.4 复位。

网络 53：电梯报警，当报警按钮 I3.0 动作时，则报警铃响 Q0.6 动作。

(2)子程序 SBR_0 如下所示。

```
网络 1   调用子程序
LD       SM0.1
CALL     HSC_INIT:SBR1
```

(3)高速计数器中断程序 HSC_INIT 如下所示。

```
网络 1   子程序调用部分
LD       SM0.0
MOVB     16#F8, SMB37
MOVD     +0, SMD38
MOVD     +0, SMD42
HDEF     0, 10
ATCH     COUNT_EQ:INT1, 4
ENI
HSC      0
```

(4)速度编码器计数子程序 COUNT_EQ 如下所示。

```
网络 1   速度编码器
LD       SM0.0
MOVB     16#E0, SMB37
```

```
MOVD    +0, SMD38
MOVD    +0, SMD42
HSC     0
```

单步四层客梯停靠在一层关门时刻，三层厅上行外呼仿真图如图 11－55 所示。

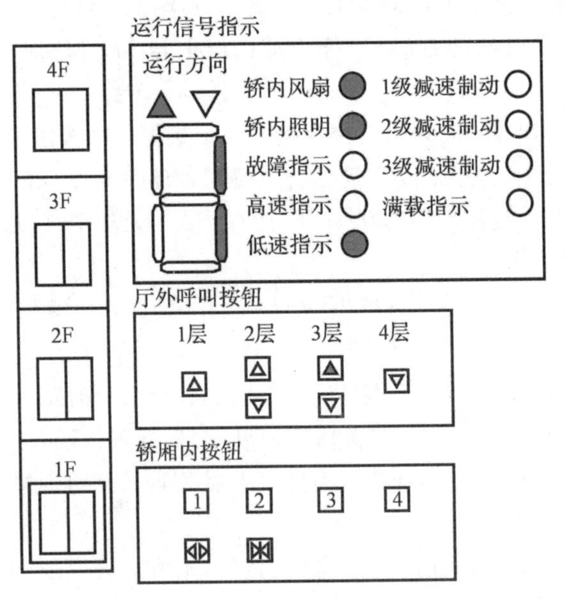

图 11－55　电梯停靠一层关门时刻三层厅上行外呼仿真图

单步四层客梯停靠在三层开门时刻，四层轿厢内呼仿真图如图 11－56 所示。

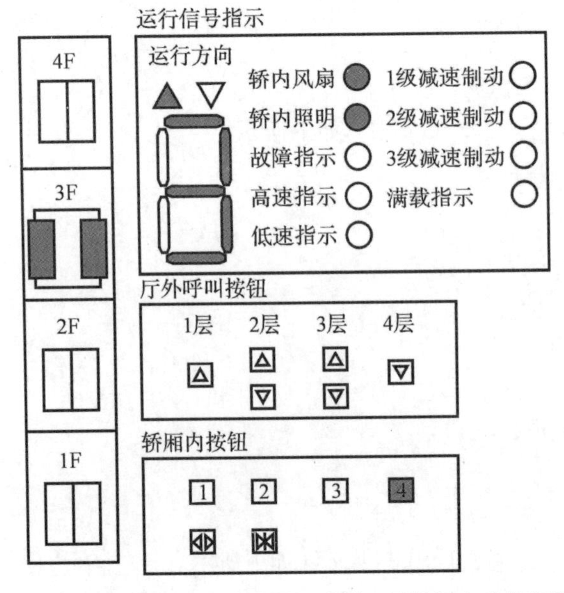

图 11－56　电梯停靠三层开门时刻四层轿厢内呼仿真图

本章小结

本章重点介绍了 S7 - 200 PLC 控制系统的设计实例，

(1)简要叙述了 PLC 控制系统的设计步骤、PLC 的选型方法、PLC 的输入回路设计和输出回路设计等内容。

(2)在开关量控制实例方面，分别从硬件和软件部分详细介绍了基于 PLC 的多功能全自洗衣机控制系统设计、基于 PLC 的 X62W 卧式万能铣床控制系统设计、DU 组合机床单机液压回转台控制系统的 PLC 改造、C650 卧式车床电气控制系统的 PLC 设计和基于 PLC 的单部四层客梯控制系统设计共五个应用案例，并附仿真操作链接视频；在模拟量控制实例方面，分别从硬件和软件部分详细介绍了基于 PLC 的伺服电动机控制系统设计和基于 PLC 的液位控制系统设计，并附仿真操作链接视频，直观易学。

思考题与练习题

1. 简述 PLC 选型环节的注意事项。

2. 设计一个三相笼型异步电动机的 Y 形-△形控制程序。要求按下启动按钮后，电动机绕组星形连接运转，经过预置时间 5 秒后，电动机绕组切换到三角形连接。

3. 使用位逻辑指令，编写第 6 章 6.2.3 节大小球分拣控制程序。

第12章　编程软件 Micro/WIN 及仿真软件使用

由于PLC类型较多,所以不同机型对应的编程软件存在一定的差别,特别是不同的厂家之间,它们的编程软件不能通用。STEP 7 - Micro/WIN 编程软件是基于 Windows 的应用软件,由西门子公司专为 S7 - 200 PLC 研制开发。该软件功能强大,界面友好,有联机帮助功能,既可用于开发用户程序,又可实时监控用户程序的执行状态。

本章重点:

(1)STEP 7 - Micro/WIN 安装;

(2)STEP 7 - Micro/WIN 编程软件应用;

(3)PLC 仿真软件。

12.1　STEP 7 - Micro/WIN 安装及介绍

12.1.1　计算机配置要求

STEP 7 - Micro/WIN 既可以在个人计算机(PC)上运行,也可以在西门子公司的编程器上运行。PC 机或编程器的最小配置如下:

操作系统:Windows 2000 SP3 以上,Windows XP(Home & Professional)以上。

12.1.2　安装步骤

下面以安装 STEP 7 - Micro/WIN V4.0 SP5 为例,介绍软件的安装流程(其他版本的安装流程类似)。安装演示链接扫二维码  。

(1)打开 STEP 7 - Micro/WIN 的安装光盘,双击"Setup"图标(或者右键单击、选择"打开")。

(2)屏幕上弹出"STEP 7 - Micro/WIN - InstallShield Wizard"对话框,点击"Next"按钮,如图 12 - 1 所示。

(3)稍等片刻,待安装程序配置好相关文件,如图 12 - 2 所示。

(4)在弹出的"选择设置语言"对话框中选择"英语",然后点击"确定"按钮,如图 12 - 3 所示。

(5)稍等片刻,待安装程序配置好安装向导,如图 12 - 4 所示。

(6)电脑上弹出一个“Information”对话框，表明找到以前安装的版本并给出其安装路径，点“确认”按钮，如图 12-5 所示。

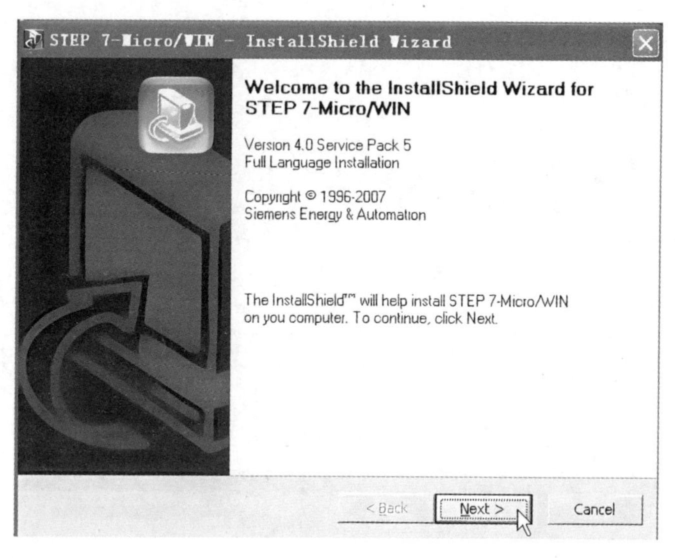

图 12-1　“STEP 7-Micro/WIN-InstallShield Wizard”对话框

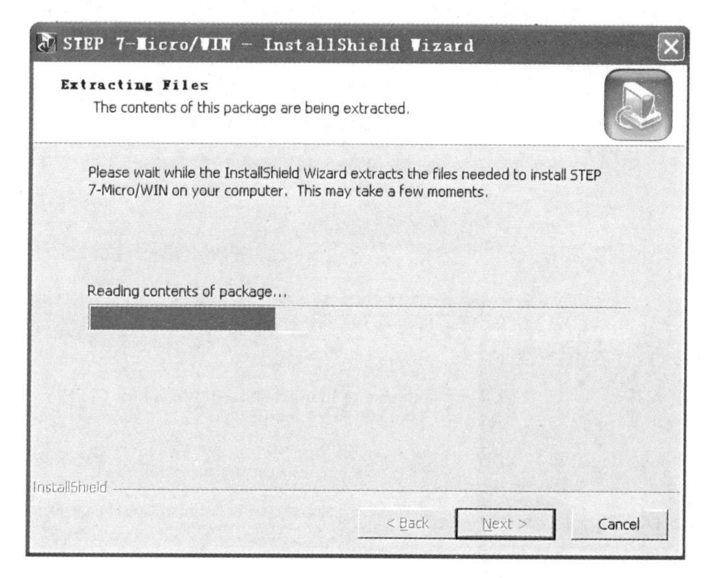

图 12-2　安装程序界面

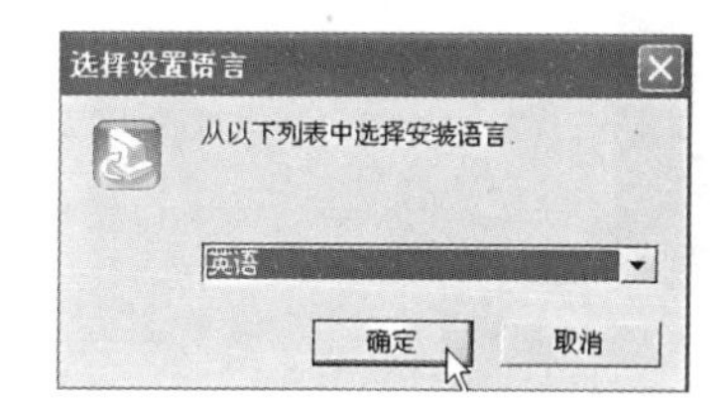

图 12-3　“选择设置语言”对话框

图 12-4　安装程序等待界面

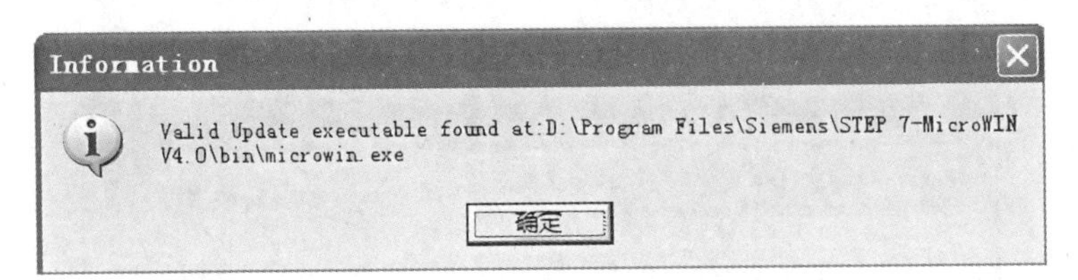

图 12-5　“Information”对话框

(7)弹出“InstallShield Wizard”对话框，点击“Next”按钮，如图 12-6 所示。

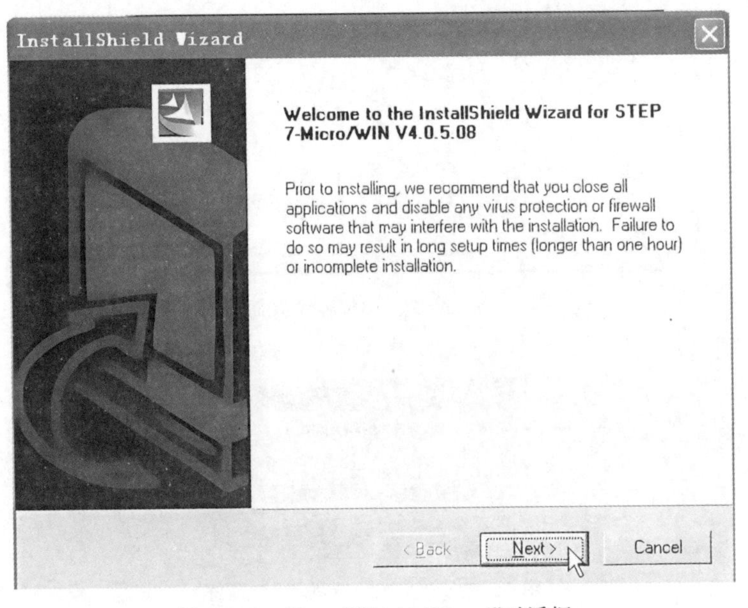

图 12-6　“InstallShield Wizard”对话框

(8)这时弹出一个警告对话框,要求卸载已安装的版本 STEP 7 - Micro/WIN V4.0,点击“确定”按钮,退出当前安装程序,如图 12 - 7 所示。

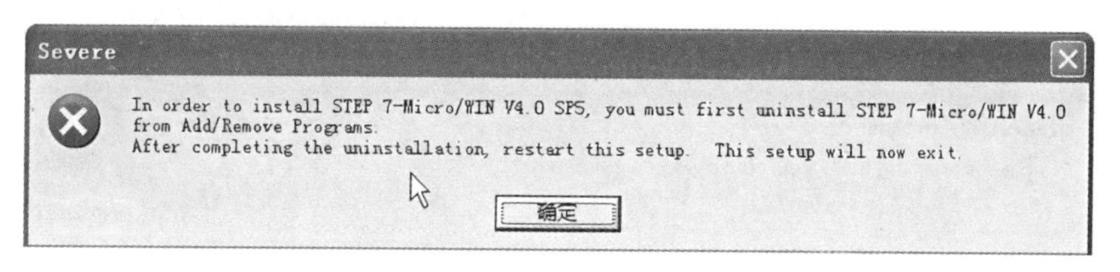

图 12 - 7　警告对话框

(9)卸载版本 STEP 7 - Micro/WIN V4.0,方法参照卸载步骤(18)。

(10)卸载后程序要求重启电脑,选择“稍后再重启电脑”。然后再按照步骤(1)运行版本 SP9 的安装程序,直到重新出现“InstallShield Wizard”安装画面,如图 12 - 8 所示。

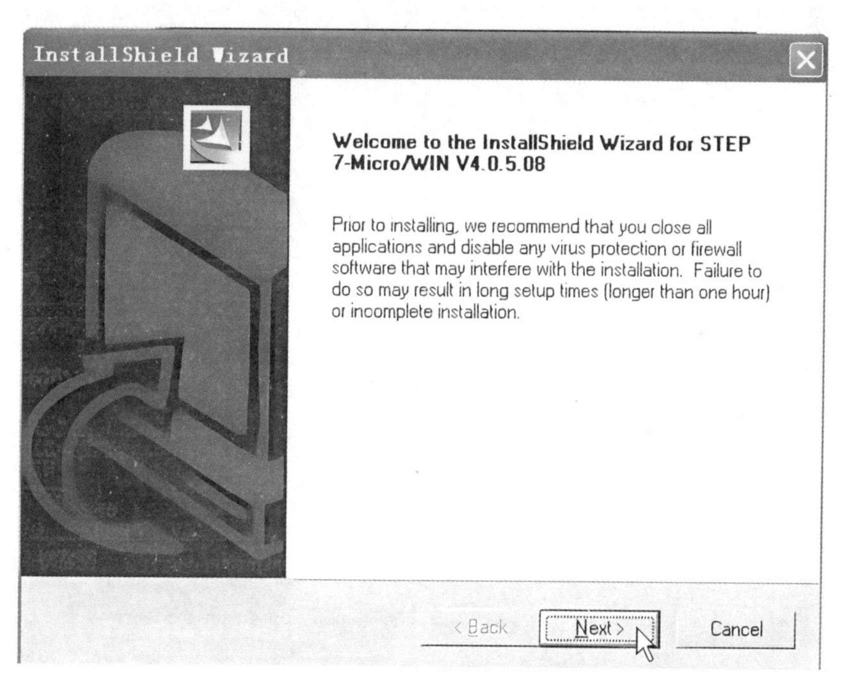

图 12 - 8　“InstallShield Wizard”安装画面

(11)弹出许可认证的对话框,点击“Yes”按钮,如图 12 - 9 所示。

(12)弹出选择安装路径的对话框,点击“Browse...”进行更改,如图 12 - 10 所示。

1)如果使用程序默认的安装路径,则在对话框上直接点击“Next”按钮。

2)如果要更改安装路径,点击“Browse...”按钮。

将弹出更改路径的窗口,可在“Path”子窗口中填写路径,或者在“Directories”子窗口中用鼠标选择路径。修改路径后,单击对话框右下角的“确定”按钮,如图 12 - 11 所示。

再在弹出的窗口上点击“Next”按钮。

(13)将出现下面的对话框。稍等片刻,直到安装程序准备完毕,如图 12 - 12 所示。

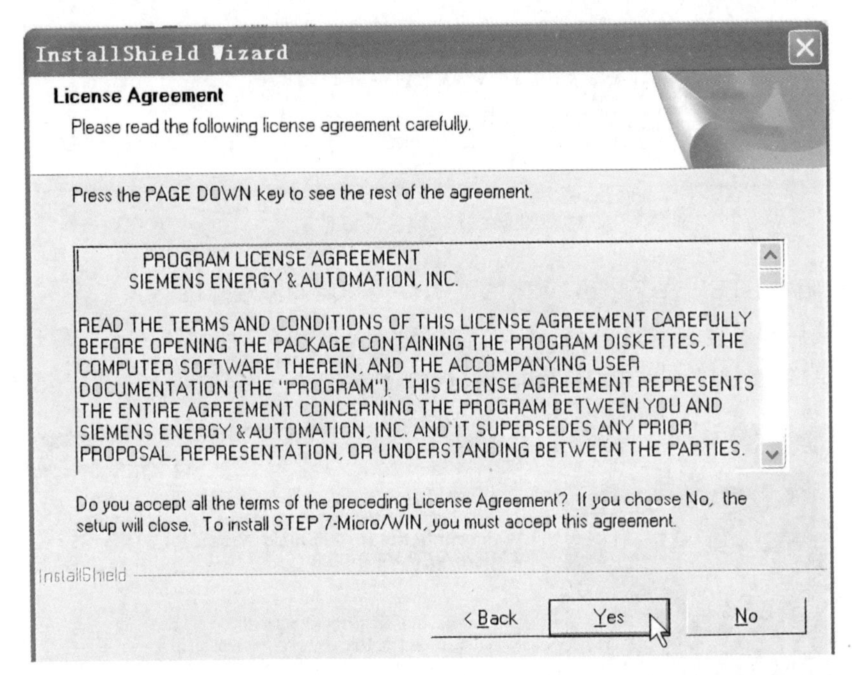

图 12 - 9　许可认证对话框

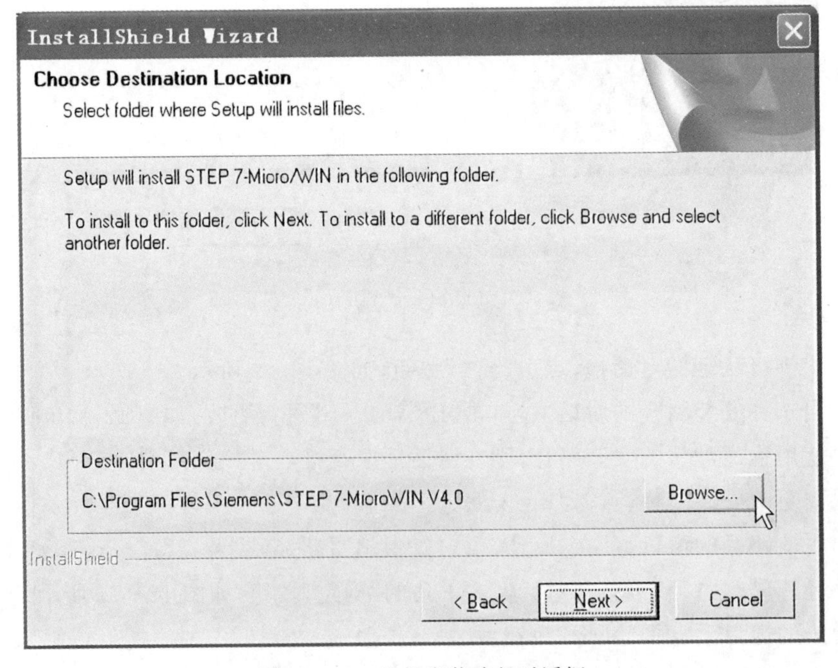

图 12 - 10　选择安装路径对话框

Choose Folder
Please choose the installation folder.
Path:
C:\Program Files\Siemens\STEP 7-MicroWIN V4.0
Directories:
S7-200 PC Access
SIMATIC WinCC flexible
Step7
STEP 7-MicroWIN V4.0
Help
Projects
SogouInput
确定
取消

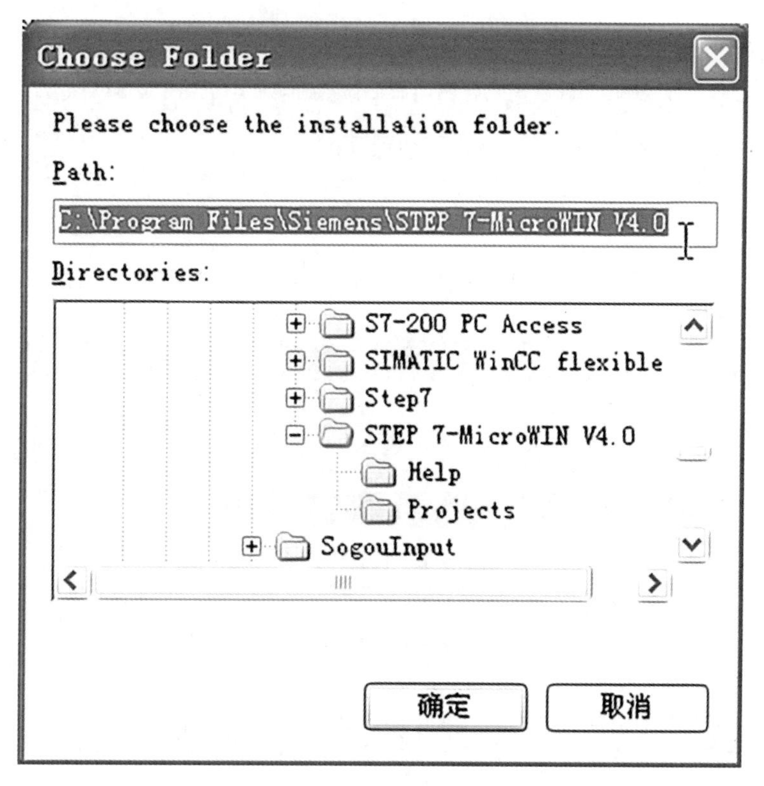

图 12－11　更改路径窗口

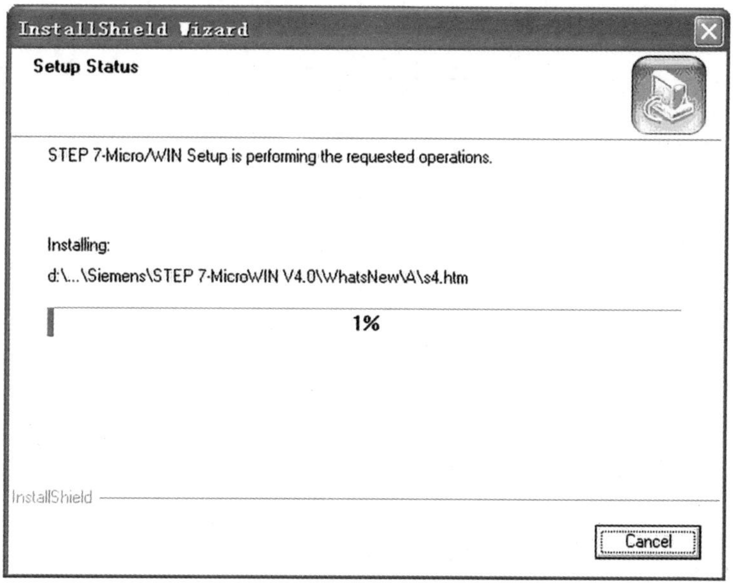

InstallShield Wizard
Setup Status
STEP 7-Micro/WIN Setup is performing the requested operations.
Installing:
d:\...\Siemens\STEP 7-MicroWIN V4.0\WhatsNew\A\s4.htm
1%
InstallShield
Cancel

图 12－12　安装程序对话框

(14)如果中途出现如图 12－13 所示的警告对话框，点击“确认”按钮即可。

图 12—13　警告对话框

接下来会依次弹出如图 12-14 和图 12-15 所示的对话框，稍等片刻待程序准备好。

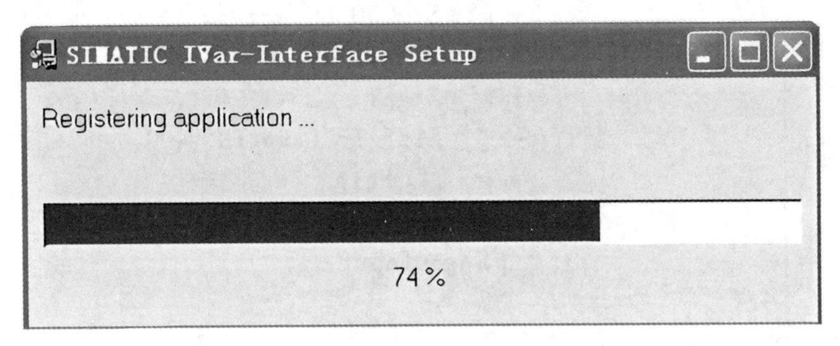

图 12-14　程序安装进度显示对话框 1

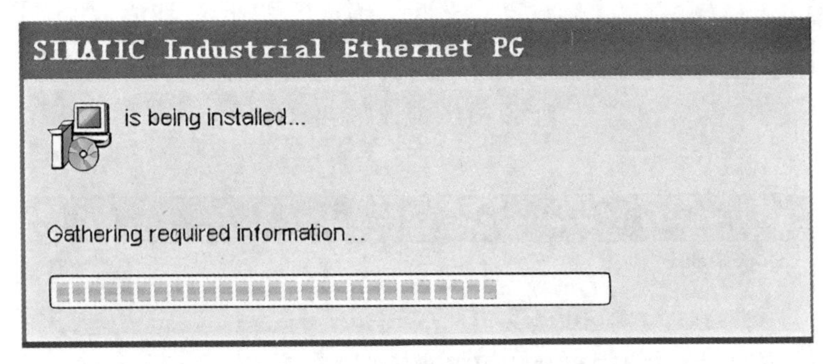

图 12-15　程序安装进度显示对话框 2

(15)出现新的对话框。如图 12-16 所示的对话框用于设置通信驱动程序，用于选择 PC 机和 PLC 间连接的通信协议。

1)可以在这个地方选择某一协议，然后单击左下角的"OK"按钮；

2)也可以选择右下角的"Cancel"按钮，退出选择窗口，等程序完全安装后再设置 PG/PC 接口。

(16)接下来程序会继续安装诸如"TD 面板设计"等相关程序，稍等片刻待安装完成，如图 12-17 所示。

计算机会提示要求重新启动，以完成安装程序，如图 12-18 所示。

(17)将 STEP 7-Micro/WIN 设置为中文版本。安装完成后，双击桌面上"STEP 7-Micro/WIN"图标，运行程序。

在程序的菜单栏选择"Tools"下的"Options"命令，如图 12-19 所示。

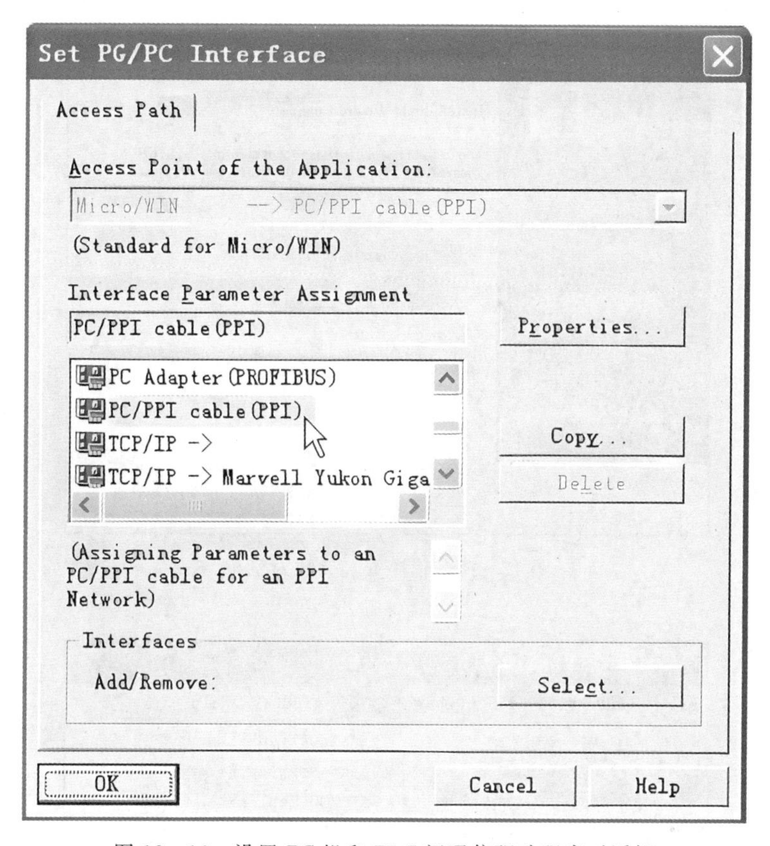

图 12 - 16　设置 PC 机和 PLC 间通信驱动程序对话框

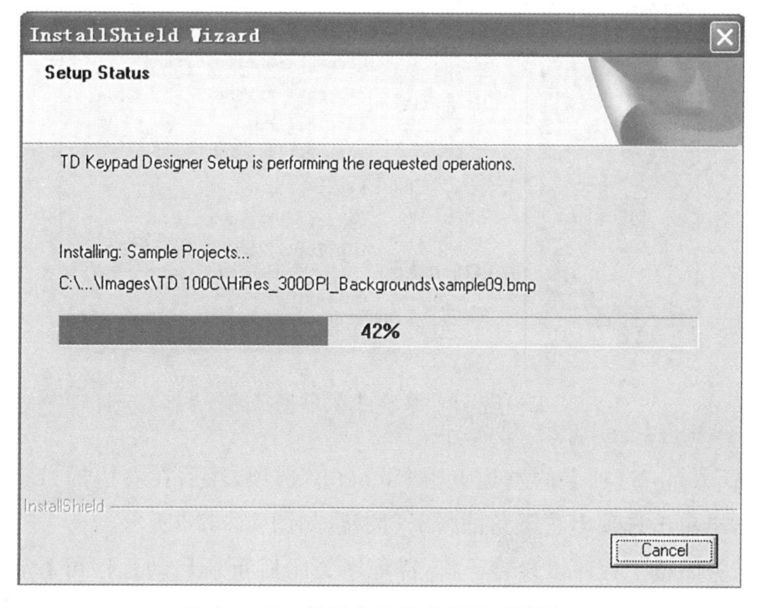

图 12 - 17　程序安装进度显示对话框 3

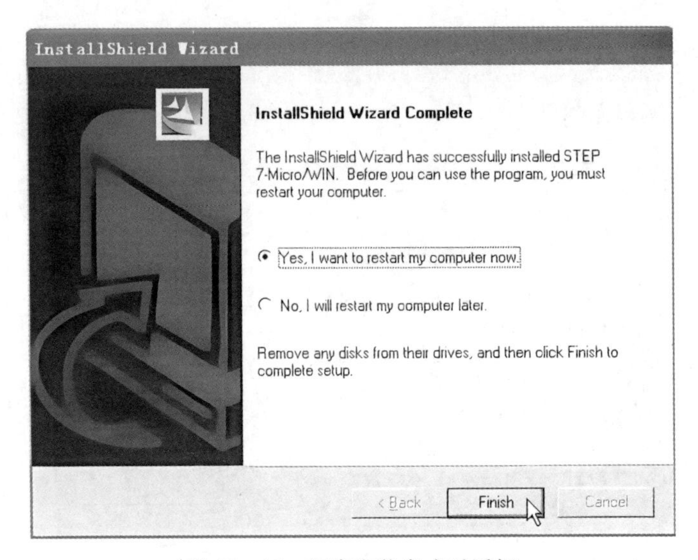

图 12-18　程序安装完成对话框

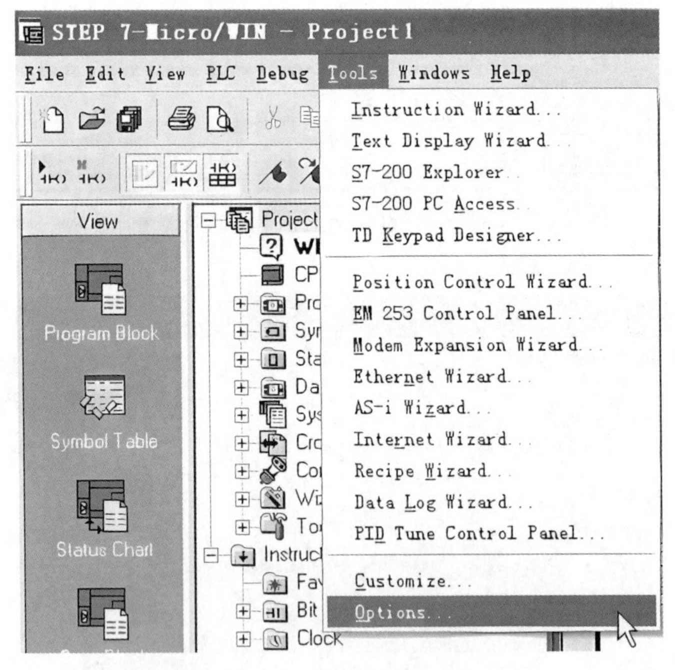

图 12-19　菜单栏的 Tools 选项

在弹出的“Options”选项卡的左边点击“General”选项，然后在右边的“Language”选项中选“择 Chinese”，再单击选项卡右下角的“OK”按钮，如图 12-20 所示。

程序会要求关闭整个程序以设置语言，待程序关闭后重新启动程序可看到程序已设置为中文版本。

(18)删除 STEP 7-Micro/WIN。打开 Windows 操作系统的“控制面板”，在其中运行“添加或删除程序”，选择相应的 STEP 7-Micro/WIN 版本，单击“更改/删除”按钮进行卸载，如

图 12－21 所示。

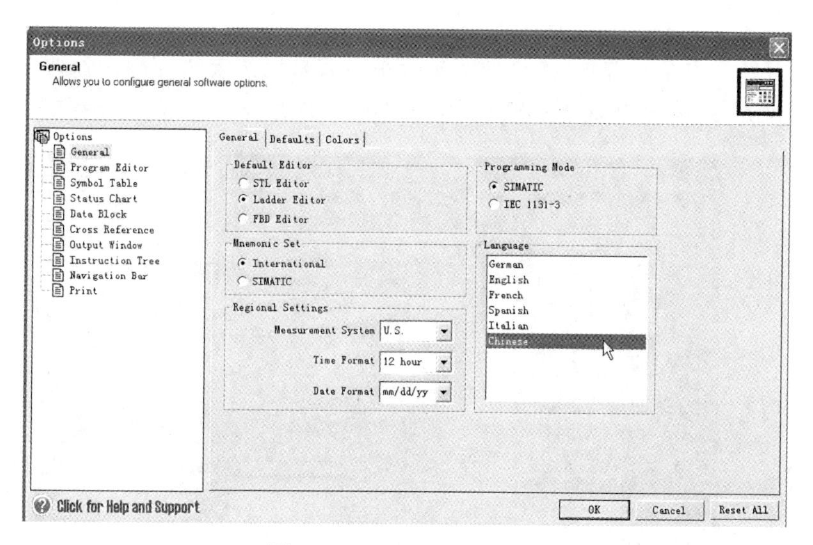

图 12－20　Options 选项卡

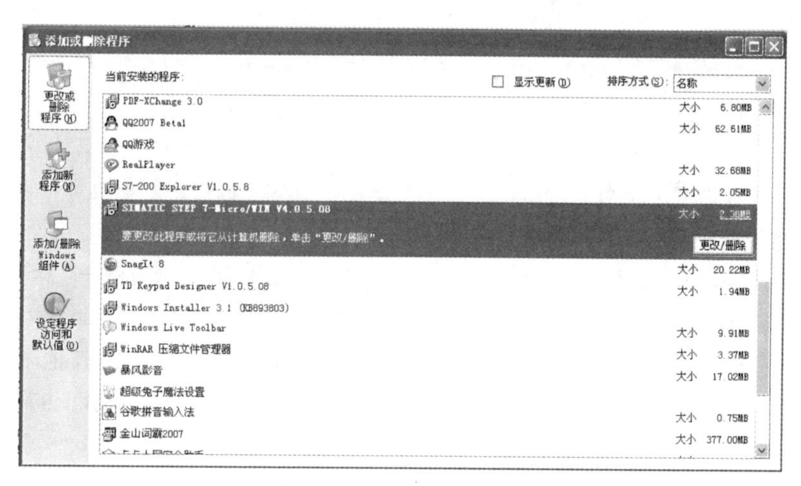

图 12－21　Windows 操作系统“控制面板”

卸载完成后，一般需要重新启动 Windows 系统。

12.2　STEP 7－Micro/WIN 编程软件介绍

点击桌面上 STEP 7－Micro/WIN 的图标，打开一个新的项目，显示如图 12－22 所示的 STEP 7－Micro/WIN 编程软件主界面。

STEP 7－Micro/WIN 编程软件主界面一般可以分成以下几个区：标题栏、菜单栏（包含 8 个主菜单项）、工具栏（快捷按钮）、浏览条（快捷操作窗口）、指令树（快捷操作窗口）、输出窗口、状态栏和用户窗口（可同时或分别打开 5 个用户窗口）。除菜单栏外，用户可以根据需要决定其他窗口的取舍和样式。

12.2.1 菜单栏

菜单栏共有 8 个主菜单选项，允许使用鼠标单击或采用按键执行操作各种命令，还可以定制“工具”菜单，在该菜单中增加命令和工具，如图 12－22 所示。

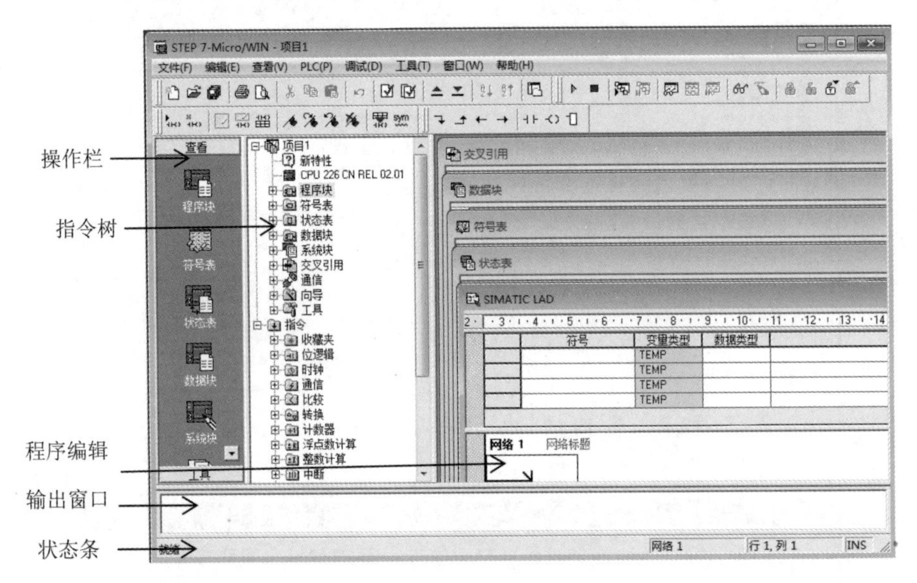

图 12－22 STEP 7－Micro/WIN 编程软件主界面

(1)文件(File)菜单项可完成如新建、打开、关闭、保存文件，导入和导出、上传下载程序，文件的页面设置、打印预览和打印设置等操作。

(2)编辑(Edit)菜单项提供编辑程序用的各种工具，如选择、剪切、复制、粘贴程序块或数据块的操作，以及查找、替换、插入、删除和快速光标定位等功能。

(3)查看(View)菜单项可以设置编程软件的开发环境，如打开和关闭其他辅助窗口(如引导窗口、指令树窗口、工具栏按钮区)，执行引导窗口的所有操作项目，选择不同语言的编程器(LAD、STL 或 FBD)。

(4)可编程序控制器(PLC)菜单项用于实现与 PLC 联机时的操作，如改变 PLC 的工作方式、在线编译、清除程序和数据、查看 PLC 的信息，以及 PLC 的类型选择和通信设置等。

(5)调试(Debug)菜单项用于联机调试。

(6)工具(Tools)菜单项可以调用复杂指令(如 PID 指令、NETR/NETW 指令和 HSC 指令)，安装文本显示器 TD200，改变用户界面风格(如设置按钮及按钮样式、添加菜单项)，用“选项”子菜单可以设置三种程序编辑器的风格(如语言模式、颜色等)。

(7)窗口(Windows)菜单项的功能是打开一个或多个窗口，并进行窗口间的切换，还可以设置窗口的排放方式(如水平、垂直或层叠)。

(8)帮助(Help)菜单项可以方便地检索各种帮助信息，还提供网上查询功能，而且在软件操作过程中，可随时按[F1]键来显示在线帮助。

12.2.2 工具栏

工具栏是一种代替命令或下拉菜单的便利工具，如图 12－23 所示，将 STEP 7－Micro/

WIN 编程软件最常用的操作以按钮形式设定到工具栏中，以提供简便的鼠标操作。可以定制每个工具栏的内容和外观，还可以用鼠标拖动工具栏，放到用户认为合适的位置。

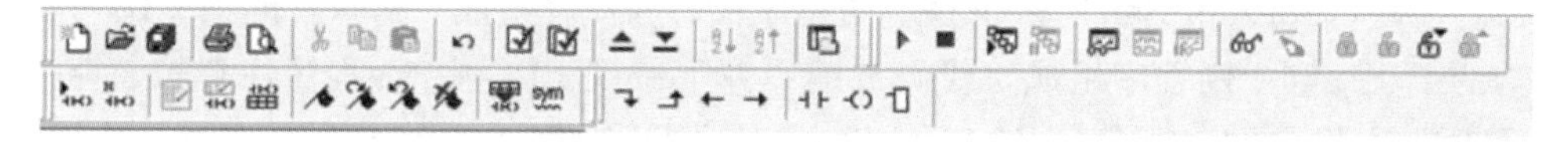

图 12-23　工具栏

可以用“查看”菜单中的“工具栏”选项来显示或隐藏四种工具栏：标准、调试、公用和指令。四种工具栏分别如图 12-24～图 12-27 所示。

标准工具栏中的按钮依次是新建项目、打开项目、保存项目、打印、打印预览、剪切、复制、粘贴、撤销、编译、全部编译、上载、下载、升序排列、降序排列和选项，如图 12-24 所示。

图 12-24　标准工具栏

调试工具栏中的按钮依次是运行、停止、程序状态监控、暂停程序状态监控、状态表监控、趋势图、暂停趋势图、单次读取、全部写入、强制、取消强制、取消全部强制和读取全部强制，如图 12-25 所示。

图 12-25　调试工具栏

公用工具栏中的按钮依次是插入网络、删除网络、切换 POU 注释、切换网络注释、切换符号信息表、切换书签、下一个书签、上一个书签、清除全部书签、应用项目中的所带符号和建立未定义符号表，如图 12-26 所示。

图 12-26　公用工具栏

指令工具栏中的按钮依次是向下连线、向上连线、向左连线、向右连线、触点、线圈和指令盒，如图 12-27 所示。

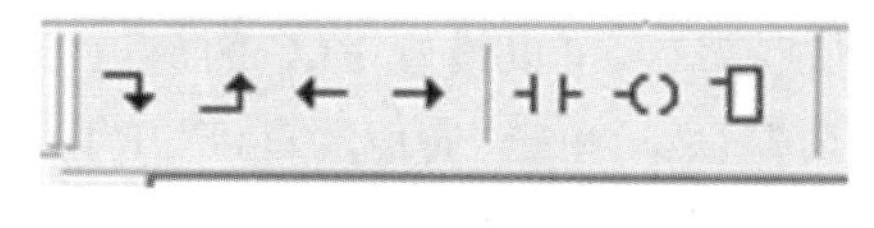

图 12-27　指令工具栏

12.2.3　浏览条

在编程过程中，浏览条提供窗口快速切换的功能，可用主菜单中的“查看”→“框架”→“浏览条”选项控制是否打开浏览条。浏览条中包括“查看”和“工具”两个组件框，其中“查看”组件框含有以下8种组件。

(1)程序块(Program Block)由可执行的程序代码和注释组成。可执行的程序代码由主程序、可选的子程序和中断程序组成。代码被编译并下载到PLC中时，程序注释被忽略。S7-200工程项目中规定的主程序只有1个，用MAIN(OB1)表示；子程序有64个，用SBR0～SBR63表示；中断程序有128个，用INT0～INT127表示。

(2)符号表(Symbol Table)用来建立自定义符号与绝对地址间的对应关系，并可附加注释，使得用户可以使用具有实际含义的符号作为编程元件，增加程序的可读性。当程序编译后下载到PLC中时，所有的自定义符号都将被转换成绝对地址，而自定义符号被忽略。

(3)状态表(Status Chart)用于联机调试时监视指定的内部变量的状态和当前值。状态表并不下载到PLC，仅仅是监控用户程序运行情况的一种工具。监控用户程序运行时，只需要在地址栏中写入变量地址，在数据格式栏中标明变量的类型，就可以监视这些变量的状态和当前值。

(4)数据块(Data Block)由数据(存储器的初始值和常数值)和注释组成，可以对变量寄存器V进行初始数据的赋值或修改，并可附加必要的注释。数据被编译并下载到PLC，注释被忽略。对于继电器-接触器控制系统的数字量控制一般只有主程序，不使用子程序、中断程序和数据块。

(5)系统块(System Block)主要用于系统组态。系统组态主要包括设置数字量或模拟量输入滤波、设置脉冲捕捉、配置输出表、定义存储器保持范围、设置密码和通信参数等。

(6)交叉引用(Cross Reference)可以列举出程序中使用的各操作数在哪一个程序块的什么位置出现，以及使用它们的指令助记符；可以查看哪些内存区域已经被使用，作为位使用还是作为字节使用等；在运行方式下编辑程序时，还可以查看程序当前正在使用的跳变信号的地址。交叉引用表不能下载到PLC，程序编译成功后才能看到交叉引用表的内容。在交叉引用表中双击某个操作数时，可以显示含有该操作数的那段程序。

(7)通信(Communications)可用来建立计算机与PLC之间的通信连接，以及设置和修改通信参数。

在浏览条中单击“通信”图标，则会出现一个“通信”对话框，双击其中的“PC/PPI电缆”图标，将出现“PG/PC接口”对话框，此时可以安装或删除通信接口，检查各参数设置是否正确，其中波特率的默认值是9.6 kb/s。

设置好参数后，就可以建立与PLC的通信联系了。双击“通信”对话框中的“刷新”图标，STEP 7-Micro/WIN将检查所有已连接的S7-200的CPU站，并为每一个站建立一个CPU图标。

建立计算机与PLC的通信联系后，可以设置PLC的通信参数。首先单击浏览条中的系统块图标，将出现“系统块”对话框；然后单击“通信端口(PORT)”选项，检查和修改各参数，确认无误后，单击“确认(OK)”按钮；最后单击工具栏的“下载(Download)”按钮，即可把确认后的参数下载到PLC主机。

(8)设置“PG/PC”接口。单击浏览条中的“PG/PC接口”按钮，再单击“设置PG/PC接口”对话框中的“属性”按钮，可以为STEP 7-Micro/WIN选择网络地址和波特率。

“工具”组件框包括指令向导、文本显示向导、S7-200 Explorer、TD Keypad Designer、位

置控制向导、EM253 控制面板、调制解调器扩展向导、以太网向导、AS - i 向导、因特网向导、配方向导、数据记录向导和 PID 调节控制面板。

12.2.4　指令树

指令树提供编程所用到的所有命令和 PLC 指令的快捷操作，可以用主菜单中的“查看”→“框架”→“指令树”选项控制是否打开指令树。

12.2.5　输出窗口

输出窗口用来显示程序编译的结果信息，如各程序块(主程序、子程序数量及子程序号、中断程序数量及中断程序号等)及各块大小、编译结果有无错误以及错误编码及其位置。输出窗口可用主菜单中的“查看”→“框架”→“输出窗口”选项控制其是否打开。

12.2.6　状态栏

状态栏也称任务栏，用来显示软件的执行情况，编辑程序时显示光标所在的网络号、行号和列号，运行程序时显示运行的状态、通信波特率和远程地址等信息。

12.2.7　程序编辑器

用户可以用梯形图、语句表或功能块图程序编辑器编写和修改用户程序。程序编辑器包含局部变量表和程序视图(梯形图、语句表和功能块图)窗口。如果需要，用户可以拖动分割条，扩展程序视图，并覆盖局部变量表。当用户在主程序之外建立子程序或中断程序时，标记出现在程序编辑器窗口的底部，可单击该标记，在子程序、中断程序和主程序之间移动。

每个程序块都对应一个局部变量表，在带参数的子程序调用中，参数的传递就是通过局部变量表进行的。局部变量表包含对局部变量所做的赋值(子程序和中断程序使用的变量)。

12.3　通信设置

PC 与 S7 - 200 PLC 的连接可以采用 PC/PPI 电缆连接，也可以采用 CP5611 卡等进行通信，下面以使用 USB 接口的 PC/PPI 电缆为例来进行连接并通信。

(1)连接好 PLC 下载线，设置编程软件通过 USB 接口的下载线与 PLC 进行通信。

(2)双击图 12 - 22 中左侧“查看”下的“系统块”，出现如图 12 - 28 所示界面。在该界面中把波特率设为 9.6 kb/s 或 187.5 kb/s(此波特率为端口与外部设备工作通信速率)，其他参数按默认设置即可，然后单击“确认”按钮。

(3)单击图 12 - 22 中左侧“查看”下的“设置 PG/PC 接口”，出现如图 12 - 29 所示界面。在“Interface parameter set used(已使用的接口参数分配)”中选择“PC/PPI cable. PPI. 1”，然后单击“Properties(属性)”按钮，进入如图 12 - 30 所示界面。在“传输率”中设置为 9.6 kb/s 或 187.5 kb/s，然后在图 12 - 30 中单击标签“本地连接”，出现如图 12 - 31 所示界面，把“连接到”设为“USB”，然后单击“确定”按钮，回到软件主界面。

在软件主界面中，双击左侧“查看”下的“通信”，出现如图 12 - 32 所示界面。选中“搜索所有波特率”选项，双击右侧的“双击刷新”，刷新后如图 12 - 33 所示，把 PLC 刷新到 PLC 的地址后，再把 PLC 的地址数写入到远程地址中，图 12－33 中远程地址为 2。能够刷新到 PLC 的地址，说明 PC 与 PLC 的通信连接已经成功。

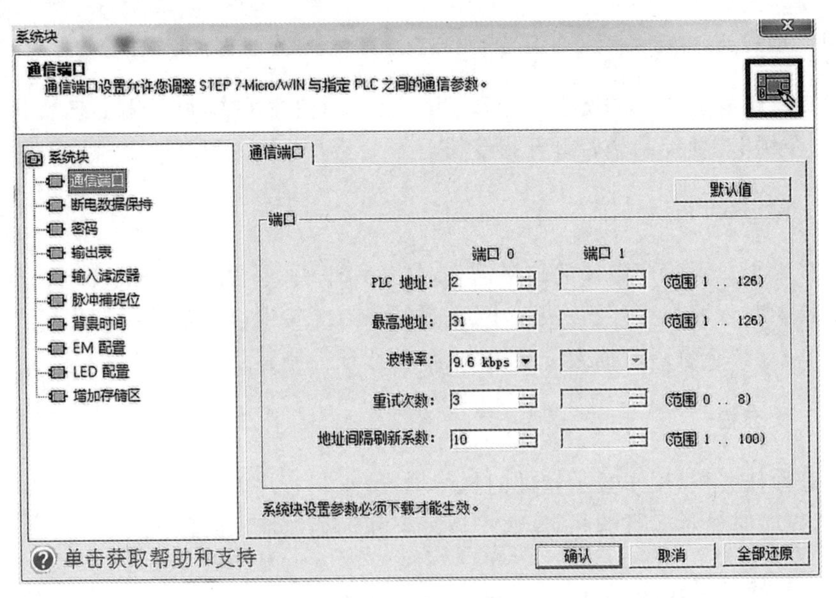

图 12－28　通道通信设置界面

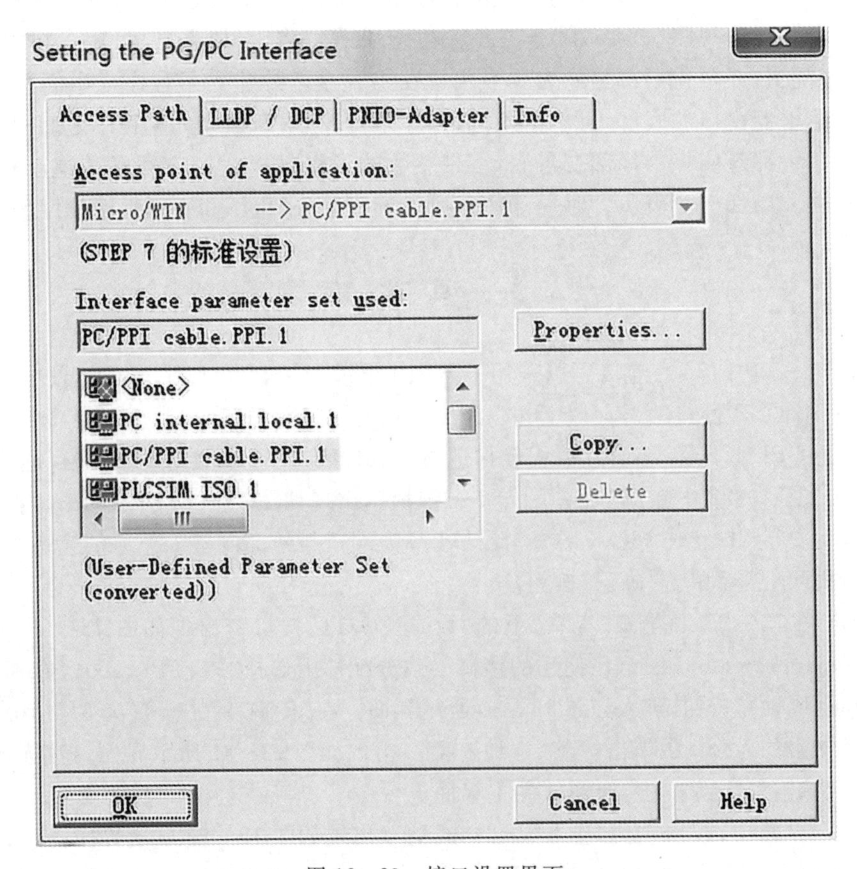

图 12－29　接口设置界面

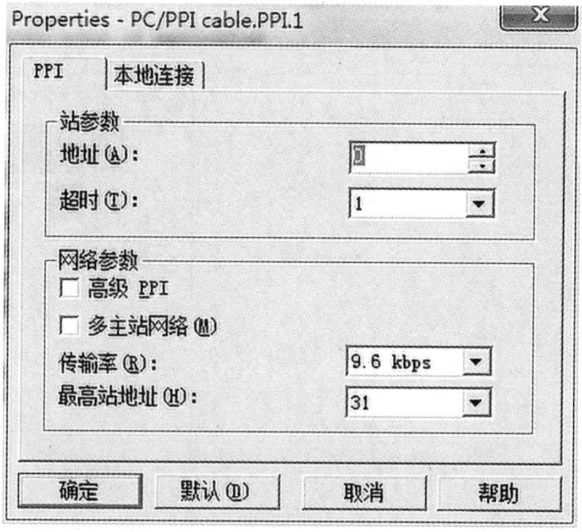

Properties - PC/PPI cable.PPI.1
PPI　本地连接
站参数
地址(A)：0
超时(T)：1
网络参数
高级 PPI
多主站网络(M)
传输率(R)：9.6 kbps
最高站地址(H)：31
确定　默认(D)　取消　帮助

图 12 - 30　属性- PC/ PPI cable(PPI)界面

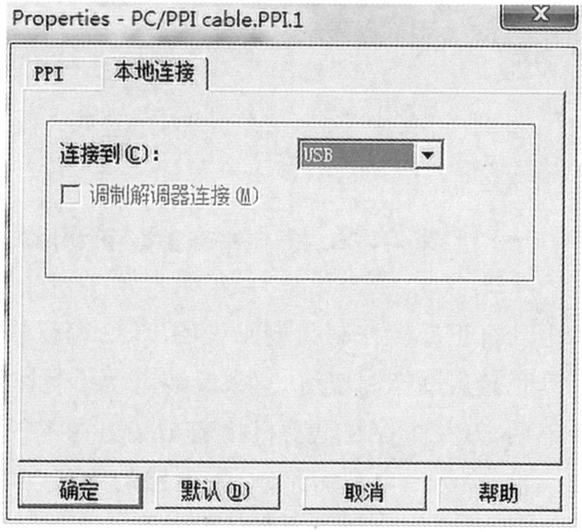

Properties - PC/PPI cable.PPI.1
PPI　本地连接
连接到(C)：USB
调制解调器连接(M)
确定　默认(D)　取消　帮助

图 12 - 31　通信口设置

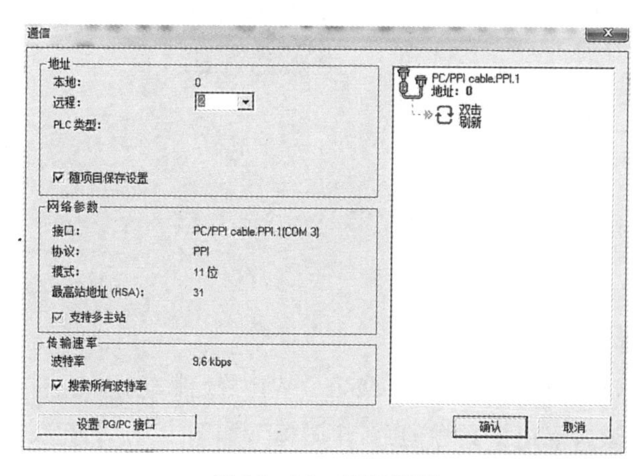

图 12 - 32　通信界面

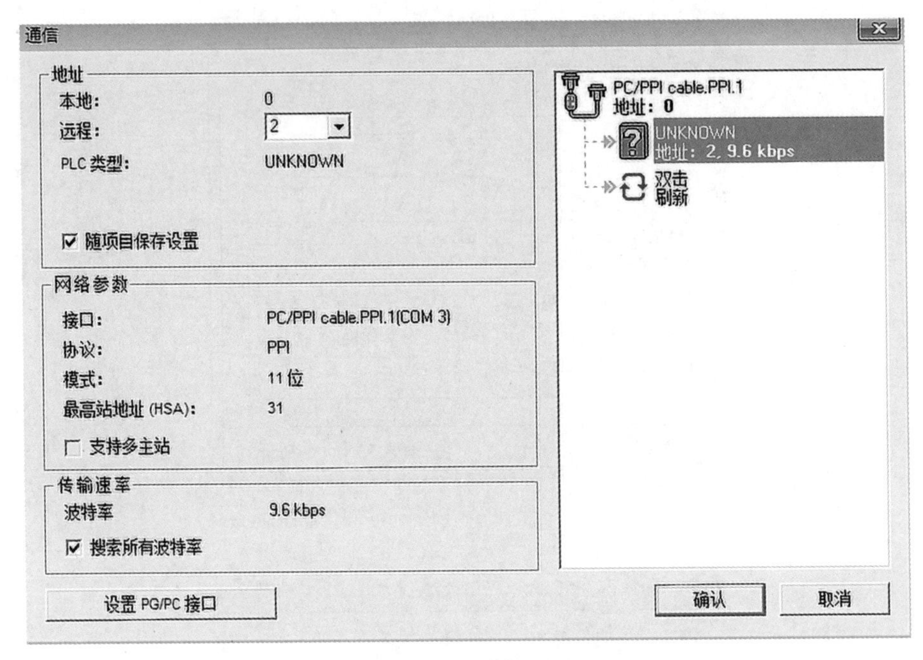

图 12 - 33　刷新 PLC

12.4　一个简单程序的编辑与调试运行

下面以三相交流异步电动机正反转控制为例来说明 PLC 编程软件的使用。三相交流异步电动机正反转控制需用到正转启动控制按钮一个、反转启动控制按钮一个、停止按钮一个和控制正反转用的交流接触器两个(一个控制电动机接通正转电源,另一个接通反转电源,注意两个接触器不能同时动作,否则会造成电源短路)。主电路的连接与电气控制方法相同,控制电路用 PLC 来实现。操作视频链接扫二维码  。

设 I/O 分配如下:

正转启动按钮:I0.0。

反转启动按钮:I0.1。

停止按钮:I0.2。

Q0.0:控制正转接触器线圈通电。

Q0.1:控制反转接触器线圈通电。

(1)创建一个新项目。打开 STEP 7 - Micro/WIN 软件,点击“文件”下的“新建”,自动创建一个新的工程项目,或者点击工具栏的“新建图标”,如图 12 - 34 所示。

(2)编辑程序。设置好 PC 与 PLC 的通信后,在编辑区编写 PLC 梯形图程序。

把光标置于程序编辑区网络 1 的最左边,在指令树的“位逻辑”下找到常开触点符号,双击该触点，则写到网络 1 中；或者点击“指令工具栏”中的 图标，如图 12－35 所示。

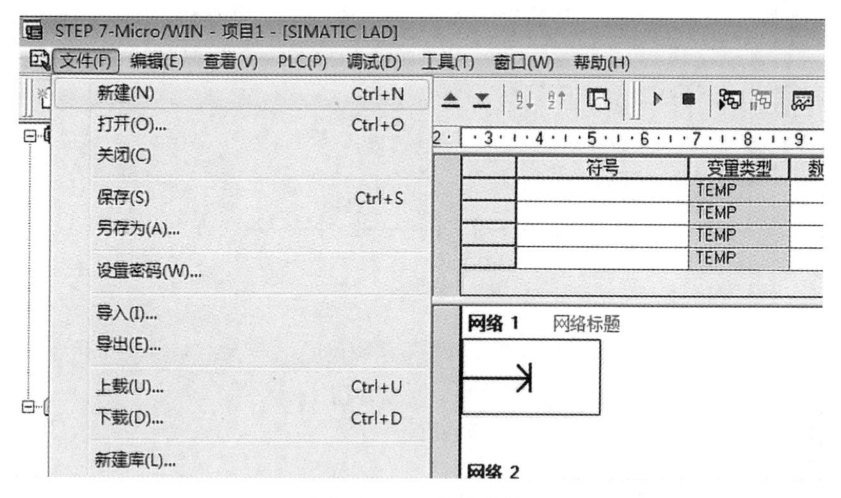

图 12－34　新建项目

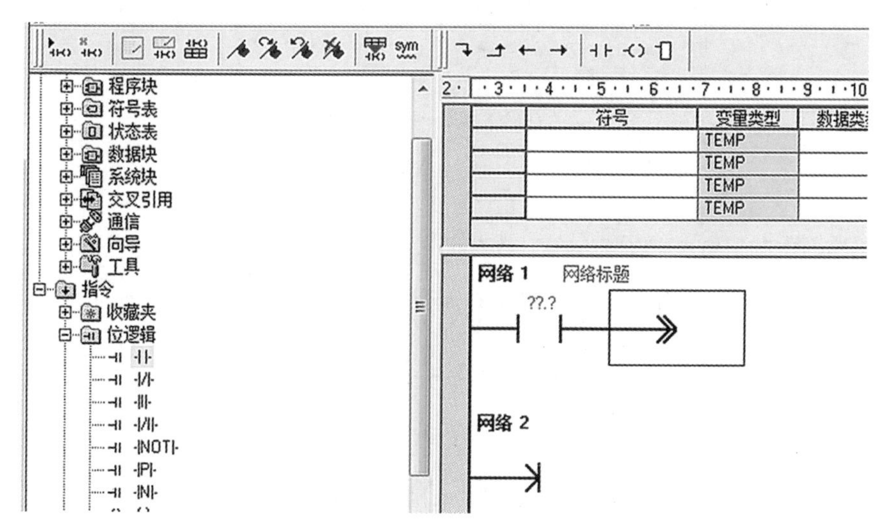

图 12－35　输入触点

在图 12－35 中的“??.?”处写入“I0.0”，这样一个触点就输入完毕。用同样的方法输入 Q0.0 的线圈。再在网络 1 的第二行，输入 Q0.0 的常开触点，点击“指令工具栏”中的 图标。按照类似方法输入程序，如图 12－36 所示。

注意：①某元件的触点数量无限制，可无限次使用；②某元件的输出线圈一般在程序只出现一次；③一个网络中只能写入一条支路，允许出现触点或块的串并联。

(3)程序编译与下载。程序输入完后，单击菜单“PLC”→“全部编译”，对程序进行编译，编译结果会在输出窗口中显示，如出现“总错误数目：0”表示程序无语法错误，否则会指示出错误的个数，必须修改好，程序编译无错才可以下载，如图 12－37 所示。

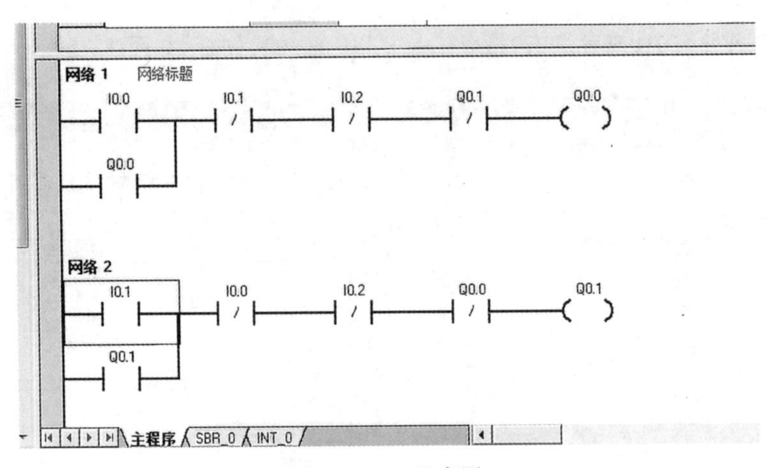

图 12－36　程序图

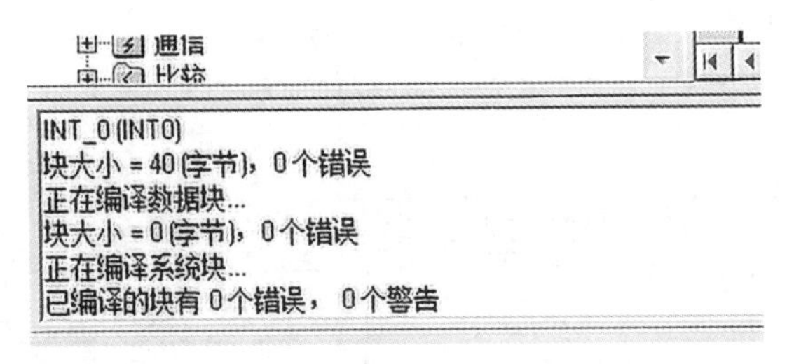

图 12－37　程序编译

单击工具栏中的下载按钮 ，在下载画面中单击“下载”，就可把程序下载至 PLC 中，若无法下载，则需要重新设置通信或检查程序有无语法性错误，如图 12－38 所示。

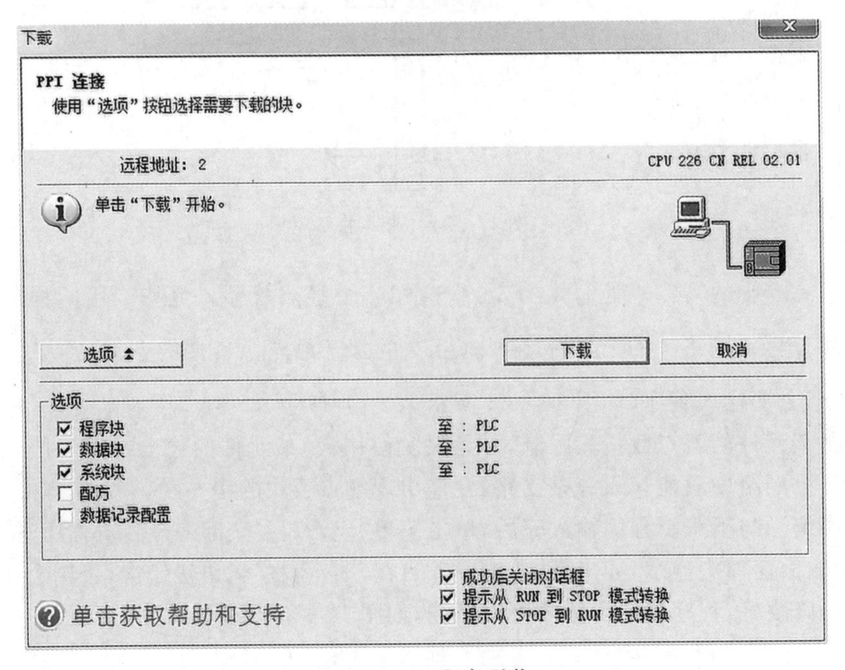

图 12－38　程序下载

把梯形图程序下载至 PLC 中后，点击“调试工具栏”的 ，PLC 开始运行程序、停止程序。点击“调试工具栏”的 ，即可进行程序状态、状态表、趋势图的监视。

12.5　PLC 仿真软件

学习 PLC 必须要动手编程和上机调试。许多读者苦于没有 PLC，编写程序后无法检验是否正确，编程能力很难提高。PLC 的仿真软件是解决这一问题的理想工具。西门子的 S7－300/400 PLC 厂家配有非常好的仿真软件 PLCSIM。而对于 S7－200 PLC，网上有一种西班牙文的仿真软件，已有人将它部分汉化。这里简单介绍其使用方法。

该仿真软件不需要安装，执行其中的 S7－200.exe 文件就可以打开它。

该仿真软件可以仿真大量的 S7－200 指令，支持常用的位触点指令、定时器指令、计数器指令、比较指令、逻辑运算指令和大部分的数学运算指令等，但部分指令如顺序控制指令、循环指令、高速计数器指令和通信指令等尚无法支持。

12.5.1　认识软件

（1）打开工具栏“配置”中“CPU 型号”（或者双击画面中 CPU 模块），默认为 CPU214，数字量 I/O 为 14/10，如图 12－39 所示。

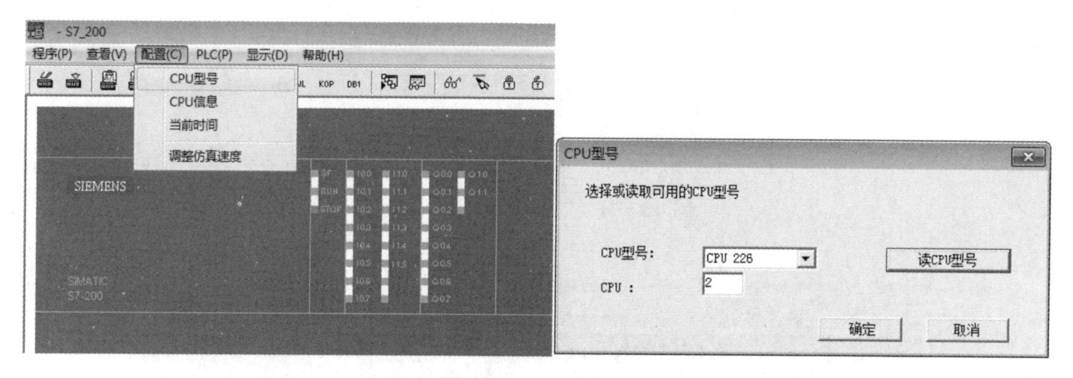

图 12－39　工具栏“配置”界面

（2）认识界面，如图 12－40 所示。

（3）扩展模块。在模块扩展区的空白处点击，弹出模块组态窗口，选择相应的数字、模拟模块，原界面出现相应扩展模块，如图 12－41 和图 12－42 所示。

（4）加载程序。仿真软件不提供源程序的编辑功能，因此必须和 STEP 7－Micro/WIN 程序编辑软件配合使用，即在 STEP 7－Micro/WIN 中编辑好源程序后，然后加载到仿真程序中执行。

在 STEP 7－Micro/WIN 中编辑好梯形图，利用 File|Export 命令将梯形图程序导出扩展名为 awl 的文件，如果程序中需要数据块，需要将数据块导出 txt 文件。

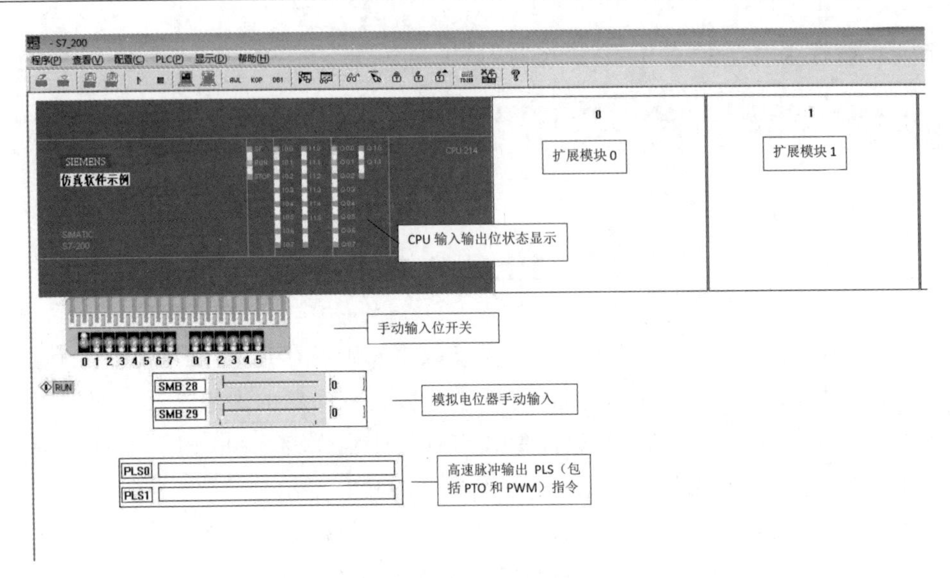

图 12-40　仿真软件界面

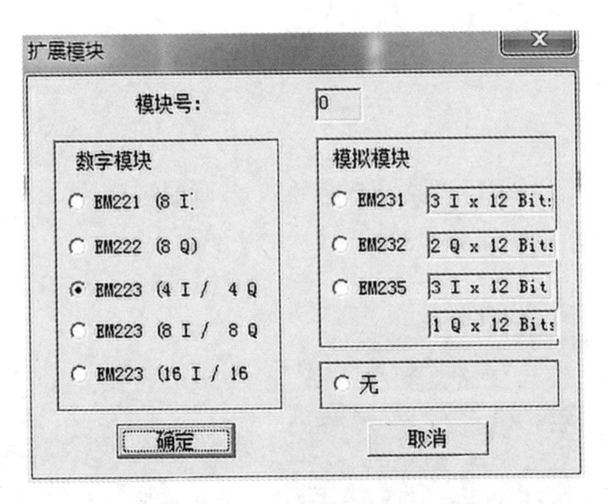

图 12-41　“扩展模块”对话框

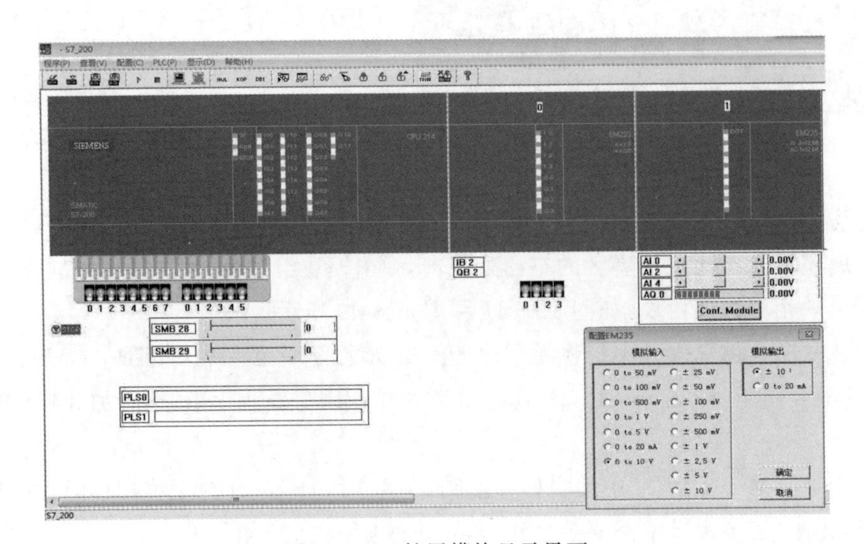

图 12-42　扩展模块显示界面

选择工具栏中“程序”的“载入程序”(或者图标)，出现“装入 CPU”模块界面，如图 12－43 所示。选择逻辑块和数据块，点击“确定”按钮，从文件列表框分别选择 awl 文件和 txt 文件(数据块默认的文件格式为 dbl 文件，可在文件类型选择框中选择 txt 文件)。

(5)运行程序。点击工具栏中 按钮进入“RUN”模式，点击工具栏中 按钮进入“STOP”模式。

(6)状态表监视。点击工具栏中 按钮，可观测程序运行状况。点击工具栏中 按钮，进入状态表监视窗口，其中所需观测的状态地址要自行输入，如图 12－44 所示。

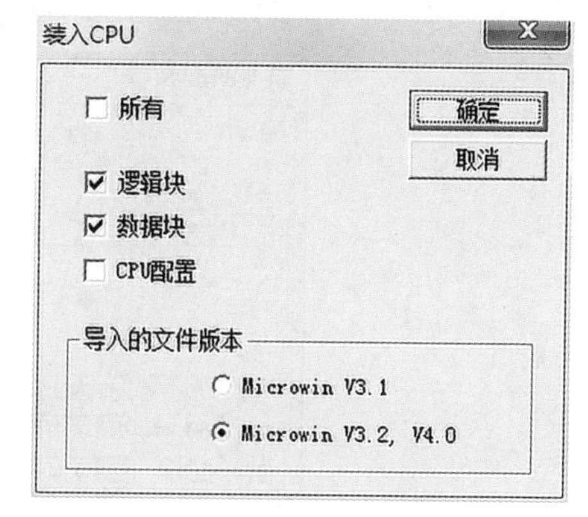

图 12－43　“装入 CPU”模块界面

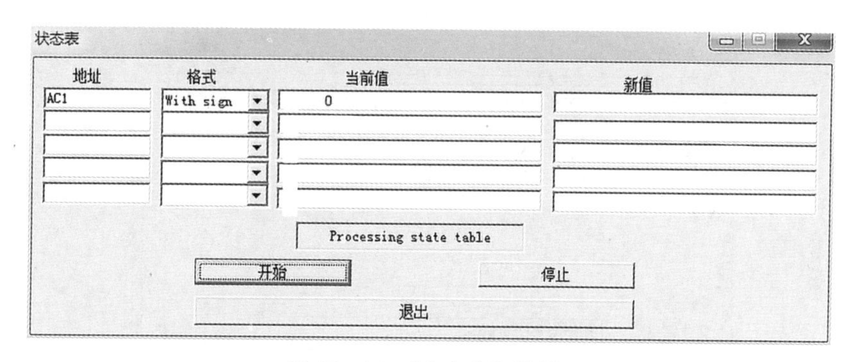

图 12－44　“状态表”对话框

(7)TD200。点击工具栏 TD200，出现简易人机界面显示窗口，如图 12－45 所示。

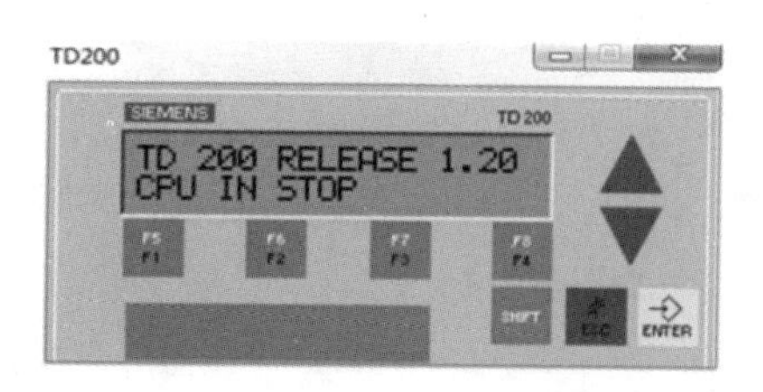

图 12－45　“TD200”对话框

12.5.2　仿真示例

视频链接扫二维码  。

1. 创建仿真软件示例项目

在 STEP 7 中编辑程序块和数据块，编译无误后，分别导出文件扩展名为.awl 的程序文件和.txt 的数据块文件，进行保存，如图 12－46 和图 12－47 所示。

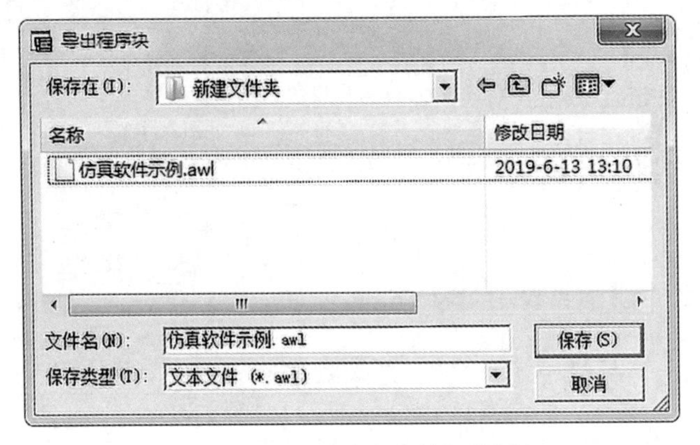

图 12－46 “导出程序块”对话框

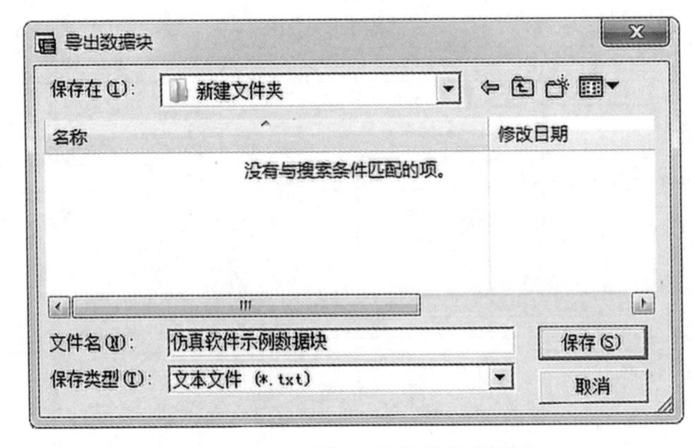

图 12－47 “导出数据块”对话框

2. 仿真程序载入仿真软件示例文件

打开 S7－200.exe 仿真软件，选择 CPU 型号，默认为 CPU214，如图 12－43 所示。载入相应的程序块和数据块，如图 12－48 和图 12－49 所示。仿真软件界面显示数据块、语句表和梯形图窗口，如图 12－50 所示。

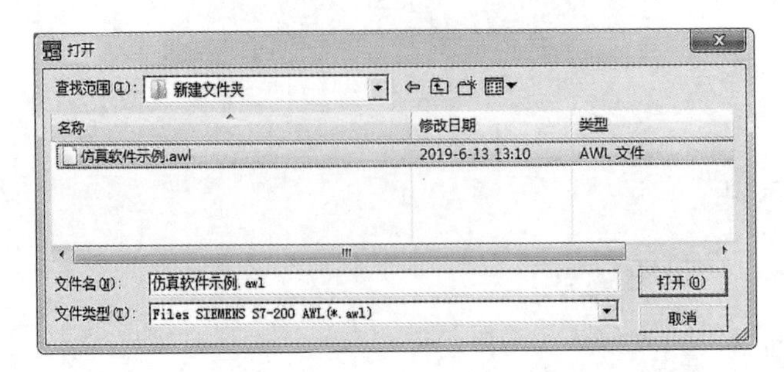

图 12－48 打开 awl 文件

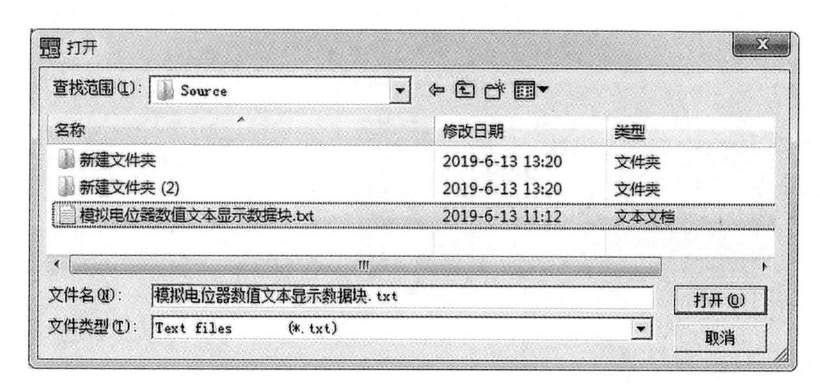

图 12－49　打开 txt 文件

3. 运行、监测程序

按下“RUN”按钮，弹出如图 12－51 所示“RUN”对话框，点击“是”按钮，选择 RUN 模式，运行程序。在“手动输入位开关”处点击 I0.0，进行 I0.0 的高电平输入。在“CPU 输入输出位状态显示”处观测各点位输入输出状态。选择状态监测按钮，进行梯形图和状态地址监测，人机窗口 TD200 显示。程序运行界面如图 12－52 所示。

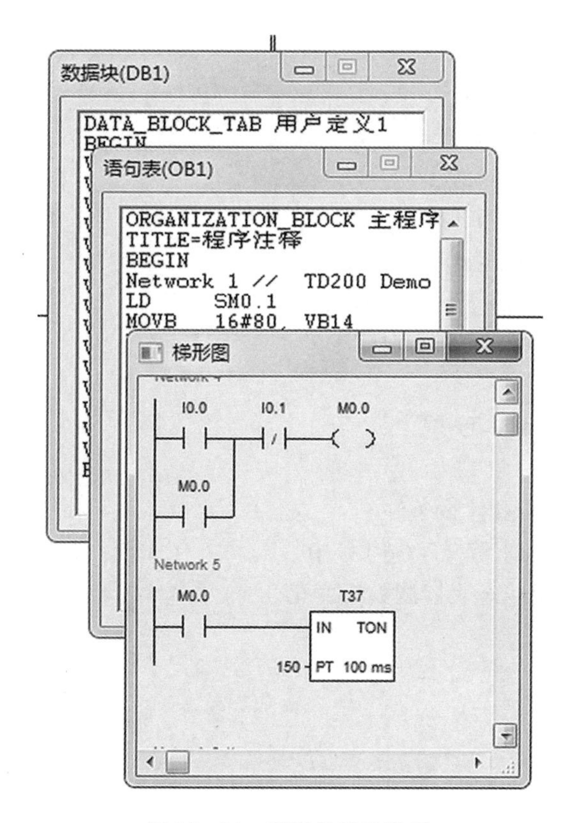

图 12－50　程序显示对话框

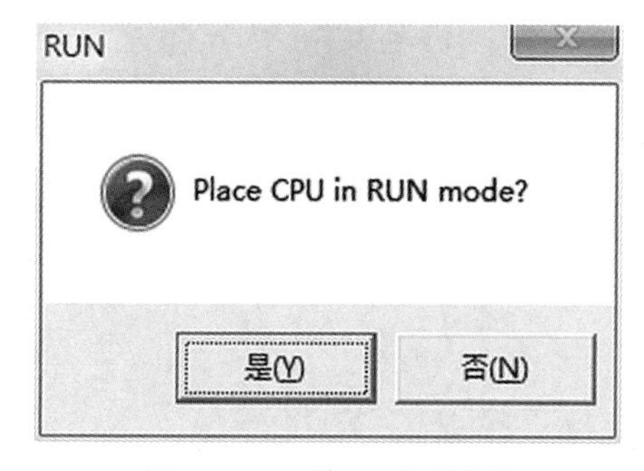

图 12－51　“RUN”对话框

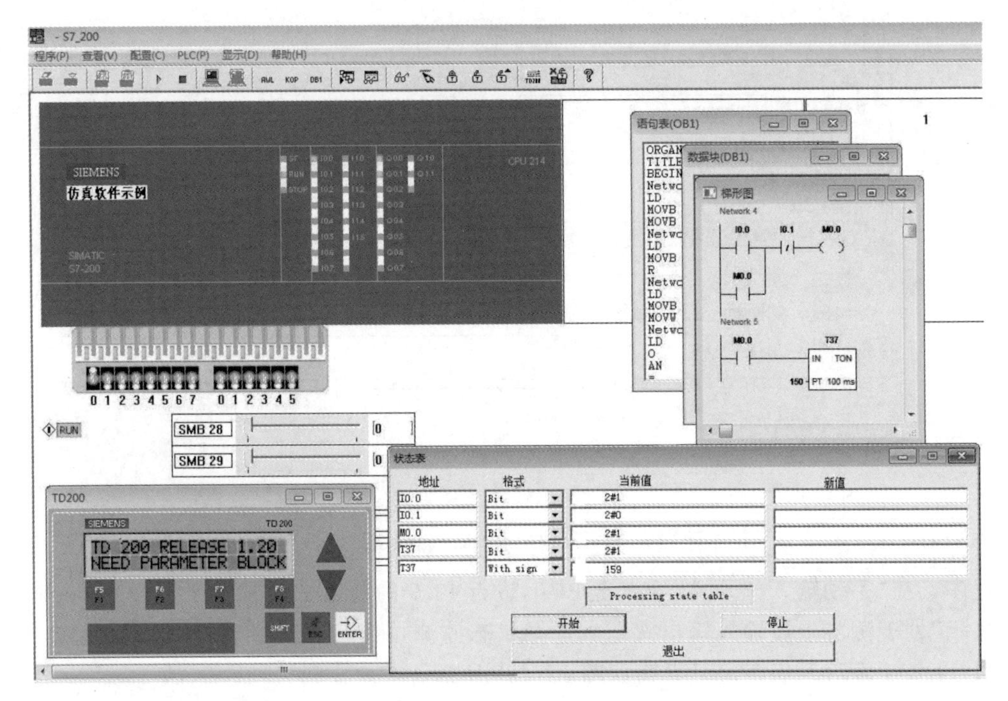

图 12-52　程序运行界面

本章小结

本章讲述了S7-200 PLC编程平台软件的使用全过程。

(1)学会并自行安装STEP 7-Micro/WIN软件。

(2)学习STEP 7-Micro/WIN编程软件并能够进行熟练的应用。

(3)学会PLC仿真软件的应用。

思考题与练习题

1. 计算机安装STEP 7-Micro/WIN软件需要什么条件?

2. 在编程软件中编辑一段简单程序,并下载到S7-200 PLC中。

3. 用仿真软件运行一段简单程序,运行后用状态表监测数据变化。

参 考 文 献

[1] 低压电气标准汇编[S]. 北京:中国标准出版社，2007.

[2] GB/T 4728.2—2018/电气简图用图形符号[S]. 北京:机械工业出版社，2018.

[3] 国家机械工业委员会. 机床电气控制[M]. 北京:机械工业出版社，1988.

[4] 王永华. 现代电气控制及 PLC 应用技术[M]. 5 版. 北京:北京航空航天大学出版社，2018.

[5] 赵明,许蓼. 工厂电气控制设备[M]. 2 版. 北京:机械工业出版社，2018.

[6] 熊幸明. 电气控制与 PLC[M]. 2 版. 北京:机械工业出版社，2016.

[7] 陈忠平,侯玉宝,李燕. 西门子 S7 - 200 PLC 从入门到精通[M]. 北京:中国电力出版社，2015.

[8] 赵景波,姜安宝,管殿柱. 实例讲解西门子 S7 - 200 PLC 从入门到精通[M]. 北京:电子工业出版社，2016.

[9] WANG X Y. Optimization design based on self - adapted ant colony and genetic mix algorithm for parameters of PID controller[J] International Journal of Hybrid Information Technology,2015(9):411 - 422.

[10] WANG X Y. The application of PLC in stepper motor closed - loop control system design[J]. Advanced Materials Research,2012(9):1537 - 1540.

[11] WANG X Y. Simulation and analysis of leveling and lifting electric liquid servo system of tamp train based on MATLAB[J]. Applied Mechanicals and Materials,2012(10):2214 - 2217.

[12] WANG X Y. Kinematics simulation of luffing mechanism of hydraulic roofbolter based on virtual prototype technology[J]. Advanced Materials Research,2012(3):2477 - 2480.

[13] WANG X Y. Constant pressure water supplying system with frequency conversion based on PLC/HMI/VVVF[J]. Advanced Materials Research,2012(5):370 - 372.

[14] 王晓瑜. 机械厂节能生产电气技术改造[J]. 煤矿机械,2013(3):191 - 193.

[15] 王晓瑜. 基于 PLC 的 X62W 卧式万能铣床技术改造[J]. 煤矿机械,2011(5):172 - 173.

[16] 王晓瑜. DU 组合机床单机液压回转台控制系统的 PLC 改造[J]. 煤矿机械,2011(6):195 - 196.

[17] 王晓瑜. 多工位组合机床控制系统的 PLC 改造[J]. 制造业自动化,2012(2):88 - 89.

[18] 王晓瑜. 基于 PLC 及反馈电路的步进电机闭环控制系统改造[J]. 机床与液压,2014(16):172 - 173.

[19] 王晓瑜. 基于 PLC 和 HMI 的液压锚杆钻机变频调速控制系统改造[J]. 机床与液压，2015(10):172 - 174.

[20] 王晓瑜. 基于 PLC、VVVF 和 HMI 的无级变行程锚杆钻机液压驱动控制系统改造[J]. 机床与液压,2016(2):175 - 177,206.

[21] 王晓瑜.基于自适应蚁群遗传混合算法的PID参数优化[J].计算机应用研究,2015(5):1376-1378,1382.

[22] 王晓瑜.基于PLC、HMI和变频器的反渗透水处理系统设计[J].自动化与仪表,2018(4):22-23.

[23] 王晓瑜.基于SIMATICS7-1214C、WINCC和VVFF的双电梯控制系统设计与仿真[J].自动化与仪表,2018(4):100-104.

[24] 王晓瑜.基于SIMATIC S7-1214C PLC和MCGS的步进电机监控系统设计与实现[J].自动化与仪表,2018(10):25-28.